住房和城乡建设部"十四五"规划教材
"十三五"国家重点出版物出版规划项目
普通高等教育"十一五"国家级规划教材
21世纪高等教育建筑环境与能源应用工程融媒体新形态系列教材

流体输配管网

第 4 版

主　编　龚光彩

副主编　柳建华　李孔清　许淑惠　章劲文

参　编　王许涛　王　瑾　淳　良　唐海兵　张　泠

主　审　王保国

机械工业出版社

本书在第3版的基础上，根据学科发展、规范变化、教学需求等更新、完善和补充了相关内容，增加了授课视频，并适度融入了课程思政元素。

本书系统介绍了建筑物内部及其小区各专业（供暖、建筑给水排水、通风及燃气、消防与灭火、空压与制冷系统等）的配管设计方法、水力计算原理与方法等，分析了建筑流体管网的共性，如枝/环状管网水力计算基本理论与方法、计算机分析、管网压力分析、流体机械及其与管网的匹配等，同时还就专业分工的具体特点兼顾了供暖、通风、建筑给水排水、消防及燃气水力计算的相对独立性。各章后附有思考题与习题，以及二维码形式客观题（微信扫描二维码可自行做题，提交后可参看答案）；书后附有某供暖系统水力计算实例（涉及 BIM）。本次修订新增加了第 10 章隧道与地下空间及超高层竖井通风设计理论与方法。

本书是高等学校建筑环境与能源应用工程专业教材，也可作为环境工程、给排水科学与工程、城乡规划等专业师生及相关专业工程技术人员的参考书。

本书配有 PPT 电子课件和章后习题答案，免费提供给选用本书作为教材的授课教师，需要者请登录机械工业出版社教育服务网（www.cmpedu.com）注册后下载。

图书在版编目（CIP）数据

流体输配管网/龚光彩主编. —4 版. —北京：机械工业出版社，2023.8

普通高等教育"十一五"国家级规划教材　"十三五"国家重点出版物出版规划项目　住房和城乡建设部"十四五"规划教材　21 世纪高等教育建筑环境与能源应用工程融媒体新形态系列教材

ISBN 978-7-111-73772-8

Ⅰ.①流…　Ⅱ.①龚…　Ⅲ.①房屋建筑设备-流体输送-管网-高等学校-教材　Ⅳ.①TU81

中国国家版本馆 CIP 数据核字（2023）第 162926 号

机械工业出版社（北京市百万庄大街 22 号　邮政编码 100037）
策划编辑：刘　涛　　　　　　责任编辑：刘　涛
责任校对：樊钟英　李　杉　　责任印制：张　博
保定市中画美凯印刷有限公司印刷
2023 年 11 月第 4 版第 1 次印刷
184mm×260mm · 26.25 印张 · 701 千字
标准书号：ISBN 978-7-111-73772-8
定价：79.80 元

电话服务　　　　　　　　　　　网络服务
客服电话：010-88361066　　　机　工　官　网：www.cmpbook.com
　　　　　010-88379833　　　机　工　官　博：weibo.com/cmp1952
　　　　　010-68326294　　　金　书　网：www.golden-book.com
封底无防伪标均为盗版　　机工教育服务网：www.cmpedu.com

序

　　建筑环境与设备工程（2012年更名为建筑环境与能源应用工程）专业是教育部在1998年颁布的全国普通高等学校本科专业目录中将"供热通风与空调工程"专业和"城市燃气供应"专业进行调整、拓宽而组建的新专业。专业的调整不是简单的名称的变化，而是学科科研与技术发展，以及随着经济的发展和人民生活水平的提高，赋予了这个专业新的内涵和新的元素，创造健康、舒适、安全、方便的人居环境是21世纪本专业的重要任务。同时，节约能源、保护环境是这个专业及相关产业可持续发展的基本条件，因而它们和建筑环境与设备工程（建筑环境与能源应用工程）专业的学科科研与技术发展总是密切相关，不可忽视。

　　新专业的组建及其内涵的定位，首先是由社会需求决定的，也是和社会经济状况及科学技术的发展水平相关的。我国的经济持续高速发展和大规模建设需要大批高素质的本专业人才，专业的发展和重新定位必然导致培养目标的调整和整个课程体系的改革。培养"厚基础、宽口径、富有创新能力"，符合注册公用设备工程师执业资格要求，并能与国际接轨的多规格的专业人才是本专业教学改革的目的。

　　机械工业出版社本着为教学服务，为国家建设事业培养专业技术人才，特别是为培养工程应用型和技术管理型人才做贡献的思想，积极探索本专业调整和过渡期的教材建设，组织有关院校具有丰富教学经验的教授、副教授编写了这套建筑环境与设备工程（建筑环境与能源应用工程）专业系列教材。

　　这套系列教材的编写以"概念准确、基础扎实、突出应用、淡化过程"为基本原则，突出特点是既照顾学科体系的完整，保证学生有坚实的数理科学基础，又重视工程教育，加强工程实践的训练环节，培养学生正确判断和解决工程实际问题的能力；同时注重加强学生综合能力和素质的培养，以满足21世纪我国建设事业对专业人才的要求。

　　我深信，这套系列教材的出版，将对我国建筑环境与设备工程（建筑环境与能源应用工程）专业人才的培养产生积极的作用，会为我国建设事业做出一定的贡献。

陈在康

第4版前言

建筑环境与能源应用工程学科在可持续发展及生态文明发展建设过程中发挥着越来越重要的作用,而掌握整体或系统分析方法是本学科高素质人才培养的关键。"流体输配管网"课程正是培养学生整体和系统分析能力的重要环节之一,本书的修订出版仍秉承这一指导思想。

本书修订了第3版使用过程中发现的一些印刷错误(有不少错误是兄弟院校在使用过程中发现的,在此谨致谢意)。考虑到专业建设发展的需要(如地热等可再生能源应用),适当补充了部分有关渗流的基础知识;同时也为了适应地源热泵推广的需要,增加了地埋管换热器水力计算方法示例。实际上,水源热泵也越来越受到重视,这也是本书一直坚持编入"无压流动"部分基础知识的原因,这对本专业的学生是很有好处的。此次修订增加了第10章隧道与地下空间及超高层竖井通风设计理论与方法以及授课视频等。

本书的课时仍建议为48~65学时,各校可以根据自己的教学大纲进行调整。在教学过程中要注意课堂教学和学生自己动手相结合。有些环节是很容易完成的,例如让学生自己动手制作泵或风机模型。我们在教学过程中坚持了这一点,发现这样可以调动学生的积极性,学生的反映也非常好。布置作业时一定要注意综合性,这样可以提高学生的分析能力。实际上,学生是有很高的学习热情的。另外,在教学过程中,要注意共性问题的前后联系及应用,如膨胀水箱接点问题,小密度差作用分析,伯努利方程在水压线、允许吸上真空高度和汽蚀余量分析中的应用等。实际上,从吸液池液面到水泵吸入口断面、从吸入口断面到易发生汽蚀段这两段分别对应了两个简单的伯努利方程。在第3版修订的基础上,进一步明确了最不利管路、资用压力、允许吸上真空高度、汽蚀余量等概念。同时,本书在第1、2、10章等适度体现了课程思政元素。

本书修订的编写团队由第1、2、3版各位老师及新增加的淳良等老师组成,研究生李思慧协助完成了离心式压缩机与离心式水泵的"喘振"对比分析,附录由吴顺丰同学完成。除了对前9章的修订完善外,还增加了第10章,该章由龚光彩、淳良编写完成,这些都是龚光彩课题组的相关成果,并得到中建五局李水生研究员与中信建设梁传新、聂美清教授级高工以及广东曾田胜高工的大力支持。研究生石星、方曦、安劲霖、王洪顺等参与了部分基础性工作。

由于编者的学识和经验有限,本书在修订出版后也难免会有差错,敬请读者谅解,恳请读者批评斧正。

编 者
2023 年 2 月

第3版前言

　　建筑环境与能源应用工程学科在可持续发展及生态文明发展建设过程中发挥着越来越重要的作用，而掌握整体或系统分析方法是本学科高素质人才培养的关键。"流体输配管网"课程正是培养学生整体和系统分析能力的重要环节之一，本书的修订仍秉承这一指导思想。

　　本书更正了第2版使用过程中发现的一些印刷错误（有不少错误是兄弟院校在使用过程中发现的，在此谨致谢意）。

　　本书的课时仍建议为48~65学时，各校可以根据自己的教学大纲进行调整。建议在教学过程中要注意课堂教学和学生自己动手相结合。有些环节是很容易完成的，例如让学生自己动手制作泵或风机模型。我们在教学过程中坚持了这一点，发现这样可以调动学生的积极性，学生的反映也非常好。另外，布置作业时一定要注意综合性，这样可以提高学生的分析能力。实际上，学生是有很高的学习热情的。在教学过程中，还要注意共性问题的前后联系及应用，如膨胀水箱接点问题，小密度差作用分析，伯努利方程在水压线、允许吸上真空高度和汽蚀余量分析中的应用等（实际上，从吸液池液面到水泵吸入口断面、从吸入口断面到易发生汽蚀段这两段分别对应了两个简单的伯努利方程）。在第2版的基础上，本次修订又明确了资用压力、允许吸上真空高度、汽蚀余量等概念；BIM的概念有所涉及，而管网分析是BIM的重要支撑（补充了一个附录），对这些问题的理解同样有助于提高学生的系统分析能力。

　　本书修订的编写团队仍是第1、2版的各位老师，研究生李思慧协助完成了离心式压缩机与离心式水泵的"喘振"对比分析，附录由吴顺丰同学完成。

　　由于编者的学识和经验有限，本书在修订后也难免会有差错，敬请读者谅解，恳请读者批评斧正。

编　者

2017 年 9 月

第2版前言

建筑环境与能源应用工程学科在可持续发展及生态文明发展建设过程中发挥着越来越重要的作用，而掌握整体或系统分析方法是本学科高素质人才培养的关键。"流体输配管网"课程正是培养学生整体和系统分析能力的重要环节之一，本书的修订仍秉承这一指导思想。

本书更正了第1版使用过程中发现的一些印刷错误（有不少错误是兄弟院校在使用过程中发现的，在此谨致谢意）。考虑到专业建设发展的需要（如地热等可再生能源应用），适当补充了部分有关渗流的基础知识；同时也为了适应地源热泵推广的需要，增加了地埋管换热器水力计算方法的示例。实际上，水源热泵也越来越受到重视，这也是本书一直坚持编入"无压流动"部分基础知识的原因，这对本专业的学生是很有好处的。

本书的课时仍建议为48~65学时，各校可以根据自己的教学大纲进行调整。在教学过程中要注意课堂教学和学生自己动手相结合。有些环节是很容易完成的，例如让学生自己动手制作泵或风机模型。我们在教学过程中坚持了这一点，发现这样可以调动同学们的积极性，同学们的反映也非常好。布置作业时一定要注意综合性，这样可以提高同学们的分析能力。实际上，同学们是有很好的学习热情的。另外，在教学过程中，要注意共性问题的前后联系及应用，如膨胀水箱接点问题，小密度差作用分析，伯努利方程在水压线、允许吸上真空高度和汽蚀余量分析中的应用等。实际上，从吸液池液面到水泵吸入口断面、从吸入口断面到易发生汽蚀段这两段分别对应了两个简单的伯努利方程，对这些问题的理解同样有助于提高学生的系统分析能力。

本书修订的编写团队仍是第1版的各位老师。本书现有两套不同风格的PPT电子课件（可从机械工业出版社获取）。

由于编者的学识和经验有限，本书在修订出版后也难免会有差错，敬请读者谅解，恳请读者批评斧正。

编　者
2012 年 12 月

第1版前言

"流体输配管网"是建筑环境与能源应用工程专业的一门主干课程。它专门讲述建筑设备及城市公用工程中各种流体输配管网的工作原理和计算分析方法，以及流体输配管网的动力源——泵与风机的基础理论和选用方法。本书系统地介绍了建筑物内部及其小区各专业工种（水、暖、通风及燃气、消防、灭火系统等）的配管设计方法、水力计算原理与方法等。另外，本书还扼要地介绍了多相流（包括气液和气固、气粒输送）的设计及水力计算等相关知识。

本书由湖南大学龚光彩担任主编，上海理工大学柳建华、湖南科技大学李孔清、北京建筑工程学院许淑惠、湖南大学章劲文担任副主编。第1、2章由龚光彩编写，第3章由许淑惠、龚光彩编写，第4章由章劲文、唐海兵（长沙理工大学）编写，第5章由龚光彩、王许涛（河南城建学院）及湖南大学张泠编写，第6章由李孔清、龚光彩、王许涛编写，第7、8章由上海理工大学柳建华、王瑾编写，第9章由李孔清编写，全书由龚光彩统稿。

本书的电子教案、习题、综合作业（课程设计）及部分习题答案主要由龚光彩、章劲文、唐海兵、李孔清、柳建华、许淑惠等提供。湖南大学龙舜心老师为综合作业提供了宝贵建议，谨此致谢。

全书由陈在康、王保国两位教授主审。

本书的课时安排建议为48~65学时，各学校可根据自己的特色及专业方向进行合理安排与取舍。本书的特点是考虑到了建筑流体管网的共性，如枝/环状管网水力计算基本理论与方法、计算机分析、管网压力分析、流体机械等，同时还就各专业分工的具体特点兼顾了供暖、通风、建筑给水排水、消防及燃气水力计算的相对独立性，便于教学与自学。此外，考虑到知识的相关性，本书还补充了沿程均匀泄流及无压流动的基本知识。

本书的目的是使读者掌握建筑环境与能源应用工程专业以及相关专业的流体输配管网原理，进行管网系统设计分析、调试和运行调节的基本理论和方法，并形成初步的工程实践能力，能够正确应用设计手册和参考资料进行管网设计、调试和调节，并为从事其他大型、复杂管网工程的设计、运行管理打下基础。同时，本书也可作为环境工程、市政工程及城市规划等专业的学生及专业人员的参考书。

　　本书在很大程度上集中了前人的研究成果和经验，同时也融合了编者多年来的教学经验和科研成果。

　　由于编者的学识和经验有限，在贯彻建筑环境与能源应用工程专业学科指导委员会精神，融会理论、采纳各种经验和意见等方面，难免有差错，恳请读者予以斧正。

编　者

2004 年 10 月

编者的话

为建筑环境与能源应用工程专业编写《流体输配管网》教材，笔者感受到了前所未有的压力。尽管笔者于 2001 年 7 月已编写了一部内部教材（原名《建筑配管系统设计基础》，又名《建筑流体输配管网设计基础》），并从 2001 年秋季起即开始承担本门课程的教学工作，但深感自己缺乏那种高屋建瓴的能力，笔者是怀着忐忑的心情来接受这个工作的。专业改革自 1998 年开始并持续至今，为适应国家建设发展及迎接新技术挑战的需要，要求我国高校培养"厚基础、宽口径"的高级专门人才，在本门课程中如何面对这一目标，是一个重大的课题。

笔者认为，系统分析能力是培养本专业高级专门人才的基础，本门课程教材的编写试图从以下几个方面来体现这一思想。首先应该让读者理解，流体输配除了是流体介质自身的转运与分配外，还是能量输配即能量的转运与分配，流体是能量的载体。笔者希望能为读者提供一种能量分析法，即通过对流体输配过程的分析来理解能量的迁移与输配。第二，应该让读者理解，建筑流体管网是非常复杂的系统，涉及供暖通风、空调制冷、给水排水、消防等专门分工，它们各自的管网系统特征存在共性但又各有特点。基于此，本书除了介绍枝/环状管网基本特点、管路特性、机器特性外，还对本专业中所碰到的大量的有温差特征的管流流动进行了整合，如对自然循环热水供暖、烟气流动、燃气流动等总结为小密度差管流流动，管网系统压力分布分析方法等。另外，考虑到供暖、通风、建筑给水排水、消防、燃气、空气压缩及冷冻等流体流动各自的特点，对其水力计算原理、过程又分别进行了介绍。通过对这些管网的介绍，学生可以相互比较，进一步理解各类管网的共性与特殊性。第三，尽量保持知识的连贯性与相关性，如由于目前为建筑环境与能源应用工程专业所开设的流体力学课程中并没有无压（重力）流动的必要知识，但由于建筑给水排水管网的需要，本书补充了关于无压流动的基本知识。对于其他管网内容的组织，尽量遵守这一原则。第四，便于自学，通过必要例题讲透基本原理，有助于学生掌握各类管网水力计算原理与分析方法。将能量分析法、管网系统共性与特殊性分析的方法相融合，分析各种管网系统的内在联系、规律，通过本门课程的教学，加强学生系统分析的能力。

X

　　尽管笔者有良好的愿望，但囿于自身的学识，自觉难以达成初衷，写出一本令人满意的教材。所幸的是，有许多前人通过其卓越的工作与创造为本书提供了丰富的素材和营养。例如《流体力学泵与风机》（中国建筑工业出版社，先后由周谟仁、蔡增基教授主编）关于泵与风机的描述，非常精炼，且可读性好；再如由中国建筑工业出版社出版的《流体输配管网》（由付祥钊教授主编）在不同管网共性的融合及教材的内容体系组织、深度等方面极具特色；此外，本书还参考了《燃气输配》《燃气调压工艺学》《供热工程》《工业通风》《空气调节》《简明建筑设备工程手册》《建筑给水排水工程》《高层建筑设备设计》《水力学》等教材、专著。陈在康教授为本书的体系结构及教学目标提供了非常有益的指导并担任了本书的主审，笔者从这位老教授身上感受到了老一代那种认真与精益求精的严谨治学态度和一种甘于奉献于社会的高尚情操，并深受鼓舞。北京理工大学王保国教授为本书提供了宝贵意见，在此极为感谢。本书的作者柳建华、许淑惠、章劲文及李孔清等老师也为本书的体系及内容深度提供了有益的建议并付出了艰辛的劳动。正是由于这些令人肃然起敬的老师、专家们的贡献，使得笔者可以吸收他们的营养，弥补自身学识、水平的不足。

龚光彩

于长沙岳麓山

目　录

第1章

流体输配基础

1.1 有压管网水力计算基础

流体输配管网在国家重大建设项目及生命健康保障中发挥了重大关键作用，典型的例子如我国的"西气东输""南水北调""三峡大坝""红旗渠"，以及与流体输配相关的各类泵、风机、压缩机等关键设备制造，人体血液等生物流体流动等。流体流动一般分为压力流动与无压流动，"红旗渠""三峡大坝""南水北调"等工程属于无压流动；而"西气东输"、人体血液等生物流体流动，各类泵、风机、压缩机输送的流体则为压力流动。

建筑流体输配管网按照目的和用途划分，大致可分为下述四类：

1）满足（建筑或运动建筑）环境控制（生产工艺或生活所需要的环境）目标的管网系统。

2）满足生产工艺及生活需要的用水、用气管网系统。

3）安全消防管网系统。

4）其他管网系统，如制冷机组各元件（零部件）之间的连接管道、空气压缩管道等。

满足（建筑）环境控制目标的管网系统又可分为

$$
暖通空调系统
\begin{cases}
热水供暖系统 \\
蒸汽供暖系统 \\
民用建筑空调通风系统 \\
工业通风及环境控制系统 \\
空调冷冻水系统、冷却水系统 \\
城市集中供热管网系统（又属于市政之一）
\end{cases}
$$

满足生产工艺与生活需要的用水、用气管网系统大致分为

$$
用水用气系统
\begin{cases}
建筑给水系统 \\
建筑排水系统 \\
室内燃气系统 \\
城市燃气系统（也可属于市政工程专业的内容之一）
\end{cases}
$$

而城市给水、排水管网系统均属市政工程（城市道路也可属市政）。

安全消防（可以理解为环境控制需要的一种延伸，即可以归入一种"广义的"可满足环境控制目标需要的管网系统）管网系统分为

$$
消防系统
\begin{cases}
消防给水系统（给水排水），泡沫灭火系统等 \\
防排烟系统（暖通空调）
\end{cases}
$$

其他管网系统，如制冷工质在制冷机组各元件（零部件）之间的连接管道内的流动，空气压缩管道等。

按照流体力学特性，管道又可分为简单管路、复杂管路。复杂管路是简单管路、串联管路与

并联管路的组合，一般可分为枝状管网和环状管网。

1.1.1 枝状管网与环状管网

流体输配管网有两个基本任务：一是流体（物质）的转运与分配，二是能量的转运与分配。在这种流体（物质）、能量的转运与分配过程中，存在流体的机械能损失。本书的目的即在于通过对各种管网的学习，掌握流体管网转运、分配流体及能量的有关规律。

简单管路、串并联管路、枝状管网与环状管网是复杂管路水力计算的基础。由于简单管路、串并联管路在流体力学中都有介绍，故本节主要介绍枝状管网与环状管网的有关基本知识。

1. 枝状管网

顾名思义，枝状管网是指输送流体的管道通过串联与并联的组合呈树枝状排列的管道系统（管网）。图1-1所给出的即是一由三个吸气口、六根简单管路并、串联而成的排风枝状管网。

根据并、串联管路的计算原则，可得到该风机应具有的压头为

$$H = \frac{p}{\gamma} = h_{l1-4-5} + h_{l5-6} + h_{l7-8} \qquad (1-1)$$

风机应具有的风量为

$$q_V = q_{V_1} + q_{V_2} + q_{V_3} \qquad (1-2)$$

管段1-4、3-4并联，1-4-5（或3-4-5）

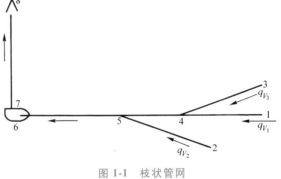

图1-1　枝状管网

与2-5并联。通常以管段相对较长、局部构件最多的一支参加阻力叠加，即以比摩阻（单位长度阻力损失或水力坡度）相对最小的一支参加阻力叠加以确定管路总水力损失。管网实际运行时，支路1-4、3-4，两者阻力损失相同（自动平衡）；支路2-5、1-4-5阻力损失也相同（自动平衡）。实际上，由于给定的时刻各节点压力参数的唯一性，并联管路的阻力损失一定相同。但如果管路（径）设计不合理，则不同并联支路所分配得到的实际流量就会与用户所要求的设计流量（设计工况或设计条件）有大的偏差。

当热力系统（如供暖、空调冷冻水，制冷系统中工质流动）连接换热设备（包括末端设备）时，为流体或热力工质流动提供动力的设备（如风机、泵及压缩机等）必须考虑这些串接的换热器或末端装置所消耗的阻力。这些换热器或末端装置的两侧流体各自的阻力或压降可以通过产品样本查到或依据相关的手册、计算公式进行计算。

实际上，当把大气作为一个虚（伪）节点时，图1-1所示枝状管网也可被理解为一种特殊的环状管网，这一点请读者自行理解。

另外，建筑环境与能源应用工程中经常碰到一类管段即沿程均匀泄流管路，如图1-2所示。本书将其理解为一种特殊的枝状管路，即在干管上连续开出许多孔口，每个孔口相当于一个"分支"。对这种管路进行水力计算时存在特殊性。

在流体力学中学习的某个一般的管段流动是指流体在该管段间流过时通过固定不变的流量即简单管段，这种流量称为通过流量或转输流量。在实际工程中，如人工降雨管、滤池冲洗管及某些特殊场合的布风管、燃气分配管段等，还有沿着管长方向从侧面不断连续向外泄出或排出的流量 q_v，可称之为途泄流量。其中最简单的情况就是管段每单位长度上泄出的流量均相同即等于 q_v，这种管路称为均匀泄流管路（见图1-2）。分析沿程均匀泄流管路时可将这种途泄看作是连续地进行，以简化计算。如沿途均匀泄流管段长度为 l，直径为 d，总途泄流量 $q_{v_t} = q_v l$，末

端泄出转输流量为 q_{v_z}。

在距离泄流起点 A 为 x 的点 M 断面处，取长度为 $\mathrm{d}x$ 的微小管段。因 $\mathrm{d}x$ 很小，可认为通过该微段的流量 q_{v_x} 不变，其水头损失可近似按均匀流计算，即

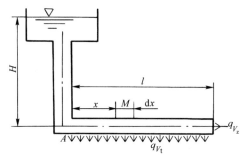

$$\mathrm{d}h_f = \mathrm{d}S_x q_{v_x}^2 = A q_{v_x}^2 \mathrm{d}x$$

而

$$q_{v_x} = q_{v_z} + q_{v_t} - q_v x$$

$$= q_{v_z} + q_{v_t} - q_{v_t} \frac{x}{l}$$

图 1-2 均匀泄流管路

则

$$\mathrm{d}h_f = A q_{v_x}^2 \mathrm{d}x = A \left(q_{v_z} + q_{v_t} - q_{v_t} \frac{x}{l} \right)^2 \mathrm{d}x$$

将上式沿管长积分，即得整个管段的水头损失

$$h_f = \int_0^l \mathrm{d}h_f = \int_0^l A \left(q_{v_z}^2 + q_{v_t} - q_{v_t} \frac{x}{l} \right)^2 \mathrm{d}x \tag{1-3}$$

上列诸式中 A 为比阻，即单位长度的阻抗。如果管道的粗糙情况和直径不变且流动处于阻力平方区，则 A 为常数。将式 (1-3) 积分得

$$h_f = Al \left(q_{v_z}^2 + q_{v_z} q_{v_t} + \frac{1}{3} q_{v_t}^2 \right) \tag{1-4}$$

式 (1-4) 可近似写为

$$h_f = Al \left(q_{v_z} + 0.55 q_{v_t} \right)^2 \tag{1-5}$$

在实际计算中，常引入计算流量 q_{v_c}

$$q_{v_c} = q_{v_z} + 0.55 q_{v_t} \tag{1-6}$$

于是，有

$$h_f = Al q_{v_c}^2 = S q_{v_c}^2 \tag{1-7}$$

式 (1-7) 和简单管路计算公式形式上相同，所以均匀泄流管路可以理解成一种特殊的简单管路，可按流量为 q_{v_c} 的简单管路进行计算。故沿程均匀泄流管路既是特殊的"分支"（枝状）管路，又是特殊的简单管路且按简单管路计算。

在通过流量 $q_{v_z} = 0$ 的特殊场合，式 (1-7) 成为

$$h_f = \frac{1}{3} Al q_{v_t}^2 = \frac{1}{3} S q_{v_t}^2 \tag{1-8}$$

该式表明：管路在只有沿程均匀途泄流量时，其水头损失仅为转输流量通过时水头损失的三分之一。

2. 环状管网

（1）Hardy-Cross 方法 环状管网是指管道通过串联与并联的组合存在一个以上闭合环路的管道系统（管网），如图 1-3 所示。它的特点是管段在某一共同的节点分支，然后又在另一共同节点汇合，是很多个并联管路组合而成。对于任一环状管网，可以发现管网上管段数目 n_g 和环数 n_k 及节点数 n_p 存在下列关系

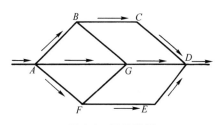

图 1-3 环状管网

$$n_g = n_k + n_p - 1 \tag{1-9}$$

如果管网中的每一管段有两个未知数：q_V 和 d，那么进行环状管网水力计算时，未知数的总数为 $2n_g = 2(n_k + n_p - 1)$。

环状管网遵循串联和并联管路的计算原则，根据其特点，存在下列两个条件：

1）任一节点（如 G 点）流入和流出的流量相等。即

$$\sum q_{V_G} = 0 \tag{1-10}$$

这是质量（体积）平衡原理的反映。

2）任一闭合环路（如 $ABGFA$）中，如规定顺时针方向流动的阻力损失为正，反之为负，则各管段阻力损失的代数和必等于零。即

$$\sum h_{ABGFA} = 0 \tag{1-11}$$

这是并联管路节点间各分支管段阻力损失相等的反映。

环状管网根据上述两个条件进行计算，理论上没什么困难，但实际计算程序相当烦琐。因此环状管网的计算方法较多，这里先对哈迪·克罗斯（Hardy-Cross）的方法做一简单介绍，采用此方法，易于编制计算机程序。

计算程序如下：

1）将管网分成若干环路，如图 1-4 所示分成 Ⅰ、Ⅱ、Ⅲ 三个闭合环路。按节点流量平衡确定流量 q_V，选取限定流速 v，定出管径 D。

2）按照上面规定的流量与损失在环路中的正负值，求出每一环路的总损失 $\sum h_H$（以后写作 $\sum h_i$）。

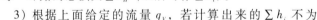

图 1-4　环路划分

3）根据上面给定的流量 q_V，若计算出来的 $\sum h_i$ 不为零，则每段管路应加校正流量 Δq_V，而与此相适应的阻力损失修正值为 Δh_i。所以

$$h_i + \Delta h_i = S_i (q_{V_i} + \Delta q_V)^2 = S_i q_{V_i}^2 + 2 S_i q_{V_i} \Delta q_V + S_i \Delta q_V^2$$

略去二阶微量 Δq_V^2

$$h_i + \Delta h_i = S_i q_{V_i}^2 + 2 S_i q_{V_i} \Delta q_V \tag{1-12}$$

所以

$$\Delta h_i = 2 S_i q_{V_i} \Delta q_V$$

对于整个环路应满足 $\sum h_i = 0$，则

$$\sum (h_i + \Delta h_i) = \sum h_i + \sum \Delta h_i = \sum h_i + 2 \sum S_i q_{V_i} \Delta q_V = 0$$

根据上式就 Δq_V 求解，便得出闭合环路校正流量 Δq_V 的计算公式为

$$\Delta q_V = -\frac{\sum h_i}{2 \sum S_i q_{V_i}} = -\frac{\sum h_i}{2 \sum \dfrac{S_i q_{V_i}^2}{q_{V_i}}} = \frac{-\sum h_i}{2 \sum \dfrac{h_i}{q_{V_i}}} \tag{1-13}$$

式中，$\sum h_i$ 为整个环路的阻力损失之和；S_i 为管路阻抗。注意各管段损失的正负号。

当计算出环路的 Δq_V 之后，加到每一管段原来的流量 q_V 上，便得到第一次校正后的流量 q_{V_1}。

4）用同样的程序，计算出第二次校正后的流量 q_{V_2}，第三次校正后的流量 q_{V_3}，依此类推，直至 $\sum h_i = 0$ 满足工程精度要求为止。

前面介绍了枝状管网与环状管网，实际上，实际管路系统在许多场合是由枝状管网与环状管网共同构成的，这样的管网就是一般的复杂管网，其水力计算方法仍然遵循枝状管网与环状

管网水力计算的基本方法。

【例1-1】 如图1-5所示，两个闭合环路和管网。l、D、q_V已标在图上。忽略局部阻力，试求第一次校正后的流量。

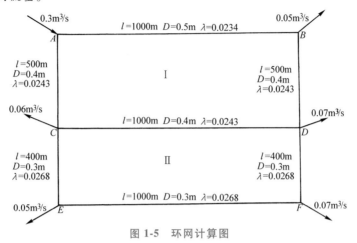

图1-5 环网计算图

【解】 1) 按节点$\sum q_V = 0$分配各管段的流量，列在表1-1中假定流量栏内。

表1-1 环网计算表

环路	管段	假定流量 $q_{V_i}/(\text{m}^3/\text{s})$	$S_i/(\text{s}^2/\text{m}^5)$	h_i/m	h_i/q_{V_i} $/(\text{s}/\text{m}^2)$	Δq_V $/(\text{m}^3/\text{s})$	管段校正流量 $/(\text{m}^3/\text{s})$	校正后流量 q_{V_i} $/(\text{m}^3/\text{s})$	备注
I	AB	+0.15	59.76	+1.3446	8.897	$\Delta q_V =$ $\dfrac{-\sum h_i}{2\sum\dfrac{h_i}{q_{V_i}}}$ $= -0.0014$	-0.0014	0.1486	
	BD	+0.10	98.21	+0.9821	9.821		-0.0014	0.0986	
	DC	-0.01	196.42	-0.0196	1.960		-0.0014	$\left.\vphantom{\begin{matrix}a\\b\end{matrix}}\right\}-0.0289$	
	CA	-0.15	98.21	-2.2097	14.731		-0.0175		
	共计（Σ）			0.0974	35.410		-0.0014	-0.1514	
II	CD	+0.01	196.42	+0.0196	1.960	$\Delta q_V = 0.0175$	$\left.\begin{matrix}+0.0175\\+0.0014\end{matrix}\right\}$	0.0289	
	DF	+0.04	364.42	+0.5830	14.575		+0.0175	0.0575	
	FE	-0.03	911.05	-0.8199	27.330		+0.0175	-0.125	
	EC	-0.08	364.42	-2.3323	29.154		+0.0175	-0.0625	
	共计（Σ）			-2.5496	73.019				

2) 计算各管段阻力损失h_i：

$$h_i = \lambda_i \frac{l_i}{D_i} \frac{1}{2g}\left(\frac{4}{\pi D_i^2}\right)^2 q_{V_i}^2 = S_i q_{V_i}^2$$

$$S_i = \frac{l_i}{D_i}\cdot\frac{1}{2g}\left(\frac{4}{\pi D_i^2}\right)^2 \lambda_i \quad\text{（在图1-5各管段上已注出）}$$

先算出S_i填入表中S_i栏，再计算h_i填入相应栏内。列出各管段$\dfrac{h_i}{q_{V_i}}$之比值，并计算$\sum h_i$、$\sum\dfrac{h_i}{q_{V_i}}$。

3) 按校正流量 Δq_V 公式，计算出环路中的校正流量 Δq_V:

$$\Delta q_V = -\frac{\sum h_i}{2\sum \dfrac{h_i}{q_{V_i}}}$$

4) 将求得的 Δq_V 加到原假定流量上，便得出第一次校正后流量。

注意：在两环路的共同管段上，相邻环路的 Δq_V 符号应反号再加上去。参看表中 CD、DC 管段的校正流量。

(2) 燃气环状管网水力计算方法 对于环状管网，根据输送的流体种类的不同，在水力计算的细节上存在某些小的差别，下面通过燃气管网的实例予以说明。在环状管网计算中，大量的工作是消除管网中不同气流方向的压力降差值，此亦是一般所称的管网水力平差计算。

如前所述，在燃气环状管网中，不论采取何种方法进行计算，同样都必须满足以下两个条件：

1) 流向节点的流量和流出节点的流量，如分别取不同的正负号时，节点处流量的代数和等于零（即流入等于流出），如式（1-10）所示。

2) 在任何封闭环网中，燃气按顺时针方向流动的管段压力降定为正值，逆时针方向流动的管段压力降定为负值，则环网的压力降之和等于零（或称闭合）。

即 $$\sum \Delta p = 0 \tag{1-14}$$

要做到 $\sum \Delta p = 0$ 实际上是非常困难的，一般是规定一个允许闭合差的范围。允许闭合差值一般不大于 10% 或 $\sum \Delta p \pm 10\mathrm{Pa}$。各环的闭合差可由式（1-15）求得

$$\frac{\sum \Delta p}{0.5\sum |\Delta p|} \times 100\% \tag{1-15}$$

各环的闭合差应满足下式的要求：

$$\frac{\sum \Delta p}{0.5\sum |\Delta p|} \times 100\% \leqslant 10\% \tag{1-16}$$

计算燃气环状管网的方法有几种，这里简要介绍手工表格法的步骤。具体如下：

1) 布置管网，绘制管网平面示意图。管网布置应尽量使每环的燃气负荷接近，使管道负荷比较均匀。图上应注明节点编号和环号、管段长度、气源或调压站位置。

2) 计算管网各管段的途泄流量。一般在计算中除大型用户的集中负荷外，为简化计算，均假定途泄流量是沿管道长度方向均布的。途泄流量的计算方法是将环网内的燃气总负荷除以环网的计算长度，得到单位计算长度的燃气负荷。每段管道的途泄流量为该管段的计算长度与单位长度的燃气负荷乘积。

3) 假定各管段的气流方向并选择零速点。气流方向应是流离供气点，而不应逆向流动。选择零速点应使从供气点到用户的燃气流经距离为最短，且不同气流方向输送距离应大体相同，同一环内必须有两个相反的流向，至少有一根管段与其他管段流向相反。气流方向一般以顺时针方向为正，逆时针方向为负。

4) 求管网各管段的计算流量。各管段的计算流量等于流入该管段终点节点的所有管段途泄流量的 0.55，加上流出该管段终点节点的所有转输流量 q_{V_z}。

$$q_{V_c} = 0.55 q_{V_t} + q_{V_z} \tag{1-17}$$

式中 q_{V_c} ——管段的计算流量（$\mathrm{m^3/h}$）；

q_{V_t} ——流至管段终节点的途泄流量（$\mathrm{m^3/h}$）；

q_{V_z}——流出终点节点的转输流量（m³/h）。

5）选择管径。由给定的允许压力降和供气点至零速点的管道长度，求得单位长度平均压力降 $\Delta p/l$，根据 $\Delta p/l$ 和管段计算流量查水力计算图表，选择各管段的管径。低压管道的局部阻力损失一般取管道长度阻力损失的10%。

6）进行初步计算。由于所选择的管径，对于每根管段不可能完全符合单位长度平均压力降的要求，因此初步计算也不可能符合环网 $\sum \Delta p = 0$ 的条件。初步计算可了解闭合差的程度，以便进一步进行平差计算。

7）进行校正计算，即水力平差计算。水力平差计算的目的是为了使管网中选定管径满足管网压力降闭合差为零的条件。为此，必须进行流量的再分配。为了不破坏节点上流量的平衡，流量再分配的手段是采用校正流量 Δq_V，以消除环网的闭合差。校正流量可由下式计算：

$$\Delta q_V' = \frac{\sum \Delta p}{1.75 \sum \dfrac{\Delta p}{q_V}}; \quad \Delta q_V'' = \frac{\sum \Delta q_{V_{nn}}' \left(\dfrac{\Delta p}{q_V}\right)_{nS}}{\sum \dfrac{\Delta p}{q_V}} \tag{1-18}$$

式中　$\Delta q_V'$——校正流量的第一个近似值（m³/h）；

　　　$\Delta q_V''$——$\Delta q_V'$ 值上的附加项（m³/h）；

　　　Δp——管段压力降（Pa）；

　　　$\Delta q_{V_{nn}}'$——邻环校正流量的第一个近似值（m³/h）；

　　　$\left(\dfrac{\Delta p}{q_V}\right)_{nS}$——与该邻环共用管段的 $\dfrac{\Delta p}{q_V}$ 值。

$$\Delta q_V = \Delta q_V' + \Delta q_V'' \tag{1-19}$$

式中　Δq_V——校正流量（m³/h）。

【例1-2】　有一低压环网，环网中管段的长度及环内建筑用地面积如图1-6所示，人口密度每公顷（ha，$1ha = 10^4 m^2$）为500人，每人每小时的平均用气量为0.08m³，在2、6、9节点处有三个集中用户，用气量如图1-6所示。现供应该管网的是城市焦炉燃气，燃气对空气相对密度为0.55，求管网中各段的管径。

【解】　计算步骤按前述方法进行：

1）计算各环的单位长度途泄流量，可按下列步骤进行。

① 按管网布置图将各供气小区编好大小环号。

② 求出每小环内的最大小时用气量（面积、人口密度和每人单位用气量的乘积）。

③ 计算供应环周边管道的总长。

④ 求单位长度的途泄流量。单位长度途泄流量的计算列于表1-2。

表1-2　各环的单位长度途泄流量

环号	面积/ha	居民数/人	平均用气量/[m³/(人·h)]	环内供气量/(m³/h)	环周边管长/m	沿环周边的单位长度途泄流量/[m³/(h·m)]
Ⅰ	27	13500	0.08	1080	2100	0.514
Ⅱ	21	10500	0.08	840	1900	0.442
Ⅲ	32	16000	0.08	1280	2400	0.533
				3200		

注：$1ha = 10^4 m^2$。

8

2）根据计算图，求出管网中各管段的途泄流量、转输流量和计算流量。计算结果列于表1-3。表1-3的计算步骤如下：

表 1-3　各管段的途泄流量、转输流量、计算流量

环号	管段号	管段长度 l /m	单位长度途泄流量 q_V/[m³/(h·m)]	途泄流量 q_{V_t} /(m³/h)	流量/(m³/h)			附注
					$0.55q_{V_t}$	转输流量 q_{V_z}	计算流量 q_{V_c}	
I	1-6	450	0.514+0.533=1.047	471.2	259.1	758.2	1017.3	
	6-7	600	0.514	308.4	169.6	0	169.6	
	1-8	600	0.514+0.442=0.956	573.6	315.5	436	751.5	
	8-7	450	0.514	231.3	127.2	0	127.2	
II	1-8	600	0.514+0.442=0.956	573.6	315.2	436	751.5	节点9的集中负荷由2-9及8-9管段各供气50m³/h
	8-9	350	0.442	154.7	85.1	50	135.1	
	1-2	350	0.442+0.533=0.975	341.3	187.7	818.3	1006	
	2-9	600	0.442	265.2	145.9	50	195.9	
III	1-2	350	0.442+0.533=0.975	341.3	187.7	818.3	1006	
	2-3	400	0.533	213.2	117.3	239.9	357.2	
	3-4	450	0.533	239.9	131.9	0	131.9	
	1-6	450	0.514+0.533=1.047	471.2	259.1	758.2	1017.3	
	6-5	400	0.533	213.2	117.3	186.6	303.9	
	5-4	350	0.533	186.6	102.6	0	102.6	

① 将管网中的各节点依次编号，在距供气点（调压站）最远处假定各零速点的位置（见图1-6中4、7、9），并决定气流方向。

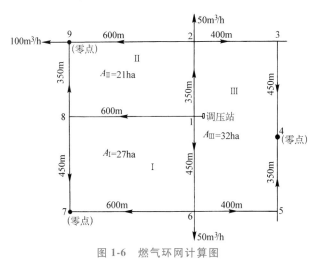

图 1-6　燃气环网计算图

② 计算各管段的途泄流量。各管段的途泄流量为该管段的计算长度与单位长度途泄流量的乘积，即 $q_{V_t}=q_V l$。两个环的共同管段，其单位长度途泄流量 q_{V_t} 等于相邻两环单位长度途泄流量之和，即 $q_{V_t}=q_{V_I}+q_{V_{II}}$。

③ 计算转输流量。计算由零点开始，与气流相反方向推算到供气点。节点上的集中负荷一般由两管段各分担一半为宜。

例如：　　$q_{V_z}(1\text{-}8)=q_{V_t}(8\text{-}9)+50\text{m}^3/\text{h}+q_{V_t}(8\text{-}7)$

　　　　　$q_{V_z}(1\text{-}6)=q_{V_t}(5\text{-}4)+q_{V_t}(6\text{-}5)+q_{V_t}(6\text{-}7)+50\text{m}^3/\text{h}$

④ 求各管段计算流量 q_{V_c}:

$$q_{V_c} = 0.55 q_{V_t} + q_{V_z}$$

3)检验转输流量之总和与各环的供气量及集中负荷之总和是否相符。

① 计算调压站由 1-2、1-6 及 1-8 管段输出的燃气量得

$$[(341.3+818.3)+(471.2+758.2)+(573.6+436)] m^3/h = 3399 m^3/h$$

② 由各环的供气量(见表 1-2)及集中负荷得

$$(3200+200) m^3/h = 3400 m^3/h$$

两值相符。

4)根据单位长度平均压力降值及各管段的计算流量选择各管段的管径。局部阻力取管道长度阻力的 10%。

① 求单位长度平均压力降。由供气点至各零速点的平均距离为

$$\frac{2100+1900+2400}{6} m = 1067 m$$

$$\frac{\Delta p}{l} = \frac{500}{1067 \times 1.1} Pa/m = 0.426 Pa/m$$

② 根据式(1-17)计算管段流量选定管径。

5)根据选定的管径进行初步计算,得出各环的闭合差值。各环的闭合差值按式(1-15)计算应在 10% 以内,超过 10% 的误差应进行校正计算。初步计算结果可列入有关表格(请读者自行设计,可参考表 1-1)。

6)进行校正计算。从初步计算结果,Ⅰ环和Ⅱ环的闭合小于 10%,但Ⅲ环的闭合差却大于 10%。因此必须将全部环网进行校正计算,否则,由于Ⅲ环校正流量值的影响,会使Ⅰ、Ⅱ环的闭合差增大,有超过 10% 的可能。

① 先求各环的 $\Delta q'_V$。根据式(1-18)得

$$\Delta q'_{V_{\mathrm{I}}} = \frac{-\sum \Delta p}{1.75 \sum \Delta p/q_V} = \frac{25.5}{1.75 \times 3.33} m^3/h = 4.38 m^3/h$$

$$\Delta q'_{V_{\mathrm{II}}} = \frac{-\sum \Delta p}{1.75 \sum \Delta p/q_V} = \frac{25.5}{1.75 \times 3.34} m^3/h = 4.36 m^3/h$$

$$\Delta q'_{V_{\mathrm{III}}} = \frac{-\sum \Delta p}{1.75 \sum \Delta p/q_V} = \frac{-64}{1.75 \times 2.94} m^3/h = -12.44 m^3/h$$

② 再求各环的 $\Delta q''_V$。根据式(1-18)得

$$\Delta q''_{V_{\mathrm{I}}} = \frac{\sum \Delta q'_{V_{nn}} \left(\frac{\Delta p}{q_V}\right)_{ns}}{\sum \frac{\Delta p}{q_V}} = \frac{4.36 \times 0.50 - 12.44 \times 0.23}{3.33} m^3/h = -0.20 m^3/h$$

$$\Delta q''_{V_{\mathrm{II}}} = \frac{\sum \Delta q'_{V_{nn}} \left(\frac{\Delta p}{q_V}\right)_{ns}}{\sum \frac{\Delta p}{q_V}} = \frac{4.36 \times 0.55 - 12.44 \times 0.17}{3.34} m^3/h = 0.09 m^3/h$$

$$\Delta q''_{V_{\mathrm{III}}} = \frac{\sum \Delta q'_{V_{nn}} \left(\frac{\Delta p}{q_V}\right)_{ns}}{\sum \frac{\Delta p}{q_V}} = \frac{4.38 \times 0.23 + 4.36 \times 0.17}{2.94} m^3/h = 0.59 m^3/h$$

③ 计算各环的校正流量。根据式（1-19）得

$$\Delta q_{V_I} = \Delta q'_{V_I} + \Delta q''_{V_I} = (4.38 - 0.20)\,\mathrm{m^3/h} = 4.18\,\mathrm{m^3/h}$$

$$\Delta q_{V_{II}} = \Delta q'_{V_{II}} + \Delta q''_{V_{II}} = (4.36 + 0.09)\,\mathrm{m^3/h} = 4.45\,\mathrm{m^3/h}$$

$$\Delta q_{V_{III}} = \Delta q'_{V_{III}} + \Delta q''_{V_{III}} = (-12.44 + 0.59)\,\mathrm{m^3/h} = -11.85\,\mathrm{m^3/h}$$

两个环共同管段的校正流量为本环的校正流量值加上相邻环的校正流量值，如题中 1-8 管段的 $\Delta q_V = \Delta q_{V_I} + \Delta q_{V_{II}}$。

上例计算中，经过一次校正计算后，闭合差仍大于 10%，则应用同样方法再次进行校正计算。

7）零速点漂移计算。经过校正流量的引入，使得管网中的燃气进行了重新分配，使零速点的位置有了移动。

① 节点 9 的集中负荷由 2-9 管段供气 $(50-4.5)\,\mathrm{m^3/h} = 45.5\,\mathrm{m^3/h}$，由 8-9 管段供气 $(50+4.5)\,\mathrm{m^3/h} = 54.5\,\mathrm{m^3/h}$。

② 管段 8-7 的计算流量由 $127.2\,\mathrm{m^3/h}$ 变成 $123\,\mathrm{m^3/h}$，使零速点位置向节点 8 方向移动，移动的距离为

$$\Delta l_8 = \frac{127.2 - 123}{q_{8-7}}\,\mathrm{m} = \frac{4.2}{0.514}\,\mathrm{m} = 8.2\,\mathrm{m}$$

③ 管段 3-4 的计算流量由 $131.9\,\mathrm{m^3/h}$，使零速点位置向节点 3 方向移动，移动的距离为

$$\Delta l_3 = \frac{131.9 - 120.1}{0.533}\,\mathrm{m} = \frac{11.8}{0.533}\,\mathrm{m} = 22.1\,\mathrm{m}$$

零速点的漂移在低压环管网中的意义不大。低压环网的计算，一般是只要各节点的燃气供应压力不低于管网中规定的最低压力即可。因此，全部计算工作完成后，必须校核从供气点至零速点的压力降。

8）校核从供气点至零速点压力降为

$$\Delta p_{1-8-7} = (420 + 108)\,\mathrm{Pa} = 528\,\mathrm{Pa}$$

$$\Delta p_{1-8-9} = (420 + 109)\,\mathrm{Pa} = 529\,\mathrm{Pa}$$

$$\Delta p_{1-2-3-4} = (168 + 180 + 104)\,\mathrm{Pa} = 452\,\mathrm{Pa}$$

从上述压力降的计算结果证明，III 环的计算方法压力降值超过允许压力降 30 Pa。为满足允许压力降的要求，必须将 III 环中除 1-2 及 1-6 管段外的其他管段中的一根或两根管段的管径适当扩大，重新进行计算。事实上，管网实际压力降与允许压力降是否相符，在初步计算结束后即可发现，可及时进行修正。

1.1.2 小密度差管流流动

在供热通风工程中，水和水蒸气或空气在流体输配过程中会产生密度的变化（此处指非相变意义下所导致的密度变化，如自然循环的热水采暖系统），从而会产生一个由浮力作用而引起的附加压头 H_{by}，如图 1-7 所示，对 1—1、2—2 两个截面，其伯努利方程$^{\ominus}$可近似写为

$$Z_1 + \frac{p_1}{\gamma} + \frac{\alpha_1 v_1^2}{2g} + H_{by} = Z_2 + \frac{p_2}{\gamma} + \frac{\alpha_2 v_2^2}{2g} + H_{l1-2} \tag{1-20}$$

$\ominus$ 在流体力学中，常采用另一种形式的伯努利方程，即单位质量流体的能量方程 $\dfrac{p_1}{\rho} + z_1 g + \dfrac{v_1^2}{2} = \dfrac{p_2}{\rho} + z_2 g + \dfrac{v_2^2}{2}$。

式中，H_{by} 即为由密度差引起的附加压头。α_1、α_2 为断面动能修正系数，对工程湍流，一般可取 1。H_{by} 的计算一般可由计算管段的平均密度差得到，或可通过其他的近似方法来计算。式（1-20）考虑的是浮力（密度差）对流动过程的影响，故本书将其称为小密度差管流能量方程。对式（1-20）中 H_{by} 的计算，热水的自然循环时，有

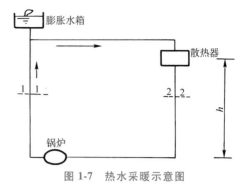

图 1-7　热水采暖示意图

$$\begin{cases} \Delta p = h(\gamma_h - \gamma_g) \\ H_{by} = h \end{cases} \quad (1\text{-}21)$$

式中　Δp——自然循环系统的作用压力（kN/m^2）（$1kN/m^2 = 1kPa$；$10mH_2O = 98kPa = 1at$，即 1 个工程大气压）；

　　　h——从加热中心到冷却中心的垂直距离（m）；

　　　γ_h——水冷却后的重度（kN/m^3）；

　　　γ_g——供水的重度（kN/m^3）。

在其他场合计算 H_{by} 时，可遵循同种静止流体其等压面是一个水平面的法则及水静力学基本方程来得到。

如图 1-8 所示，当流体在管路中密度发生改变时，其附加压头的确定可通过简化 N-S 方程及波辛内斯克假设（Bousinesq's approximation）得到。本书仅在这里给出有关结果，有兴趣的读者可自行推证。

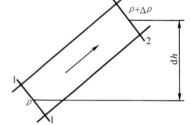

图 1-8　微元段上的附加作用力

$$\begin{aligned} dp &= -d\rho \cdot g \cdot dh \\ &= -d\gamma \cdot dh \end{aligned} \quad (1\text{-}22)$$

式（1-22）指微元段上的附加压力，负号表示当管程沿流程抬高、重度（密度）降低，或者当管程沿流程降低、密度增加时，管段附加压力为正；当管程沿流程降低、而重度（密度）也降低，或者当管程沿流程抬高、重度（密度）也增加时，管段附加压力为负。

在工程中的许多场合，往往可以认为管道中流体的密度变化是集中在某处或某个断面发生的。例如，热水供暖系统中高温热水通过散热器时流体密度即突然发生了变化，这种变化所产生的附加压头即可由前述之自然循环系统的作用力计算公式得到。

还有一类典型的流动也可归结为小密度差管流流动，即管内流体与管外流体存在的密度差所导致的流动，这一类也存在两种场合：一是密度与空气不同的其他气体流动，如燃气流动，其密度大多小于空气；另一个场合是高温烟气流动，烟气密度一般也低于当地空气的密度。下面分别予以说明。

我们知道，对于恒定气流流动，其能量方程可表示为

$$p_1 + \frac{\rho v_1^2}{2} + (\gamma_a - \gamma)(Z_2 - Z_1) = p_2 + \frac{\rho v_2^2}{2} + p_{l_{1-2}} \quad (1\text{-}23)$$

式（1-23）即用相对压力表示的气流能量方程式。方程与液体能量方程比较，除各项单位为压力，表示气体单位体积的平均能量外，对应项有基本相近的意义。

p_1、p_2 是断面 1—1、2—2 的相对压力，专业上习惯称为静压，但不能理解为静止流体的压力。它与管中水流的压力水头相对应。应当注意，相对压力是以同高程处大气压力为零点计算的，不同的高程引起大气压力的差异，已经计入方程的位压项。

$\dfrac{\rho v_1^2}{2}$、$\dfrac{\rho v_2^2}{2}$ 在专业中习惯称为动压。它反映断面流速无能量损失的降低至零所转化的压力值。

$(\gamma_a-\gamma)(Z_2-Z_1)$ 是重度差与高程差的乘积，称为位压，与水流的位置水头相应。该项正好表示了管内外流体密度差的作用，与式（1-22）在本质上是一致的，γ_a 是管外大气的重度，γ 是管内气体的重度。从式（1-23）可知，位压仅属于 1 断面，它是以 2 断面为基准量度的 1 断面的单位体积位能。显然，$(\gamma_a-\gamma)$ 为单位体积气体所承受的有效浮力，气体从 Z_1 至 Z_2，顺浮力方向上升（Z_2-Z_1）垂直距离时，气体所损失的位能为 $(\gamma_a-\gamma)(Z_2-Z_1)$。因此，$(\gamma_a-\gamma)(Z_2-Z_1)$ 即为断面 1 相对于断面 2 的单位体积位能。式中，$(\gamma_a-\gamma)$ 的正或负，表征有效浮力或有效重力的作用；(Z_2-Z_1) 的正或负表征气体向上或向下流动。位压是两者的乘积，因而可正可负。当气流方向（向上或向下）与实际作用力（重力或浮力）方向相同时，位压为正。当两者方向相反时，位压为负。$p_{l_{1-2}}$ 是 1，2 两断面间的压力损失。

静压和位压相加，称为势压，以 p_s 表示。下标 s 表示"势压"的第一个声母。势压与管中水流的测压管水头相对应。显然

$$p_s = p + (\gamma_a-\gamma)(Z_2-Z_1)$$

静压和动压之和，专业中习惯称为全压，以 p_q 表示，即

$$p_q = p + \dfrac{\rho v^2}{2}$$

静压、动压和位压三项之和以 p_{at} 表示，称为总压，与管中水流的总水头线相对应。即

$$p_{at} = p + \dfrac{\rho v^2}{2} + (\gamma_a-\gamma)(Z_2-Z_1)$$

由上式可知，存在位压时，总压等于位压加全压；位压为零时，总压就等于全压。位压 $(\gamma_a-\gamma)(Z_2-Z_1)$ 实际上就表示了管内外流体存在密度差时所具有的附加压头。

当然，在许多问题中，特别是空气在管中的流动问题，或高差甚小，或重度差甚小，$(\gamma_a-\gamma)(Z_2-Z_1)$ 可以忽略不计，则气流的能量方程简化为

$$p_1 + \dfrac{\rho v_1^2}{2} = p_2 + \dfrac{\rho v_2^2}{2} + p_{l_{1-2}} \qquad (1\text{-}24)$$

对于烟气流动，如图 1-9 所示：0—0 断面为烟囱顶部，1—1 断面为烟囱底部。$\rho_T < \rho_a$，烟气向上流动。为了确定由密度差产生的作用压头，可以对烟囱内烟气和烟囱外的空气分别写出静力学基本方程。对于 0—0 断面，可视为等压面，于是，对 1—1 断面处烟囱内外之流体可分别写出其静力学基本方程：

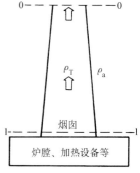

图 1-9　烟囱效应示意图

$$p_{1T} = p_0 + \rho_T g h_{1-0} \qquad (1\text{-}25)$$
$$p_{1a} = p_0 + \rho_a g h_{1-0} \qquad (1\text{-}26)$$

显然在 1—1 断面处烟囱内外两侧存在压差。若 $\rho_T < \rho_a$ 则压差大小为

$$\Delta p = p_{1a} - p_{1T} = (\rho_a - \rho_T) g h_{1-0} > 0 \qquad (1\text{-}27)$$

式（1-25）～式（1-27）中，p_0 指 0—0 断面大气压力；p_a、p_T 分别指烟囱外部、内部气体压力。式（1-27）表明，烟囱外部压力大于烟囱内部压力（$\rho_T > \rho_a$ 的情况请读者自行分析）。如果在 1—1 断面处开出一个孔，则会导致外部空气流入烟囱内并向上流动，这一现象即通常所说的"烟囱"效应（stack effect），也即通常所说的"热压"作用。

还可以关注式（1-20）~式（1-22）与式（1-23）~式（1-27）等的区别，后者指的是被输送介质与管外空气的密度差作用，前者则是指被输送介质本身密度的变化，但是两者在计算附加压头的表达式上本质是统一的，只是从不同的角度或者侧面体现了密度差的作用。

从以上分析可以看出，不论是流体自身密度在流动发生变化的场合，还是管内外流体存在密度差的场合，由密度变化所产生的附加作用力均可用流体静力学分析方法得到，其大小均可表示为密度差与高度差的乘积，但对流体流动表现为推力还是阻力则要看管段的具体特点。前面已介绍了如何判断由密度差所产生的附加作用力是推力还是阻力的方法。

1.2　无压流动基础——明渠均匀流

1.2.1　概述

明渠是一种具有自由表面水流的渠道。根据它的形成可分为天然明渠和人工明渠。前者指天然河道，后者如人工渠道（输水渠、排水渠等）、运河及未充满水流的管道等。明渠水流与有压管流不同，它具有自由表面，表面上各点受大气压强作用，其相对压强为零，故又称为无压流动或重力流动。

根据流体运动学基本理论，明渠水流依其运动要素是否随时间变化可分为恒定流动与非恒定流动。明渠恒定流动又根据流线是否为平行直线可分为均匀流动与非均匀流动两类。明渠水流由于自由表面不受约束，一旦受到降水、河渠建筑物等因素的影响，往往形成非均匀流动。但在实用上，如在铁道、公路、给水排水与建筑设备、水利工程等的沟渠或管道中，其排水或输水能力的计算又常按明渠均匀流处理。此外，明渠均匀流理论对于进一步研究明渠非均匀流及地下水运动，也具有重要意义。

1. 明渠的分类

由于过水断面形状、尺寸与底坡的变化对明渠水流运动有重要影响，故明渠一般分为以下类型：

（1）棱柱形渠道与非棱柱形渠道　凡是断面形状及尺寸沿程不变的长直渠道，称为棱柱形渠道，否则为非棱柱形渠道。前者的过水断面面积 A 仅依水深 h 而变化，即 $A=f(h)$；后者的过水断面面积不仅随着水深变化，而且还随着各断面的沿程位置而变化，也就是说，过水断面 $A=f(h, s)$（s 指流程）。断面规则的长直人工渠及涵洞是典型的棱柱形渠道。在实际计算时，对于断面形状及尺寸沿程变化较小的河段，可按棱柱形渠道来处理。而连接两条在断面形状和尺寸不同的渠道的过渡段，是典型的非棱柱形渠道。

渠道的断面形状有梯形、矩形、圆形（半圆）、抛物线形及复式断面等多种，图 1-10 给出了最常见的几种形式。

（2）顺坡、平坡和逆坡渠道　明渠底一般是个斜面，在纵剖面上，渠底便成一条斜直线，这一斜线即渠道底线的坡度便是渠道底坡 i，它是单位流程上渠底高程降低值。

一般规定：渠底沿程降低的底坡，$i>0$ 称为顺坡；渠底水平时 $i=0$，称为平坡；渠底沿程升高时 $i<0$，称为逆坡，如图 1-11 所示。

渠道底坡 i 是指渠底的高差 Δz 与相应渠长 l 的比值，故有

$$i=-\frac{\Delta z}{l}=\sin\theta \tag{1-28}$$

式中，θ 是渠底与水平线间的夹角，如图 1-12 所示。

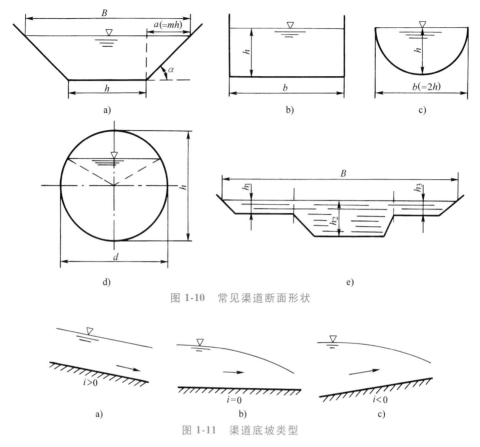

图 1-10　常见渠道断面形状

图 1-11　渠道底坡类型

通常土渠的底坡很小（$i \leqslant 0.01$），即 θ 角很小，渠道底线沿水流方向的长度 l，在实用上可认为和它的水平投影长度 l_x 相等。即

$$i = \sin\theta \approx -\frac{\Delta z}{l_x} = \tan\theta \qquad (1-29)$$

式中，l_x 可直接量测，它表示渠底的水平长度。式（1-29）表明在渠道底坡微小的情况下，水流的过水断面同在水流中所取的垂直断面，在实用上可以认为没有差异。因此，过水断面可取垂直的，水流深度可沿垂线来量取。

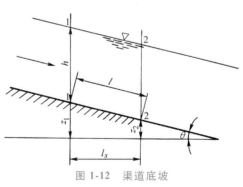

图 1-12　渠道底坡

2. 明渠均匀流的条件与特征

均匀流是一种渐变流的极限情况，即流线是绝对平行无弯曲的流动。具体来说，当明渠的断面平均流速沿程不变，各过水断面上的流速分布也相同时才会出现明渠均匀流动。

明渠均匀流既然是等速流动，因此根据静力平衡原理可知，重力在水流方向上的分力——水流运动的推力，与阻碍水流运动的摩擦阻力相平衡。反映推力的底坡 i 和反映摩阻力的粗糙系数 n 必须沿程不变。实际上对于无压流动而言，重力在水流方向的分力类似于有压流动中的外加动力装置或设备。

显然，明渠均匀流只能发生在 i 和 n 不变的棱柱形顺坡人工渠道中。例如，在长直的渠道和运河，以及在没有障碍的天然顺直河段中，其水流近乎均匀流动。

所以，明渠均匀流的水流具有如下特征：断面平均流速 v 沿程不变；水深 h 也沿程不变；而且总能线即总水头线，水面及渠底相互平行，也就是说，其总水头线坡度（水力坡度）J，测管水头线坡度（水面坡度）J_p 和渠道底坡 i 彼此相等（见图 1-13），即

$$J = J_p = i \tag{1-30}$$

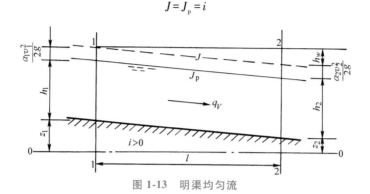

图 1-13　明渠均匀流

1.2.2　明渠均匀流的计算公式

明渠水流一般属于湍流阻力平方区，即第二自模区。明渠均匀流水力计算中的流速公式，长期以来一般表示为如下形式：

$$v = CR^x J^y \tag{1-31}$$

式中　v——平均流速（m/s）；

　　　R——水力半径（m）；

　　　J——水力坡度；

　x、y——指数；

　　　C——水流的流速系数，它与水力半径、渠道粗糙度等因素有关。

上式的实用公式中，应用最广的便是谢才公式和曼宁（Manning）公式。

1. 谢才公式

1769 年，法国工程师谢才（Antoine Chezy）提出了明渠均匀流的计算公式即谢才公式：

$$v = C\sqrt{RJ} \tag{1-32}$$

式中　v——平均流速（m/s）；

　　　R——水力半径（m）；

　　　J——水力坡度；

　　　C——水流的流速系数（$m^{1/2}/s$），也称为谢才系数。

由于在明渠均匀流中，水力坡度 J 与渠底坡度 i 相等，故谢才公式也可写成：

$$v = C\sqrt{Ri} \tag{1-33}$$

2. 流量模数与正常水深

根据谢才公式可得流量计算式：

$$q_v = Av = AC\sqrt{Ri} = K\sqrt{i} = K\sqrt{J} \tag{1-34}$$

式（1-34）为计算明渠均匀流输水能力的基本关系式。式中引入一个系数 $K = AC\sqrt{R}$，它的单位与流量 q_v 相同，故称 K 为流量模数；A 为相应于明渠均匀流水深 h 即正常水深时的过水断

面面积。

在明渠均匀流中，渠道的断面尺寸和粗糙系数一定，故有

$$K = f(h)$$

其中，相应于 $K = \dfrac{q_v}{\sqrt{i}}$ 的水深 h，是渠道中水作均匀流动时沿程不变的断面水深，称为正常水深，通常以 h_0 表示。由此得到

$$h_0 = f(断面尺寸, n, q_v, i) \tag{1-35}$$

而且，对某一给定的渠道，则有

$$q_v = f(h_0) \tag{1-36}$$

通常谈到的某一渠道的输水或排水能力时，指的是在一定的正常水深 h_0 时所通过的流量。

为了定出谢才系数 C，前人做了大量工作，并提出了一些经验公式。这其中曼宁公式被广泛采用。

3. 曼宁公式与巴甫洛夫斯基公式

爱尔兰工程师曼宁（Robert Manning）于 1889 年也提出了一个明渠均匀流公式：

$$v = \frac{1}{n} R^{2/3} J^{1/2} \tag{1-37}$$

式中　　v——平均流速（m/s）；

R——水力半径（m）；

J——水力坡度；

n——渠道的粗糙系数。

曼宁公式是根据实验资料分析提出，并进一步被大量实测资料所证实。由于它的形式简单，计算结果能与工程实际较好相符，因而被广泛使用，并编有图表代替计算。

将谢才公式与曼宁公式相比较，便得

$$C = \frac{1}{n} R^{1/6} \tag{1-38}$$

此式表明了谢才系数 C 与曼宁粗糙系数 n 之间的重要关系，在一般书中也称之为曼宁公式。

在曼宁公式中，水力半径的指数实际上不是一个常数，而是主要依渠道形状和粗糙系数而变化的。为此，苏联水利学家巴甫洛夫斯基，在 1925 年提出了一个带有变指数的公式，称为巴甫洛夫斯基公式：

$$C = \frac{1}{n} R^{y} \tag{1-39}$$

而

$$y = 2.5\sqrt{n} - 0.13 - 0.75\sqrt{R}\ (\sqrt{n} - 0.10)$$

此式是在下列数据范围内得到的：$0.1\mathrm{m} \leqslant R \leqslant 3\mathrm{m}$ 及 $0.011 < n < 0.040$。C 与 R、n 的关系可从有关手册查得。

4. 粗糙系数 n

粗糙系数 n 值的大小综合反映渠道壁面（包括渠底）对水流阻力的作用，它不仅与渠道表面材料有关，同时和水位高低（即流量大小）及运行管理的好坏有关。因此，正确地选择渠道壁面的粗糙系数 n 对于渠道水力计算成果和工程造价的影响颇大。上述各式中粗糙系数 n 的选择还没有精确的方法。对 n 的选择意味着对所给渠道水流阻力的估计，这不是一件容易的事情。对于一般工程计算，可查表 1-4 或有关计算手册的数值。一些重要的河渠工程，其 n 值要通过试验或实测来确定。

表1-4 各种不同粗糙面的粗糙系数 n

等级	壁 渠 种 类	n	$1/n$
1	涂覆珐琅或釉质的表面;极精细刨光而拼合良好的木板	0.009	111.1
2	刨光的木板;纯粹水泥的粉饰面	0.010	100.0
3	水泥(含1/3细沙)粉饰面;安装和接合良好(新)的陶土、铸铁管和钢管	0.011	90.9
4	未刨的木板,而拼合良好;在正常情况下内无显著积垢的给水管;极洁净的排水管;极好的混凝土面	0.012	83.3
5	琢石砌体;极好的砖砌体;正常情况下的排水管;略微污染的给水管;非完全精确拼合的未刨的木板	0.013	76.9
6	"污染"的给水管和排水管;一般的砖砌体;一般情况的混凝土面	0.014	71.4
7	粗糙的砖砌体;未琢磨的石砌体;有洁净修饰的表面;石块安装平整;积污垢的排水管	0.015	66.7
8	普通砖块砌体;其状况满意的旧破砖砌体;较粗糙的混凝土面;光滑的开凿得极好的崖岸	0.017	58.8
9	覆有坚厚淤泥层的渠道;用致密黄土或致密卵石做成而为整片淤泥薄层所覆盖良好的渠道	0.018	55.6
10	很粗糙的块石砌体;用大块石的干砌体;碎石铺筑面;纯由岩石中开筑的渠道;用黄土、卵石和致密泥土做成而为淤泥薄层所覆盖的渠道(正常情况)	0.020	50.0
11	尖角的大块乱石铺筑;表面经过普通处理的岩石渠道;致密黏土渠道;用黄土、卵石和泥土做成而为非整片的(有些地方断裂的)淤泥薄层所覆盖的渠道;大型渠道受到中等以上的保护	0.0225	44.4
12	大型土渠受到中等养护;小型土渠受到良好的养护;在有利条件下的小河和溪涧(自由流动无淤塞和显著水草等)	0.025	40.0
13	中等条件以下的大渠道;中等条件的小渠道	0.0275	36.4
14	条件较坏的渠道和小河(例如有些地方有水草和乱石或显著的茂草,有局部的坍坡等)	0.030	33.3
15	条件很坏的渠道和小河,断面不规则,严重地受到石块和水草的阻塞等	0.035	28.6
16	条件特别坏的渠道和小河(沿河有崩崖的巨石、绵密的树根、深潭、坍岸等)	0.040	25.0

【例1-3】 有一段长为1km的顺直小河,河床有乱石及岸边有水草,这段河床的过水断面为梯形,其底部落差为0.5m,底宽3m,水深0.8m,边坡系数 $m=\cot\alpha=1.5$(见图1-10a,有关梯形截面几何要素列入本例题中)。试求流量模数 K 和流量 q_v。

【解】 仅介绍解析法。

根据基本关系式
$$q_v = Ac\sqrt{Ri} = K\sqrt{i}$$

渠底坡度
$$i = \frac{0.5}{1000} = 0.0005$$

梯形过水断面面积
$$A = (b+mh)h = [(3+1.5\times0.8)\times0.8]\,\text{m}^2 = 3.36\,\text{m}^2$$

梯形断面湿周
$$\chi = b+2h\sqrt{1+m^2} = (3+2\times0.8\sqrt{1+1.5^2})\,\text{m}$$
$$= 5.88\,\text{m}$$

水力半径
$$R = \frac{A}{\chi} = \frac{3.36}{5.88}\,\text{m} = 0.57\,\text{m}$$

粗糙系数 $n = 0.030$

谢才系数 $C = \dfrac{1}{n}R^y$，根据 n 与 R 值，得 $C = 28.8\mathrm{m}^{1/2}/\mathrm{s}$。因而求得

流量模数

$$K = AC\sqrt{R} = 3.36 \times 28.8 \times \sqrt{0.57}\,\mathrm{m}^3/\mathrm{s} = 73.06\,\mathrm{m}^3/\mathrm{s}$$

流量

$$q_v = K\sqrt{i} = 73.06 \times \sqrt{0.0005}\,\mathrm{m}^3/\mathrm{s} = 1.63\,\mathrm{m}^3/\mathrm{s}$$

（其中流速 $v = C\sqrt{Ri} = 28.8 \times \sqrt{0.57 \times 0.0005}\,\mathrm{m/s} = 0.486\mathrm{m/s}$）

1.2.3　明渠水力最优断面和允许流速

1. 水力最优断面

明渠均匀流输水能力的大小取决于渠道底坡、粗糙系数及过水断面的形状和尺寸。在设计渠道时，底坡的 i 一般随地形条件而定，粗糙系数 n 取决于渠壁的材料，于是，渠道输水能力 q_v 只取决于断面大小和形状。当 i、n 及 A 大小一定时，使渠道所通过的流量最大的那种断面形状称为水力最优断面。

从均匀流的基本关系式 $q_v = AC\sqrt{Ri} = A\left(\dfrac{1}{n}R^{1/6}\right)\sqrt{Ri} = \dfrac{A}{n}R^{2/3}i^{1/2} = \dfrac{\sqrt{i}}{n} \cdot \dfrac{A^{5/3}}{\chi^{2/3}}$ 看出：当 i、n 及 A 给定，则水力半径 R 最大，即湿周 χ 最小的断面能通过最大的流量。而面积 A 为定值，边界最小的几何图形是圆形。因此，管路断面形状通常为圆形。对于明渠则为半圆形，但半圆形断面施工困难，只在钢筋混凝土或钢丝网水泥渡槽等采用外，其余很少应用。在土壤中开挖的渠道，一般都用梯形断面，其中最接近半圆形的一种是半个正六边形。但这种梯形要求的边坡系数：

$$m = \cot\alpha = \cot 60° = \dfrac{1}{\sqrt{3}} = 0.577 \qquad (1\text{-}40)$$

该值对大多数种类的土壤来说是不稳定的。一般而言，细粒砂土的边坡系数为 3.0~3.5；砂壤土或松散土壤为 2.0~2.5；密实砂壤土、轻黏壤土为 1.5~2.0；砾石、砂砾石土约 1.5；重壤土、密实黄土、普通黏土为 1.0~1.5；密实重黏土约 1.0；各种不同硬度的岩石为 0.5~1.0。实际上，常常只能首先根据渠面土壤或护面性质来确定它的边坡系数 m，然后在这一前提下，算出水力最优的梯形过水断面。

由于明渠工程中常采用梯形过水断面，因此下面将讨论在已定边坡 m 的前提下梯形断面的水力最优条件。

设明渠梯形过水断面（见图1-10a）的底宽为 b，水深为 h，边坡系数为 m，于是过水断面的大小为

$$A = (b + mh)h$$

解得

$$b = \dfrac{A}{h} - mh$$

而湿周为

$$\chi = b + 2h\sqrt{1 + m^2} = \dfrac{A}{h} - mh + 2h\sqrt{1 + m^2} \qquad (1\text{-}41)$$

前已说明，水力最优断面是 A 一定时湿周 χ 最小的断面。因此，对式（1-41）取导数，求 $\chi = f(h)$ 的极小值

令

$$\dfrac{\mathrm{d}\chi}{\mathrm{d}h} = -\dfrac{A}{h^2} - m + 2\sqrt{1 + m^2} = 0 \qquad (1\text{-}42)$$

再求二阶导数，得

$$\frac{\mathrm{d}^2 \chi}{\mathrm{d}h^2} = 2\frac{A}{h^3} > 0$$

故有 $\chi_{\min}$ 存在。现解式（1-42）。并以 $A = (b+mh)h$ 代入，便得到以宽深比 $\beta = \dfrac{b}{h}$ 表示的梯形过水断面的水力最优条件。

$$\beta_h = \left(\frac{b}{h}\right)h = 2\left(\sqrt{1+m^2} - m\right) \tag{1-43}$$

由此可见，水力最优断面的宽深比 β_h 仅是边坡系数 m 的函数，根据上式可列出不同 m 时的 β_h 值，见表1-5。

表1-5　水力最优断面的宽深比 β_h

$m = \cot\alpha$	0	0.25	0.50	0.75	1.00	1.25	1.50	1.75	2.00	3.00
$\beta_h = \left(\dfrac{b}{h}\right)h$	2.00	1.56	1.24	1.00	0.83	0.70	0.61	0.53	0.47	0.32

从式（1-43）出发，还可引出一个结论，在任何边坡系数 m 的情况下，水力最优梯形断面的水力半径 R 为水深 h 的一半。即

$$R_h = \frac{h}{2} \tag{1-44}$$

至于水力最优的矩形断面，不过是这种梯形断面在 $m=0$ 时的一个特例。当 $m=0$ 时，代入式（1-43）得

$$\beta_h = 2, \text{即} \ b = 2h \tag{1-45}$$

说明水力最优矩形断面的底宽 b 为水深 h 的两倍。

水力最优断面是仅从水力学观点的讨论，在工程实践中还必须依据造价、施工技术、运转要求和养护等各方面条件来综合考虑和比较，选出最经济合理的过水断面。对于小型渠道，其造价基本上由过水断面的土方量决定，它的水力最优断面和其经济合理断面比较接近。对于大型渠道，水力最优断面往往是窄而深的断面，这样的断面使得施工时深挖高填，养护时也较困难，因而不是最经济合理的断面。另外，渠道的设计不仅考虑输水，还要考虑航运对水深和水面宽度等方面的要求，需要综合各方面的因素来考虑。

2. 渠道的允许流速

设计渠道，除了考虑上述水力最优条件及经济因素外，还应使渠道的设计流速不应大到使渠床遭受冲刷，也不可小到使水中悬浮的泥沙发生淤积，而应当是不冲、不淤的流速。例如，著名的橘子洲大约在东晋时才逐渐浮出水面，此前应当是隐没在水面之下的长长的沙带，此即典型泥沙沉降淤积的结果。因此，在设计中，要求渠道流速 v 在不冲、不淤的允许流速范围内，即

$$v_{\max} > v > v_{\min} \tag{1-46}$$

式中　$v_{\max}$——免遭冲刷的最大允许流速，简称不冲允许流速；

　　　$v_{\min}$——免受淤积的最小允许流速，简称不淤允许流速。

渠道中的不冲允许流速 $v_{\max}$：它的大小取决于土质情况，即土壤种类、颗粒大小和密实程度；或取决于渠道的衬砌材料，以及渠中流量等因素。表1-6所示为我国陕西省水利厅1965总结的各种渠道免遭冲刷的最大允许流速，可供设计明渠时选用。如果在河流中敷设换热器时，应在一定程度上考虑不冲、不淤流速的影响。

表 1-6　渠道的不冲允许流速

坚硬岩石和人工护面渠道	流量/(m³/s)		
	<1	1~10	>10
软质水成岩(泥灰岩、页岩、软砾岩)	2.5	3.0	3.5
中等硬质水成岩(致密砾岩、多孔石灰岩、层状石灰岩、白云石灰岩、灰质砂岩)	3.5	4.25	5.0
硬质水成岩(白云砂岩砂质石灰岩)	5.0	6.0	7.0
结晶岩火成岩	8.0	9.0	10.0
单层块石铺砌	2.5	3.5	4.0
双层块石铺砌	3.5	4.4	5.0
混凝土护面	6.0	8.0	10.0

土　质　渠　道			
土　　质		不冲允许流速/(m/s)	说　　明
均匀黏性土	轻壤土	0.60~0.80	
	中壤土	0.65~0.85	
	重壤土	0.70~1.0	
	黏土	0.75~0.95	(1) 均质黏土各种土质的干重度为 12.75~16.67kN/m³
土　质	粒径/mm	不冲允许流速/(m/s)	(2) 表中所列为水力半径 $R=1m$ 的情况。当 $R\neq 1m$ 时，应将表中数值乘以 R^α 才得相应的不冲允许流速。对于砂、砾石、卵石和疏松的壤土、黏土，$\alpha=1/3\sim1/4$；对于密实的壤土、黏土 $\alpha=1/4\sim1/5$
无黏性土	极细砂细砂中砂	0.05~0.1	0.35~0.45
	细砂中砂	0.25~0.5	0.45~0.60
	粗砂	0.5~2.0	0.60~0.75
	细砾石	2.0~5.0	0.75~0.90
	中砾石	5.0~10.0	0.90~1.10
	粗砾石	10.0~20.0	1.10~1.30
	小卵石	20.0~40.0	1.30~1.80
	中卵石	40.0~60.0	1.80~2.20

　　渠道中的不淤允许流速 v_{min}：为了防止植物在渠道中滋生，防止淤泥或砂的沉积，渠道中断面的平均流速应分别不低于 0.6m/s、0.2m/s 或 0.4 m/s。

　　如果渠道水力计算的结果，发现 $v>v_{max}$ 或 $v<v_{min}$ 就应设法调整。根据谢才公式，v 与 i、R 和 n 有关。就渠道坡度 i 而言，为了减少土石方数量，i 应尽可能与地面坡度一致。但如有必要而且地形条件可能，也可改变渠道路线，使之延长或缩短，或者用跌水即台阶状坡道集中地面高差，来达到改变 i 的要求。另一方面，$v_{max}>v>v_{min}$ 这一要求，也可通过改变免遭冲刷的最大允许流速 v_{max} 或免受淤积的最小允许流速 v_{min} 来实现。例如设置在渠道的沉砂池，或渠面护面，就具有这种功用。

1.2.4　明渠均匀流水力计算的基本问题

　　明渠均匀流的水力计算，主要有以下三种基本问题，现以最常用的梯形断面渠道为例分述如下：

　　1. 验算渠道的输水能力

　　这类问题主要是对已成渠道进行校核性的水力计算，特别是验算其输水能力问题。从明渠均匀流的基本式（1-34）看出，各水力要素间存在着以下的函数关系，即

$$q_V = AC\sqrt{Ri} = f\,(m、b、h_0、n、i)$$

当渠道已定，已知渠道断面的形式及尺寸，并已知渠道的土壤或护面材料及渠底坡度。即已知 m、b、h_0、n 和 i，求其输水能力 q_V。

　　2. 决定渠道底坡

　　设计渠道底坡时，一般已知土壤或护面材料、设计流量以及断面的几何尺寸，即已知 n、q_V

和 m、b、h_0 各量，求所需要的底坡 i。在此时，先算出流量模数 K，再由式（1-34）求出 i，即

$$i = \frac{q_V^2}{K^2}$$

3. 决定渠道断面尺寸

在设计一条新渠道时，一般已知流量 q_V、渠道底坡的 i、边坡系数 m 及粗糙系数 n，求渠道断面尺寸 b 和 h。

从基本算式 $q_V = AC\sqrt{Ri} = f(m、b、h、n、i)$ 看到，这六个量中仅知四个量，需求两个未知量（b 和 h），可能有许多组 b 和 h 的数值能满足这个方程式。为了使这个问题的解能够确定，必须根据工程要求及经济的条件，先定出渠道底宽 b，或水深 h，或者宽深比 $\beta = b/h$。有时，还可选定渠道的最大允许流速 v_{max}。以下分四种情况说明。

（1）水深 h 已定，求相应的底宽 b　给底宽 b 以几个不同值，算出相应的 $K = AC\sqrt{R}$，并作 $K = f(b)$ 曲线（见图 1-14）。再从给定的 q_V 和 i，算出 $K = \dfrac{q_V}{\sqrt{i}}$。由图 1-14 中找出对应于这 K 值的 b 值，即为所求的底宽 b。

（2）底宽 b 已定，求相应的水深 h_0　仿照上述解法，作 $K = f(h)$ 曲线（见图 1-15），然后找出对应于 $K = \dfrac{q_V}{\sqrt{i}}$ 的 h 值，即为所求的水深 h。

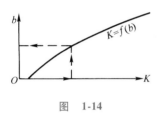

图　1-14

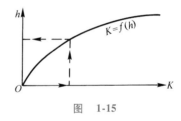

图　1-15

需要指出，以上得到的两种过水断面形式，不一定恰好就是水力最优的。可利用有关手册提供的计算图，减少计算过程，很快得到所需要的 h 或 b 值。另外，用计算机求解则是更好的手段。

（3）给定宽深比 β 值，求 b 和 h_0　对于小型渠道，一般按水力最优设计，$\beta = \beta_h = 2(\sqrt{1+m^2} - m)$；对于大型土渠的计算，则要考虑经济条件；对通航渠道则按特殊要求设计。

（4）从最大允许流速 v_{max} 出发，求相应的 b 和 h_0　当允许流速成为设计渠道的控制条件时，就需要采用这一方法计算。

首先找出梯形过水断面各要素间的几何关系，有

$$A = (b+mh)h \tag{1-47}$$

$$R = \frac{A}{\chi} = \frac{A}{b+2b\sqrt{1+m^2}} \tag{1-48}$$

其次，直接算出 $A = q_V/v_{max}$ 和 $R = (nv_{max}/i^{1/2})^{3/2}$ 值，其中谢才系数 C 按曼宁公式计算。把 A 与 R 值代入式（1-47）与式（1-48）后，便可求得过水断面的尺寸 b 和 h。

【例 1-4】　有一条大型输水土渠（$n = 0.025$），梯形断面，边坡系数 m 为 1.5，问在底坡 i 为 0.003 及正常水深 h_0 为 2.65m 时，其底宽 b 为多少才能通过流量 $q_V = 40\text{m}^3/\text{s}$。

【解】　从 $q_v = AC\sqrt{Ri} = K\sqrt{i}$，得

$$K = \frac{q_v}{i} = \frac{40}{\sqrt{0.0003}} \mathrm{m^3/s} = \frac{40}{0.0173} \mathrm{m^3/s} = 2305 \mathrm{m^3/s}$$

而

$$K = AC\sqrt{R} = A\left(\frac{1}{n}R^{1/6}\right)R^{1/2} = \frac{A}{n}R^{2/3} = \frac{A^{5/3}}{n\chi^{2/3}}$$

式中　$A = (b+mh)h = (b+1.5\times2.65)\times2.65 = (b+3.97)\times2.65$

$$\chi = b+2h\sqrt{1+m^2} = b+2\times2.65\sqrt{1+1.5^2} = b+9.54$$

可得

$$K = \frac{[(b+3.97)\times2.65]^{5/3}}{0.025\times(b+9.54)^{2/3}}$$

即

$$2305 = \frac{40\times[(b+3.97)\times2.65]^{5/3}}{(b+9.54)^{2/3}}$$

要直接解这个式子是困难的，一般用试算法或绘出 $K = f(b)$ 曲线求解（但可用计算机求解）。经列表计算，并绘于图1-14。可见，当 $K = 2305\mathrm{m^3/s}$，得 $b = 10.10\mathrm{m}$。

b/m	0	1	4	10	11
$K/(\mathrm{m^3/s})$	449.2	630	1160	2280	2450

【例1-5】　有一排水沟，呈梯形断面，土质是细砂土，需要通过流量为 $3.5\mathrm{m^3/s}$。已知底坡 i 为0.005，边坡 m 为1.5，要求设计此排水沟断面尺寸并考虑是否需要加固，并已知渠道的粗糙系数 n 为0.025，免冲的最大允许流速 $v_{\max}$ 为 $0.32\mathrm{m/s}$。

【解】　现分别就允许流速和水力最优条件两种方案进行设计与比较。

第一方案　按允许流速 $v_{\max}$ 进行设计。

从梯形过断面中有

$$A = (b+mh)h$$

$$R = \frac{A}{\chi} = \frac{A}{b+2b\sqrt{1+m^2}}$$

现以 $v_{\max}$ 作为设计流速，有

$$A = \frac{q_v}{v_{\max}} = \frac{3.5}{0.32}\mathrm{m^2} = 10.9\mathrm{m^2}$$

又从谢才公式得 $R = \dfrac{v^2}{C^2 i}$，应用曼宁公式 $C = \dfrac{1}{n}R^{1/6}$ 及 $v = v_{\max}$ 代入，便有

$$R = \left(\frac{nv_{\max}}{i^{1/2}}\right)^{3/2} = \left(\frac{0.025\times0.32}{0.005^{1/2}}\right)^{3/2}$$

然后把上述 A、R 值和 m 值代入式（1-47）和式（1-48）。解得 $h = 0.04\mathrm{m} \approx 0$，$b = 287\mathrm{m}$ 及 $h = 137\mathrm{m}$，$b = -206\mathrm{m}$。显然这两组答案都是完全没有意义的，说明此渠道水流不可能以 $v = v_{\max}$ 通过。

第二方案　按水力最优断面进行设计。

按式（1-43）算出水力最优断面的宽深比。

$$\beta_h = 2(\sqrt{1+m^2} - m) = 2\times(\sqrt{1+1.5^2} - 1.5)$$

即 $b = 0.61h$。

又

$$A = (b+mh)h = (0.61h+1.5h)h = 2.11h^2$$

此外，水力最优时，$q_v = AC\sqrt{Ri}$ 有

代入基本算式：

$$q_v = AC\sqrt{Ri} = A\left(\frac{1}{n}R^{1/6}\right)R^{1/2}i^{1/2}$$

$$= \frac{A}{n}R^{2/3}i^{1/2} = \frac{2.11h^2}{0.025} \times (0.5h)^{2/3} \times 0.005^{1/2}$$

$$= 3.77h^{8/3}$$

将 $q_v = 3.5\text{m}^3/\text{s}$ 代入上式，便得

$$h = \left(\frac{q_v}{3.77}\right)^{3/8} = \left(\frac{3.5}{3.77}\right)^{3/8}\text{m} = \frac{1.6}{1.64}\text{m} = 0.98\text{m}$$

$$b = 0.61, \quad h = 0.61 \times 0.98\text{m} = 0.6\text{m}$$

断面尺寸算出后，还须检验 v 是否在许可范围之内。为此，有

$$v = C\sqrt{Ri} = \frac{1}{n}R^{1/6}\sqrt{Ri} = \frac{1}{n}R^{2/3}i^{1/2} = \frac{1}{n}(0.5h)^{2/3}i^{1/2}$$

$$= \left[\frac{1}{0.025} \times (0.5 \times 0.98)^{2/3} \times 0.005^{1/2}\right]\text{m/s} = 1.75\text{m/s}$$

这一流速，比允许流速 $v_{\max} = 0.32\text{m/s}$ 大得多，说明渠床需要加固。

选用干砌块石护面，可把允许流速 $v_{\max}$ 提高到 $2.0\text{m/s} > 1.75\text{m/s}$，从而使得河床免受冲刷。由于干砌块石渠道的 n 与原来细砂土质渠道不同，实际流速 v 不再是 1.75m/s。因此，便需对过水断面的尺寸重新进行计算。其计算方法同前。

1.2.5　无压圆管均匀流的水力计算

建筑设备（给水排水、建筑环境）工程中无压管道被大量采用，本书的无压管道是指不满流的长管道，如下水管道。考虑到水力最优条件，无压管道常采用圆形的过水断面，在流量比较大时还采用非圆形的断面。下面仅讨论圆形断面的情况，其他断面的水流情形也类似。

1. 无压圆管均匀流的水力特征

1）属于明渠均匀流动，对于比较长的无压圆管来说，直径不变的顺直段其水流状态与明渠均匀流相同，它的水力坡度 J、水面坡度 J_p 以及底坡 i 彼此相等，即 $J = J_p = i$。

2）无压圆管道均匀流之流速和流量分别在水流为满流之前，达到其最大值。也就是说，其水力最优情形发生在满流之前。当无压圆管的充满度 $\alpha = h/d = 0.95$（即 $h = 0.95d$）时其输水性能最优；当无压圆管的充满度 $\alpha = h/d = 0.81$（即 $h = 0.81d$）时速度最大。

水流在无压圆管中的充满程度可用水深对直径的比值即充满度 $\alpha = h/d$ 来表示。其输水性能最优时的水流充满度 $\alpha_h = (h/d)_h$ 可根据水力最优条件导出。

从均匀流的流量式（1-34）有

$$q_v = AC\sqrt{Ri} = A\left(\frac{1}{n}R^{1/6}\right)(Ri)^{1/2} = i^{1/2}n^{-1}A^{5/3}\chi^{-2/3}$$

（1-49）

从图 1-16 中得无压管流的过水断面面积 A 及湿周 χ 为

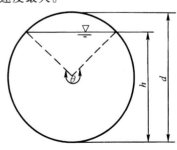

图 1-16　无压圆管过水断面

$$A = \frac{d^2}{8}(\theta - \sin\theta) \Bigg\}$$
$$\chi = \frac{d}{2}\theta \Bigg\} \tag{1-50}$$

将式（1-50）代入式（1-49），当 i、n 及 d 一定时，得

$$q_V = f(A, \chi) = f(\theta) \tag{1-51}$$

说明此时流量 q_V 仅为过水断面的充满角 θ 的函数。可见，无压圆管流水力最优时，即当 i、n 及 d 一定，过水断面中的充满角处于水力最优（即 $\theta = \theta_h$）时，所通过的流量为最大流量 $q_{V\max}$。

为求 θ_h，可对式（1-51）即式（1-49）取导数，并令

$$\frac{\mathrm{d}q_V}{\mathrm{d}\theta} = \frac{\mathrm{d}}{\mathrm{d}\theta}\left(\frac{i^{1/2}}{n} \cdot \frac{A^{5/3}}{\chi^{2/3}}\right) = 0$$

当底坡 i、粗糙系数 n 及管径 d 一定时，上式便为

$$\frac{\mathrm{d}}{\mathrm{d}\theta}\left(\frac{A^{5/3}}{\chi^{2/3}}\right) = 0, \quad \text{或} \quad \frac{\mathrm{d}}{\mathrm{d}\theta}\left[\frac{(\theta - \sin\theta)}{\theta^{2/3}}\right] = 0 \tag{1-52}$$

将式（1-52）展开并整理后得

$$1 - \frac{5}{3}\cos\theta + \frac{2}{3}\frac{\sin\theta}{\theta} = 0 \tag{1-53}$$

式中的 θ 便是水力最优过水断面时（此时 $q_V = q_{V\max}$）的充满角，称为水力最优充满角 θ_h，解得

$$\theta = \theta_h \approx 308° \tag{1-54}$$

从图 1-16 得过水断面中的水流充满度为

$$\alpha = \frac{h}{d} = \sin^2\frac{\theta}{4} \tag{1-55}$$

故相应的水力最优充满度为

$$\alpha_h = \left(\sin\frac{308°}{4}\right)^2 = 0.95 \tag{1-56}$$

可见，在无压圆管均匀流中，水深 $h = 0.95d$（即 $\alpha_h = 0.95$）时，其输水能力最优。

依照上述类似的分析方法，当 i、n 及 d 一定，求水力半径 R 的最大值，从而得到无压圆管均匀流的平均流速最大值 $v_{\max}$ 发生在 $\theta = 257°30'$ 处，相应的水深 $h = 0.81d$（即充满度 $\alpha = 0.81$）。

2. 无压圆管均匀流过水断面水力要素

无压圆管均匀流过水断面水力要素列于此，见下列诸公式：

充满度

$$\alpha = \frac{h}{d} = \sin^2\frac{\theta}{4} \tag{1-57}$$

过水断面面积

$$A = \frac{d^2}{8}(\theta - \sin\theta) \tag{1-58}$$

湿周

$$\chi = \frac{d}{2}\theta \tag{1-59}$$

水力半径

$$R = \frac{d}{4}\left(1 - \frac{\sin\theta}{\theta}\right) \tag{1-60}$$

流速

$$v = \frac{1}{n}R^{2/3}\sqrt{i} = \frac{1}{n}\left[\frac{d}{4}\left(1 - \frac{\sin\theta}{\theta}\right)\right]^{2/3}\sqrt{i} \tag{1-61}$$

流量模数

$$K = A \frac{1}{n} R^{2/3} = \frac{d^2}{8}(\theta - \sin\theta) \frac{1}{n} \left[\frac{d}{4} \left(1 - \frac{\sin\theta}{\theta} \right) \right]^{2/3} \qquad (1\text{-}62)$$

流量

$$q_V = K\sqrt{i} = \frac{d^2}{8}(\theta - \sin\theta) \frac{1}{n} \left[\frac{d}{4} \left(1 - \frac{\sin\theta}{\theta} \right) \right]^{2/3} \sqrt{i} \qquad (1\text{-}63)$$

从式（1-57）~式（1-63），还可以得到充满度 $\alpha = 1$ 时的有关水力要素（用 v_0、q_{V0} 等表示，此时可认为是圆断面顶端处的一点，即最高处与外界大气相连通，故流动认为无压）。为方便计算，引入无压圆管均匀流的无量纲流量与流速，即

流速系数

$$\bar{v} = \frac{v}{v_0} = \left(1 - \frac{\sin\theta}{\theta} \right)^{2/3} = f_v(\alpha) \qquad (1\text{-}64)$$

流量系数

$$\bar{q}_V = \frac{q_V}{q_{V0}} = \frac{A}{A_0} \frac{v}{v_0} = \frac{(\theta - \sin\theta)^{5/3}}{2\pi \theta^{2/3}} = f_{q_V}(\alpha) \qquad (1\text{-}65)$$

设一系列的 α 值，即可求得相应的 $\bar{q}_V$ 和 $\bar{v}$ 值，绘制成图 1-17。从图 1-17 中看出：

1）当 $\frac{h}{d} = 0.95$ 时，$\frac{q_V}{q_{V0}}$ 呈最大值，$\left(\frac{q_V}{q_{V0}} \right)_{\max} = 1.087$。此时，管中通过的流量 $q_{V\max}$ 超过管内恰好满流时的流量 q_{V0} 的 8.7%。

2）当 $\frac{h}{d} = 0.81$ 时，$\frac{v}{v_0}$ 呈最大值，$\left(\frac{v}{v_0} \right)_{\max} = 1.160$。此时，管中流速大于管内恰好满流时的流速 v_0 的 16%。

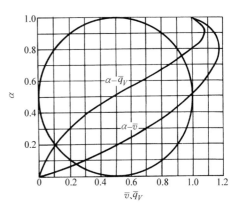

图 1-17　$\bar{q}_V$、$\bar{v}$、α 关系曲线

3. 无压圆管的计算问题

无压管道均匀流的基本算式仍是 $q_V = AC\sqrt{Ri} = f(d, \alpha, n, i)$。对于圆形断面来说，不满流时各水力要素计算可按上述各式或表 1-7 进行。从以上各式可知，无压管道水力计算的基本问题分为下述三类。

1）检验过水能力，即已知管径 d、充满度 α、管壁粗糙系数 n 及底坡 i，求流量 q_V。

2）已知通过流量 q_V 及 d、α 和 n，要求设计管底的坡度 i。

3）已知通过流量 q_V 及 α、n 和 i，要求决定管径 d。

表 1-7　不同充满度时圆形管道的水力要素（d 以 m 计）

$\alpha = h/d$	A/m^2	R	$\bar{q}_V/(\mathrm{m}^3/\mathrm{s})$	$\alpha = h/d$	A/m^2	R	$\bar{q}_V/(\mathrm{m}^3/\mathrm{s})$
0.05	$0.0147d^2$	$0.0325d$	0.0048	0.55	$0.4425d^2$	$0.2649d$	0.5860
0.10	$0.0408d^2$	$0.0635d$	0.0204	0.60	$0.4919d^2$	$0.2776d$	0.6721
0.15	$0.0739d^2$	$0.0928d$	0.0487	0.65	$0.5403d^2$	$0.2882d$	0.7567
0.20	$0.1118d^2$	$0.1206d$	0.0876	0.70	$0.5871d^2$	$0.2962d$	0.8376
0.25	$0.1535d^2$	$0.1466d$	0.1370	0.75	$0.6318d^2$	$0.3017d$	0.9124
0.30	$0.1981d^2$	$0.1709d$	0.1959	0.80	$0.6375d^2$	$0.3042d$	0.9780
0.35	$0.2449d^2$	$0.1935d$	0.2631	0.85	$0.7114d^2$	$0.3033d$	1.0310
0.40	$0.2933d^2$	$0.2142d$	0.3372	0.90	$0.7744d^2$	$0.2980d$	1.0662
0.45	$0.3427d^2$	$0.2331d$	0.4168	0.95	$0.7706d^2$	$0.2865d$	1.0752
0.50	$0.3926d^2$	$0.2500d$	0.5003	1.00	$0.7853d^2$	$0.2500d$	1.0000

在进行上述无压管道的水力计算时，还需根据国家有关规定，如《室外排水设计标准》（GB 50014—2021）中便规定：

1）污水管道应按不满流计算，其最大设计充满度按表 1-8 采用。

2）雨水管道和合流管道应按满流计算。

3）排水管的最大设计流速：金属管为 10m/s，非金属管为 5m/s。

4）排水管的最小设计流速：污水管道（在设计充满度下）为 0.6m/s，雨水管道和合流管道在满流时为 0.75m/s。

另外，对最小管径和最小设计坡度等也有规定，在实际工作中可参阅有关手册、标准和规范。

表 1-8　最大设计充满度

管径 d 或暗渠高 H/mm	最大设计充满度 $\left(\alpha = \dfrac{h}{d} \text{ 或 } \dfrac{h}{H}\right)$
200~300	0.55
350~450	0.65
500~900	0.70
≥1000	0.75

【例 1-6】　钢筋混凝土圆形污水管，管径 d 为 1000mm，管壁粗糙系数 n 为 0.014，管道坡度 i 为 0.001，求最大设计充满度时的流速及流量。

【解】　从表 1-8 查得管径 1000mm 的污水管最大设计充满度为

$$\alpha = \frac{h}{d} = 0.75$$

再从表 1-7 查得，当 $\alpha = 0.75$ 时，过水断面上的水力要素值为

$$A = 0.6318d^2 = 0.6318 \times 1^2 \, \mathrm{m}^2 = 0.6318 \, \mathrm{m}^2$$
$$R = 0.3017d = 0.3017 \times 1 \, \mathrm{m} = 0.3017 \, \mathrm{m}$$

而　$C = \dfrac{1}{n} R^{1/6} = \dfrac{1}{0.014} \times 0.3017^{1/6} = 58.5 \, \mathrm{m}^{1/2}/\mathrm{s}$ 从而算得流速和流量：

$$v = C\sqrt{Ri} = 58.5 \times \sqrt{0.3017 \times 0.001} \, \mathrm{m/s} = 1.02 \, \mathrm{m/s}$$
$$q_v = Av = 0.6318 \times 1.02 \, \mathrm{m}^3/\mathrm{s} = 0.644 \, \mathrm{m}^3/\mathrm{s}$$

在实际工作中，还需检验计算流速 v 是否在允许流速范围之内，即需满足 $v_{max} > v > v_{min}$。如本题给出钢筋混凝土管，其 v_{max} 为 5m/s，v_{min} 为 0.8m/s，故所得的计算流速 v 为 1.02m/s，在允许流速范围之内。

1.2.6　渗流简介

土壤换热在建筑节能工程中发挥越来越重要的作用。渗透率是土壤及多孔介质的重要宏观平均参数，它表示在一定的流动驱动力作用下，流体通过多孔介质的难易程度。可以说，渗透率这一概念表达了多孔介质对流体的传导能力。渗透率最先是由著名的达西（Darcy）渗流实验中的相关参数引出的，本书将介绍达西实验及定律的基本知识。

1856 年，法国学者达西（H. Darcy）研究了水在均匀竖直砂柱中的流动情况，其实验装置如图 1-18 所示。根据达西实验有以下结论：单位时间内流过砂柱的水量 q_v 与砂柱的横断面积 A 和水头差 $h_1 - h_2$ 成正比，与砂柱的长度 L 成反比。这一结论就是著名的达西定律，可用公式表示如下：

$$q_V = KA\frac{(h_1 - h_2)}{L} \qquad (1\text{-}66)$$

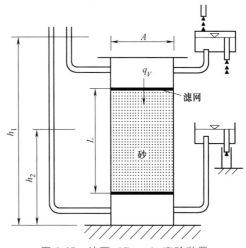

图 1-18 达西（Darcy）实验装置

式中 q_V——单位时间内流过砂柱的水量；

        A——砂柱的横断面面积，可称为过水断面面积；

        K——渗透系数或水力传导系数；

        L——砂柱的长度；

  h_1、h_2——两个过水断面的测压管水头高度。

式（1-66）通常也被称为达西公式。

达西定律是描述多孔介质流体运动的基本规律，虽然由于实验条件限制，其应用也受到一定的限制，但是它为后来的研究者提供了有价值的参考。而且后人的许多研究都是对达西定律的完善。

对式（1-66）进行改写，并引入表观速度 v 和水力梯度 J 的概念，可得

$$v = \frac{q_V}{A} = K\frac{(h_1 - h_2)}{L} = KJ \qquad (1\text{-}67)$$

式中 v——表观速度，定义为 $v = q_V/A$；

    J——水力梯度，定义为 $J = (h_1 - h_2)/L$。

其余符号含义同式（1-66）。

此处需对表观速度 v 做进一步解释，根据其定义可知，该速度是单位时间内通过单位过水断面的流量，而实际中过水断面包括两部分，即骨架部分和孔隙部分。表观速度的定义中认为流体能通过全部过水断面，实际上流体只能通过孔隙部分流动却无法通过骨架部分，所以表观速度 v 是过水断面上的假想速度而不是流体的真实流动速度，因此定义另一个能反映流体在孔隙中流动的真实速度 u，称为渗流速度或物理速度。

渗流速度 u 的定义为：假设过水断面面积为 A，孔隙率为 ϕ，单位时间内通过该过水断面的流体流量为 q_V，则该过水断面的渗流速度 u 为

$$u = \frac{q_V}{\phi A} = \frac{v}{\phi} \qquad (1\text{-}68)$$

根据达西实验的条件可知，式（1-67）仅适用于均匀多孔介质不可压缩流体的一维流动，然而实际多孔介质中的流动一般是多维的，因此需要将达西定律进行扩展。对于均匀各向同性多孔介质的三维情况，可以扩展为

$$v = KJ = -K\,\mathrm{grad}\,\varphi \qquad (1\text{-}69)$$

式中 v——向量形式的表征速度，其三个坐标轴上的分量分别是 v_x、v_y、v_z；

    J——向量形式的水力梯度，其在三个坐标轴上的分量分别是 $J_x = -\partial\varphi/\partial x$，$J_y = -\partial\varphi/\partial y$，$J_z = -\partial\varphi/\partial z$；

    φ——测压管水头。

对于不均匀的各向同性多孔介质而言，其渗透系数 K 将是坐标的函数，即 $K = K(x, y, z)$。当多孔介质的水力传导系数 K 随方向不同而不同时，则多孔介质即为各向异性多孔介质。渗透系数一般由实验得出，下面介绍渗透系数的实验测量方法。

因为达西公式中包含了未知的渗透系数 K，因此应用达西公式之前就必须通过测量获得渗透

系数 K。实验室中常采用渗透仪测量多孔介质的渗透系数。实验测量渗透系数一般有以下步骤：

1）首先要假设一种流动模式，且该流动模式的解析解可以求出，同时这种流动模式能够在实验室中构造。根据该种模式建立的数学关系应表示出因变数、自变数以及流体和介质的各种系数的关系。

2）进行实验，重现所选择的流动模式，并测量包含在数学关系中的全部可测量的量。最后将测得的量带入数学关系中计算各种系数。

实验室测量多孔介质渗透系数的方法有恒压法与降压法。

恒压法渗透仪是测量渗透系数常用的实验仪器，实验装置如图 1-19 所示。测量时将多孔介质试样置于长度为 L 横断面积为 A 的圆柱形测量室内，多孔介质试样入口端管段连续供水，保持一定的水头高度，这样在试样两端就会施加稳定的水头差 $\Delta\varphi$，测出时间 t 内通过多孔

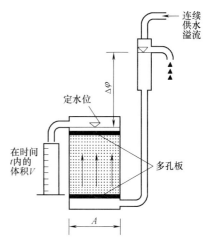

图 1-19　恒压法渗透系数测量装置

介质的流体体积 V，根据达西公式可以计算出多孔介质的渗透系数 K：

$$K=\frac{VL}{\Delta\varphi At} \tag{1-70}$$

式中　t——测量时间；

　　　V——时间 t 内透过多孔介质渗出的流体体积；

　　　$\Delta\varphi$——多孔介质试样两侧的水头差。

降压法实验装置如图 1-20 所示。该种渗透系数 K 实验测量方法与恒压法的不同在于给定初始水头后多孔介质试样入口管段不再连续供水，随着实验的进行，多孔介质试样两端的水头差是逐渐减小的，因此通过多孔介质试样的流体流量也会随着水头的减小而减小。根据连续性原理，水头变化相应的体积就等于通过多孔介质试样的渗流体积，所以可由式（1-72）计算渗透系数 K：

$$\frac{KAh}{L}\mathrm{d}t=a\mathrm{d}h \tag{1-71}$$

由（1-71）可得下式：

$$K=\frac{aL}{At}\ln\frac{h_0}{h} \tag{1-72}$$

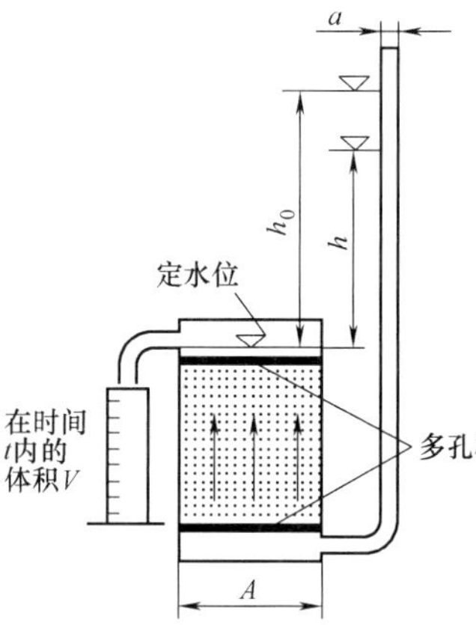

式中　a——多孔介质试样入口管段的横截面面积；

　　　h_0——入口管段流体的初始高度；

　　　h——经过时间 t 后的流体高度；

其他参数与恒压法相同。

图 1-20　降压法渗透系数测量装置

由达西公式可知，其表达式中包含渗透系数 K 这一多孔介质宏观参数，该参数表达了流体在多孔介质中的流通能力，在数值上等于单位水力梯度时的表观速度值。由于流体在多孔介质孔隙空间中的流动能力受到孔隙空间及其自身性质的影响，因此表示流体流通能力的渗透系数 K 与流体和多孔介质骨架的性质密切相关，如流体的黏度、密度及固体骨架的颗粒大小、排列方

式、比面积、孔隙率等。根据 Nutting 的定义，渗透率 k 与渗透系数 K 的关系可表示为

$$K = k\rho g/\mu = kg/\nu \qquad (1\text{-}73)$$

式中　k——多孔介质的渗透率，仅由多孔介质本身性质决定的，反映了多孔介质本身特性对渗透系数的影响；

　　　ν——流体的运动黏度，反映的是流体特性对渗透系数的影响。

将式（1-73）代入式（1-69），可得由多孔介质渗透率表示的达西流动公式，即

$$\nu = -K\mathrm{grad}\varphi = k\frac{\rho g}{\mu}\mathrm{grad}\varphi \qquad (1\text{-}74)$$

以上是渗流特性研究与分析的基础，对土壤传热分析有重要意义。自流井（指压力井）与潜水井（指无压井）的相关概念，请读者参考相关水力学的书籍或教材；其相关概念对于地热利用有指导意义。

思考题与习题

1. 何谓零速点（零点）？
2. 闭合差是指什么？给出燃气管网各环闭合差的确定方法。
3. 什么是枝状管网与环状管网？普通的通风系统在什么条件下可以理解成环状管网？
4. 补充完整【例 1-2】的水力计算表。
5. 给出沿程均匀泄流管道阻力计算公式，当无转输流量时阻力损失是多少？
6. 分析农村灶台或炕烟气流动驱动力？
7. 试说明渠底坡度与分类。
8. 明渠均匀流的条件与特性是什么？
9. 写出谢才公式和曼宁公式，并指出两个公式中各物理量的意义。
10. 水力最优断面是什么？

二维码形式客观题

微信扫描二维码，可自行做客观题，提交后可查看答案。

第 2 章
泵与风机的理论基础

2.1 泵与风机的分类及性能参数

2.1.1 常用泵与风机的分类

流体管网在转运、分配流体与能量时，流体自身会产生水头损失，即流体本身的机械能会降低，从而需要消耗大量的能量。有压流体在管网内的流动中所消耗的能量一般要依靠泵或风机来提供。泵与风机是利用外加能量输送流体的流体机械。根据泵与风机的工作原理，通常可以将它们分类如下。

1. 容积式

容积式泵与风机在运转时，内部的工作容积（体积）不断发生变化，从而吸入或排出流体。按其结构不同，又可再分为：

（1）往复式 这种机械借助活塞在气缸内的往复作用使缸内容积（体积）反复变化，以吸入和排出流体，如蒸汽活塞泵等。

（2）回转式 机壳内的转子或转动部件旋转时，转子与机壳之间的工作容积（体积）发生变化，借以吸入和排出流体，如齿轮泵、罗茨鼓风机、滑板泵等。

2. 叶片式

叶片式泵与风机的主要结构是可旋转的、带叶片的叶轮和固定的机壳。通过叶轮的旋转对流体做功，从而使流体获得能量。

根据流体的流动情况，可将它们再分为下列数种：

1）离心式泵与风机。

2）轴流式泵与风机。

3）混流式泵与风机。

4）贯流式风机。

3. 其他类型的泵与风机

如引射器、旋涡泵、真空泵等。

本章介绍本专业常用的泵与风机的理论、性能及调节的基本理论等知识。本专业常用泵是以不可压缩的流体为工作对象的，而风机的增压程度不高（一般只有 9807Pa 或 1000mmH$_2$O 以下），故本章内容按不可压缩流体进行讲述。实际上，我国著名学者吴仲华教授早年提出了著名的三元流动理论，对实际复杂三维流动的分析有重要推动作用，感兴趣的同学可以进一步深入了解更多的相关知识。本书从一维恒定不可压缩总流出发，理解流体在叶轮机械内部的流动，又是进一步理解、学习三元流动的基础。

2.1.2　泵与风机的性能参数

离心式泵和风机的主要结构部件是叶轮和机壳。机壳内的叶轮固装于由原动机拖动的转轴上。当原动机带动叶轮旋转时，机内流体便获得能量。以图 2-1 所示的离心式风机为例，叶轮是由叶片 3 和连接叶片的前盘 2 及后盘 4 所组成，叶轮后盘装在转轴上（图中未绘出）。机壳 5 一般是用钢制成的阿基米德螺线状箱体，支承于支架 8 上。

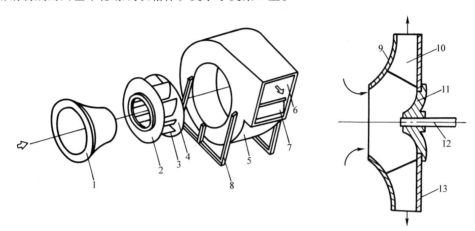

图 2-1　离心式风机主要结构分解示意图

1—吸入口　2—叶轮前盘　3、10—叶片　4、13—后盘　5—机壳　6—出口
7—截流板，即风舌　8—支架　9—前盘　11—轮毂　12—轴

当叶轮随轴旋转时，叶片间的气体（流体）也随叶轮旋转而获得离心力，并使气体（流体）从叶片之间的出口处甩出。被甩出的气体（流体）挤入机壳，于是机壳内的气体压强增高，最后被导向出口排出。气体（流体）被甩出后，叶轮中心部分的压强降低；外界气体即能从风机的吸入口通过叶轮前盘中央的孔口吸入，源源不断地输送气体（流体）。离心式泵的工作原理与离心式风机是相同的。作为向流体提供能量的设备，描述其性能的常用参数有扬程、流量、功率、效率及转速等。

1. 泵的扬程 H 与风机的全压 p 和静压 p_j

（1）泵的扬程 H　泵所输送的单位质量流量的流体从进口至出口的能量增值除以重力加速度即为扬程；也即单位质量流量的流体通过泵所获得的有效能量除以重力加速度，单位是米（m）。

单位质量流量的流体所获得的能量增量可通过伯努利方程即能量方程来得到。如分别取泵或风机的出口与入口为计算断面，列出它们的表达式可得

$$H = \left(Z_2 + \frac{p_2}{\gamma} + \frac{v_2^2}{2g} \right) - \left(Z_1 + \frac{p_1}{\gamma} + \frac{v_1^2}{2g} \right)$$

$$H = H_2 - H_1 = Z_2 - Z_1 + \frac{p_2 - p_1}{\gamma} + \frac{v_2^2 - v_1^2}{2g} \tag{2-1}$$

式中　p——压力（Pa）；

γ——水的重度（N/m³）；

v——水流速度（m/s）；

H_1、H_2——泵（或风机）进出口处总水头（总机械能水头），下标"1"和"2"分别表示设备

的入口与出口断面的参数。

（2）风机的全压 p 与静压 p_j

1）风机的全压 p：单位体积气体通过风机所获得的能量增量即全压，单位为 Pa。风机全压的确定可由式（2-1）得到，但此时式中之压力 p 需采用绝对压力值；也可由式（1-23）确定，但此时式中压力 p 需采用相对压力值，见式（2-2）：

$$p = \left(p_2 + \frac{\rho v_2^2}{2}\right) - \left[\left(p_1 + \frac{\rho v_1^2}{2}\right) + (\gamma_a - \gamma)(Z_2 - Z_1)\right] \tag{2-2}$$

风机内部可不考虑位压的作用，则风机全压为

$$p = \left(p_2 + \frac{\rho v_2^2}{2}\right) - \left(p_1 + \frac{\rho v_1^2}{2}\right) = p_{q2} - p_{q1} \tag{2-3}$$

由于 $1\mathrm{Pa} = 1\mathrm{N/m^2}$，故风机的 p 既表示压力又可表示风机全压。为方便计，本书中过流断面上气体全压用 p_q 表示。

2）风机的静压 p_j：风机全压减去风机出口动压即风机静压，假设 $Z_2 = Z_1$ 时，有

$$p_j = (p_{q2} - p_{q1}) - \frac{\rho v_2^2}{2} = p - \frac{\rho v_2^2}{2} \tag{2-4}$$

式中　ρ——气体密度（$\mathrm{kg/m^3}$）。

从式（2-4）看出：风机静压，不是风机出口的静压 p_2，也不是风机出口与进口静压差 $p_2 - p_1$（实际上是出口静压与入口全压之差）。

（3）流量 q_V　单位时间内泵或风机所输送的流体量称为流量，常用体积流量表示，单位为"$\mathrm{m^3/s}$"或"$\mathrm{m^3/h}$"。严格来讲，风机的体积流量，特指风机进口处的体积流量。

2. 功率及效率

（1）有效功率　在单位时间内通过泵的流体（总流）所获得的总能量叫有效功率，以符号 P_e（单位：kW）表示（泵的扬程 H 则是指单位质量流体通过泵所获得的有效能量除以重力加速度；风机的全压 p 则是指单位体积气体通过风机所获得的有效能量）。所以

对水泵，有 $\qquad\qquad P_e = \gamma q_V H / 1000 \tag{2-5}$

对风机，有 $\qquad\qquad P_e = q_V p / 1000 \tag{2-6}$

式中　γ——被输送液体的重度（$\mathrm{N/m^3}$）；

$\quad q_V$——流量（$\mathrm{m^3/s}$）；

$\quad H$——扬程（m）；

$\quad p$——风机全压（$\mathrm{N/m^2}$，Pa）。

（2）全效率（效率）　表示输入的轴功率 P 被流体所利用的程度，用泵或风机的全效率（简称效率）η 来计量，即

$$\eta = P_e / P \tag{2-7}$$

将式（2-7）加以变换，并用式（2-5）或式（2-6）代入，可以得到轴功率的计算式

$$P = \frac{P_e}{\eta} = \frac{\gamma q_V H}{1000\eta} = \frac{q_V p}{1000\eta} \tag{2-8}$$

同理，其静压效率 $\eta_j = \eta \dfrac{p_j}{p}$。通常泵或风机的效率，是由试验确定的。

3. 转速 n

转速是指泵或风机叶轮每分钟的转数，单位为 $\mathrm{r/min}$。

2.2　离心式泵与风机的基本方程——欧拉方程

本节将从分析流体在叶轮中运动入手，得出外加轴功率与流体所获得的能量之间关系的理论依据。

2.2.1　能量转换与迁移

正如人们所熟知的，事物之间是普遍联系的。实际上物质之间的相互作用形成能量，能量是物质之间相互作用的一种度量，而且能量存在转换与迁移。介绍流体在叶轮中的运动之前，同时应当了解泵与风机工作时能量的转换与迁移过程。正如前述，泵与风机是向流体提供能量的，但泵与风机并不是原动机。实际上，泵与风机也是需要外加能量才能工作的，即泵与风机是被动的"受动机"，它们在工作时要接受原动机所提供的能量。原动机向泵或风机提供能量一般有两种方式：一是柴油机或其他热力机械通过燃料燃烧（化学反应）产生的热能，并在柴油机等内转化为可以输出的机械能，再通过带轮将由柴油机等所产生的机械能传递给泵或风机，最后由泵或风机传递给流体。早期的农用水泵大多是这种工作方式并一直持续到 20 世纪六七十年代。二是电动机作为原动机，即由市电或其他电力将电能传递给电动机，由电动机将电能转换为可以输出的机械能，再通过联轴器或带轮将这种机械能传递给泵或风机，最后由泵或风机传递给流体。目前泵与风机的工作方式大多是后一种。另外，有永动（机）现象存在，但不存在不耗能的永动机。同学们可以进一步从本质上理解流体质点在叶轮机械内部的力学行为。我国 2500 多年前的圣人墨子就指出"力，刑（形）之所以奋也"。实际上就明确了力是使物体加速（变速）的原因，这一定义与牛顿第二定律完全一致。而流体在叶轮内部的流动，其质点行为一直是处于不断变动之中的，即一直处在"奋"之变化状态中。这充分反映了流体质点力学行为的复杂性，如叶轮内部及进、出口流体质点惯性阻力的复杂性。这也是叶轮内部能量转化与迁移的基础。

图 2-2 所示为由市电或自备电带动泵或风机工作时能量转换与迁移过程示意。该图包含了原动、传动及受动三部分。以柴油机等作为原动机的泵或风机工作时示意图请读者自行给出。从上述分析可知，泵或风机工作时所消耗的能量经过了不同种类能量之间的转换即电能或热能（化学能）转换为机械能，以及同种形式的能量但在不同载体（设备、部件或流体）之间所产生的迁移（机械能迁移）等过程。其中原动机中所发生的电能或热能（化学能）转换为机械能过程中的有关知识分别在电工学或热工学等课程中介绍；传动部分在机械设计等课程中介绍；本书所介绍的是在"受动机"即泵或风机中所发生的机械能迁移过程，即叶轮在获得机械能（即输入轴功）后，如何通过叶轮的运动（转动）将其所获得的机械能传递给流体，从而转化为流体

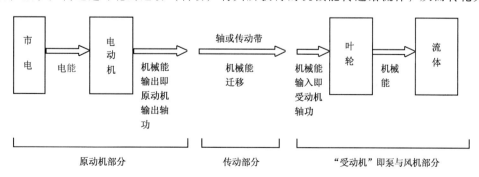

图 2-2　泵或风机工作时能量的转换与迁移过程示意图

所得到的机械能（流体机械能即通常所说的水头）。在原动机和受动机之间存在传动部分，一般来说，轴传动可"百分之百"地将原动机所输出的轴功传递给"受动机"；带传动则存在一定损失。

2.2.2　理想叶轮和速度三角形

1. 理想叶轮

图 2-3 所示为常用风机叶轮的几何形状和流体在叶轮流道中的流速（图 2-3a 所示为风机叶轮轴面投影图，图 2-3b 所示为风机叶轮平面投影图及流体在叶轮流道中的流速）。图中，D_0 为叶轮进口直径；D_1、D_2 为叶片的进出口直径；b_1、b_2 为叶片的进、出口宽度；β_1、β_2 为叶片进、出口的安装角度，它指叶片进、出口处的切线与圆周速度反方向线之间的夹角，用来表明叶片的弯曲方向。由于流体在叶轮流道中的运动十分复杂，为便于采用一元流动理论来分析其流动规律，欧拉在其透平理论中提出了如下的"理想叶轮"：

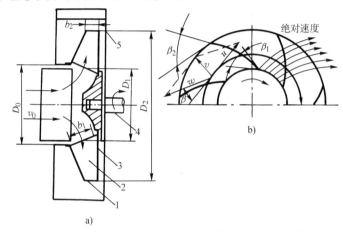

图 2-3　常用风机叶轮的几何形状和流体在叶轮流道中的流速

a）风机叶轮轴面投影图　b）风机叶轮平面投影图及流体在叶轮流道中的流速

1—叶轮前盘　2—叶片　3—后盘　4—轴　5—机壳

1）假设流体通过叶轮的流动是恒定的，且可看作无数层垂直于转动轴线的流面之总和，在层与层的流面之间其流动互不干扰。

2）假设叶轮具有无限多的叶片，叶片厚度无限薄，流体流过时无惯性冲击。即流体在叶片间流道做相对流动时，其流线与叶片形状一致，且当流体进、出叶片流道时，与叶片进、出口的几何安装角 β_1、β_2 一致，即流体"进入和流出时无冲击"。

3）假设流经叶轮的流体是理想不可压缩流体，即在流动过程中不计能量损失。

2. 速度三角形

如图 2-4 所示，当叶轮旋转时，在叶片进口"1"处，流体一方面随叶轮旋转做圆周牵连运动，其圆周速度为 u_1；另一方面又沿叶片方向做相对流动，其相对速度为 w_1。因此，流体在进口处的绝对速度 v_1 应为 u_1 与 w_1 两者之矢量和。同理，在叶片出口"2"处，流体的圆周速度 u_2 与相对速度 w_2 之矢量和为绝对速度 v_2。同时绝对速度 v 又可分解为与流量有关的径向分速 v_r 和与压头有关的切向分速 v_u。前者的方向与叶轮的半径方向相同，后者与叶轮的圆周运动方向相同。将上述流体质点诸速度同绘在一张速度图上（见图 2-5），即是流体质点的速度三角形图。

速度 v 和 u 之间的夹角 α 叫作叶片的工作角。α_1 是叶片进口工作角，α_2 是叶片出口工作角。

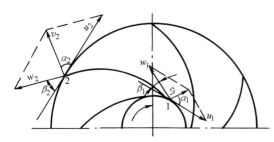

图 2-4 叶片进口和出口处的流体速度图
1—进口 2—出口
u—圆周速度 w—相对速度 v—绝对速度

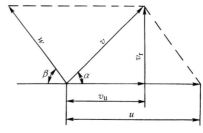

图 2-5 流体在叶轮中
运动的速度三角形

显然，工作角与计算径向分速及切向分速有关。

速度三角形除清楚地表达了流体在叶轮流道中的流动情况外，还是研究泵或风机的一个重要手段。当叶轮流道几何形状（安装角 β 已定）及尺寸确定后，如已知叶轮转速 n 和流量 q_{V_T}，即可求得叶轮内任何半径 r 上某点的速度三角形。

3. 理想叶轮流量计算

从理论力学可知，流体的圆周速度 u 为

$$u = \omega r = \frac{\pi d n}{60} \tag{2-9}$$

式中，ω 是叶轮旋转角速度；n 为转速。根据连续性方程，叶轮流量 q_{V_T} 等于径向分速度 v_r 乘以垂直于 v_r 的过流断面面积 F，即

$$q_{V_\mathrm{T}} = v_r F \tag{2-10}$$

如已知 v_r、F，则可求出 q_{V_T}；反过来由式（2-10）可求出径向分速度 v_r。其中 F 是一个环周面积，可近似认为它是以半径 r 处的叶轮宽度 b 作母线，绕轴心线旋转一周所形成的曲面，有

$$F = 2\pi r b \varepsilon \tag{2-11}$$

式中，ε 为叶片排挤系数，它反映了叶片厚度对流道过流面积的遮挡程度。

显然，如 u 和 v_r 已求得，且已知 β 角，则可确定速度三角形。

2.2.3 理想叶轮欧拉方程

根据"理想叶轮"之假设，当流体进入叶轮后，叶轮从外界向流体所供给的能量，就应无损失地全部被流体获得。从理论力学中的动量矩定理可知：单位时间内质点系对某一转轴的动量矩的变化（即变化率），等于作用于该质点系的外力对该轴的力矩 M。这里，将流体的有关参数都注以"T∞"下标，如 $q_{V_{\mathrm{T}\infty}}$、$H_{\mathrm{T}\infty}$ 等，其中"T"表示理想流体，"∞"表示叶轮叶片为无限多即理想叶轮。于是，以 $q_{V_{\mathrm{T}\infty}}$ 表示流经叶轮的体积流量，则在叶片进口"1"处的每秒动量矩就是 $\rho q_{V_{\mathrm{T}\infty}} v_{u1\mathrm{T}\infty} r_1$；而出口"2"处的每秒动量矩，在连续流动的条件下，即为 $\rho q_{V_{\mathrm{T}\infty}} v_{u2\mathrm{T}\infty} r_2$。故对于流量为 $q_{V_{\mathrm{T}\infty}}$ 的流体，其动量矩的变化率 M_f 应为

$$M_\mathrm{f} = \rho q_{V_{\mathrm{T}\infty}} (r_2 v_{u2\mathrm{T}\infty} - r_1 v_{u1\mathrm{T}\infty}) \tag{2-12}$$

它就应等于作用于流体的外力矩 M（同时，它又恰好等于外力施加于叶轮转轴上的力矩）。故有

$$M = M_\mathrm{f} = \rho q_{V_{\mathrm{T}\infty}} (r_2 v_{u2\mathrm{T}\infty} - r_1 v_{u1\mathrm{T}\infty}) \tag{2-13}$$

由于外力矩 M 乘以叶轮角速度 ω 就正是加在转轴上的外加功率 $P = M\omega$；而在单位时间内叶轮对

流体所做的功 P，在理想条件下，又全部转化为流体的能量，即 $P = \gamma q_{V_{T\infty}} H_{T\infty}$，再将 $u = r\omega$ 的关系代入上式，便得

$$P = M\omega = \gamma q_{V_{T\infty}} H_{T\infty} = \rho q_{V\infty} (u_{2T\infty} v_{u2T\infty} - u_{1T\infty} v_{u1T\infty}) \qquad (2\text{-}14)$$

经移项，就可以得到理想化条件下流体的能量水头的增量与流体在叶轮中运动的关系，即理想叶轮欧拉方程

$$H_{T\infty} = \frac{1}{g} (u_{2T\infty} v_{u2T\infty} - u_{1T\infty} v_{u1T\infty}) \qquad (2\text{-}15)$$

从式（2-15）可知理想叶轮欧拉方程有如下特点：

1）用动量矩定理推导基本能量方程时，并未分析流体在叶轮流道内的运动过程，于是，流体所获得的理论扬程 $H_{T\infty}$，仅与流体在叶片进、出口处的运动速度有关，而与流动过程无关。

2）流体所获得的理论扬程 $H_{T\infty}$，与被输送流体的种类无关。也就是说无论被输送的流体是水或是空气，乃至其他密度不同的流体，只要叶片进、出口处的速度三角形相同，都可以得到相同的流体柱（液柱或气柱）高度（扬程）。

2.2.4 实际叶轮欧拉方程

理想叶轮欧拉方程是在叶片无限多和不计流动损失等条件下得出的，此时，流道中任何点的相对流速 w 均沿着叶片的切线方向。然而，实际上叶片数目只有几片或几十片，叶片对流速的约束就相对减小了，使理论扬程有所降低。在有限数目叶片的流道中，除有前述的流量为 q_{V_T} 的均匀相对流动之外，还有一个因流体惯性而产生的轴向相对涡流运动。流体因其本身的惯性而要保持原来的状态，这就相当于流体逆容器转向有一个角速度为 ω 的实际叶轮，其中就会形成图 2-6a 所示的相对涡流。显然，该涡流运动与原来的均匀相对流合成之后，在顺叶轮转动方向的流道前部，相对涡流助长了原有的相对流速；而在后部，则抑制原有的相对流速。结果，相对流速在同一半径的圆周上分布不均匀，如图 2-6a 所示，一方面，使叶片两面形成压力差，作为作用于轮轴上的阻力矩，需原动机克服此力矩而耗能；另一方面，在叶轮出口处，相对速度将朝旋转的反方向偏离于切线，如图 2-6a 中由 $w_{2T\infty}$ 变为 w_{2T}。这种影响还能在图 2-6b 所示的速度三角形中看到，原来的切向分速度 $v_{u2T\infty}$ 将减小为 v_{u2T}。

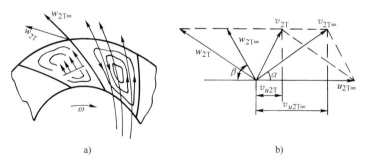

图 2-6 流体在叶轮中的相对涡流与出口速度的偏移
a）相对涡流 b）出口速度的偏移

同样，叶片进口处相对速度将朝叶轮转动方向偏移，从而使进口切向分速由原有的 $v_{u1T\infty}$ 增加到 v_{u1T}。

基于上述影响，按式（2-15）计算的叶片无限多的扬程 $H_{T\infty}$ 要降低到叶片有限多的 H_T 值。这表明对欧拉方程而言，叶片片数有限即叶片实际存在厚度的实际叶轮是需要修正的。但是无

限多叶片，即理想叶轮的欧拉方程式所表达的 $H_{T\infty}$ 与有限多叶片之实际叶轮的欧拉方程式得出的 H_T 之间的关系至今还只能用经验公式来表明，而这些经验公式的适用范围也极其有限。这里用小于 1 的涡流修正系数或环流系数 k（英美等国则称滑差因子）来联系，即

$$H_T = kH_{T\infty} = \frac{k}{g}(u_{2T\infty}v_{u2T\infty} - u_{1T\infty}v_{u1T\infty}) \tag{2-16}$$

对离心机来说，k 一般在 0.78~0.85，k 是离心式叶轮设计的重要系数。式（2-16）可写为

$$H_T = \frac{1}{g}(u_{2T}v_{u2T} - u_{1T}v_{u1T}) \tag{2-17}$$

为简明计，将流体运动诸量中用来表示理想条件的下标"T"取消，可得

$$H_T = \frac{1}{g}(u_2 v_{u2} - u_1 v_{u1}) \tag{2-18}$$

　　此式表达了实际叶轮工作时，流体从外加能量所获得的理论扬程值。这个公式也叫作理论扬程方程式，本书称之为实际叶轮的理论扬程方程式或实际叶轮欧拉方程。

　　应当指出，这里 $H_T < H_{T\infty}$ 的后果，并非由于任何流动损失所引起，仅仅是由于叶片有限，不能很好地控制流动，从而产生了相对涡流导致叶轮传递给流体的能量水头降低。

2.2.5　理论扬程 H_T 的组成

　　如图 2-4 所示，将该图中叶片进、出口两个速度三角形按三角形的余弦定理展开：

$$w_2^2 = u_2^2 + v_2^2 - 2u_2 v_2 \cos\alpha_2 = u_2^2 + v_2^2 - 2u_2 v_{u2}$$
$$w_1^2 = u_1^2 + v_1^2 - 2u_1 v_1 \cos\alpha_1 = u_1^2 + v_1^2 - 2u_1 v_{u1}$$

从以上两式可得 $u_2 v_{u2} = \frac{1}{2}(u_2^2 + v_2^2 - w_2^2)$ 和 $u_1 v_{u1} = \frac{1}{2}(u_1^2 + v_1^2 - w_1^2)$，并代入实际叶轮欧拉方程中，则可得到理论扬程方程式，即欧拉方程的另一种形式：

$$H_T = \frac{u_2^2 - u_1^2}{2g} + \frac{w_1^2 - w_2^2}{2g} + \frac{v_2^2 - v_1^2}{2g} \tag{2-19}$$

可见流体所获得的总扬程由以下三部分组成：

　　1）式（2-19）第三项是动压水头增量（流体的动能水头增量），即 $H_{Td} = \frac{v_2^2 - v_1^2}{2g}$。通常在总扬程相同的条件下，该项动压水头的增量不宜过大。虽然人们可利用导流器及蜗壳的扩压作用，可将一部分动压头转化为静压水头，但其流动的水力损失也会增大。

　　为了理解其余两项的物理意义，比较式（2-19）与式（2-1），因叶轮进、出口断面是同轴的圆筒面，其平均位能相等，所以式（2-1）中 $z_2 - z_1 = 0$，故式（2-19）的其余两项是总扬程中压力势能的增量，也叫静压水头增量，用 H_{Tj} 表示，即

$$H_{Tj} = \frac{u_2^2 - u_1^2}{2g} + \frac{w_1^2 - w_2^2}{2g} = \frac{p_2 - p_1}{\gamma} \tag{2-20}$$

　　2）式（2-20）的第一项 $\frac{u_2^2 - u_1^2}{2g}$ 是单位质量流体在叶轮旋转时所产生的离心力所做的功 W，使流体自进口（r_1 处）到出口（r_2 处）产生一个向外的压能水头（静压水头）增量 ΔH_{jR}。因流体的离心力 $F = mr\omega^2$，而单位质量流体离心力为 $\frac{1}{g}r\omega^2$，故有

$$\Delta H_{jR} = W = \int_{r_1}^{r_2} \frac{1}{g}\omega^2 r \, dr = \frac{1}{2g}(\omega^2 r_2^2 - \omega^2 r_1^2) = \frac{u_2^2 - u_1^2}{2g}$$

该式说明，因离心机中流体呈径向流动，且圆周速度 $u_2 > u_1$，故其离心力作用很强，但对轴流机来说，因流体沿轴向流动，故此时 $u_2 = u_1$，所以不受离心力作用。

3）式（2-20）的第二项 $\dfrac{w_1^2 - w_2^2}{2g}$ 是由于叶片间流道展宽，以致相对速度有所降低而获得的静压水头增量，它代表着流体经过叶轮时动能转化为压能的分量。由于此相对速度变化不大，故其增量较小。

从上述分析可知，理论扬程可分解为动压水头增量［式（2-19）中第三项］和静压水头增量［式（2-19）中第一、二两项］两部分。一般来说，静压水头增量部分所占份额越大，则机器效率越高。

2.3　实际叶轮的理论性能曲线

2.3.1　叶型及其对性能的影响

从式（2-18）可知，当进口切向分速 $v_{u1} = v_1 \cos\alpha_1 = 0$ 时，理论扬程 H_T 将达到最大值。因此，在设计泵或风机时，总是使进口绝对速度 v_1 与圆周速度 u_1 间的工作角 $\alpha_1 = 90°$，这也是泵或风机设计的一个基本原则。这时流体按径向进入叶片间的流道，理论扬程方程式就简化为

$$H_T = \frac{1}{g} u_2 v_{u2} \tag{2-21}$$

要使流体径向地进入叶片间的流道，可以适当设计叶片的进口方向来保证，因叶片的方向取决于安装角。下面分析理论扬程 H_T 与出口安装角 β_2 之间的关系。

将图 2-5 所示的速度三角形按叶片出口 2 处的参数进行讨论，可得

$$v_{u2} = u_2 - v_{r2} \cot\beta_2$$

代入式（2-21），就有

$$H_T = \frac{1}{g} \left(u_2^2 - u_2 v_{r2} \cot\beta_2 \right) \tag{2-22}$$

就叶轮直径固定不变的某一设备而论，在相同的转速下，从式（2-22）可以发现叶片出口安装角 β_2 的大小对理论扬程 H_T 是有直接影响的。

图 2-7 中绘有三种不同出口安装角 β_2 的叶轮叶型示意图。

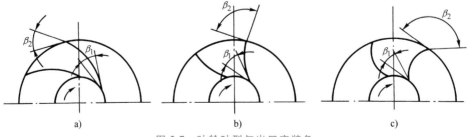

图 2-7　叶轮叶型与出口安装角

a）后向叶型，$\beta_2 < 90°$　　b）径向叶型，$\beta_2 = 90°$　　c）前向叶型，$\beta_2 > 90°$

当 $\beta_2 < 90°$ 时，$\cot\beta_2 > 0$，这时 $H_T < \dfrac{u_2^2}{g}$，叶片出口方向和叶轮旋转方向相反，这种叶型叫作后

向（后弯）叶型，如图 2-7a 所示。

当 $\beta_2 = 90°$，$\cot\beta_2 = 0$，这时 $H_T = \dfrac{u_2^2}{g}$，叶片出口方向按径向装设，这种叶型叫作径向叶型，如图 2-7b 所示。

当 $\beta_2 > 90°$ 时，$\cot\beta_2 < 0$，这时 $H_T > \dfrac{u_2^2}{g}$，叶片出口方向和叶轮旋转方向相同，这种叶型叫作前向（前弯）叶型，如图 2-7c 所示。

根据以上分析可以看出：具有前向叶型的叶轮所获得的扬程最大，其次为径向叶型，而后向叶型的叶轮所获得的扬程最小；但是这并不是说具有前向叶型的泵或风机的效果最好。因为在全部理论扬程中，存在着动压和静压分配的问题（参看上一节）。为此，有必要结合叶型来进一步研究这个问题。下面分析总能中的动压头情况。

通常在离心泵和风机的设计中，除使流体径向进入流道外，常令叶片进口截面面积等于出口截面面积，这是泵与风机设计的另一个基本原则。以 A 代表这些截面面积时，根据连续性原理可得出

$$v_1 A = v_{r1} A = v_{r2} A$$

则

$$v_1 = v_{r1} = v_{r2}$$

此式代入动压水头增量公式中，根据速度三角形（见图 2-5）可得到动压头 H_{Td} 与出口切向分速 v_{u2} 之间的关系为

$$H_{Td} = \frac{v_2^2 - v_1^2}{2g} = \frac{v_2^2 - v_{r2}^2}{2g} = \frac{v_{u2}^2}{2g} \tag{2-23}$$

由此可见，理论扬程 H_T 中的动压水头成分 H_{Td} 是与出口速度的切向分速 v_{u2} 的平方成正比。如果出口圆周速度 u_2 相同（即叶轮直径与转速固定），则切向分速 v_{u2} 越大者其动压水头成分 H_{Td} 所占份额越大，静压水头部分所占份额越小，机内损失也越大。读者可自行画出出口绝对速度相同，但不同出口安装角时的出口切向分速大小比较图（读者将会发现前向叶型的切向分速 v_{u2} 大大高于后向叶型的切向分速 v_{u2}）。理论扬程 H_T 中的静压水头 H_{Tj} 为

$$H_{Tj} = H_T - H_{Td} = \frac{1}{g} u_2 v_{u2} - \frac{v_{u2}^2}{2g} \tag{2-24}$$

式（2-24）中，当 $v_{u2} = u_2$ 时，H_{Tj} 有最大值且 $H_{Tj,\max} = u_2^2/(2g)$。该式表明静压水头具有开口向下的抛物线特征（相对于切向分速）。

如前所述，动压水头成分大，流体在蜗壳及扩压器中的流速大，从而动压、静压转换损失必然较大。实践证明，了解这种情况是很有意义的。因为在其他条件相同时，尽管前向叶型的泵和风机的总扬程较大，但能量损失也大，效率较低。因此，离心式泵全都采用后向叶轮。在大型风机中，为了增加效率或降低噪声水平，也几乎都采用后向叶型。但就中小型风机而论，效率不是主要考虑因素时也有采用前向叶型的，这是因为叶轮是前向叶型的风机，在相同的压头下，轮径和外形可以做得较小。根据这个原理，在微型风机中，大都采用前向叶型的多叶叶轮。至于径向叶型叶轮的泵或风机的性能，介于两者之间；但从摩擦、结构角度来看，径向叶片有优势。

2.3.2　实际叶轮的理论流量-压头曲线与流量-功率曲线

泵和风机的扬程、流量及所需的功率等性能是互相影响的，通常用以下三种形式来表示这些性能之间的关系：

1）泵或风机所提供的流量和扬程之间的关系，用 $H=f_1(q_V)$ 表示。

2）泵或风机所提供的流量和所需外加轴功率之间的关系，用 $P=f_2(q_V)$ 表示。

3）泵或风机所提供的流量与设备本身效率之间的关系，用 $\eta=f_3(q_V)$ 表示。

上述三种关系常以曲线形式绘在以流量 q_V 为横坐标的图上。这些曲线叫作性能曲线。

前面在推导欧拉方程时，曾引入了无限多且无限薄叶片和不计流动损失的理想条件。对叶片数有限的叶轮，已采用涡流修正系数 k 加以修正。于是剩下的问题就是，如何从理论扬程 H_T 中扣除其流动损失。由于目前对机器内部流动损失的计算，还停留在半理论半经验的估算阶段，尚难通过精确计算来决定泵或风机的实际扬程，故其实际性能曲线一般凭借试验获取。

从实际叶轮欧拉方程出发，可以研究无损失流动这一理想条件下理论扬程 $H_T=f_1(q_{V_T})$ 及理论功率 $P_T=f_2(q_{V_T})$ 的关系。如叶轮出口前盘与后盘之间的轮宽为 b_2，则叶轮在工作时所排出的理论流量应为

$$q_{V_T}=\varepsilon\pi D_2 b_2 v_{r2} \tag{2-25}$$

式中符号同前。将式（2-25）变换后代入式（2-21）可得

$$H_T=\frac{u_2^2}{g}-\frac{u_2}{g}\cdot\frac{q_{V_T}}{\varepsilon\pi D_2 b_2}\cot\beta_2$$

就大小一定的泵或风机来说，转速不变时，上式中 u_2、g、ε、D_2 及 b_2 均为定值，故式（2-25）可改写为

$$H_T=A-q_{V_T}B\cot\beta_2 \tag{2-26}$$

式中，$A=\dfrac{u_2^2}{g}$，$B=\dfrac{u_2}{g\varepsilon\pi D_2 b_2}$，且均为常数，而 $\cot\beta_2$ 代表叶型种类，也是常量。此式说明在固定转速下，不论叶型如何，泵或风机理论上的流量与扬程关系是线性的。同时还可以看出，当 $q_{V_T}=0$ 时，$H_T=A=\dfrac{u_2^2}{g}$，正好是理论的最大静水压头成分的 2 倍。图 2-8 绘出了三种不同叶型的泵和风机理论上的流量-扬程曲线。显然由 $B\cot\beta_2$ 所代表的曲线斜率是不同的，因而三种叶型具有各自的曲线倾向。

下面研究理论上的流量与外加功率的关系。

在无损失流动条件下，理论上的有效功率即理论功率就是轴功率，可按式（2-5）计算，即

$$P_e=P_T=\gamma q_{V_T}H_T$$

当输送流体种类确定时，$\gamma=$ 常数。用式（2-26）代入此式可得

$$P_T=\gamma q_{V_T}(A-Bq_{V_T}\cot\beta_2) \tag{2-27}$$

可见，对于不同的 β_2 值，具有不同形状的曲线。但当 $q_{V_T}=0$ 时，三种叶型的理论轴功率都等于零，三条曲线同交于原点（见图 2-9）。

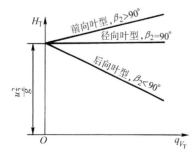

图 2-8　三种叶型的 q_{V_T}-H_T 曲线

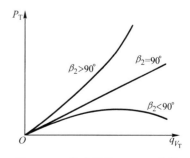

图 2-9　三种叶型的 q_{V_T}-P_T 曲线

对于具有径向叶型的叶轮来说，$\beta_2=90°$，$\cot\beta_2=0$ 功率曲线为一条直线。

当叶轮为前向叶型时，$\beta_2>90°$，$\cot\beta_2<0$，式中括号内第二项为正，功率曲线是一条向下凹的二次曲线。后向叶型的叶轮中，$\beta_2<90°$，$\cot\beta_2>0$，括号内第二项为负，功率曲线为一条向上凸的曲线。

根据以上分析，可以定性地（只能是定性地）说明不同叶型的曲线倾向。这对以后研究泵或风机的实际性能曲线是很有意义的。因为从图 2-9 中的 q_{V_T}-P_T 曲线可以看出，前向叶型的风机所需的轴功率随流量的增加而增长得很快。因此，这种风机在运行中增加流量时，原动机超载的可能性要比径向叶型风机的大得多，而后向叶型的风机几乎不会发生原动机超载的现象。

应当指出，这一节内容都是在无能量损失条件下进行分析的，因此所得出的 q_{V_T}-H_T 曲线和 q_{V_T}-P_T 曲线都属于泵或风机的理论性能曲线。只有在计入各项损失的情况下，才能得出它们的实际性能曲线。至于理论的效率曲线，因其效率为 100%，故其曲线为一水平直线。

2.4　泵与风机的实际性能曲线

本节研究机内损失问题及实际叶轮的实际性能曲线。如图 2-2 所示，从图中所揭示的能量转换与迁移过程来看，如果流体在泵或风机内没有能量损失，则泵或风机轴上所获之轴功即叶轮所得到的所有能量将全部转化为流体所得到的能量。显然，当机内无任何能量损失发生时，则泵或风机的理论功率就是其轴功率。但是实际流体在机内必定存在各种损失，如果进一步将上节所述泵或风机的理论性能曲线过渡到实际的性能曲线，最后将得出泵或风机的流量-效率曲线，即 q_V-η 曲线来表明 $\eta=f_3(q_V)$ 的关系。这是泵或风机的实际性能曲线之一。上述所有的实际性能曲线，下面统称性能曲线。由于流动情况十分复杂，除某些损失可以用经验公式近似计算外，目前大多还不能用分析方法精确地计算那些损失。但是从理论上研究这些损失并将这些损失加以分类整理，指出它们的基本概况，可以找出减少损失的途径（见图 2-10）。

$$轴功率\begin{cases}机械损失（主要由转动部件与固定部件之间机械摩擦所产生的能量损失）\\（机械侧损失，主要为圆盘摩擦损失与轴承轴封摩擦）\\流体理论功率（流体侧）\begin{cases}流体流动损失（流体侧损失）\begin{cases}水力损失\\容积损失\end{cases}\\流体（侧）有效功率\end{cases}\end{cases}$$

轴功率＝流体（侧）理论功率+机械损失

＝流体有效功率+流体流动损失（因水力、容积损失而导致的功率损失）+机械损失

图 2-10　轴功率与机内损失的关系

实际上，可以初步地分析泵或风机在工作时其能量损失情况。假设泵或风机没有输送流体，但叶轮却在转动，那么在转动部件和固定部件之间也必然存在损失，这种损失是由于机械转动而导致的转动部件与固定部件之间所发生的摩擦损失（主要为轮盘摩擦损失和轴承轴封摩擦），可称之为机械损失。如果存在流体流动，叶轮所获得的轴功应该首先克服这一部分损失，剩下的部分才可能传递给流体。因此流体实际所能获得的最大理论功率应当是轴功扣除机械损失后所剩下的部分（这表明轴功率等于流体理论功率加上机械损失）。而这一可能的最大理论功率在流体流动时又会存在能量损失，即有流体流动损失，这种损失又可分为流动水力损失（降低实际压头）与容积损失（减少流量）。一般来讲，机内存在机械损失、水力损失和容积损失三种损失。

图 2-10 所示即是外加于机轴上功率扣除机内诸损失以后和实际得到的有效功率之间的关系。

2.4.1 水力损失

流体流经泵或风机时，必然产生水力损失。这种损失同样也包括局部阻力损失和沿程阻力损失。水力损失的大小与过流部件的几何形状、壁面粗糙度及流体的黏性等密切相关。机内阻力损失发生于下述几个部分：第一，进口损失 ΔH_1，流体经泵或风机入口进入叶片进口之前，发生摩擦及 90°转弯所引起的水力损失；此项损失，因流速不高而不致太大。第二，撞击损失 ΔH_2，当机器实际运行流量与设计额定流量不同时，相对速度的方向就不再与叶片进口安装角的切线相一致，从而发生撞击损失，其大小与运行流量和设计流量差值之平方成正比。第三，叶轮中的水力损失 ΔH_3，它包括叶轮中的摩擦损失和流道中流体速度大小、方向变化及离开叶片出口等局部阻力损失。第四，动压转换和机壳出口损失 ΔH_4，流体离开叶轮进入机壳后，有动压转换为静压的转换损失，以及机壳出口损失。

于是，水力损失的总和 $\Sigma\Delta H=\Delta H_1+\Delta H_2+\Delta H_3+\Delta H_4$。上述四部分水力损失都遵循流体力学流动阻力的规律。

撞击损失、其他水力损失与流量的关系及总水力损失与流量的关系如图 2-11 所示，图中 q_{V_d} 表示设计流量。

水力损失常以水力效率 η_h 来估计。当用 $\Sigma\Delta H$ 表示各过流部件水力损失的总和，则 η_h 表示为

$$\eta_h=\frac{(H_T-\Sigma\Delta H)}{H_T}=\frac{H}{H_T} \tag{2-28}$$

式中，$H=H_T-\Sigma\Delta H$ 为泵或风机的实际扬程。从图 2-11 所示可以发现：总水力损失曲线是一条近似开口向上的抛物线，即存在最小值；这一点与上节所述的理论扬程中静压水头成分具有某种统一性（静压水头成分具有最大值）。另外，有些文献中也将水力效率称为流动效率。

2.4.2 容积损失

叶轮工作时，机内存在压力较高和压力较低的两部分。同时，由于结构上有运动部件和固定部件之分，这两种部件之间必然存在着缝隙。这就使流体有从高压区通过缝隙泄漏到低压区的可能（见图 2-12）。这部分回流到低压区的流体流经叶轮时，显然也获得能量，但未能有效利用。回流量的多少取决于叶轮增压大小，取决于固定部件与运动部件间的密封性能和缝隙的几何形状。

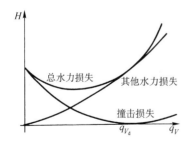

图 2-11 撞击损失、其他水力损失与流量的关系及总水力损失与流量的关系

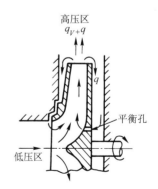

图 2-12 机内流体泄漏回流图

此外，对于离心泵来说，还有流过为平衡轴向推力而设置的平衡孔的泄漏回流量等。

通常用容积效率 η_v 来表示容积损失的大小。如以 q 表示泄漏的总回流量，则

$$\eta_v = \frac{q_{v_T} - q}{q_{v_T}} = \frac{q_v}{q_{v_T}} \tag{2-29}$$

式中，$q_v = q_{v_T} - q$ 为泵与风机的实际流量。由此可见，要提高容积效率 η_v，就必须减少回流量。通过间隙的泄漏流量可由下式估算：

$$q = \pi D_1 \delta 2 u_2 \sqrt{\frac{\bar{p}}{3}} \tag{2-30}$$

式中　D_1——叶轮叶片进口直径（m）；

$\quad\quad\alpha$——间隙边缘收缩系数，一般取 $\alpha = 0.7$；

$\quad\quad\bar{p}$——泵与风机的无量纲全压系数，后文论述；

$\quad\quad\delta$——间隙（m）；

$\quad\quad u_2$——叶轮外径的圆周速度（m/s）。

减少回流量可以采取以下两方面的措施：一是尽可能增加密封装置的阻力，如将密封环的间隙做得较小，且可做成曲折形状；二是密封环的直径尽可能缩小，从而降低其周长使流通面积减少。实践还证明，大流量泵或风机的回流量相对较少，因而 η_v 值较高。离心式风机通常不设消除轴向力的平衡孔，且高压区与低压区之间的压差也较小，因而它们的 η_v 值也较高。

2.4.3　机械损失

泵和风机的机械损失包括轴承和轴封的摩擦损失，还包括叶轮转动时其外表与机壳内流体之间发生的所谓圆盘摩擦损失。泵的机械损失中圆盘摩擦损失常占主要部分。泵的轴封如采用填料密封结构、当压盖压装很紧时，会使机械损失大增。这是填料发热的主要原因，在小型泵中甚至因而难以起动。

根据经验，正常情况下泵的轴承和轴封摩擦损失的功率 ΔP_1 可以达到以下程度：

$$\Delta P_1 = (0.01 \sim 0.03) P \tag{2-31}$$

泵的圆盘摩擦损失的功率 ΔP_2 可表示为

$$\Delta P_2 = k n^3 D_2^5 \tag{2-32}$$

式中　P——泵的轴功率；

$\quad\quad k$——试验系数；

$\quad\quad n$——轴的转速。

其余符号含义同前。

具体地，ΔP_2(kW) 还可用下式近似计算：

$$\Delta P_2 = \beta \rho u_2^3 D_2^2 \times 10^{-3} \tag{2-33}$$

式中　ρ——气体密度（kg/m³）；

$\quad\quad D_2$——圆盘外径（m）；

$\quad\quad u_2$——叶轮外径处的圆周速度（m/s）；

$\quad\quad\beta$——圆盘或轮阻损失计算系数和雷诺数 Re、圆盘与壳体间相对侧壁间隙及圆盘外侧粗糙度等有关；按照斯陀道拉的经验，可取 $\beta = 0.81 \sim 0.88$。

当泵的扬程一定时，增加叶轮转速可以相应地减小轮径。根据式（2-32），这意味着增加转速后，圆盘损失仍可能有所降低。这是目前泵的转速逐渐提高的原因。

机械损失总的功率即机械损失 $\Delta P_{\mathrm{m}} = \Delta P_1 + \Delta P_2$。据此，泵或风机的机械损失可以用机械效率 η_{m} 表示，即

$$\eta_{\mathrm{m}} = \frac{P - \Delta P_{\mathrm{m}}}{P} = \frac{P_{\mathrm{T}}}{P} \tag{2-34}$$

2.4.4　泵与风机的全效率

现在研究泵或风机的全效率 η 及其与式（2-28）、式（2-29）和式（2-34）所表达的各分效率之间的关系。从图2-10及前述轴功率与各种损失的关系可知机械效率为

$$\eta_{\mathrm{m}} = \frac{P_{\mathrm{T}}}{P} = \frac{\gamma q_{V_{\mathrm{T}}} H_{\mathrm{T}}}{P}$$

从而供给泵或风机的轴的功率应为

$$P = \frac{\gamma q_{V_{\mathrm{T}}} H_{\mathrm{T}}}{\eta_{\mathrm{m}}}$$

而泵或风机实际所得的有效功率 P_{e} 是由式（2-5）表示的，即

$$P_{\mathrm{e}} = \gamma q_V H$$

因此，按照效率的定义，结合式（2-28）与式（2-29），泵和风机的全效率可以由式（2-35）导出，即

$$\eta = \frac{P_{\mathrm{e}}}{P} = \frac{\gamma q_V H}{\gamma q_{V_{\mathrm{T}}} H_{\mathrm{T}}} \cdot \eta_{\mathrm{m}} = \eta_V \eta_{\mathrm{h}} \eta_{\mathrm{m}} \tag{2-35}$$

由此可见，泵和风机的全效率等于容积效率、水力效率及机械效率的乘积。

2.4.5　泵与风机的性能曲线

前面分析了离心式泵与风机的工作原理和流体在叶轮中的流动情况，导出了理论扬程方程式和 $q_{V_{\mathrm{T}}}\text{-}H_{\mathrm{T}}$ 及 $q_{V_{\mathrm{T}}}\text{-}P_{\mathrm{T}}$ 关系，并揭示了泵与风机内部的各种能量损失。现在进一步研究各工作参数之间的实际关系，并据此得出泵或风机的实际性能曲线。在图2-13中采用流量 q_V 与扬程 H 组成直角坐标系，纵坐标轴上还标注了功率 P 和效率 η 的尺度。

根据理论流量扬程的公式（2-26）可以绘出一条 $q_{V_{\mathrm{T}}}\text{-}H_{\mathrm{T}}$ 曲线。以后向叶型的叶轮为例，这是一条下倾的直线，即实际叶轮的理论性能曲线，如图2-13中的Ⅱ。当 $q_{V_{\mathrm{T}}} = 0$ 时，$H_{\mathrm{T}} = \dfrac{u_2^2}{g}$。

显然，若按无限多叶片的欧拉方程，可以绘制一条 $q_{V_{\mathrm{T}\infty}}\text{-}H_{\mathrm{T}\infty}$ 的关系曲线，这是一条位于曲线Ⅱ上方的曲线Ⅰ，即理想叶轮的理论性能曲线。

当机内存在水力损失时，流体必将消耗部分能量用来克服流动阻力（见图2-11）。这部分损失应从曲线Ⅱ中扣除，于是就得出如图2-13的曲线Ⅲ。所扣除的包括以直影线部分代表的撞击损失和以倾斜影线部分代表的其他水力损失。

除水力损失之外，还应从曲线Ⅲ扣除

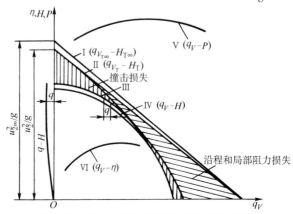

图2-13　离心式泵或风机的性能曲线分析

泵与风机的容积损失。容积损失是以泄漏流量 q 的大小来估算的。可以证明，当泵或风机的结构不变时，q 值与扬程的平方根成比例，因而能够作出一条 q-H 的关系曲线，示于图 2-13 的左侧。曲线 Ⅳ 就是从曲线 Ⅲ 扣除相应的 q 值后得出的泵或风机的实际性能曲线，即 q_V-H 曲线。

流量-功率曲线表明泵或风机的流量与轴功率之间的关系。如前述，轴功率 P 是理论功率 $P_T = \gamma q_{V_T} H_T$ 与机械损失功率 ΔP_m 之和，即

$$P = P_T + \Delta P_m = \gamma q_{V_T} H_T + \Delta P_m \tag{2-36}$$

根据这一关系式，可以在图 2-13 上绘制一条 q_V-P 曲线。如图 2-13 所示曲线 Ⅴ。

有了 q_V-P 和 q_V-H 两曲线，按式（2-4）计算在不同流量下的 η 值，从而得出 q_V-η 曲线，如图 2-13 中的 Ⅵ。q_V-η 曲线的最高点表明为最大效率，它的位置与设计流量是相对应的（铭牌参数）。

q_V-H、q_V-P 和 q_V-η 三条曲线是泵或风机在一定转速下的基本性能曲线。其中最重要的是 q_V-H 曲线，因为它揭示了泵或风机的两个最重要、最有实用意义的性能参数之间的关系。

通常按照 q_V-H 曲线的大致倾向可将其分为下列三种：1 为平坦形，2 为陡降形，3 为驼峰形，如图 2-14 所示。

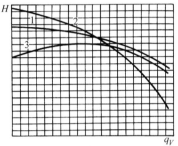

图 2-14　三种不同的 q_V-H 曲线

1—平坦形　2—陡降形
3—驼峰形

具有平坦形 q_V-H 曲线的泵或风机，当流量变动很大时，能保持基本恒定的扬程。陡降形曲线的泵或风机则相反，即流量变化时，扬程的变化相对较大。至于驼峰形曲线的泵或风机，当流量自零逐渐增加时，相应的扬程最初上升，达到最高值后开始下降。具有驼峰性能的泵或风机在一定的运行条件下可能出现不稳定工作，且这种不稳定工作是应当避免的。

如前所述，泵和风机的性能曲线是由制造厂根据试验得出的。这些性能曲线是选用泵或风机和分析其运行工况的根据。尽管在实用中还有其他类型的性能曲线，如选择性能曲线和通用性能曲线等，也都是以本节所述的性能曲线为基础演化出来的。

作为示例，图 2-15 绘出了型号为 $1\frac{1}{2}$ BA-6 型离心式水泵的性能曲线。此图是在 $n = 2900\text{r/min}$ 的条件下得出的。该泵的标准叶轮直径为 128mm。制造厂还可以提供两种经过切削的较小直径的叶轮，直径分别为 115mm 及 105mm。

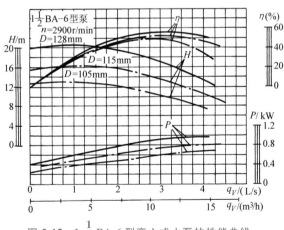

图 2-15　$1\frac{1}{2}$ BA-6 型离心式水泵的性能曲线

2.5　相似律与比转速

泵或风机的设计、制造通常是按"系列"进行的。同一系列中，大小不等的泵或风机都是相似的，也就是说它们之间的流体力学性质遵循力学相似原理。

按系列进行生产的原因之一是流体在机内的运动情况十分复杂，目前不得不广泛利用已有泵和风机的数据作为设计的依据。有时，由于实型泵或风机过大，就运用相似原理先在较小的模型机上进行试验，再将试验结果推广到实型机上。泵和风机的相似律表明了同一系列相似机器的相似工况之间的相似关系。相似律是根据相似原理导出的，除用于设计泵或风机外，更重要的还在于用来作为运行、调节和选用型号等的理论根据和实用工具。

2.5.1　泵与风机的相似律

1. 相似条件

泵或风机的相似同样须满足几何、运动及动力相似三个条件，且首先必须几何相似。同一系列泵或风机的各过流部件相应的线尺寸间的比值应相等，相应的角度也应相等。如用下角标 m 表示模型机的参数，n 表示原（实）型机的参数，则几何相似可由下列方程表达：

$$\frac{D_{1n}}{D_{1m}}=\frac{D_{2n}}{D_{2m}}=\frac{b_{1n}}{b_{1m}}=\frac{b_{2n}}{b_{2m}}=\cdots=\lambda_l \tag{2-37}$$

$$\beta_{1n}=\beta_{1m};\ \beta_{2n}=\beta_{2m} \tag{2-38}$$

式中，λ_l 为相应线尺寸的比值。在所有的线尺寸中，通常选取叶轮外径 D_2 作为定性线尺寸。其余符号含义同前。这里所指的模型机，通常是该系列中的某一台机器。

相似机还要求运动相似，即两机在相似工况点的同名称速度比值相等和方向相同，即相似工况点的速度三角形相似，故有

$$\frac{v_{1n}}{v_{1m}}=\frac{v_{2n}}{v_{2m}}=\frac{u_{1n}}{u_{1m}}=\frac{u_{2n}}{u_{2m}}=\frac{w_{1n}}{w_{1m}}=\frac{w_{2n}}{w_{2m}}=\cdots=\lambda_v \tag{2-39}$$

$$\alpha_{1n}=\alpha_{1m};\ \alpha_{2n}=\alpha_{2m} \tag{2-40}$$

式中，λ_v 是相似工况点的速度比值，视不同的相似工况点有不同值；其余符号含义同前。

从相似原理部分可知，对不可压缩流体，其动力相似，要求模型与原型反映惯性力与重力相对比值的弗劳德数 $Fr^2=\dfrac{v^2}{gl}$ 相等，同时也要求反映惯性力与黏性力相对比值的雷诺数 $Re=\dfrac{vl}{\nu}$ 相等。由于在泵或风机的流道中，不存在自由表面，且水静压力与重力对流体的作用互相平衡，故可以不考虑重力特征数。而黏性力的影响，又因其雷诺数很大，处于自模区，也可不予考虑。这就是为什么泵与风机在模拟时，通常并不采用"特征数"来判断相似，而是根据工况相似来提出相似关系。下面介绍相似工况的概念。

相似工况：当原型性能曲线上某一工况点 A 与模型性能曲线上工况点 A′ 所对应的流体运动相似，也就是相应的速度三角形相似，则称 A 与 A′ 两个工况为相似工况，如图 2-16 所示。

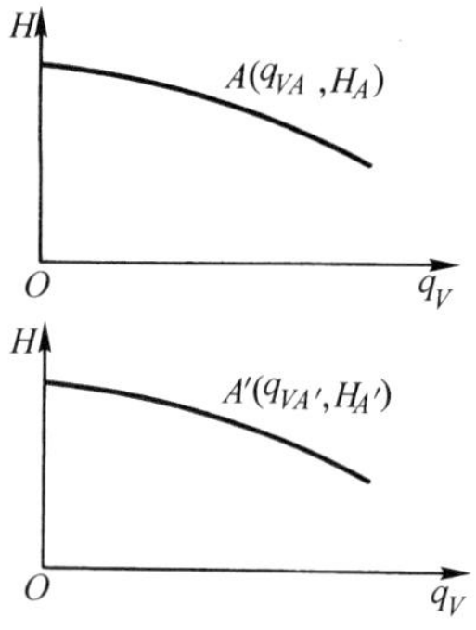

2. 相似律

在相似工况下，"原型"与"模型"的扬程、流量及功率有如下关系，这些关系统称相似律。

（1）流量关系　相似工况点之间的流量关系，可根据计算流量之式（2-25）及式（2-29）得出：

图 2-16　相似工况

$$\frac{q_{Vn}}{q_{Vm}}=\frac{\eta_{vn}\varepsilon_n\pi D_{2n}b_{2n}v_{r2n}}{\eta_{vm}\varepsilon_m\pi D_{2m}b_{2m}v_{r2m}}=\frac{n_n}{n_m}\left(\frac{D_{2n}}{D_{2m}}\right)^3=\lambda_l^3\left(\frac{n_n}{n_m}\right) \tag{2-41}$$

式中考虑了两机通过同一流体介质，且尺寸相差不太悬殊时，其容积效率及排挤系数相等，即

$\eta_{vn} = \eta_{vm}$ 及 $\varepsilon_{vn} = \varepsilon_{vm}$；并且 $\dfrac{b_{2n}}{b_{2m}} = \dfrac{D_{2n}}{D_{2m}}$；$\dfrac{v_{r2n}}{v_{r2m}} = \dfrac{u_{2n}}{u_{2m}} = \dfrac{\pi D_{2n} n_n}{\pi D_{2m} n_m}$。

（2）扬程关系　相似工况点之间的扬程关系，可根据计算扬程方程式（2-21）及式（2-28）得出：

$$\frac{g_n H_n}{g_m H_m} = \frac{\eta_{hn} u_{2n} v_{u2n}}{\eta_{hm} u_{2m} v_{u2m}} = \left(\frac{n_n}{n_m}\right)^2 \left(\frac{D_{2n}}{D_{2m}}\right)^2 \qquad (2\text{-}42)$$

式中诸项也做了类似上述的考虑。

如将式（2-42）的扬程 H（液柱或气柱高度）改换成压力 p，即把 $p = \gamma H$ 代入式（2-42），则得压力关系为

$$\frac{p_n}{p_m} = \frac{\rho_n}{\rho_m} \left(\frac{n_n}{n_m}\right)^2 \left(\frac{D_{2n}}{D_{2m}}\right)^2 \qquad (2\text{-}43)$$

（3）功率关系　两相似工况点之间的功率关系，可由求轴功率的式（2-7）导出：

$$\frac{P_n}{P_m} = \frac{\gamma_n q_{Vn} H_n}{\gamma_m q_{Vm} H_m} \cdot \frac{\eta_m}{\eta_n} = \frac{\gamma_n q_{Vn} H_n}{\gamma_m q_{Vm} H_m} = \frac{\rho_n q_{Vn} H_n}{\rho_m q_{Vm} H_m}$$

式中可认为 $\eta_n \approx \eta_m$ 予以消去。然后用式（2-41）及式（2-42）代入上式，可得

$$\frac{P_n}{P_m} = \frac{\rho_n}{\rho_m} \left(\frac{n_n}{n_m}\right)^3 \left(\frac{D_{2n}}{D_{2m}}\right)^5 \qquad (2\text{-}44)$$

有时可以将同机性能参数合并。同时为了简明起见，将下标 m、n 及 2 取消，就能以更为一般的形式来表明相似泵或相似风机的相似工况点各性能参数之间的相似关系：

$$\frac{P_m}{\rho_m n_m^2 D_{2m}^2} = \frac{P_n}{\rho_n n_n^2 D_{2n}^2} = \frac{p}{\rho n^2 D^2} = \lambda_p \qquad (2\text{-}45)$$

$$\frac{g_m H_m}{n_m^2 D_{2m}^2} = \frac{g_n H_n}{n_n^2 D_{2n}^2} = \frac{gH}{n^2 D^2} = \lambda_H \qquad (2\text{-}46)$$

$$\frac{q_{Vm}}{n_m D_{2m}^3} = \frac{q_{Vn}}{n_n D_{2n}^3} = \frac{q_V}{n D^3} = \lambda_{qV} \qquad (2\text{-}47)$$

$$\frac{P_m}{\rho_m n_m^3 D_{2m}^5} = \frac{P_n}{\rho_n n_n^3 D_{2n}^5} = \frac{P}{\rho n^3 D^5} = \lambda_{PE} \qquad (2\text{-}48)$$

以上诸式中的 D 仍为叶轮外径。λ_p、λ_H、λ_{qV} 及 λ_{PE} 四个比例常数，因相似工况点而异，即不同的相似工况点有不同 λ_p、λ_H、λ_{qV} 及 λ_{PE} 值，它们可分别称为无量纲的压力、扬程、流量及功率比尺。

2.5.2　风机的无量纲性能曲线

前面曾提到"系列"这个名词，在同一系列中尽管有各种尺寸的诸多泵或风机，但它们皆属于相似的一类机器（在几何上是相似的），而且也能根据相似规律找出其共性，来代表某一"类"（系列）的特征。于是，就引出了无量纲性能曲线和比转速的概念。

无量纲性能曲线就是某一类机器的无量纲流量与无量纲的扬程（压头）、无量纲的功率及无量纲的效率之间的关系曲线。其优点是只需用一条曲线，即可代替某一整个系列全部机器在各种转速下的性能曲线，从而大大简化性能曲线图或性能表。考虑到我国目前的使用习惯，将相似工况点各性能参数的无量纲为一般量的比值式（2-45）、式（2-47）及式（2-48）中的比例常数

λ_P、λ_{q_V} 及 λ_{PE} 做如下的更改。

对于式（2-45），除了以叶轮外径处圆周速度 u_2 代替 nD_2，并改用压力系数 $\bar{p}$（有的产品样本中用 $\bar{H}$）代替 λ_P，则可得通风机的压力系数 $\bar{p}$ 为

$$\bar{p} = \frac{p}{\rho u_2^2} \tag{2-49}$$

式中 p——压力（Pa）；

ρ——密度（kg/m³）；

u_2——速度（m/s）。

对于式（2-47）用叶轮外径处圆周速度 u_2 代替 nD_2 外，用面积 $\frac{\pi D_2^2}{4}$ 代替 D_2^2，并改用流量系数 $\bar{q_V}$ 代替 λ_{q_V}，于是，风机的流量系数 $\bar{q_V}$ 为

$$\bar{q_V} = \frac{q_V}{u_2 \frac{\pi D_2^2}{4}} \tag{2-50}$$

式中 q_V——流量（m³/s）；

D_2——叶轮外径（m）；

u_2——圆周速度（m/s）。

在式（2-48）中，以 u_2 代替 nD_2，$\frac{\pi D_2^2}{4}$ 代换 D_2^2，并用功率系数 $\bar{P}$ 代替 λ_{PE}，则得风机的功率系数为

$$\bar{P} = \frac{P}{\frac{\pi D_2^2}{4} \rho u_2^3} \tag{2-51}$$

式中 P——功率（W）。

要强调的是：$\bar{p}$、$\bar{q_V}$ 及 $\bar{P}$ 是无量纲比例常数，它们是取决于相似工况点的函数，不同的相似工况点所对应的 $\bar{p}$、$\bar{q_V}$ 及 $\bar{P}$ 值不同。

为了绘制无量纲性能曲线，在某一系列中选用一台风机作为模型机，令其在不同的流量 q_{V_1}、q_{V_2}、q_{V_3}……条件下以固定转速 n 运行，测出相应的 p_1、p_2、p_3……和 P_1、P_2、P_3……，同时取得所输送的介质密度 ρ，就可以算出 u 值和对应的 $\bar{p_1}$、$\bar{p_2}$、$\bar{p_3}$……，$\bar{q_{V_1}}$、$\bar{q_{V_2}}$、$\bar{q_{V_3}}$…… 及 $\bar{P_1}$、$\bar{P_2}$、$\bar{P_3}$……。还可以按式（2-52）计算出效率 η_1、η_2、η_3……，即

$$\eta = \frac{\bar{q_V p}}{\bar{P}} \tag{2-52}$$

用圆滑曲线连接这些点，就可以描绘出一组无量纲曲线，其中包括 $\bar{q_V}$-p、$\bar{q_V}$-$\bar{P}$ 及 $\bar{q_V}$-η 三条曲线。图 2-17 所示为我国设计生产的高效率离心式 4-72-11 型风机的无量纲性能

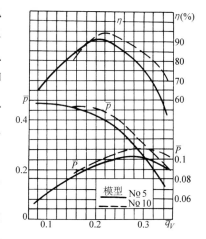

图 2-17 4-72-11 型风机的无量纲性能曲线

曲线。图中实线是以No5机为模型机，它代表No5、No5.5、No6及No8号四种大小不同的同系列风机的性能曲线。虚线是以No10号机为模型机，代表该系列No10、No12、No16及No20号机的性能曲线。这一系列之所以要采用两个模型机的原因就是在推导相似律时，采取了略去次要因素的方法，以致相似机器的大小相差过分悬殊时，引起了某些误差。

显然，根据无量纲性能曲线得出的无量纲的量是不能直接使用的，所以应将自曲线查得的 $\bar{p}$、$\bar{q_v}$ 及 $\bar{P}$ 值，再用式（2-49）、式（2-50）及式（2-51）进行反运算以求出实际的性能参数。

【例 2-1】 某地大气压为 98.07kPa，输送温度为 70℃ 的空气，风量为 11500m³/h，管道阻力为 2600Pa，用无量纲参数进行风机性能计算。

【解】 如果采用无量纲性能曲线选用风机时，可以从图2-17查出 4-72-11 型风机在最高效率下有以下的无量纲参数：

$$\bar{p} = 0.416; \quad \bar{q_v} = 0.212$$

根据式（2-49）可以算出风机的圆周速度：

$$u = \sqrt{\frac{p}{\rho \bar{p}}} = \sqrt{\frac{2600}{1.2 \times 0.416}} \mathrm{m/s} = 72.2\mathrm{m/s}$$

如选用 $n = 2900\mathrm{r/min}$ 的风机，叶轮直径应为

$$D_2 = 60\frac{u}{\pi n} = \frac{60 \times 72.2}{3.14 \times 2900}\mathrm{m} = 0.476\mathrm{m}$$

由式（2-50）可以计算出相应的风量为

$$q_v = \bar{q_v} u \frac{\pi D_2^2}{4} = \left(0.212 \times 72.2 \times \frac{3.14 \times 0.476^2}{4}\right) \mathrm{m^3/s} = 2.73\mathrm{m^3/s} = 9810\mathrm{m^3/h}$$

可见选用的叶轮直径的风机不能在给定的转速下提供所要求的流量。同时，如果考虑到制造厂通常是按"cm"来生产风机的，故可采用 $D_2 = 0.5\mathrm{m}$ 的风机，即No5风机，则其圆周速度为

$$u = \frac{n\pi D_2}{60} = \frac{2900 \times 3.14 \times 0.5}{60}\mathrm{m/s} = 76\mathrm{m/s}$$

选择风机风量时一般考虑一个安全系数，本例取 1.1，则所选风机风量应为 11500m³/h 的 1.1 倍，即 12650m³/h，据此按式（2-50）计算无量纲的流量为

$$\bar{q_v} = \frac{q_v}{u\frac{\pi D_2^2}{4}} = \frac{(4 \times 12650)/3600}{76 \times 3.14 \times 0.5^2} = 0.234$$

再查无量纲性能曲线，在相当于 $\bar{q_v} = 0.234$ 处的压力系数为 $\bar{p} = 0.386$，功率系数 $\bar{P} = 0.101$。用所得无量纲量验算风压，可得

$$p = \bar{p}\rho u^2 = (0.386 \times 1.2 \times 76^2)\mathrm{Pa} = 2675.4\mathrm{Pa}$$

验算轴功率，用式（2-51）：

$$P = \bar{P}\rho u^3 \frac{\pi D_2^2}{4} = \left(0.101 \times 1.2 \times 76^3 \times \frac{3.14}{4} \times 0.5^2\right)\mathrm{W} = 10441\mathrm{W} = 10.44\mathrm{kW}$$

上述验算均证明所选风机能满足预定要求。

此外，还可以按式（2-52）算出效率为

$$\eta = \frac{\bar{q_v}\bar{p}}{\bar{P}} = \frac{0.234 \times 0.386}{0.101} = 89.4\%$$

从本例可以看出，采用无量纲性能曲线选用风机时，需要反复换算，比较麻烦。有些书籍提供了选择性能曲线即组合性能曲线，可以方便选用。

2.5.3　比转速

同一"系列"的诸多相似机既然可用一条无量纲性能曲线来表述，那么视在此曲线上所取的工况点之不同，就会有许多组 $(\overline{q_{V1}}，\overline{p_1})$、$(\overline{q_{V2}}，\overline{p_2})$、$(\overline{q_{V3}}，\overline{p_3})$……值。

如果指定效率最高点（即最佳工况点）的一组 $(\overline{q_V}，\overline{p})$ 值，作为这个"系列"的代表值，这样就把表征"系列"的手段由一条无量纲曲线简化成两个参数值 $(\overline{q_V}，\overline{p})$，作为这个系列的代表值。从而找到了非相似泵或风机，即不同系列机器的比较基础——比转速。

根据式（2-46）及式（2-47）可知，对于某一类型的泵或风机，在最高效率工况时，有相等的 λ_H、λ_{q_V}（即 $\overline{H}$、$\overline{q_V}$）值。这里，把此效率最高点的流量系数 $\overline{q_V}$ 除以压力系数 $\overline{H}$，以消去 D，从而可以求出：同一类型即相似的泵或风机，不论其尺寸大小，而反映其流量 q_V、扬程（全压）H 以及转速 n 之间关系的类型性能代表量——比转速 n_s（这表明相似机的比转速相同）。

两式相除
$$\frac{nq_V^{1/2}}{(gH)^{3/4}} = \frac{\overline{q_V}^{\frac{1}{2}}}{\overline{H}^{3/4}}$$

既然上式右端是由量纲为一的不变量所组成，则组成后的综合量必然也是一个不依其尺寸 D 改变的量纲为一的量，以 n_s 表示此量纲为一的不变量，即

$$n_s = \frac{nq_V^{1/2}}{(gH)^{3/4}}$$

式中，n_s 被称为比转速，因为是量纲为一的量，可以用任何系统的单位计算。在工程中，由于 g 是常量，消去 g 也能使剩余量为不变量，所以，实际上的比转速定义为

$$n_s = \frac{nq_V^{1/2}}{H^{3/4}} \tag{2-53}$$

这样，n_s 就成为有量纲的量了，并根据行业规定的单位进行计算。

对于风机，进口处为标准大气状况时，q_V 以 m^3/s 为单位，H 以 mmH_2O 为单位，n 以 r/min 为单位。

一般离心式风机 $n_s = 15 \sim 80$；混流（斜流）风机 $n_s = 80 \sim 120$；轴流风机 $n_s = 100 \sim 500$。

比转速的概念最早是由水轮机参数所导出，而为水泵所袭用。水轮机最重要的参数是功率 P，而不是流量 q_V，为此，从功率比 λ_{PE} 的式（2-48）和扬程比 λ_H 的式（2-46）中消去 D，并消去常数 $\rho^{\frac{1}{2}}g^{5/4}$ 得出：

$$n_s' = \frac{n\sqrt{P}}{H^{5/4}}$$

由于它也是有量纲的量，就必须先规定单位：设 $P = 1hp$（$1hp = 745.7W$），$H = 10000Pa$，则 $n_s' = n$。因此，习惯上将水泵的比转速认为相当于 $P = 1hp$，$H = 1mH_2O$（$1mH_2O = 10kPa$）时的转速。

但是，由于水泵的重要参数是 q_V 而不是 P，将 $P = \dfrac{\gamma H q_V}{75}$ 代入上式，得出计算水泵比转速 n_{sp} 的计算式为

$$n_{sp} = 3.65 \frac{n\sqrt{q_v}}{H^{3/4}} \tag{2-54}$$

式中，q_v 以 m^3/s 为单位；H 以 mH_2O 为单位；n 以 r/min 为单位。

比转速的实用意义如下：

1）比转速反映了某系列泵或风机性能上的特点。可以看出比转速大，表明其流量大而压头小；反之，比转速小时，表明流量小而压头大。

2）比转速可以反映该系列泵或风机在结构上的特点。因为比转速大的机器流量大而压头小，故其进、出口叶轮面积必然较大，即进口直径 D_0 与出口宽度 b_2 较大，而轮径 D_2 则较小，因此叶轮厚而小。反之，比转速小的机器流量小而压头大，叶轮的 D_0 与 b_2 小，而轮径 D_2 较大，故叶轮相对地扁而大。

当比转速由小不断增大时，叶轮的 D_2/D_0 不断缩小，而 b_2/D_2 则继续增加。从整个叶轮结构来看，将由最初的径向流出的离心式最后变成轴向流出的轴流式。这种变化也必然涉及机壳的结构形式。叶轮随比转速的增加而变化的过程可以从图 2-18 及图 2-19 中看出。

风机类型	离心式风机		斜（混）流式风机	轴流式风机	贯流（横流）式风机
比转速 n_s	49.8	90.5	98.8	347~359	48.8~82
叶轮形状	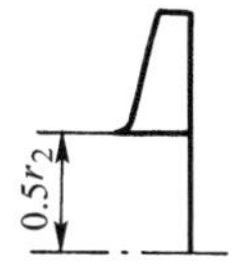	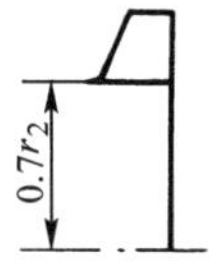	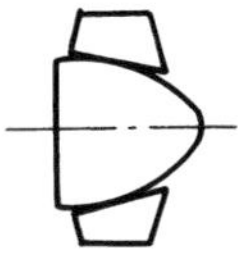	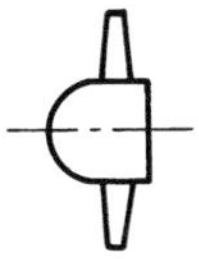	

图 2-18　风机比转速、叶轮形状

泵的类型	离 心 泵			混流泵	轴流泵
	低比转速	中比转速	高比转速		
比转速	30~80	80~150	150~300	300~500	500~1000
叶轮形状	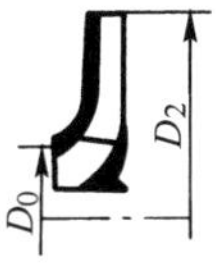	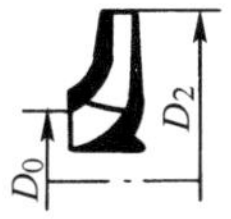	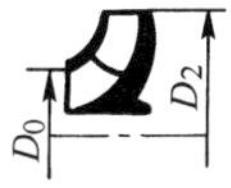	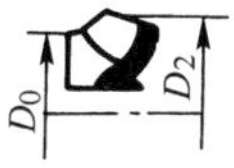	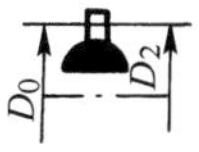
D_2/D_0	≈ 3	≈ 2.3	$\approx 1.8~1.4$	$\approx 1.2~1.1$	≈ 1
叶片形状	圆柱形	入口处扭曲 出口处圆柱形	扭　曲	扭　曲	机翼型
性能曲线大致的形状	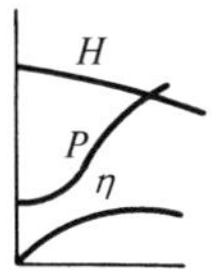	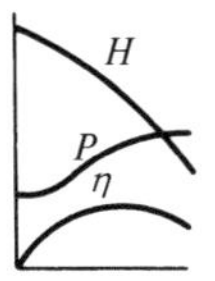	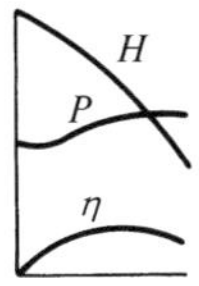	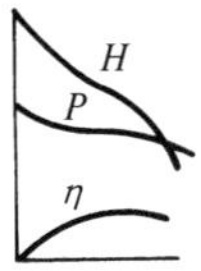	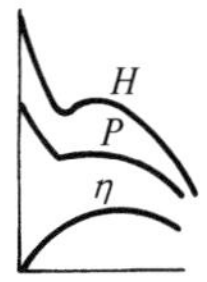

图 2-19　泵的比转速、叶轮形状和性能曲线形状

3）比转速可以反映性能曲线变化的趋势。对于直径 D_2 相同的叶轮来说，低比转速的机器由于压头增加较多，故流道一般较长，比值 D_2/D_0 和出口安装角 β_2 也较大（见图 2-19 及图

2-20）。从图 2-20 所示的两幅速度三角形中可以看出，当流量变化 Δq_v 相同时，β_2 大的机器具有较小的切向分速变化 Δv_{u2}；同时还能根据欧拉方程式推知相应的压头变化 ΔH 也较小。如以 $\Delta H/\Delta q_v$ 来表示这些变化，就能清楚地看到 β_2 大的机器，相对压头变化率 $\Delta H/\Delta q_v$ 较小。这说明低比转速泵或风机（它们的 β_2 较大）的 q_v-H 曲线较平坦，或者说压头的变化较缓慢。至于 q_v-P 曲线则因流量增加而压头减少不多，机器的轴功率上升较快，曲线较陡。q_v-η 曲线则较平。

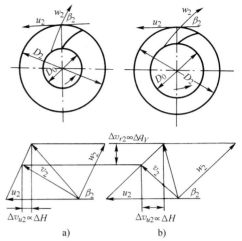

图 2-20　比转速对性能曲线变化趋势的影响
a）比转速较低的机器　b）比转速较高的机器

比转速在泵与风机的设计选型中起着极其重要的作用，对于编制系列和安排型号编谱上有重大影响，读者可参阅有关专著。

根据以上分析，可以按照比转速的大小，大体上了解泵或风机的性能和结构状况。比转速反映了泵和风机的性能、结构型式和使用上的一系列特点，因而常用来作为泵和风机的分类依据。这一点通常在机器的型号上有所反映。例如，4-79 型风机的比转速为 79（只取整数值）。在选用泵和风机时，也可以利用比转速。人们在已知所需设计流量、压头后，常希望所选用的泵或风机在高效率下工作，故可依某原动机（如电动机）的转速先算出所需要的比转速，从而初步定出可以采用的泵或风机型号。

2.6　其他常用流体机械

2.6.1　轴流式风机

如前所述，当工程需要大流量和较低压头时，离心式风机将难当此任，而轴流式泵与风机则恰能满足此种要求。

如纺织厂空调用 50A11-11 型轴流式风机。空气沿轴向流过风机，叶轮装在圆形风筒内，钟罩形入口用来避免进气的突然收缩。这种风机的电动机装在适当形式的轮毂罩内，轮毂罩有改善气流进入叶片的作用。轴流式风机的类型很多，一些大型的轴流式风机在叶轮下游侧设有固定的导叶以消除气流在增压后的旋转。其后还可设置流线型尾罩，有助于气流的扩散。大型轴流式风机常用电动机通过传动带或 V 带来驱动叶轮。家用风扇或吊扇也是典型的"轴流"机械。简而言之，轴流式风机是用一定形状叶片以适当的安装方式来"切割"空气，从而实现空气"轴向"流动的机械。

轴流式风机的原理：按流体力学关于"绕流阻力和升力"的相关原理，绕流物体——这里指叶片，在垂直于流动方向存在着升力 L，平行于流动方向产生阻力。根据作用力和反作用力关系的原理，叶片对流体的升力和阻力的合理利用，就是叶片形状设计的目的。

轴流式风机的叶片有板型、机翼型等多种。叶片从根部到叶梢常是扭曲的。有些叶片的安装角是可以调整的，调整安装角能改变风机的流量和压头。

研究轴流式风机的理论时，常利用直列叶栅的概念。叶栅图是先沿一定的半径 r 截取叶片的剖面，再将所得的剖面展开得出的。如图 2-21 所示，在同一半径上截取的直列叶栅图中，进口

与出口的气流圆周速度都是相同的。但是，按不同半径
截取的叶栅将有不同的圆周速度。正是这些特点导致轴
流式风机在性能上有别于离心式风机。

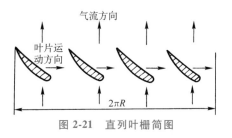

图 2-21　直列叶栅简图

　　讨论气流通过轴流风机叶栅的运动和所获得的能量
时，通常认为叶片之间有足够的间距，因而叶片间的气
流不致相互影响；且叶片是装在圆筒内的，叶梢与筒壁
之间的缝隙极小，所以没有气流的径向运动。依次假
设，可以将问题简化为孤立叶片二维流的问题来研究。

　　当气流以流速 v_0 流向叶片时，气流质点除获得圆周速度 u 外，还有沿叶片滑动的相对速度
（见图 2-22）。用下标 1 和 2 分别表示气流进入叶片与离开叶
片的参数，同样可以用速度三角形来描述气流的运动情况。
离开叶片的气流由于叶片的旋转而偏离原来的 v_0 的方向，如
图 2-22 中的 v_2。当叶轮下游侧设有整流叶片时，可以使气流
重新恢复到 v_0 的方向。

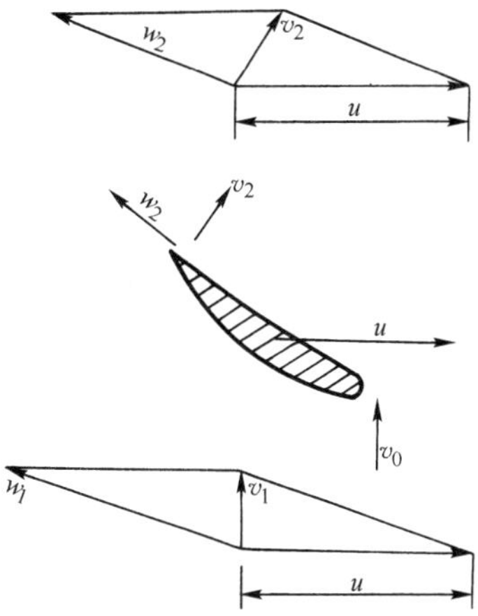

　　轴流式风机与离心式风机具有同样的理论压头方程
式，即

$$H_T = \frac{1}{g}(u_2 v_{u2} - u_1 v_{u1})$$

　　但是，由于叶栅是按同一半径取得的，即叶栅在"切割"
空气时，气流质点进入和离开叶片是在同一圆周上，所以进
口与出口质点具有同样的圆周速度，即 $u_2 = u_1 = u$，故理论压
头方程式应为

$$H_T = \frac{u}{g}(v_{u2} - v_{u1}) \tag{2-55}$$

图 2-22　气流质点通过叶栅
的运动情况

在设计工况下，$v_{u1} = 0$，则

$$H_T = \frac{u v_{u2}}{g} \tag{2-56}$$

　　下面分析轴流式风机的性能特点。

　　前面提到，按不同半径截取的叶栅具有不同的圆周速度。结合式（2-56）可以看出，在叶梢
处产生的压头将大于叶根处的压头。这一情况使叶轮下游侧横断面上的气流，由于不同半径处
的压头各异而有可能发生径向流动，从而增加损失，效率下降。为了避免这种情况发生，常将叶
片制成扭曲形状，使之在不同半径处具有不同的安装角。采用这种方法的目的是使叶片不同半
径处具有不同的 v_{u2} 值，从而使乘积 $u v_{u2}$ 接近于不变。于是整个叶轮下游的流通截面上的压头也
可以基本保持恒定，尽可能消除径向流动。即便如此，也只有在设计工况下才能基本消除径向流
动现象。研究表明，当流量小于设计值时，流体将发生径向流动，严重时部分流体将发生二次回
流，由叶轮流出的流体，一部分又重新回到叶轮中被二次加压，使扬程压头增加。由于二次回流
量是靠撞击来传递能量的，因此水力损失很大，导致效率急剧下降。

　　由于上述情况，轴流式风机在性能曲线方面的特点可以归纳为如下三点：

　　1）q_v-H 曲线大多属于陡降形曲线。

　　2）q_v-P 曲线在流量为零时 P 最大，当流量增大时，H 下降很快，轴功率 $P = \dfrac{r q_v H}{\eta}$ 也有所降

低，这样往往使轴流式风机在零流量下起动的轴功率为最大。因此，与离心式风机相反，轴流式

风机应当在管路畅通下开动即开阀起动。尽管如此，当起动与停机时，总是会经过最低流量的，所以轴流式风机所配用的电动机要有足够的余量。

3）q_v-η 曲线在最高效率点附近迅速下降，由于流量不在设计工况下气流情况迅速变坏，以致效率下降很快。所以轴流式风机的最佳工作范围较窄。一般都不设置调节阀来调节流量。大型轴流式风机常用可调节叶片安装角或改变转速方法来达到调节流量的目的。

图 2-23 所示为 30E-11No36 $\frac{1}{2}$ 型轴流式风机的性能曲线。图中曲线是按四种不同的安装角绘制的。

对于混流（斜流）式风机，它是在构造和性能上介于离心式风机与轴流式风机之间的一种流体机械。当轴流式风机为其适当增加压头时，便派生出"子午加速轴流机"，即为混流式风机。

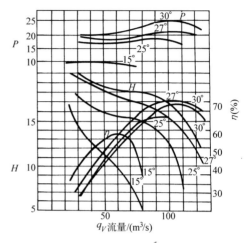

图 2-23　30E-11№36 $\frac{1}{2}$ 型轴流式
风机性能曲线

2.6.2　贯流式风机

由于空气调节技术的发展，需要一种小风量、低噪声、压头适当和在安装上便于与建筑物相配合的小型风机，贯流式风机就是适应这种要求的新型风机。

贯流式风机的主要特点如下（见图 2-24）：

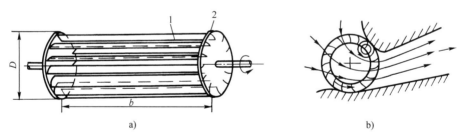

图 2-24　贯流式风机示意图

a）贯流式风机叶轮结构示意图　b）贯流式风机中的气流

1—叶片　2—封闭端面

1）叶轮一般是多叶式前向叶型，但两个端面是封闭的。其叶轮外形与离心式风机相似，但进气口不是通过叶轮两端轴向进入风机然后转弯进入叶片入口，而是气流径向直接穿过叶片间的空间，如图 2-24b 所示。

2）叶轮的宽度 b 没有限制，当宽度加大时，流量也增加。

3）贯流式风机不像离心式风机是在机壳侧板上开口使气流轴向进入风机，而是将机壳部分地敞开使气流直接径向进入风机。气流横穿叶片两次。某些贯流式风机在叶轮内缘加设不动的导流叶片，以改善气流状态。

4）在性能上，贯流式风机的全压系数较大，$\overline{q_v}$-$\overline{H}$ 曲线是驼峰形的，效率较低，一般为

30% ~ 50%。图 2-25 所示是这种风机的无量纲性能曲线。

$$\bar{p} = \frac{p}{\frac{1}{2}\rho u^2}; \quad \bar{\varphi} = \frac{q_V}{bD_2 u};$$

$$\bar{P} = \frac{\bar{p}\,\bar{\varphi}}{\eta}; \quad \bar{p}_j = \frac{p_j}{\frac{1}{2}\rho u^2}$$

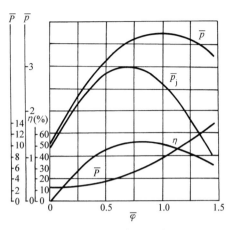

图 2-25　贯流式风机的
无量纲性能曲线

其中，流量系数因叶轮宽度没有限制而加入了宽度 b 的因素，即 $\bar{\varphi} = \dfrac{q_V}{bD_2 u}$，而不是一般离心式风机中采用的 $\bar{q}_V = \dfrac{q_V}{u\dfrac{\pi D_2^2}{4}}\left(\text{或 } \bar{q}_V = \dfrac{q_V}{3600u\dfrac{\pi D_2^2}{4}}，\text{此时 } q_V \text{ 单位应取 } \text{m}^3/\text{h}\right)$。

5）进风口与出风口都是矩形的，易与建筑物相配合。

贯流式风机至今还存在许多问题有待解决，特别是各部分的几何形状对其性能有重大影响。不完善的结构甚至造成完全不能工作，但小型的贯流式风机的使用范围正在稳步扩大。

2.6.3　往复泵与真空泵

1. 往复泵

往复泵是最早发明的提升液体的机械。目前由于离心泵具有显著优点，往复泵的应用范围已逐渐缩小。但由于往复泵在压头剧烈变化时仍能维持几乎不变的流量的特点，故仍有所应用。它还特别适用于小流量、高扬程的情况下输送黏性较大的液体，如机械装置中的润滑设备和水压机等。在小型锅炉房和供暖锅炉房中，常装设利用锅炉饱和蒸汽为动力的蒸汽活塞泵作为锅炉补给水泵。

往复泵属于容积泵，主要结构包括泵缸、活塞或柱塞、连杆、吸水阀和压水阀等。活塞式往复泵的理论流量与活塞面积 A、活塞行程 S 及活塞在单位时间内往复次数 n 有关。单作用往复泵的理论流量可按下式计算：

$$q_{V_T} = ASn \tag{2-57}$$

双作用泵的理论流量是单作用泵的两倍。

往复泵的吸入性能应当考虑流量实际上的非恒定性带来的附加损失，所以它的允许几何安装高度较离心泵低。

往复泵的实际流量由于液体的漏损和吸水阀与压水阀动作的滞后而有所减少，通常用容积效率 η_V 乘以理论流量得出。η_V 值为 85% ~ 99%。

以饱和蒸汽为动力的蒸汽活塞泵是典型的往复式泵。它由往复作用的柱塞泵及蒸汽机的配气滑阀与气缸等组成。来自锅炉的饱和蒸汽通过左右移动的滑阀依次进入气缸的两方推动活塞。活塞的往复作用由活塞杆带动柱塞工作。这种泵的流量是由滑阀控制每分钟活塞往复次数来进行调节的。我国生产的 2QS 系列蒸汽活塞泵的流量范围为 0.5 ~ 120 m^3/h，能输送温度低于 105℃ 的介质。如 2QS-53/17 型蒸汽活塞泵是一种双缸清水泵，活塞每分钟往复次数可在 28 ~ 58 次调节，相应的流量为 25 ~ 53 m^3/h，扬程可达 170m，允许吸上真空高度为 4m。

2. 真空泵

真空式气力输送系统中，要利用真空泵在管路中保持一定的真空度。有吸升式吸入管段的大型泵装置中，在起动时也常用真空泵抽气充水。常用的真空泵是水环式真空泵。

水环式真空泵实际上是一种压气机，它抽取容器中的气体将其加压到高于大气压，从而能够克服排气阻力将气体排入大气。真空泵在工作时应不断补充水，用来保证形成水环和带走摩擦引起的热量。

我国生产的水环式真空泵有 SZ 型和 SZB 型，前者最高压力可达 205.933kPa（作为压气机用时）。SZB 型是悬臂式的小型真空泵。表 2-1 所示是 SZ 型水环式真空泵的工作性能。

表 2-1　SZ 型水环式真空泵的工作性能

| 型号 | 下列压力下的抽气量/(m³/min) | | | | | 极限压力/kPa | 电动机功率/kW | 转速/(r/min) | 耗水量/(L/min) |
| | 760 | 456 | 304 | 152 | 76 | | | | |
	压力/kPa								
SZ-1	0.2	0.085	0.05	0.016	—	16.3	4	1450	10
SZ-2	0.45	0.22	0.13	0.33	—	13.1	10	1450	30
SZ-3	1.53	0.91	0.48	0.20	0.067	8	30	975	70
SZ-4	3.60	2.35	1.47	0.40	1	7.1	70	730	100

2.6.4　深井泵与旋涡泵

1. 深井泵

近年来，利用温度较低的地下水作为空气调节装置的冷源已经比较普遍，但由于降低了地下水位故已停止推广。后来，发展为"冬灌夏用"和"夏灌冬用"的方式，进一步利用地下水库的良好隔热性能储存一定温度的水量，作为空调装置的冷源和热源。这些装置都要使用深井泵来抽取地下水。

深井泵是一种立式多级泵。我国生产的深井泵有 SD 型、J 型和 JD 型等多种。图 2-26 所示是 SD 型深井泵的结构，它由以下几个主要部分组成：①装于上壳 7、中壳 9 和下壳 8 中的泵本体，它的叶轮 18 是混流式多级叶轮；②扬水管 5 和传动轴 6；③装在地面的电动机 1 和泵座 2；④滤水网 11 与吸水管 10。深井泵的埋深要使泵在工作时间内至少有 2~3 个叶轮浸没于水中。表 2-2 所示是 SD10 型深井泵的工作性能。

为了抽取地下水，还可以采用潜水电泵。这是一种将电动机与泵装在一起沉入深井中的泵装置，省去了泵座和长长的传动轴。除对电动机绝缘要采取特殊措施外，大大简化了泵的结构。

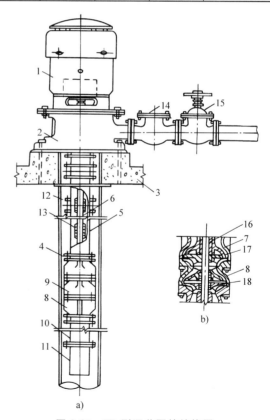

图 2-26　SD 型深井泵的结构图
a）整机外形　b）泵体结构
1—电动机　2—泵座　3—基础　4—井管　5—扬水管
6—传动轴　7—上壳　8—下壳　9—中壳　10—吸水管
11—滤水网　12—轴承体　13—螺纹联轴器　14—止回
阀　15—截止阀　16—轴承衬套　17—锥形套　18—叶轮

表 2-2　SD10 型深井泵的工作性能

叶轮级数	流量 /(m³/h)	扬程 /m	叶轮平均 直径 /mm	扬水管 节数	传动轴 直径 /mm	轴功率 /kW	电动机 功率 /kW	效率 (%)	转速 /(r/min)
3		24		8	30	7.6	10		
5		40		15	30	12.2	14		
7	70	56	168.8	21	30	17.1	20	67	1460
10		80		31	36	24.0	28		
15		100		44	36	36.5	40		

2. 旋涡泵

旋涡泵在性能上的特点是小流量、高扬程和低效率，但具有只需在第一次运转前充液的自吸式优点。目前，多数用于小型锅炉给水和输送无腐蚀性、无固体杂质的液体。

我国生产的 W 系列旋涡泵可以输送 $-20 \sim 80℃$ 的液体，流量范围为 $0.36 \sim 16.9 m^3/h$，扬程最高可达 132m。

表 2-3 所示是 1W2.4-10.5 型旋涡泵的工作性能。该泵可汲送清水或化学物理性能类似清水的液体。

表 2-3　1W2.4-10.5 型旋涡泵的工作性能

流量/(m³/h)	扬程/m	转速/(r/min)	轴功率/kW	效率(%)
2.4	105	2900	2.4	28

2.6.5　常用压缩机

1. 活塞式压缩机

在活塞式压缩机中，气体是依靠在气缸内做往复运动的活塞进行加压的。压缩机的排气量，通常是指单位时间内压缩机最后一级排出的气体量换算到第一级进口状态时的气体体积值，常用单位为 "m^3/h"。

（1）压缩机的理论排气量 $q_{V,1}$ 的确定

对于单作用式压缩机

$$q_{V,1} = ASn \tag{2-58}$$

对于双作用式压缩机

$$q_{V,1} = (2A-f)Sn \tag{2-59}$$

式中　f——一级活塞杆面积（m^2）；

其余符号含义同往复泵。

压缩机实际排气量由下式确定：

$$q_V = \lambda_V \lambda_p \lambda_t \lambda_1 q_{V,1} = \lambda_0 q_{V,1} \tag{2-60}$$

式中　q_V——压缩机实际排气量（m^3/min）；

　　　λ_0——排气系数；

　　　λ_V——考虑余隙容积影响的容积系数；

　　　λ_p——考虑由于吸气阀的压力损失使排气量减少的压力系数；

　　　λ_t——由于吸入气体在气缸内被加热，使实际吸入气体减少的温度系数；

　　　λ_1——考虑机器泄漏影响的泄漏系数。

（2）压缩级数的确定　所谓多级压缩就是将气体依次在若干级中进行压缩，并在各级之间

将气体引入中间冷却器进行冷却。多级压缩除了能降低排气温度、提高容积系数之外，还能降低功率的消耗和活塞上的气体作用力。

多级压缩时，级数越多，越接近等温过程，越减小功率的消耗。但是结构也越复杂，造价也越高，发生故障的可能性也就越大。表2-4所示是当进气压力为大气压时，终了压力和级数的统计值，可供参考。

表 2-4　进气压力 p_1 为大气压时，终了压力 p_2 与级数 z 的关系

p_2	5~6	6~30	14~150	36~100	150~1000
z	1	2	3	4	5

多级压缩节省的功，随着中间压力的不同而改变。显然，最有利的中间压力应是使各级所消耗的功的总和为最小时的压力。对于多级压缩机，各级压力比相等时，所消耗的总功最少。对于 z 级压缩机来说，压缩比 ε 应满足下式：

$$\varepsilon = z\sqrt{p_2/p_1} \tag{2-61}$$

式中　ε——每一级出口压力与进口压力之比。

（3）活塞式压缩机的变工况工作与流量调节　每台压缩机都是根据一定条件设计的，运转过程中某些参数或者气体组成的变化，都会对压缩机的性能产生影响。此外，在燃气输配系统中，要求压缩机的负荷经常变化，因此对流量要进行调节。

1）变工况对压缩机性能的影响。

① 吸气压力改变：随着吸气压力的降低，活塞完成一个循环后所吸入的气体体积（折算为标准状况下）就减少。此外，当吸气压力降低，排气压力不变时，压缩比升高，使容积系数 λ_V 下降，排气量降低。

② 排气压力改变：如果吸气压力不变，而排气压力增加，则压缩比增大，容积系数 λ_V 减小。

③ 压缩介质改变：一方面，压缩不同等熵指数的气体时，压缩机所需要的功率随着等熵指数的增加而增大。另一方面，在相同的相对余隙容积下，压缩机的容积系数 λ_V 随着等熵指数增加而增大，因此排气量也将有所增加。

气体重度的改变对容积式压缩机的压缩比没有很大影响，对于较低相对分子质量的气体压缩来说，这是它的一个重要优点。另外，重度大的气体，在经过管道和气阀时，压降较大，使气缸吸气终了压力下降，排气量略有降低，轴功率有所增加。

导热系数大的气体，吸气过程受热强烈，温度系数 λ_t 降低，使压缩机排气量减少。

2）活塞式压缩机排气量的调节。

① 停转调节：根据用气工况来决定压缩机的停转和起动的时间和台数。这种方法只能用于功率较小的电动机带动的压缩机上。对于中等功率压缩机，可以采用离合器使原动机和压缩机脱开，避免频繁地起动原动机。

② 改变转速的调节：通过改变转速来改变单位时间的排气量。这种方法用于由蒸汽机、内燃机驱动的压缩机。以直流电动机作为原动机时，改变转速也比较方便。这种调节方法的优点是：转速降低时，气体在气阀及管路上的速度相应减小，气体在气缸中停留时间增长，因而获得较好的冷却效果，使功率消耗降低。

③ 停止吸入的调节：所谓停止吸入，即压缩机后的高压管道压力超过允许值时，自动关闭吸入通道。停止吸入在中型压缩机上采用较多。当停止吸入时，压缩机处于空转，因而实际上是间断调节。停止吸入的调节对于无十字头的单作用压缩机是不适用的，因为气缸内会形成真空，

润滑油会从曲轴箱吸进气缸。

④ 旁路调节：采用这种方法调节排气量，从装置的结构上来说是简便易行的，但功率消耗巨大。旁路调节方式，也可作为压缩机卸荷之用，所以压缩机起动时经常采用此种方式。一般采用的旁通管线有两种。第一种为末级与第一级节流旁通（旁通管上需加旁通阀），即在末级出口（位于冷却器后）引旁通管反馈至第一级吸入管口，它能在保证各级的工况（压力、温度）均不改变的情况下工作，而且可以连续地调节气量。此种调节一般在短期运转下及作为辅助微量调节之用。但是采用这种调节方法，在高压时旁通阀在高速气流的冲击下经常损坏，会影响正常工作时管线的严密性。此外，在旁通阀处节流可能产生冻结现象。在大型多级压缩机中，经常采用另一种旁通管路，即各级均与第一级旁通。该法可作为压缩机起动时卸荷之用，也可用来调节各级压缩比。用作气量调节时，当第 I 级导出部分气量至吸入管以后，第 I 级压缩比降低，中间各级压缩比保持原状，而末级压缩比会随着排气量的降低程度成比例上升，所以当排气量降低得太多时，末级中的温度会上升到不允许的范围。

⑤ 打开吸气阀的调节：这种方法目前采用得较普遍，主要用在中型和大型压缩机上，除调节流量外也可作为卸荷空载起动之用。打开吸气阀的调节作用是：气体被吸入气缸后，在压缩行程时，又将部分或全部已吸入缸内的气体通过吸气阀推出气缸。这样可以通过改变推出气体量实现压缩机排气量的调节。

⑥ 连接补助容积的调节：这种方法是借助于加大余隙，使余隙内存有的已被压缩的气体在膨胀时压力降低，体积增加，从而使气缸中吸入的气体减少，排气量降低。利用这种补助容积以降低排气量的装置，有固定余隙腔和可变余隙腔两种，都称为余隙调节。前者的排气量只能调到一个固定的值，后者可以分级调节。补助容积的大小是由需要调节的排气量来决定，近年来采用部分行程中连通补助容积的调节装置，更进一步改善了调节工况。

在实际应用中，将根据对压缩机的使用要求、驱动方式、操纵条件的不同，来选择各种调节方法。确定调节方法时应尽可能满足所要求的调节特性（间歇调节、分级或无级调节）、经济性及可操作性。

2. 回转式压缩机

（1）滑片式气体压缩机　滑片式气体压缩机是由气缸、壳体和冷却器等主要部分组成。滑片式压缩机的理论排气量可用下式确定：

$$q_{V,1} = 2ml\pi Dn \tag{2-62}$$

式中　$q_{V,1}$——理论排气量（m³/min）；

m——偏心距（m）；

l——气缸长度（m）；

$2ml$——气体流通的小室最大截面面积（m²）；

D——气缸直径（m）；

n——转速（r/min）。

滑片式压缩机实际排气量为

$$q_V = 2ml\pi Dn\lambda_1\lambda_2 \tag{2-63}$$

式中　q_V——实际排气量（m³/min）；

λ_2——考虑漏气的修正系数；

λ_1——考虑滑片占有容积的系数，按下式计算：

$$\lambda_1 = \frac{\pi D - Z\delta}{\pi D} \tag{2-64}$$

式中 Z——滑片数；

   δ——滑片厚度（mm）；

其他符号含义同前。

通常取偏心距 $m=(0.05\sim0.1)D$；气缸长度 $l=(1.5\sim2.0)D$；滑片数 $Z=8\sim24$；滑片厚度 $\delta=1\sim3mm$。

取决于排气量和压力的系数值 $\lambda=\lambda_1\lambda_2$ 在估算时可用下式，即

$$\lambda=\lambda_1\lambda_2=1-0.01k\frac{p_2}{p_1} \tag{2-65}$$

式中 λ——取决于排气量和压力的系数；

   k——取决于压缩机排气量的系数，一般 $k=5\sim10$，若排气量低，则相应的数值大；

   $\dfrac{p_2}{p_1}$——终压与初压的比值。

这种压缩机有单级压缩和二级压缩。通常压力不高，流量较小，可作为中、低压压缩机。机器的润滑是采用黏度较高的润滑油，就同一容量来说，比往复压缩机耗油量多。

（2）罗茨式回转压缩机 罗茨式回转压缩机，一般习惯称为罗茨鼓风机。它是利用一对相反旋转的转子来输送气体的设备，其工作情况如图2-27所示。在椭圆形机壳内，有两个铸铁或铸钢的转子，装在两个互相平行的轴上，在轴端装有两个大小及式样完全相同的齿轮配合传动，由于传动齿轮做相反的旋转而带动两个转子也做相反方向的转动。两转子之间有一极小的间隙，使转子能自由运转，而又不引起气体过多地泄漏。如图2-27所示，左边转子做逆时针旋转，则右边的转子做顺时针

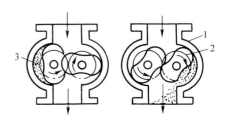

图2-27   罗茨式回转压缩机
1—机壳   2—转子   3—压缩室

方向旋转，气体由上边吸入，从下部排出。利用下面压力较高的气来抵消一部分转子与轴的重量，使轴承受的压力减少，因此也减少磨损。

此种压缩机每旋转一周的理论排气量是如图2-27所示的压缩室容积的4倍，而每一个压缩室的截面面积与转子横截面之半略相等。故压缩机每转一周的排气量近似等于以转子长径为直径所作之圆的面积与转子的厚度的乘积。故排气量为

$$q_v=\lambda_v n\pi R^2 B \tag{2-66}$$

式中 q_v——排气量（m³/min）；

   n——转速（r/min）；

   R——转子长半径（m）；

   B——转子的厚度（m）；

   λ_v——容积系数，一般取 $0.7\sim0.8$。

罗茨式回转压缩机的转速一般是随着尺寸的加大而减小。小型压缩机的转速可达1450r/min，大型压缩机的转速通常不大于960r/min。转子的厚度 B 通常等于转子长径 D。

目前国产罗茨式回转压缩机的排气量，最大为160m³/min；排气压力为35~100kPa。

罗茨式回转压缩机的优点是当转速一定而进口压力稍有波动时，排气量不变，转速和排气量之间保持恒正比的关系，转速高、没有气阀及曲轴等装置，质量较轻，应用方便。

罗茨式回转压缩机的缺点是当压缩机有磨损时，影响效率颇大；当排出的气体受到阻碍，则压力逐渐升高。为了保护机器不被损坏，在出气管上必须安装安全阀。

（3）螺杆式气体压缩机　螺杆式气体压缩机的气缸呈 8 字形，内装两个转子——阳转子（或称阳螺杆）和阴转子（或称阴螺杆）。

目前，转子采用对称型线和非对称型线两种，国内多用钝齿双边对称圆弧型线为转子的端面型线，如图 2-28 所示。阳转子有 4 个凸而宽的齿，为左旋向；阴转子有 6 个凹而窄的齿，为右旋向。阳转子和阴转子的转速比为 1.5∶1。压缩机外壳的两端，设有进气口和排气口，它们分别设在阴阳转子啮合线（密封线）的两侧，成对角线设置。阴阳转子的啮合点随着转子的回转而移

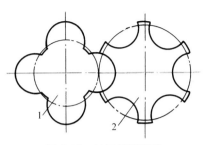

图 2-28　转子端面型线
1—阳转子　2—阴转子

动，因此每一对啮合的沟槽和外壳之间形成的密封空间的容积，也随着转子的回转而时刻变化。吸气过程开始时，气体经过吸气口进入上述空间，随着转子的回转，空间容积逐渐增大，这个容积达最大值时，吸入口被遮断。转子继续旋转，容积逐渐减小，气体被压缩。当此空间和排气口接通时开始排气过程，排气过程一直进行到此空间容积为零时为止。因此，螺杆式压缩机没有余隙容积。

螺杆式气体压缩机排气量为

$$q_V = (F_1 Z_1 n_1 + F_2 Z_2 n_2) L\lambda \tag{2-67}$$

式中　q_V——压缩机排气量（m^3/min）；

F_1——阳转子两个齿间面积（m^2）；

F_2——阴转子两个齿间面积（m^2）；

Z_1、Z_2——阳、阴转子齿数；

L——转子长度（m）；

n_1、n_2——阳、阴转子转速（r/min）；

λ——考虑泄漏的供气系数，一般情况下取 $\lambda = 0.85 \sim 0.92$。

螺杆式压缩机的特点是排气连续，没有脉动和喘振现象；排气量容易调节；可以压缩湿气体和有液滴的气体。在构造上由于没有金属的接触摩擦和易损件，因此转速高、寿命长、维修简单、运行可靠。该压缩机构造较复杂，制造较困难，噪声较大（达 90dB 以上），噪声属于中高频，对人体危害较大。

目前国产螺杆式压缩机的排气量为 $10 \sim 400 m^3/min$，压力为 $100 \sim 700 kPa$。

3. 离心式压缩机

离心式压缩机的叶轮基本构造与离心风机或泵相同。压缩机的主轴带动叶轮旋转时，气体自轴向进入并以很高的速度被离心力甩出叶轮，进入扩压器中。在扩压器中由于有宽的通道，气体的部分动能转变为压力能，速度降低而压力提高。接着通过弯道和回流器又被第二级吸入，通过第二级进一步提高压力。依此逐级压缩，一直达到额定压力。

气体经过每一个叶轮，相当于进行一级压缩，单级叶轮的叶顶速度越高，每级叶轮的压缩比就越大，压缩到额定压力所需的级数就越少。由于材料极限强度的限制，用普通钢制造的叶轮，其叶顶速度为 $200 \sim 300 m/s$；用高强度钢制造的叶轮，叶顶速度在 $300 \sim 450 m/s$。为了得到较高的压力，需将多个叶轮串联起来压缩。通常在一个缸内叶轮级数不应超过 10 级，如果叶轮级数较多时，可用两个或两个以上的缸串联。

离心式压缩机的优点是输气量大而连续，运转平稳；机组尺寸小，易损部件少，维修工作量小，使用年限长，广泛用于制冷压缩机及天然气远距离输气干管的压气站。

　　离心式压缩机的缺点是高速下的气体与叶轮表面摩擦阻力损失大，气体在流经扩压器、弯道和回流器也有压头损失，因此效率比活塞式压缩机低，对压力的适应范围也较窄，有喘振可能。

　　4. 压缩机的排气温度及功率计算

　　（1）压缩机的排气温度　容积式压缩机的排气温度可按等熵压缩或称绝热压缩计算，即

$$T_2 = T_1 \varepsilon^{\frac{\kappa-1}{\kappa}} \tag{2-68}$$

式中　T_2——排气温度（K）；

　　　　T_1——吸气温度（K）；

　　　　ε——压缩比；

　　　　κ——等熵指数。

　　（2）压缩机的功率　容积式压缩机的功率。根据等熵压缩公式，通过单位换算，对于有中间冷却器的多级压缩容积式压缩机，各级入口温度相同、各级压缩比相同时，其理论功率可按下式计算：

$$P = 1.634 F z p_1 q_{V_1} \frac{\kappa}{\kappa-1} [\varepsilon^{\frac{\kappa-1}{z\kappa}} - 1] \tag{2-69}$$

式中　P——压缩机理论功率（kW）；

　　　　F——中间冷却器压力损失校正系数，对于二段压缩 $F=1.08$，三段压缩 $F=1.10$；

　　p_1、q_{V_1}——第一级进口气体绝对大气压和气体流量（m^3/min）；

　　　　z——压缩级数；

　　　　ε——实际总压缩比。

压缩机实际功率消耗可按下式计算：

$$P_s = \frac{P}{\eta_m \eta_c} \tag{2-70}$$

式中　P_s——压缩机实际功率（kW）；

　　　　η_m——机械效率，对于大、中型压缩机，$\eta_m = 0.9 \sim 0.95$；对于小型压缩机，$\eta_m = 0.85 \sim 0.90$；

　　　　η_c——传动效率，对于带传动，$\eta_c = 0.96 \sim 0.99$；对于齿轮传动，$\eta_c = 0.97 \sim 0.99$；对于直联，$\eta_c = 1.0$。

选原动机的功率时，应留 $10\% \sim 25\%$ 的裕量：

$$P_d = 1.10 \sim 1.25 P_s \tag{2-71}$$

式中　P_d——原动机功率（kW）。

2.7　相似律的实际应用

2.7.1　当被输送流体的密度改变时性能参数的换算

　　由于厂家产品样本所提出的性能数据是在标准条件下经试验得出的。对一般风机而言，我国规定的标准条件是大气压力为 101.325kPa（760mmHg），空气温度为 20℃，相对湿度为 50%，当被输送的流体温度及压力与上述样本条件不同时，即流体密度改变时，则风机的性能也发生相应的改变。

　　利用相似律计算这类问题时，由于机器是同一台，大小尺寸未变，且转速也未变，如以下标

"0"代表样本条件，将式（2-41）、式（2-43）和式（2-44）相似律式简化为温度修正式：

$$q_V = q_{V0} \text{且 } \eta = \eta_0$$

$$\frac{p}{p_0} = \frac{\rho}{\rho_0} = \frac{\gamma}{\gamma_0} = \frac{B}{101.325} \cdot \frac{273+t_0}{273+t}$$

$$\frac{P}{P_0} = \frac{\rho}{\rho_0} = \frac{\gamma}{\gamma_0} = \frac{B}{101.325} \cdot \frac{273+t_0}{273+t}$$

式中　B——当地大气压力（kPa）；

　　　t——被送送气体的温度（℃）。

2.7.2　当转速改变时性能参数的换算

泵或风机的性能参数都是针对某一定转速 n_m 来说的。当实际运行转速 n 与 n_m 不同时，可用相似律求出新的性能参数。此时，相似律被简化为

$$\frac{q_V}{q_{Vm}} = \frac{n}{n_m}$$

$$\frac{H}{H_m} = \left(\frac{n}{n_m}\right)^2$$

$$\frac{P}{P_m} = \left(\frac{n}{n_m}\right)^3$$

从以上三式可写成下列更实用的综合公式：

$$\frac{q_V}{q_{Vm}} = \sqrt{\frac{H}{H_m}} = 3\sqrt{\frac{P}{P_m}} = \frac{n}{n_m} \tag{2-72}$$

这个综合式的重要性在于，这些关系式必定是同时成立，这就指出，用加大 n 来提高流量的同时，不要忘记原动机所需功率与转速成三次方比例增长。

2.7.3　泵叶轮切削——仅叶轮直径 D 改变的换算

此时，根据式（2-41）、式（2-42）及式（2-44），可将相似律简化为

$$\frac{q_V}{q_{V_0}} = \left(\frac{D}{D_0}\right)^3; \quad \frac{H}{H_0} = \left(\frac{D}{D_0}\right)^2$$

$$\frac{P}{P_0} = \left(\frac{D}{D_0}\right)^5; \quad \eta = \eta_0$$

2.7.4　当叶轮直径和转速都改变时性能曲线的换算

当已知泵或风机在某一叶轮直径 D_{2m} 和转速 n_m 下的性能曲线 I 时，即可按相似律换算出同一系列相似机，在另一轮径 D_2 及转速 n_2 下的性能曲线 II。下面以 q_V-H 曲线为例，说明其具体换算方法，如图 2-29 所示。

应遵守相似律只适用于相似工况点的原则。首先，在曲线 I 上任取某一工况点 A_I，然后，由 A_I 点曲线 I 上查出该工况点所对应的 $q_{V_{AI}}$ 和 H_{AI} 值。利用式（2-41）及式（2-42）即可求得在 D_2 及 n_2 新条件下的 $q_{V_{AII}}$ 及 H_{AII} 值，据此工况，在

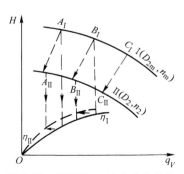

图 2-29　相似泵 q_V-H 曲线的换算

图上就可找出与 A_1 点相对应的相似工况点 A_{II}。

用同样的方法，在曲线Ⅰ上另取一工况点 B_1，求出其对应的相似工况点 B_{II}。循此方法做下去，从 C_1 找到 C_{II}，从 D_1 找到 D_{II}……最后，将 A_{II}、B_{II}、C_{II}、D_{II}……各点用光滑曲线连接起来，便得出相似泵或风机在 D_2 及 n_2 下的 D-H 曲线Ⅱ。

同理，利用式（2-41）及式（2-44）便可进行相似泵或风机的 q_V-P 曲线换算。

至于 q_V-η 曲线的换算就更容易了。因为相似工况点之间的效率 η 相等，所以从 A_1 点所对应的效率 η_{A1} 平移过去就应该是相似工况点 A_{II} 的效率。照此办法，即能由 q_V-η_1 曲线绘出 q_V-η_{II} 曲线。

用此换算方法，可将泵或风机在某一直径和某一转速下经试验得出的性能曲线，换算出各种不同直径和转速下的许多条性能曲线。例如，通用性能曲线和选择（组合）性能曲线。另外，还有等效率曲线等（等效率曲线是构成组合性能曲线的基础）。

关于泵与风机性能的测定或试验，应参照国家有关标准进行。

思考题与习题

1. 已知 4-72-11№6C 型风机在转速为 1250 r/min 时的实测参数如下表所列，求：各测点的全效率；绘制性能曲线图；定出该风机的铭牌参数（即最高效率点的性能参数）；计算及图表均要求采用国际单位。

测点编号	1	2	3	4	5	6	7	8
$H/\text{mmH}_2\text{O}$	86	84	83	81	77	71	65	59
p/Pa	843.4	823.8	814.0	794.3	755.1	696.3	637.4	578.6
$q_V/(\text{m}^3/\text{h})$	5920	6640	7360	8100	8800	9500	10250	11000
P/kW	1.69	1.77	1.86	1.96	2.03	2.08	2.12	2.15

2. 根据题1中已知数据，试求 4-72-11 系列风机的无量纲量，从而绘制该系列风机的无量纲性能曲线。计算中定性叶轮直径 $D_2=0.6\text{m}$。

3. 用上题得到的无量纲性能曲线求 4-72-11№5A 型风机 $n=2900$ r/min 时的最佳效率点各参数值，并计算该机的比转速值。计算时 $D_2=0.5\text{m}$。

4. 某一单吸单级泵，流量 $q_V=45\text{m}^3/\text{h}$，扬程 $H=33.5\text{m}$，转速 $n=2900\text{r/min}$，试求其比转速为多少？如该泵为双吸式，应以 $q_V/2$ 作为比转速中的流量计算，则其比转速应为多少？当该泵设计成八级泵，应以 $H/8$ 作为比转速中的扬程计算值，则比转速为多少？

5. 某一单吸单级离心泵，$q_V=0.0375\text{m}^3/\text{s}$，$H=14.65\text{m}$，用电动机由传动带拖动，测得 $n=1420\text{r/min}$，$P=3.3\text{kW}$；后因改为电动机直接联动，n 增大为 1450r/min，试求此泵的工作参数为多少？

6. 在 $n=2000$ 的条件下实测一离心泵的结果为 $q_V=0.17\text{ m}^3/\text{s}$，$H=104\text{m}$，$P=184\text{kW}$。如有一几何相似的水泵，其叶轮比上述泵的叶轮大一倍，在 1500r/min 之下运行，试求在相同的工况点的流量、扬程及效率各为多少？

7. 有一转速为 1480r/min 的水泵，理论流量 $q_V=0.0833\text{ m}^3/\text{s}$，叶轮外径 $D_2=360\text{mm}$，叶轮出口有效面积 $A=0.023\text{m}^2$，叶片出口安装角 $\beta_2=30°$，试作出口速度三角形。假设流体进入叶片前没有预旋运动，即 $v_{u1}=0$，试计算此泵的理论压头 H_T。设涡流修正系数 $k=0.77$，理论压头 H_T 是多少？（提示：先求出口绝对速度的径向分速 v_{r2}，作出速度三角形）。

8. 有一台多级锅炉给水泵，要求满足扬程 $H=176\text{m}$，流量 $q_V=81.6\text{ m}^3/\text{h}$，试求该泵所需的级数和轴功率各为多少？计算中不考虑涡流修正系数。其余已知条件：叶轮直径 $D_2=254\text{mm}$，水力效率 $\eta_h=92\%$，容积效率 $\eta_V=90\%$，机械效率 $\eta_m=95\%$，转速 $n=1440\text{r/min}$，液体出口绝对流速的切向分速为出口圆周速度的 55%。

9. 为什么离心式泵与风机性能曲线中的 q_V-η 曲线有一个最高效率点？

10. 影响泵或风机性能的能量损失有哪几种？简单地讨论造成损失的原因。证明全效率等于各分效率之乘积。

11. 试论述相似律与比转速的含义和用途，指出两者的区别。

12. 无量纲性能曲线何以能概括同一系列中，大小不同、工况各异的性能？应用无量纲性能曲线要注意哪些问题？

13. 试简述不同叶型对风机性能的影响，并说明前向叶型的风机为何容易超载？

14. 利用电动机拖动的离心式泵或风机，常在零流量下起动，试说明其理由。

15. 关闭节流设备使泵或风机常在零流量下运行，这时轴功率并不等于零，为什么？是否可以使风机或泵长时期在零流量下工作？原因何在？

16. 下表所列 4-72-11 型风机中的数据任选某一转速下 3 个工况点，再选另一个转速下 3 个工况点，验证它们是否都落在同一无量纲性能上。取 T4-72-11№5A 型风机其参数如下（允许计算误差存在）：

$n = 1450\text{r/min}$	p/Pa	$q_V/(\text{m}^3/\text{s})$	$\bar{p}$	$\bar{q}_V$
点 1	800	3976	0.464	0.148
点 4	740	5402	0.429	0.202
点 8	500	7310	0.290	0.273
$n = 2900\text{r/min}$	p/Pa	$q_V/(\text{m}^3/\text{s})$	$\bar{p}$	$\bar{q}_V$
点 1	3200	7942	0.463	0.148
点 4	2960	10840	0.428	0.202
点 8	2010	14620	0.291	0.273

17. 根据欧拉方程，泵与风机所产生的理论扬程 H_T 与流体种类无关。这个结论应该如何理解？在工程实践中，泵在起动前必须预先向泵内充水，排除空气，否则水泵就打不上水来，这不与上述结论相矛盾吗？

18. 本书中，H 代表扬程，p 代表压力，而在工程实践中，风机样本上又常以 H 表示风机的压力，单位为 Pa，此压力 H 与扬程 H 及压力 p 有何异同？

19. 你能否说明相似律综合式有什么使用价值？

$$\frac{q_V}{q_{V,\text{m}}} = \sqrt{\frac{H}{H_\text{m}}} = 3\sqrt{\frac{P}{P_\text{m}}} = \frac{n}{n_\text{m}}$$

20. 计算泵或风机的轴功率时，我国常用下列公式：

$$P = \frac{\gamma q_V H}{\eta}; \quad P = \frac{q_V H}{102\eta}; \quad P = \frac{q_V p}{\eta}$$

其中，P 的单位为 kW。你能否说明每个公式中 γ、q_V、H 及 p 都应采用什么单位？

21. 同一系列的诸多泵或风机遵守相似律，那么，同一台泵或风机在同一转速下运转，其各个工况（即一条性能曲线上的许多点）当然要遵守相似律。这些说法是否正确？

22. 风机的实际使用条件（当地气压 B、温度 t）与样本规定条件不同时，应该用什么公式进行修正？如将样本提供的数据修正成实际使用工况，能否反其道而行之，将使用条件下的 q_V 及 p 换算成样本条件下的 q_{V_0} 及 p_0？上述两种做法，哪种最佳？

23. 泵与风机的理论基础都包括哪些内容？

24. 泵的扬程与泵出口总水头是否是一回事？两者何时相等，何时扬程大于出水总水头及何时小于出水总水头？

25. 在实际工程中，是在需要的流量下计算出管路阻力，即已知 q_V 和 $\sum h$，此时如何确定管路系统特征曲线？

26. 管路特性曲线与机器特性曲线相交点有何含义，与 P-q_V 与 η-q_V 曲线的交点是何含义？机器功率 P、效率 η 如何确定？

27. 两机并联运行时，其总流量 q_V 为什么不能等于各机单独工作所提供的流量 q_{V1} 与 q_{V2} 之和？

28. 两机联合运行时，其功率如何确定？

29. 试简述泵产生气蚀的原因和产生汽蚀的具体条件。

30. 为什么要考虑水泵的安装高度？什么情况下，必须使泵装设在吸水池水面以下？

31. 水泵性能曲线中的 $q_V\text{-}[H_s]$ 和 $q_V\text{-}[\Delta h]$ 曲线都与泵的汽蚀有关，试简述其区别。

32. 已知下列数据，试求泵所需的扬程。水泵轴线标高 130m，吸水面标高 126m，上水池液面标高 170m，吸入管段阻力 0.81m，压出管段阻力 1.91m。

33. 如图 2-30 所示的泵装置从低位水箱抽送重度 $\gamma = 980\text{kgf/m}^3$ 的液体，已知条件如下：$x = 0.1\text{m}$，$y = 0.35\text{m}$，$z = 0.1\text{m}$，M_1 读数为 124kPa，M_2 读数为 1024kPa，$q_V = 0.025\text{m}^3/\text{s}$，$\eta = 0.80$。试求此泵所需的轴功率为多少？

34. 有一泵装置的已知条件如下：$q_V = 0.12\text{m}^3/\text{s}$，吸入管径 $D = 0.25\text{m}$，水温为 40℃（重度 $\gamma = 992\text{kgf/m}^3$），$[H_s] = 5\text{m}$，吸水面标高 102m，水面为大气压，吸入管段阻力为 0.79m。试求：泵轴的标高最高为多少？如此泵装在昆明地区，海拔为 1800m，泵的安装位置标高应为多少？设此泵输送水温不变，地区仍为海拔 102m，但系一凝结水泵，制造厂提供的临界汽蚀余量为 1.9m，冷凝水箱内压强为 9kPa，泵的安装位置有何限制？

35. 某一离心式风机的 $q_V\text{-}H$ 性能曲线如图 2-31 所示。试在同一坐标图上做两台同型号的风机并联运行和串联运行的联合 $q_V\text{-}H$ 性能曲线。设想某管路性能曲线，对两种联合运行的工况进行比较，说明两种联合运行方式各适用于什么情况。

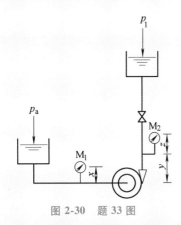

图 2-30　题 33 图

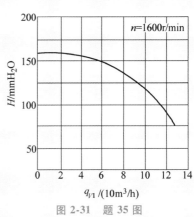

图 2-31　题 35 图

36. 某工厂集中式空气调节装置要求 $q_V = 24000\text{m}^3/\text{s}$，$H = 980.7\text{Pa}$，试根据无量纲性能曲线图选用高效率 KT4-86 型离心式风机一台。

二维码形式客观题

微信扫描二维码，可自行做客观题，提交后可查看答案。

第 3 章

冷、热水循环管路

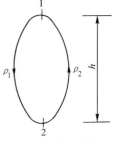

3.1 水的自然循环

3.1.1 自然（重力）管流水力特征

冷、热水是转运、分配能量（冷量与热量）的重要流体介质。本章介绍冷、热水在流动过程中的能量、质量变化规律。本节重点介绍重力管流。重力管流是典型的小密度差流动，假定流体在管道中由断面 1 流向断面 2，结合第 1 章所述，根据流体力学理论，其流动能量方程式又可写为

$$p_1 + Z_1\rho_1 g + \frac{\rho_1 v_1^2}{2} = p_2 + Z_2\rho_2 g + \frac{\rho_2 v_2^2}{2} + \Delta p_{l,\,1-2} \tag{3-1}$$

式中 p_1、p_2——管内 1、2 断面的静压力（Pa）；

v_1、v_2——管内 1、2 断面的平均流速（m/s）；

Z_1、Z_2——1、2 断面对于选定基准面的垂直高度（m）；

ρ_1、ρ_2——管内 1、2 断面流体的密度（kg/m³）；

g——重力加速度（m/s²）；

$\Delta p_{l,1-2}$——断面 1 到断面 2 的流动能量损失（Pa）。

图 3-1 所示为流体自然循环管路系统示意图，1、2 断面分循环环路为左、右两段管段，若左、右两段管段中液体的密度不同，分别为 ρ_1、ρ_2，且 $\rho_1 > \rho_2$，则管路中流体的流动方向如图 3-1 所示。分别建立左、右管段路的能量方程，即

图 3-1 流体自然循环
管路系统示意图

$$p_1 + Z_1\rho_1 g + \frac{\rho_1 v_1^2}{2} = p_2 + Z_2\rho_1 g + \frac{\rho_1 v_2^2}{2} + \Delta p_{l,\,1-2} \tag{3-1a}$$

$$p_2 + Z_2\rho_2 g + \frac{\rho_2 v_2^2}{2} = p_1 + Z_1\rho_2 g + \frac{\rho_2 v_1^2}{2} + \Delta p_{l,\,2-1} \tag{3-1b}$$

式（3-1a）和式（3-1b）相加，当环路管径不变，则 $v_1 = v_2$，得

$$(Z_1 - Z_2)(\rho_1 - \rho_2)g = \Delta p_{l,\,1-2} + \Delta p_{l,\,2-1} = \Delta p_l$$

又 $h = Z_1 - Z_2$，则

$$\Delta p_l = h(\rho_1 - \rho_2)g \tag{3-2}$$

其中，Δp_l 是整个循环管路的压力损失。

式（3-2）表明，自然（重力）循环管路系统中流体的流动动力取决于竖管段内的密度差和竖管段的垂直高度。

3.1.2 自然（重力）循环热水系统的工作原理

图 3-2 所示是自然（重力）循环热水供暖系统的工作原理。假设整个系统只有一个散热中心 1（散热器）和一个加热中心 2（热水锅炉），用供水管 3 和回水管 4 把热水锅炉与散热器相连接。在系统的最高处连接一个膨胀水箱 5，容纳水在受热后膨胀而增加的体积。

系统运行前，先将系统中充满冷水。当水在锅炉内被加热后，密度减小，同时受着从散热器流回来密度较大的回水的驱动，使热水沿供水管上升，流入散热器。在散热器内水被冷却，再沿回水管流回锅炉，这样形成如图 3-2 所示箭头方向的循环流动。

在水的循环流动过程中，供水和回水由于存在温度差，产生了密度差，系统就是靠供回水的密度差作为循环动力的。

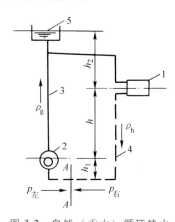

为了简化分析该系统循环作用压力，先不考虑水在沿管路流动时因管壁散热而使水不断冷却的因素，认为在图 3-2 所示的循环环路内，水温只在锅炉（加热中心）和散热器（冷却中心）两处发生变化，以此来计算循环作用压力的大小。

假想回水管的最低点断面 A—A 处有一个假想阀门。若突然将阀门关闭，A—A 断面两侧受到不同的水柱压力，两侧的水柱压力差就是推动水在系统内进行循环流动的作用压力。

图 3-2 自然（重力）循环热水
供暖系统工作原理

1—散热器 2—热水锅炉 3—供水管
4—回水管 5—膨胀水箱

A—A 断面两侧的水柱压力分别为

$$p_{右} = g(h_1\rho_h + h\rho_h + h_2\rho_g)$$
$$p_{左} = g(h_1\rho_h + h\rho_g + h_2\rho_g)$$

系统的循环作用压力为

$$\Delta p = p_{右} - p_{左} = gh(\rho_h - \rho_g) \tag{3-3}$$

式中　Δp——自然循环系统的作用压力（Pa）；

g——重力加速度（m/s^2）；

h——冷却中心至加热中心的垂直距离（m）；

ρ_h——回水密度（kg/m^3）；

ρ_g——供水密度（kg/m^3）。

由式（3-3）中可以看出，自然循环作用的大小与供、回水的密度差和散热中心和锅炉中心的垂直距离有关。如供水温度为 95℃，回水温度 70℃，则每米高差可产生的作用压力为 $gh(\rho_h - \rho_g) = [9.81 \times 1 \times (977.81 - 961.92)]Pa = 156Pa$，自然循环的作用压力不大，系统中若积有空气，会形成气塞，阻碍循环，因此管路排气是非常重要的。

3.1.3 自然循环热水系统的形式和特点

自然循环热水系统采用上供下回系统方式，有双管和单管两种系统形式。如图 3-3a、b 所示，图 3-3a 为双管上供下回式系统；图 3-3b 为单管上供下回式（顺流式）系统。

双管上供下回式系统的特点是各层的散热器都并联在供回水立管间，使热水直接被分配到各层散热器。冷却后的水，则由回水支管经立管、干管流回锅炉。单管上供下回式系统，流经立管的热水，由上而下顺序通过各层散热器，逐层被冷却，最后经回水总管流回锅炉。由于此系统各层散热器管中不安装阀门，房间温度不能任意调节。

自然循环热水系统的主要优点是装置简单，操作方便，运行时无噪声和不消耗电能。其主要缺点是升温慢，作用压力小，管径大，作用范围受到限制，其作用半径不宜超过 50m。

自然循环热水系统，为了使系统内的空气顺利地排除，供水干管必须设顺水流方向下降坡度，坡度值为 0.005～0.01；散热器支管也应沿水流方向设下降坡度，坡度值为 0.01。在自然循环系统中，水的循环作用压力较小，流速较低，水平干管中水的流速小于 0.2m/s。而干管中空气气泡的浮升速度为 0.1～0.2m/s，在立管中约为 0.25m/s。因此，在自然循环热水系统充水和运行时，要保证空气能逆着水流方向，经过供水干管聚集到系统的最高处，通过膨胀水箱排除。

为使系统顺利排除空气，并在系统停止运行或检修时能通过回水干管顺利地排水，回水干管有向锅炉方向的向下坡度，坡度值为 0.005～0.01。

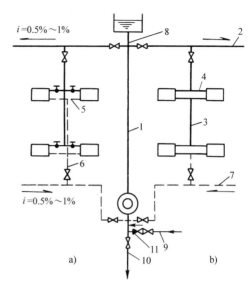

图 3-3　自然循环单双管上供下回式系统

a）双管上供下回式系统　b）单管上供下回式系统

1—总立管　2—供水干管　3—供水立管　4—供水支管
5—回水支管　6—回水立管　7—回水干管　8—连接管
9—充水管　10—泄水管　11—止回阀

3.1.4　自然循环热水系统的作用压力

1. 双管上供下回式系统的作用压力

图 3-4 所示的双管上供下回式系统中，由于供水同时在上、下两层散热器内冷却，形成了两个并联环路和两个冷却中心。它们的作用压力分别为

$$\Delta p_1 = g h_1 (\rho_h - \rho_g) \tag{3-4}$$

$$\Delta p_2 = g (h_1 + h_2)(\rho_h - \rho_g) = \Delta p_1 + g h_2 (\rho_h - \rho_g) \tag{3-5}$$

式中　Δp_1——通过底层散热器 aS_1b 环路的作用压力（Pa）；

　　　Δp_2——通过上层散热器 aS_2b 环路的作用压力（Pa）。

由式（3-5）看出，通过上层散热器环路的作用压力比通过底层散热器的大。

双管自然循环系统中，虽然各层散热器的进、出水温相同（忽略水在管路中的沿途冷却），但由于各层散热器与锅炉之间的垂直距离不同，也将形成上层作用压力大（非静压），下层压力小的现象。如果选用不同的管径仍不能使上下各层压力损失达到平衡，流量就会分配不均，必然会出现上热下冷现象。

在供暖建筑物内，同一竖向的各层房间的室温不符合设计要求的温度，而出现上、下层冷热不匀的现象，通常称为系统垂直失调。由此可见，双管系统的垂直失调，是由于通过各层的循环作用压力不同而出现的。而且层数越多，上下层的作用压力差值越大，垂直失调就会越严重。

2. 单管上供下回式系统的作用压力

如前所述，单管系统是热水顺序流过多组散热器，并逐个冷却，然后返回热源。图 3-5 所示的上供下回单管式系统中，散热器 S_2 和 S_1 串联。引起自然循环作用压力的高差是（$h_1 + h_2$），冷

却后水的密度分别为 ρ_2 和 ρ_h，其循环作用压力值为

$$\Delta p = gh_1(\rho_h - \rho_g) + gh_2(\rho_2 - \rho_g) \tag{3-6}$$

$$= gH_2(\rho_2 - \rho_g) + gH_1(\rho_h - \rho_2) \tag{3-6a}$$

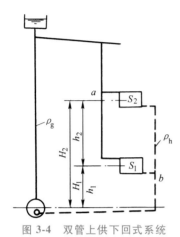

图 3-4 双管上供下回式系统

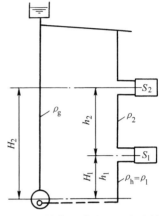

图 3-5 单管系统作用压力计算

同理，当循环环路中有 N 组串联的冷却中心（散热器）时，其自然循环作用压力可用下式表示：

$$\Delta p = \sum_{i=1}^{N} gh_i(\rho_i - \rho_g) = \sum_{i=1}^{N} gH_i(\rho_i - \rho_{i+1}) \tag{3-7}$$

式中　N——在循环环路中，冷却中心的总数；

　　　　i——表示 N 个冷却中心的顺序数，令沿水流方向最后一组散热器为 $i=1$；

　　　　g——重力加速度（m/s^2）；

　　　　ρ_g——供暖系统供水的密度（kg/m^3）；

　　　　h_i——计算的冷却中心 i 到冷却中心（$i-1$）之间的垂直距离（m）；当计算的冷却中心 $i=$ 1（沿水流方向最后一组散热器）时，h_i 表示与锅炉中心的垂直距离（m）；

　　　　H_i——从计算的冷却中心到锅炉中心之间的垂直距离（m）；

　　　　ρ_i——流出所计算的冷却中心的水的密度（kg/m^3）。

从上面作用压力的计算公式可见，单管热水供暖系统的作用压力，与水温变化，加热中心与冷却中心的高差，以及冷却中心的个数等因素有关。每一根立管只有一个自然循环作用压力，而且即使最低层的散热器低于锅炉中心（h_1 为负值），也可使循环水流动。

为了计算单管系统自然循环的作用压力，需要求出各个冷却中心之间管路中水的密度 ρ_i，为此，就首先要确定各冷却中心之间管路的水温 t_i。

设供、回水温度为 t_g、t_h，建筑物为 8 层（$N=8$），每层的散热器的热负荷分别为 Φ_1、Φ_2、Φ_3、…、Φ_8，即立管的总热负荷为

$$\Sigma\Phi = \Phi_1 + \Phi_2 + \Phi_3 + \cdots + \Phi_8$$

通过立管的水流量：

$$q_m = \frac{\Sigma\Phi}{c(t_g - t_h)} \tag{3-8}$$

式中　q_m——立管的水流量（kg/s）；

　　　　$\Sigma\Phi$——立管的总热负荷（W）；

t_g、t_h——立管的供、回水温度（℃）；

　　　　c——水的比热容，$c = 4.187 \times 10^3 \mathrm{J/(kg \cdot ℃)}$。

令沿水流方向最后一组散热器为第一层，则流出第二层散热器的水温 t_2，根据上述热平衡方式，同理，也可按下式求出：

$$q_m = \frac{(\varPhi_2 + \varPhi_3 + \cdots + \varPhi_8)}{c(t_g - t_2)} \quad (3\text{-}8\mathrm{a})$$

式（3-8）与式（3-8a）相等，由此，可求出流出第二层散热器的水温 t_2：

$$t_2 = t_g - \frac{(\varPhi_2 + \varPhi_3 + \cdots + \varPhi_8)}{\sum \varPhi}(t_g - t_h)$$

根据上述计算方法，串联 N 组散热器的系统，流出第 i 组散热器的水温 t_i（沿水流方向最后一组散热器为 $i=1$），可按下式计算：

$$t_i = t_g - \frac{\sum\limits_{i}^{N} \varPhi_i}{\sum \varPhi}(t_g - t_h) \quad (3\text{-}9)$$

式中　t_i——流出第 i 组散热器的水温（℃）；

$\sum\limits_{i}^{N} \varPhi_i$——沿水流方向，在第 i 组（包括第 i 组）散热器前的全部散热器的热负荷（W）；

其他符号含义同前。

当管路中各管段的水温 t_i 确定后，相应可确定其 ρ_i 值。利用式（3-7）可求出单管自然循环系统的作用压力值。

在单管系统运行期间，由于立管的供水温度或流量不符合设计要求，也会出现垂直失调现象。但在单管系统中，影响垂直失调的原因，不是由于各层作用压力的不同，而是由于各层散热器的传热系数 K 随各层散热器平均计算温度差的变化程度不同而引起的。

由上述分析可看出，假设水温只在加热中心（锅炉）和冷却中心（散热器）发生变化。实际上水温和密度沿循环环路不断变化，散热器的实际进水温度比上述假设的情况下低，这会增大系统的循环作用压力。

由于自然循环系统的作用压力不大，因此水在管路中冷却产生的附加压力不应忽略，计算自然循环系统的综合作用压力时，应首先在假设条件下确定只考虑水在散热器内冷却产生的作用压力，再增加一项考虑水沿途冷却产生的附加压力，即

$$\Delta p_{zh} = \Delta p + \Delta p_f \quad (3\text{-}10)$$

式中　Δp_{zh}——自然循环系统的综合作用压力（Pa）；

Δp——自然循环系统只考虑水在散热器内冷却产生的作用压力（Pa）；

Δp_f——水在管路中冷却的附加作用压力（Pa）。

附加作用压力 Δp_f 的大小可根据管路布置状况、楼层高度、所计算的散热器与锅炉之间的水平距离可查表 3-1 确定。

【例 3-1】　图 3-6 所示为三层楼房自然循环热水供暖系统，明装立管不保温，总立管距散热器立管之间的距离为 15m，$h_1 = 3.2\mathrm{m}$，$h_2 = h_3 = 3.0\mathrm{m}$，散热器的热负荷分别为 $\varPhi_1 = 700\mathrm{W}$，$\varPhi_2 = 600\mathrm{W}$，$\varPhi_3 = 800\mathrm{W}$。供水温度 $t_g = 95℃$，回水温度 $t_h = 70℃$。

求：1. 双管系统自然循环的综合作用压力。

2. 单管系统各层之间立管的水温。

3. 单管系统自然循环的综合作用压力。

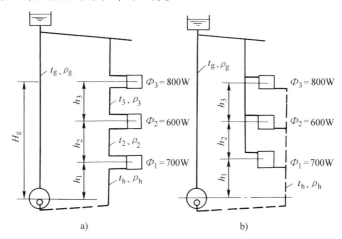

图 3-6 【例 3-1】附图

【解】 1. 双管系统自然循环的综合作用压力 $\Delta p_{zh} = \Delta p + \Delta p_f$

1）水在散热器内冷却产生的作用压力 Δp：

$t_g = 95℃$，$t_h = 70℃$，查表 3-2，得 $\rho_g = 961.92 kg/m^3$，$\rho_h = 977.81 kg/m^3$。水在三层散热器内冷却产生的作用压力，分别为

第 1 层：$\Delta p_1 = gh_1(\rho_h - \rho_g) = [9.81 \times 3.2 \times (977.81 - 961.92)] Pa = 498.8 Pa$

第 2 层：$\Delta p_2 = g(h_1 + h_2)(\rho_h - \rho_g) = [9.81 \times (3.2 + 3.0) \times (977.81 - 961.92)] Pa = 966.5 Pa$

第 3 层：$\Delta p_3 = g(h_1 + h_2 + h_3)(\rho_h - \rho_g) = [9.81 \times (3.2 + 3.0 + 3.0) \times (977.81 - 961.92)] Pa$
$= 1434.1 Pa$

2）水在管路中冷却产生的附加压力 Δp_f：根据已知条件：三层楼房明装立管不保温，总立管至计算立管间的距离在 10~20m 范围，三层散热器中心距锅炉中心垂直高度皆小于 15m，查表 3-1，水在三层散热器环路中冷却产生的附加压力皆为 $\Delta p_f = 250 Pa$。

表 3-1 在自然循环上供下回双管热水供暖系统中，由于水在管路内冷却产生的附加压力

(单位：Pa)

系统的水平距离	锅炉到散热器的高度	自总立管至计算立管之间的水平距离/m					
/m	/m	<10	10~20	20~30	30~50	50~75	75~100
1	2	3	4	5	6	7	8
未保温的明装立管（1）1层或2层的房屋							
25 以下	7 以下	100	100	150	—	—	—
25~50	7 以下	100	100	150	200	—	—
50~75	7 以下	100	100	150	150	200	—
75~100	7 以下	100	100	150	150	200	250
（2）3层或4层的房屋							
25 以下	15 以下	250	250	250	—	—	—
25~50	15 以下	250	250	300	350	—	—
50~75	15 以下	250	250	250	300	350	—
75~100	15 以下	250	250	250	300	350	400

（续）

系统的水平距离/m	锅炉到散热器的高度/m	自总立管至计算立管之间的水平距离/m					
		<10	10~20	20~30	30~50	50~75	75~100
1	2	3	4	5	6	7	8
（3）高于 4 层的房屋							
25 以下	7 以下	450	500	550	—	—	—
25 以下	大于 7	300	350	450	—	—	—
25~50	7 以下	550	600	650	750	—	—
25~50	大于 7	400	450	500	550	—	—
50~75	7 以下	550	550	600	650	750	—
50~75	大于 7	400	400	450	500	550	—
75~100	7 以下	550	550	550	600	650	700
75~100	大于 7	400	400	400	450	500	650
保温的明装立管（1）1 层或 2 层的房屋							
25 以下	7 以下	80	100	130	—	—	—
25~50	7 以下	80	80	130	150	—	—
50~75	7 以下	80	80	100	130	180	—
75~100	7 以下	80	80	80	130	180	230
（2）3 层或 4 层的房屋							
25 以下	15 以下	180	200	280	—	—	—
25~50	15 以下	180	200	250	300	—	—
50~75	15 以下	150	180	200	250	300	—
75~100	15 以下	150	150	180	230	280	330
（3）高于 4 层的房屋							
25 以下	7 以下	300	350	380	—	—	—
25 以下	大于 7	200	250	300	—	—	—
25~50	7 以下	350	400	430	530	—	—
25~50	大于 7	250	300	330	380	—	—
50~75	7 以下	350	350	400	430	530	—
50~75	大于 7	250	250	300	330	380	—
75~100	7 以下	350	350	380	400	480	530
75~100	大于 7	250	260	280	300	350	450

注：1. 在下供下回式系统中，不计算水在管路中冷却而产生的附加作用压力值。

2. 在单管式系统中，附加值采用本表所示的相应值的 50%。

表 3-2　水在各种温度下的密度 ρ（压力 100kPa 时）

温度/℃	密度/(kg/m³)	温度/℃	密度/(kg/m³)	温度/℃	密度/(kg/m³)	温度/℃	密度/(kg/m³)
0	999.8	58	984.25	76	974.29	94	962.61
10	999.73	60	983.24	78	973.07	95	961.92
20	998.23	62	982.20	80	971.83	97	960.51
30	995.67	64	981.13	82	970.57	100	958.38
40	992.24	66	980.05	84	969.30		
50	988.07	68	978.94	86	968.00		
52	987.15	70	977.81	88	966.68		
54	986.21	72	976.66	90	965.34		
56	985.25	74	975.48	92	963.99		

3）双管系统自然循环的综合作用压力：

第 1 层：$\Delta p_{zh1} = \Delta p_1 + \Delta p_f = (498.8 + 250)\text{Pa} = 748.8\text{Pa}$

第 2 层：$\Delta p_{zh2} = \Delta p_2 + \Delta p_f = (966.5 + 250)\text{Pa} = 1216.5\text{Pa}$

第 3 层：$\Delta p_{zh3} = \Delta p_3 + \Delta p_f = (1434.1 + 250)\text{Pa} = 1684.1\text{Pa}$

第 3 层与底层循环环路的作用压力差值为

$$\Delta p = \Delta p_3 - \Delta p_1 = (1684.1 - 748.8)\text{Pa} = 935.3\text{Pa}$$

由此可见，楼层数越多，底层与最顶层循环环路的作用压力差越大。

2. 求单管系统各层之间立管的水温

根据式（3-9）得

$$t_i = t_g - \frac{\sum\limits_i^N \Phi_i}{\sum \Phi}(t_g - t_h)$$

由此可以求出流出第 3 层散热器管路上的水温为

$$t_3 = t_g - \frac{\Phi_3}{\sum \Phi}(t_g - t_h) = \left[95 - \frac{800}{2100} \times (95 - 70)\right]℃ = 85.5℃$$

相应的水的密度，$\rho_3 = 968.32\,kg/m^3$

流出第 2 层散热器管路上的水温 t_2 为

$$t_2 = t_g - \frac{\Phi_3 + \Phi_2}{\sum \Phi}(t_g - t_h) = \left[95 - \frac{(800 + 600)}{2100} \times (95 - 70)\right]℃ = 78.3℃$$

相应的水的密度，$\rho_2 = 972.88\,kg/m^3$

3. 求单管系统的自然循环综合作用压力 $\Delta p_{zh} = \Delta p + \Delta p_f$

1）水在散热器内冷却产生的作用压力 Δp，根据式（3-7）得

$$\Delta p = \sum_{i=1}^N gh_i(\rho_i - \rho_g) = \sum_{i=1}^N gH_i(\rho_i - \rho_{i+1})$$

则　$\Delta p = \sum_{i=1}^N gh_i(\rho_i - \rho_g) = g\left[h_1(\rho_h - \rho_g) + h_2(\rho_2 - \rho_g) + h_3(\rho_3 - \rho_g)\right]$

$= \{9.81 \times [3.2 \times (977.81 - 961.92) + 3 \times (972.88 - 961.92) +$

$3 \times (968.32 - 961.92)]\}\,Pa = 1009.7\,Pa$

2）水在管路中冷却产生的附加压力 Δp_f：单管系统中，附加压力为双管系统附加压力的 50%，即 $\Delta p_f = (0.5 \times 250)\,Pa = 125\,Pa$。

3）单管系统自然循环的综合作用压力为

$$\Delta p_{zh} = \Delta p + \Delta p_f = (1009.7 + 125)\,Pa = 1134.7\,Pa$$

在水力计算过程中需确定最不利管路。最不利管路指某一工况或时刻其管段平均比摩阻或阻力最小的支路或者回路。鉴于最不利管路阻力需与其作用压力相同，也可理解为所需单位长度平均作用压力最小的管路。最不利管路可出现以下工况，即定作用压力时管路总阻力最大或管路（长）确定时管路作用压力最小这两种基本工况。非最不利管路作用压力超过最不利管路作用压力时，一般应再增加局阻构件或调节管径大小。另外，设计或运行不合理时，可能导致干支转换。例如，近年来国内工程界所说的"抢水"现象，此时，其他非最不利环路应通过管径合理设计或阀门调节以消除多余资用压力或平衡作用压力。即在若干条具有并联性质的枝状或环状管路中，其平均比摩阻（比阻）最小的那一条管路。对并联管路而言，其作用水头（或总阻力）等于阻抗乘以流量的平方。当平均比摩阻最小时，一般意味着其管路阻抗也最小，于是该管路的流量为最大，从而其流速也为最大，即摩擦阻力为最大（实际上是速度水头与其他项相乘并求和最大）。于是对该条管路而言，也是总阻力为最大的管路，即最不利管路。其他与该最不利管路并联的各支路或环路，总水头或总阻力必须与该最不利管路相同。实际上，在无压流动场合，例如，地球表面蜿蜒曲折的河流，也遵从这种最不利管路法则，即寻找比摩阻最小的路径，这种比摩阻最小在自由流动中还可通过地面坡度大小体现出来，这其实也是一种低耗高效的热力学法则在起作用，即以高效低耗的方式去克服最大的阻力，同一管路不同时刻或不同工

况之间也符合这一特征。另外，不同的系统或单元也各有其最不利管路。

3.2　水的机械循环

机械循环系统设置了循环水泵，为水循环提供动力，克服循环流动阻力，同时增加了系统的运行电费和维修工作量，但由于水泵所产生的作用压力很大，因此系统管径较小，作用半径大，可用于多幢建筑的供暖、供冷。

3.2.1　机械循环水力特征

机械循环流动的能量方程与自然循环流动的能量方程的区别在于循环作用压力增加了水泵扬程，即

$$\Delta p_1 = p + \Delta p + \Delta p_f$$

式中　p——水泵扬程对应的压力（Pa）；

　　　Δp_1——循环环路的作用压力（Pa）；

　　　其他符号同前。

机械循环流动由水泵动力和自然循环综合作用压力共同克服循环阻力。通常机械循环管路中，自然循环作用压力相对水泵动力很小，对整个管路系统，可以忽略不计，能量方程简化为

$$\Delta p_1 = p$$

但在机械循环热水系统中，自然循环作用压力仍对并联立管的流量分配产生明显影响，在进行并联立管的阻力平衡时应计算自然循环作用压力。

3.2.2　机械循环水系统的工作原理

如图 3-7 所示，以机械循环热水供暖系统说明机械循环水系统工作原理。机械循环系统设置了循环水泵、膨胀水箱、集气罐和散热器等设备，与自然循环系统的主要区别：一是循环动力不同；二是膨胀水箱的连接点和作用不同（实际上，机械循环与自然循环的本质是一致的，它们在管路系统具体连接点的位置不同，但实际上都是连接在各自系统的压力最低处；另外，系统采用其他定压方式时，定压点一般也与系统压力最低点或其附近相连；如果不在系统压力最低点定压，则定压值应足够高才能避免管路可能发生的汽化现象）；三是排气方式不同。

机械循环系统膨胀水箱设置在系统的最高处，水箱下部接出的膨胀管连接在循环水泵入口或入口前的回水干管上。其作用除了容纳水受热膨胀而增加的体积外，还能恒定水泵入口压力，保证系统压力稳定，起定压作用。机械循环不能像自然循环那样将水箱的膨胀管接在供水总立管的最高处。

图 3-7 所示的机械循环热水供暖系统中，膨胀水箱与系统连接点为 O。系统充满水后，水泵不工作系统静止时，环路中各点的测压管水头 $Z+p/\gamma$ 均相等。

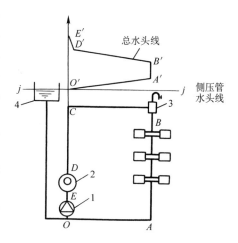

图 3-7　机械循环热水供暖系统
1—循环水泵　2—热水锅炉
3—集气罐　4—膨胀水箱

因膨胀水箱是开式高位水箱，所以环路中各点的测压管水头线 j–j 是过膨胀水箱水面的一条水平线。

水泵运行后，系统中各点的水头将发生变化，水泵出口处总水头 H_E 最大。因克服沿途的流动阻力，水流到水泵入口处时总水头 H_O 最小。循环水泵的扬程 $H_E - H_O$ 是用来克服水在管路中流动时的流动阻力的。E'-D'-B'-A'-O' 是系统运行时的总水头线。

如果系统严密不漏水，且忽略水温的变化，则环路中水的总体积将保持不变。运行时，膨胀水箱与系统连接点 O 点的压力与静止时相同，即 $H_O = H_j$。将 O 点称为定压点或恒压点。

定压点 O 设在循环水泵入口处，既能限制水泵吸水管路的压力降，避免水泵出现汽蚀现象，又能使循环水泵的扬程作用在循环管路和散热设备中，保证有足够的压力水头克服流动阻力使水在系统中循环流动。这可以保证系统中各点的压力稳定，使系统压力分布更合理。膨胀水箱是一种最简单的定压设备。

机械循环系统中水流速度较大，一般都超过水中分离出的空气泡的浮升速度，易将空气泡带入立管引起气塞。所以机械循环上供下回式系统水平敷设的供水干管应沿水流设上升坡度，坡度值不小于 0.002，一般为 0.003。在供水干管末端最高点处设置集气罐，以便空气能顺利地和水流同方向流动，集中到集气罐处排出。

回水干管也应采用沿水流方向下降的坡度，坡度值不小于 0.002，一般为 0.003，以便于集中泄水。

3.2.3　机械循环水系统形式

机械循环水系统按工作介质温度可分为热水循环系统和冷水循环系统，按工作介质是否与空气接触可分为闭式系统和开式系统，按系统中的各并联环路中水的流程可分为同程系统和异程系统。按系统中循环水量的特性可分为定流量系统和变流量系统。按系统中冷热水管道的布置方式可分为双管制系统和四管制系统。下面就目前在供暖和空调中常采用的水循环系统形式进行简述。

1. 室内机械循环热水供暖系统

室内机械循环热水供暖系统的形式相当多，按管道铺设方式的不同，分为垂直式系统和水平式系统。

（1）垂直式系统

1）上供下回式系统：上供下回式机械循环热水系统如图 3-8 所示，有单管和双管系统两种形式。单管和双管系统的特点在自然循环热水系统中已做过介绍。

图 3-8 所示左侧为双管系统，双管系统的垂直失调问题在机械循环热水供暖系统中仍然存在。设计计算时必须考虑各层散热器并联环路之间的作用压力差。

图 3-8 所示右侧为单管系统，立管 Ⅰ 为单管顺流式，水顺序流过各层散热器，水温逐层降低。该系统散热器支管上不允许安装阀门，不能进行个体调节。该系

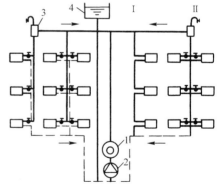

图 3-8　机械循环上供下回式热水系统
1—热水锅炉　2—循环水泵
3—集气罐　4—膨胀水箱

统形式简单，施工方便，造价低，是一种被广泛采用的形式。立管 Ⅱ 为单管跨越式，立管中的水一部分流入散热器，另一部分直接通过跨越管与散热器的出水混合，进入下一层散热器。该系统可以在散热器支管或跨越管上安装阀门，可调节进入散热器的流量。

2）双管下供下回式系统：双管下供下回式系统的供水干管和回水干管均铺设在所有散热器

之下，如图 3-9 所示。下供下回式系统运行
时，必须解决好空气的排除问题。

该系统与上供下回式系统相比，具有
如下特点：①主立管长度小，管路的无效
热损失减小；②上层作用压力虽然较大，
但循环环路长，阻力也较大；下层作用压
力虽然较小，但循环环路短，阻力也较小，
这可以缓解双管系统的垂直失调问题；
③可安装好一层使用一层，能适应冬季施
工的需要；④排气较复杂，阀件、管材用
量增加，运行维护管理不方便。

3）中供式系统：中供式系统将供水干
管设在建筑物中间某层顶棚之下，如
图 3-10 所示，此系统在顶层梁下和窗户之
间的距离不能布置供水干管时采用。上部

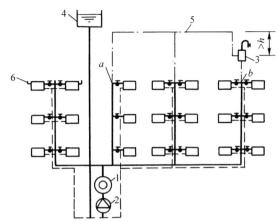

图 3-9　机械循环下供下回式热水供暖系统
1—热水锅炉　2—循环水泵　3—集气罐
4—膨胀水箱　5—空气管　6—放气阀

77

的下供下回式系统应考虑解决好空气的排除问题；下部的上供下回式系统，由于层数减少，可以
缓和垂直失调问题。

4）下供上回（倒流）式系统：机械循环下供上回式系统供水干管设在所有散热设备之下，
回水干管设在所有散热设备之上，膨胀水箱连接在回水干管上，如图 3-11 所示，回水经膨胀水
箱流回锅炉房，再被循环水泵送入锅炉。

该系统的特点是：①水与空气的流动方向均为自下向上流动，有利于通过膨胀水箱排空气，
不需要增设集气罐等排气装置；②该方式比较适合于高温水供暖。由于温度低的回水干管在顶
层，温度高的供水干管在底层，系统中的水不易汽化。

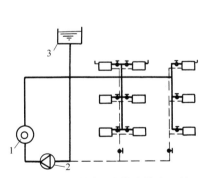

图 3-10　机械循环中供式热水系统
1—热水锅炉　2—循环水泵　3—膨胀水箱

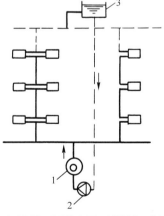

图 3-11　机械循环下供上回（倒流）式热水系统
1—热水锅炉　2—循环水泵　3—膨胀水箱

（2）水平式系统　图 3-12 所示为水平单管顺流式系统。水平单管顺流式系统将同一楼层的
各组散热器串联在一起。热水水平地顺序流过各组散热器，不能对散热器进行个体调节。

图 3-13 所示为水平单管跨越式系统，该系统在散热器的支管间连接一跨越管，热水一部分
流入散热器，一部分经跨越管直接流入下组散热器。这种形式允许在散热器支管上安阀门，能够

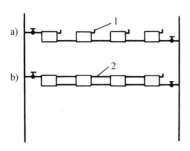

图 3-12　水平单管顺流式系统

1—放气阀　2—空气管

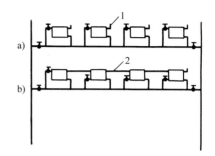

图 3-13　水平单管跨越式系统

1—放气阀　2—空气管

调节散热器的进流量。

水平式系统是目前居住建筑和公共建筑中应用较多的一种形式，便于民用住宅供暖时进行分户控制和计量。供暖系统可以在专用管道井内采用双管制系统，设总供、回水立管。从管道井内的供水立管上引出供水支管向各用户供暖，各用户内部采用水平串联的形式。用户的回水支管再引回到管道井内的总回水立管上。管道井内的分户供、回水支管上设置控制阀，各用户的引入管上安装热表，以计量用热量。这样便于分户管理和调节。

2. 室外机械循环热水供热管网[一]

室外机械循环热水供热管网由热源、热网和热用户三部分组成。供热管网的供热管道常用双管制系统。

（1）热水管网与热用户的连接方式

热水管网与热用户的连接方式有许多种形式，如图 3-14 所示。连接方式因热用户是开式或闭式分为直接连接和间接连接两种形式。直接连接，热用户是开式系统，其循环水部分或全部取自热网循环水；间热连接，热用户为闭式的循环水系统，热网的循环水仅作热媒，供给室内热水系统热量。

（2）室外热水供热管网的形式　集中供热机械循环系统室外热水供热管网常采用枝状连接，如图 3-15 所示。热网供水

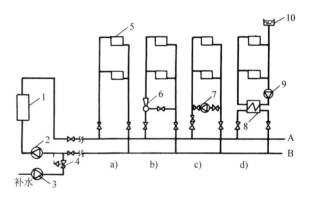

图 3-14　双管热水供热管网与热用户连接示意图

a）无混合装置的直接连接　b）装水喷射器的直接连接

c）装混合水泵的直接连接　d）热用户与热网间接连接

1—热源的加热装置　2—循环水泵　3—补给水泵　4—补给水压力调节器　5—散热器　6—水喷射器　7—混合水泵　8—换热器　9—热用户系统的循环水泵　10—膨胀水箱

从热源沿主干线 2，支干线 3，用户支线 4 送到每个热用户的引入口处，网络回水从各用户沿相同线路返回热源。

3. 机械循环空调冷冻水系统

一个完整的中央空调系统有三大部分组成，即冷热源、供热与供冷管网、空调用户系统。冷冻水系统是把冷热源产生的冷量或热量通过管网输送到空调用户的系统。循环管路由总管、干管和支管组成，各支管与各空调末端装置相连，构成一个个并联回路。在实际空调工程中，常采用的主要典型形式如下。

㊀　在建筑领域也称为供暖管网。

（1）两管制与四管制系统　冷热源利用一组供、回水管为末端装置的盘管提供冷水或热水的系统称为两管制系统。其优点是系统简单，初投资少，图 3-16a 所示为两管制系统。绝大多数的冷冻水系统采用两管制系统。但在要求高的全年空调的建筑中，过渡季会出现朝阳房间需要供冷而背阳房间需要供热的情况，这时若采用该系统就不能满足这种特殊要求。

冷热源分别通过各自的供、回水管路，为末端装置的盘管提供冷水和热水的系统称为四管制系统，如图 3-16b 所示。四管制系统供冷、供热分开设置，具有冷、热两套独立的系统。其优点是能同时满足供冷、供热的要求；缺点是初投资高，管路系统复杂，且占有一定的空间。

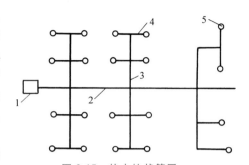

图 3-15　热水枝状管网

1—热源　2—主干线　3—支干线　4—用户支线　5—热用户的用户引入口

79

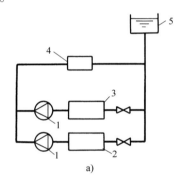
a)

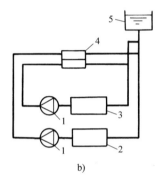
b)

图 3-16　两管制与四管制

a）两管制系统　b）四管制系统

1—循环泵　2—热源　3—冷源　4—盘管　5—膨胀水箱

（2）开式和闭式系统　开式水系统如图 3-17a 所示，系统与蓄热水槽连接比较简单，但水中含氧量高，管路和设备易腐蚀，且为了克服系统静水压头，水泵耗电量大，仅适用于利用蓄热槽的低层水系统。

闭式水系统如图 3-17b 所示，系统不与大气相接触，仅在系统最高点设置膨胀水箱。管路系

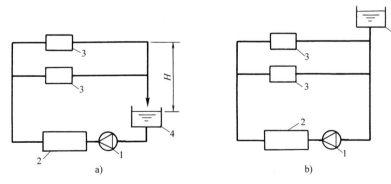

图 3-17　开式与闭式系统

a）开式系统　b）闭式系统

1—循环泵　2—冷水机组　3—盘管　4—水箱

统不易产生污垢和腐蚀，不需克服系统静水压头，水泵耗电较小。

（3）定流量和变流量系统　定流量系统中的循环水量保持定值，如图 3-18 所示，负荷变化时，依靠改变进入末端装置的流量、改变房间的送风量等手段进行控制。定流量系统的控制简单、操作方便；缺点是水流量不变，输送能耗始终为设计最大值。

变流量系统中供回水温度保持定值，如图 3-19 所示，负荷改变时，通过改变供水量来调节。输送能耗随负荷减少而降低，水泵容量和电耗小，系统需配备一定的自控装置。

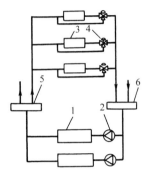

图 3-18　单级泵定流量双管闭式系统

1—冷水机组　2—循环泵　3—空调机组或盘管
4—三通阀　5—分水器　6—集水器

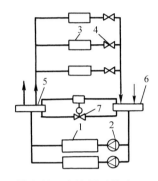

图 3-19　变流量系统之一

1—冷水机组　2—循环泵　3—空调机组或盘管
4—二通阀　5—分水器　6—集水器　7—旁通调节阀

（4）一次泵和二次泵系统　一次泵系统的冷热源侧和负荷侧只用一组循环水泵，如图 3-18、图 3-19 所示，系统简单、初投资省。这种水系统不能调节水泵流量，不能节省水泵输送能量。

二次泵系统的冷热源侧和负荷侧分别设置循环水泵，如图 3-20、图 3-21 所示，可以实现负荷侧水泵变流量运行，能降低输送能耗，并能适应供水分区不同压降的需要，系统总的压力低，但系统较复杂、初投资较高。

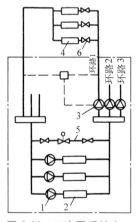

图 3-20　二次泵系统之一

1—一次泵　2—冷水机组　3—二次泵
4—风机盘管　5—旁通管　6—二通阀

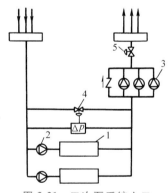

图 3-21　二次泵系统之二

1—冷水机组　2—一次泵　3—二次泵
4—压差调节阀　5—总调节阀

4. 机械循环同程式和异程式系统

机械循环无论是热水系统还是冷冻水系统，各支管与末端装置相连，构成一个个并联回路。为了保证各末端装置应有的水量，除了需选择合适的管径外，合理布置各回路的走向是非常重要的。各并联回路只有在阻力接近相等时，才能获得设计流量，从而保证末端装置需要提供的设计热量或冷量。由于管道管径规格有限，一般不可能通过管径选择来达到各支路的阻力平衡；利用阀门也只能在一定程度上进行调节，且能量损失大。

（1）异程式系统　异程式系统是指系统水流经每一用户回路的管道长度不相等。异程式热水系统如图 3-22 所示，异程式冷冻水系统如图 3-23 所示。当系统作用半径较大，环路较多时，通过各个环路的压力损失较难平衡。有时靠近总管最近的环路，即使选用了最小的管径，仍有很大的剩余压力。初调节不当时，就会出现近处回路流量超过要求，而远处回路流量不足，在远近回路处出现流量失调。

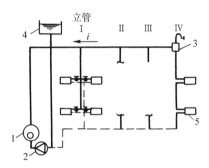

图 3-22　异程式热水系统

1—锅炉　2—循环水泵　3—集气罐

4—膨胀水箱　5—用户

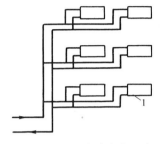

图 3-23　异程式冷冻水系统

1—用户

异程式水系统管路简单，不需采用同程管，水系统投资较少，但水量分配、调节较难，如果系统较小，适当减小公共管路的阻力，增加并联支管阻力，并在所有盘管连接支管上安装流量调节阀平衡阻力，则也可用异程式布置。

（2）同程式系统　为了消除或减轻系统的流量失调，同程式系统除了供回水管路以外，还有一根同程管，由于各并联环路的管路总长度基本相等，各用户的水阻力大致相等，所以系统的水力稳定性好，流量分配均匀。同程式系统的特点是通过循环环路的总长度都相等，图 3-24 所示为同程式热水系统，通过最近立管 I 的循环环路与通过最远处立管 IV 的循环环路的总长度都相等，因而压力损失易于平衡。

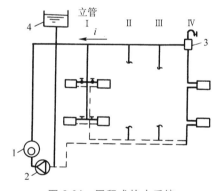

图 3-24　同程式热水系统

1—热水锅炉　2—循环水泵

3—集气罐　4—膨胀水箱

由于同程式系统具有上述优点，在较大的建筑物中，常采用同程式系统，但同程式系统管道的金属消耗量大。图 3-25 所示是同程式冷冻水系统的几种形式。高层建筑的垂直立管通常采用同程式，水平管路系统范围大时也应尽量采用同程式。

实际上，机械循环热水供暖系统与人体血液循环系统具有高度一致性。对人体而言，是一个典型的多环并联接入一个心脏的管网系统；对机械循环供暖系统而言，也是多环并联接入一套泵或泵组的管网系统。

5. 机械循环冷却水系统

空调冷却水系统是整个空调系统的重要组成部分，它以水为冷却剂将冷凝器、吸收器、压缩机放出的热量转移到冷却设备（冷却塔、冷却水池等）中，最后放入大气。目前所用的循环系统是共用供、回水干管的冷却水循环系统，如图 3-26 所示，此系统冷却塔和冷水机组通常设置相同的台数，共用供、回水干管。为了使冷却水循环泵能稳定地运行，起动时水泵吸入口不出现汽蚀现象，传统的做法是在冷却水系统中设置水箱，增加系统的水容量，冷却水箱可根据情况设置在机房内，如图 3-26a 所示，也可设在屋面冷却塔旁边，如图 3-26b 所示。

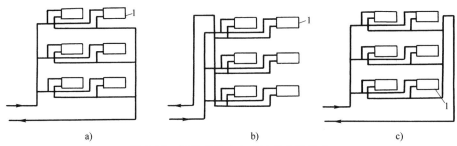

图 3-25　同程式冷冻水系统的几种形式

a）水平管路同程　b）垂直管路同程　c）水平与垂直管路均同程

1—用户

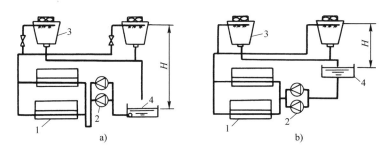

图 3-26　共用供、回水干管的冷却水循环系统

a）下水箱式冷却水系统　b）上水箱式冷却水系统

1—冷水机组　2—水泵　3—冷却塔　4—水箱

此系统中冷却水泵的扬程应为冷却塔与水箱水位的高度差、管路的阻力、冷凝器水侧流动阻力和冷却塔进水口预留压力水头（一般为 3~6m）之和。

3. 2. 4　高层建筑水系统的特殊问题

高层建筑内的冷、热水系统大都采用闭式系统，这样管道和设备的承压能力应引起关注。

1. 高层建筑水系统承压分析

以高层建筑空调水系统为例，对系统的承压进行分析。如图 3-27 所示，水系统承受压力最大的地点是在水泵出口。水系统承压有以下三种情况。

系统停止运行时，水泵出口最大压力为系统静水压力，即

$$p_a = \rho g h \tag{3-11}$$

系统开始运行的瞬时，动压尚未形成，出口压力等于静水压力与水泵全压 p 之和，即

$$p_a = \rho g h + p \tag{3-12}$$

系统正常运行时，水泵出口压力等于该点静水压力与水泵静压之和，即

$$p_a = \rho g h + p - p_d \tag{3-13}$$

式中　ρ——水的密度（kg/m³）；

　　　g——重力加速度（m/s²）；

h——水箱液面至水泵中心的垂直距离（m）；

p_d——水泵出口处的动压（Pa），$p_d = \rho v^2/2$；

v——水泵出口流速（m/s）。

如图 3-27 所示的系统运行时，B、C 和 D 点的压力为

$$p_B = \rho gh + p - p_d - \Delta p_{AB}$$

$$p_C = \rho gh + p - p_d - \Delta p_{AB} - \Delta p_{BC}$$

$$p_D = \rho gh + p - p_d - \Delta p_{AB} - \Delta p_{BC} - \Delta p_{CD}$$

式中，Δp_{AB}、Δp_{BC}、Δp_{CD} 分别为水泵出口 A 点至 B 点、B 点至 C 点、C 点至 D 点的压力损失（Pa）。

由以上分析可知：设计中，确定各种设备承压能力时，要考虑系统停止运行、起动瞬间和正常运行三种情况下的承压能力，以最大者来选择设备和管路附件。

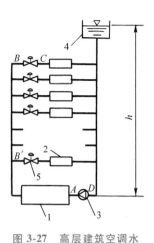

图 3-27　高层建筑空调水
系统示意图

1—冷水机组　2—空气处理设备
3—循环水泵　4—膨胀水箱
5—调节阀

2. 高层建筑水系统形式

（1）高层建筑热水系统　高层建筑热水供暖系统，由于建筑层数多而加重了系统的垂直失调问题，一般情况下多用单管垂直分配式系统。目前通常采用分层式和双水箱分层式两种形式：

1）分层式系统：分层式热水供暖系统如图 3-28 所示，该系统垂直方向分成两个或两个以上的独立系统。下区系统通常与室外管网直接连接。它的高度主要取决于室外管网的压力和散热器的承压能力。上区系统与外网采用隔绝式连接，利用水换热器使上区系统的压力与室外网路隔绝。

2）双水箱分层式系统：当外网供水温度较低，使用换热器所需加热面积过大而不经济合理时，可采用图 3-29 所示的双水箱分层式热水供暖系统。

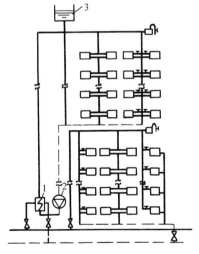

图 3-28　分层式热水供暖系统

1—换热器　2—水泵　3—膨胀水箱

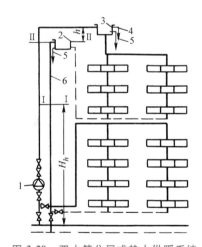

图 3-29　双水箱分层式热水供暖系统

1—加压水泵　2—回水箱　3—进水箱　4—进水
箱溢流管　5—信号管　6—回水箱溢流管

双水箱分层式供暖系统具有如下特点：①上层系统与外网直接连接。当外网供水压力低于高层建筑供水压力时，在用户供水管上设加压水泵。利用进、回水箱的两个水位高差 h，进行上区系统的水循环。②上层系统利用非满管流动的溢流管 6 与外网回水管连接。溢流管 6 下部的满

管高度 H_{h}，取决于外网回水管的压力。

（2）高层建筑空调水系统　高层建筑空调水系统的竖向分区取决于设备和附件的承压能力。在实际工程中，常按国内外主机、阀门及附属设备承压能力为 1MPa，并考虑系统阻力损失为 300kPa 左右以确定高层建筑空调水系统分区界限。对于冷水机组接在水泵吸入端的空调水系统，水系统高度在 100m 以内可不进行竖向分区，但水泵的承压能力要在 1.3MPa 以上；对于冷水机组接在水泵出口端的空调水系统，水系统高于 70m 时，应进行竖向分区。对于高于 200m 的系统，一般应考虑分为高、中、低三个区的水系统。常用的竖向分区系统形式有：

1）高低区合用冷热源系统：如图 3-30 所示，低区采用冷水机组直接供冷，同时在设备层设置换热器作为高、低区水压的分界设备，使静水压力分段承受。

2）冷水机组分区独立设置系统：如图 3-31 所示，冷水机组独立设置，高、低区水系统分为两个独立的系统。

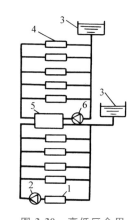

图 3-30　高低区合用
冷热源系统

1—冷水机组　2—低区循环水泵
3—膨胀水箱　4—用户
5—换热器　6—高区循环水泵

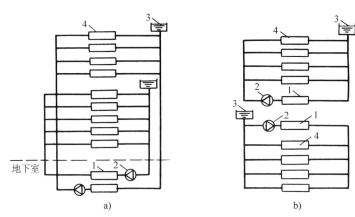

图 3-31　冷水机组分区独立设置系统
a）设置在地下室的系统　b）设置在技术设备层的系统
1—冷水机组　2—循环水泵　3—膨胀水箱　4—用户末端装置

3.3　水循环系统管路水力计算

进行冷、热水循环系统水力计算可以确定系统中各管段的管径，使各管段的流量和进入末端装置的流量符合要求，然后确定各管路系统的阻力损失，进而选择合适的循环水泵。水力计算应在选择了系统形式、管路布置及所需设备等选择计算后进行。水力计算是冷、热水循环系统设计计算的重要组成部分。

3.3.1　循环管路水力计算的原理

1. 水流动压力损失

（1）沿程压力损失　流体在管道内流动时，由于流体与管壁间的摩擦，产生能量损失，称为沿程损失，可用沿程水头损失和沿程压力损失表示。冷热水管路将流量和管径不变的一段管路

称为一个计算管段，计算管段沿程压力损失为

$$\Delta p_y = \lambda \frac{l}{d} \frac{\rho v^2}{2} = Rl \tag{3-14}$$

式中　Δp_y——管段压力损失（Pa）；

　　　λ——沿程阻力系数，无量纲量；

　　　l——直管段长度（m）；

　　　d——管道直径（m）；

　　　ρ——水的密度（kg/m³）；

　　　v——水的速度（m/s）；

　　　R——单位长度沿程压力损失，又称比摩阻（Pa/m），其计算式为

$$R = \frac{\lambda}{d} \frac{\rho v^2}{2} \tag{3-15}$$

系统的最不利环路平均比摩阻对整个管网经济性起决定作用。这就需要确定一个经济的比摩阻，使得在规定的计算年限内总费用为最小，因此推荐经济平均比摩阻。室内机械循环热水供暖系统最不利环路的经济比摩阻为 60~120Pa/m。冷水管采用钢管或镀锌管时，比摩阻一般为 100~400Pa/m，最常用的为 250Pa/m。

沿程阻力系数 λ 与流体的流态和管壁的表面粗糙度有关，即

$$\lambda = f(Re, K/d)$$

式中　Re——雷诺数，$Re = vd/\nu = \rho vd/\mu$；

　　　ν——水的运动黏度（m²/s）；

　　　μ——水的动力黏度（Pa·s）；

　　　K——管壁的当量糙粒高度（m）；管壁的当量糙粒高度与管子的使用情况（流体对管壁的腐蚀和沉积水垢等）及管子使用时间等因素有关。根据运行实践积累的资料，推荐采用下列数值：室内热水供暖管路 $K=0.2$mm；室外热水网路 $K=0.5$mm；空调冷冻水闭式系统管路 $K=0.2$mm，开式系统管路 $K=0.5$mm；空调冷却水系统管路 $K=0.5$mm。

室内热水、空调水循环管路，管道设计中采用较低水流速，流动状态一般处于湍流过渡区内，沿程阻力系数 λ 可采用柯列勃洛克式（3-16）和阿里特苏里式（3-17）进行计算，即

$$\frac{1}{\sqrt{\lambda}} = -2\lg\left(\frac{K}{3.7d} + \frac{2.51}{Re\sqrt{\lambda}}\right) \tag{3-16}$$

$$\lambda = 0.11\left(\frac{K}{d} + \frac{68}{Re}\right)^{0.25} \tag{3-17}$$

式中符号含义同前。

室外热水网路，设计的管道水流速较高（流速大于 0.5m/s），流动状态大多处于阻力平方区，沿程阻力系数 λ 可用尼古拉兹式［式（3-18）］计算，即

$$\lambda = \frac{1}{\left(1.14 + 2\lg\dfrac{d}{K}\right)^2} \tag{3-18}$$

式中符号含义同前。

对于管径 $DN \geqslant 40$mm 的管子，可用更简单的希弗林松式（3-19）计算，即

$$\lambda = 0.11\left(\frac{K}{d}\right)^{0.25} \tag{3-19}$$

式中符号含义同前。

设计手册中常根据以上公式制成管道摩擦阻力计算图表，以减少计算工作量。

计算冷水管路沿程压力损失时可根据图 3-32 查出水管路的比摩阻。此图是根据莫迪公式：

$$\lambda = 0.0055\left[1 + \left(20000\,\frac{K}{d} + \frac{10^6}{Re}\right)^{\frac{1}{3}}\right] \tag{3-20}$$

按 $K = 0.3\text{mm}$，水温 20℃ 条件制作的，在 $Re = 10^4 \sim 10^7$ 范围内，和柯列勃洛克式相比较，误差在 5% 之内。

管道内的流速、流量和管径的关系表达式为

$$v = \frac{q_m}{3600\rho\,\frac{\pi}{4}d^2} = \frac{q_m}{900\rho\,\pi d^2} \tag{3-21}$$

式中 q_m——管段中水的质量流量（kg/h）。

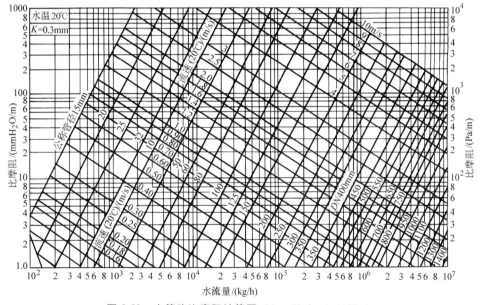

图 3-32 水管路比摩阻计算图（$1\text{mmH}_2\text{O} = 9.807\text{Pa}$）

将式（3-21）的流速 v 代入式（3-15），整理成更方便的计算式，即

$$R = 6.25 \times 10^{-8}\,\frac{\lambda}{\rho}\,\frac{q_m^2}{d^5} \tag{3-22}$$

在给定水状态参数及其流动状态的条件下，λ 和 ρ 值均为已知，则式（3-22）就表示为 $R = f(d, q_m)$ 的函数式。只要已知 R、q_m、d 中任意两个的值，就可以确定第三个的值。

（2）局部压力损失 当流体通过管道的一些附件如阀门、弯头、三通、散热器、盘管等时，由于流体速度的大小或方向改变，发生局部旋涡和撞击，产生能量损失，称为局部损失，常用局部水头损失和局部压力损失表示。计算管段的局部压力损失表示为

$$\Delta p_j = \Sigma\zeta\,\frac{\rho v^2}{2} \tag{3-23}$$

式中　ζ——管路局部阻力系数，无量纲量；

$\Sigma\zeta$——管段的局部阻力系数之和。

（3）总压力损失　任何一个冷热水循环系统都是由很多串联、并联的管段组成，通常将流量和管径不变的一段管路称为一个计算管段。

各个计算管段的总压力损失 Δp_1 应等于该管段沿程压力损失 Δp_y 与该管段局部压力损失 Δp_j 之和，即

$$\Delta p_1 = \Delta p_y + \Delta p_j = RL + \Sigma\zeta\frac{\rho v^2}{2} \tag{3-24}$$

2. 当量局部阻力法

当量局部阻力法是实际工程中为了简化计算，将管段的沿程损失折算成相当的局部损失的一种方法。表示为某一段的沿程压力损失恰好相当于某一局部构件处的局部压力损失，即

$$\lambda\frac{l}{d}\frac{\rho v^2}{2} = \zeta_d\frac{\rho v^2}{2}$$

$$\zeta_d = \frac{\lambda}{d}l \tag{3-25}$$

式中　ζ_d——当量局部阻力系数。

计算管段的总压力损失 Δp_1 可写为

$$\Delta p_1 = \Delta p_f + \Delta p_j = \zeta_d\frac{\rho v^2}{2} + \Sigma\zeta\frac{\rho v^2}{2} = (\zeta_d + \Sigma\zeta)\frac{\rho v^2}{2}$$

令

$$\zeta_{zh} = \frac{\lambda}{d}l + \Sigma\zeta = \zeta_d + \Sigma\zeta \tag{3-26}$$

则

$$\Delta p_1 = \zeta_{zh}\frac{\rho v^2}{2} \tag{3-27}$$

式中　ζ_{zh}——管段的折算局部阻力系数。

如已知管段流量 q_m，则根据式（3-21）的流量和流速的关系式，由式（3-27）计算的管段总压力损失可改写为

$$\Delta p_1 = \frac{1}{900^2\pi^2 d^4 2\rho}\zeta_{zh}q_m^2 = A\zeta_{zh}q_m^2 \tag{3-28}$$

$$A = \frac{1}{900^2\pi^2 d^4 2\rho} \tag{3-29}$$

式中　q_m——管段流量（kg/h）；

A——系数 $[Pa\cdot(kg/h)^2]$。

表 3-3 列出当水的平均温度 $t=60℃（\rho=983.248kg/m^3）$ 各种管径的 A 值和 λ/d 值（摩擦阻力系数 λ 取平均值）。

表 3-3　一些管径的 A 值和 λ/d 值

公称直径/mm	15	20	25	32	40	50	70	89×3.5	108×4
外径/mm	21.25	26.75	33.5	42.25	48	60	75.5	89	108
内径/mm	15.75	21.25	27	35.75	41	53	68	82	100
$(\lambda/d)/m^{-1}$	2.6	1.8	1.3	0.9	0.76	0.54	0.4	0.31	0.24
$A/[Pa\cdot(kg/h)^2]$	1.05×10^{-3}	3.16×10^{-4}	1.22×10^{-4}	3.92×10^{-5}	2.28×10^{-5}	8.15×10^{-6}	3.01×10^{-6}	1.42×10^{-6}	6.43×10^{-7}

注：本表为 $t'_g=95℃$，$t'_h=70℃$，整个供暖季的平均水温 $t\approx60℃$，相应水的密度 $\rho=983.284kg/m^3$ 条件的计算值。

表 3-11 所示为根据式 (3-28) 编制的水力计算表。

为了方便地进行水力工况计算，可将式 (3-28) 改写为

$$\Delta p_1 = A\zeta_{zh}q_m^2 = Sq_m^2 \tag{3-30}$$

式中　S——管段的阻抗（简称阻力数）[Pa/(kg/h)²]；它的数值表示当管段流量 $q_m = 1$kg/h 时的压力损失值。

3. 当量长度法

当量长度法是将局部压力损失折算成沿程压力损失的一种简化计算方法。如某管段的总局部阻力系数为 $\Sigma\zeta$，设它的压力损失相当于流经管段 l_d 的沿程压力损失，即

$$\Sigma\zeta\frac{\rho v^2}{2} = Rl_d = \frac{\lambda}{d}\frac{\rho v^2}{2}l_d$$

$$l_d = \Sigma\zeta\frac{d}{\lambda} \tag{3-31}$$

式中　l_d——管段中局部阻力的当量长度（m）。

管段的总压力损失 Δp 可表示为

$$\Delta p_1 = \Delta p_y + \Delta p_j = Rl + Rl_d = R(l + l_d) = Rl_{zh} \tag{3-32}$$

式中　l_{zh}——管段的折算长度（m）。

当量长度法一般多用在室外热力网路的水力计算上。

3.3.2 室内热水循环管路水力计算的任务和方法

室内热水供暖循环系统管路水力计算的主要任务：

1) 已知各管段的流量和系统的循环作用压力，确定各管段的管径。这是实际工程设计的主要内容。

2) 已知各管段的流量和各管段的管径，确定系统所必需的循环作用压力。常用于校核计算，校核循环水泵扬程是否满足要求。

3) 已知各管段的管径和该管段的允许压降，确定通过该管段的水流量。用于校核已有的热水供暖系统各管段的流量是否满足需要。

供暖系统水力计算的方法有等温降法和不等温降法两种。

1. 等温降法

等温降法是采用相同的设计温降进行水力计算的一种方法。例如双管热水供暖系统每组散热器的温度降相同，都是 95℃-70℃=25℃；单管热水供暖系统每根立管的供回水温降相同，都是 95℃-70℃=25℃。在这个前提下计算各管段流量，进而确定各管段管径。

等温降法简便，易于计算，但不易使各并联环路阻力达到平衡，运行时易出现近热远冷的水力失调问题。

（1）等温降法计算方法与步骤

1) 根据已知温降，计算各管段流量：

$$q_m = \frac{3600\Phi}{c(t'_g - t'_h)} = \frac{0.86\Phi}{t'_g - t'_h} \tag{3-33}$$

式中　q_m——各计算管段的水流量（kg/h）；

Φ——各计算管段的热负荷（W）；

t'_g——系统的设计供水温度（℃）；

t'_h——系统的设计回水温度（℃）；

c——水的比热容，$c = 4.187 \times 10^3 \text{J}/(\text{kg} \cdot \text{℃})$。

2）根据系统的循环作用压力，确定最不利循环环路的平均比摩阻：

$$R_{\text{pj}} = \frac{\alpha \Delta p_1}{\Sigma l} \tag{3-34}$$

式中　R_{pj}——最不利循环环路的平均比摩阻（Pa/m）；

$\quad\quad\Delta p_1$——最不利循环环路的循环作用压力（Pa）；

$\quad\quad\Sigma l$——最不利循环环路的管路总长度（m）；

$\quad\quad\alpha$——沿程压力损失占总压力损失的估计百分数，室内热水供暖系统沿程压力损失占总损失的估计百分数 $\alpha = 50\%$。

如果系统的循环作用压力暂时无法确定，可选用经济比摩阻 $R_{\text{pj}} = 60 \sim 120 \text{Pa/m}$。

3）表3-10为热水供暖系统管道水力计算表，根据 R_{pj} 及各管段的流量 q_m，查表3-10，选出最接近的管径 d，再用内插法，从表中查出确定该管径下管段的实际比摩阻 R 和实际流速 v。

4）确定各管段的压力损失，进而确定系统的压力损失。

（2）采用等温降法进行水力计算时应注意的问题

1）如果系统未知循环作用压力，可在总压力损失之上附加10%确定。

2）各并联循环环路应尽量做到阻力平衡，以保证各环路分配的流量符合设计要求。《民用建筑供暖通风与空气调节设计规范》（GB 50736—2012）规定：室内热水供暖系统各并联环路之间（不包括共同管段）的计算压力损失相对差额，不应大于15%。

3）根据比摩阻确定管径时，管中的流速不能超过最大允许流速，流速过大会使管道产生噪声。热水供暖系统最大允许流速：民用建筑 1.2m/s，辅助建筑物 2m/s，工业建筑 3m/s。

2. 不等温降法

不等温降法就是在垂直单管系统中，各立管采用不同的温降进行水力计算。不等温降法先选定立管温降和管径，根据压力损失平衡的要求，计算各立管流量，再根据流量计算立管的实际温降，确定所需散热器的数量，最后再用当量阻力法确定立管的总压力损失。

这种计算方法对于异程式系统优点较为突出。异程式系统较远立管可以采用较大温降，负荷一定时，进入该立管的流量会减少，压力损失也可以减少；较近立管采用较小温降，负荷一定时，进入立管的流量会增加，压力损失也会增加，这样各环路间的压力损失容易平衡，流量分配完全满足压力平衡要求，计算结果和实际情况基本一致。

不等温降法水力计算方法与步骤如下：

进行室内热水供暖系统不等温降的水力计算时，一般从循环环路的最远立管开始。

1）首先任意给定最远立管的温降。一般按设计温降增加 2~5℃。由此求出最远立管的计算流量 q_m。根据该立管的流量，选用 R（或 v）值，确定最远立管管径和环路末端供、回水干管的管径及相应的压力损失值。

2）确定环路最末端的第二根立管的管径。该立管与上述计算管段为并联管路。根据已知节点的压力损失，给定该立管管径，从而确定通过环路最末端的第二根立管的计算流量及其计算温度降。

3）按照上述方法，由远至近，依次确定该环路供、回水干管各管段的管径及其相应的压力损失以及各立管的管径、计算流量和计算温度降。

4）系统中有多个分支循环环路时，按上述方法计算各个分支循环环路。计算得出的各循环环路在节点压力平衡状况下的流量总和，一般都不会等于设计要求的总流量，最后需要根据并联环路流量分配和压降变化的规律，对初步计算出的各循环环路的流量、温降和压降进行调整。

89

下面介绍用等温降法和不等温降法进行室内循环热水供暖系统的水力计算。

3.3.3　自然循环热水供暖系统的水力计算

以自然循环双管热水管路系统为例，说明自然循环热水管路的水力计算具体步骤。

【例3-2】　图3-33所示为自然（重力）循环双管热水供暖系统两大并联环路的右侧环路，热媒参数：供水温度 $t'_g=95℃$，回水温度 $t'_h=70℃$；锅炉中心距底层散热器中心距离为3m，层高为3m；每组散热器的供水支管上有一截止阀；确定此环路的管径。

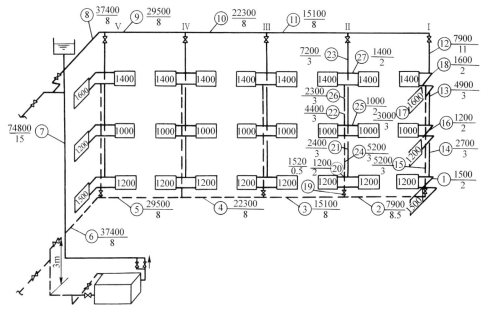

图 3-33　自然（重力）循环双管热水供暖系统管路计算图

【解】　在图中进行标注：小圆圈内的数字表示管段号；圆圈旁的数字，上行表示管段热负荷（W），下行表示管段长度（m）；散热器内的数字表示其热负荷（W）；罗马数字表示立管编号。

计算步骤：

1. 最不利环路的水力计算

（1）选择最不利环路　最不利环路是各并联环路中允许平均比摩阻最小的一个环路。由图3-33看出，最不利环路是通过立管Ⅰ的最底层散热器 $Ⅰ_1$（1500W）的环路。这个环路从散热器 $Ⅰ_1$ 顺序地经过管段①、②、③、④、⑤、⑥，进入锅炉，再经管段⑦、⑧、⑨、⑩、⑪、⑫、⑬、⑭，回到散热器 $Ⅰ_1$ 中。

（2）确定最不利环路综合作用压力　通过最不利环路散热器 $Ⅰ_1$ 的综合作用压力，根据式（3-10）得

$$\Delta p'_{Ⅰ1}=gH(\rho_h-\rho_g)+\Delta p_f$$

根据已知条件：立管Ⅰ距锅炉的水平距离在30～50m范围内，下层散热器中心距锅炉中心的垂直高度小于15m。因此，查表3-1，$\Delta p_f=350Pa$。根据供回水温度，查表3-2，得 $\rho_h=977.81kg/m^3$，$\rho_g=961.92kg/m^3$，将已知参数代入上式，得

$$\Delta p'_{Ⅰ1}=[9.81×3×(977.81-961.92)+350]Pa=818Pa$$

（3）确定最不利环路各管段的管径

1）求单位长度平均比摩阻，根据式（3-34）有

$$R_{pj} = \alpha \frac{\Delta p'_{I1}}{\Sigma l_{I1}}$$

$\Sigma l_{I1} = (2 + 8.5 + 8 + 8 + 8 + 8 + 15 + 8 + 8 + 8 + 8 + 11 + 3 + 3)\,m = 106.5m$

α 为沿程压力损失占总压力损失的估计百分数；自然循环热水供暖系统 $\alpha = 50\%$。
将各参数代入上式，得

$$R_{pj} = \frac{0.5 \times 818}{106.5} Pa/m = 3.84 Pa/m$$

2）由式（3-33），根据各管段的热负荷，求出各管段的流量：

$$q_m = \frac{0.86\Phi}{t'_g - t'_h}$$

3）根据 q_m、R_{pj}，查表 3-10，选择最接近 R_{pj} 的管径 d。用内插法，计算出实际的比摩阻 R 和实际流速 v 列入表 3-4 中。

例如，对管段 2，$\Phi = 7900W$，当 $\Delta t = 25℃$ 时，$q_m = [0.86 \times 7900/(95 - 70)]kg/h = 272kg/h$。查表 3-10，选择接近 R_{pj} 的管径，如取 $DN32$，用内插法计算，可求出 $v = 0.08m/s$，$R = 3.39Pa/m$，将这些数值分别列入表 3-4 中。

（4）确定最不利环路的压力损失 $\Sigma(\Delta p_y + \Delta p_j)_{1-14}$

1）各管段沿程压力损失 $\Delta p_y = \Sigma Rl$。将每一管段 R 与 l 相乘，列入水力计算表 3-4 中。

2）各管段局部压力损失 $\Delta p_j = \Sigma\zeta\Delta p_d$。

a. 确定各管段局部阻力系数 $\Sigma\zeta$，根据系统图中管路的实际情况，列出各管段局部阻力管件名称（见表 3-5）。利用表 3-12，将其阻力系数 ζ 值记于表 3-5 中，最后将各管段总局部阻力系数 $\Sigma\zeta$ 列入表 3-4 中。

表 3-4 【例 3-2】自然（重力）循环双管热水供暖系统管路水力计算表

管段编号	热负荷 Φ/W	流量 q_m /(kg/h)	管段长度 l/m	管径 d/mm	流速 $v/(m/s)$	比摩阻 $R/$ (Pa/m)	沿程损失 Rl/Pa	局部阻力系数 $\Sigma\zeta$	动压 $\Delta p_d/Pa$	局部阻力 $\Delta p_j/Pa$	管段损失 $\Delta p_l/Pa$	备注
1	2	3	4	5	6	7	8	9	10	11	12	13
立管 I　第一层散热器 I_1 环路　作用压力 $\Delta p'_{I1} = 818Pa$												
1	1500	52	2	20	0.04	1.38	2.8	25	0.79	19.8	22.6	
2	7900	272	8.5	32	0.08	3.39	28.8	4	3.15	12.6	41.4	
3	15100	519	8	40	0.11	5.58	44.6	1	5.95	5.95	50.6	
4	22300	767	8	50	0.1	3.18	25.4	1	4.92	4.92	30.3	
5	29500	1015	8	50	0.13	5.34	42.7	1	8.31	8.31	51.0	
6	37400	1287	8	70	0.1	2.39	19.1	2.5	4.92	12.3	31.4	
7	74800	2573	15	70	0.2	8.69	130.4	6	19.66	118.0	248.4	
8	37400	1287	8	70	0.1	2.39	19.1	3.5	4.92	17.2	36.3	
9	29500	1015	8	50	0.13	5.34	42.7	1	8.31	8.31	51.0	
10	22300	767	8	50	0.1	3.18	25.4	1	4.92	4.92	30.3	
11	15100	519	8	40	0.11	5.58	44.6	1	5.95	5.95	50.6	
12	7900	272	11	32	0.08	3.39	37.6	4	3.15	12.6	49.9	
13	4900	169	3	32	0.05	1.45	4.4	4	1.23	4.9	9.3	
14	2700	93	3	25	0.04	1.95	5.85	4	0.79	3.2	9.1	

（续）

管段编号	热负荷 Φ/W	流量 q_m /(kg/h)	管段长度 l/m	管径 d/mm	流速 $v/(m/s)$	比摩阻 $R/$ (Pa/m)	沿程损失 Rl/Pa	局部阻力系数 $\Sigma\zeta$	动压 $\Delta p_d/Pa$	局部阻力 $\Delta p_j/Pa$	管段损失 $\Delta p_l/Pa$	备注
1	2	3	4	5	6	7	8	9	10	11	12	13

$\Sigma l = 106.5m$ 　　　$\Sigma(\Delta p_y + \Delta p_j)_{1\sim14} = 712Pa$

系统作用压力富裕率 $\Delta\% = [\Delta p'_{11} - \Sigma(\Delta p_y + \Delta p_j)_{1\sim14}]/\Delta p'_{11} = (818-712)Pa/818Pa = 13\% > 10\%$

立管 I　第二层散热器 I_2 环路　作用压力 $\Delta p'_{12} = 1285Pa$

管段编号	热负荷 Φ/W	流量 q_m /(kg/h)	管段长度 l/m	管径 d/mm	流速 $v/(m/s)$	比摩阻 $R/$ (Pa/m)	沿程损失 Rl/Pa	局部阻力系数 $\Sigma\zeta$	动压 $\Delta p_d/Pa$	局部阻力 $\Delta p_j/Pa$	管段损失 $\Delta p_l/Pa$	备注
15	5200	179	3	15	0.26	97.6	292.8	5.0	33.23	166.2	459	
16	1200	41	2	15	0.06	5.15	10.3	31	1.77	54.9	65	

$\Sigma(\Delta p_y + \Delta p_j)_{15,16} = 524Pa$

不平衡百分率 $x_{12} = [\Delta p'_{15,16} - \Sigma(\Delta p_y + \Delta p_j)_{15,16}]/\Delta p'_{15,16} = (499-524)Pa/499Pa = -5\%$

立管 I　第三层散热器环路　作用压力 $\Delta p'_{13} = 1753Pa$

管段编号	热负荷 Φ/W	流量 q_m /(kg/h)	管段长度 l/m	管径 d/mm	流速 $v/(m/s)$	比摩阻 $R/$ (Pa/m)	沿程损失 Rl/Pa	局部阻力系数 $\Sigma\zeta$	动压 $\Delta p_d/Pa$	局部阻力 $\Delta p_j/Pa$	管段损失 $\Delta p_l/Pa$	备注
17	3000	103	3	15	0.15	34.6	103.8	5	11.06	55.3	159.1	
18	1600	55	2	15	0.08	10.98	22.0	31	3.15	97.7	119.7	

$\Sigma(\Delta p_y + \Delta p_j)_{17,18} = 279Pa$

不平衡百分率 $x_{13} = [\Delta p'_{15,17,18} - \Sigma(\Delta p_y + \Delta p_j)_{15,17,18}]/\Delta p'_{15,17,18} = (976-738)Pa/976Pa = 24.4\% > 15\%$

立管 II　通过第一层散热器环路　作用压力 $\Delta p'_{19\sim23} = 132Pa$

管段编号	热负荷 Φ/W	流量 q_m /(kg/h)	管段长度 l/m	管径 d/mm	流速 $v/(m/s)$	比摩阻 $R/$ (Pa/m)	沿程损失 Rl/Pa	局部阻力系数 $\Sigma\zeta$	动压 $\Delta p_d/Pa$	局部阻力 $\Delta p_j/Pa$	管段损失 $\Delta p_l/Pa$	备注
19	7200	248	0.5	32	0.07	2.87	1.4	3	2.41	7.2	8.6	
20	1200	41	2	15	0.06	5.15	10.3	27	1.77	47.8	58.1	
21	2400	83	3	20	0.07	5.22	15.7	4	2.41	9.6	25.3	
22	4400	152	3	25	0.07	4.76	14.3	4	2.41	9.6	23.9	
23	7200	248	3	32	0.07	2.87	8.6	3	2.41	7.2	15.8	

$\Sigma(\Delta p_y + \Delta p_j)_{19\sim23} = 132Pa$

不平衡百分率 $x_{II1} = [\Delta p'_{19\sim23} - \Sigma(\Delta p_y + \Delta p_j)_{19\sim23}]/\Delta p'_{19\sim23} = (132-132)Pa/132Pa = 0\%$

立管 II　通过第二层散热器环路　作用压力 $\Delta p'_{II2} = 1285Pa$

管段编号	热负荷 Φ/W	流量 q_m /(kg/h)	管段长度 l/m	管径 d/mm	流速 $v/(m/s)$	比摩阻 $R/$ (Pa/m)	沿程损失 Rl/Pa	局部阻力系数 $\Sigma\zeta$	动压 $\Delta p_d/Pa$	局部阻力 $\Delta p_j/Pa$	管段损失 $\Delta p_l/Pa$	备注
24	4800	165	3	15	0.24	83.8	251.4	5	28.32	141.6	393	
25	1000	34	2	15	0.05	2.99	6.0	27	1.23	33.2	39.2	

$\Sigma(\Delta p_y + \Delta p_j)_{24,25} = 432Pa$

不平衡百分率 $x_{II2} = \dfrac{[\Delta p'_{II2} - \Delta p'_{II1} + \Sigma(\Delta p_y + \Delta p_j)_{20,21}] - \Sigma(\Delta p_y + \Delta p_j)_{24,25}}{\Delta p'_{II2} - \Delta p'_{II3} + \Sigma(\Delta p_y + \Delta p_j)_{20,21}}$

$= \dfrac{(1285-818+83)Pa - 432Pa}{550Pa} \times 100\% = 21.5\% > 15\%$

立管 II　通过第三层散热器环路　作用压力 $\Delta p'_{II3} = 1753Pa$

管段编号	热负荷 Φ/W	流量 q_m /(kg/h)	管段长度 l/m	管径 d/mm	流速 $v/(m/s)$	比摩阻 $R/$ (Pa/m)	沿程损失 Rl/Pa	局部阻力系数 $\Sigma\zeta$	动压 $\Delta p_d/Pa$	局部阻力 $\Delta p_j/Pa$	管段损失 $\Delta p_l/Pa$	备注
26	2800	96	3	15	0.14	30.4	91.2	5	9.64	48.2	139.4	
27	1400	48	2	15	0.07	8.6	17.2	27	2.41	65.1	82.4	

$\Sigma(\Delta p_y + \Delta p_j)_{26,27} = 222Pa$

不平衡百分率 $x_{II3} = \dfrac{[\Delta p'_{II3} - \Delta p'_{II1} + \Sigma(\Delta p_y + \Delta p_j)_{20\sim22}] - \Sigma(\Delta p_y + \Delta p_j)_{24,26,27}}{\Delta p'_{II3} - \Delta p'_{II1} + \Sigma(\Delta p_y + \Delta p_j)_{20\sim22}}$

$= \dfrac{(1753-818+107)Pa - 615Pa}{1042Pa} \times 100\% = 41\% > 15\%$

表 3-5　【例 3-2】的局部阻力系数计算表

管段号	局部阻力	个数	$\Sigma\zeta$	管段号	局部阻力	个数	$\Sigma\zeta$
1	散热器	1	2.0	13	直流四通	1	2.0
	$\phi20$、$90°$ 弯头	2	2×2.0	14	$\phi32$ 或 $\phi25$ 括弯	1	2.0
	截止阀	1	10				$\Sigma\zeta=4.0$
	乙字弯	2	2×1.5	15	直流四通	1	2.0
	分流三通	1	3.0		$\phi15$ 括弯	1	3.0
	合流三通	1	3.0				$\Sigma\zeta=5.0$
			$\Sigma\zeta=25.0$	16	$\phi15$、$90°$ 弯头	2	2×2.0
2	$\phi32$ 弯头	1	1.5		$\phi15$ 乙字弯	2	2×1.5
	直流四通	1	1.0		分合流四通	2	2×3.0
	闸阀	1	0.5		截止阀	1	16
	乙字弯	1	1.0		散热器	1	2.0
			$\Sigma\zeta=4.0$				$\Sigma\zeta=31.0$
3 4 5	直流三通	1	1.0	17	直流四通	1	2.0
			$\Sigma\zeta=1.0$		$\phi15$ 括弯	1	3.0
6	$\phi70$、$90°$ 煨弯	2	2×0.5				$\Sigma\zeta=5.0$
	直流三通	1	1.0	18	$\phi15$ 弯头	2	2×2.0
	闸阀	1	0.5		$\phi15$ 乙字弯	2	2×1.5
			$\Sigma\zeta=2.5$		分流四通	1	3.0
7	$\phi70$、$90°$ 煨弯	5	5×0.5		合流三通	1	3.0
	闸阀	2	2×0.5		截止阀	1	16.0
	锅炉	1	2.5		散热器	1	2.0
			$\Sigma\zeta=6.0$				$\Sigma\zeta=31.0$
8	$\phi70$、$90°$ 煨弯	3	3×0.5	19	旁流三通	1	1.5
	闸阀	1	0.5		$\phi32$ 闸阀	1	0.5
	旁流三通	1	1.5		$\phi32$ 乙字弯	1	1.0
			$\Sigma\zeta=3.5$				$\Sigma\zeta=3.0$
9 10 11	直流三通	1	1.0	20	$\phi15$ 乙字弯	2	2×1.5
			$\Sigma\zeta=1.0$		截止阀	1	16.0
12	$\phi32$ 弯头	1	1.5		散热器	1	2.0
	直流三通	1	1.0		分流三通	1	3.0
	闸阀	1	0.5		合流四通	1	3.0
	乙字弯	1	1.0				
			$\Sigma\zeta=4.0$				$\Sigma\zeta=27.0$

（续）

管段号	局部阻力	个数	$\Sigma\zeta$	管段号	局部阻力	个数	$\Sigma\zeta$
21	直流四通	1	2.0	25	$\phi15$ 乙字弯	2	2×1.5
22	$\phi25$ 括弯	1	2.0		截止阀	1	16.0
			$\Sigma\zeta=4.0$		散热器	1	2.0
23	旁流三通	1	1.5		分流四通	2	2×3.0
	$\phi32$ 乙字弯	1	1.0				$\Sigma\zeta=27.0$
	闸阀	1	0.5	26	$\phi15$ 括弯	1	3.0
			$\Sigma\zeta=3.0$		直流四通	1	2.0
24	$\phi15$ 括弯	1	3.0				$\Sigma\zeta=5.0$
	直流四通	1	2.0	27	$\phi15$ 乙字弯	2	2×1.5
			$\Sigma\zeta=5.0$		$\phi15$ 截止阀	1	16.0
					散热器	1	2.0
					合流三通	1	3.0
					分流三通	1	3.0
							$\Sigma\zeta=27.0$

应注意：在统计局部阻力时，对于三通和四通管件的局部阻力系数，应列在流量较小的管段上。

b. 根据各管段流速 v，查表3-8，得到动压 $\Delta p_{\mathrm d}$ 值，计算 $\Delta p_{\mathrm j}=\Sigma\zeta\Delta p_{\mathrm d}$，列于表3-4中。

3）求各管段的压力损失 $\Delta p=\Delta p_{\mathrm y}+\Delta p_{\mathrm j}$，列入表3-4。

4）求环路总压力损失，即 $\Sigma(\Delta p_{\mathrm y}+\Delta p_{\mathrm j})_{1\sim14}=712\mathrm{Pa}$。

（5）计算富裕压力　实际计算中，系统应有10%以上的作用压力作为富裕压力，作为考虑设计时未预计的阻力、施工误差和管道结垢等因素的影响。本设计中作用压力富裕率为

$$\Delta=\frac{\Delta p'_{\mathrm I1}-\Sigma(\Delta p_{\mathrm y}+\Delta p_{\mathrm j})_{1\sim14}}{\Delta p'_{\mathrm I1}}\times100\%=\frac{818\mathrm{Pa}-712\mathrm{Pa}}{818\mathrm{Pa}}\times100\%=13\%$$

符合要求。

2. 立管 I 第二层散热器环路的水力计算

（1）计算通过立管 I 第二层散热器环路的作用压力 $\Delta p'_{\mathrm I2}$

$\Delta p'_{\mathrm I2}=gH_2(\rho_{\mathrm h}-\rho_{\mathrm g})+\Delta p_{\mathrm f}$

$\qquad=[9.81\times6\times(977.81-961.92)+350]\mathrm{Pa}=1285\mathrm{Pa}$

（2）计算通过第二层管段15、16的作用压力　根据并联环路节点平衡原理，管段15、16与管段1、14为并联管路，通过第二层管段15、16的作用压力为

$$\Delta p'_{15,16}=\Delta p'_{\mathrm I2}-\Delta p'_{\mathrm I1}+\Sigma(\Delta p_{\mathrm y}+\Delta p_{\mathrm j})_{1,14}=(1285-818+32)\mathrm{Pa}=499\mathrm{Pa}$$

（3）确定通过立管 I 第二层散热器环路中各管段的管径

1）求平均比摩阻 R_{pj}。

管段15、16的总长度为5m，平均比摩阻为

$$R_{\mathrm{pj}}=\alpha\Delta p'_{15,16}/\Sigma l=(0.5\times499/5)\mathrm{Pa/m}=49.9\mathrm{Pa/m}$$

2）根据同样方法，分别按 15、16 管段的流量 q_m 及 R_{pj}，确定管段的 d，将相应的 R、v 值列入表 3-4 中。

（4）管段 15、16 的实际压力损失

$$\Sigma(\Delta p_y + \Delta p_j)_{15,16} = (459 + 65)\text{Pa} = 524\text{Pa}。$$

（5）求通过底层与第二层并联环路的压降不平衡率

$$x_{I2} = \frac{\Delta p'_{15,16} - \Sigma(\Delta p_y + \Delta p_j)_{15,16}}{\Delta p'_{15,16}} \times 100\% = \frac{499\text{Pa} - 524\text{Pa}}{499\text{Pa}} \times 100\% = -5\%$$

此相对差额在允许的 ±15% 范围内。

3. 立管 I 第三层散热器环路的水力计算

确定通过立管 I 第三层散热器环路上各管段的管径计算方法与前相同。计算结果如下：

（1）通过立管 I 第三层散热器环路的作用压力

$$\Delta p'_{I3} = gH_3(\rho_h - \rho_g) + \Delta p_f = [9.81 \times 9 \times (977.81 - 961.92) + 350]\text{Pa} = 1753\text{Pa}$$

（2）管段 15、17、18 与管段 13、14、1 并联。通过管段 15、17、18 的作用压力

$$\Delta p'_{15,17,18} = \Delta p'_{I3} - \Delta p'_{I1} + \Sigma(\Delta p_y + \Delta p_j)_{1,13,14} = (1753 - 818 + 41)\text{Pa} = 976\text{Pa}$$

（3）管段 15、17、18 的实际压力损失

$$\Sigma(\Delta p_y + \Delta p_j)_{15,17,18} = (459 + 159 + 119.7)\text{Pa} = 738\text{Pa}。$$

（4）不平衡率　$x_{I3} = (976\text{Pa} - 738\text{Pa})/976\text{Pa} = 24.4\% > 15\%$

因 17、18 管段已选用最小管径，剩余压力只能用第三层散热器支管上的阀门消除。

4. 立管 II 底层散热器环路的水力计算

作为异程式双管系统的最不利循环环路是通过最远立管 I 底层散热器的环路。对与它并联的其他立管的管径计算，同样应根据节点压力平衡原理与该环路进行压力平衡计算确定。

（1）确定通过立管 II 底层散热器环路的作用压力 $\Delta p'_{II1}$

$$\begin{aligned}\Delta p'_{II1} &= gH_1(\rho_h - \rho_g) + \Delta p_f \\ &= [9.81 \times 3 \times (977.81 - 961.92) + 350]\text{Pa} = 818\text{Pa}\end{aligned}$$

（2）求管段 19~23 的作用压力　确定通过立管 II 底层散热器环路各管段的管径 d、管段 19~23 与管段 1、2、12、13、14 为并联环路，对立管 II 与立管 I 可列出下式，从而求出管段 19~23 的作用压力，即

$$\begin{aligned}\Delta p'_{19~23} &= \Sigma(\Delta p_y + \Delta p_j)_{1,2,12\sim14} - (\Delta p'_{I1} - \Delta p'_{II1}) \\ &= [132 - (818 - 818)]\text{Pa} = 132\text{Pa}\end{aligned}$$

（3）管段 19~23 的总阻力损失　管段 19~23 的水力计算同前，结果列入表 3-4 中，其总阻力损失为

$$\Sigma(\Delta p_y + \Delta p_j)_{19\sim23} = 132\text{Pa}$$

（4）与立管 I 并联环路相比的不平衡率刚好为零　通过立管 II 的第二、三层各环路的管径与立管 I 中的第二、三层环路计算相同，不再赘述。其计算结果列入表 3-4 中。其他立管的水力计算方法和步骤完全相同。

从该双管系统水力计算结果可以看出，第三层的管段虽然选取了最小管径（$DN15$），但它的不平衡率大于 15%。这说明对于高于三层以上的建筑物，如采用上供下回式的双管系统，若无良好的调节装置，垂直失调状况难以避免。

3.3.4　机械循环热水供暖系统的水力计算

与自然循环系统相比，机械循环系统的作用半径大，其室内热水供暖系统的总压力损失一

般约为 10~20kPa；对水平式或较大型的系统，可达 20~50kPa。

机械循环热水供暖系统水力计算方法：

1）如果室内系统入口处循环作用压力已经确定，可根据入口处的作用压力求出各循环环路的平均比摩阻，进而确定各管段管径。

2）如果室内系统入口处循环作用压力较高，必然要求环路的总压力损失也较高，这会使系统的比摩阻、管道流速相应提高。对于异程式系统，如果最不利环路各管段比摩阻过大，其他并联环路的压力损失难以平衡，而且设计中还需考虑管路和散热器的承压能力问题。

对于入口处作用压力过大的系统可先采用经济比摩阻 60~120Pa/m 选取管径，然后再确定系统所需的循环作用压力，过剩的入口压力可用调压装置节流消除。

3）在机械循环热水供暖系统中，循环压力主要是由水泵提供，同时也存在着自然循环作用压力。进行机械循环系统水力计算时，只需考虑水在散热器内冷却产生的作用压力。水在管路中冷却产生的附加压力较小，可以忽略不计。

① 机械循环双管系统，一根立管上的各层散热器是并联关系，各层散热器之间由于作用压力不同而产生垂直失调问题，自然循环的作用压力要考虑进去，不能忽略。

② 机械循环单管系统，如果建筑物各部分层数相同，每根立管环路产生的自然循环作用压力近似相等，可以忽略不计；如果建筑物各部分层数不同，高度和热负荷分配比例也不同，各立管环路之间必然存在作用压力差，计算各立管间的压力损失不平衡率时，应将各立管间的自然循环作用压力差计算在内。自然循环作用压力可按设计水温条件下最大循环压力的 2/3 计算（约相应于供暖季平均水温下的作用压力值）。

1. 机械循环异程式热水供暖系统的水力计算

【例 3-3】 图 3-34 所示是机械循环单管顺流异程式热水供暖系统两大并联环路中右侧环路。热媒参数：供水温度 $t'_g = 95℃$，回水温度 $t'_h = 70℃$；系统与外网连接，在引入口处外网的供回水压差为 30kPa；楼层高为 3m；确定管路的管径。图中已标出立管号，各组散热器的热负荷（W）和各管段的热负荷（W）、长度（m）。

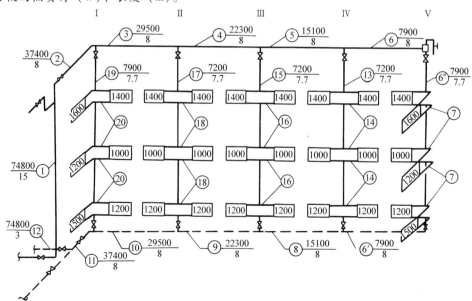

图 3-34　机械循环单管顺流异程式热水供暖系统水力计算图

【解】　计算步骤

1. 最不利环路的计算

（1）确定最不利环路　图 3-34 所示的异程式单管系统，系统的最不利环路从入口到立管 V，这个环路包括 1~12 计算管段。

（2）确定各管段流量　可利用式（3-33）计算各管段流量，即 $q_m = 0.86\Phi/(t'_g - t'_h)$，计算结果列入表 3-6。

（3）确定各管段管径　根据推荐的经济比摩阻 $R_{pj} = 60 \sim 120\text{Pa/m}$ 和各管段流量 q_m，查表 3-10，确定各管段的管径 d，实际比摩阻 R 和实际流速 v 值，结果列入表 3-6 中。

例如管段 1，$\Phi = 74800\text{W}$，则

$$q_m = \frac{74800}{4.187 \times 10^3 \times (95 - 70)}\text{kg/s} = 2573\text{kg/h}$$

根据 $q_m = 2573\text{kg/h}$，$R_{pj} = 60 \sim 120\text{Pa/m}$，查表 3-10，取 $d = 40\text{mm}$，用内插法计算出 $R = 116.74\text{Pa/m}$，$v = 0.552\text{m/s}$。

（4）计算各管段压力损失　各管段沿程压力损失 $\Delta p_y = Rl$；查表 3-12，确定各管件的局部阻力系数 $\Sigma\zeta$，结果列入表 3-7 中；根据各管段的流速查表 3-8，得到动压 Δp_d 值；计算各管段的局部阻力 $\Delta p_j = \Delta p_d \Sigma\zeta$。上述结果列入表 3-6 中。

（5）确定最不利环路的总压力损失 Δp

$$\Delta p = \Sigma(\Delta p_y + \Delta p_j)_{1 \sim 12} = 8633\text{Pa}$$

（6）确定系统所需的循环作用压力 $\Delta p'$　《民用建筑供暖通风与空气调节设计规范》（GB 50736—2012）规定，供暖系统的计算压力损失的附加值宜采用 10%。因此该系统所需的循环作用压力为

表 3-6　【例 3-3】机械循环单管顺流异程式热水供暖系统管路水力计算表

管段编号	热负荷 Φ/W	流量 q_m/(kg/h)	管段长度 l/m	管径 d/mm	流速 v/(m/s)	比摩阻 R/(Pa/m)	沿程损失 Rl/Pa	局部阻力系数 $\Sigma\zeta$	动压 Δp_d/Pa	局部阻力 Δp_j/Pa	管路损失 Δp_l/Pa	备注
1	2	3	4	5	6	7	8	9	10	11	12	13
立　管　　V												
1	74800	2573	15	40	0.55	116.41	1746.2	1.5	148.72	223.1	1969.3	包括管段 6′、6″
2	37400	1287	8	32	0.36	61.95	495.6	4.5	63.71	286.7	782.3	
3	29500	1015	8	32	0.28	39.32	314.6	1.0	38.54	38.5	353.1	
4	22300	767	8	32	0.21	23.09	184.7	1.0	21.68	21.7	206.4	
5	15100	519	8	25	0.26	46.19	369.5	1.0	33.23	33.2	402.7	
6	7900	272	23.7	20	0.22	46.31	1097.5	9.0	23.79	214.1	1311.6	
7	—	136	9	15	0.20	58.08	522.7	45	19.66	884.7	1407.4	
8	15100	519	8	25	0.26	46.19	369.5	1	33.23	33.2	402.7	
9	22300	767	8	32	0.21	23.09	184.7	1	21.68	21.7	206.4	
10	29500	1015	8	32	0.28	39.32	314.6	1	38.54	38.5	353.1	
11	37400	1287	8	32	0.36	61.95	495.6	5	63.71	318.6	814.2	
12	74800	2573	3	40	0.55	116.41	349.2	0.5	148.72	74.4	423.6	
$\Sigma l = 114.7\text{m}$					$\Sigma(\Delta p_y + \Delta p_j)_{1 \sim 12} = 8633\text{Pa}$							
入口处的剩余循环作用压力，用阀门节流												
立管 IV					资用压力 $\Delta p'_{IV} = \Sigma(\Delta p_y + \Delta p_j)_{6,7} = 2719\text{Pa}$							
13	7200	248	7.7	15	0.36	182.07	1401.9	9	63.71	573.4	1975.3	
14	—	124	9	15	0.18	48.84	439.6	33	16.93	525.7	965.3	

97

（续）

管段编号	热负荷 Φ/W	流量 q_m/(kg/h)	管段长度 l/m	管径 d/mm	流速 v/(m/s)	比摩阻 R/(Pa/m)	沿程损失 Rl/Pa	局部阻力系数 $\Sigma\zeta$	动压 Δp_d/Pa	局部阻力 Δp_j/Pa	管路损失 Δp_l/Pa	备注
1	2	3	4	5	6	7	8	9	10	11	12	13

$$\Sigma(\Delta p_y + \Delta p_j)_{13,14} = 2941\text{Pa}$$

$$\text{不平衡率 } x_{\text{IV}} = \frac{\Delta p'_{\text{IV}} - \Sigma(\Delta p_y + \Delta p_j)_{13,14}}{\Delta p'_{\text{IV}}} = \frac{2719-2941}{2719} \times 100\% = -8.2\% \text{（在 ±15\% 以内）}$$

			立管 III			资用压力 $\Delta p'_{\text{III}} = \Sigma(\Delta p_y + \Delta p_j)_{5-8} = 3524\text{Pa}$						
15	7200	248	7.7	15	0.36	182.07	1401.9	9	63.71	573.4	1975.3	
16	—	124	9	15	0.18	48.84	439.6	33	15.93	525.7	965.3	

$$\Sigma(\Delta p_y + \Delta p_j)_{15,16} = 2941\text{Pa}$$

$$\text{不平衡率 } x_{\text{III}} = \frac{\Delta p'_{\text{III}} - \Sigma(\Delta p_y + \Delta p_j)_{15,16}}{\Delta p'_{\text{III}}} = \frac{3524-2941}{3524} \times 100\% = 16.5\% > 15\% \text{（用立管阀门节流）}$$

			立管 II			资用压力 $\Delta p'_{\text{II}} = \Sigma(\Delta p_y + \Delta p_j)_{4-9} = 3937\text{Pa}$						
17	7200	248	7.7	15	0.36	182.07	1401.9	9	63.71	573.4	1975.3	
18	—	124	9	15	0.18	48.84	439.6	33	16.93	525.7	965.3	

$$\Sigma(\Delta p_y + \Delta p_j)_{17,18} = 2941\text{Pa}$$

$$\text{不平衡率 } x_{\text{II}} = \frac{\Delta p'_{\text{II}} - \Sigma(\Delta p_y + \Delta p_j)_{17,18}}{\Delta p'_{\text{II}}} = \frac{3937-2941}{3937} \times 100\% = 25.3\% > 15\% \text{（用立管阀门节流）}$$

			立管 I			资用压力 $\Delta p'_{\text{I}} = \Sigma(\Delta p_y + \Delta p_j)_{3-10} = 4643\text{Pa}$						
19	7900	272	7.7	15	0.39	217.19	1672.4	9	74.78	673.0	2345.4	
20	—	136	9	15	0.20	58.08	522.7	33	19.66	648.8	1171.5	

$$\Sigma(\Delta p_y + \Delta p_j)_{19,20} = 3517\text{Pa}$$

$$\text{不平衡率 } x_{\text{I}} = \frac{\Delta p'_{\text{I}} - \Sigma(\Delta p_y + \Delta p_j)_{19,20}}{\Delta p'_{\text{I}}} = \frac{4643-3517}{4643} \times 100\% = 24.3\% > 15\% \text{（用立管阀门节流）}$$

$$\Delta p' = 1.1\Sigma(\Delta p_y + \Delta p_j)_{1-12} = 9496\text{Pa}$$

本例是取一个系统的一半，实际工程设计中，还应根据最不利环路的阻力，计算另一半环路，与该环路平衡，且允许不平衡率为15%以内。

本供暖系统入口处供回水压差为30kPa，其剩余循环压力用调节阀节流消耗。

2. 立管IV环路的水力计算

对于机械循环单管顺流式系统，应考虑各立管环路之间由于水在散热器内冷却所产生的自然循环作用压力差。本设计中因各立管散热器层数相同，热负荷分配比例大致相等，所以自然循环作用压差可以忽略不计。

立管IV与最末端供回水干管和立管V并联，即与管段6、7为并联环路。根据并联节点压力平衡的原理，立管IV的资用压力 $\Delta p'_{\text{IV}}$ 可由下式确定：

$$\Delta p'_{\text{IV}} = \Sigma(\Delta p_y + \Delta p_j)_{6,7} = 2719\text{Pa}$$

表 3-7　【例 3-3】局部阻力系数计算表

管段号	局部阻力名称	个数	$\Sigma\zeta$	管段号	局部阻力名称	个数	$\Sigma\zeta$
1	闸门	1	0.5	8、9、10	直流三通	1	1.0
	弯头	1	1.0	11	弯头	1	1.5
			$\Sigma\zeta=1.5$		闸阀	1	0.5
2	直流三通	1	1.0		合流三通	1	3.0
	闸阀	1	0.5				$\Sigma\zeta=5.0$
	弯头	2	1.5×2	12	闸阀	1	0.5
			$\Sigma\zeta=4.5$	13、15 17、19	闸阀	2	1.5×2
3、4、5	直流三通	1	1.0		分流三通	2	3×2
6	直流三通	2	1×2				$\Sigma\zeta=9.0$
	闸阀	2	0.5×2	14、16 18、20	分流、合流三通	6	3×6
	弯头	1	2.0		乙字弯	6	1.5×6
	乙字弯	2	1.5×2		散热器	3	2×3
	集气罐	1	1.0				$\Sigma\zeta=33$
			$\Sigma\zeta=9.0$				
7	分流、合流三通	6	3×6				
	弯头	6	2×6				
	散热器	3	2×3				
	乙字弯	6	1.5×6				
			$\Sigma\zeta=45$				

表 3-8　热水供暖系统局部阻力系数 $\zeta=1$ 的局部损失（动压头）$\Delta p_\mathrm{d}=\rho v^2/2$ 值

v /(m/s)	Δp_d /Pa	v /(m/s)	Δp_d /Pa	v /(m/s)	Δp_d /Pa	v /(m/s)	Δp_d /Pa	v /(m/s)	Δp_d /Pa	v /(m/s)	Δp_d /Pa
0.01	0.05	0.13	8.31	0.25	30.73	0.37	63.70	0.49	118.04	0.61	182.93
0.02	0.2	0.14	9.64	0.26	33.23	0.38	70.99	0.50	122.91	0.62	188.98
0.03	0.44	0.15	11.06	0.27	35.84	0.39	74.78	0.51	127.87	0.65	207.71
0.04	0.79	0.16	12.59	0.28	38.54	0.40	78.66	0.52	132.94	0.68	227.33
0.05	1.23	0.17	14.21	0.29	41.35	0.41	82.64	0.53	138.10	0.71	247.83
0.06	1.77	0.18	15.93	0.30	44.25	0.42	86.72	0.54	143.36	0.74	269.21
0.07	2.41	0.19	17.75	0.31	47.25	0.43	90.90	0.55	148.72	0.77	291.48
0.08	3.15	0.20	19.66	0.32	50.34	0.44	95.18	0.56	154.17	0.80	314.64
0.09	3.98	0.21	21.68	0.33	53.54	0.45	99.55	0.57	159.73	0.85	355.20
0.10	4.92	0.22	23.79	0.34	56.83	0.46	104.03	0.58	165.38	0.90	398.22
0.11	5.95	0.23	26.01	0.35	60.22	0.47	108.60	0.59	171.13	0.95	443.70
0.12	7.08	0.24	28.32	0.36	63.71	0.48	113.27	0.60	176.98	1.00	491.62

注：本表按 $t'_\mathrm{g}=95\,^\circ\!\mathrm{C}$，$t'_\mathrm{h}=70\,^\circ\!\mathrm{C}$，整个采暖季的平均水温 $t\approx60\,^\circ\!\mathrm{C}$，相应的密度 $\rho=983.248\mathrm{kg/m^3}$ 条件编制。

立管Ⅳ的平均比摩阻

$$R_{pj} = \frac{\alpha \Delta p'_{IV}}{\sum l}$$

式中，机械循环热水供暖系统，沿程损失占总损失的百分数 $\alpha = 50\%$，因此

$$R_{pj} = \frac{0.5 \times 2719}{16.7} \text{Pa/m} = 81.4 \text{Pa/m}$$

根据 R_{pj} 和 q_m 值，选立管Ⅳ的立、支管的管径，取 $DN15\text{mm} \times 15\text{mm}$，实际比摩阻 R 和实际流速 v 值。计算出立管Ⅳ的总压力损失为 2941Pa。与立管Ⅴ进行平衡，不平衡率为 $x_{IV} = -8.2\%$，在允许值 $\pm15\%$ 范围之内，满足要求。

3. 立管Ⅲ环路的水力计算

立管Ⅲ与管段 5~8 并联，同理，其资用压力 $\Delta p'_{III} = \sum (\Delta p_y + \Delta p_j)_{5\sim8} = 3524\text{Pa}$。立管管径选用 $DN15\text{mm} \times 15\text{mm}$；计算出立管Ⅲ总压力损失为 2941Pa。不平衡率 $x_{III} = 16.5\%$，稍超过允许值，基本符合要求。

4. 立管Ⅱ环路的水力计算

立管Ⅱ与管段 4~9 并联。同理，资用压力 $\Delta p'_{II} = \sum (\Delta p_y + \Delta p_j)_{4\sim9} = 3937\text{Pa}$。立管选用最小管径 $DN15\text{mm} \times 15\text{mm}$。计算出立管Ⅱ总压力损失为 2941Pa。不平衡率 $x_{II} = 25.3\%$，超出允许值，因已选用最小管径，不可能再用调整管径的办法来消耗多余的压力。故而采用立管上阀门节流消耗剩余压头，达到阻力平衡的目的。

5. 立管Ⅰ环路的水力计算

立管Ⅰ与管段 3~10 并联。同理，资用压力 $\Delta p'_I = \sum (\Delta p_y + \Delta p_j)_{3\sim10} = 4643\text{Pa}$。立管Ⅰ选用最小管径 $DN15\text{mm} \times 15\text{mm}$。计算出立管Ⅰ总压力损失为 3517Pa。不平衡为 $x_I = 24.3\%$，超出允许值，剩余压力用立管阀门消除。

分析机械循环异程式热水供暖系统的水力计算结果，可以看出：

1）自然循环系统和机械循环系统虽然系统热负荷、立管数、热媒参数和供热半径都相同，机械循环系统的作用压力比自然循环系统大得多，系统的管径就细很多。

2）有时机械循环异程式系统的最近立管已选择最小管径 $DN15\text{mm} \times 15\text{mm}$，可仍然无法与最不利环路平衡，仍有过多的剩余压力，只能在系统初调节和运行时，调节立管上的阀门解决这个问题。

由此说明机械循环异程式系统单纯用调整管径的办法平衡阻力非常困难。容易出现近热远冷的水平失调问题。

为避免采用【例 3-3】的水力计算方法而出现立管之间环路压力不易平衡的问题，在工程设计中，可采用下面的一些设计方法，来防止或减轻系统的水平失调现象。

1）供、回水干管采用同程式布置。

2）仍采用异程式系统，但采用不等温降方法进行水力计算。

3）仍采用异程式系统，采用首先计算最近立管环路的方法。

同程式系统和不等温降的水力计算方法，将在本章后两部分中详细阐述。

上述的第三种计算方法是首先计算通过最近立管环路上各管段的管径，然后以最近立管的总阻力损失为基准，在允许的不平衡率范围内。确定最近立管后面的供、回水干管和其他立管的

管径。如仍以【例 3-3】为例。首先求出最近立管 I 的总压力损失，$\sum(\Delta p_y+\Delta p_j)_{19,20}=3517\text{Pa}$，然后根据 3517Pa×1.15＝4045Pa 的总资用作用压力，确定管段 3～10 的管径。计算结果表明：如将管段 5、6、8 均改为 $DN32\text{mm}$，立管 II～IV 管径改为 20mm×15mm，则立管间的不平衡率可满足设计要求。这种水力计算方法简单，工作可靠，但增大了系统许多管段的管径，其增加的费用不一定超过同程式系统。

2. 机械循环同程式热水供暖系统的水力计算

同程式系统的特点是通过各个并联环路的总长度基本相等。在供暖半径较大（一般超过 50m 以上）的室内热水供暖系统中，同程式系统得到较普遍地应用。现通过下面例题，阐明同程式系统管路水力计算步骤。

【例 3-4】　将【例 3-3】的异程式系统改为同程式系统。已知条件与【例 3-3】相同。管路系统图如图 3-35 所示。

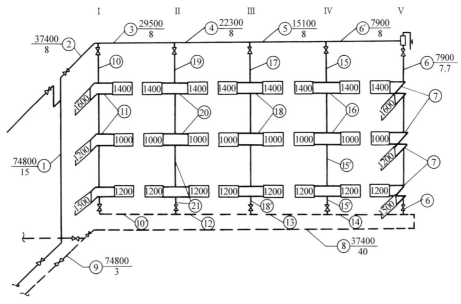

图 3-35　同程式系统管路系统图

【解】　1. 最近立管 V 的环路的水力计算

最近立管的环路包括 1～9 管段，仍采用推荐经济比摩阻 $R_{pj}=60～120\text{Pa/m}$ 确定各个管段管径及其压力损失，总压力损失为 $\sum(\Delta p_y+\Delta p_j)_{1-9}=10178\text{Pa}$，计算结果见水力计算表（表 3-9）。

2. 最近立管 I 的环路的水力计算

1）最近立管 I 的环路包括 1、2、8、9、10～14 管段。同理，确定 10～14 各管段的管径及其压力损失。计算结果列入表 3-9 中。

2）求并联环路和立管 V 的压力损失不平衡率。立管 V 的管段 3～7 与立管 I 的管段 10～14 并联，$\sum(\Delta p_y+\Delta p_j)_{3-7}=4015\text{Pa}$，$\sum(\Delta p_y+\Delta p_j)_{10-14}=4063\text{Pa}$，不平衡率为

$$x\%=\frac{\Delta p_1'-\Delta p_{10\sim14}}{\Delta p_1'}=\frac{4015-4063}{4015}\times100\%=-1.2\%<5\%$$

立管 I 环路总压力损失为 $\sum(\Delta p_y+\Delta p_j)_{1,2,8,9,10\sim14}=10226\text{Pa}$，此总压力损失大于立管 V 环路

的总压力，所以系统总压力损失为 10226Pa。剩余作用压力，在引入口处用阀门节流调节。

3. 其他立管环路的水力计算

根据各立管的资用压力和立管各管段的流量，选用合适的立管管径。根据立管的资用压力和立管的计算压力损失，求各立管的不平衡率。不平衡率应在 ±10% 以内。计算方法与【例 3-3】的方法相同，结果见表 3-9。

表 3-9　机械循环同程式单管热水供暖系统管路水力计算表

管段编号	热负荷 Φ/W	流量 q_m /(kg/h)	管段长度 l/m	管径 d/mm	流速 v/(m/s)	比摩阻 R/(Pa/m)	沿程损失 Rl/Pa	局部阻力系数 $\sum \zeta$	动压 Δp_d /Pa	局部阻力 Δp_j /Pa	管路损失 Δp_l /Pa	备注
1	2	3	4	5	6	7	8	9	10	11	12	13
通过立管 V 的环路												
1	74800	2573	15	40	0.55	116.41	1746.2	1.5	148.72	223.1	1969.3	
2	37400	1287	8	32	0.36	61.95	495.6	4.5	63.71	286.7	782.3	
3	29500	1015	8	32	0.28	39.32	314.6	1.0	38.54	38.5	353.1	
4	22300	767	8	25	0.38	97.51	780.1	1.0	70.99	71.0	851.1	
5	15100	519	8	25	0.26	46.19	369.5	1.0	33.23	33.2	402.7	
6'	7900	272	8	20	0.22	46.31	370.5	1.0	23.79	23.8	394.3	
6	7900	272	9.5	20	0.22	46.31	439.9	7.0	23.79	166.5	606.4	
7	—	136	9	15	0.20	58.08	522.7	45	19.66	884.7	1407.4	
8	37400	1287	40	32	0.36	61.95	2478.0	8	63.71	509.7	2987.7	
9	74800	2573	3	40	0.55	116.41	349.2	0.5	148.72	74.4	423.6	
$\sum (\Delta p_y + \Delta p_j)_{1\sim9} = 10178$Pa												
通过立管 I 的环路												
10	7900	272	9	20	0.22	46.31	416.8	5.0	23.79	119.0	535.8	
11	—	136	9	15	0.20	58.08	522.7	45	19.66	884.7	1407.4	
10'	7900	272	8.5	20	0.22	46.31	393.6	5.0	23.79	119.0	512.6	
12	15100	519	8	25	0.26	46.19	369.5	1.0	33.23	33.2	402.7	
13	22300	767	8	25	0.38	97.51	780.1	1.0	70.99	71.0	851.1	
14	29500	1015	8	32	0.28	39.32	314.6	1.0	38.54	38.5	353.1	

管段 3~7 与管段 10~14 并联，$\sum (\Delta p_y + \Delta p_j)_{10\sim14} = 4063$Pa　　　$\sum (\Delta p_y + \Delta p_j)_{3\sim7} = 4015$Pa

$$\text{不平衡率 } x_1 = \frac{\Delta p_{3\sim7} - \Delta p_{10\sim14}}{\Delta p_{3\sim7}} = \frac{4015 - 4063}{4015} \times 100\% = -1.2\%$$

$\sum (\Delta p_y + \Delta p_j)_{1,2,8,9,10\sim14} = 10226$Pa，系统总压力损失为 10226Pa，剩余作用压力，在引入口处用阀门节流

立管 IV		环路资用压力 $\Delta p'_{IV} = \sum (\Delta p_y + \Delta p_j)_{10\sim13} = 3710$Pa										
15	7200	248	6	20	0.20	38.92	233.5	3.5	19.66	68.8	302.3	
16	—	124	9	15	0.18	48.84	439.6	33.0	15.93	525.7	965.3	
15'	7200	248	3.5	15	0.36	182.07	637.2	4.5	63.71	286.7	923.9	

$\sum (\Delta p_y + \Delta p_j)_{15,15',16} = 2191$Pa　　　$\sum (\Delta p_y + \Delta p_j)_{3,4,5,15,15',16} = 3798$Pa

$$\text{不平衡率 } x_{IV} = \frac{\Delta p'_{IV} - \sum (\Delta p_y + \Delta p_j)_{3,4,5,15,15',16}}{\Delta p_{IV}} = \frac{3710 - 3798}{3710} \times 100\% = -2.4\%$$

（续）

管段编号	热负荷 Φ/W	流量 q_m/(kg/h)	管段长度 l/m	管径 d/mm	流速 v/(m/s)	比摩阻 R/(Pa/m)	沿程损失 Rl/Pa	局部阻力系数 $\sum\zeta$	动压 Δp_d/Pa	局部阻力 Δp_j/Pa	管路损失 Δp_l/Pa	备注
1	2	3	4	5	6	7	8	9	10	11	12	13
	立管Ⅲ				环路资用压力 $\Delta p'_{Ⅲ}=\sum(\Delta p_y+\Delta p_j)_{10\sim12}=2859\text{Pa}$							
17	7200	248	9	20	0.20	38.92	350.3	3.5	19.66	68.8	419.1	
18	—	124	9	15	0.18	48.84	439.6	33.0	15.93	525.7	965.3	
18′	7200	248	0.5	20	0.20	38.92	19.5	4.5	19.66	88.5	108.0	

$$\sum(\Delta p_y+\Delta p_j)_{17,18',18}=1492\text{Pa} \qquad \sum(\Delta p_y+\Delta p_j)_{3,4,17,18',18}=2696\text{Pa}$$

$$不平衡率\ x_{Ⅲ}=\frac{\Delta p'_{Ⅲ}-\sum(\Delta p_y+\Delta p_j)_{3,4,17,18',18}}{\Delta p'_{Ⅲ}}=\frac{2859-2696}{2859}\times100\%=5.7\%$$

	立管Ⅱ				环路资用压力 $\Delta p'_{Ⅱ}=\sum(\Delta p_y+\Delta p_j)_{10\sim11}=2456\text{Pa}$							
19	7200	248	6	20	0.20	38.92	233.5	3.5	19.66	68.8	302.3	
20	—	124	9	15	0.18	48.84	439.6	33.0	15.93	525.7	965.3	
21	7200	248	3.5	15	0.36	182.07	637.2	4.5	63.71	286.7	923.9	

$$\sum(\Delta p_y+\Delta p_j)_{19,20,21}=2191\text{Pa}, \qquad \sum(\Delta p_y+\Delta p_j)_{3,19,20,21}=2544\text{Pa}$$

$$不平衡率\ x_{Ⅱ}=\frac{\Delta p'_{Ⅱ}-\sum(\Delta p_y+\Delta p_j)_{3,19,20,21}}{\Delta p'_{Ⅱ}}=\frac{2456-2544}{2456}\times100\%=-3.5\%$$

応注意：如水力计算结果使个别立管供、回水节点间的资用压力过小或过大，则会使下一步选用该立管的管径过粗或过细，设计很不合理。此时，应调整第一、二步骤的水力计算，适当改变个别供、回水干管的管段直径，便于选择各立管的管径并满足并联环路不平衡率的要求。为了理解资用压力计算的共性，此处给出一个资用压力（又称资用压头）的定义。资用压力即在确定最不利管路（干管）后，某段或某支非最不利管段和与之相应的并联管段（位于最不利管路上）因并联管路压力平衡原理而获得的一个可作用于该计算管段（例如某非最远端的立管）的压力降计算值（也可称压头），其大小等于与之相应位于最不利管路上并联管段的压力损失值。在决定计算管段管径时，该计算管段压力损失值与其资用压力（压头）越接近，则表明该两并联管段阻力平衡特性就越好。

通过同程式系统水力计算例题可见，虽然同程式系统的管道金属耗量多于异程式系统，但它可以通过调整供、回水干管的各管段的压力损失来满足立管间不平衡率的要求。

在上述的三个例题中，都是采用了立管或散热器的水温降相等的预先假定，由此也就预先确定了立管的流量。这种水力计算方法，通常称为等温降的水力计算方法。在较大的室内热水供暖系统中，如采用等温降方法进行异程式系统的水力计算（如【例3-3】），立管间的压降不平衡率往往难以满足要求，必然会出现系统的水平失调。对于同程式系统，如在水力计算中一些立管的供、回水干管之间的资用压力很小或为零时，该立管的水流量很小，甚至出现停滞现象，同样也会出现系统的水平失调。

一个良好的同程式系统的水力计算，应使各立管的资用压力值不要变化太大，以便于选择各立管的合理管径。为此，在水力计算中，管路系统前半部供水干管的比摩阻 R 值，宜选用稍小于回水干管的 R 值；而管路系统后半部供水干管的 R 值，宜选用稍大于回水干管的 R 值。

3.3.5　不等温降法水力计算

所谓不等温降的水力计算，就是在单管系统中各立管的温降不相等的前提下进行水力计算。它以并联环路节点压力平衡的基本原理进行水力计算。在热水供暖系统的并联环路上，当其中一个并联支路节点压力损失 Δp 确定后，对另一个并联支路，预先给定其管径 d，从而确定通过该立管的流量以及该立管的实际温度降。这种计算方法对各立管间的流量分配，完全遵守并联环路节点压力平衡的流体力学规律，能使设计工况与实际工况基本一致。

下面仍以【例3-3】为例，说明不等温降水力计算的具体步骤。

【例3-5】　将【例3-3】（见图3-34）的异程式系统采用不等温降法进行系统管路的水力计算。设计供回水温度为 95℃/70℃。用户入口处外网的资用压力为 10kPa。

表3-11为按 $\zeta_{zh}=1$ 确定热水管系统管段阻力损失的管径计算表，表3-12为热水系统局部阻力系数 ζ 值。

本例题采用当量阻力法进行水力计算。整根立管的折算阻力系数 ζ_{zh}，按表3-13选用。

【解】　计算步骤如下：

1. 最不利环路的水力计算

最远立管环路是最不利环路，即立管Ⅴ的环路。

（1）求平均比摩阻

$$R_{pj}=\frac{\alpha\Delta p}{\sum l}=\frac{0.5\times10000}{114.7}\mathrm{Pa/m}=43.6\mathrm{Pa/m}$$

（2）确定立管Ⅴ各管段的流量和管径　假设立管的温降 $\Delta t=30℃$（比设计温降大5℃）。立管Ⅴ的流量

$$q_{mⅤ}=\frac{0.86\Phi}{\Delta t}=\frac{0.86\times7900}{30}\mathrm{kg/h}=226\mathrm{kg/h}$$

根据平均比摩阻和流量，查表3-10，确定管径为 $DN20\mathrm{mm}\times15\mathrm{mm}$。

表3-10　热水供暖系统管道水力计算表（$t'_g=95℃$，$t'_h=70℃$，$K=0.2\mathrm{mm}$）

公称直径/mm	15		20		25		32		40		50		70	
内径/mm	15.75		21.25		27.00		35.75		41.00		53.00		68.00	
q_m	R	v	R	v	R	v	R	v	R	v	R	v	R	v
30	2.64	0.04												
34	2.99	0.05												
40	3.52	0.06												
42	6.78	0.06												
48	8.60	0.07												
50	9.25	0.07	1.33	0.04										
52	9.92	0.08	1.38	0.04										
54	10.62	0.08	1.43	0.04										
56	11.34	0.08	1.49	0.04										
60	11.84	0.09	2.93	0.05										
70	16.99	0.10	3.85	0.06										

104

（续）

公称直径 /mm	15		20		25		32		40		50		70	
内径 /mm	15.75		21.25		27.00		35.75		41.00		53.00		68.00	
q_m	R	v	R	v	R	v	R	v	R	v	R	v	R	v
80	21.68	0.12	4.88	0.06										
82	22.69	0.12	5.10	0.07										
84	23.71	0.12	5.33	0.07										
90	26.93	0.13	6.03	0.07										
100	32.72	0.15	7.29	0.08	2.24	0.05								
105	35.82	0.15	7.96	0.08	2.45	0.05								
110	39.05	0.16	8.66	0.09	2.66	0.05								
120	45.93	0.17	10.15	0.10	3.10	0.06								
125	49.75	0.18	10.93	0.10	3.34	0.06								
130	53.35	0.19	11.74	0.10	3.58	0.06								
135	57.27	0.20	12.58	0.11	3.83	0.07								
140	61.32	0.20	13.45	0.11	4.09	0.07	1.04	0.04						
160	78.87	0.23	17.19	0.13	5.20	0.08	1.31	0.05						
180	98.59	0.26	21.38	0.14	6.44	0.09	1.61	0.05						
200	120.48	0.29	26.01	0.16	7.80	0.10	1.95	0.06						
220	144.52	0.32	31.08	0.18	9.29	0.11	2.31	0.06						
240	170.73	0.35	36.58	0.19	10.90	0.12	2.70	0.07						
260	199.09	0.38	42.52	0.21	12.64	0.13	3.12	0.07						
270	214.08	0.39	45.66	0.22	13.55	0.13	3.34	0.08						
280	229.61	0.41	48.91	0.22	14.50	0.14	3.57	0.08	1.82	0.06				
300	262.29	0.44	55.72	0.24	16.48	0.15	4.05	0.08	2.06	0.06				
400	458.07	0.58	96.37	0.32	28.23	0.20	6.85	0.11	3.46	0.09				
500			147.97	0.40	43.03	0.25	10.35	0.14	5.21	0.11				
520			159.53	0.41	46.36	0.26	11.13	0.15	5.60	0.11	1.57	0.07		
560			184.07	0.45	53.38	0.28	12.78	0.16	6.42	0.12	1.79	0.07		
600			210.35	0.48	60.89	0.30	14.54	0.17	7.29	0.13	2.03	0.08		
700			283.67	0.56	81.79	0.35	19.43	0.20	9.71	0.15	2.69	0.09		
760			332.89	0.61	95.79	0.38	22.69	0.21	11.33	0.16	3.13	0.10		
780			350.17	0.62	100.71	0.38	23.83	0.22	11.89	0.17	3.28	0.10		
800			367.88	0.64	105.74	0.39	25.00	0.23	12.47	0.17	3.44	0.10		
900			462.97	0.72	132.72	0.44	31.25	0.25	15.56	0.19	4.27	0.12	1.24	0.07
1000			568.94	0.80	162.75	0.49	38.20	0.28	18.98	0.21	5.19	0.13	1.50	0.08
1050			626.01	0.84	178.90	0.52	41.93	0.30	20.81	0.22	5.69	0.13	1.64	0.08
1100			685.79	0.88	195.81	0.54	45.83	0.31	22.73	0.24	6.20	0.14	1.79	0.09
1200			813.52	0.96	231.92	0.59	54.14	0.34	26.81	0.26	7.29	0.15	2.10	0.09
1250			881.47	1.00	251.11	0.62	58.55	0.35	29.98	0.27	7.87	0.16	2.26	0.10
1300					271.06	0.64	63.14	0.37	31.23	0.28	8.47	0.17	2.43	0.10
1400					313.24	0.69	72.82	0.39	35.98	0.30	9.74	0.18	2.79	0.11

注：1. 本表部分摘自《供热通风设计手册》1987 年，中国建筑工业出版社。

　　2. 本表按供暖季平均水温 $t \approx 60℃$，相应的密度 $\rho = 983.248 kg/m^3$ 条件编制。

　　3. 表中符号：q_m 为管段热水流量（kg/h）；R 为比摩阻（Pa/m）；v 为水流速（m/s）。

表 3-11　按 $\zeta_{zh} = 1$ 确定热水管系统管段阻力损失的管径计算表

项目	公称直径 DN/mm									流速 v/(m/s)	Δp /Pa
	15	20	25	32	40	50	70	80	100		
	75	137	220	386	508	849	1398	2033	3023	0.11	5.9
	82	149	240	421	554	926	1525	2218	3298	0.12	7.0
	89	161	260	457	601	1004	1652	2402	3573	0.13	8.2
	95	174	280	492	647	1081	1779	2587	3848	0.14	9.5
	102	186	301	527	693	1158	1906	2772	4122	0.15	10.9
	109	199	321	562	739	1235	2033	2957	4397	0.16	12.5
	116	211	341	597	785	1312	2160	3141	4672	0.17	14
	123	223	361	632	832	1390	2287	3326	4947	0.18	15.8
	130	236	381	667	878	1467	2415	3511	5222	0.19	17.6
	136	248	401	702	947	1583	2605	3788	5634	0.20	19.4
	143	261	421	738	970	1621	2669	3881	5771	0.21	21.4
	150	273	441	773	1016	1698	2796	4065	6046	0.22	23.5
	157	285	461	808	1063	1776	2923	4250	6321	0.23	25.7
	164	298	481	843	1109	1853	3050	4435	6596	0.24	27.9
	170	310	501	878	1155	1930	3177	4620	6871	0.25	30.4
	177	323	521	913	1201	2007	3304	4805	7146	0.26	32.9
	184	335	541	948	1247	2084	3431	4989	7420	0.27	35.4
水	191	347	561	983	1294	2162	3558	5174	7695	0.28	38
	198	360	581	1019	1340	2239	3685	5359	7970	0.29	40.9
流	205	372	601	1054	1386	2316	3812	5544	8245	0.30	43.7
	211	385	621	1089	1432	2393	3939	5729	8520	0.31	46.7
量	218	397	641	1124	1478	2470	4067	5913	8794	0.32	49.7
	225	410	661	1159	1525	2548	4194	6098	9069	0.33	53
/(kg/h)	232	422	681	1194	1571	2625	4321	6283	9344	0.34	56.2
	237	434	701	1229	1617	2702	4448	6468	9619	0.35	59.5
	245	447	721	1264	1663	2825	4575	6653	9894	0.36	63
	252	459	741	1300	1709	2856	4702	6837	10169	0.37	66.5
	259	472	761	1335	1756	2934	4829	7022	10443	0.38	70.1
	273	496	801	1405	1848	3088	5083	7392	10993	0.40	77.8
	286	521	841	1475	1940	3242	5337	7761	11543	0.42	85.7
	300	546	882	1545	2033	3397	5592	8131	12092	0.44	94
	314	571	922	1616	2125	3551	5846	8501	12642	0.46	102.8
	327	596	962	1686	2218	3706	6100	8870	13192	0.48	111.9
	341	621	1002	1756	2310	3860	6354	9240	13741	0.50	121.5
	375	683	1102	1932	2541	4246	6989	10164	15115	0.55	147
	409	745	1202	2107	2772	4632	7625	11088	16490	0.60	192.4
	443	807	1302	2283	3003	5018	8260	12012	17864	0.65	205.3
	477	869	1402	2459	3234	5404	8896	12936	19238	0.70	238.1
	511	931	1503	2634	3465	5790	9531	13860	20612	0.75	273.3
			1603	2810	3696	6176	10166	14784	21986	0.80	311
				3161	4158	6948	11437	16631	24734	0.90	393.5

注：按公式 $q_m = (\Delta p/A)^{0.5}$ 计算。

表 3-12　热水系统局部阻力系数 ζ 值

局部阻力名称	ζ	说明	局部阻力名称	在下列管径（DN）时的 ζ 值					
				15 mm	20 mm	25 mm	32 mm	40 mm	≥50 mm
双柱散热器	2.0	以热媒在导管中的流速计算局部阻力	截止阀	16	10	9	9	8	7
铸铁锅炉	2.5		旋塞	4	2	2	2		
钢制锅炉	2.0								
突然扩大	1.0	以其中较大的流速计算局部阻力	斜杆截止阀	3	3	3	2.5	2.5	2
突然缩小	0.5		闸阀	1.5	0.5	0.5	0.5	0.5	0.5
直流三通（图①）	1.0		弯头	2	2	1.5	1.5	1	1
旁流三通（图②）	1.5		90°煨弯及乙字管	1.5	1.5	1.0	1.0	0.5	0.5
合、分流三通（图③）	3.0		括弯（图⑥）	3.0	2.0	2.0	2.0	2.0	2.0
直流四通（图④）	2.0		急弯双弯头	2.0	2.0	2.0	2.0	2.0	2.0
分流四通（图⑤）	3.0								
方形补偿器	2.0		缓弯双弯头	1.0	1.0	1.0	1.0	1.0	1.0
套管补偿器	0.5								

表 3-13　单管顺流式热水供暖系统立管的 ζ_{zh} 值

层数	单项连接立管管径/mm				双向连接立管管径/mm						
					15	20		25			32
	散热器支管直径/mm										
	15	20	25	32	15	15	20	15	20	25	20	32
整根立管的折算阻力系数 ζ_{zh} 值（立管两端安装闸阀）											
3	77	63.7	48.7	43.1	48.4	72.7	38.2	141.7	52.0	30.4	115.1	48.8
4	97.4	80.6	61.4	54.1	59.3	92.6	46.6	185.4	65.8	37.0	150.1	61.7
5	117.9	97.5	74.1	65.0	70.3	112.5	55.0	229.1	79.6	43.6	185.0	74.5
6	138.3	114.5	86.9	76.0	81.2	132.5	63.5	272.9	93.5	50.3	220.0	87.4
7	158.8	131.4	99.6	86.9	92.2	152.4	71.9	316.6	107.3	56.9	254.9	100.2
8	179.2	148.3	112.3	97.9	103.1	172.3	80.3	360.3	121.1	63.5	290.0	113.1

（续）

层数	单项连接立管管径/mm				双向连接立管管径/mm							
					15	20		25			32	
					散热器支管直径/mm							
	15	20	25	32	15	15	20	15	20	25	20	32
	整根立管的折算阻力系数 ζ_{zh} 值（立管两端安装截止阀）											
3	106	82.7	65.7	60.1	77.4	91.7	57.2	158.7	69.0	47.4	132.1	65.8
4	126.4	99.6	78.4	71.1	88.3	111.6	65.6	202.4	82.8	54	167.1	78.7
5	146.9	116.5	91.1	82.0	99.3	131.5	74.0	246.1	96.6	60.6	202	91.5
6	167.3	133.5	103.9	93.0	110.2	151.5	82.5	289.9	110.5	67.3	237	104.4
7	187.8	150.4	116.6	103.9	121.2	171.4	90.9	333.6	124.3	73.9	271.9	117.2
8	208.2	167.3	129.3	114.9	132.1	191.3	99.3	377.3	138.1	80.5	307	130.1

注：1. 编制本表条件：建筑物层高为3.0m，回水干管敷设在地沟内。

2. 计算举例：如以三层楼 $d_1 \times d_2 = 20mm \times 15mm$ 为例。

各层立管之间长度为 3.0m−0.6m=2.4m，则层立管的当量阻力系数为

$\zeta_{0.1} = l_1 \lambda_1 / d_1 + \sum \zeta_1 = 2.4m \times 1.8m^{-1} + 0 = 4.32$

设 n 为建筑物层数，ζ_0 代表散热器及其支管的当量阻力系数，ζ_0' 代表立管与供、回水干管连接部件的当量阻力系数，则整根立管的折算阻力系数 ζ_{zh} 为

$\zeta_{zh} = n\zeta_0 + n\zeta_{0.1} + \zeta_0' = 3 \times 15.6 + 3 \times 4.32 + 12.9 = 72.7$

表3-14　单管顺流式热水供暖系统立管组合部件的 ζ_{zh} 值

组合部件名称		图示	ζ_{zh}	管径/mm			
				15	20	25	32
立管	回水干管在地沟内		$\zeta_{zh,z}$	15.6	12.9	10.5	10.2
			$\zeta_{zh,j}$	44.6	31.9	27.5	27.2
	无地沟散热器单侧连接		$\zeta_{zh,z}$	7.5	5.5	5.0	5.0
			$\zeta_{zh,j}$	36.5	24.5	22.0	22.0
	无地沟散热器双侧连接		$\zeta_{zh,z}$	12.4	10.1	8.5	8.3
			$\zeta_{zh,j}$	41.4	29.1	25.5	25.3
散热器单侧连接			ζ_{zh}	14.2	12.6	9.6	8.8

（续）

组合部件名称	图示	ζ_{zh}	管径/mm			
			15	20	25	32
散热器双侧连接	d_1 d_2	ζ_{zh}	管径 $d_1 \times d_2 /$（mm×mm）			
			15×15	20×15	20×20	25×15	25×20	25×25	32×20	32×25
			4.7	15.6	4.1	40.6	10.7	3.5	32.8	10.7

注：1. $\zeta_{zh,z}$ 代表立管两端安装闸阀。$\zeta_{zh,j}$ 代表立管两端安装截止阀。

2. 编制本表的条件为：

1）散热器及其支管连接：散热器支管长度，单侧连接 $l_z = 1.0m$；双侧连接 $l_z = 1.5m$。每组散热器支管均装有乙字管。

2）立管与水平干管的几种连接方式见图示。立管上装设两个闸阀或截止阀。

（3）压力损失计算　不等温降法采用当量阻力法计算压力损失：$\Delta p = \zeta_{zh} \Delta p_d$。查表3-13，整根立管的折算总阻力系数 $\zeta_{zh} = 72.7$（立管设置集气罐 $\zeta = 1.5$，刚好与表3-14的标准立管的旁流三通 $\zeta = 1.5$ 相同）。

根据 $q_{mV} = 226kg/h$，$d = 20mm$，查表3-11，当 $\zeta_{zh} = 1.0$ 时，$\Delta p_d = 15.93Pa$。立管 V 的压力损失为

$$\Delta p_V = \zeta_{zh} \Delta p_d = 72.7 \times 15.93Pa = 1158Pa$$

2. 供、回水干管6和6′水力计算

（1）选择管径　管段流量 $q_{m6} = q_{m6'} = q_{mV} = 226kg/h$。选定管径为20mm。

（2）确定折算阻力系数　直流三通两个，$\sum \zeta = 2 \times 1.0 = 2.0$。查表3-3，当 $d = 20mm$，$\lambda/d = 1.8m^{-1}$，管段6和6′总长度为 $8m + 8m = 16m$。因此管段6和6′的折算阻力系数为

$$\zeta_{zh} = (\lambda/d) l + \sum \zeta = 1.8m^{-1} \times 16m + 2 = 30.8$$

（3）计算压力损失　根据流量 $q_m = 226kg/h$，管径 $d = 20mm$，查表3-11，确定 $\zeta_{zh} = 1.0$ 时，压力损失 $\Delta p_d = 15.93Pa$，管段6和6′的总压力损失为

$$\Delta p_{6,6'} = 30.8 \times 15.93Pa = 491Pa$$

3. 立管 IV 的水力计算

（1）确定立管 IV 的作用压力　立管 IV 与环路6-V-6′并联。因此，立管 IV 的作用压力为

$$\Delta p_{IV} = \Delta p_V + \Delta p_{6,6'} = (1158 + 491)Pa = 1649Pa$$

（2）选择管径　选用管径为 $DN20mm \times 15mm$。

（3）流量确定　查表3-13，管径为 $DN20mm \times 15mm$ 时，立管的 $\zeta_{zh} = 72.7$。当 $\zeta_{zh} = 1.0$ 时，$\Delta p_d = \Delta p_{IV}/\zeta_{zh} = (1649/72.7)Pa = 22.69Pa$，当 $d = 20mm$，查表3-11，得 $q_{mIV} = 270kg/h$

立管 IV 的热负荷 $\Phi_{IV} = 7200W$。由此可求出该立管的计算温降为

$$\Delta t_j = 0.86\Phi/q_m = (0.86 \times 7200/270)℃ = 22.9℃$$

4. 其他管段水力计算

依照上述方法，对其他各水平供回水干管和立管从远至近依次计算，计算结果列入表3-15中。最后得出，右侧循环环路的初步计算流量 $q_{m,j1} = 1196kg/h$，初步压力损失 $\Delta p_{j1} = 4513Pa$。

5. 左侧环路水力计算

按同样方法计算图3-34左侧的循环环路。在图3-34中没有画出左侧循环环路的管路图。现假定同样按不等温降方法进行计算后，得出左侧循环环路的初步计算流量 $q_{m,j2} = 1180kg/h$，初步

计算压力损失 $\Delta p_{j2} = 4100\text{Pa}$。

6. 左右侧环路压力平衡

将左侧环路的计算压力损失按与右侧环路的压力损失相同考虑，根据 $\Delta p = Sq_m^2$，则左侧流量调整为

$$q'_{m,j2} = 1180 \times \sqrt{\frac{4513}{4100}}\,\text{kg/h} = 1238\text{kg/h}$$

则系统初步计算的总流量

$$q_{m,j} = q_{m,j1} + q'_{m,j2} = (1238 + 1196)\,\text{kg/h} = 2434\text{kg/h}$$

系统设计的总流量

$$q_{m,sh} = 0.86\sum \Phi / (t'_g - t'_h) = [0.86 \times 74800/(95-70)]\,\text{kg/h} = 2573\text{kg/h}$$

两者不相等。因此，需要进一步调整各循环环路的流量、压降和各立管的温度降。

7. 调整计算

调整各循环环路的流量，压降和各立管的温度降。

根据并联环路流量分配和压降变化的规律，按下列步骤进行调整。

1）计算各分支循环环路的通导数 a。因为 $\Delta p = Sq_m^2$，令通导数 a 为

$$a = \frac{1}{\sqrt{S}} = \frac{q_m}{\sqrt{\Delta p}} \tag{3-35}$$

右侧环路 $a_1 = q_{m,j1}/\sqrt{\Delta p_{j1}} = 1196/\sqrt{4513} = 17.8$

左侧环路 $a_2 = q_{m,j2}/\sqrt{\Delta p_{j2}} = 1180/\sqrt{4100} = 18.43$

2）根据并联管路流量分配的规律，确定在设计总流量条件下，分配到各并联循环环路的流量。

在并联环路中，各并联环路流量分配比等于其通导数比，亦即

$$q_{m1} : q_{m2} = \frac{1}{\sqrt{S_1}} : \frac{1}{\sqrt{S_2}} = a_1 : a_2 \tag{3-36}$$

当总流量 $q_m = q_{m1} + q_{m2}$ 为已知时，并联环路的流量分配比例也可用下式表示

$$q_{m1} = \frac{a_1}{a_1 + a_2} q_m \tag{3-37}$$

$$q_{m2} = \frac{a_2}{a_1 + a_2} q_m \tag{3-38}$$

在本例题中，分配到左、右两侧并联环路的流量应为

右侧环路 $q_{m,t1} = \dfrac{a_1}{a_1 + a_2} q_{m,sh} = \dfrac{17.8}{17.8 + 18.43} \times 2573\text{kg/h} = 1264\text{kg/h}$

左侧环路 $q_{m,t2} = \dfrac{a_2}{a_1 + a_2} q_{m,sh} = \dfrac{18.43}{17.8 + 18.43} \times 2573\text{kg/h} = 1309\text{kg/h}$

式中　$q_{m,t1}$、$q_{m,t2}$——调整后右侧和左侧并联环路的流量（kg/h）。

3）确定各并联循环环路的流量、温降调整系数。流量调整系数为

$$\alpha_q = \frac{q_{m,t}}{q_{m,j}} \tag{3-39}$$

温降与流量成反比，则温降调整系数为

$$\alpha_{t}=\frac{1}{\alpha_{q}}=\frac{q_{m,j}}{q_{m,t}} \qquad (3\text{-}40)$$

右侧环路：

流量调整系数 $\alpha_{q1}=q_{m,t1}/q_{m,j1}=1264(\text{kg/h})/1196(\text{kg/h})=1.057$

温降调整系数 $\alpha_{t1}=1/\alpha_{q1}=1/1.057=0.946$

左侧环路：

流量调整系数 $\alpha_{q2}=q_{m,t2}/q_{m,j2}=1309(\text{kg/h})/1180(\text{kg/h})=1.109$

温降调整系数 $\alpha_{t2}=1/\alpha_{q2}=1/1.109=0.901$

根据右侧和左侧并联环路的不同流量调整系数和温降调整系数，乘各侧立管的第一次算出的流量和温降，求得各立管的最终计算流量和温降。右侧环路的调整结果，见表3-15的第12和13栏。

4）并联环路节点的压力损失值，压力损失调整系数为

$$\alpha_{p}=\frac{\Delta p_{t}}{\Delta p_{j}}=\left(\frac{q_{m,t}}{q_{m,j}}\right)^{2} \qquad (3\text{-}41)$$

右侧压力调整系数　$\alpha_{p1}=\left(\frac{q_{m,t1}}{q_{m,j1}}\right)^{2}=\left(\frac{1264}{1196}\right)^{2}=1.117$

左侧压力调整系数　$\alpha_{p2}=\left(\frac{q_{m,t2}}{q_{m,j2}}\right)^{2}=\left(\frac{1309}{1180}\right)^{2}=1.109$

调整后左右侧环路节点处的压力损失

$$\Delta p_{t(2\sim11)}=\Delta p_{j1}\alpha_{p1}=\Delta p_{j2}\alpha_{p2}$$

右侧：　　　　　$\Delta p_{t(2\sim11)}=4513\text{Pa}\times1.117=5041\text{Pa}$

表 3-15　【例 3-5】的管路水力计算表（不等温降法）

管段号	热负荷 Φ/W	管径 d/mm $d_立\times d_支$ （mm×mm）	管长 l/m	$\frac{\lambda}{d}l$	$\Sigma\zeta$	总阻力数 ζ_{zh}	$\zeta_{zh}=1$ 的压力损失 $\Delta p/Pa$	计算压力损失 $\Delta p_j/Pa$	计算流量 $q_{m,j}$ /（kg/h）	计算温降 Δt_j /℃	调整流量 $q_{m,t}$ /（kg/h）	调整温降 Δt_t /℃
1	2	3	4	5	6	7	8	9	10	11	12	13
立管Ⅴ	7900	20×15				72.7	15.93	1158	226	30	239	28.4
6+6′	7900	20	16	28.8	2.0	30.8	15.93	491	226		239	
立管Ⅳ	7200	20×15				72.7	22.69	1649	270	22.9	285	21.7
5+8	15100	25	16	20.8	2.0	22.8	29.50	673	496		524	
立管Ⅲ	7200	15×15				48.4	48.0	2322	216	28.7	228	27.2
4+9	22300	32	16	14.4	2.0	16.4	19.72	323	712		753	
立管Ⅱ	7200	15×15				48.4	54.65	2645	230	26.9	243	25.4
3+10	29500	32	16	14.4	2.0	16.4	34.54	566	942		996	
立管Ⅰ	7900	15×15				48.4	66.34	3211	254	26.7	268	25.3
2+11	37400	32	16	14.4	9.0	23.4	55.66	1302	1196		1264	

水力计算结果：右侧环路 $\Delta p_{j1(2\sim11)}=4513\text{Pa}$；$q_{m,j1}=1196\text{kg/h}$

假设　左侧环路 $\Delta p_{j2}=4100\text{Pa}$，$q_{m,j2}=1180\text{kg/h}$

调整后右侧环路 $\Delta p_{t(2\sim11)}=5041\text{Pa}$；$q_{m,t1}=1264\text{kg/h}$

左侧环路 $\Delta p_{t2}=5045\text{Pa}$；$q_{m,t2}=1309\text{kg/h}$

左侧：　　　　　$\Delta p_{t(2\sim11)}=4100\text{Pa}\times1.109=5046\text{Pa}\neq5041\text{Pa}$（计算误差）

8. 确定系统供、回水总管管径及系统的总压力损失

并联环路水力计算调整后，剩下最后一步是确定系统供、回水总管管径及系统的总压力损

失。供、回水总管管径 1 和 12 的设计流量 $q_{m,sh} = 2573\text{kg/h}$，选用管径 $d = 40\text{mm}$。根据【例 3-3】的表 3-6 水力计算表的数据，得出 $\Delta p_1 = 1969.3\text{Pa}$，$\Delta p_{12} = 423.6\text{Pa}$。

系统的总压力损失

$$\Delta p_{1 \sim 12} = \Delta p_1 + \Delta p_{t(2 \sim 11)} + \Delta p_{12} = (1969.3 + 5046 + 423.6)\,\text{Pa} = 7439\text{Pa}$$

至此，系统的水力计算全部结束。

由于各立管的温降不同，通常近处立管的流量比按等温降法计算的流量大，远处立管的流量会小。因此，即使在同一楼层散热器热负荷相同条件下，近处立管的散热器的平均水温增高，所需的散热器面积会小些，而远处立管要增加些散热器面积。

综上所述，异程式系统采用不等温降法进行水力计算的主要优点是：完全遵守节点压力平衡分配流量的规律，并根据各立管的不同温降调整散热器的面积，从而有可能在设计角度上去解决系统的水平失调现象。因此，当采用异程式系统时，宜采用不等温降法进行管路的水力计算。对大型的室内热水系统，宜采用同程式系统。

3.3.6　室外热水供热管网的水力计算

室外热水供热管网水力计算的主要任务是：

1）按已知的热媒流量，确定管道的直径，计算压力损失。

2）按已知热媒流量和管道直径，计算管道的压力损失。

3）按已知管道直径和允许压力损失，计算和校核管道中的流量。

根据管网水力计算结果，确定管网循环水泵的流量和扬程。室内热水循环管路水力计算的基本原理适用于室外热水管网水力计算。

室外热水管网的水流量通常用 t/h 表示。比摩阻、管径和水流量的关系式（3-22）可改写为

$$R = 6.25 \times 10^{-2} \frac{\lambda q_m^2}{\rho d^5} \tag{3-42}$$

式中　q_m——管段的水流量（t/h）；

　　　d——管道内径（m）。

　　　其他符号含义同前。

热水管网的水流速常大于 0.5m/s，当量造粒高度 $K = 0.5\text{mm}$，流动处于阻力平方区，则沿程阻力系数可按式（3-19）计算。将式（3-19）代入式（3-42）中，可得出表达 R、q_m 和 d 三者间关系的公式为

$$R = 6.88 \times 10^{-3} K^{0.25} \frac{q_m^2}{\rho d^{5.25}} \tag{3-43}$$

$$d = 0.387 \frac{K^{0.0476} q_m^{0.381}}{(\rho R)^{0.19}} \tag{3-44}$$

$$q_m = 12.06 \frac{(\rho R)^{0.5} d^{2.625}}{K^{0.125}} \tag{3-45}$$

式中　q_m——管段的水流量（t/h）；

　　　K——管道的当量造粒高度（m）；

　　　其他符号含义同前。

在热水网路计算中，还经常采用当量长度法，式（3-31）可写为

$$l_{d} = \zeta \frac{d}{\lambda} = 9.1 \frac{d^{1.25}}{K^{0.25}} \zeta \qquad (3-46)$$

管段的总阻力，根据式（3-32）$\Delta p = R(l + \sum l_d) = Rl_{zh}$ 求出。

管网中平均比摩阻最小的一条管线为主干线（即最不利环路），一般是从热源到最远用户的管线。水力计算从主干线开始。在一般的情况下，热水供热管网主干线的设计平均比摩阻，可取 $40 \sim 80 \mathrm{Pa/m}$（也可取 $30 \sim 70 \mathrm{Pa/m}$）。对于采用间接连接的管网网路，采用主干线的平均比摩阻值比上述规定的值高，有达到 $100 \mathrm{Pa/m}$ 的。根据网路主干线各管段的计算流量和初步选用的平均比摩阻 R 值，确定主干线各管段的标准管径和相应的实际比摩阻。

根据选用的标准管径和管段中局部阻力的形式，确定各管段局部阻力的当量长度 l_d，以及管段的折算长度 l_{zh}。

根据管段折算长度 l_{zh}，计算主干线各管段的总压降。

主干线水力计算完成后，应按支干线、支线的资用压力确定其管径，对管径 $DN \geq 400 \mathrm{mm}$ 的管道，控制其流速不得超过 $3.5 \mathrm{m/s}$；而对管径 $DN < 400 \mathrm{mm}$ 的管道，控制其比摩阻不得超过 $300 \mathrm{Pa/m}$。

【例 3-6】 某工厂厂区热水供热系统，其网络平面布置如图 3-36 所示，各管段的长度、阀门位置、方形补偿器的位置和个数及热负荷已标注图中。网路的计算供水温度 $t_g' = 130 ℃$，计算回水温度 $t_h' = 70 ℃$，各用户内部已确定压力损失均为 $50 \mathrm{kPa}$，对管网进行水力计算。

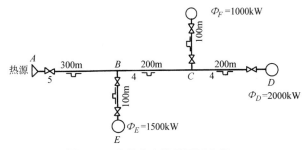

图 3-36 室外热水管网平面布置

【解】 确定各管段流量，用式（3-33）计算，计算结果列于表 3-17 中。

1. 主干线的水力计算

（1）确定热水管网的主干线及平均比摩阻 热水网路的水力计算应从主干线开始计算，热源到最远用户的管线是主干线。本例题中从热源 A 到最远用户 D 的管线是主干线。

热水管网主干线的设计平均经济比摩阻取 $R_{jp} = 40 \sim 80 \mathrm{Pa/m}$。

（2）确定各管段的管径和实际比摩阻 例如管段 AB：

热负荷　　　　　　　　$\Phi = (1000 + 2000 + 1500) \mathrm{kW} = 4500 \mathrm{kW}$

流量　　　　　　　　$q_m = \frac{0.86 \times 4500 \times 10^3}{130 - 70} \mathrm{kg/h} = 64.5 \mathrm{t/h}$

根据 $R_{jp} = 40 \sim 80 \mathrm{Pa/m}$，查热水网路水力计算表，或用式（3-43）和式（3-44）计算得：$d_{AB} = 200 \mathrm{mm}$，$R_{AB} = 17.6 \mathrm{Pa/m}$。其他各管段的计算结果见表 3-17。

（3）根据各管段的管径和局部构件的类型，查热水网路局部阻力当量长度表 确定各管段的局部阻力当量长度 l_d，计算各管段的折算长度 $l_{zh} = \sum l_d + l$，确定各管段的总压降 $\Delta p = Rl_{zh}$。各管段的计算结果见表 3-16 和表 3-17。

（4）计算主干线的总压降

$$\Delta p_{AD} = \Delta p_{AB} + \Delta p_{BC} + \Delta p_{CD} = 32102.5 \mathrm{Pa}$$

2. 支线水力计算

确定支线资用压力，计算其平均比摩阻，同样方法，确定管径和实际比摩阻和实际流速。

表 3-16 管段 *AB*、*BC*、*CD* 局部阻力当量长度

	管段 *AB*		管段 *BC*		管段 *CD*	
管径 *d*/mm	200		150		125	
当量长度 l_d/m	闸阀	3.36×1	分流三通	5.6×1	分流三通	4.4×1
	方形补偿器	23.4×5	异径接头	0.56×1	异径接头	0.44×1
			方形补偿器	15.4×4	方形补偿器	12.5×4
折算长度 $\sum l_d$/m	120.36		67.76		54.84	

在支线水力计算中控制两个指标,即水力计算 $v \leqslant 3.5 \text{m/s}$,$R \leqslant 300 \text{Pa/m}$。

如管段 *BE*:

$$\Delta p'_{BE} = \Delta p_{BC} + \Delta p_{CD} = (11460.13 + 13244.03)\text{Pa} = 24704.16\text{Pa}$$

带方形补偿器的输配干线,热水网路局部损失与沿程损失的估计比值为 0.6,则管段 *BE* 平均比摩阻为

$$R_{pj} = \frac{\Delta p'_{BE}}{(1+0.6)l_{BE}} = 154.4 \text{Pa/m}$$

流量为

$$q_{m,BE} = \frac{0.86 \times 1500}{130 - 70}\text{t/h} = 21.5\text{t/h}$$

计算或查表得到 $d_{BE} = 100\text{mm}$,$R = 91.65\text{Pa/m}$,$v = 0.79\text{m/s}$。

管段 *BE* 的局部阻力当量长度,查热水管路局部阻力当量长度表,得

分流三通:$l_d = 3.3\text{m} \times 1 = 3.3\text{m}$;闸阀 $l_d = 1.65\text{m} \times 2 = 3.3\text{m}$;方形补偿器 $l_d = 9.8\text{m} \times 2 = 19.6\text{m}$。总当量长度 $\sum l_d = 26.2\text{m}$

$$l_{zh} = \sum l_d + l = 126.2\text{m},\quad \Delta p = Rl_{zh} = 11566.23\text{Pa}$$

其他支线的计算结果见表 3-17。

表 3-17 室外热水管网管路水力计算

管段编号	热负荷 Φ/W	流量 $q_{m,t}$/(t/h)	管段长度 l/m	管径 d/m	流速 v/(m/s)	比摩阻 R/(Pa/m)	局阻当量长度 l_d/m	折算长度 l_{zh}/m	压力损失 Δp/Pa
1	2	3	4	5	6	7	8	9	10
主干线为 *ABCD* 管路									
AB	4500	64.5	300	200	0.56	17.6	120.36	420.36	7398.34
BC	3000	43	200	150	0.71	42.8	67.76	267.76	11460.13
CD	2000	28.67	200	120	0.67	51.97	54.84	254.84	13244.03
$\Delta p_{AD} = 32102.5\text{Pa}$									
支线 *BE*			资用压力 $\Delta p'_{BE} = 24704.16\text{Pa}$						
BE	1500	21.5	100	100	0.79	91.65	26.2	126.2	11566.23
支线 *CF*			资用压力 $\Delta p'_{CF} = 13244.03\text{Pa}$						
CF	1000	14.33	100	100	0.53	40.68	26.2	126.2	5133.82

3.3.7　空调冷冻水系统的水力计算

空调冷冻水系统的管路水力计算是在已知水流量和推荐流速下，确定水管管径，计算水在管路中流动的沿程损失和局部损失，确定水泵的扬程和流量。

1. 管径的确定

空调水系统中管内水流速按表 3-18 中的推荐值选用，经试算确定其管径，或按表 3-19 根据流量确定管径。

表 3-18　管内水流速推荐值　　　　　　　（单位：m/s）

管径/mm	15	20	25	32	40	50	65	80
闭式系统	0.4~0.5	0.5~0.6	0.6~0.7	0.7~0.9	0.8~1.0	0.9~1.2	1.1~1.4	1.2~1.6
开式系统	0.3~0.4	0.4~0.5	0.5~0.6	0.6~0.8	0.7~0.9	0.8~1.0	0.9~1.2	1.1~1.4
管径/mm	100	125	150	200	250	300	350	400
闭式系统	1.3~1.8	1.5~2.0	1.6~2.2	1.8~2.5	1.8~2.6	1.9~2.9	1.6~2.5	1.8~2.6
开式系统	1.2~1.6	1.4~1.8	1.5~2.0	1.6~2.3	1.7~2.4	1.7~2.4	1.6~2.1	1.8~2.3

表 3-19　水系统的管径和单位长度阻力损失

钢管直径/mm	闭式水系统		开式水系统	
	流量/(m³/h)	kPa/100m	流量/(m³/h)	kPa/100m
15	0~0.5	0~60	—	—
20	0.5~1.0	10~60	—	—
25	1~2	10~60	0~1.3	0~43
32	2~4	10~60	1.3~2.0	10~40
40	4~6	10~60	2~4	10~40
50	6~11	10~60	4~8	—
65	11~18	10~60	8~14	—
80	18~32	10~60	14~22	—
100	32~65	10~60	22~45	—
125	65~115	10~60	45~82	10~40
150	115~185	10~47	82~130	10~43
200	185~380	10~37	130~200	10~24
250	380~560	9~26	200~340	10~18
300	560~820	8~23	340~470	8~15
350	820~950	8~18	470~610	8~13
400	950~1250	8~17	610~750	7~12
450	1250~1590	8~15	750~1000	7~12
500	1590~2000	8~13	1000~1230	7~11

2. 空调冷冻水循环系统水泵的选择

空调冷冻水循环系统一般采用闭式系统，泵的流量按空调系统夏季最大计算冷负荷确定，即

$$q_m = \frac{\Phi}{c\Delta t} \tag{3-47}$$

式中　q_m——系统环路总流量（kg/s）；

　　　Φ——系统环路的计算冷负荷（W）；

　　　Δt——冷冻水供回水温差（℃），一般为 5~6℃；

　　　c——冷冻水比热容 [J/(kg·K)]。

泵的扬程应能克服冷冻水系统最不利环路的用冷设备、产冷设备、管道、阀门附件等总阻力要求。即

$$p = \sum (\Delta p_y + \Delta p_j + \Delta p_m) \qquad (3\text{-}48)$$

式中　　p——水泵扬程对应的压力（Pa）；

$\quad\Delta p_y$——管段的沿程阻力损失（Pa），$\Delta p_y = Rl$；

$\quad\Delta p_j$——管段的局部阻力损失（Pa），$\Delta p_j = \sum \zeta \rho v^2 / 2$；

$\quad\Delta p_m$——设备阻力损失（Pa）。

若空调冷冻水循环系统采用二次泵循环管路，则：

（1）一次泵的选择

1）泵的流量应等于冷水机组蒸发器的额定流量。

2）泵的扬程为克服一次环路的阻力损失，其中包括一次环路的管道阻力和设备阻力。

3）一次泵的数量与冷水机组台数相同。

（2）二次泵的选择

1）泵的流量按分区夏季最大计算冷负荷确定。

2）二次泵的扬程应能克服所管分区的二次最不利环路中用冷设备、管道、阀门附件等总阻力要求。

无论采用一次泵冷冻水系统，还是采用二次泵冷冻水系统，选择水泵时，流量附加 10% 的余量，扬程也附加 10% 的余量。

【例 3-7】　如图 3-37 所示的空调冷冻水二次泵循环系统（一次泵循环略去），此系统计算冷负荷为 48.8kW，冷冻水供水温度为 7℃，回水温度为 12℃，空调机组表冷器水侧阻力为 50kPa，各管段的长度见表 3-20，求各管段的管径及二次水泵的流量和扬程。

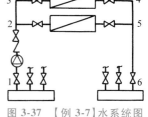

图 3-37　【例 3-7】水系统图

【解】　冷冻水平均温度（7+12）℃/2 = 9.5℃，查此温度下水的密度 $\rho = 999.7\text{kg/m}^3$；管壁当量造粒高度 $K = 0.2\text{mm}$。

计算系统所需的冷冻水流量为

$$q_m = \frac{\Phi}{c\Delta t} = \frac{48.8 \times 10^3}{4.187 \times 10^3 \times (12-7)}\text{kg/s}$$
$$= 2.33\text{kg/s} = 8.39\text{m}^3/\text{h}$$

此系统最不利环路为 1-2-3-4-5-6 组成的环路。根据各管段的流量，由表 3-19 确定各管段直径。由图 3-32 可查出比摩阻 R，查各管件的局部阻力系数表，确定各管段的总阻力损失（见表 3-20，表中动压为 $\rho v^2 / 2$）。

此水系统为闭式水系统，水泵的扬程为最不利环路的总阻力损失，加上表冷器的阻力损失，即

$$p = \sum (\Delta p_y + \Delta p_j + \Delta p_m) = 79.05\text{kPa} = 8.06\text{mH}_2\text{O}$$

选用水泵：流量和扬程皆考虑 10% 的余量。则选用水泵的参数为：流量 $1.1 \times 8.39\text{m}^3/\text{h} = 9.23\text{m}^3/\text{h}$，扬程 $1.1 \times 8.06\text{m} = 8.87\text{m}$。

表 3-20　【例 3-7】管段水力计算表

管段	管长 l/m	流量 $q_V/(\text{m}^3/\text{h})$	管径 d/mm	流速 $v/(\text{m/s})$	比摩阻 $R/(\text{Pa/m})$	局部阻力系数 $\sum \zeta$	动压 /Pa	设备阻力 Δp_m/kPa	管段总损失 Δp/kPa
1-2	10	8.39	50	1.19	470	14	704.20	0	14.5
2-3	5	4.196	40	0.93	390	0.4	430.02	0	2.13

（续）

管段	管长 l/m	流量 $q_V/(\text{m}^3/\text{h})$	管径 d/mm	流速 $v/(\text{m/s})$	比摩阻 $R/(\text{Pa/m})$	局部阻力 系数$\sum\zeta$	动压 $/\text{Pa}$	设备阻力 $\Delta p_m/\text{kPa}$	管段总损失 $\Delta p/\text{kPa}$
3-4	10	4.196	40	0.93	390	5.3	430.02	50	56.18
4-5	5	4.196	40	0.93	390	0.1	430.02	0	1.99
5-6	10	8.39	50	1.19	470	3.5	704.20	0	6.56
最不利环路的总阻力损失									81.95
2-5	10	4.196	40	0.93	390	8.4	430.02	50	57.51

管段 2-5 与管段 2-3-4-5 并联。

不平衡率为 $x = \dfrac{\Delta p_{2\text{-}3\text{-}4\text{-}5} - \Delta p_{2\text{-}5}}{\Delta p_{2\text{-}3\text{-}4\text{-}5}} = \left(\dfrac{60.36-57.51}{60.36}\right)\times 100\% = 4.6\% < 15\%$ 满足要求。

3.3.8　冷却水系统的水力计算

空调冷却水系统的水力计算的任务是根据冷却水流量，选择合适的冷却水流速，确定计算管路系统的沿程阻力损失和局部阻力损失，进而确定冷却水泵的扬程。

冷却塔冷却水量可按下式计算：

$$q_m = \frac{\Phi}{c\Delta t'} \tag{3-49}$$

式中　q_m——冷却塔冷却水量（kg/s）；

　　　Φ——冷却塔排走热量（W）；压缩式制冷机，取制冷机负荷的 1.3 倍左右；吸收式制冷机，取制冷机负荷的 2.5 倍左右；

　　　$\Delta t'$——冷却塔的进出水温差（℃）；压缩式制冷机，取 4~5℃；吸收式制冷机，取 6~9℃；

　　　c——水的比热容 [J/(kg·K)]。

冷却水泵所需扬程对应的压力为

$$p = \sum \Delta p_y + \sum \Delta p_j + \sum \Delta p_m + \Delta p_0 + \Delta p_h \tag{3-50}$$

式中　p——冷却水泵的扬程对应的压力（Pa）；

　　　Δp_y——冷却水管段的沿程阻力损失（Pa）；

　　　Δp_j——冷却水管段的局部阻力损失（Pa）；

　　　Δp_m——冷却水管段中设备的阻力损失（Pa）；

　　　Δp_0——冷却塔喷嘴喷雾压力（Pa），约等于 49kPa；

　　　Δp_h——冷却塔中水提升高度（从冷却塔盛水池到喷嘴的高差）所需的压力（Pa）。

下面以实例说明具体计算步骤。

【例 3-8】　某建筑物建筑面积为 4000m²，共 3 层，层高 3m，选用冷水机组一台，制冷量为 455kW。冷却水系统如图 3-38 所示，冷凝器侧水阻力为 4.9×10^4Pa，进、出冷凝器的水温分别为 32℃ 和 37℃，水处理器的阻力为 2.0×10^4Pa，冷却塔置于 3 层屋顶，冷却水管总长 32m。求各管段的管径和水泵的流量和扬程。

【解】　冷却水平均温度（32+37）℃/2 = 34.5℃，查此温度下水的密度 $\rho = 994.1$kg/m³；运动黏度 $\nu = 0.727\times10^{-6}$m²/s，管壁当量造粒高度 $K = 0.5$mm。

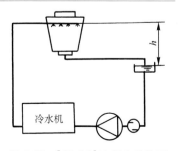

图 3-38　【例 3-8】冷却水系统图

计算冷却水流量，根据式（3-49），得

$$q_m = \frac{\Phi}{c\Delta t'} = \frac{1.3 \times 455 \times 10^3}{4.187 \times 10^3 \times (37-32)} \text{kg/s} = 28.25\text{kg/s}$$

$$= 1.02 \times 10^5 \text{kg/h} = 102.3\text{m}^3/\text{h}$$

根据冷却水流量 1.02×10^5 kg/h，查表 3-19，选用管道公称直径 $DN150$mm，管道水流速为

$$v = \frac{4q_m}{\rho \pi d^2} = \frac{4 \times 28.25}{994.1 \times 3.14 \times 0.15^2} \text{m/s} = 1.61\text{m/s}$$

查图 3-32 得比摩阻 $R = 190$Pa/m，管道长度为 32m，沿程阻力损失为

$$\sum \Delta p_y = Rl = 190 \times 32 \text{Pa} = 6.08 \times 10^3 \text{Pa}$$

弯头、止回阀、闸阀等管件等的局部阻力系数总和 $\sum \zeta = 12.46$，局部阻力损失为

$$\sum \Delta p_j = \sum \zeta \frac{\rho v^2}{2} = 12.46 \times \frac{994.1 \times 1.61^2}{2} \text{Pa} = 1.61 \times 10^4 \text{Pa}$$

设备总阻力损失包括冷凝器阻力损失、水处理器阻力损失为

$$\sum \Delta p_m = (4.9 \times 10^4 + 2 \times 10^4) \text{ Pa} = 6.9 \times 10^4 \text{Pa}$$

冷却塔喷雾所需压力 $\Delta p_0 = 4.9 \times 10^4$Pa

冷却水提升高度为 2.5m，所需的提升压力为

$$\Delta p_h = 2.5 \times 9807 \text{Pa} = 2.45 \times 10^4 \text{Pa}$$

故冷却水泵扬程对应的压力为

$$p = \sum \Delta p_y + \sum \Delta p_j + \sum \Delta p_m + \Delta p_0 + \Delta p_h$$

$$= (6.08 \times 10^3 + 1.61 \times 10^4 + 6.9 \times 10^4 + 4.9 \times 10^4 + 2.45 \times 10^4) \text{Pa}$$

$$= 1.65 \times 10^5 \text{Pa} = 16.82\text{mH}_2\text{O}$$

选用水泵：流量和扬程皆考虑 10% 的余量。选用水泵的参数为：流量 $1.1 \times 102.3\text{m}^3/\text{h} = 112.5\text{m}^3/\text{h}$，扬程 $1.1 \times 16.52\text{m} = 18.2\text{m}$。

【例 3-9】　地埋管换热器水力计算示例图如图 3-39 所示，管内水流速为 0.525m/s，管径为 0.04m，沿程阻力系数为 0.1645，局部阻力系数为 3.9，管段 AB、CD、EF、GH 长均为 9m，管段 BC、DE、FG 长均为 1m。求地埋管单位管长阻力损失为多少（图中阴影部分为地表，双 U 管为地埋管）？

【解】　沿程阻力损失计算公式为　　$\Delta p_f = \lambda \frac{l}{d} \cdot \frac{v^2}{2}$

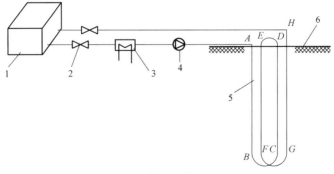

图 3-39　【例 3-9】系统图

1—试验加热水箱　2—阀门　3—热量计　4—流量计　5—双 U 管　6—地面

局部阻力损失计算公式为 $\qquad \Delta p_{\mathrm{m}} = \zeta \dfrac{v^2}{2}$

对于管段 AB、CD、EF、GH，沿程阻力损失为

$$\Delta p_{\mathrm{f1}} = \lambda \frac{l}{d} \cdot \frac{v^2}{2} = 0.1645 \times \frac{9}{0.04} \times \frac{0.525^2}{2} \mathrm{kPa} = 5.1 \mathrm{kPa}$$

对于管段 BC、DE、FG，沿程阻力损失为

$$\Delta p_{\mathrm{f2}} = \lambda \frac{l}{d} \cdot \frac{v^2}{2} = 0.1645 \times \frac{1}{0.04} \times \frac{0.525^2}{2} \mathrm{kPa} = 0.57 \mathrm{kPa}$$

对于所有管段，局部阻力损失均相同，则有局部阻力损失为

$$\Delta p_{\mathrm{m}} = \zeta \frac{v^2}{2} = 3.9 \times \frac{0.525^2}{2} \mathrm{kPa} = 0.54 \mathrm{kPa}$$

地埋管管段总阻力损失为各段阻力损失之和，即

$$\Delta p_{\mathrm{总}} = 4\Delta p_{\mathrm{f1}} + 3\Delta p_{\mathrm{f2}} + 7\Delta p_{\mathrm{m}} = 25.89 \mathrm{kPa}$$

故地埋管单位管长阻力损失为

$$\frac{\Delta p_{\mathrm{总}}}{l_{\mathrm{总}}} = \frac{25.89}{39} \times 100 \mathrm{kPa}/100\mathrm{m} = 66.4 \mathrm{kPa}/100\mathrm{m}$$

目前大部分地埋管均采用 PE 管材，其沿程阻力损失与局部阻力损失均较一般钢管、铸铁管阻力损失小很多。本例中给出的沿程阻力系数比一般钢管大许多，因此计算结果是偏于保守的。一般来说，这类地埋管阻力损失与流速、管径、敷设方式及管材本身有很大关系，不同工程项目往往有一定甚至较大差异，小到每 100m 管长约 10kPa 压力损失的时候也有。

空调凝结水管内的流动是典型的小型（超小型）无压圆管流动，其流动驱动力是重力在流动方向的分力，因而凝结水管需要一定坡度。其流动特征可参考第 1 章 1.2 节的相关介绍，其管径设计方法可参照相关内容、步骤进行。设计者还可以根据厂家所提供的产品样本，按经验进行凝结水管管径计算；同时，也可参照参考文献［1］的有关内容。

思考题与习题

1. 明渠流动称重力流动，自然管流亦可称重力流动，这两种"重力"流动的驱动力有何区别？
2. 自然循环双管系统垂直失调与自然循环单管系统垂直失调的原因是否存在不同？各自是什么？
3. 机械循环与自然循环的主要区别有哪些？
4. 膨胀水箱的作用有哪些？
5. 什么是水平失调？
6. 同程式系统与异程式系统有何区别？
7. 不等温降算法在何种场合使用较为合适？有何优点？
8. 供暖自然循环系统和机械循环系统的膨胀水箱是如何设置的？为什么？
9. 供暖自然循环系统和机械循环系统管道的坡度是如何规定的？为什么要设坡度？
10. 管道水力计算方法中当量阻力法和当量长度法的计算原理是什么？
11. 热水管道中的等温降法、不等温降法有何不同？
12. 热水供暖系统的垂直失调和水平失调是如何产生的？
13. 如何计算热水供暖自然循环系统的工作压力？

14. 试计算某单管系统各层立管中的混合水温，其热负荷和热媒温度见图 3-40。

15. 写出图 3-41a、b、c、d 自然循环供暖系统计算作用压力的数学表达式。

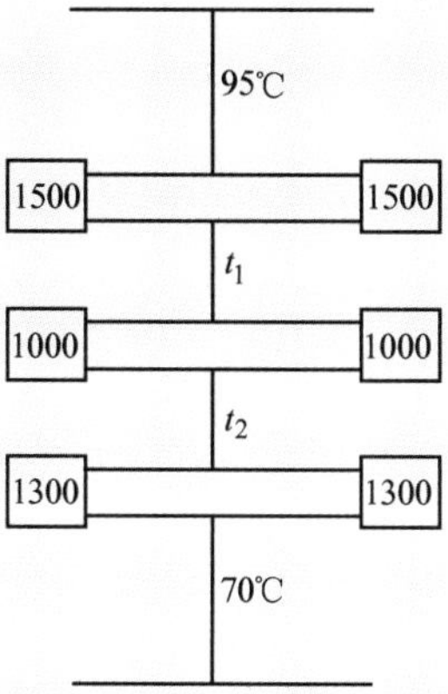

图 3-40　题 14 图

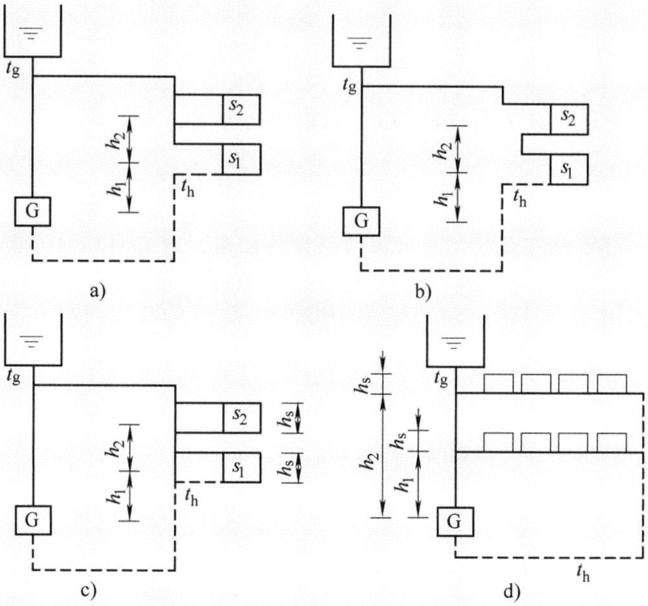

图 3-41　题 15 图

16. 试写出单双管混合系统通过最不利环路的自然循环作用压力。其散热负荷及标高如图 3-42 所示。

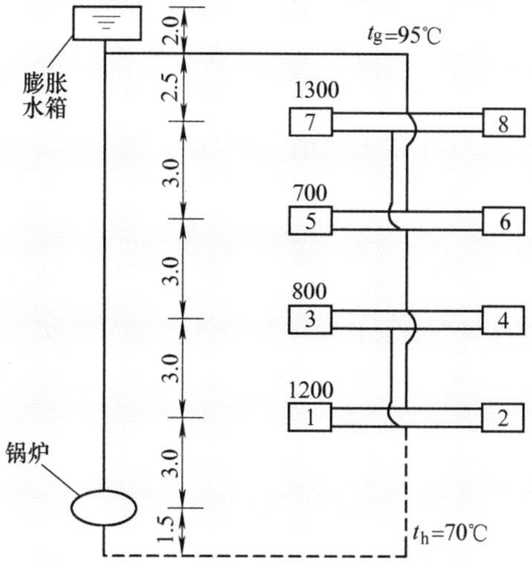

图 3-42　题 16 图

17. 膨胀水箱与系统的连接点对系统压力分布有无影响？为什么（绘图分析）？如何保证系统正常运行？

18. 某自然循环热水供暖系统，如图 3-43 所示，其热负荷为 250kW，采用 M-132 型散热器和 SH 型热水锅炉，试确定膨胀水箱的型号。

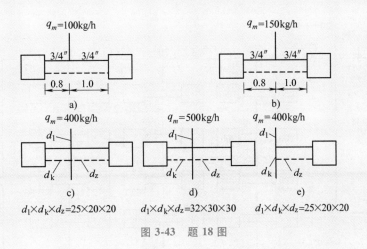

图 3-43　题 18 图

19. 某供暖系统如图 3-44 所示，试分析通过各个环路的几种可能的自然循环作用压力，并写出其计算作用压力。

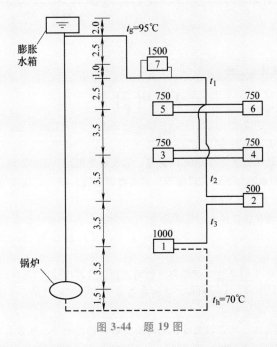

图 3-44　题 19 图

20. 试确定图 3-44 所示单管热水供暖系统的作用压力，并确定最远环路的管径、阻力。

21. 试确定图 3-43 中流入散热器的流量 q_{m1} 和 q_{m2}。

22. 试编制程序模拟"不等温降"法的手工计算过程，计算本章中的【例 3-5】，其输出格式请参照表 3-15。

23. 某机械循环热水供暖系统如图 3-45 所示，其供回水温度为 95℃/70℃，用户入口处压力为 10kPa，试进行水力计算（确定热水，回水干管管径，并平衡 Ⅱ、Ⅴ 立管等）。

24. 试求沿程压力降仍服从阻力平方定律时管道内水的最低速度，即流动由湍流过渡区转到阻力平方区的临界速度。假设水的温度 $t = 100℃$，管道的绝对粗糙度 $k = 0.5mm$。

附注：湍流过渡区的流动摩擦系数由阿尔特舒尔公式确定，$\lambda = 0.11 \times \left(\dfrac{k}{d} + \dfrac{68}{Re} \right)^{0.25}$。阻力平方区的流

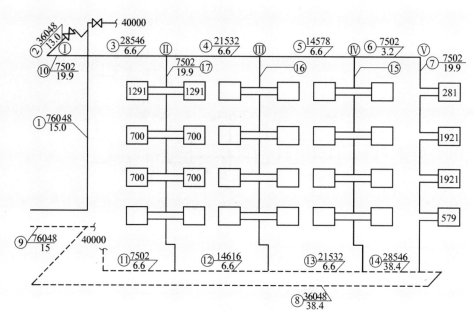

图 3-45　题 23 图

动摩擦系数由谢弗林逊公式确定，即

$$\lambda = 0.11\left(\frac{k}{d}\right)^{0.25}$$

25. 有一直径 $d = 100mm$ 的管道，试求以 $v = 0.2m/s$，温度 $t = 100℃$ 的水通过该管道的单位沿程压力降。假定管道的绝对粗糙度 $k = 0.5mm$。

26. 有一直径 $d = 300mm$ 和长度 $l = 2000m$ 的管道，如长期使用后其绝对粗糙度由 $k_1 = 0.5mm$ 增大至 $k_2 = 2mm$。试求：（1）在相同的水流量下该管道的压力损失增加几倍？（2）在相同的压力降下管道的水流量减少多少？假设总的局部阻力系数 $\sum \xi = 10$。

27. 某直径 $d = 300mm$ 的管道，有平均温度为 90℃，流量为 300t/h 的热水通过，试求水通过该管的流速和单位沿程压力降（利用水力计算表进行计算）。（1）假设管道的绝对粗糙度 $k_1 = 0.5mm$。（2）$k_2 = 0.2mm$。

28. 试求供水量 $q_m = 300t/h$ 的单管式远距离管道的直径。管道的长度 $L = 10km$，流动摩擦阻力和局部阻力的允许压力降（假定地形平坦）$\Delta p = 6bar$。总的局部阻力系数 $\sum \xi = 120$，计算中假设的绝对粗糙度 $k = 0.5mm$，水的密度 $\rho = 958kg/m^3$。

29. 某双管式热水供暖系统，其管段长度，闸门及方形补偿器的平面布置如图 3-46 所示，网路的计算供回水温度分别为 $t_g = 130℃$，$t_h = 70℃$，用户 1、2、3 内部的阻力损失分别为 $5mH_2O$、$10mH_2O$、$5mH_2O$，供暖设计热负荷均为 $3×10^6W$，试求各管段的管径及实际的压头损失。

假设热网水泵扬程对应的压力 $p = 45mH_2O$ 锅炉房内汽-水加热器及管道的阻力损失 $\Delta p_f = 15mH_2O$。计算中取 $k = 0.5mm$。

30. 承题 29，试编制程序上机计算，输出格式可采用教材中有关表格的形式。

31. 当进行双管式输送热水管的试验时，起点（热电厂）供水和回水管上压力表所示的压力相应地为 9bar

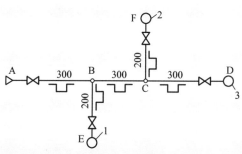

图 3-46　题 29 图

和 4bar，同时终点供水管和回水管上压力表所示的压力相应地为 4bar 和 3bar（注：1bar = 10^5Pa）。

设供水管和回水管的摩擦阻力和局部阻力的压头损失相同，试求热水管终点的标高比起点的高多少。

32. 有一直径 $d = 257$mm，线路长 $L = 1200$m 的双管式热力管，供给用户热水 $q_V = 300$m³/h。

如果根据压力表测得热力管起点处供水管的压力 $p_1' = 7$bar。回水管的压力 $p_2' = 3$bar，试求用户热力站内供水管的压力 p_1 和回水管的压力 p_2。

每根热力管的总的局部阻系数 $\sum\xi = 9$，热力管的终点（用户热力站）比起点低 12m。计算中假定水的密度 $\rho = 1000$kg/m³，$k = 0.2$mm。

33. 当直径 $d = 400$mm 和长度 $l = 200$m 的供水管进行试验时，水流量 $q_V = 100$m³/h（$\rho = 1000$kg/m³）管道始端的压力表压力 $p_1 = 9$bar，管道末端的压力表压力 $p_2 = 3.5$bar，静止状态下（$q_V = 0$），上述压力表的示度上应为 $p_1 = 2.5$bar 和 $p_2 = 3.5$bar。如 $k = 0.2$mm，试求实际压力降比计算用压力降大几倍，设总的局部阻力系数 $\sum\xi = 20$。

34. 图 3-47 所示是一个典型的空调凝结水管安装示意图，为确保凝结水在管中保持无压（即重力）流动状态，除保持某一坡度外，可每隔一段距离在水平管段上加装一个空气管。通过一个例子，请给出空调凝结水管管径的设计方法和步骤。

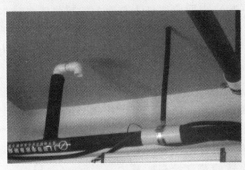

图 3-47　题 34 图

二维码形式客观题

微信扫描二维码，可自行做客观题，提交后可查看答案。

第3章
客观题

第 4 章

蒸汽管网

4.1 室内蒸汽管路系统的水力特征与基本形式

4.1.1 蒸汽管路系统的水力特征

蒸汽管路系统在供热（暖）方面应用极为普遍，如同前述冷热水那样，蒸汽也是重要的转运、分配能量的流体介质。图 4-1 所示是蒸汽管路系统用于供暖的原理图。蒸汽从热源 1 沿蒸汽管路 2 进入散热设备 4，蒸汽凝结放出热量后，凝结水通过疏水器 5 再返回热源重新加热。

与冷热水管路系统相对比，蒸汽管路系统具有显著的特征。

首先，蒸汽和凝结水在系统管路内流动时，其状态参数变化比较大（主要指流量和比体积），还会伴随相态变化。例如，当湿饱和蒸汽沿管路流动时，由于管壁散热会产生沿途凝水，使输送的蒸汽量有所减少；当湿饱和蒸汽经过阻力较大的阀门时，蒸汽被绝热节流，虽焓值不变，但压力下降，体积膨胀，同时温度一般要降低。湿饱和蒸汽可成为节流后压力下的饱和蒸汽或过热蒸汽。在这些变化中，蒸汽的密度会随着发生较大的变化。又例如，从散热设备流出的饱和凝结水，通过疏水器和在凝结水管路中压力下降，沸点改变，凝结水部分重新汽化，形成所谓"二次蒸汽"，以两相流的状态在管路内流动。

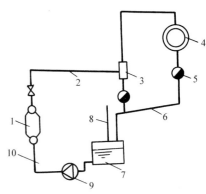

图 4-1　蒸汽管路系统原理图
1—热源　2—蒸汽管路　3—分水器
4—散热设备　5—疏水器　6—凝结水管路
7—凝结水箱　8—空气管
9—凝结水泵　10—凝结水管

蒸汽和凝结水状态参数变化较大的特点是蒸汽管路系统比热水管路系统在设计和运行管理上较为复杂的原因之一。由这一特点而引起系统中出现所谓"跑、冒、滴、漏"问题解决不当时，会降低蒸汽管路系统的经济性和适用性。

其次，蒸汽在系统散热设备中，靠水蒸气凝结成水放出热量，相态发生了变化。

每 1kg 蒸汽在散热设备中凝结时放出的热量 $q(kJ/kg)$，可按下式确定：

$$q = h_z - h_s \tag{4-1}$$

式中　h_z——进入散热设备时蒸汽的焓（kJ/kg）；

　　　h_s——流出散热设备时凝结水的焓（kJ/kg）。

当进入散热设备的蒸汽是饱和蒸汽，流出散热设备的凝结水是饱和凝结水时，上式可变为

$$q = r \tag{4-2}$$

式中　r——蒸汽在凝结压力下的汽化热（汽化潜热）（kJ/kg）。

通常，流出散热设备的凝结水温度稍低于凝结压力下的饱和温度。低于饱和温度的数值称为过冷却度。过冷却放出的热量很少，一般可忽略不计。当稍微过热的蒸汽进入散热设备，其过热度不大时，也可忽略。这样，所需进入散热设备的蒸汽量，通常可按下式计算：

$$q_m = \frac{A\Phi}{r} = \frac{3600\Phi}{1000r} = 3.6\frac{\Phi}{r} \qquad (4-3)$$

式中 q_m——所需进入散热设备的蒸汽量（kg/h）；

Φ——散热设备热负荷（W）；

A——单位换算系数，$1W = 1J/s = (3600/1000)kJ/h = 3.6kJ/h$。

蒸汽的汽化热 r 值比每 1kg 水在散热设备中靠温降放出的热量要大得多。例如，采用高温水 130℃/70℃供暖，每 1kg 水放出的热量也只有 $\Phi = c\Delta tq_m = 4.1868×(130-70)kJ/kg = 251.2kJ/kg$。如采用蒸汽表压力 200kPa 供暖，相应的汽化热 $r = 2164.1kJ/kg$。两者相差 8.6 倍，因此，对同样的热负荷，蒸汽供暖时所需的蒸汽质量流量要比热水流量少得多。

另外，蒸汽管路系统中的蒸汽比体积，较冷热水比体积大得多。例如，采用蒸汽表压力 200kPa 供暖时，饱和蒸汽的比体积是水的比体积的 600 多倍。因此，蒸汽管道中的流速，通常可采用比热水流速高得多的速度。

由于蒸汽具有比体积大、密度小的特点，因而在高层建筑采用蒸汽管路系统供暖时，不会像冷热水管路系统那样，产生很大的水静压力。

4.1.2 室内蒸汽管路系统的形式

1. 室内蒸汽管路系统分类

按照供汽压力的大小，将室内供暖时的蒸汽管路系统分三类：供汽的表压力高于 70kPa 时，称为中压蒸汽管路。供汽的表压力等于或低于 70kPa 时，称为低压蒸汽管路。当系统中的压力低于大气压力时，称为真空蒸汽管路。

中压蒸汽管路的蒸汽压力一般由管路和设备的耐压强度确定。例如，使用铸铁柱型和长翼型散热器时，规定散热器内蒸汽表压力不超过 196kPa；铸铁圆翼型散热器，不得超过 392kPa。当供汽压力降低时，蒸汽的饱和温度也降低，凝结水的二次汽化量小，运行较可靠且卫生条件也好些。因此，国外设计的低压蒸汽管路系统，一般采用尽可能低的供汽压力，且多数使用在民用建筑中。真空蒸汽管路在国外使用较多。因它需要使用真空泵装置，系统复杂；但真空蒸汽管路系统具有可随室外气温调节供汽压力的优点。在室外温度较高时，蒸汽压力甚至可降低到 10kPa，其饱和温度仅为 45℃左右，卫生条件好。

按照蒸汽干管布置的不同，蒸汽管路系统可有上供式、中供式、下供式三种。

按照立管的布置特点，蒸汽管路系统可分为单管式和双管式。目前国内绝大多数蒸汽管路系统采用双管式。

按照回水动力不同，蒸汽管路系统可分为重力回水和机械回水两类。中压蒸汽管路系统都采用机械回水方式。

2. 低压蒸汽管路系统的基本形式

图 4-2 所示是重力回水低压蒸汽管路系统示意图。图 4-2a 所示是上供式，图 4-2b 所示是下供式。在系统运行前，锅炉充水至 Ⅰ—Ⅰ 平面。锅炉加热后产生的蒸汽，在其自身压力作用下，克服流动阻力，沿供汽管道输进散热器内，并将积聚在供汽管道和散热器内的空气驱入凝结水管，最后，经连接在凝结水管末端的 B 点处排出。蒸汽在散热器内冷凝放热。凝结水靠重力作用沿凝结水管路返回锅炉，重新加热变成蒸汽。

从图 4-2 可见，重力回水蒸气管路系统中的蒸汽管道、散热器及凝结水管构成一个循环回路。由于总凝结水立管与锅炉连通，在锅炉工作时，在蒸汽压力作用下，总凝结水立管的水位将升高 h 值，达到Ⅱ—Ⅱ水面。当凝结水干管内为大气压力时，h 值即为锅炉压力所折算的水柱高度。为使系统内的空气能从图 4-2 所示的 B 点处顺利排出，B 点前的凝结水干管就不能充满水。在干管的横断面，上部分应充满空气，下部分充满凝结水，凝结水靠重力流动。这种非满管流动的凝结水管，称为干式凝结水管。显然，它必须敷设在Ⅱ—Ⅱ水面以上，再考虑锅炉压力波动，B 点处应再高出Ⅱ—Ⅱ水面 200～250mm。第一层散热器当然应在Ⅱ—Ⅱ水面以上才不致被凝结水堵塞，排不出空气，从而保证其正常工作。图 4-2 中水面Ⅱ—Ⅱ以下的总凝结水立管全部充满凝结水，凝水满管流动，称为湿式凝结水管。

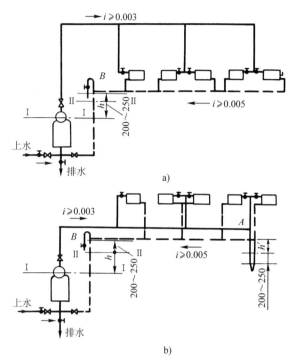

图 4-2　重力回水低压蒸汽管路系统示意图
a）上供式系统　b）下供式系统

重力回水低压蒸汽管路系统形式简单，无须机械回水系统那样，需要设置凝结水箱和凝结水泵，运行时不消耗电能，宜在小型系统中采用。但在管路系统作用半径较长时，就要采用较高的蒸汽压力才能将蒸汽输送到最远散热器。如仍用重力回水方式，凝结水管里水面Ⅱ—Ⅱ高度就可能达到甚至超过底层散热器的高度，底层散热器就会充满凝结水、并积聚空气，蒸汽就无法进入，从而影响散热。因此，当系统作用半径较大，供汽压力较高（通常供汽表压力高于 20kPa）时，就都采用机械回水系统。

图 4-3 所示是机械回水中供式低压蒸汽管路系统的示意图。不同于连续循环重力回水系统，机械回水系统是一个"断开式"系统，凝结水不直接返回锅炉，而首先进入凝结水箱，然后再用凝结水泵将凝水送回热源重新加热。在低压蒸汽管路系统中，凝结水箱布置应低于所有散热器和凝结水管。进凝结水箱的凝结水干管应作顺流向下的坡度，使从散热器流出的凝结水靠重力自流进入凝结水箱。为了系统的空气可经凝结水干管流入凝结水箱，再经凝结水箱上的空气管排往大气，凝结水干管同样应按干式凝结水管设计。

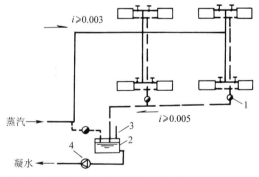

图 4-3　机械回水中供式低压蒸汽管路系统示意图
1—低压恒温式疏水器　2—凝结水箱
3—空气管　4—凝结水泵

机械回水系统的最主要优点是扩大了供热范围，因而应用最为普遍。

3. 中压蒸汽管路系统的形式

在工厂中，生产工艺用热往往需要使用较高压力的蒸汽。因此，利用中压蒸汽作为热媒，向工厂车间及其辅助建筑物各种不同用途的热用户（生产工艺、热水供应、通风及供暖热用户等）供热，是一种常用的中压蒸汽管路系统。

图 4-4 所示是一个厂房的用户入口和室内中压蒸汽管路系统示意图。中压蒸汽通过室外蒸汽管路进入用户入口的分汽缸。根据各种热用户的使用情况和要求的压力不同，季节性供暖的室内蒸汽管道系统宜与其他热用户的管道系统分开，即从不同的分汽缸中引出蒸汽分送不同的用户。当蒸汽入口压力或生产工艺用热的使用压力高于供暖管路系统的工作压力时，应在分汽缸之间设置减压装置（见图 4-4）。室内各供暖系统的蒸汽，在用热设备中冷凝放热，冷凝水沿凝结水管道流动，经过疏水器后汇流到凝结水箱，然后用凝结水泵压送回锅炉房重新加热。凝结水箱可布置在该厂房内，也可布置在工厂区的凝结水回收分站或直接布置在锅炉房内。凝结水箱可以与大气相通，称为开式凝结水箱（见图 4-4 中 7），也可以密封且具有一定的压力，称为闭式凝结水箱。

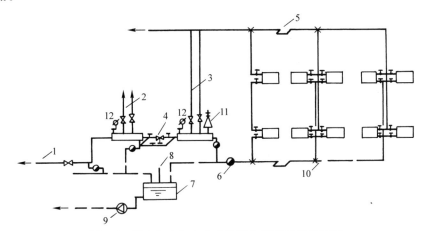

图 4-4　用户入口和室内中压蒸汽管路系统示意图

1—室外蒸汽管　2—室内中压蒸汽供热管　3—室内中压蒸汽供暖管　4—减压装置　5—补偿器
6—疏水器　7—开式凝结水箱　8—空气管　9—凝结水泵　10—固定支点　11—安全阀　12—压力表

4.2　室内蒸汽管路系统的凝结水

由于室内低、中压蒸汽管路具有前述的水力特征，引起管路系统的设计和运行管理较为复杂，凝结水管的设计计算，只能采用相对简单的方法。蒸汽和凝结水管道中的状态参数变化，或者因此而形成的两相流使得凝结水问题必须采取一系列技术措施来认真对待，以免引起不良后果。

4.2.1　低压蒸汽管路系统的凝结水

在设计低压蒸汽管路系统时，一方面尽可能采用较低的供汽压力，另一方面系统的干式凝水管又与大气相通。因此，散热器内的蒸汽压力只需比大气压力稍高一点即可。剩余压力可保证蒸汽流入散热器所需的压力损失，并靠蒸汽压力将散热器中的空气驱入凝结水管。设计时，散热器入口阀门前的蒸汽剩余压力通常为 1500～2000Pa。

当供汽压力符合设计要求时，散热器内充满蒸汽。进入的蒸汽量恰能被散热器表面冷凝下来，形成一层凝结水薄膜，凝结水顺利流出，不积留在散热器内，空气排除干净，这样才算是散热器工作正常（见图 4-5a）。当供汽压力降低，进入散热器中的蒸汽量减少，不能充满整个散热器，散热器中的空气不能排净，或由于蒸汽冷凝，造成微负压而从干式凝结水管吸入空气。由于低压蒸汽的比体积比空气大，蒸汽将只占据散热器上部空间，空气则停留在散热器下部，如图 4-5b 所示。在此情况下，沿散热器壁流动的凝结水，在通过散热器下部的空气区时，将因蒸汽饱和分压力降低及器壁的散热而发生过冷却，散热器表面平均温度降低，散热器的散热量减少。反之，当供汽压力过高时，进入散热器的蒸汽量超过了散热表面的凝结能力，便会有未凝结的蒸汽窜入凝结水管。此时，散热器的表面温度随蒸汽压力升高而高出设计值，散热器的散热量增加。

在实际运行过程中，供汽压力总有波动，为了避免供汽压力过高时未凝结的蒸汽窜入凝结水管，可在每个散热器出口或在每根凝结水立管下端安装疏水器。

疏水器的作用是自动阻止蒸汽逸漏，而且能迅速排出用热设备及管道中的凝结水，同时排除系统中积留的空气和其他不凝性气体。图 4-6 所示为低压疏水装置中常用的一种疏水器，称为恒温式疏水器。凝结水流入疏水器后，经过两个缩小的孔口排出。此孔的启闭由一个能热胀冷缩的薄金属片波纹管盒操纵。盒中装有少量受热易蒸发的液体（如酒精）。当蒸汽流入疏水器时，小盒被迅速加热，液体蒸发产生压力，使波纹管盒伸长，带动盒底的锥形阀，堵住小孔，防止蒸汽逸漏，直到疏水器内蒸汽冷凝成饱和水并稍过冷却后，波纹管盒收缩，阀孔打开，排出凝结水。当空气或较冷的凝结水流入时，阀门则一直打开，它们可以顺利通过。

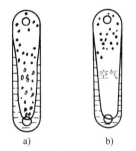

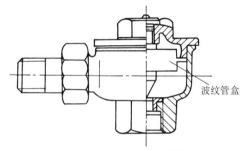

图 4-5 蒸汽在散热器内凝结示意图　　　　　图 4-6 恒温式疏水器

在恒温式疏水器正常工作情况下，流出的凝结水可经常维持在过冷却状态，不再出现二次汽化。恒温式疏水器后面的干式凝结水管中的压力接近大气压力，因此，在干凝结水管路中凝结水的流动是依靠管路的坡度（应大于 0.005），即靠重力使凝结水流回凝结水箱去。

在重力回水低压管路系统中，通常供汽压力设定得比较低，只要初调节好散热器的入口阀门，原则上可以不装疏水器。当然，也可以如上述方法设置疏水器，这对系统的工作则更加可靠，但造价将提高。

在蒸汽管路系统中，排除沿途凝结水，以免发生蒸汽系统常有的"水击"现象是设计中必须认真重视的一个问题。在蒸汽供暖系统中，沿管壁凝结的沿途凝结水可能被高速的蒸汽流裹带，形成随蒸汽流动的高速水滴；落在管底的沿途凝结水也可能被高速蒸汽流重新掀起，形成"水塞"，并随蒸汽一起高速流动，在遇到阀门、拐弯或向上的管段等使流动方向改变时，水滴或水塞在高速下与管件或管子撞击，就产生"水击"，出现噪声、振动或局部高压，严重时能破坏管件接口的严密性和管路支架。

为了减轻水击现象，水平铺设的供汽管路，必须具有足够的坡度，并尽可能保持汽、水同向流动（见图 4-2 和图 4-3 所标的坡向），蒸汽干管汽水同向流动时，坡度 i 宜采用 0.003，不得小于 0.002。进入散热器支管的坡度 $i = 0.01 \sim 0.02$。

供汽干管向上拐弯处，必须设置疏水装置。通常宜采用耐水击的双金属片型的疏水器，定期排出沿途流来的凝结水（见图 4-3 供水干管入口处所示），当供汽压力低时，也可用水封装置，如图 4-2b 所示下供式系统末端的连接方式。其中 h' 的高度至少应等于 A 点蒸汽压力的折算高度加 200mm 的安全值。同时，在下供式系统的蒸汽立管中，汽、水呈逆向流动，蒸汽立管要采用比较低的流速，以减轻水击现象。

在图 4-2a 所示的上供式系统中，供水干管中汽、水同向流动，干管沿途产生的凝结水，可通过干管末端凝结水装置排除。为了保持蒸汽的干度，避免沿途凝结水进入供汽立管，供汽立管宜从供水干管的上方或上方侧接出（见图 4-7）。

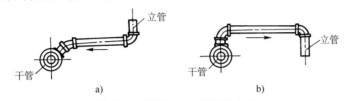

图 4-7 供汽干、立管连接方式

a）供汽干管下部铺设 b）供汽干管上部敷设

蒸汽管路系统经常采用间歇工作的方式供暖。当停止供汽时，原充满在管路和散热器内的蒸汽冷凝成水。由于凝结水的容积远小于蒸汽的容积，散热器和管路内会因此出现一定的真空度。此时，应打开空气管的阀门，使空气通过干凝结水干管迅速进入系统内，以免空气从系统的接缝处渗入，逐渐使接缝处生锈、不严密，造成渗漏。在每个散热器上设置蒸汽自动排气阀是较理想的补进空气的措施，蒸汽自动排气阀的工作原理，同样是靠阀体内的膨胀芯热胀冷缩来防止蒸汽外逸和让冷空气通过阀体进入散热器的。

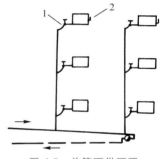

图 4-8 单管下供下回
式低压蒸汽供暖系统

1—阀门 2—自动排气阀

还有一种单管下供下回式低压蒸汽供暖系统，见图 4-8。

在单根立管中，蒸汽向上流动，进入各层散热器冷凝放热。为了凝结水顺利流回立管，散热器支管与立管的连接点必须低于散热器出口水平面，散热器支管上阀门需采用转心阀或球形阀。采用单根立管，节省管道，但立管中汽、水逆向流动，故立、支管的管径都需粗一些。同时，在每个散热器上，必须装置自动排气阀。因为当停止供汽时，散热器内会形成负压，自动排气阀即迅速补入空气，凝结水得以排除干净，在下次起动时，不会产生水击。由于低压蒸汽的密度比空气大，自动排气阀应装在散热器 1/3 的高度处，而不应装在顶部。

4.2.2 中压蒸汽管路系统的凝结水

由于中压蒸汽的压力较高，容易引起水击，为了使蒸汽管道的蒸汽与沿途凝结水同向流动，减轻水击现象，室内中压蒸汽管路系统大多采用双管上供下回式布置。如图 4-4 所示右面部分是室内中压蒸汽管路系统的示意图。各散热器的凝结水通过室内凝结水管路进入集中的疏水器。疏水器具有阻汽排水的功能，并靠疏水器后的余压，将凝结水送回凝结水箱去。中压蒸汽系统因采用集中的疏水器，故排水量较大，远超过每组散热器的排水量，且因蒸汽压力高，需消除剩余压力，因此常采用与图 4-6 所示不同的其他形式的疏水器。当各分支的用气压力不同时，疏水器可设置在各分支凝结水管道的末端。

在系统开始运行时，借中压蒸汽的压力，将管道系统及散热器内的空气驱走。空气沿干式凝结水管路流至疏水器，通过疏水器内的排气阀或空气旁通阀，最后由凝结水箱顶的空气管排出系统；空气也可以通过疏水器前设置启动排气管直接排出系统。因此，必须再次着重指出，散热设备到疏水器前的凝结水管路应按干凝结水管路设计，必须保证凝结水管路的坡度，沿凝结水流动方向的坡度不小于0.005。同时，为使空气能顺利排除，当干凝结水管路（无论低压或中压蒸汽系统）通过过门地沟时，必须设空气绕行管（见图4-9）。当室内中压蒸汽管路系统的某个散热器需要停止供汽时，为防止蒸汽通过凝结水管窜入散热器，每个散热器的凝结水支管上都应增设阀门，供关断用。

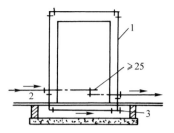

图 4-9 干凝结水管路过门装置

1—ϕ15mm 空气绕行管

2—凝结水管 3—泄水口

凝结水通过疏水器的排水孔和沿疏水器后面的凝结水管路流动时，由于压力降低，相应的饱和温度降低，凝结水会部分重新汽化，生成二次蒸汽。同时，疏水器因动作滞后或阻气不严也必会有部分漏气现象。因此，疏水器后的管道流动状态属两相流（蒸汽与凝结水）。靠疏水器后的余压输送凝结水的方式，通常称为余压回水。

余压回水设备简单，是目前国内应用最为普遍的一种凝结水回收方式。但不同余压下的汽水两相合流时会相互干扰，影响低压凝结水的排除，同时严重时甚至能破坏管件及设备。为使两股压力不同的凝结水顺利合流，可采用将压力高的凝结水管做成喷嘴或多孔管等形式，顺流插入压力低的凝结水管中（见图4-10）。此外，由于汽水混合物的比体积很大，因而输送相同的质量流量凝结水时，所需的管径要比输送纯凝结水（如采用机械回水方式）的大很多。

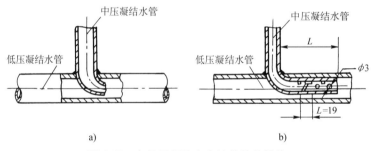

a) b)

图 4-10 中低压凝结水合流的简单措施

图 b 中 $L = 6.5n$（mm）；$n = 12.4f$。

n—开孔数 f—中压凝结水管截面面积（cm^2）

当工业厂房的蒸汽供热系统使用较高压力时，凝结水管道内生成的二次汽量就会增多。如有条件利用二次汽，则可将使用压力较高的室内各热用户的高温凝结水先引入专门设置的二次蒸发箱（器），通过二次蒸发箱分离出二次蒸汽，再就地利用。分离后留下的纯凝结水靠位差作用送回凝结水箱。

图4-11所示是厂房车间内设置二次蒸发箱的室内中压蒸汽供热系统示意图。二次蒸发箱的设置高度一般为3m左右。室内各热用户的凝结水，通过疏水器后进入二次蒸发箱。当二次蒸发箱内蒸汽压力降低时，通过自动补气阀（蒸汽压力调节阀）补气，以维持箱内蒸汽压力和保证二次蒸汽热用户的需要。当二次汽化量大于二次蒸汽热用户需要量时，箱内蒸汽压力增高，当超压时，通过箱上安装的安全阀6排气降压。

同余压回水方式相对比，这种回水方式设备增多，但在有条件就地利用二次蒸汽时，它可避免室外余压回水系统汽、水两相流动易产生水击，中低压合流相互干扰，外网管径较粗等缺点。

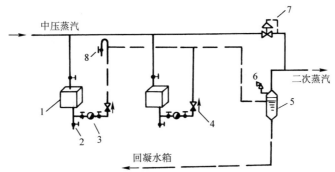

图 4-11　设置二次蒸发箱的室内中压蒸汽供热系统示意图

1—暖风机　2—泄水阀　3—疏水装置　4—止回阀　5—二次
蒸发箱　6—安全阀　7—蒸汽压力调节阀　8—排气阀

各种凝结水回收方式的有关问题，在室外高压蒸汽管路系统中再详细阐述。

如前述及，室内蒸汽系统管道布置大多采用上供下回式。但当车间地面不便布置凝结水管时，也可采用如图 4-11 所示的上供上回式。实践证明，上供上回管道布置方式不利于运行管理。系统停气检修时，各用热设备和主管要逐个排放凝结水；系统启动升压过快时，极易产生水击，且系统内空气也不易排除。因此，此系统必须在每个散热设备的凝结水排出管上安装疏水器和单向阀。通常只有在散热量较大的暖风机供暖系统等，且又难以在地面敷设凝结水管时（如在多跨车间中部布置暖风等场合），才考虑采用上供上回布置方式。

4.3　室内低压蒸汽管路系统的水力计算

4.3.1　室内低压蒸汽管路系统的水力计算方法

在低压蒸汽管路系统中，靠锅炉出口处蒸汽本身的压力，使蒸汽沿管道流动，最后进入散热器凝结放热。

蒸汽在管道内流动时，同样有摩擦压力损失 Δp_y 和局部阻力损失 Δp_j。

计算蒸汽管道内的单位长度摩擦压力损失（比摩阻）$R(\text{Pa/m})$ 时，同样可利用达西·维斯巴赫公式进行计算，即

$$R = \frac{\lambda}{d} \cdot \frac{\rho v^2}{2} \tag{4-4}$$

在利用式（4-4）为基础进行水力计算时，虽然蒸汽流量因沿途凝结而不断减少，蒸汽的密度也因蒸汽压力沿管路降低而变小，但这些变化不大，在计算低压蒸汽管路时可以忽略，而认为每个管段内的流量和整个系统的密度 ρ 是不变的。在低压蒸汽供暖管路中，蒸汽的流动状态多处于湍流过渡区，其摩擦系数 λ 值可按式（3-16）和式（3-17）或其他合适的流体力学公式进行计算。室内低压蒸汽管路系统管壁的粗糙度 $K = 0.2\text{mm}$。

低压蒸汽管路的局部压力损失的确定方法与热水管路相同，各构件的局部阻力系数 ζ 值也相同。

在进行低压蒸汽管路系统的水力计算时，同样先从最不利的管路开始，即从锅炉到最远散热器的管路开始计算。为保证系统均匀可靠地供暖，尽可能使用较低的蒸汽压力，进行最不利管路的水力计算时，通常采用压损平均法进行计算。

在已知锅炉或室内入口处蒸汽压力条件下：

$$R_{pj} = \frac{\alpha(p_g - 2000)}{\sum l} \tag{4-5}$$

式中　R_{pj}——平均比摩阻（Pa/m）；

　　　α——沿程压力损失占总压力损失的百分数，可取 $\alpha = 60\%$；

　　　p_g——锅炉出口或室内用户入口的蒸汽表压力（Pa）；

　　2000——散热器入口处的蒸汽剩余压力（Pa）；

　　　$\sum l$——最不利管路管段的总长度（m）。

当锅炉出口或室内用户入口处蒸汽压力高时，得出的平均比摩阻 R_{pj} 值会较大，此时仍建议控制比压降值按不超过 100Pa/m 设计。

最不利管路各管段的水力计算完成后，即可进行其他立管的水力计算。可按压损平均法来选择其他立管的管径，但管内流速不得超过下列的规定最大允许流速：当汽、水同向流时为 30m/s；当汽、水逆向流时为 20m/s。

规定最大允许流速主要是为了避免水击和噪声，便于排除蒸汽管路中的凝结水。因此，对于汽水逆向流动时，蒸汽在管道中的流速限制得低一些。而在实际工程设计中，常采用比上述数值更低一些的流速，使运行更可靠些。

在低压蒸汽管路系统的凝结水管路中，排气管前的管路为干凝结水管路，管路截面的上半部为空气，管路截面下半部流动凝结水。凝结水管路必须保证 0.005 以上的向下坡度，属非满管流状态。目前，确定干凝结水管路管径的理论计算方法，是以靠坡度无压流动的水力学计算公式为依据，并根据实践经验总结，制定出不同管径下所能担负的输热能力（亦即其在 0.005 坡度下的通过凝结水量）。排气管后面的凝结水管路，可以全部充满凝结水，称为湿凝结水干管，其流动状态为满管流。在相同热负荷条件下，湿式凝结水管选用的管径比干式的小。

低压蒸汽管路系统干凝结水管路和湿凝结水管路的管径可用有关供暖设计手册中的管径选择表来确定。

4.3.2　室内低压蒸汽管路系统的水力计算例题

【例 4-1】　图 4-12 所示为重力回水的低压蒸汽管路系统的一个支路。锅炉房设在车间一侧，每个散热器的热负荷均为 4000W，每根立管及每个散热器的蒸汽支管上均装有截止阀，每个散热器凝结水支管上装一个恒温式疏水器。总蒸汽立管保温。

图 4-12 所示小圆圈内的数字表示管段号。圆圈旁的数字：上行表示热负荷（W），下行表示

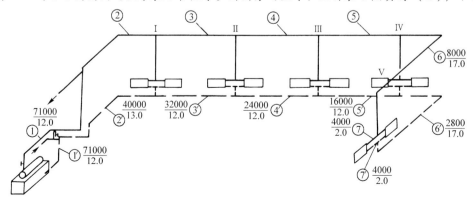

图 4-12　【例 4-1】的管路计算图

管段长度（m）。罗马数字表示立管编号。

要求确定各管段的管径及锅炉蒸汽压力。

【解】　1. 确定锅炉压力

根据已知条件，从锅炉出口到最远散热器的最不利支路的总长度 $\sum l = 80\text{m}$。如按控制每米总压力损失（比压降）为 100Pa/m 设计，并考虑散热器前所需的蒸汽剩余压力为 2000Pa，则锅炉的运行表压力 p_b 应为

$$p_b = (80 \times 100 + 2000)\,\text{Pa} = 10\text{kPa} \tag{4-6}$$

在锅炉正常运行时，凝结水总立管在比锅炉蒸发面高出约 1.0m 下面的管段必须全部充满凝结水。考虑锅炉工作压力波动因素，增加 200~250mm 的安全高度。因此，重力回水的干凝结水干管（见图 4-2 排气管 A 点前的凝结水管路）的布置位置，至少要比锅炉蒸发面高出 $h = (1.0 + 0.25)\text{m} = 1.25\text{m}$。否则，系统中的空气无法从排气管排出。

2. 最不利管路的水力计算

采用压损平均法进行最不利管路的水力计算。

低压蒸汽管路系统摩擦压力损失约占总压力损失的 60%。因此，根据预计的平均比摩阻：$R_{pj} = 100 \times 0.6\,\text{Pa/m} = 60\text{Pa/m}$ 左右和各管段的热负荷，选择各管段的管径及计算其压力损失。

计算时可利用设计手册中的水力计算表。

计算结果列于表 4-1 和表 4-2。

表 4-1　低压蒸汽管路系统水力计算表（【例 4-1】）

管段编号	热量 Φ/W	长度 l/m	管径 d/mm	比摩阻 R/(Pa/m)	流速 v/(m/s)	摩擦压力损失/Pa $\Delta p_y = Rl$	局部阻力系数 $\sum\zeta$	动压头 p_d/Pa	局部压力损失/Pa $\Delta p_j = p_d\sum\zeta$	总压力损失/Pa $\Delta p = \Delta p_y + \Delta p_j$
1	2	3	4	5	6	7	8	9	10	11
1	71000	12	70	26.3	13.9	315.6	10.5	61.2	642.6	958.2
2	40000	13	50	29.3	13.1	380.9	2.0	54.3	108.6	489.5
3	32000	12	40	70.4	16.9	844.8	1.0	90.5	90.5	935.3
4	24000	12	32	86.0	16.9	1032	1.0	90.5	90.5	1122.5
5	16000	12	32	40.8	11.2	489.6	1.0	39.7	39.7	529.3
6	8000	17	25	47.6	9.8	809.2	12.0	30.4	364.8	1174.0
7	4000	2	20	37.1	7.8	74.2	4.5	19.3	86.9	161.1
	$\sum l = 80\text{m}$								$\sum\Delta p = 5370\text{Pa}$	
	立管Ⅳ　资用压力 $\Delta p_{6,7} = 1335\text{Pa}$									
立管	8000	4.5	25	47.6	9.8	214.2	11.5	30.4	349.6	563.8
支管	4000	2	20	37.1	7.8	74.2	4.5	19.3	86.9	161.1
									$\sum\Delta p = 725\text{Pa}$	
	立管Ⅲ　资用压力 $\Delta p_{5-7} = 1864\text{Pa}$									
立管	8000	4.5	25	47.6	9.8	214.2	11.5	30.4	349.6	563.8
支管	4000	2	15	194.4	14.8	388.8	4.5	69.4	312.3	701.1
									$\sum\Delta p = 1265\text{Pa}$	
	立管Ⅱ　资用压力 $\Delta p_{4-7} = 2987\text{Pa}$			立管Ⅰ　资用压力 $\Delta p_{3-7} = 3922\text{Pa}$						
立管	8000	4.5	25	137.9	15.5	620.6	13.0	76.1	989.3	1609.9
支管	4000	2	15	194.4	14.8	388.8	4.5	69.4	312.3	701.1
									$\sum\Delta p = 2311\text{Pa}$	

3. 其他立管的水力计算

通过最不利管路的水力计算后，即可确定其他立管的资用压力。该立管的资用压力应等于从该立管与供汽干管节点起到最远散热器的管路的总压力损失值。根据该立管的资用压力，可

以选择该立管与支管的管径。其水力计算结果列于表4-1和表4-2内。

通过水力计算可见，低压蒸汽管路系统并联环路压力损失的相对差额，即所谓节点压力不平衡率是较大的，特别是近处的立管，即使选用了较小的管径，蒸汽流速已采用得很高，也不可能达到平衡的要求，只好靠系统投入运行时，调整近处立管和支管的阀门节流解决。

表4-2　低压蒸汽管路系统（【例4-1】）的局部阻力系数汇总表

局部阻力名称	管段号								
	1	2	3,4,5	6	7	其他立管		其他支管	
						$d=25mm$	$d=20mm$	$d=20mm$	$d=15mm$
截止阀	7.0			9.0		9.0	10.2		
锅炉出口	2.0								
90°煨弯	3×0.5 =1.5	2×0.5 =1.0		2×1.0 =2.0		1.0	1.5		
乙字弯					1.5			1.5	1.5
直流三通		1.0	1.0	1.0					
分流三通					3.0			3.0	3.0
旁通三通						1.5	1.5		
$\Sigma\zeta$ 总局部阻力系数	10.5	2.0	1.0	12.0	4.5	11.5	13.0	4.5	4.5

蒸汽管路系统远近立管并联环路节点压力不平衡而产生水平失调的现象与热水管路系统相比，有些不同的地方。在热水管路系统，如不进行调节，则通过远近立管的流量比例总不会发生变化的。在蒸汽管路系统中，疏水器工作正常情况下，当近处散热器流量增多后，疏水器阻汽工作，使近处散热器压力升高，进入近处散热器的流量就自动减少；待近处疏水器正常排水后，进入近处散热器的蒸汽量又再增多，因此蒸汽管路系统水平失调具有自调性和周期性的特点。

4. 低压蒸汽管路系统凝结水管管径选择

如图4-12所示，排气管前的凝结水管路为干凝结水管路。计算方法简单，根据各管段所担负的热量，可查设计手册中"凝结水管径选择表"选择管径即可。对管段1，它属于湿凝结水管路，因管路不长，仍按干式选择管径，将管径稍选粗一些。计算结果见表4-3。

表4-3　【例4-1】的低压蒸汽管路系统凝结水管管径

管段编号	7	6	5	4	3	2	1	其他立管的凝结水立管段
热负荷/W	4000	8000	16000	24000	32000	40000	71000	8000
管径 d/mm	15	20	20	25	25	32	32	20

4.4　室内中压蒸汽管路系统的水力计算

4.4.1　室内中压蒸汽管路系统的水力计算方法

室内中压蒸汽供暖管路的水力计算原理与低压蒸汽完全相同。

在计算管路的摩擦压力损失时，由于室内系统作用半径不大，仍可将整个系统的蒸汽密度作为常数代入达西·维斯巴赫公式［式（4-4）］进行计算。沿途凝结水使蒸汽流量减小的因素也可忽略不计。管内蒸汽流动状态属于湍流过渡区及阻力平方区。管壁的绝对粗糙度 K 值，在设计中仍采用0.2mm。为了计算方便，一些供暖通风设计手册中有不同蒸汽压力下的蒸汽管径计算表。在进行室内中压蒸汽管路的局部压力损失计算时，习惯将局部阻力换算为当量长度进行计算。

室内中压蒸汽管路系统的水力计算任务，同样也是选择管径和计算其压力损失，通常采用压损平均法或流速法进行计算。计算从最不利管路开始。

1. 压损平均法

当蒸汽系统的起始压力已知时，最不利管路的压力损失为该管路到最远用热设备处各管段的压力损失的总和。为使疏水器能正常工作和留有必要的剩余压力使凝结水排入凝结水管网，最远用热设备处还应有较高的蒸汽压力。因此在工程设计中，最不利管路的总压力损失不宜超过起始压力的 1/4。平均比摩阻可按下式确定：

$$R_{pj} = \frac{0.25\alpha p_{b0}}{\sum l} \tag{4-7}$$

式中　α——摩擦压力损失占总压力损失百分数，中压蒸汽系统一般为 0.8；

p_{b0}——蒸汽管路系统的起始表压力（Pa）；

$\sum l$——最不利管路的总长度（m）。

2. 流速法

通常，室内中压蒸汽管路系统的起始压力较高，蒸汽管路可以采用较高的流速，仍能保证在用热设备处有足够的剩余压力。中压蒸汽管路系统的最大允许流速不应大于下列数值：汽、水同向流动时为 80m/s；汽、水逆向流动时为 60m/s。

在工程设计中，常取常用的流速来确定管径并计算其压力损失。为了使系统节点压力不要相差很大，保证系统正常运行，最不利管路的推荐流速值要比最大允许流速低得多。通常推荐采用 $v = 15 \sim 40$m/s（小管径取低值）。

在确定其他支路的立管管径时，可采用较高的流速，但不得超过规定的最大允许流速。

3. 限制平均比摩阻法

由于蒸汽干管压降过大，末端散热器有充水不热的可能，因而有些资料推荐，中压蒸汽管路的干管的总压降不应超过凝结水干管总压降的 1.2 ~ 1.5 倍。选用管径较粗，但工作正常可靠。

室内中压蒸汽管路系统的疏水器，大多连接在凝结水支干管的末端。从用热设备到疏水器入口的管段，同样属于干式凝结水管，为非满管流。此类凝结水管的管径选择，可按设计手册中的"干式和湿式自流凝结水管管径选择表"的数值选用。只要保证此凝结水支干管路的向下坡度 $i \geqslant 0.005$ 和足够的凝结水管管径，即使远近立管散热器的蒸汽压力不平衡，但由于干凝结水管上部截面有空气与蒸汽的连通作用和蒸汽系统本身流量的一定自调节性能，不会严重影响凝结水的重力流动。也有建议采用同程式凝结水管路的布置方法（如热水管路系统同程式布置那样）来处理远近立管散热器的蒸汽压力不平衡问题，但这种方法不一定优于上述保证充分坡度的方法。

4.4.2　室内中压蒸汽管路系统的水力计算例题

【例 4-2】　图 4-13 所示为室内中压蒸汽管路系统的一个支路。各散热器的热负荷与【例 4-1】相同，均为 4000W。用户入口处设分汽缸，与室外蒸汽热网相接。在每一个凝结水支路上设置疏水器。散热器的蒸汽工作表压力要求为 200kPa。试选择中压蒸汽管路系统的管径和用户入口处的蒸汽管路起始压力。

【解】　1. 计算最不利管路

按推荐流速法确定最不利管路的各管段的管径。可按蒸汽表压力 200kPa 时的水力计算表选

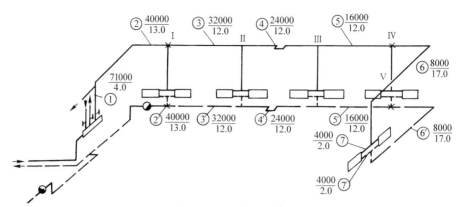

图 4-13　【例 4-2】的管路计算图

择管径。

室内中压蒸汽管路局部压力损失，通常按当量长度法计算。局部阻力当量长度值可参见设计手册中的有关表格。

本例题的水力计算过程和结果列在表 4-4 和表 4-5 中。

最不利管路的总压力损失为 25kPa，考虑 10% 的安全裕度，则蒸汽入口处供暖蒸汽管路起始的表压力不得低于

$$p_b = (200 + 1.1 \times 25)\text{kPa} = 227.5\text{kPa}$$

表 4-4　室内中压蒸汽管路系统水力计算表（【例 4-2】）

管段编号	热负荷 Φ /W	管长 l/m	管径 d/mm	比摩阻 R /(Pa/m)	流速 v/(m/s)	当量长度 l_d/m	折算长度 l_{zh}/m	压力损失/Pa $\Delta p = R l_{zh}$
1	2	3	4	5	6	7	8	9
1	71000	4.0	32	282	19.8	10.5	14.5	4089
2	40000	13.0	25	390	19.6	2.4	15.4	6006
3	32000	12.0	25	252	15.6	0.8	12.8	3226
4	24000	12.0	20	494	18.9	2.1	14.1	6965
5	16000	12.0	20	223	12.6	0.6	12.6	2810
6	8000	17.0	20	58	6.3	8.4	25.4	1473
7	4000	2.0	15	71	5.7	1.7	3.7	263
$\sum l = 72.0\text{m}$							$\sum \Delta p = 25\text{kPa}$	
其他立管	8000	4.5	20	58	6.3	7.9	12.4	719
其他立管	4000	2.0	15	71	5.7	1.7	3.7	263
							$\sum \Delta p = 982\text{Pa}$	

表 4-5　室内中压蒸汽管路系统各管段的局部阻力当量长度（【例 4-2】）　（单位：m）

局部阻力名称	管　段　号									备注
	1 DN=32	2 DN=25	3 DN=25	4 DN=20	5 DN=20	6 DN=20	7 DN=15	其他立管 DN=20	其他支管 DN=15	
分汽缸出口	0.6									
截止阀	9.9					6.4		6.4		
直流三通		0.8	0.8	0.6	0.6	0.6				
90°煨弯		2×0.8 =1.6				2×0.7 =1.4		0.7		
方形补偿器					1.5					
分流三通							1.1		1.1	
乙字弯							0.6		0.6	
旁流三通								0.8		
总计	10.5	2.4	0.8	2.1	0.6	8.4	1.7	7.9	1.7	

2. 其他立管的水力计算

由于室内中压蒸汽系统供汽干管各管段的压力损失较大，各分支立管的节点压力难以平衡，通常就按流速法选用立管管径。剩余过高压力，可通过关小散热器前的阀门来调节。

3. 凝结水管段管径的确定

根据凝结水管段所担负的热负荷，查"凝结水管径选择表"确定各干凝结水管段的管径，见表 4-6。

表 4-6　室内中压蒸汽管路系统凝结水管径表(【例 4-2】)

管段编号	2B	3B	4B	5B	6B	7B	其他立管的凝结水立管段
热负荷/W	40000	32000	24000	16000	8000	4000	8000
管径 d/mm	25	25	20	20	20	15	20

4.5　室外高压蒸汽管网的水力计算

室外蒸汽管网与室内相比，其特点是蒸汽压力高、管路长、蒸汽在管道中流动时的密度变化更大。由于管网系统的热源（热电厂高压抽气口或供热锅炉等）所提供的蒸汽压力通常在 1.27MPa 左右，因此统称为室外高压蒸汽管网。

在计算室外高压蒸汽管道的沿程压力损失时，流量 q_m、管径 d 与比摩阻 R(Pa/m) 三者的关系式，与热水网路水力计算的基本公式完全相同。

在设计中为了简化蒸汽管道水力计算过程，通常也是利用计算图或表格进行计算，具体方法和步骤与热水管网基本相同，但有如下几点需要在设计计算时加以注意。

1）由于室外蒸汽网路长，蒸汽在管道内流动过程中的密度变化大，用水力计算表时，必须对密度变化予以修正。

如果计算管段的蒸汽密度 ρ_{sh} 与计算采用的水力计算表中的密度 ρ_{bi} 不同，则应按下式对表中查出的流速和比摩阻进行修正：

$$v_{sh} = \frac{\rho_{bi}}{\rho_{sh}} v_{bi} \tag{4-8}$$

$$R_{sh} = \frac{\rho_{bi}}{\rho_{sh}} R_{bi} \tag{4-9}$$

式中　v_{bi}、R_{bi}——表中查出的流速（m/s）、比摩阻（Pa/m）；

v_{sh}、R_{sh}——计算管段的流速（m/s）、比摩阻（Pa/m）。

当蒸汽管道的当量绝对粗糙度 K_{sh} 与计算采用的蒸汽水力计算表的 $K_{bi} = 0.2mm$ 不符时，同样应进行修正。

$$R_{sh} = \left(\frac{K_{sh}}{K_{bi}}\right)^{0.25} R_{bi} \tag{4-10}$$

蒸汽管道的局部阻力系数，通常用当量长度表示，即

$$l_d = \sum \zeta \frac{d}{\lambda} = 9.1 \frac{d^{1.25}}{K^{0.25}} \sum \zeta \tag{4-11}$$

室外蒸汽管道的局部阻力当量长度 l_d(m) 值，可查热水网路局部阻力当量长度表。但因 K 值不同，需按下式进行修正：

$$l_{sh,d} = \left(\frac{K_{bi}}{K_{sh}}\right)^{0.25} l_{bi,d} = \left(\frac{0.5}{0.2}\right)^{0.25} l_{bi,d} = 1.26 l_{bi,d} \tag{4-12}$$

式中　　$l_{bi,d}$——表中查得的管段的长度（m）。

当采用当量长度法进行水力计算时，蒸汽网路中计算管段的总压降为 $\Delta p(Pa)$，即

$$\Delta p = R(l + l_d) = R l_{zh} \tag{4-13}$$

式中　　l_{zh}——管段的折算长度（m）。

2）在室外高压蒸汽网路水力计算中，特别是在主干线始末端有较大的资用压差情况下，常采用工程实践中的常用流速作为选择主干线管径的依据。蒸汽管道常用的设计流速，可在一些设计手册中选用。如对饱和蒸汽，主干线的常用流速为：$DN > 200mm$ 时，v 取 $30 \sim 40m/s$；$DN = 100 \sim 200mm$ 时，v 取 $25 \sim 35m/s$；$DN < 100mm$ 时，v 取 $15 \sim 30m/s$。

分支线可采用不超过最大允许流速进行水力计算。应注意蒸汽在管道内流速不宜选得过低，否则除了管径选大外，还增加了散热损失，沿途凝结水增多，对运行不利。

4.6　凝结水管网的水力计算方法

室外高压蒸汽管网的特点决定了凝结水管路中经常是汽液两相流动，凝结水和蒸汽的速度、流量随着密度的变化对流态的影响比较复杂。因此水力计算时应区别不同的情况，分别进行。

现以一个包括各种流动状况的凝结水回收系统为例（见图 4-14），分析各种凝结水管道的水力计算方法。

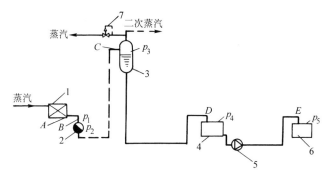

图 4-14　包括各种流动状况的凝结水回收系统示意图

1—用气设备　2—疏水器　3—二次蒸发箱　4—凝结水箱
5—凝结水泵　6—总凝结水箱　7—压力调节器

（1）管段 AB　由用热设备出口至疏水器入口的管段。凝结水流动状态属非满管流。疏水器的布置应低于用热设备，凝结水向下沿 $i \geq 0.005$ 的坡度流向疏水器。

根据凝结水管段所担负的热负荷，查表确定这种干凝结水管的管径。

（2）管段 BC　从疏水器出口到二次蒸发箱（或高位水箱）或凝结水箱入口的管段。凝结水在该管道流动，由于通过疏水器时不可避免地形成的二次蒸汽和疏水器漏气，该管段凝结水流动属汽—液两相流的流动状况。

蒸汽与凝结水在管内形成的两相流动现象有多种形式：有乳状混合、汽水分层或水膜等多种形态。它主要取决于凝结水和蒸汽的流动速度和流量的比例以及工作条件等因素。当流速高凝结水突然降压全面汽化时，会出现乳状混合物状态。目前，在凝结水回收系统的水力计算中，认为这种余压回水方式的流态属于乳状混合物充满管道截面流动，其乳状混合物的密度可用下式求得

$$\rho_r = \frac{1}{v_r} = \frac{1}{x(v_q - v_s) + v_s} \tag{4-14}$$

式中 ρ_r——汽水乳状混合物的密度（kg/m³）；

v_r——汽水乳状混合物的比体积（m³/kg）；

v_s——凝结水比体积，可近似取 $v_s = 0.001\mathrm{m^3/kg}$；

v_q——在凝结水管段末端或凝结水箱（或二次蒸发箱）压力下的饱和蒸汽比体积（m³/kg）；

x——1kg 汽水混合物中所含蒸汽的质量分数，其计算式为

$$x = x_1 + x_2$$

x_1 是疏水器的漏气率（百分数），根据疏水器类型、产品质量、工作条件和管理水平而异，一般采用 0.01~0.03；x_2 是凝结水通过疏水器阀孔及凝结水管道后，由于压力下降而产生的二次蒸汽量（百分数）。

根据热平衡原理，x_2 可按下式计算：

$$x_2 = (h_{s1} - h_{s3})/r_3 \tag{4-15}$$

式中 h_{s1}——疏水器前 p_1 压力下饱和凝结水的焓（kJ/kg）；

h_{s3}——在凝结水管段末端，或凝结水箱（或二次蒸发箱）p_3 压力下的饱和凝结水的焓（kJ/kg）；

r_3——在凝结水管段末端，或凝结水箱（或二次蒸发箱）p_3 压力下蒸汽的汽化热（kJ/kg）。

以上计算的是假定二次汽化集中在管道末端。实际上，二次汽是疏水器处和沿管道压力不断下降而逐渐产生的，管壁散热又会减少一些二次汽的生成量。以管道末端汽水混合物密度 ρ_r 作为余压凝结水系统计算管道的凝结水密度，亦即以最小的密度值作为管段的计算依据，水力计算选出的管径有一定的富裕度。

按式（4-15），在不同的 p_1 和 p_3 下，可计算出不同的 x_2 值。在不同的凝结水管末端压力 p_3 和 r_3 的值下，按式（4-14）计算得出的汽水乳状混合物的密度 ρ_r 值。

在进行余压凝结水系统管道水力计算时，由于凝结水管道的汽水混合物密度 ρ_r，不可能刚好与采用的水力计算表中所规定的介质密度 ρ_{bi} 和管壁的绝对粗糙度 K_{bi} 相同，因此，查表得出的比摩阻 R_{bi} 和流速 v_{bi} 应予以修正。

凝结水管道的管壁当量绝对粗糙度，对闭式凝结水系统，取 $K = 0.5\mathrm{mm}$；对开式凝结水系统，采用 $K = 1.0\mathrm{mm}$。

对室内蒸汽供暖系统的余压凝结水管段（如通向二次蒸发箱的管段 BC，见图 4-14），常可采用余压凝结水管道水力计算表进行计算，并作必要修正。

对余压凝结水管网（如从用户系统的疏水器到热源或凝结水分站的凝结水箱的管道），常可采用室外热水管道的水力计算表，或按理论计算公式进行计算，并进行修正计算。

余压凝结水管的资用压力 Δp，应按下式计算：

$$\Delta p = (p_2 - p_3) - h\rho_n g \tag{4-16}$$

式中 p_2——凝结水管道始端表压力，或疏水器出口表压力（Pa）；

p_3——凝结水管末端表压力，即凝结水箱或二次蒸发箱内的表压力（Pa），此时需考虑 p_3 取最大值，即最不利工况时刻的取值；

h——疏水器后凝结水提升高度（m），其高度宜大于 5m；

ρ_n——凝结水管的凝结水密度，从安全角度出发，考虑重新开始运行时管路充满冷凝结水，取 ρ_n 为 1000kg/m³。

为了安全运行，凝结水管末端的表压力 p_3，应取凝结水箱或二次蒸发箱内可能出现的最高值。对开式凝结水回收系统，表压力 $p_3 = 0$。

（3）管段 CD　从二次蒸发箱（或高位水箱）出口到凝结水箱的管段。管中流动的凝结水是 p_3 压力的饱和凝结水。如管中压降过大，凝结水仍有可能汽化，如图 4-15 所示。因此在二次蒸发箱的凝结水出处安装多级水封可避免这种汽化，如图 4-17 所示。

管段 CD 中，凝结水靠二次蒸发箱与凝结水箱中的压力差及其水面标高差的总势能而作满管流动。

设计时，应考虑最不利工况。在计算该管段的资用压力时（见图 4-15），对二次蒸发箱的表压力 p_3 按高位开口水箱考虑，即其表压力 $p_3 = 0$，而凝结水箱的压力 p_4，应采用箱内可能出现的最高值（此时为最不利工况时刻，作用压头最小，可导致相应管段平均作用压力最小）。其资用压头按下式计算：

$$\Delta p = h \rho_n g - p_4 \tag{4-17}$$

式中　h——二次蒸发箱（或高位水箱）中水面与凝结水箱回形管顶的标高差（m）；

p_4——凝结水箱中的表压力（Pa）：对开式凝结水箱，表压力 $p_4 = 0$；对闭式水箱，为安全水封限制的表压力；

Δp——最大凝结水量通过管段 CD 的压力损失（Pa）；

ρ_n——管段 CD 中的凝结水密度，对不再汽化的过冷凝结水，取 ρ_n 为 $1000 \mathrm{kg/m^3}$。

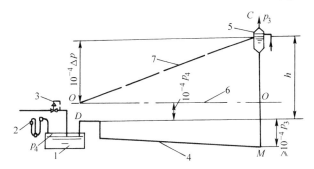

图 4-15　管段 CD 的资用压头
1—凝结水箱　2—安全水封　3—蒸汽补汽的压力调节器　4—外网凝结水管线　5—二次蒸发箱
6—静水压线　7—动水压线（线 C-O）

在对闭式满管流凝结水回收系统进行水力计算选择管径时，可按室外热水网路水力计算表进行计算。当采用管壁的当量绝对粗糙度 K 值不同时，应注意修正。

（4）管段 DE　利用凝结水泵输送凝结水的管段。管中流过纯凝结水，为满管流动状态。

当有多个用户或凝结水分站的凝结水泵并联向管网输送凝结水时，凝结水管网的水力计算和水泵选择的步骤和方法如下：

1）以进入用户或凝结水分站的凝结水箱最大回水量作为计算流量，并根据常用流速范围（$1.0 \sim 2.0 \mathrm{m/s}$），确定各管段的管径。摩擦阻力计算可利用热水网路水力计算表，但注意对开式凝结水回收系统，应对管壁绝对粗糙度 K 值予以修正。局部阻力通常折算为当量长度计算。

2）求出各个凝结水泵所需的扬程 H_B，按下式计算：

$$H_B = 10^{-4} \Delta p + h \tag{4-18}$$

式中　H_B——凝结水泵的扬程（m）；

Δp——自凝结水泵至总凝结水箱之间凝结水管路的压力损失（Pa）；

h——总凝结水箱回形管顶与凝结水泵分站凝结水箱最低水面的标高差（m）。当凝结水泵分站比总凝结水箱的回形管高时，h 为负值（见图 4-16）。

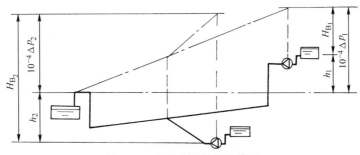

图 4-16　凝结水泵扬程计算图

在工程设计中，凝结水泵的选用扬程，按式（4-18）计算后，还应留 30~50kPa 的富裕压力。

如选择凝结水泵型号后，水泵扬程大于需要值，则要调节去除多余压力，以免影响其他并联水泵的正常工作。多泵并联时同样存在最不利管路分析问题，此时，最不利管路与非最不利管路平衡时需通过调管径或增加局阻构件以消除或平衡多余压力。需考虑干支转换现象存在的可能。

上述凝结水管网的水力计算方法都不完善，仍有不少问题有待进一步研讨。

4.7　凝结水管网的水力计算例题

下面，以几个不同的凝结水回收方式的凝结水管网为例，进一步阐明其水力计算步骤和方法。

【例 4-3】　图 4-17 所示为一闭式满管流凝结水回收系统示意图。用热设备的凝结水计算流量 $q_{m1} = 2.0\text{t/h}$，疏水器前凝结水表压力 $p_1 = 0.2\text{MPa}$，疏水器后表压力 $p_2 = 0.1\text{MPa}$。二次蒸发箱的蒸汽最高表压力 $p_3 = 0.02\text{MPa}$。管段的计算长度 $l_1 = 120\text{m}$。疏水器后凝结水的提升高度 $h_1 = 4.0\text{m}$。

二次蒸发箱下面减压水封出口与凝结水箱的回形管标高差 $h_2 = 2.5\text{m}$。外网的管段长度 $l_2 = 200\text{m}$。闭式凝结水箱的蒸汽垫层压力 $p_4 = 5\text{kPa}$。试选择各管段的管径。

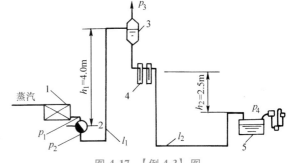

图 4-17　【例 4-3】图

1—用气设备　2—疏水器　3—二次蒸发箱
4—多级水封　5—凝结水箱

【解】　1. 从疏水器到二次蒸发箱的凝结水管段的水力计算

1）计算余压凝结水管段的资用压力及允许平均比摩阻 R_{pj} 值。

根据式（4-16），该管段的资用压力 Δp_1 为

$$\Delta p_1 = (p_2 - p_3) - h_1 \rho_n g = \left[(1.0 - 0.2) \times 10^5 - 4 \times 10^3 \times 9.81 \right] \text{Pa} = 40760\text{Pa}$$

该管段的允许平均比摩阻 R_{pj} 值为

$$R_{pj} = \frac{\Delta p_1 (1 - \alpha)}{l_1} = \frac{40760 \times (1 - 0.2)}{120} \text{Pa/m} = 271.7\text{Pa/m}$$

式中　α——局部阻力与总阻力损失的比例，查设计手册，取 $\alpha = 0.2$。

2）求余压凝结水管中汽水混合物的密度 ρ_r 值：查设计手册，或用式（4-15）计算得出由于压降产生的含气量 $x_2 = 0.054$。

设疏水器漏气量为 $x_1 = 0.03$，则在该余压凝结水管的二次含气量为

$$x = x_1 + x_2 = (0.03 + 0.054)\,\text{kg/kg} = 0.084\,\text{kg/kg}$$

根据式（4-14），可求得汽水混合物的密度 ρ_r

$$\rho_r = \frac{1}{v_r} = \frac{1}{x(v_q - v_s) + v_s} = \frac{1}{0.084 \times (1.4289 - 0.001) + 0.001}\,\text{kg/m}^3$$
$$= 8.27\,\text{kg/m}^3$$

3）确定凝结水管的直径：首先将平均比摩阻 R_{pj} 值换算为与凝结水管水力计算表（$\rho_{bi} = 10\,\text{kg/m}^3$）等效的允许比摩阻 $R_{bi,pj}$，即

$$R_{bi,pj} = \left(\frac{\rho_r}{\rho_{bi}}\right) R_{pj} = \frac{8.27}{10.0} \times 271.7\,\text{Pa/m} = 224.7\,\text{Pa/m}$$

根据凝结水计算流量 $q_{m1} = 2.0\,\text{t/h}$，查凝结水管水力计算表（管径计算表），选用管径为 $89 \times 3.5\,\text{mm}$，相应的比摩阻 R 及流速 v 值为

$$R_{bi} = 217.5\,\text{Pa/m}; \quad v_{bi} = 10.52\,\text{m/s}$$

4）确定实际的比摩阻 R_{sh} 和流速 v_{sh} 值：

$$R_{sh} = \left(\frac{\rho_{bi}}{\rho_r}\right) R_{bi} = \frac{10}{8.27} \times 217.5\,\text{Pa/m} = 263\,\text{Pa/m} < 271.7\,\text{Pa/m}$$

$$v_{sh} = \left(\frac{\rho_{bi}}{\rho_r}\right) v_{bi} = \frac{10}{8.27} \times 10.52\,\text{m/s} = 12.7\,\text{m/s}$$

计算即可结束。

2. 从二次蒸发箱到凝结水箱的外网凝结水管段的水力计算

1）该管段流过纯凝结水，可利用的作用压力 Δp_2 和允许的平均比摩阻 R_{pj} 值，按下式计算：

$$\Delta p_2 = \rho_n g (h_2 - 0.5) - p_4 = [1000 \times 9.81 \times (2.5 - 0.5) - 5000]\,\text{Pa}$$
$$= 14620\,\text{Pa}$$

上式中的 0.5m，代表减压水封出口与设计动水压线的标高差。此段高度的凝结水管为非满管流，留一定富裕值后，可防止产生虹吸作用，使最后一级水封失效。

$$R_{pj} = \frac{\Delta p_2}{l_2(1 + \alpha_j)} = \frac{14620}{200 \times (1 + 0.6)}\,\text{Pa/m} = 45.7\,\text{Pa/m}$$

式中　α_j——室外凝结水管网局部压力损失与沿程压力损失的比值，查设计手册，取 $\alpha_j = 0.6$。

2）确定该管段的管径：按通过最大流量冷凝结水考虑，$q_{m2} = 2.0\,\text{t/h}$。利用热水网路水力计算表，按 $R_{pj} = 45.7\,\text{Pa/m}$ 选择管径。选用管道的公称直径为 $DN = 50\,\text{mm}$。相应的比摩阻及流速为

$$R_m = 31.9\,\text{Pa/m} < 45.7\,\text{Pa/m}; \quad v = 0.3\,\text{m/s}$$

计算即可结束。

具有多个疏水器并联工作的余压凝结水管网，它的水力计算比较烦琐。如同蒸汽管网水力计算一样，需要逐段求出该管段汽水混合物的密度。在余压凝结水管网水力计算中，为偏于设计安全起见，通常以管段末端的密度作为管段的汽水混合物的平均密度。

首先进行主干线的水力计算。通常从凝结水箱的总干管开始进行主干线各管段的水力计算，直到最不利用户。

主干线各计算段的二次汽量，可按下式计算：

$$x_2 = \frac{\sum q_{mi} x_i}{\sum q_{mi}} \tag{4-19}$$

式中　x_2——计算管段由于凝结水压降产生的二次蒸汽量（kg/kg）；

x_i——计算管段所连接的用户由于凝结水压降产生的二次蒸汽量（kg/kg）；

q_{mi}——计算管段所连接的用户的凝结水计算流量（t/h）。

该计算管段的 x_2 值，加上疏水器的漏气量 x_1 后，即为该管段的凝结水含气量，然后，算出该管段的汽水混合物的密度。

以下面例题介绍室外余压凝结水管网的水力计算方法和步骤。

【例 4-4】　某工厂的余压凝结水回收系统如图 4-18 所示。用户 a 的凝结水计算流量 $q_{m,a} = 7.0$ t/h，疏水器前的凝结水表压力 $p_{a1} = 0.25$ MPa。用户 b 的凝结水计算流量 $q_{m,b} = 3.0$ t/h，疏水器前的凝结水表压力 $p_{b1} = 0.3$ MPa。各管段长度标在图上。凝结水借疏水器后的压力集中输送回热源的开式凝结水箱。总凝结水箱 I 回形管与疏水器标高差为 1.5m。试选择各管段的管径。

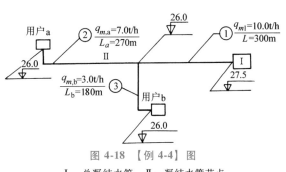

图 4-18　【例 4-4】图
I—总凝结水箱　II—凝结水管节点

【解】　1. 首先确定主干线和允许的平均比摩阻

通过对比可知，从用户 a 到总凝结水箱管线的平均比摩阻最小，此主干线的允许平均比摩阻 R_{pj}，可按下式计算：

$$R_{pj} = \frac{10^5(p_{a2} - p_I) - (H_I - H_a)\rho_n g}{\sum l(1 + \alpha_j)}$$

$$R_{pj} = \frac{10^5 \times (2.5 \times 0.5 - 0) - (27.5 - 26.0) \times 1000 \times 9.81}{(300 + 270)(1 + 0.6)} \text{Pa/m} = 120.9 \text{Pa/m}$$

式中　p_{a2}——用户疏水器后凝结水表压力，采用 $p_{a2} = 0.5 p_{a1} = 0.5 \times 0.25 \text{MPa} = 125 \text{kPa}$；

p_I——开式凝结水箱的表压力，$p_I = 0 \text{Pa}$；

H_I、H_a——总凝结水箱回形管和用户 a 疏水器出口处的位置标高（m）。

2. 管段①的水力计算

1）确定管段①的凝结水含气量根据式（4-19），即

$$x_{1,2} = \frac{q_{m,a} x_a + q_{m,b} x_b}{q_{m,a} + q_{m,b}}$$

从用户 a 疏水器前的表压力 0.25MPa 降到开式凝结水箱的压力时，查设计手册 $x_a = 0.074 \text{kg/kg}$；同理，得 $x_b = 0.083 \text{kg/kg}$，故

$$x_{1,2} = \frac{7.0 \times 0.074 + 3.0 \times 0.083}{7 + 3} \text{kg/kg} = 0.077 \text{kg/kg}$$

$x_{1,2}$ 实为管段①的凝结水压强降低所产生的二次蒸发量，加上疏水器的漏气率 $x_1 = 0.03 \text{kg/kg}$，由此可得管段①的凝结水（总）含气量 $x_{1,1}$ 为

$$x_{1,1} = x_1 + x_{1,2} = (0.077 + 0.03) \text{kg/kg} = 0.107 \text{kg/kg}$$

2）求该管段汽水混合物的密度 ρ_r。根据式（4-14），在凝结水箱表压力 $p_r = 0$ 条件下，汽水混合物的计算密度 ρ_r 为

$$p_r = \frac{1}{x_{1,1}(v_g - v_s) + v_s} = \frac{1}{0.107(1.6946 - 0.001) + 0.001} \text{kg/m}^3 = 5.49 \text{kg/m}^3$$

3）按已知管段流量 $q_{m1} = 10 \text{t/h}$，管壁粗糙度 $K = 1.0 \text{mm}$，密度 $\rho_r = 5.49 \text{kg/m}^3$，根据下述热水或蒸汽网路水力计算的基本式（4-20）、式（4-21）和式（4-22），可求出相应管径及其他参数。基本公式分别为

$$R = 6.88 \times 10^{-3} K^{0.25} \frac{q_m^2}{\rho d^{5.25}} \qquad (4\text{-}20)$$

$$d = 0.387 \frac{K^{0.0476} q_m^{0.381}}{(\rho R)^{0.19}} \qquad (4\text{-}21)$$

$$q_m = 12.06 \frac{(\rho R)^{0.5} d^{2.625}}{K^{0.125}} \qquad (4\text{-}22)$$

式中　R——比摩阻（Pa/m）；

$\qquad q_m$——蒸汽质量流量（t/h）；

$\qquad d$——管道内径（m）；

$\qquad K$——蒸汽管道的当量绝对粗糙度（m），可取 $K = 0.2 \text{mm} = 2 \times 10^{-4} \text{m}$；

$\qquad \rho$——管段中蒸汽密度（kg/m^3）。

当 $R_{pj} = 120.9 \text{Pa/m}$ 时的管道计算内径 d_{1n} 值为 ［式（J-2）］

$$d_{1n} = 0.387 \times \frac{(0.001)^{0.0476} \times (10)^{0.381}}{(5.49 \times 120.9)^{0.19}} \text{m} = 0.196 \text{m}$$

4）确定选择的实际管径、比摩阻和流速。由于管径规格与计算的 d_{1n} 值不可能刚好相等，因此要选用接近 d_{1n} 计算值的管径。现选用 $(D_w \delta)_{sh} = 219 \text{mm} \times 6$，管道实际内径 $d_{sh,n} = 207 \text{mm}$。

下一步进行修正计算。根据流过相同的质量流量 q_{mt} 和汽水混合物密度 ρ_r，当管径 d_n 改变时，比摩阻的变化规律可按热水网路基本公式的比例关系确定。

$$R_{sh} = \left(\frac{d_{1,n}}{d_{sh,n}}\right)^{5.25} R_{pj} = \left(\frac{0.196}{0.207}\right)^{5.25} \times 120.9 \text{Pa/m} = 90.8 \text{Pa/m}$$

该管段的实际流速 v_{sh} 可按下式计算：

$$v_{sh} = \frac{1000 q_m}{900 \pi d_{sh,n}^2 \rho_r} = \frac{1000 \times 10}{900 \pi \times 0.207^2 \times 5.49} \text{m/s} = 15 \text{m/s}$$

5）确定管段①的压力损失及点Ⅱ的压力。管段①的计算长度 $l = 300 \text{m}$，$\alpha_j = 0.6$，则其折算长度 $l_{zh} = l(1 + \alpha_j) = 300 \times (1 + 0.6) \text{m} = 480 \text{m}$。该管段的压力损失为

$$\Delta p_① = R_{sh} l_{zh} = 90.8 \times 480 \text{Pa} = 0.436 \text{bar} = 43.6 \text{kPa}$$

节点Ⅱ（计算管段①的始端）的表压力为

$$\begin{aligned}
p_Ⅱ &= p_1 + \Delta p_① + 10^{-5}(H_1 - H_Ⅱ)\rho_n g \\
&= [0 + 0.436 + 10^{-5} \times (27.5 - 26.0) \times 1000 \times 9.81] \text{bar} \\
&= 0.583 \text{bar} = 58.3 \text{kPa}
\end{aligned}$$

3. 管段②的水力计算

首先需要确定该管段的凝结水含气量 $x_{2,1}$ 和相应的 ρ_r 值（从简化计算和更偏于安全，也可考虑直接采用总凝结水干管的 $x_{1,1}$ 值计算）。

管段②疏水器前绝对压力 $p_1 = 0.35 \text{MPa}$，节点Ⅱ处的绝对压力 $p_Ⅱ = 0.1583 \text{MPa}$。根据式（4-15），得出

$$x_2 = (h_{s1} - h_{s3})/r_3 = (h_{3.5} - h_{1.583})/r_{1.583}$$
$$= [(584.3 - 473.9)/2222.3] \text{kg/kg} = 0.05 \text{kg/kg}$$

设 $x_1 = 0.03$，则管段②的凝结水含气量 $x_{2.1}$ 为

$$x_{2.1} = x_1 + x_2 = (0.05 + 0.03) \text{kg/kg} = 0.08 \text{kg/kg}$$

相应的汽水混合物的密度 ρ_r 为

$$\rho_r = \frac{1}{0.08 \times (1.1041 - 0.001) + 0.001} \text{kg/m}^3 = 11.2 \text{kg/m}^3$$

按前述步骤和方法，可得出理论管道内径 $d_{ln} = 0.149\text{m}$。选用管径为 $(D_w\delta)_{sh} = 159\text{mm} \times 4.5$，实际管道内径 $d_{sh,n} = 150\text{mm}$。

计算结果列在表 4-7 中。用户 a 疏水器的背压 $p_{a2} = 0.125\text{MPa}$，稍大于表中计算得出的主干线始端的表压力 $p_m = 0.109\text{MPa}$。主干线水力计算即可结束。

表 4-7　余压凝结水管网的水力计算表（【例 4-4】）

管段编号	凝结水流量 $q_m/(t/h)$	疏水器前凝水表压力 $p_1/0.1\text{MPa}$	管段末点和始点高差 $(H_S - H_M)/\text{m}$	管段末点表压力 $p_s/0.1\text{MPa}$	管段长度/m			管段的平均比摩阻 $R_{pj}/(\text{Pa/m})$	管段汽水混合物的密度 $\rho_r/(\text{kg/m}^3)$
					实际长度 l/m	α_j	折算长度 l_{zh}/m		
1	2	3	4	5	6	7	8	9	10
主干线									
管段①	10		1.5	0	300	0.6	480	120.9	5.49
管段②	7	2.5	0	0.583	270	0.6	432	120.9	11.2
分支线									
管段③	3	3.0	0		180	0.6	288	318.4	10.1

管段编号	理论管子内径 d_{ln}/m	选用管径 $(D_w\delta)_{sh}/\text{mm}$	选用管子内径 d_{ln}/m	实际比摩阻 $R_m/(\text{Pa/m})$	实际流速 $v_{sh}/(\text{m/s})$	实际压力损失 $\Delta p/0.1\text{MPa}$	管段始端表压力 $p_m/0.1\text{MPa}$	管段累计压力损失 $\Delta p_\Sigma/0.1\text{MPa}$
1	11	12	13	14	15	16	17	18
主干线								
管段①	0.196	219×6	207	90.8	15	0.436	0.583	0.436
管段②	0.149	159×4.5	150	116.7	9.8	0.504	1.09	0.94
分支线								
管段③	0.092	108×4	100	205.5	10.5	0.592	1.175	1.028

4. 分支线③的水力计算

分支线的平均比摩阻按下式计算：

$$R_{pj} = \frac{10^5(p_{b2} - p_{II}) - (H_{II} - H_{b2})\rho_n g}{\sum l(1 + \alpha_j)}$$
$$= \frac{10^5 \times (3.0 \times 0.5 - 0.583)}{180 \times (1 + 0.6)} \text{Pa/m}$$
$$= 318.4 \text{Pa/m}$$

按前述步骤和方法，可得出该管段的汽水混合物的密度 $\rho_r = 10.1\text{kg/m}^3$，得出理论管道内径 $d_{ln} = 0.092\text{m}$。选用管径为 $(D_w\delta)_{sh} = 108\text{mm} \times 4$，实际管道内径 $d_{sh,n} = 100\text{mm}$。

计算结果见表 4-7。用户 b 疏水器的背压力 $p_{b2} = 0.15\text{MPa}$，稍大于表中计算得出的管段始端表压力 $p_m = 0.1175\text{MPa}$。

整个水力计算即可结束。

思考题与习题

1. 如图 4-19 所示，某蒸汽管段长 1000m，通过饱和蒸汽流量 10t/h，管径 $DN = 259$mm，局部阻力当量长度 $L = 113$m，若起点蒸汽压力为 8bar（表压力，1bar $= 10^5$Pa），求管段末端的压力。（提示：可先按点进行试算，再按平均 ρ 修正）。

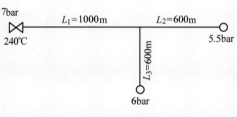

图 4-19　题 1 图

2. 求图 4-19 中过热蒸汽管道各段初步计算时的 ρ 值，已知管道进口蒸汽温度为 240℃，管道上蒸汽温度降采用 3℃/100m 计算。

3. 有一蒸汽支管，起点的饱和蒸汽压力为 3bar，D、C 用户要求和管长如图 4-20 所示，试确定各段管径。

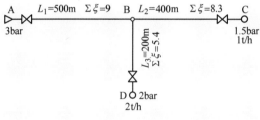

图 4-20　题 3 图

4. 某余压凝结水回收系统如图 4-21 所示，其用热设备中的蒸汽压力为 2.5bar（表压力），凝结水箱为 −0.2bar（表压力），疏水器漏气量占用气量的 10%，消耗压力为用气压力的 5%，用户水箱、管道在同一平面内，求管段内的计算 ρ 值。

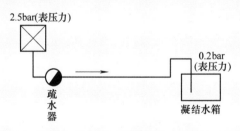

图 4-21　题 4 图

5. 某凝结水回收系统，管长 $L = 200$m，通过流量 4t/h，用热设备压力为 3bar，疏水器后为 1.5bar，闭压水箱中为 1.3bar，疏水器与凝结水箱在同一平面上，凝结水在用热设备中过冷却 10℃，即低于饱和温度 10℃，管道局部阻力折算系数 $\alpha = 0.1$，如果疏水器不漏气，也不计沿程热损失，求该管段的直径是多少？如果考虑疏水器漏气 10%，则管径应变为多少？并画出系统图。

6. 试分析图 4-22 所示凝结水回收系统各管段的作用压力。

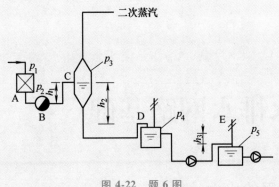

图 4-22　题 6 图

二维码形式客观题

微信扫描二维码，可自行做客观题，提交后可查看答案。

第 5 章

建筑给水排水网路基础

5.1 建筑给水管网的水力计算基础

5.1.1 给水系统及其分区与给水方式

本章介绍给水、排水的转运、分配及其能量损失规律。本节讲述建筑给水系统有关知识。建筑给水可分为多层建筑给水与高层建筑给水，一般而言多层建筑给水系统不存在分区的问题，分区（指竖向分区）是针对高层建筑来说的。不论多层建筑还是高层建筑，其室内给水系统按其用途可分三种，即生活给水系统、生产给水系统和消防给水系统。根据具体情况有时需要将上述三种系统再划分，如：

$$
\text{给水系统} \begin{cases} \text{生活给水系统} \begin{cases} \text{饮用水系统} \\ \text{杂用水系统} \end{cases} \\ \text{生产给水系统} \begin{cases} \text{直流给水系统} \\ \text{循环给水系统} \\ \text{重复使用给水系统} \\ \text{软化水给水系统} \\ \text{纯水给水系统} \end{cases} \\ \text{消防给水系统} \begin{cases} \text{消火栓消防给水系统} \\ \text{自动喷水灭火系统} \end{cases} \end{cases}
$$

1. 生活给水系统

生活给水系统供厨房烹调、饮用、洗涤、卫生间、洗沐浴、冲洗厕所便器等生活上的用水，水质必须符合国家规定的饮用水标准。有些建筑冲洗厕所便器和冲洗汽车采用（如日本）洗沐浴废水经过处理后的"再用水"，俗称"中水"。中水系统也是生活给水系统。为了节约用水，也有把那些使用后水质未受污染的水收集起来重复使用于其他地方的复用水系统。

2. 生产给水系统

工业建筑，其生产用水按工艺要求组成共用或独立的给水系统，如电子工业的高纯水系统、锅炉的软化水系统、机器的冷却水系统及空调冷却水系统等，均可称为工业给水系统。

民用建筑，顾名思义没有生产用水，但如果把直接用于厨房、浴室、厕所的水称为生活用水，而把其他用水划归生产用水的话，则一座现代化的高层旅游宾馆的生产用水系统有：空调冷却水系统、厨房冷藏库冷却水系统、洗衣房软化水系统、锅炉房软化水系统、游泳池水处理系统、喷泉系统等。

3. 消防给水系统

高层建筑必须要有可靠的消防设施，以迅速扑灭初期火灾，不致酿成大火。高层建筑消防给水系统有：消火栓消防给水系统、自动喷水灭火系统。消火栓消防给水系统包括普通消火栓给水系统和水口径消火栓给水系统；自动喷水灭火系统包括湿式、干式、预作用等闭式自动喷水灭火系统和雨淋、水幕等开式自动喷水灭火系统。在不能用水灭火的场所，如可燃油浸电力变压器室、充有可燃油的高压电容器室和多油开关室，可采用气体、水喷雾灭火；计算机房、图书馆珍藏库、发电机房、贵重设备室可采用气体消防设施。

以上各种给水系统在同一栋高层建筑中不一定全部具有，应根据该建筑外部给排水条件和内部给排水要求的具体情况而定。

4. 竖向分区

当建筑物很高时，若只采用一套给水装置向管道直接供水，为满足上区层供水的压力要求，则会使下区层的给水压力过大，从而带来许多不利之处：

1）水嘴开启，水呈射流喷溅，影响使用。

2）必须采用耐高压管材、零件及配水器材。

3）由于压力过高，水嘴、阀门、浮球阀等器材磨损迅速，寿命缩短，漏水增加，检修频繁。

4）下层水嘴的流出水头过大，如不减压，其出流量比设计流量大得多，使管道内流速增加，以致产生流水噪声、振动噪声，并使顶层水嘴产生负压抽吸现象，易形成回流污染。

5）由于压力过大，容易产生水锤及水锤噪声。

6）维修管理费用和水泵运转电费增高。

给水系统竖向分区的高度要恰当，如果分区的高度过小，势必增加给水设备、管道及相应的土建投资和维修管理工作，很不经济。反之，若分区的高度过大，仍会带来前述水压过高的不良现象。竖向分区的高度一般以系统中最低卫生器具处最大静水压力值为依据，这个分区压力值究竟多少为恰当呢？当前国内外尚无一致的规定，应根据使用要求、管材质量、卫生器具及零件的承压性能、维修管理等条件，并综合建筑层数合理安排。参考国内外高层建筑给水系统竖向分区的工程实例，结合我国目前水暖产品情况，高层建筑生活给水系统分区的水压值可采用：

旅馆、医院、住宅建筑：0.3~0.4MPa（30~40mH₂O）。

办公楼建筑：0.35~0.45MPa（35~45mH₂O）。

高层建筑在给水系统竖向分区中，不但要避免过大的水压，而且还要保证供水点所需的最低水压，避免顶层水嘴产生"负压回流"现象。

现列出图 5-1 所示给水系统的水箱水面和顶层水嘴断面处的能量方程：

$$H = \frac{p_1}{\rho g} + \frac{v_1^2}{2g} + \sum h$$

$$\frac{p_1}{\rho g} = H - \left(\frac{v_1^2}{2g} + \sum h\right) \tag{5-1}$$

式中　p_1——截面 1—1 处管中水压力；

　　　v_1——截面 1—1 处管中水的流速；

　　　H——水箱水面与截面 1—1 位置高差；

　　$\sum h$——水箱出水管至截面 1—1 管线的总水头损失；

　　　g——重力加速度；

　　　ρ——水的密度。

当 $\frac{v_1^2}{2g} + \sum h > H$ 时，截面 1—1 处管中产生负压，开启水嘴不但不出水，反而吸气。在高层建筑中，由于下区层用水点低，水压过大，实际流量往往大于计算流量。如果水箱高度 H 不够，水平总管管径太小和下区层不采取减压限流措施，就容易造成上述现象。各分区水箱的设置高度，应根据最不利配水点所需的水压及其管路的水头损失计算决定。一般分区水箱宜设置在该供水区以上 2～3 层，即给水系统最不利点的最小静水压具有 68.6～98kPa（7～10mH₂O），如果供给消防用水，另按消防要求计算。

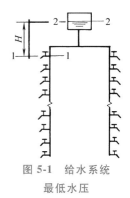

图 5-1　给水系统最低水压

5. 给水方式

高层建筑给水方式的基本特征是分区和加压。当高层建筑竖向分区确定以后，如何经济合理地选择给水方式同样是个重要问题。高层建筑主要供水方式有：①水泵-高位水箱供水方式，该供水方式又可分为水泵-高位水箱并联供水方式、水泵-高位水箱串联供水方式、减压水箱供水方式、减压阀供水方式等；②气压罐（气压设备）供水方式，此方式又可分为气压罐并联供水方式、气压罐减压阀供水方式等；③变频调速水泵供水方式，该供水方式也有并联供水方式和减压阀供水方式两种。

在高层建筑中，竖向分区较多时，往往可根据工程的实际情况混合采用各种供水方式。另外，还可充分利用室外市政管网的水压直接对高层建筑的下面几层供水（高层建筑中用水量较大的部门如洗衣房、厨房等公用设施，一般都设置在建筑物的最下面几层），这样对于节能和安全供水都是有利的。

5.1.2　给水管网计算

1. 设计流量计算

（1）最高日用水量

1）建筑生活用水量：建筑物最高日生活用水量按下式计算：

$$q_{V,d} = \frac{mq_d}{1000} \tag{5-2}$$

式中　$q_{V,d}$——最高日生活用水量（m³/d）；

m——设计单位数（人、床、病床、m² 等）；

q_d——单位用水定额［L/（人·d）、L/（床·d）、L/（病床·d）、L/（m²·d）］，见有关手册或规范［《建筑给水排水设计标准》（GB 50015—2019）］。

采用式（5-2）时应注意以下几点：

a. 综合性建筑，如上层为住宅，下层为商店的商住楼，会场、办公场所和宴会厅等组合在一起的大会堂，旅馆、商店和营业餐厅组合在一起的大型宾馆等，应分别按不同建筑的用水定额计算各自的最高日生活用水量，然后将同时用水项目叠加，以用水量最大一组作为整个建筑的最高日生活用水量。

b. 一幢建筑有多种卫生器具设置标准时，如住宅部分有热水供应，集体宿舍、旅馆部分设公共厕所，部分设小卫生间，应分别按不同标准的用水定额和服务人数，计算各部分的最高日生活用水量，然后将同时用水项目叠加求得整个建筑的最高日生活用水量。

c. 一幢建筑兼有多种功能时，如食堂兼作礼堂等，应按用水量最大的计算。

d. 建筑物的服务人数超过应服务范围时，设计单位数应按实际单位数计算，如集体宿舍内设有公共浴室，而浴室除为该集体宿舍居住者服务外，还为其他人员服务，则设计单位数应按全部使用者计算。

e. 建筑物实际用水项目超过或少于原定范围时，其用水量应作相应增减，如旅馆、医院设有洗衣房时，应增加洗衣房用水量；办公楼、中小学校设有食堂时，应增加食堂用水量。

f. 当单位用水定额按班、场、次计,而需计算最高日生活用水量时,还应考虑每日的班数、场数、次数。

g. 设计单位数由建筑单位或建筑专业提供,当无法统计服务人数,可按卫生器具一小时用水量和每日工作数确定最高日用水量。门诊部和诊疗所的就诊病人数按下式计算:

$$n_{\mathrm{m}} = \frac{n_{\mathrm{g}} m_{\mathrm{g}}}{300} \tag{5-3}$$

式中　n_{m}——每日门诊病人数;

　　　n_{g}——门诊部、诊疗所服务居民数;

　　　m_{g}——每一居民一年平均门诊数,城镇 7~10 次,农村 3~5 次;300 指一年工作日数。

2)工业企业生产用水量:工业企业生产用水量与生产类别、工艺条件、生产设备、工作制度、供水水质等多种因素有关,应根据工艺要求,结合给水系统状况合理确定。表 5-1 和表 5-2 所示分别为汽车冲洗用水定额以及浇洒道路和绿化用水定额。

表 5-1　汽车冲洗用水定额

汽车种类	冲洗用水定额 /[L/(辆·d)]	冲洗时间 /min	冲洗次数	
			同时冲洗数	每日冲洗数
小轿车、吉普车、小面包车	250~400	10	按洗车台数量	≤25 辆车时全部汽车每日冲洗一次,>25 辆车时,按全部汽车的 70%~90% 计算,但不少于 25 辆车
大轿车、公共汽车、货车、载重汽车	400~600	10		
大型载重车、矿山超重车	600~800	10		

注:冬季汽车起动所需热水量另计。

表 5-2　浇洒道路和绿化用水定额

项　目	用水定额 /[L/(m²·次)]	浇洒次数 /(次/d)
浇洒道路和场地用水	1.0~1.5	2~3
绿化用水	1.5~2	1~2

3)消防用水量:消防用水量及其计算有关手册、规范。

(2)最大小时生活用水量　最大小时生活用水量应根据最高日(或最大班)生活用水量,使用时间与小时变化系数按下式计算:

$$q_{V,\mathrm{h}} = K_{\mathrm{h}} \frac{q_{V,\mathrm{d}}}{T} \tag{5-4}$$

式中　$q_{V,\mathrm{h}}$——最大小时生活用水量(m³/h);

　　　$q_{V,\mathrm{d}}$——最高日(或最大班)生活用水量(m³/d);

　　　T——每日(或最大班)使用时间(h/d);

　　　K_{h}——小时变化系数,可从有关规范、手册查到。

(3)生活给水设计秒流量

1)住宅、集体宿舍、旅馆、招待所、宾馆、医院、疗养院、休养所、门诊部、诊疗所、幼儿园、托儿所、办公楼、学校等建筑的生活给水设计秒流量应按下式计算:

$$q_{V,\mathrm{g}} = 0.2\alpha \sqrt{N_{\mathrm{g}}} + K N_{\mathrm{g}} \tag{5-5}$$

式中　$q_{V,\mathrm{g}}$——计算管段的生活给水设计秒流量(L/s);

　　　N_{g}——计算管段的卫生器具给水当量总数,根据卫生器具种类和数量按表 5-3 计算确定;

　　　α、K——根据建筑物类别而确定的设计秒流量系数,按表 5-4 采用。

表 5-3　卫生器具的给水额定流量、当量、支管管径和流出压力

序号	卫生器具 给水配件名称	额定流量 /(L/s)	当量	支管管径 /mm	流出压力 /kPa
1	污水盆(池)水嘴	0.20	1.0	15	20 按产品要求
2	住宅厨房洗涤盆(池)水嘴				
	一个阀开	0.14	0.7	15	15
	两个阀开	0.20	1.0	15	15
	普通水嘴	0.20	1.0	15	15
	充气水嘴	(0.07)	(0.35)	(15)	按产品要求
3	食堂厨房洗涤盆(池)水嘴				
	一个阀开	0.24	1.2	15	20
	两个阀开	0.32	1.6	15	20
	普通水嘴	0.44	2.2	20	20
4	住宅集中给水嘴	0.30	1.5	2.0	20
5	洗脸盆(无塞)或洗手盆水嘴	0.10	0.5	1.5	20
	充气水嘴	(0.07)	(0.35)	(15)	按产品要求
6	洗脸盆(有塞)或洗槽水嘴				
	一个阀开	0.16	0.8	15	15
	两个阀开	0.20	1.0	15	15
	普通水嘴	0.20	1.0	15	15
	充气水嘴	(0.07)	(0.35)	(15)	按产品要求
7	浴盆水嘴				
	一个阀开	0.20	1.0	15	20
	两个阀开	0.30	1.5	15	20
	一个阀开	0.20	1.0	20	15
	两个阀开	0.30	1.5	20	15
8	淋浴器				
	一个阀开	0.10	0.5	15	25~40
	两个阀开	0.15	0.75	15	25~40
	单管供水	(0.15)	(0.75)	(15)	25~40
9	大便器				
	冲洗水箱浮球阀	0.10	0.5	15	20
	自闭式冲洗阀	1.20	6.0	25	按产品要求
10	大便槽冲洗水箱进水阀	0.10	0.5	15	20
11	小便器				
	手动冲洗阀	0.05	0.25	15	15
	自闭式冲洗阀	0.10	0.5	15	按产品要求
	自动冲洗水箱进水阀	0.10	0.5	15	20
12	小便槽多孔冲洗管(每 m 长)	0.05	0.25	15~20	15
13	化验盆化验水嘴(鹅颈)				
	单联	0.07	0.35	15	20
	双联	0.15	0.75	15	20
	三联	0.20	1.0	15	20
14	净身器冲洗水嘴				
	一个阀开	0.07	0.35	15	30
	两个阀开	0.10	0.5	15	30
	充气水嘴	(0.07)	(0.35)	(15)	按产品要求
15	饮水器喷嘴	0.05	0.25	15	20

（续）

序号	卫生器具 给水配件名称	额定流量 /（L/s）	当量	支管管径 /mm	流出压力 /kPa
16	洒水水嘴	0.20	1.0	15	按使用要求
		0.40	2.0	20	按使用要求
		0.70	3.5	25	按使用要求
17	家用洗衣机给水水嘴	0.24	1.2	15	20

注：括号内的数据为推荐的参考数值。

表 5-4　设计秒流量系数 α、K 值

序号	建 筑 物 名 称		α 值	K 值
1	住宅	有大便器、洗涤盆、无沐浴设备	1.05	0.0050
		有大便器、洗涤盆和沐浴设备	1.02	0.0045
		有大便器、洗涤盆、沐浴设备和热水供应	1.10	0.0050
2	幼儿园、托儿所		1.2	
3	门诊部、诊疗所		1.4	
4	办公楼、商场		1.5	
5	学校		1.8	
6	医院、疗养院、休养所		2.0	
7	集体宿舍、旅馆、招待所、宾馆		2.5	
8	部队营房		3.0	

在使用式（5-5）时，应注意以下几点：

a. 如计算值小于该管段上最大一个卫生器具的给水额定流量时，应采用最大一个卫生器具的给水额定流量作为设计秒流量。

b. 如计算值小于该管段上所有卫生器具给水额定流量叠加值时，应以叠加流量作为设计秒流量。

c. 当已知计算管段卫生器具当量总数和建筑类别时，可由表 5-5 查得该管段的生活给水设计秒流量值。

d. 当大便器采用自闭式冲洗阀时，建议按下式计算生活给水设计秒流量。

$$q_{V.g} = 0.2\sqrt{N_g} + 1.2 \tag{5-6}$$

在装设大便器自闭式冲洗阀的情况下，已知计算管段卫生器具当量总数时，可由表 5-6 查得该管段的生活给水设计秒流量值。

e. 综合性建筑计算总管的生活给水设计秒流量时，应用加权平均法确定总的 α 值和 K 值，即按式（5-7）和式（5-8）计算：

$$\alpha = \frac{\alpha_1 N_{g1} + \alpha_2 N_{g2} + \cdots + \alpha_n N_{gn}}{N_g} \tag{5-7}$$

$$K = \frac{K_1 N_{g1} + K_2 N_{g2} + \cdots + K_n N_{gn}}{N_g} \tag{5-8}$$

式中　　　　α——综合性建筑经加权平均法确定的总的流量系数 α 值；

　　　　　　K——综合性建筑经加权平均法确定的总的流量系数 K 值；

　　　　　N_g——计算管段的卫生器具给水当量总数；

N_{g1}、N_{g2}、$\cdots$、N_{gn}——综合性建筑各部门的卫生器具给水当量总数；

α_1、α_2、$\cdots$、α_n——相应 N_{g1}、N_{g2}、$\cdots$、N_{gn} 的设计秒流量系数 α 值；

K_1、K_2、$\cdots$、K_n——相应 N_{g1}、N_{g2}、$\cdots$、N_{gn} 的设计秒流量系数 K 值。

表 5-5 生活给水设计秒流量计算 （单位：L/s）

N_g	住宅			幼儿园托儿所 $\alpha=1.2$	门诊部诊疗所 $\alpha=1.4$	办公楼商场 $\alpha=1.5$	学校 $\alpha=1.8$	医院疗养院休养所 $\alpha=2.0$	集体宿舍、招待所旅馆 $\alpha=2.5$	部队营房 $\alpha=3.0$
	1类 $\alpha=1.05$ $K=0.0050$	2类 $\alpha=1.02$ $K=0.0045$	3类 $\alpha=1.10$ $K=0.0050$							
1	0.20	0.20	0.20	0.20	0.20	0.20	0.20	0.20	0.20	0.20
2	0.31	0.30	0.32	0.34	0.40	0.40	0.40	0.40	0.40	0.40
3	0.38	0.37	0.40	0.42	0.48	0.52	0.60	0.60	0.60	0.60
4	0.44	0.43	0.46	0.48	0.56	0.60	0.72	0.80	0.80	0.80
5	0.49	0.48	0.52	0.54	0.63	0.67	0.80	0.89	1.00	1.00
6	0.54	0.53	0.57	0.59	0.69	0.73	0.88	0.98	1.20	1.20
7	0.59	0.57	0.62	0.63	0.74	0.79	0.95	1.06	1.32	1.40
8	0.63	0.61	0.66	0.68	0.79	0.85	1.02	1.13	1.41	1.60
9	0.68	0.65	0.71	0.72	0.84	0.90	1.08	1.20	1.50	1.80
10	0.71	0.69	0.75	0.76	0.89	0.95	1.14	1.26	1.58	1.90
11	0.75	0.73	0.78	0.80	0.93	0.99	1.19	1.13	1.66	1.99
12	0.79	0.76	0.82	0.83	0.97	1.04	1.25	1.30	1.73	2.08
13	0.82	0.79	0.86	0.87	1.01	1.08	1.30	1.14	1.80	2.16
14	0.86	0.83	0.89	0.90	1.05	1.12	1.35	1.50	1.87	2.24
15	0.89	0.86	0.93	0.93	1.08	1.16	1.39	1.55	1.94	2.32
16	0.92	0.89	0.96	0.96	1.12	1.20	1.44	1.60	2.00	2.40
17	0.95	0.92	0.99	0.99	1.15	1.24	1.48	1.65	2.06	2.47
18	0.98	0.95	1.02	1.02	1.19	1.27	1.53	1.70	2.12	2.55
19	1.01	0.97	1.05	1.05	1.22	1.31	1.57	1.74	2.18	2.62
20	1.04	1.00	1.08	1.07	1.25	1.34	1.61	1.79	2.24	2.68
22	1.09	1.06	1.14	1.13	1.31	1.41	1.69	1.88	2.35	2.81
24	1.15	1.11	1.20	1.18	1.37	1.47	1.76	1.96	2.45	2.94
26	1.20	1.16	1.25	1.22	1.43	1.53	1.84	2.04	2.55	3.06
28	1.25	1.21	1.30	1.27	1.48	1.59	1.90	2.12	2.65	3.17
30	1.30	1.25	1.35	1.31	1.53	1.64	1.97	2.19	2.74	3.29
32	1.35	1.30	1.40	1.36	1.58	1.70	2.04	2.26	2.83	3.39
34	1.39	1.34	1.45	1.40	1.63	1.75	2.10	2.33	2.92	3.50
36	1.44	1.39	1.50	1.44	1.68	1.80	2.16	2.40	3.00	3.60
38	1.48	1.43	1.55	1.48	1.73	1.85	2.22	2.47	3.08	3.70
40	1.53	1.47	1.59	1.52	1.77	1.90	2.28	2.53	3.16	3.79
42	1.57	1.51	1.64	1.56	1.81	1.94	2.33	2.59	3.24	3.89
44	1.61	1.55	1.68	1.59	1.86	1.99	2.39	2.65	3.32	3.98
46	1.65	1.59	1.72	1.63	1.90	2.03	2.44	2.71	3.39	4.07
48	1.69	1.63	1.76	1.66	1.94	2.08	2.49	2.77	3.46	4.16
50	1.73	1.67	1.81	1.70	1.98	2.21	2.55	2.83	3.54	4.24
52	1.77	1.71	1.85	1.73	2.02	2.16	2.60	2.88	3.61	4.33
54	1.81	1.74	1.89	1.76	2.06	2.20	2.65	2.94	3.67	4.41
56	1.85	1.78	1.93	1.80	2.10	2.24	2.69	2.99	3.74	4.49
58	1.89	1.81	1.97	1.83	2.13	2.28	2.74	3.05	3.81	4.57
60	1.93	1.85	2.00	1.86	2.17	2.32	2.79	3.10	3.87	2.67
62	1.96	1.89	2.04	1.89	2.20	2.36	2.83	3.15	3.94	4.72

表 5-6　有自闭式冲洗阀时生活给水设计秒流量计算　　　　（单位：L/s）

N_g	$q_{V,g}$	N_g	$q_{V,g}$	N_g	$q_{V,g}$	N_g	$q_{V,g}$	N_g	$q_{V,g}$	N_g	$q_{V,g}$
6	1.69	126	3.44	246	4.34	366	5.03	486	5.61	1320	8.47
12	1.89	132	3.50	252	4.37	372	5.06	492	5.64	1368	8.60
18	2.05	138	3.55	258	4.41	378	5.09	498	5.66	1416	8.73
24	2.18	144	3.60	264	4.45	384	5.12	504	5.69	1464	8.85
30	2.30	150	3.65	270	4.49	390	5.15	552	5.90	1512	8.89
36	2.40	156	3.70	276	4.52	396	5.18	600	6.10	1560	9.10
42	2.50	162	3.75	282	4.56	402	5.21	648	6.29	1608	9.22
48	2.59	168	3.79	288	4.59	408	5.24	696	6.48	1656	9.34
54	2.67	174	3.84	294	4.63	414	5.27	744	6.66	1704	9.46
60	2.75	180	3.88	300	4.66	420	5.30	792	6.83	1752	9.57
66	2.82	186	3.93	306	4.70	426	5.33	840	7.00	1800	9.69
72	2.90	192	3.97	312	4.73	432	5.36	888	7.16	1848	9.80
78	2.97	198	4.01	318	4.77	438	5.39	936	7.32	1896	9.91
84	3.03	204	4.06	324	4.80	444	5.41	984	7.47	1944	10.02
90	3.10	210	4.10	330	4.83	450	5.44	1032	7.62	1992	10.13
96	3.16	216	4.14	336	4.87	456	5.47	1080	7.77		
102	3.22	222	4.18	342	4.90	462	5.50	1128	7.92		
108	3.28	228	4.22	348	4.93	468	5.53	1176	8.06		
114	3.34	234	4.26	354	4.96	474	5.55	1224	8.20		
120	3.39	240	4.30	360	4.99	480	5.58	1272	8.33		

表 5-7　用水密集型建筑同时给水百分数　　　　（%）

序号	卫生器具名称	工业企业生活间	公共浴室	洗衣房	公共食堂	科学研究实验室	生产实验室	电影院剧院	游泳池体育场	仅设集中给水龙头的住宅
1	集中给水水嘴	—	—	—	—	—	—	—	—	(70~100)
2	污水盆（池）	无工艺要求采用33	15	(25~40)	50	—	—	50	50	—
3	洗涤盆（池）	无工艺要求采用33	15	(25~40)	50	—	—	(50)	(50)	—
4	洗脸盆、洗槽水嘴	60~100	60~100	60	60	—	—	50	80	—
5	洗手盆	50	20	—	—	—	—	50	80	—
6	浴盆	—	50	—	—	—	—	—	—	—
7	淋浴器	100	100	100	100	—	—	100	100	—
8	大便器冲洗水箱	30	20	30	60	—	—	50	70	—
9	大便器自储式冲洗阀	5	3	4	(5)	—	—	10	15	—
10	大便槽自动冲洗水箱	100	—	—	—	—	—	100	100	—
11	小便器手动冲洗阀	50 (10)	(10)	(10)	50 (10)	—	—	50 (20)	70 (20)	—
12	大便器自闭式冲洗阀	100	—	—	—	—	—	100	100	—
13	小便器自动冲洗水箱	100	—	—	—	—	—	100	100	—
14	小便槽多孔冲洗管	—	—	—	—	20	30	—	—	—
15	单联化验水嘴	—	—	—	—	30	50	—	—	—
16	双联化验水嘴	—	—	—	—	30	50	—	—	—
17	三联化验水嘴	100	(100)	(100)	—	—	—	—	—	—
18	净身器	30~60	30	30	(30)	—	—	30	30	—
19	饮水器	(100)	—	—	90	—	—	(100)	(100)	—
20	开水器	(30)	(50)	(50)	(50)	—	—	(30)	(50)	—
21	洒水栓	—	—	—	60	—	—	—	—	—
22	煮锅	—	—	—	(30~100)	—	—	—	—	—
23	洗碗池	—	—	—	(40)	—	—	—	—	—
24	洗菜池	—	—	—	90	—	—	—	—	—
25	器皿洗涤机	—	—	—	40	—	—	—	—	—
26	生产性洗涤机	—	—	—	(100)	—	—	—	—	—
27	去皮机	—	—	—	(60)	—	—	—	—	—
28	炉灶用水嘴	—	(50~100)	(50~100)	(50~100)	—	—	—	—	—
29	浸泡池	—	—	(50~100)	—	—	—	—	—	—
30	消毒锅	—	(50~100)	(50~100)	—	—	—	—	—	—

注：括号内数据为推荐的参考数值。

f. 当卫生器具给水当量总数超过一定数量时，应用式（5-9）进行校核，按式（5-5）计算求得的 $q_{V,g}$ 值不应小于校核式（5-9）所得的计算值，即

$$q_{V,g} = 0.2bN_g \tag{5-9}$$

式中　$q_{V,g}$——计算管段的生活给水设计秒流量（L/s）；

N_g——计算管段的卫生器具给水当量总数；

b——卫生器具的同时给水百分数，高标准建筑采用 4%，低标准建筑采用 3%。

g. 当建筑物内除生活用水外，还有其他用水（如空调用水、蒸馏水制备用水、试验室用水、肉食化冻用水等），在确定建筑物总的设计秒流量时应为生活给水设计秒流量和其他用水之和。

2）工业企业生活间、公共浴室、洗衣房、公共食堂、实验室、电影院、剧场、游泳池、体育场、仅设集中给水水嘴的住宅等建筑的生活给水设计秒流量应按下式计算：

$$q_{V,g} = \sum q_0 n_0 b \tag{5-10}$$

式中　$q_{V,g}$——计算管段的生活给水设计秒流量（L/s）；

q_0——同类型的一个卫生器具给水额定流量（L/s）（见表 5-3）；

n_0——同类型卫生器具数量；

b——卫生器具的同时给水百分数（见表 5-7）。

2. 管网水力计算

（1）计算目的　建筑内部给水管网水力计算的目的，在于确定给水管网各管段的管径，求得设计秒流量通过管段时造成的水头损失，决定室内管网所需的水压，确定加压装置所需扬程和高位水箱的设置高度。

（2）计算要求和步骤

1）根据建筑物类别正确选用生活给水设计秒流量计算公式，计算生活给水设计秒流量。

2）以生活给水设计秒流量和其他用水（空调用水、试验室用水等）之和确定设计秒流量。

3）根据设计秒流量确定给水管管径。根据连续性方程，有

$$d = \sqrt{\frac{4q_{V,g}}{\pi v}} \tag{5-11}$$

式中　$q_{V,g}$——计算段设计秒流量（m³/s）；

d——计算管段管径（m）；

v——管段流速（m/s）。

4）确定管径时，应使设计秒流量通过计算管段时的水流速度符合下列规定：

a. 生活或生产给水管道：生活或生产给水管道内的水流速度不宜大于 2.0m/s；立管及干管流速一般采用 1.0~1.5m/s；连接卫生器具的支管流速一般采用 0.6~1.0m/s；当对噪声有严格要求时，应适当降低流速。

b. 消防给水管道：消火栓系统管道内水流速度不宜大于 2.5m/s；自动喷水灭火系统管道内水流速度不宜大于 5.0m/s。

5）大型工程在有条件时，可以计算经济流速并用以确定管径。

6）根据已确定的管径，计算相应的水头损失值，决定室内管网所需的水压，确定加压装置所需扬程和高位水箱设置高度。

7）对不允许断水的给水管网，如从几条引入管供水时，应假定其中一条被关闭修理，其余引入管应按供给全部用水量计算。

（3）管道压力损失计算

1）单位长度压力损失：给水管道的钢管和铸铁管，其单位长度压力损失应按式（5-12）和式（5-13）计算。

当 $v < 1.2$ m/s 时：

$$i = 0.00912 \times \frac{v^2}{d_j^{1.3}}\left(1 + \frac{0.867}{v}\right)^{0.3} \tag{5-12}$$

当 $v \geq 1.2$ m/s 时：

$$i = 0.0107 \times \frac{v^2}{d_j^{1.3}} \tag{5-13}$$

式中　i——管道单位长度的压力损失（kPa/m）；

v——管道内的平均水流速度（m/s）；

d_j——管道计算内径（m）。

对于塑料管，单位长度压力损失应按下式计算：

$$i = 0.000915 \times \frac{q_v^{1.774}}{d_j^{4.774}} \tag{5-14}$$

式中　i——管道单位长度的压力损失（kPa/m）；

q_v——管道内的计算流量（m³/s）；

d_j——管道计算内径（m）。

钢管（水煤气管）、铸铁管及塑料管单位长度管道的压力损失，也可由相关水力计算表查出，详见有关手册。

2）局部水头损失：给水管道局部水头损失应按下式计算：

$$h_j = \sum \zeta \frac{v^2}{2g} \tag{5-15}$$

式中　h_j——管道各局部水头损失的总和（m）；

ζ——局部阻力系数；

v——平均水流速度，一般指局部阻力后的流速（按水流方向）（m/s）；

g——重力加速度（m/s²）。

在已知 $\sum \zeta$ 和流速值时，可从有关手册计算表查出局部水头损失值。

为了简化计算，建筑内部给水管网的局部水头损失一般可按经验采用沿程水头损失（iL）的百分数进行估算，其数值按表5-8采用。

表 5-8　局部水头损失占沿程水头损失的百分数

管网类型		局部水头损失占沿程水头损失的百分数（%）	备注
独用	生活给水管网	25~30	
	生产给水管网	20	
	消火栓消防给水管网	10	
	自动喷水灭火系统消防给水管网	20	
共用	生活、消防共用给水管网	20	根据组成共用给水管网的不同比例确定
	生产、消防共用给水管网	15	
	生活、生产消防共用给水管网	20	

对于水表，其压力损失可按下式计算：

$$\Delta p_{\mathrm{d}} = \frac{q_{V,\mathrm{g}}^2}{K_{\mathrm{b}}} \tag{5-16}$$

式中　Δp_{d}——水表的压力损失（kPa）；

$q_{\overline{V,\mathrm{g}}}$——计算管段的给水流量（$\mathrm{m}^3/\mathrm{h}$）；

K_{b}——水表的特性系数，一般由生产厂提供，也可按下式计算，即旋翼式水表 $K_{\mathrm{b}} = \dfrac{q_{\max}^2}{100}$，

螺翼式水表 $K_{\mathrm{b}} = \dfrac{q_{\max}^2}{10}$，$q_{\max}$ 为各类水表的最大流量（m^3/h）。

水表的压力损失值均应符合下述规定，否则应放大水表的口径。

a. 旋翼式水表：正常用水时，水表的压力损失允许值<24.5kPa；消防时，水表的压力损失允许值<49.0kPa。

b. 螺翼式水表：正常用水时，水表的压力损失允许值<12.8kPa；消防时，水表的压力损失允许值<29.4kPa。

（4）建筑内部给水管网所需水压　在计算建筑内部给水管网所需水压时，选择若干个较不利的配水点进行水力计算，经比较后确定不利处配水点，以保证所有配水点的水压要求。根据卫生器具和用水设备用途要求而规定的，其配水装置单位时间的出水量为额定流量。各种配水装置为克服给水配件内摩阻、冲击及流速变化等阻力，而放出额定流量所需的最小静水压称流出压力。要满足建筑内给水系统各配水点单位时间内使用所需的水量，给水系统的水压就应保证配水最不利点（通常位于系统的最高点、最远点）具有足够的流出压力（对应的水头见图5-2），其计算公式为

$$p = p_1 + \Delta p_2 + \Delta p_3 + p_4 \tag{5-17}$$

式中　p——建筑内给水系统所需水压（kPa）；

p_1——引入管起点至配水最不利点位置高度所要求的静水压（kPa）；

Δp_2——引入管起点至配水最不利点的给水管路即计算管路的沿程与局部压力损失之和（kPa）；

Δp_3——水流通过水表时的压力损失（kPa）；

p_4——配水最不利点所需的流出压力（见表5-3）（kPa）。

3. 增压与贮水设备计算

（1）水泵选择　为了使水泵运行经常处在最佳工作状态（水泵工作点在特性曲线效率最高段），应充分了解水泵性能，合理选用水泵，以满足管网系统最不利配水点所需压力和水量。

1）水泵扬程（m）。

a. 当水泵单独或与高位水箱联合供水时：

$$p_{\mathrm{b}} \geqslant p_1 + \Delta p_2 + \Delta p_3 + p_4 \tag{5-18}$$

式中　p_{b}——水泵扬程相应的压力（kPa）；

p_1——引入管起点至配水最不利点或水箱进水口、最不利消火栓、自动洒水喷头位置高度所要求的静水压，此处即与贮水池最低水位至高位水箱入口处的几何高差相当的压力（kPa）；

Δp_2——引入管起点至配水最不利点或水箱进水口、最不利消火栓、自动洒水喷头的给水管路即计算管路的沿程与局部压力损失之和，此处即水泵吸水管和出水管（至高位水箱入口）的总压力损失（kPa）；

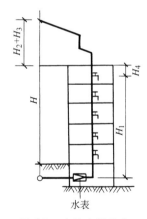

图5-2　建筑内部给水系统所需压力

Δp_3——水流通过水表时的压力损失（kPa），如管路无水表，则不计入此项；

p_4——配水最不利点或水箱进水口、最不利消火栓、自动洒水喷头所需的流出压力（kPa），高位水箱入口动压损失（$\rho v^2/2$）当属该项。

b. 当水泵与室外给水管网直接相连时，水泵扬程计算应考虑利用室外管网的最小水压，并应以室外管网的最大水压来校核水泵和内部管网的压力工况，此时：

$$p_b \geqslant p_1 + \Delta p_2 + \Delta p_3 + p_4 - p_0 \tag{5-19}$$

式中　p_0——室外给水管网所能提供的最小压力（kPa）；

其余符号含义与式（5-18）相同。

c. 当水泵与室外给水管网间接相连（通过贮水池）时：

$$p_b \geqslant p_1 + \Delta p_2 + p_4 \tag{5-20}$$

式中　p_1——贮水池最低点至配水最不利点或水箱进水口、最不利消火栓、自动洒水喷头位置高度所要求的静水压（kPa）；

其余符号含义与式（5-18）相同。

2）水泵出水量确定。

a. 在水泵后无流量调节装置时，水泵出水量应按设计秒流量确定。

b. 在水泵后有水箱等流量调节装置时，水泵出水时应按最大小时流量确定。在用水量较均匀，高位水箱容积允许适当放大，且在经济上合理时，可按平均小时流量确定。对于重要构筑物，为提高供水的可靠性，也有按设计秒流量确定的。

c. 水泵采用人工操作定时运行时，则应根据水泵运行时间计算确定，即

$$q_{V,b} = \frac{q_{V,d}}{T_b} \tag{5-21}$$

式中　$q_{V,b}$——水泵出水量（m³/h）；

$q_{V,d}$——最高日用水量（m³）；

T_b——水泵每天运行时间（h）。

（2）贮水池容积计算

1）贮水池的有效容积与水源供水保证能力和用户要求有关，一般根据用水调节水量、消防贮备用水量确定，应满足式（5-22）和式（5-23）要求：

$$V_y \geqslant (q_{V,b} - q_{V,g}) T_b + V_f + V_s \tag{5-22}$$

$$q_{V,g} T_t \geqslant (q_{V,b} - q_{V,g}) T_b \tag{5-23}$$

式中　V_y——贮水池的有效容积（m³）；

$q_{V,b}$——水泵出水量（m³/h）；

$q_{V,g}$——水源的供水能力（m³/h）；

T_b——水泵运行时间（h）；

V_f——火灾延续时间内，室内外消防用水总量即贮备水量（m³）；

V_s——事故备用水量（m³）；

T_t——水泵运行间隔时间（h）。

2）当资料不足时，贮水池的调节水量（$q_{V,b} - q_{V,g}$）T_b部分不得小于最高日用水量的10%~20%。贮水池及吸水井设置要点请参看有关书籍、手册。

（3）水箱计算

1）水箱有效容积计算：水箱的有效容积理论上应根据用水和进水流量变化曲线确定，但实

际上常按经验确定。

由室外管网直接供水时

$$V_t = q_{V,L} T_L \tag{5-24}$$

式中　V_t——水箱的有效容积（m^3）；

$\quad q_{V,L}$——由水箱供水的最大连续平均时用水量（m^3/h）；

$\quad T_L$——由水箱供水的最大连续时间（h）。

由人工操作水泵进水时

$$V_t = \frac{q_{V,d}}{n_b} - T_b q_{V,p} \tag{5-25}$$

式中　V_t——水箱的有效容积（m^3）；

$\quad q_{V,d}$——最高日用水量（m^3/d）；

$\quad n_b$——水泵每天起动次数；

$\quad T_b$——水泵起动一次的最短运行时间（h），由设计确定；

$\quad q_{V,p}$——水泵运行时间 T_b 内的建筑平均时用水量（m^3/h）。

当水泵自动运行时

$$V_t \geqslant 1.25 q_{V,b} / (4 n_{max}) \tag{5-26}$$

式中　V_t——水箱的有效容积（m^3）；

$\quad q_{V,b}$——水泵的出水量（m^3/h），一般可取大于或等于该服务范围给水系统的最大小时用水量；

$\quad n_{max}$——水泵 1h 内最大起动次数，根据水泵电动机容量及其起动方式、供电系统大小和负荷性质等确定。在水泵可以直接起动，且对供电系统无不利影响时，可选用较大值。在高层建筑给水系统中，生活水泵都设计成自动运行。水泵 1h 内最大起动次数，一般选 1~2 次。

生活水泵的自动运行，是利用水箱中预定的高、低水位来控制水泵的停、开。在选定水箱中起闭水泵的控制水位时，起动水泵的低水位离水箱出水管口应有 0.5m 左右的距离，这部分的水量称为高峰负荷贮备水量，以弥补给水系统用水高峰遇到水箱低水位时水泵供水量不足之弊，同时也可防止在低水位时空气进入管网。

水箱中是否要贮存事故备用水量，应根据建筑物的要求而定，一般可取等于该给水系统最大小时用水量的四分之一。生产事故贮水量应按工艺要求确定。

生活或生产专用高位水箱的有效容积包括调节容量、高峰负荷贮备水量和事故备用水量三部分。对于生活用水也可按不小于该给水系统最高日用水量的 5% 计算，人工操作时生活用水按不小于该给水系统最高日用水量的 12% 计算。

在钢筋混凝土结构的高层建筑中，利用结构可能的条件，水箱容积可定的较宽裕。在钢结构的塔式高层建筑中，宜增大泵的供水能力和起动次数，减小高峰负荷贮备水量，以减少水箱容积。

生活或生产与消防合用水箱：生活或生产水箱兼作消防用水贮备时，则水箱的有效容积，除包括前述生活或生产水箱有效容积外，还需贮备消防专用水量，这部分水平时不准动用，其容积计算参见消防有关内容。

2）设置高度计算。

a. 水箱的设置高度，应使其最低水位的标高满足最不利配水点或消火栓或自动喷水喷头的流出水头要求：

$$Z_x \geqslant Z_b + H_2 + H_4 \tag{5-27}$$

式中 Z_x——高位水箱最低水位的标高（m）；

   Z_b——最不利配水点、消火栓或自动喷水喷头的标高（m）；

   H_2——水箱出口至最不利配水点、消火栓或自动喷水喷头的管道总水头损失（m）；

   H_4——最不利配水点、消火栓或自动喷水喷头需要的流出水头（m）。

  或 $$p \geqslant \Delta p_2 + p_4 \tag{5-28}$$

式中 p——高位水箱最低水位至最不利配水点、消火栓或自动喷水喷头位置高度所需的静水压（kPa）；

   Δp_2——水箱出口至最不利配水点、消火栓或自动喷水喷头的管道总压力损失（kPa）；

   p_4——最不利配水点、消火栓或自动喷水喷头需要的流出压力（kPa）。

  b. 对于贮备消防用水的水箱，在满足消防流出水头确有困难时，应采取其他适当措施满足消防要求。

  （4）气压给水设备 气压给水设备是利用密闭压力罐内空气的可压缩性来贮存、调节和压送水量的给水装置，其作用相当于高位水箱或水塔。气压给水设备系统中的供水压力是借助罐内压缩空气维持的，罐体的高度不受限制，所以在不宜设置高位水箱的高层建筑给水系统中可采用。气压给水设备可从产品样本或有关手册中得到。

【例5-1】 某5层10户住宅，每户卫生间内有低水箱坐式大便器1套，洗脸盆、浴盆各1个。厨房内有洗涤盆1个，该建筑有局部热水供应。图5-3所示为该住宅给水系统轴测图，管材为镀锌钢管。引入管与室外给水管网连接点到配水最不利点的高差为17.1m。室外给水管网所能提供的最小压力 $p_0 = 270\text{kPa}$。试进行给水系统的水力计算。

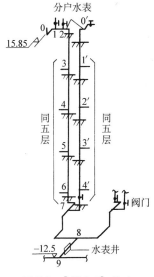

图5-3 【例5-1】给水系统轴测图

【解】 由图5-1确定配水最不利点为低水箱坐便器，故计算管路为0、1、2、…、9。节点编号如图5-3所示。该工程为住宅建筑，选用公式计算各管段设计秒流量。由表5-4查得 $\alpha = 1.10$，$K = 0.005$。

$$q_{V,g} = 0.2\alpha\sqrt{N_g} + KN_g$$
$$q_{V,g} = 0.22\sqrt{N_g} + 0.005N_g$$

由各管段的设计秒流量 $q_{V,g}$，控制流速在允许范围内，查有关水力计算表可得管径 D 和单位长度沿程压力损失 i，由公式 $p_y = iL$ 计算计算管路的沿程压力损失 $\sum p_y$。各项计算结果均列入表5-9中。

计算局部压力损失为

$$\sum \Delta p_j = 30\% iL = 0.3 \times 27.00\text{kPa} = 8.1\text{kPa}$$

计算管路的损失为

$$\Delta p_2 = \sum (iL + p_j) = (27.0 + 8.1)\text{kPa} = 35.1\text{kPa}$$

计算水表的压力损失。因住宅建筑用水量较少，总水表及分户水表均选用LXS湿式水表。分户水表和总水表分别安装在2-3和8-9管段上。$q_{2-3} = 0.35\text{L/s} = 1.26\text{m}^3/\text{h}$，$q_{8-9} = 1.36\text{L/s} = 4.90\text{m}^3/\text{h}$。选用15mm口径的分户水表，其公称流量为 $1.5\text{m}^3/\text{h} > q_{2-3}$，最大流量为 $3\text{m}^3/\text{h}$。所以分户水表的压力损失为

$$\Delta p_d = \frac{q_g^2}{K_b} = \frac{q_g^2}{q_{max}^2} = \frac{1.26^2}{\frac{3^2}{100}}\text{kPa} = 17.64\text{kPa}$$

表 5-9　给水管网水力计算

计算管段编号	卫生器具名称 n/N=数量/当量				当量总数 N_g	设计秒流量 $q_{V,g}$/ (L/s)	管径 DN /mm	流速 v/ (m/s)	每米管长沿程压力损失 i /kPa	管段长度 L /m	管段沿程压力损失 $\Delta p_y = iL$ /kPa	管段沿程压力损失累计 $\sum \Delta p_y$ /kPa
	低水箱	浴盆	洗脸盆	厨房用洗涤盆								
0—1	1/0.5				0.5	0.1	15	0.58	0.99	0.9	0.89	0.89
1—2	1/0.5	1/1			1.5	0.28	20	0.87	1.35	0.9	1.22	2.11
2—3	1/0.5	1/1	1/0.8		2.3	0.35	20	1.09	2.04	4.0	8.16	10.27
3—4	2/0.5	2/1	2/0.8		4.6	0.50	25	0.94	1.13	3.0	3.39	13.66
4—5	3/0.5	3/1	3/0.8		6.9	0.61	25	1.14	1.64	3.0	4.92	18.58
5—6	4/0.5	4/1	4/0.8		9.2	0.71	32	0.75	0.51	3.0	1.53	20.11
6—7	5/0.5	5/1	5/0.8		11.5	0.80	32	0.84	0.63	1.7	1.07	20.18
7—8	5/0.5	5/1	5/0.8	5/0.7	15	0.93	40	0.74	0.41	6	2.46	23.64
8—9	10/0.5	10/1	10/0.8	10/0.7	30	1.36	40	1.08	0.84	4	3.36	27.00
0′—1′				1/0.7	0.7	0.14	15	0.82				
1′—2′				2/0.7	1.4	0.27	20	0.90				
2′—3′				3/0.7	2.1	0.33	20	1.02				
3′—4′				4/0.7	2.8	0.38	25	0.71				
4′—7				5/0.7	3.5	0.43	25	0.81				

选口径 32mm 的总水表，其工程流量为 $6m^3/h$，大于 q_{8-9}，最大流量为 $12m^3/h$。所以总水表的压力损失为

$$\Delta p_d' = \frac{q_g^2}{K_b} = \frac{4.90^2}{\frac{12^2}{100}}kPa = 16.67kPa$$

Δp_d 和 $\Delta p_d'$ 均小于表 5-9 中水表压力损失允许值。水表的总压力损失为

$$\Delta p_3 = \Delta p_d + \Delta p_d' = (17.64 + 16.67)\ kPa = 34.31kPa$$

住宅建筑用水不均匀水表口径可按设计秒流量不大于水表最大流量确定，选用口径 25mm 的总水表即可，但经计算其压力损失大于水表损失允许值，故选用口径 32mm 的总水表。

由式（5-17）计算给水系统所需压力 p 为

$$p = p_1 + \Delta p_2 + \Delta p_3 + p_4$$
$$= (17.1 \times 10 + 35.1 + 31.31 + 20)\ kPa$$
$$= 257.41kPa < 270kPa\ 满足要求$$

计算非计算管段的管径，计算结果见表 5-9。

5.2　建筑排水网路

5.2.1　建筑排水网路组成

1. 建筑内部排水系统分类和建筑排水体制

建筑内部排水系统的任务就是把人们在生活、生产过程中使用过的水、屋面雪水、雨水尽快

排至建筑物外。

（1）建筑内部排水系统分类　按所排除的污、废水性质，建筑排水系统分为以下几类。

1）粪便污水排水系统：排除大便器（槽）、小便器（槽）等卫生设备排出的含有粪便污水的排水系统。

2）生活废水排水系统：排除洗涤盆（池）、洗脸盆、淋浴设备、盥洗槽、化验盆、洗衣机等卫生设备排出废水的排水系统。

3）生活污水排水系统：将粪便污水及生活废水合流排除的排水系统。

4）生产污水排水系统：排除在生产过程中被严重污染的水（如含酸、碱性污水等）的排水系统。

5）生产废水排水系统：排除在生产过程中污染较轻及水温稍有升高的污水（如冷却废水等）的排水系统。

6）工业废水排水系统：将生产污水与生产废水合流排除的排水系统。

7）屋面雨水排水系统：排除屋面雨水及雪水的排水系统。

（2）建筑排水体制　建筑内部排水体制分为分流制与合流制两种。分流制即针对各种污水分别设单独的管道系统输送和排放的排水制度；合流制即在同一排水管道系统中可以输送和排放两种或两种以上污水的排水制度。对于居住建筑和公共建筑采用"合流"与"分流"是指粪便污水与生活废水的合流与分流；对工业建筑来说，"合流"与"分流"是指生产污水和生产废水的合流与分流。

建筑内部是采用"合流"还是"分流"的排水体制，应根据污废水性质、污染程度、水量的大小，并结合室外排水体制和污水处理设施的完善程度，以及有利于综合利用与处理的要求等情况确定。在下列情况下，建筑物需设单独的排水系统：

1）公共食堂、肉食品加工车间、餐饮业洗涤废水中含有大量油脂。

2）锅炉、水加热器等设备排水温度超过 40℃。

3）医院污水中含有大量致病菌或含有放射性元素超过排放标准规定的浓度。

4）汽车修理间或洗车废水中含有大量润滑油。

5）工业废水中含有有毒、有害物质需要单独处理。

6）生产污水中含有酸碱，以及行业污水必须处理回收利用。

7）建筑中水系统中需要回用的生活废水。

8）可重复利用的生产废水。

9）室外仅设雨水管道而无生活污水管道时，生活污水可单独排入化粪池处理，而生活废水可直接排入雨水管道。

10）建筑物雨水管道应单独排出。

在下列情况下，建筑物内部可采用合流制排水系统：

1）当生活废水不考虑回收，城市有污水处理厂时，粪便污水与生活废水可以合流排出。

2）生产污水与生活污水性质相近时。

此外，工业废水和生活污水排入排水系统，应符合国家有关标准如《污水排入城镇下水道水质标准》(GB/T 31962—2015) 的规定等。

2. 排水系统的组成

建筑内部排水系统一般由以下几部分组成，如图 5-4 所示。

（1）污（废）水收集器　用来收集污（废）水的器具，如室内的卫生器具、生产污（废）水的排水设备及雨水斗等。

163

（2）排水管道　由器具排水管、排水横支管、排水立管和排出管等组成。

1）器具排水管：连接卫生器具和排水横支管之间的短管，除坐式大便器等自带水封装置的卫生器具外，均应设水封装置。

2）排水横支管：将器具排水管送来的污水转输到立管中去。

3）排水立管：用来收集其上所接的各横支管排来的污水，然后再把这些污水送入排出管。

4）排出管：用来收集一根或几根立管排来的污水，并将其排至室外排水管网中去。

（3）通气管　通气管的作用是把管道内产生的有害气体排至大气中，以免影响室内的环境卫生，减轻废水、废气对管道的腐蚀；在排水时向管内补给空气，降低立管内气压变化的幅度，防止卫生器具的水封受到破坏，保证水流畅通。

（4）清通设备　一般有检查口、清扫口、检查井等作为疏通排水管道之用。

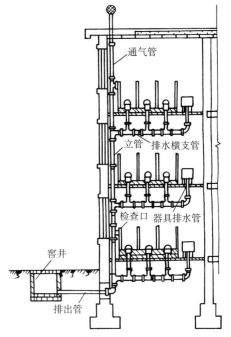

图 5-4　建筑内部排水系统基本组成

（5）抽升设备　一些民用和公共建筑的地下室，以及人防建筑、工业建筑内部标高低于室外地坪的车间和其他用水设备的房间，其污水一般难以自流排至室外，需要抽升排泄，常见的抽升设备有水泵、空气扬水器和水射器等。

（6）污水局部处理构筑物　当建筑内部污水不允许直接排入城市排水系统或水体时，设置的局部污水处理设施。

3. 通气管系统

通气管系统分为伸顶通气管、专用通气管和辅助通气管。

（1）伸顶通气管设置条件与要求

1）生活污水管道或散发有害气体的生产污水管道均应设置伸顶通气管。当无条件设置伸顶通气管时，可设置不通气立管。不通气立管的排水能力不能超过表 5-10 所示的规定。

2）通气管应高出屋面 0.3m 以上，并大于最大积雪厚度。通气管顶端应装设风帽或网罩，当冬季供暖温度高于−15℃的地区，可采用铅丝球。

3）在通气管周围 4m 内有门窗时，通气管口应高出窗顶 0.6m 或引向无门窗一侧。在上人屋面上，通气管口应高出屋面 2.0m 以上，并应根据防雷要求，考虑设置防雷装置。

4）通气管口不宜设在建筑物挑出部分（如檐口、阳台和雨篷等）的下面。

5）通气管不得与建筑物的通风道或烟道连接。

（2）专用通气管设置条件及要求

1）当生活污水立管所承担的卫生器具排水设计流量，超过表 5-8 中无专用通气立管最大排水能力时，应设置专用通气立管。

2）专用通气管应每两层设结合通气管与排水立管连接，其上端可在最高层卫生器具上边缘或检查口以上与污水立管的通气部分以斜三通连接，下端应在最低污水横支管以下与污水立管以斜三通相连接。

（3）辅助通气管设置条件及要求　辅助通气管由主通气立管或副通气立管、伸顶通气管、环形通气管、器具通气管和结合通气管组成，其通气标准高于专用通气管。

1）下列污水管段应设环形通气管：

a. 连接 4 个及 4 个以上卫生器具并与立管的距离大于 12m 的污水横支管。

b. 连接 6 个及 6 个以上大便器的污水横支管。

2）对卫生、安静要求较高的建筑物，其生活污水管道宜设置器具通气管。

3）通气管与污水管连接，应遵守下列规定：

a. 器具通气管应设在存水弯出口端；环形通气管应在横支管上最始端的两个卫生器具间接出，并应在排水支管中心线以上与排水支管呈垂直或 45°连接。

b. 器具通气管、环形通气管应在卫生器具上边缘之上不小于 0.15m 处，以不小于 0.01 的上升坡度与通气立管相连。

c. 专用通气立管和主通气立管的上端可在最高层卫生器具上边缘或检查口以上与污水立管的通气部分以斜三通相连，下端应在最低污水横支管以下与污水立管以斜三通相连。

d. 主通气立管每 8~10 层设结合通气管与污水立管连接。

e. 结合通气管可用 H 管件替代，H 管与通气管的连接点应设在卫生器具上边缘以上不小于 0.15m 处。

f. 当污水立管与废水立管合用一根通气立管时，H 管配件可隔层分别与污水立管和废水立管连接，但最低横支管连接点以下应装设结合通气管。

5.2.2　建筑排水网路计算

水力计算的目的在于合理、经济地确定管径、管道坡度以及设置通气系统的形式，以使排水管系统正常工作。

1. 排水定额与设计秒流量

排水当量：与建筑内部给水一样，以污水盆排水量 0.33L/s 作为一个排水当量，将其他卫生器具的排水量与 0.33L/s 的比值作为该种卫生器具的排水当量。

1）卫生器具排水流量与排水当量，见表 5-10。

表 5-10　卫生器具排水流量、当量、排水栓口径、排水横管管径

卫生器具名称		排水流量 /(L/s)	当量	排水栓口径 /mm	排水横管管径 /mm
洗涤盆、污水盆（池）		0.33	1.0	10~50	40~50
洗脸盆		0.25	0.75	32	32~50
浴盆		1.0	3.0	40	40~50
淋浴器		0.15	0.45	—	50
大便器	高水箱	1.5	4.5	—	100
	低水箱	2.0	6.0	—	100
	自动式冲水阀	1.5	4.5	—	100
大便槽	小于或等于 4 个蹲位	2.5	7.5	—	100
	大于 4 个蹲位	3.0	9.0	—	150
小便器	自动冲洗水箱	0.17	0.5	32~50	40~50
	手动冲洗阀	0.05	0.15	32~50	40~50
	自闭式冲洗阀	0.10	0.30	32~50	40~50

（续）

卫生器具名称		排水流量 /(L/s)	当量	排水栓口径 /mm	排水横管管径 /mm
小便槽 （生米长）	自动冲洗水箱	0.17	0.5	50~75	50~75
	手动冲洗阀	0.05	0.15	50~75	50~75
化验盆		0.2	0.6	50	50
净身器		0.10	0.30	40~50	50
家用洗衣机		0.5	1.5	50	50
饮水器		0.05	0.15	25~50	50
盥洗槽（每水嘴）		0.2	0.6	50	50

2）大便槽的冲洗水量、冲洗管和排水管管径，见表 5-11。

表 5-11　大便槽的冲洗水量、冲洗管和排水管管径

蹲位数	每蹲位冲洗水量	冲洗管管径 /mm	排水管管径 /mm
3~4	12	40	100
5~8	10	50	150
9~12	9	70	150

3）住宅、集体宿舍、旅馆、医院、幼儿园、办公楼、学校等的生活污水排水管道的设计秒流量可按下式计算：

$$q_u = 0.12\alpha\sqrt{N_p} + q_{max} \tag{5-29}$$

式中　q_u——计算管段污水设计秒流量（L/s）；

　　　N_p——计算管段的卫生器具排水当量总数；

　　　α——根据建筑物用途而定的系数，按表 5-12 确定；

　　　q_{max}——计算管段排水流量最大的一个卫生器具的排水流量（L/s）。

表 5-12　根据建筑物用途而定的系数 α 值

建筑物名称	集体宿舍、旅馆和其他公共建筑 的盥洗室和厕所间	住宅、旅馆、医院、 疗养院、休养所的卫生间
α 值	1.5	2.0~2.5

如果计算所得流量值大于该管段上按卫生器具排水流量累加值时，应按卫生器具排水流量累加值计。

4）工业企业生活间、公共浴室、洗衣房、公共食堂、实验室、影剧院、体育场等建筑物的生活污水设计秒流量可按下式计算：

$$q_u = \sum q_p n_0 b \tag{5-30}$$

式中　q_u——计算管段污水设计秒流量（L/s）；

　　　q_p——同类型的一个卫生器具排水流量（L/s）；

　　　n_0——同类型卫生器具数；

　　　b——卫生器具的同时排水百分数，按表 5-13 确定。

当计算排水流量小于一个大便器排水量时，应按一个大便器的排水流量计算。

2. 排水横干管水力计算

（1）排水横干管水力计算公式　水力计算应按曼宁公式进行，即

$$q_V = Av \tag{5-31}$$

$$v = \frac{1}{n}R^{2/3}i^{1/2} \tag{5-32}$$

式中　q_v——排水横干管设计秒流量（m^3/s）；

A——管道断面面积（m^2）；

v——流速（m/s）；

R——水力半径（m）；

i——水力坡度，采用排水管道坡度；

n——管道粗糙系数，陶土管、铸铁管为 0.013，混凝土管、钢筋混凝土管为 0.013~0.014，石棉水泥管、钢管为 0.012，塑料管为 0.009。

（2）水力计算的规定　为了保证管道在良好的水力条件下工作，用式（5-31）进行计算时，必须满足以下规定。

1）排水管道最大设计充满度。排（污）水管道必须按非满流设计，以便使管道中污废水释放出来的有害气体能顺利排出，以及调节、稳定系统内压力，防止水封被破坏，也可以接纳短时间内超出设计流量的污水量。排水管道最大计算充满度规定见表 5-14。

表 5-13　宿舍（Ⅲ、Ⅳ类）、工业企业的生活间、公共浴室等卫生器具同时排水百分数（%）

卫生器具名称	同时排水百分数						
	宿舍（Ⅲ、Ⅳ类）	工业企业生活间	公共浴室	影剧院	体育场馆	科学研究实验室	生产实验室
洗涤盆（池）		33	15	15	15		
洗手盆		50	50	50	70（50）		
洗脸盆、盥洗槽水嘴	5~100	60~100	60~100	50	80		
浴盆		50					
无间隔淋浴器	20~100	100	100		100		
有间隔淋浴器	5~80	80	60~80	60~80	60~80		
大便器冲洗水箱	5~70	30	20	50（20）	70（20）	盥洗室，厕所间，按 $q_u = 0.12\alpha\sqrt{N_p}\,q_{max}$ 计算	
大便槽自动冲洗水箱	100	100		100	100		
大便器自闭式冲洗阀	1~2	2	2	10（2）	15（2）		
小便器自闭式冲洗阀	2~10	10	10	50（10）	10		
小便器（槽）自动冲洗水箱		100	100	100	100		
净身盆		33					
饮水器		30~60	30	30	30		
小卖部洗涤盆			50	50	50		
单联化验水嘴						20	30
双联或三联化验水嘴						30	50

注：1. 健身中心的卫生间，可采用本体育场馆运动员休息室的同时给水百分数。

2. "（）"内数值系电影院、剧院的化妆间，体育场馆的运动员休息室使用。

表 5-14　排水管道的最大计算充满度

排水管道名称	排水管道管径/mm	最大计算充满度（以管径计）
生产污水排水管	150 以下	0.5
生活污水排水管	150~200	0.6
工业废水排水管	50~75	0.6
工业污水排水管	100~150	0.7
生产废水排水管	200 及 200 以上	1.0
生产污水排水管	200 及 200 以上	0.8

注：排水沟最大计算充满度为计算断面深度的 0.8。

2）管道坡度。管道的设计坡度与污废水性质、管径和管材有关。《建筑给水排水设计标准》

（GB 50015—2019）规定了污水管道的标准坡度和最小坡度（见表5-15）。最小坡度为必须保证的坡度，在特殊条件下予以采用。标准坡度为正常条件下予以保证的坡度。

　　3）管道流速。

　　a. 最小允许流速：为了使污水中杂质不致沉淀在管道底部而使管道堵塞，规定一个最小允许流速，也称为自清流速，其具体数值见表5-16。

　　b. 最大允许流速：为了保护管壁不被污水中的坚硬杂质的高速流动所磨损和冲刷，规定了各种材质排水管道的最大允许流速，其值见表5-17。

表 5-15　排水管道标准坡度和最小坡度

管径/mm	工 业 废 水				生 活 污 水	
	生 产 废 水		生 产 污 水		标准坡度	最小坡度
	标准坡度	最小坡度	标准坡度	最小坡度		
50	0.025	0.020	0.035	0.030	0.035	0.025
75	0.020	0.015	0.025	0.020	0.025	0.015
100	0.015	0.008	0.020	0.012	0.020	0.012
125	0.010	0.006	0.015	0.010	0.015	0.010
150	0.008	0.005	0.010	0.006	0.010	0.007
200	0.006	0.004	0.007	0.004	0.008	0.005
250	0.005	0.0035	0.006	0.0035	0.007	0.0045
300	0.004	0.003	0.005	0.003	0.006	0.004

注：1. 工业废水中含有铁屑或其他污物时，管道的最小坡度应按自清流速计算确定。

　　2. 成组洗脸盆至共用水封的排水管坡度为0.01。

　　3. 生活污水管道宜按标准坡度采用。

表 5-16　排水管道最小允许流速值

排水铸铁管（在设计充满度下）		明渠（沟）	雨水、污水合流管道
管径/mm	最小允许流速/(m/s)	最小允许流速/(m/s)	最小允许流速/(m/s)
<150	0.60		
150	0.65	0.40	0.75
200~300	0.70		

表 5-17　各类管道内最大允许流速值

管 道 材 料	排 水 类 型	
	生活污水	含有杂质的工业废水、雨水
	允许流速/(m/s)	
金属管道	7.0	10.0
陶土及陶瓷管道	5.0	7.0
混凝土管、钢筋混凝土管、石棉水泥管及塑料管	4.0	7.0

　　在设计计算时，所选取的设计流速必须大于或等于最小允许流速，而小于或等于最大允许流速。

　　4）最小管径。为了防止管道堵塞，某些污废水管道的管径应大于计算管径。

　　a. 公共食堂厨房内的污水采用管道排除时，其管径应比计算管径大一级；干管管径不得小于100mm，支管管径不得小于75mm。

　　b. 医院污物洗涤间内洗涤盆（池）和污水盆（池）的排水管管径，不得小于75mm。

　　c. 连接大便器的排水管，其管径不得小于100mm。

　　d. 连接大便槽的排水管，有1~4个蹲位时，管径不得小于100mm；5~12个蹲位时；管径不得小于 150mm。

　　e. 排泄生活污水的立管，其管径不小于 50mm，且不得小于接入的最大横支管的管径。

　　f. 有立管接入的横支管，其管径不得小于接入的立管管径。

　　g. 小便槽或连接 3 个及 3 个以上小便器的污水支管，其管径不宜小于 75mm。

　　h. 多层住宅厨房间的立管管径不宜小于 75mm。

　　为了便于设计计算，根据式（5-29）和式（5-30）及水力计算的规定，编制了建筑内部铸铁排水管和塑料排水管水力计算表，可参阅相关书籍。

3. 排水立管水力计算

　　排水立管的管径可根据排水系统立管的通气方式及立管的最大排水能力确定，见表 5-18。

表 5-18　排（污）水立管最大排水能力

排水立管管径/mm	排 水 能 力/(L/s)	
	无专用通气立管	有专用通气立管或主通气立管
50	1.0	—
75	2.5	5
100	4.5	9
125	7.0	14
150	10.0	25

　　当排水立管上端不可能设置伸顶通气管时，应按不通气的排水立管最大排水能力确定其管径（见表 5-19）。

表 5-19　不通气的排水立管的最大排水能力

立管工作高度/m	立管管径/mm			
	50	75	100	125
	排水能力/(L/s)			
≤2	1.0	1.70	3.80	5.0
3	0.64	1.35	2.40	3.4
4	0.50	0.92	1.76	2.7
5	0.40	0.70	1.36	1.9
6	0.40	0.50	1.00	1.5
7	0.40	0.50	0.76	1.2
≥8	0.40	0.50	0.64	1.0

　　注：1. 排水立管工作高度，按最高排水横支管和立管连接点至排出管中心线间的距离计算。

　　　　2. 如排水立管工作高度在表中列出的两个高度值之间，可由内插法求得排水立管的最大排水能力数值。

4. 排水管管径估算

　　根据建筑物的性质、设置通气管的情况、排水管段负荷当量总数，可按表 5-20 所示估算排水管管径。

表 5-20　排水管道允许负荷卫生器具当量值

建筑物性质	排水管道名称		允许负荷当量总数			
			50mm	75mm	100mm	150mm
住宅,公共居住建筑的小卫生间	横支管	无器具通气管	4	8	25	
		有器具通气管	8	14	100	
		底层单独排出	3	6	12	
	横干管			14	100	1200
	立管	仅有伸顶气管	5	25	70	
		有通气立管			900	1000

（续）

建筑物性质	排水管道名称		允许负荷当量总数			
			50mm	75mm	100mm	150mm
集体宿舍、旅馆、医院、办公楼、学校等公共建筑的盥洗室、厕所	横支管	无环形通气管	4.5	12	36	
		有环形通气管			120	
		底层单独排出	4	8	36	
	横支管			18	200	2000
	立管	仅有伸顶通气管	6	70	100	2500
		有通气立管			1500	
工业企业生活间、公共浴室、洗衣房、公共食堂、影剧院、体育场	横支管	无环形通气管	2	6	27	
		有环形通气管			100	
		底层单独排出	2	4	27	
	横干管			12	80	1000
	立管(仅有伸顶通气)		3	35	60	8000

注：将计算管上的卫生器具排水当量数相叠加查本表即得管径。

【例5-2】　某市有一幢14层宾馆，2~13层为客房，各客房的卫生间内均设有低水箱坐式大便器、洗脸盆、浴盆各1件，地漏1个。洗涤废水与生活污水分别排除，通气系统采用三管制，即洗涤废水立管与生活污水立管合用一根通气管，管道布置如图5-5和图5-6所示。管材采用排水铸铁管，试进行该排水系统水力计算。

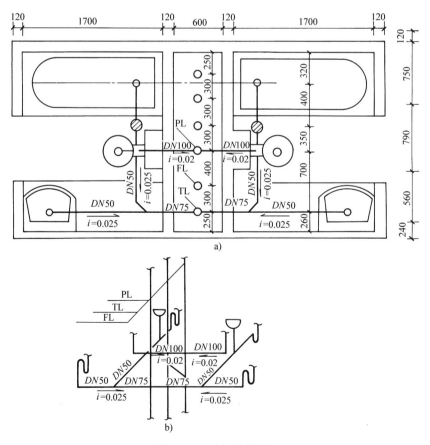

图 5-5　卫生间大样图
a）平面图　b）轴测图

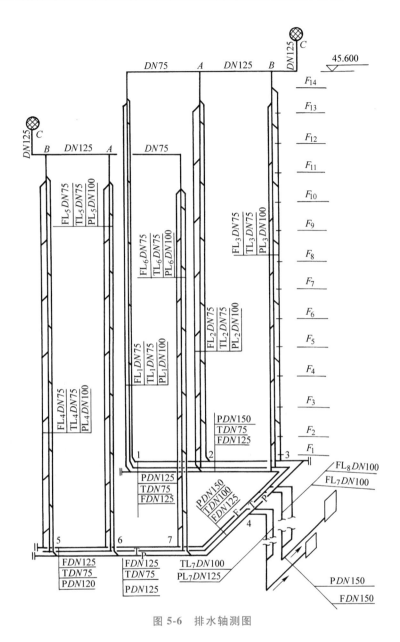

图 5-6　排水轴测图

【解】　（1）由表 5-10 查得卫生间内各种卫生器具的排水流量和当量

低水箱坐式大便器：2.00L/s　$N_p = 6.00$。

洗脸盆：0.25L/s　$N_p = 0.75$。

浴盆：1.00L/s　$N_p = 3.00$。

（2）由表 5-10 查得各卫生器具排水支管管径

大便器：$D = 100mm$。

洗脸盆：$D = 50mm$。

浴盆：$D = 50mm$。

（3）洗涤废水排水横支管管径　浴盆排水支管与洗脸盆排水支管汇合后，排入废水立管的一段横支管，其废水流量为 $q_V = (0.12 \times 2.5 \times 3.75^{1/2} + 1.0)$ L/s $= 1.58$L/s，故选用 $D =$

75mm，$i = 0.025$。

大便器排入污水立管的一段横支管管径采用 $D = 100$mm，$i = 0.02$。

（4）生活污水排水系统

1）生活污水立管 PL_1、PL_2、PL_3、PL_4、PL_5、PL_6 的排水当量总数均相同，即 $N_p = 6.0 \times 2 \times 12 = 144$，则流量 $q_V = (0.1 \times 2.5 \times 144^{1/2} + 2)$ L/s $= 5$L/s，由表 5-18 查得，各污水立管管径均为 $D = 100$mm。

2）污水立管 PL_7 排水当量总数 $N_p = 144 \times 6 = 864$，则流量 $q_V = (0.12 \times 2.5 \times 864^{1/2} + 2)$ L/s $= 10.82$L/s，由表 5-18 查得 PL_7 的管径 $D = 125$mm。

3）生活污水排水系统其他各管段排水当量总数 N_u、设计流量 q_V 的计算方法同上。根据管段设计流量 q_V，由表 5-18 可确定各设计管段的管径 D、流速 v、坡度 i、充满度 h/D。其计算结果见表 5-21。

表 5-21　水力计算表（一）

管段	N_p	$q_V/(\text{L/s})$	D/mm	$v/(\text{m/s})$	i	h/D
1-2	144	5.60	125	0.99	0.015	0.5
2-3	288	7.09	150	0.90	0.010	0.6
3-4	432	8.24	50	0.92	0.010	0.6
5-6	144	5.10	125	0.99	0.015	0.5
6-7	288	7.09	150	0.90	0.010	0.6
7-4	432	8.24	150	0.99	0.010	0.6
排出管	864	10.82	150	1.02	0.012	0.6

（5）洗涤废水排水系统

1）洗涤废水立管 FL_1、FL_2、FL_3、FL_4、FL_5、FL_6 的排水当量总数均相同，各立管排水当量总数 $N_p = 3.75 \times 2 \times 12 = 90$，设计流量 $q_V = (0.12 \times 2.5 \times 90^{1/2} + 1.0)$ L/s $= 3.85$L/s，由表 5-18，查得各废水立管管径皆为 $D = 75$mm。

2）立管 FL_7 排水当量总数为 $N_p = 90 \times 6 = 540$，流量 $q_V = (0.12 \times 2.5 \times 540^{1/2} + 1)$ L/s $= 7.97$L/s，由表 5-18 查得管径 $D = 100$mm。

3）洗涤废水排水系统中其余各管段的排水当量总数 N_p、设计流量 q_V、管径 D、流速 v、坡度 i、充满度 h/D 的计算方法同上，计算结果见表 5-22。

表 5-22　水力计算表（二）

管段	N_p	$q_V/(\text{L/s})$	D/mm	$v/(\text{m/s})$	i	h/D
1-2	90	3.85	125	0.90	0.010	0.5
2-3	180	5.02	125	0.89	0.012	0.5
3-4	270	5.93	125	0.99	0.015	0.5
5-6	90	3.85	125	0.90	0.010	0.5
6-7	180	5.02	125	0.89	0.012	0.5
7-4	270	5.93	125	0.99	0.015	0.5
排出管	540	7.97	150	0.80	0.007	0.6

（6）通气管道系统

1）通气立管 TL_1、TL_2、TL_3、TL_4、TL_5、TL_6 及横支管 1-2、2-3、5-6、6-7 的管径，按规定及查表 5-19 应为 100mm；横支管 3-4、4-7 的管径为 100mm。

2）通气立管汇合管段管径。

A-B 段：$D = (100^2 + 0.25 \times 100^2)^{1/2}$mm $= 125$mm；

$B\text{-}C$ 段：$D = (100^2 + 0.25 \times 2 \times 100^2)^{1/2}\,\mathrm{mm} = 125\mathrm{mm}$；

$B\text{-}C$ 段：$D = 125\mathrm{mm}$。

5.2.3　建筑雨水排水与高层建筑排水概述

1. 建筑雨水排水简介

降落在屋面的雪和雨，尤其是暴雨，短时间内会形成积水。因此，需要设置屋面雨水排水系统，有组织、有系统地将屋面雨水及时排出，否则将会造成四处溢流或屋面漏水形成水患，影响生活、生产活动。屋面雨水的排出方式按雨水管道的位置分为外排水系统和内排水系统。在实际设计时，应根据建筑物的类型，建筑结构形式，屋面面积大小，当地气候条件及生产生活的要求，经过技术经济比较来选择排除方式。一般情况下，应尽量采用外排水系统，或者两种排水系统综合考虑。

外排水是指屋面不设雨水斗，建筑物内部没有雨水管道的雨水排放方式。按屋面有无天沟，又分为普通外排水和天沟外排水两种方式。

内排水是指屋面设雨水斗，建筑物内部有雨水管道的雨水排水系统。对于跨度大、特别长的多跨工业厂房，在屋面设天沟有困难的锯齿形或壳形屋面厂房以及屋面有天窗的厂房应考虑采用内排水形式。对于建筑立面要求高的高层建筑，大屋面建筑及寒冷地区的建筑，在墙外设置雨水排水立管有困难时，也可考虑采用内排水形式。

按每根立管接纳的雨水斗的个数，内排水系统分为单斗和多斗雨水排水系统两类。单斗系统一般不设悬吊管，多斗系统中悬吊管将雨水斗和排水立管连接起来。因为对单斗雨水排水系统的水力工况已经做了一些试验研究，获得了初步的认识，设计计算方法和参数比较可靠；对多斗雨水排水系统的研究较少，尚未获得定论，设计计算带有一定的盲目性，所以，为了安全起见，在设计中宜采用单斗雨水排水系统。

2. 高层建筑排水简介

高层建筑排水可分为两大类，即普通排水系统与新型排水系统。

普通排水系统的组成与多层建筑排水系统的组成基本相同，所以又称为一般排水系统。在普通排水系统中，按污水立管与通气立管的根数，分为双管式和三管式两种排水系统。双管式排水系统是由两根主干立管组成，一根为排除粪便污水和生活废水的污水立管；另一根为通气立管。三管式排水系统有三根立管，粪便污水及生活废水分别各用一根立管排除，第三根立管为其两者共用的通气立管。

普通排水系统具有性能良好、运行可靠、维护管理方便等优点。但是，与新型排水系统相比，具有耗材多、管道系统复杂、占地及空间大、造价高等缺点。

高层建筑新型排水系统是由一根排水立管和两种特殊的连接配件组成的，所以又称为管排水系统。系统中的一种配件安装在立管与横支管的连接处，称为上部特制配件；另一种配件是立管转弯处的特制弯头配件，称为下部特制配件。这种系统具有良好的排水性能和通气性能。与普通排水系统相比，该系统管道简单、占地及空间小、造价低。但是，该系统的配件较大、构造较复杂、安装质量要求严格。

新型排水系统具有多种形式，其中较典型的有混流式排水系统（苏维脱单立管排水系统）、旋流式排水系统（塞克斯蒂阿单立管排水系统）和环流式排水系统（小岛德原配件排水系统）三种。

雨水排水系统及高层建筑排水系统的水力计算方法可参看有关手册，但本节所述排水系统计算方法是基础。

5.3　消防给水管网

消防系统大致可分为三类：消火栓给水系统、自动喷水灭火系统、其他使用非水灭火剂的固定灭火系统，如 CO_2 灭火系统、干粉及卤代烷灭火系统等。本节介绍消火栓给水系统与自动喷水灭火系统。

5.3.1　消火栓给水系统管网

1. 消火栓给水系统的组成及供水方式

建筑消火栓给水系统是将室外给水系统提供的水量经过加压（当外网压力不满足需要时）输送到用于扑灭建筑物内的火灾而设置的固定灭火设备，是建筑物中最基本的灭火设施。

（1）消火栓给水系统的组成　建筑消火栓给水系统一般由水枪、水带、消火栓、消防管道、消防水池、高位水箱、水泵结合器及增压水泵等组成。如图 5-7 所示为设有水泵、水箱的消防供水方式。

水枪、水带及消火栓共同构成消火栓设备。水泵结合器是连接消防车向室内消防给水系统加压供水的装置，在建筑消防系统中均应设置水泵结合器。消防管道是否与其他供水管道合并或独立，应根据建筑物的性质和使用要求经技术经济比较确定。消防水池用于无室外消防水源的情况下，贮存火灾持续时间内的室内消防用水量。消防水池可与生产或生活贮水池合用，也可单独设置。消防水箱对初期火灾起重要作用，为确保其自动供水的可靠性，应采用重力自流供水方式；消防水箱宜与生活（或生产）高位水箱合用，以保持箱内贮水经常流动、防止水质变坏；水箱的高度应满足室内最不利点消火栓所需水压要求，应贮存室内 10min 的消防用水量。

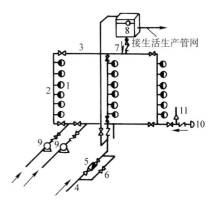

图 5-7　设水泵、水箱的消防供水方式
1—室内消火栓　2—消防竖管　3—干管
4—进户管　5—水表　6—旁通及阀门
7—止回阀　8—水箱　9—消防水泵
10—水泵结合器　11—安全阀

（2）消火栓给水系统的给水方式　室内消火栓给水系统有如下几种给水方式：

1）由室外供水管网直接供水的消防给水方式。

2）设水箱的消火栓给水方式。

3）设水泵、水箱的消火栓给水方式。

对高层建筑而言，高层建筑的火灾扑救应立足于自救，且以室内消防给水系统为主，应保证室内消防给水管网有满足消防需要的流量和水压，并应始终处于临战状态。为此高层建筑的室内消防给水系统，应采用高压或临时高压消防给水系统，以便及时和有效地供应灭火用水。其供水方式分如下几种：

1）消防给水系统按压力分类。有高压、临时高压和低压消防给水系统。高压消防给水系统指管网内经常保持满足灭火时所需的压力和流量，扑救火灾时，不需起动消防水泵加压而直接使用灭火设备灭火。临时高压消防给水系统指管网内最不利点周围平时水压和流量不满足灭火的需要，在水泵房（站）内设有消防水泵，在火灾时起动消防水泵，使管网内的压力和流量达到灭火时的要求。低压消防给水系统指管网内平时水压较低（但不小于 0.10MPa），灭火时要求的水压由消防车或其他方式加压达到压力和流量的要求。

2）消防给水系统按范围分类。如按消防给水系统的服务范围，消防供水的方式有独立高压（或临时高压）消防给水系统和区域或集中高压（或临时高压）消防给水系统。独立高压（或临时高压）消防给水系统指每幢高压层建筑设置独立的消防给水系统，每幢都独立设置消防水池、水泵、水箱等。这种系统安全可靠性高，但管理分散，投资较大，适用于区域内独个或分散的高层建筑。区域或集中高压（或临时高压）消防给水系统指两幢或两幢以上高层建筑共用一个泵房的消防给水系统，数幢高层建筑共用一个消防水池及泵房。这种系统可节省投资，便于集中管理，适用于集中的高层建筑群。

3）消防给水系统按建筑高度分类。消火栓栓口的静水压力不应大于 0.80MPa，当大于 0.80MPa 时，应采取分区的消防给水系统。火场实践说明，水枪的水压太大，一人难以握紧使用，同时水枪的流量也远远超过 5L/s，水箱内的消防用水可能在较短的时间内被用完，对扑救初期火灾极为不利。从麻质水龙带和镀锌钢管的耐压强度来考虑，麻质水龙带的工作压力一般不超过 1.0MPa，实际上在火场使用的工作压力不宜超过 0.80MPa；对消防管道常用的镀锌钢管来说，当消防系统中最低处消火栓的静水压力达 0.80MPa 时，为满足系统最高处消火栓的消防射流充实水柱的要求，则设在底层消防泵附近的管道所承受的压力已达镀锌钢管工作压力的限值。

高层建筑消防管道有不分区和分区两种供水方式，分区的供水方式中又有并联分区和串联分区两种方式。并联分区的优点是各区独立，消防水泵集中于底层，安全可靠性高；缺点为高区消防泵的扬程甚高，并需采用耐高压的消防立管，消防车的压力不够时，高区的水泵接合器将失去作用，一般适用于分区数很少的场合。串联分区消防水泵分散于楼层各区，高区发生火灾时，下面各区的消防水泵要联动，逐区向上供水，安全可靠性较差，但无须高压水泵和耐高压管道，消防车对水泵接合器也能发挥作用。

当消防给水系统中不设置消防水箱时，可在每区的系统中增设一台补压泵，负责经常维持消防系统的压力。补压泵为小流量、高扬程，流量一般为 5L/s 左右，扬程不小于该区消防主泵的扬程，采用压力式继电器控制补压泵的启闭。当消防系统中压力低于规定值时，补压泵起动；压力高于规定值时，补压泵停泵。补压泵的起闭压力变化范围一般在 $0.98×10^5 Pa(1kgf/cm^2)$ 左右，如补压泵的运行尚不足以维持压力时，这说明消防系统在使用，则消防主要泵自动投入运行。在无消防箱的消防供水方式中，也可采用气压给水来代替补压泵，以经常维持消防系统中的压力。其优点为气压设备水泵起动的次数要比补压泵少得多，水泵不易损坏。

在消防给水系统分区的供水方式中，也有采用减压阀来实现分区的。

2. 消火栓给水系统水力计算

消火栓给水系统水力计算的主要任务是根据规范规定的消防用水量及要求使用的水枪数量和水压确定管网的管径，系统所需的水压，水池、水箱的容积和水泵的型号等。规范规定的消防用水量及要求使用的水枪数量等可从有关手册、书籍中查到。

（1）水枪充实水柱长度　充实水柱长度按下式计算：

$$S_k = \frac{H_1 - H_2}{\sin\alpha} \tag{5-33}$$

式中　S_k——充实水柱长度（m）；

H_1——室内每层净高（m）；

H_2——水枪喷嘴离地面高度（m），一般为 1m；

α——水枪上倾角，一般采用 45°，当有特殊困难时，也可大于 45°，但不得大于 60°，如

图 5-8 所示。

水枪充实水柱长度要求可参见表 5-23，或查有关手册。

表 5-23　水枪充实水柱最低值要求

建筑高度 H/m	水枪充实水柱最低要求/m
$24 < H \leqslant 100$	10
>100	13

（2）消火栓保护半径　消火栓保护半径按下式计算：

$$R = L_d + L_s \qquad (5\text{-}34)$$

式中　R——消火栓保护半径（m）；

　　L_d——水带铺设长度（m），考虑水带展开时的弯曲，应为水带实际长度乘以折减系数 0.8；

　　L_s——水枪充实水柱长度的平面投影长度（m）。

水枪倾角一般可按 45° 计算，则

$$L_s = S_k \sin\alpha = 0.7 S_k$$

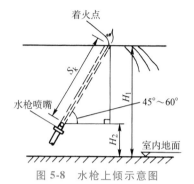

图 5-8　水枪上倾示意图

（3）消火栓间距

1）消火栓采用一排布置时（民用建筑），其间距按下式计算：

$$S_2 = \sqrt{R^2 - b^2} \qquad (5\text{-}35)$$

式中　S_2——两股水柱同时到达室内任何一点的消火栓间距（m）；

　　R——消火栓保护半径（m）；

　　b——消火栓最大保护宽度，应为一个房间的长度加走廊的宽度（m）。

对于单排 1 股水柱要求到达室内任何部位的场合（对高度小于 24m，体积小于 5000m³ 的库房），可取 $S_1 \leqslant 2S_2$。

2）消火栓采用双（多）排布置且两股水柱时，消火栓间距按下式计算：

$$S_n = \frac{\sqrt{2}}{2}R = 0.707R = 0.7R \qquad (5\text{-}36)$$

消火栓每两排之间间距可取 $1.4R$（对高度小于 24m，体积小于 5000m³ 的库房）。此外，对民用建筑，消火栓间距可取 $0.8R$（其中与外墙间距可取 $0.6R$），排间距可取 $1.6R$。

（4）消火栓栓口处所需水压　消火栓栓口处所需水压按下式计算：

$$p_{xh} = p_q + \Delta p_d + \Delta p_k \qquad (5\text{-}37)$$

式中　p_{xh}——消火栓栓口处所需水压（kPa）；

　　Δp_d——水带的压力损失（kPa）；

　　p_q——水枪喷嘴处的压力（kPa）；

　　Δp_k——消火栓栓口压力损失，按 20kPa 计算。

如不考虑空气对射流的阻力，则喷口理想射流高度为

$$H_q = \frac{v^2}{2g} \qquad (5\text{-}38)$$

考虑空气阻力及喷嘴阻力等因素后，水枪喷水处所需压力与充实水柱高度（也即充实水柱长度，水枪在 45°~60° 倾角使用时充实水柱长度几乎与角度无关，故视两者相等）的关系可表示为

$$p_q = \frac{\alpha_f S_k \times 10}{1 - \varphi \alpha_f S_k} \tag{5-39}$$

式中　p_q——水枪喷嘴处水压（kPa）；

　　　φ——与水枪喷嘴口径有关的阻力系数，可按经验公式 $\varphi = 0.25/[d_f + (0.1 d_f)^3]$ 计算，d_f 为喷口直径；

　　　S_k——充实水柱高度（m）；

　　　α_f——试验系数，见式（5-40）：

$$\alpha_f = 1.19 + 80(0.01 \times S_k)^4 \tag{5-40}$$

水枪喷射流量与喷口压力水头之间关系可由下列公式计算：

由孔口出流公式

$$q_{xh} = \mu \frac{\pi d_f^2}{4} \sqrt{2g H_q} = 0.003477 \mu d_f^2 \sqrt{H_q}$$

令 $B = (0.003477 \mu d_f^2)^2$，则

$$q_{xh} = \mu \sqrt{B H_q} \tag{5-41}$$

式中　H_q——喷口压力水头（m）；

　　　q_{xh}——水枪喷射流量（L/s）；

　　　μ——孔口流量系数，可取 1.0；

　　　B——水枪水流特性系数，与喷口口径有关，见表 5-24。

表 5-24　水流特性系数 B 值

喷嘴直径 /mm	6	7	8	9	13	16	19	22	25
B 值	0.016	0.029	0.050	0.079	0.346	0.793	1.577	2.836	4.727

式（5-40）、式（5-41）可制成计算表，查有关手册。

水带的压力损失应按下式计算：

$$\Delta p_d = A_z L_d q_{xh}^2 g \approx A_z L_d q_{xh}^2 \times 10 \tag{5-42}$$

式中　Δp_d——水带的压力损失（kPa）；

　　　L_d——水带长度（m）；

　　　A_z——水带阻力系数即比阻（s^2/m^6），见表 5-25，或查手册；

　　　g——重力加速度（m/s^2），$g \approx 10 m/s^2$。

表 5-25　水带比阻 A_z 值　　　　　　　　　　　　（单位：S^2/m^6）

水带口径 /mm	比阻 A_z 值	
	帆布水带、麻织水带	衬胶水带
50	0.01501	0.00677
65	0.00430	0.00172

（5）消防水箱与消防水池计算　消防水箱设置高度对应的压力的确定按下式计算：

$$p_x = p_q + \Delta p_d + \Delta p_w \tag{5-43}$$

式中　p_x——消防水箱与最不利点消火栓之间的竖直高度（m）所对应的压力（kPa）；

　　　p_q——水枪喷嘴造成一定长度的充实水柱所需压力（kPa）；

　　　Δp_d——水带的压力损失（kPa）；

　　　Δp_w——管网压力损失（kPa），按室内消防最大秒流量计算：

$$p_w = iL + p_j \tag{5-44}$$

式中　i——管道单位长度压力损失（kPa/m）；局部压力损失取沿程损失的 10%。

消防贮存池的消防贮存水量应按下式确定：

$$V_f = 3.6(q_{V,f} - q_{V,L})T_x \tag{5-45}$$

式中　V_f——消防水池贮存消防水量（m³）；

　　$q_{V,f}$——室内消防用水量与室外给水管网不能保证的室外消防用水量之和（L/s）；

　　$q_{V,L}$——市政管网可连续补充的水量（L/s）；

　　T_x——火灾延续时间（h）。

消防水箱的消防贮水量：按照我国建筑防火规范规定，消防水箱应贮存 10min 的消防用水量，以供扑救初期火灾之用。计算公式为

$$V_x = 0.6q_{V,x} \tag{5-46}$$

式中　V_x——消防水箱贮存消防水量（m³）；

　　$q_{V,x}$——室内消防用水总量（L/s）；

　　0.6——单位换算系数：$V_x = \dfrac{q_{V,x} 10 \times 60}{1000} = 0.6q_{V,x}$。

为避免水箱容积过大，消防水箱的最小消防贮水量也可按下列规定确定：一类建筑（住宅除外）≥18m³；二类建筑（住宅除外）和一类建筑中的住宅≥12m³；二类建筑中的住宅≥6m³。

（6）消防水泵扬程对应的压力　按下式计算：

$$p_b = p_q + \Delta p_d + \Delta p_w + p_z \tag{5-47}$$

式中　p_b——消防水泵所需扬程相应的压力（kPa）；

　　p_q——最不利点消防水枪喷嘴造成一定长度的充实水柱所需压力（kPa）；

　　Δp_d——水带的压力损失（kPa）；

　　Δp_w——管网压力损失（kPa），按室内消防最大秒流量计算；

　　p_z——消防水池水面与最不利点消火栓的高差所对应的压力（kPa）。

（7）减压计算

1）各层消火栓处剩余压力值按下式计算：

$$p_s = p_b - (p_z + \sum \Delta p + \Delta p_d + p_q) \tag{5-48}$$

式中　p_s——计算层消火栓处的剩余压力值（kPa）；

　　p_b——消防水泵扬程对应的压力（kPa）；

　　p_z——计算层消火栓与消防水泵的标高差所对应的压力（kPa）；

　　$\sum \Delta p$——消防水泵至计算层消火栓的消防管道压力损失（kPa）；

　　Δp_d——水带的压力损失（kPa）；

　　p_q——水枪喷嘴造成一定长度的充实水柱所需压力（kPa）。

当消火栓栓口的出水压力大于 0.5MPa 时，消火栓处应设减压装置，减压装置一般采用减压孔板或减压阀。

2）减压孔板压力损失计算：减压孔板用于减少消火栓前剩余压力，以保证消防给水系统均衡供水，达到节水和消防水量合理分配的目的。

水流通过减压孔板时的压力损失按下式计算：

$$\Delta p_k = \zeta \frac{\rho V_k^2}{2} \tag{5-49}$$

式中　Δp_k——水流通过减压孔板时的压力损失值（kPa）；

V_k——水流通过孔板后的流速（m/s）；

ζ——孔板的局部阻力系数，按式（5-50）计算；

ρ——水的密度（kg/m³）。

$$\zeta = \left[1.75 \frac{D^2(1.1 - d^2/D^2)}{d^2(1.175 - d^2/D^2)} - 1 \right]^2 \tag{5-50}$$

式中　D——消防给水管管径（mm）；

　　　d——减压孔板的孔径（mm）。

3）减压阀是水压减低并达到所需值的调节阀，其阀后压力可在一定范围内进行调整，有可调式和固定式。按其结构形式有薄膜式和活塞式等。减压阀可以减动压，有的减压产品既可以减动压，也可以减静压。设计时根据样本选用。

（8）消防管道水力计算原则　消防管网水力计算的目的在于确定消防给水管网的管径，计算或校核消防水箱的设置高度，选择消防水泵。

由于建筑物发生火灾地点的随机性，以及水枪充实水柱数量的限定（即水量限定），在进行消防管网水力计算时，对于枝状管网应首先选择最不利立管和最不利消火栓，以此确定计算管路，并按照消防规范规定的室内消防用水量进行流量分配，底层建筑消防立管流量分配应按有关规范确定。在最不利点水枪喷射流量按式（5-41）确定后，以下各层水枪的实际喷射流量应根据消火栓出口处的实际压力计算。在确定了消防管网中各管段的流量后，便可按流量公式 $q_v = \frac{1}{4} \pi d^2 v$ 计算出各管段管径，通常可从钢管水力计算表中直接查得管径及单位管长沿程压力损失 i 值。

消火栓给水管道中的流速一般以 1.4~1.8m/s 为宜，不允许大于 2.5m/s。消防管道沿程压力损失的计算方法与给水管网计算相同［见式（5-12）~式（5-14）］，其局部压力损失按管道沿程压力损失的 10% 采用。

当有消防水箱时，应以水箱的最低水位作为起点选择管路，计算管径和水头损失，确定水箱的设置高度或补压设备。当设有消防水泵时，应以消防水池最低水位作为起点选择计算管路，计算管径和水头损失，确定消防水泵的扬程。

对于环状管网（由于着火点不确定），可假设某管段发生故障，仍按枝状网进行计算。

为保证消防车通过水泵接合器向消火栓给水系统供水灭火，对于底层建筑消火栓给水管网管径不得小于 DN50mm。

5.3.2　自动喷水灭火系统管网及水力计算

1. 自动喷水灭火系统的分类

自动喷水灭火系统有湿式喷水灭火系统、干式喷水灭火系统、干湿式喷水灭火系统以及预作用喷水灭火系统。

（1）湿式喷水灭火系统　该系统适用于室内温度不低于 4℃ 且不高于 70℃ 的建筑物、构筑物内。在喷水管网中经常充满有压水。发生火灾时，蔚蓝色喷头的闭锁装置熔化脱落，水即自动喷出灭火，同时也发出火警信号。该系统使用简便，喷水迅速，投资较少。

（2）干式喷水灭火系统和干湿式喷水灭火系统　干式喷水灭火系统适用于室内温度低于 4℃ 或高于 70℃ 的建筑物、构筑物内，管网平时充满着低压压缩空气，仅在报警阀的总管部分充满压水。这样在冬季室温低于 4℃ 时，系统不因水结冰而使管道破裂。这种系统比湿式系统动作迟缓，即在火灾时只有当系统内空气泄出后，水才会进入管网，经喷头喷水。喷头要求向上安装。由于整个系统增加了空气压缩机等附属设备，所以管理复杂，投资也大。干湿式喷水灭火系统适用于冬季可能冰冻，但不供暖的建筑物、构筑物内，其喷水管网中在冬季充气（干式喷水灭火系统）在夏季转换成充水（湿式喷水灭火系统）。喷头也要求向上安装，管理较复杂。

（3）预作用喷水灭火系统 该系统中平时不充水，而是充以有压或无压的气体。发生火灾时，由感烟（感温、感光）火灾探测器接到信号后，自动启动预作用阀门而向喷水管网中自动充水。当火灾温度继续升高，闭式喷头的闭锁装置脱落，喷头即自动喷水灭火。该系统适用于平时不允许有水渍损失的重要建筑物、构筑物内或干式喷水灭火系统适用的场所。

2. 自动喷水灭火系统水力计算

（1）消防用水量及水压 闭式自动喷水灭火系统的消防用水量和水压应按表 5-26 确定。开式自动喷水灭火系统中雨淋喷水系统的消防用水量及水压，应按严重危险级标准确定（见有关手册、规范）。水幕喷水系统的消防用水量，当用于起隔断作用时，应不小于 0.5L/（s·m）；当用于舞台口或大于 $3m^2$ 的孔洞部位时，其用水量应不小于 0.2L/（s·m）。水幕系统最不利点喷头处的工作压力应不小于 29.4~49kPa。

表 5-26 闭式自动喷水灭火系统的消防用水量和水压

建、构筑物的危险等级		消防用水量 /（L/s）	项 目		
			设计喷水强度 /[L/（min·m²）]	作用面积 /m²	喷头工作压力 /Pa
严重危险级	生产建筑物	50	10.0	300	$9.8×10^4$
	储存建筑物	75	15.0	300	$9.8×10^4$
中危险级		20	6.0	200	$9.8×10^4$
轻危险级		9	3.0	180	$9.8×10^4$

注：1. 消防用水量=设计喷水强度/60×作用面积。
2. 设计管路上最不利点处喷头工作压力可降低到 $5×10^4$Pa。
3. 建、构筑物危险等级划分见有关规范。

开式喷雾灭火系统的消防用水量及喷头要求工作压力见有关规范。

（2）管网水力计算 自动喷水灭火系统管网水力计算的目的在于确定管网各管段管径、计算管网所需的供水压力、确定高位水箱的设置高度和选择消防水泵。

目前我国关于自动喷水灭火系统管道水力计算方法有两种：

1）作用面积法是《自动喷水灭火系统设计规范》（GB 50084—2017）推荐的计算方法。

首先按规范对基本设计数据的要求，选定自动喷水灭火系统中最不利工作作用面积（以 F 表示）的位置，此作用面积的形状宜采用正方形或长方形，当采用长方形布置时，其长边应平行于配水支管，边长宜为 $1.2\sqrt{F}$。

在计算喷水量时，仅包括作用面积内的喷头。对于轻危险级和中危险级建、构筑物的自动喷水灭火系统，计算时可假定作用面积内每只喷头的喷水量相等，均以最不利点喷头喷水量取值，且应保证作用面积内的平均喷水强度不小于规范的规定，但其中任意 4 个喷头组成的保护面积内的平均喷水强度偏差范围应在上述规定数值的±20%内；对于严重危险级建筑物、构筑物的自动喷水灭火系统，在作用面积内每只喷头的喷水量应按喷头处的实际水压计算确定，以保证作用面内任意 4 个喷头的实际保护面积内的平均喷水强度不小于规范中的规定。作用面积选定后，从最不利点喷头开始，依次计算各管段的流量和水头损失，直至作用面积内最末一个喷头为止。以后管段的流量不再增加，仅计算管段水头损失。

对仅在走道内布置 1 排喷头的情形，其水力计算无需按作用面积法进行。无论此排管道上布置有多少个喷头，计算动作喷头数每层最多按 5 个计算。

对于雨淋喷水灭火系统和水幕系统，其喷水量应按每个设计喷水区内的全部喷头同时开启喷水计算。

2）特性系数法是从系统设计最不利点喷头开始，沿程计算各喷头的压力、喷水量和管段的累计流量、压力损失，直至某管段累计流量达到设计流量为止。此后的管段中流量不再累计，仅计算压力损失。

喷头的出流量和管段压力损失应按下式计算：

$$q = K\sqrt{p_p} \tag{5-51}$$

$$\Delta p = 10ALq_V^2 \tag{5-52}$$

式中　q——喷头处节点流量（L/s）；

　　　p_p——喷头处水压（kPa）；

　　　K——喷头流量系数，玻璃球喷头 $K = 0.133$ 或水压 p_p 用 mH_2O 时 $K = 0.42$；

　　　Δp——计算管段沿程压力损失（kPa）；

　　　L——计算管段长度（m）；

　　　q_V——管段中流量（L/s）；

　　　A——比阻值（s^2/m^6）。

表 5-27 给出了焊接钢管和铸铁管部分管径的流量值。

表 5-27　焊接钢管和铸铁管部分管径的流量值

焊 接 钢 管			铸 铁 管		
公称管径/mm	$q_V/(m^3/s)$	$q_V/(L/s)$	公称管径/mm	$q_V/(m^3/s)$	$q_V/(L/s)$
15	8809000	8.809	75	1709	0.001709
20	1643000	1.643	100	365.3	0.0003653
25	436700	0.4367	150	41.85	0.00004185
32	93860	0.09386	200	9.029	0.000009029
40	44530	0.04453	250	2.752	0.000002752
50	11080	0.01108	300	1.025	0.000001025
70	2898	0.002898			
80	1168	0.001168			
100	267.4	0.0002674			
125	86.23	0.00008623			
150	33.95	0.00003395			

选定管网中的最不利计算管路后，管段的流量可按下述方法计算。

图 5-9 所示为某系统计算管路中最不利喷水工作区的管段，设喷头 1、2、3、4 为 I 管段，喷头 a、b、c、d 为 II 管段，管段 I 的水力计算列于表 5-28。

I 管段在节点 5 只有转输流量，无支出流量，则

$$q_{V6-5} = q_{V5-4} \tag{5-53a}$$

$$\Delta p_{5-4} = p_5 - p_4 = A_{5-4}L_{5-4}q_{V5-4}^2 \times 10 \tag{5-53b}$$

与 I 管段计算方法相同，II 管段可得

$$\Delta p_{6-d} = p_6 - p_d = A_{6-d}L_{6-d}q_{V6-d}^2 \times 10 \tag{5-53c}$$

式（5-53b）与式（5-53c）相除（设 I、II 管段布置条件相同），可得

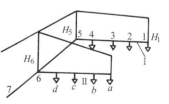

图 5-9　喷水灭火管
网计算用图

表 5-28　管段 I 的水力计算结果

节点编号	管段编号	喷头流量系数	喷头处水压 /kPa	喷头出流量 /（L/s）	管段流量 /（L/s）
1		K	p_1	$q_1 = K\sqrt{p_1}$	
	1-2				q_1
2		K	$p_2 = p_1 + \Delta p_{1\text{-}2}$	$q_2 = K\sqrt{p_2}$	
	2-3				$q_1 + q_2$
3		K	$p_3 = p_2 + \Delta p_{2\text{-}3}$	$q_3 = K\sqrt{p_3}$	
	3-4				$q_1 + q_2 + q_3$
4		K	$P_4 = P_3 + \Delta P_{3\text{-}4}$	$q_4 = K\sqrt{p_4}$	
	4-5				$q_1 + q_2 + q_3 + q_4$

$$q_{V6\text{-}d} = q_{V5\text{-}4}\sqrt{\frac{\Delta p_{6\text{-}d}}{\Delta p_{5\text{-}4}}} \qquad (5\text{-}53d)$$

管段 6-7 的转输流量为

$$q_{V6\text{-}7} = q_{V5\text{-}4} + q_{V6\text{-}d} \qquad (5\text{-}53e)$$

将式（5-53d）代入式（5-53e）得

$$q_{V6\text{-}7} = q_{V5\text{-}4}\left(1 + \sqrt{\frac{\Delta p_{6\text{-}d}}{\Delta p_{5\text{-}4}}}\right) \qquad (5\text{-}53f)$$

将式（5-53a）代入式（5-53f）得

$$q_{V6\text{-}7} = q_{V6\text{-}5}\left(1 + \sqrt{\frac{\Delta p_{6\text{-}d}}{\Delta p_{5\text{-}4}}}\right) \qquad (5\text{-}53g)$$

将式（5-53b）和式（5-53c）代入，得

$$q_{V6\text{-}7} = q_{V6\text{-}5}\left(1 + \sqrt{\frac{p_6 - p_d}{p_5 - p_4}}\right) \qquad (5\text{-}53h)$$

为简化计算，认为 $\sqrt{\dfrac{p_6 - p_d}{p_5 - p_4}} \approx \sqrt{\dfrac{p_6}{p_5}}$ 可得

$$q_{V6\text{-}7} = q_{V6\text{-}5}\left(1 + \sqrt{\frac{p_6}{p_5}}\right) \qquad (5\text{-}54)$$

式中　$q_{V6\text{-}7}$——管段 6-7 中转输流量（L/s）；

$q_{V6\text{-}5}$——管段 6-5 中转输流量（L/s）；

p_6——节点 6 的水压（kPa）；

p_5——节点 5 的水压（kPa）；

$\sqrt{\dfrac{p_6}{p_5}}$——调整系数。

按上述方法简化计算各管段流量值，直至达到系统所要求的消防水量为止。

这种计算方法偏于安全，在系统中除最不利点喷头外的任何喷头的喷水量，在任意 4 个相邻喷头的平均喷水量均高于设计要求。该方法适用于严重危险级建筑物、构筑物的自动喷水灭火系统以及雨淋、水幕系统。

自动喷水灭火系统设计秒流量宜按下式计算：

$$q_{V,s} = (1.15 \sim 1.30) q_{V,L} \tag{5-55}$$

式中　$q_{V,s}$——系统设计秒流量（L/s）；

　　　$q_{V,L}$——喷水强度与作用面积的乘积，即理论秒流量（L/s）。

自动喷水灭火系统管道内的水流速不宜超过 5m/s，在个别情况下配水支管内的水流速度不应大于 10m/s。

自动喷水灭火系统管道的沿程压力损失可按式（5-52）计算，也可由钢管水力计算表直接查得（即 i 值）。管道的局部压力损失可按沿程压力损失的 20% 采用。

自动喷水灭火系统分枝管路多，同时作用的喷头数较多，且喷头出流量各不相同，因而管道水力计算烦琐。在进行初步设计时可参考表 5-29 估算。

表 5-29　管道估算表

管径 /mm	轻危险级	危险等级 中危险级 允许安装喷头数/个	严重危险级
$DN25$	2	1	1
$DN32$	3	3	3
$DN40$	5	4	4
$DN50$	10	10	8
$DN70$	18	16	12
$DN80$	48	32	20
$DN100$	按水力计算	60	40
$DN150$	按水力计算	按水力计算	>40

自动喷水灭火系统所需的水压按下式计算：

$$p_x = p_z + p_0 + \sum \Delta p + \Delta p_r \tag{5-56}$$

式中　p_x——系统所需水压（或消防水泵的扬程相应的压力）（kPa）；

　　　p_z——最不利点处喷头与给水管或消防水泵的中心线之间的静水压（kPa）；

　　　p_0——最不利喷头的工作压力（kPa）；

　　　Δp_r——报警阀的局部压力损失（kPa）；

　　　$\sum \Delta p$——计算管段沿程压力损失与局部压力损失之和（kPa）。

【例 5-3】　某 7 层办公楼，最高层喷头安装标高 23.7m（一层地坪标高为 ±0.00m）。喷头流量特性系数为 0.133，喷头处压力为 0.1MPa，设计喷水强度为 6L/(min·m²)，作用面积为 200m²，形状为长方形，长边 $L = 1.2\sqrt{F} = 1.2 \times \sqrt{200}$ m = 17m，短边为 12m。作用面积内喷头数共 20 个，布置形式如图 5-10 所示。按作用面积法进行管道水力计算。

【解】　1）每个喷头的喷水量为

$$q = K\sqrt{H} = 0.133 \times \sqrt{100} \text{L/s} = 1.33 \text{L/s}（80\text{L/min}）$$

2）作用面积内的设计秒流量为

$$q_{V,s} = nq = 20 \times 1.33 \text{L/s} = 26.6 \text{L/s}$$

3）理论秒流量为

$$q_{V,L} = \frac{F' \times q'}{60} = \frac{(17 \times 12) \times 6}{60} \text{L/s} = 20.4 \text{L/s}$$

比较 $q_{V,s}$ 与 $q_{V,L}$，相差 1.3 倍，符合式（5-55）。

4）作用面积内的计算平均喷水强度为

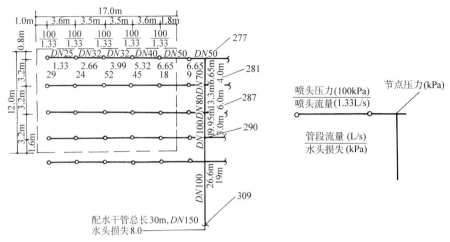

图 5-10　【例 5-3】系统图

$$q_p = \frac{20 \times 80}{204} \text{L}/(\min \cdot \text{m}^2) = 7.84 \text{L}/(\min \cdot \text{m}^2)$$

此值大于规定要求 6L/(min·m²)。

5）求出喷头的保护半径 $R \geqslant \dfrac{\sqrt{3.2^2 + 3.5^2}}{2}\text{m} = 2.37\text{m}$（当喷头呈长方形布置时，要求 $\sqrt{A^2 + B^2} \leqslant 2R$，$A$ 为长边方向喷嘴间距、B 为短边方向喷嘴间距），取 $R = 2.37\text{m}$。则可得到作用面积内任意 4 个喷头所组成的最大、最小保护面积（图 5-11）：

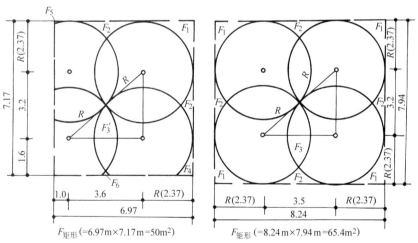

图 5-11　4 个喷头组成的保护面积

每个喷头的保护面积为 $S_c = \pi R^2 = 3.14 \times 2.37^2 \text{m}^2 = 17.64\text{m}^2$。

$$F_1 = R \times R - \frac{1}{4}S_c = \left(2.37 \times 2.37 - \frac{1}{4} \times 17.64\right)\text{m}^2 = 1.21\text{m}^2$$

由计算知 $F_3 = 1.38\text{m}^2$，$F_2 = 3.5 \times 2.37 - \dfrac{1}{2}S_c + F_3 = (8.30 - 8.82 + 1.38)\text{m}^2 = 0.86\text{m}^2$

$$F_4 = \left[1.6 \times 2.37 - \frac{1}{2} \times 1.6 \times \sqrt{2.37^2 - 1.6^2} - \frac{1}{2} \times 2.37 \times \right.$$

$$\frac{\pi \times 2.37 \times \left(90 - \arccos\dfrac{1.6}{2.37}\right)}{180}\right] m^2 = (3.80 - 1.4 - 2.1) m^2 = 0.3 m^2$$

$$F_5 = \left[1.0 \times 2.37 - \frac{1}{2} \times 1.0 \times \sqrt{2.37^2 - 1.0^2} - \frac{1}{2} \times 2.37 \times \right.$$

$$\frac{3.14 \times 2.37 \times \left(90 - \arccos\dfrac{1.0}{2.37}\right)}{180}\right] m^2 = (2.37 - 1.074 - 1.23) m^2 = 0.066 m^2$$

$$F'_3 = 1.21 m^2$$

$$F_6 = \left[1.6 \times 3.6 - 2 \times \frac{1}{2} \times 1.6 \times \sqrt{2.37^2 - 1.6^2} - 2 \times \frac{1}{2} \times 2.37 \times \right.$$

$$\left.\frac{3.14 \times 2.37 \times \left(90 - \arccos\dfrac{1.6}{2.37}\right)}{180} + F'_3\right] m^2$$

$$= (5.76 - 2.8 - 3.88 + 1.21) m^2 = 0.29 m^2$$

故作用面内 4 个喷头组成的最大保护面积为

$$S_{max} = 65.4 - 4F_1 - 4F_2 = (65.4 - 4 \times 1.21 - 4 \times 0.86) m^2$$
$$= 57.12 m^2$$

作用面内 4 个喷头组成的最小保护面积为

$$S_{min} = 50 - F_1 - 2F_2 - F_4 - F_5 - F_6$$
$$= (50 - 1.21 - 2 \times 0.86 - 0.3 - 0.066 - 0.29) m^2 = 46.41 m^2$$

它们的平均喷水强度分别为

$\dfrac{4 \times 80}{57.12} L/(min \cdot m^2) = 5.6 L/(min \cdot m^2)$ 和 $\dfrac{4 \times 80}{46.41} L/(min \cdot m^2) = 6.90 L/(min \cdot m^2)$，它们与

设计喷水强度的差值均未超过规定数值的 20%。

6）管段的总损失为

$$\sum \Delta p = [1.2 \times (29+24+52+45+18+9+4+6+3+19+8)] kPa$$
$$= 1.2 \times 217 kPa = 260.4 kPa$$

7）系统所需的水压，按式（5-56）计算：

$$p_x = [(23.7 + 2.0) \times 10 + 100 + 260.4] kPa = 617.4 kPa$$

（给水管中心线标高以 -2.0m 计，报警阀损失忽略未计）。

5.4　建筑内部热水管网

5.4.1　热水供应系统分类、组成与供水方式

1. 分类与组成

建筑内的热水供应系统按供水范围的大小，可分为集中热水供应系统和局部热水供应系统。集中热水供应系统供水范围大，热水集中制备，用管道输送至各配水点。一般在建筑内设专用锅炉房或热交换间，由加热设备将水加热后，供一幢或几幢建筑使用。其适用于使用要求高、耗热

量大、用水点多且分布较密集的建筑。局部热水供应系统供水范围小，热水分散制备。一般靠近用水点设置小型加热设备供一个或几个配水点使用，管路短，热损失小。其适用于使用要求不高、用水点少且分散的建筑。

各种系统的选用主要根据建筑物所在地区热力系统完善程度和建筑物使用性质、使用热水点的数量、水量和水温等因素确定。

建筑内的热水系统主要由热媒系统（第一循环系统）、热水供应系统（第二循环系统）及相关附件等组成。热媒系统即第一循环系统由热源、水加热器和热媒管网组成。热水供水系统即第二循环系统由热水配水管网和回水管网组成。被加热到一定温度的热水，从水加热器出来经配水管网送至各个热水配水点，而水加热器的冷水由屋顶水箱或给水管网补给。为保证各用点随时都有规定水温的热水，在立管和水平干管甚至支管设置回水管，使一定热量的热水经过循环水泵流回水加热器以补充管网所散失的热量。

2. 热水供水方式

热水供水方式按管网压力工况的特点可分为开式和闭式两类。对开式而言，其热水供水方式中一般是在管网顶部设有水箱，管网与大气连通，系统内的水压仅取决于水箱的设置高度，而不受室外给水管网水压波动的影响。所以，当给水管道的水压变化较大，且用户要求水压稳定时，宜采用开式热水供水方式。该方式中必须设置高位冷水箱和膨胀管或开式加热水箱。对闭式来讲，其热水供水方式中管网不与大气相通，冷水直接进入热水加热器，需设安全阀，有条件时还可以考虑设隔膜式压力膨胀罐或膨胀管，以确保系统的安全运行。

根据热水加热方式的不同有直接加热和间接加热之分。

直接加热也称一次加热，是利用以燃气、燃油、燃煤为燃料的热水锅炉，把冷水直接加热到所需要的温度，或是将蒸汽直接通入冷水混合制备热水。

间接加热也称二次换热，是将热媒通过水加热器把热量传递给冷水达到加热冷水的目的，在加热过程中热媒与被加热水不直接接触。在实际工程中，有些余热可以通过间接加热的方式用来生产卫生热水，如充分利用工业设备余热、空调冷水机组余热的热水供应系统。

根据热水管网设置循环管网的方式不同，有全循环式、半循环、无循环热水供水方式之分。

根据热水配水管网水平干管的位置不同，还有下行上给供水方式和上行下给的供水方式。

选用何种热水供水方式应根据建筑物的用途、热源的供给情况、热水用水量和卫生器具的布置情况进行技术和经济比较后确定。

5.4.2　热水系统管网计算

1. 热水用水定额、水质及水温

生产用热水定额应根据生产工艺的需要确定。

生活用热水定额有两种：一是由建筑物的使用性质和内部卫生器具的完善程度来确定，其水温按 60℃ 计算；二是根据建筑物的使用性质和内部卫生器具的单位用水量来确定。卫生器具一次和一小时热水用水定额，以及不同的卫生器具的水温要求，由设备完善程度、热水供应时间、当地气候条件和生活习惯等确定。这两种情况热水量的计算，都应遵守室内给水排水的相关规范的规定，详查有关手册。用水单位数及使用热水的卫生器具数的计算，均应遵守相关规范。

（1）热水使用温度　各种卫生器具的热水用水温度，如表 5-30 所示。其中淋浴器的用水温度，应根据气候条件、使用对象确定，在计算热水用量和耗热量时，一般均按 40℃ 计算。

洗衣机、厨房等热水使用温度与用水对象有关，见表 5-30。

表 5-30　洗衣机、厨房器具用水温度

用水对象	用水温度/℃
洗衣机：	
棉麻织物	50~60
丝绸织物	35~45
毛料织物	35~40
人造纤维织物	30~35
厨房餐厅：	
一般洗涤	45
洗碗机	60
餐具清洗	70~80
餐具消毒	100

集中热水供应系统中，在加热设备和热水管道保温条件下，加热设备出口处与配水点的热水温差，一般不大于 15℃（见表 5-31）。

表 5-31　热水系统供水温度

配水点最低水温/℃	水加热器出口水温/℃
40	55~60
50	60~65
60	70~75

在热水供应系统中，采用较高的热水供给温度，虽然可增加蓄热量，减小热水箱的容积，但过高的水温具有如下缺点：①用水时容易发生烫伤事故；②加热设备和管道的热损失增大，增加能耗；③采用镀锌钢管时，管道的腐蚀和结垢严重，缩短管道使用寿命。因此，热水系统水加热器出口的水温不应高于 75℃。

热水系统中，水加热器和管道的散热耗能与配水点要求的水温成正比。从节能的观点考虑，对于局部要求高温度的用水点，如厨房等，宜采用进一步加热供应的方式或单独加热的方式。

（2）冷水计算温度　在计算热水系统的耗热量时，必须要决定冷水的计算温度，冷水计量温度以当地最冷月平均水温资料确定，在无水温资料时，可参照表 5-32 确定。

表 5-32　冷水计算温度

分区	地　区	地面水温度/℃	地下水温度/℃
第一分区	黑龙江、吉林、内蒙古的全部，辽宁的大部分，河北、山西、陕西偏北部分，宁夏偏东部分	4	6~10
第二分区	北京、天津、山东全部，河北、山西、陕西的大部分，河南北部，甘肃、宁夏、辽宁的南部，青海偏东和江苏偏北的一小部分	4	10~15
第三分区	上海、浙江全部，江西、安徽、江苏的大部分，福建北部，湖南、湖北东部，河南南部	5	15~20
第四分区	广东、台湾全部，广西大部分，福建、云南的南部	10~15	20
第五分区	贵州全部，四川、云南的大部分，湖南、湖北的西部，陕西和甘肃秦岭以南地区，广西偏北的一小部分	7	15~20

（3）热水供应水质要求　热水供应系统中的管道结垢和腐蚀是两个普遍问题，影响其使用寿命与投资维修费用。热水管道中，水垢形成的相关因素很多，如水的硬度、温度、流速、管道粗糙度、溶解气体、pH 值等，但通常主要因素为热水的暂时硬度和水温。对一定硬度的水质，

加热水温度直接影响管道结垢量大小。

按照水的硬度，通常把水分成软水、稍硬水、硬水和极硬水四类，其硬度见表 5-33。

表 5-33　水的硬度

总硬度	CaCO₃ 浓度/(mg/L)	0~75	75~150	150~300	300 以上
	德国度	0~4.2	4.2~8.4	8.4~16.8	16.8 以上
类　别		软水	稍硬水	硬水	极硬水

水中硬度低于 8.4 德国度时，加热后结垢量较少；硬水和极硬水在加热后结垢现象就较严重，且当水温大于 60℃ 时，结垢量明显增大。生活用热水供应如果不采取水质软化的情况下，为了尽可能减小管道的结垢量，加热器的出口水温不宜大于 60℃。

我国《建筑给水排水设计标准》对热水供应水质要求规定：

1）生活用热水的水质应符合现行的《生活饮用水卫生标准》的要求。

2）集中热水供应系统的热水在加热前，水质是否要软化处理，应根据水质、水量、水温使用要求等因素经技术经济比较确定。按 65℃ 计算的日用水量小于 10m³ 时，其原水可以不进行软化处理。

2. 热水供应系统附件计算

热水供应系统除需要装置检修和调节阀外，还需要装置若干附件，以便控制系统热水温度、热水膨胀、管道伸缩、系统泄气等问题，保证系统安全可靠地工作。此处主要介绍膨胀管与膨胀水箱、伸缩器等。

（1）膨胀管高度计算　膨胀管用于高位冷水箱向水加热器供应冷水的开式热水系统，它可和上述的泄气管结合使用，称膨胀泄气管。膨胀管高出屋顶水箱最高水面的高度可按式（5-57）计算，否则在加热过程中，热水会从膨胀管中溢出，如图 5-12 所示。

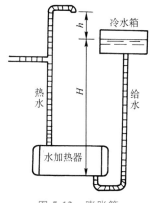

$$h = 1.2H\left(\frac{\rho_1}{\rho_2} - 1\right) \qquad (5\text{-}57)$$

式中　h——膨胀管高出水箱水面的高度（m）；

　　　H——水加热器底部至水箱最高水面的高度（m）；

　　　ρ_1——加热前水的密度（kg/m³）；

　　　ρ_2——加热后水的密度（kg/m³）；

1.2——安全系数。

图 5-12　膨胀管

膨胀管径可按表 5-34 确定。

表 5-34　膨胀管的管径

水加热器的传热面积/m²	小于 10	10~15	15~20	大于 20
膨胀管最小管径/mm	25	32	40	50

膨胀管上严禁装设阀门，如有冰冻可能时应采取保温措施。

（2）膨胀水量计算　冷水加热膨胀的水量可按下式计算：

$$\Delta V = \left(\frac{\rho_1}{\rho_2} - 1\right) V_1 \qquad (5\text{-}58)$$

式中　ΔV——膨胀水量（L）；

　　　V_1——加热前系统内热水总容量（L）；

ρ_1——加热前水的密度（kg/m³）；

ρ_2——加热后水的密度（kg/m³）。

（3）膨胀水箱计算（闭式）　闭式膨胀水箱是近年发展起来的产品，用于闭式热水系统以吸收加热时的膨胀水量。闭式膨胀水箱的构造类似小型隔膜式气压水箱，一般安装在热水供水的总管上。

闭式隔膜膨胀水箱总容积按下式计算：

$$V_x = \frac{\Delta V}{1 - \dfrac{p_1}{p_2}} \tag{5-59}$$

式中　V_x——膨胀水箱总容积（m³）；

　　　ΔV——膨胀水量（m³），按式（5-58）计算；

　　　p_1——膨胀水箱所处位置的管内压力（绝对压力），如膨胀水箱装在热水系统下部，$p_1 =$ 冷水进水管压+大气压力；

　　　p_2——膨胀水箱所处位置的管内最大允许压力（绝对压力）$p_2 = p_1 + p_m$；p_m 是系统容许增加的压力，$p_m =$ 安全阀设定压力-0.1×安全阀设定压力-冷水进水管压力。

在闭式热水系统中，在热水箱或容积式水加热器上应设置真空破坏器，以防止热水箱泄水时箱内产生负压而破坏。

（4）管道伸缩计算　金属管道受热伸长必须给予补偿，否则将使管路产生挠曲，接头开裂漏水。钢管的热伸长量按下式计算：

$$\Delta l = 0.012(t_2 - t_1)l \tag{5-60}$$

式中　Δl——钢管的热伸长量（mm）；

　　　l——计算管段长度（m）；

　　　t_1——安装管道的室内温度（℃），一般取 $t_1 = -5℃$；

　　　t_2——管中热水的最高温度（℃）；

　　0.012——钢管线膨胀系数［mm/(m·℃)］。

吸收管道由温度而产生伸缩变形的弥补措施有自然补偿与方形补偿（Ω 形伸缩补偿），自然补偿即利用管路布置敷设的自然转向弯曲来吸收管道的伸缩变形。例如 90°转向的 L 形、Z 形，在管网布置时随处都会出现，有时管路有意识地布置成 L 形，形成自然补偿。但自然补偿管道的臂长不宜大于 25m。

当管道直线较长，不能自然补偿时应在管道上每隔一定的距离设置 Ω 形伸缩器即方形补偿。一个 Ω 形伸缩器约可承受 50mm 左右的伸缩量。此外还有套管伸缩器、波形管伸缩器、橡胶软管伸缩器等。它们的选用方法可查产品手册或相关书籍。

3. 耗热量计算

（1）耗热量计算　设计小时热水量是耗热量计算的基础。集中热水系统的设计小时耗热量应根据小时热水量和冷、热水温差按下式计算：

$$\Phi = c(t_r - t_1)q_{V,r} \tag{5-61}$$

式中　Φ——设计小时耗热量(kJ/h)；

　　　c——水的比热容［kJ/(kg·℃)］，热水供应计算中 $c = 4.19$kJ/(kg·℃)；

　　　t_r——热水温度(℃)；

　　　t_1——冷水温度(℃)；

　　　$q_{V,r}$——设计小时热水量（L/h），$q_{V,r} = K_h(mq_r/24)$，K_h 指热水小时变化系数，m 指用水计

算单位数（人数或床位数），q_r 指热水用水量定额 [L/（人·d）或 L/（床·d）]；24 指全天计算周期，24h；或按照卫生器具数计算，详查手册。

（2）热水和冷水的混合计算　由于热水的供水温度往往高于作用时的水温，要把一部分冷水与热水混合使用水温降到使用水温。热水量、冷水量和混合水量三者的关系如下式：

$$q_{V,r} + q_{V,1} = q_{V,m} \tag{5-62}$$

$$q_{V,r}(t_r - t_1)c = q_{V,m}(t_m - t_1)c \tag{5-63}$$

式中　$q_{V,r}$——热水量（L/h）；

$\quad\quad q_{V,1}$——冷水量（L/h）；

$\quad\quad q_{V,m}$——冷、热水混合水量（L/h）；

$\quad\quad t_r$——热水温度（℃）；

$\quad\quad t_1$——冷水温度（℃）；

$\quad\quad t_m$——混合水温度（℃）；

$\quad\quad c$——水的比热容 [kJ/（kg·℃）]。

如果已知混合水量、混合水温度和冷、热水温度，根据式（5-62）和式（5-63）便可求出热水量和冷水量。

（3）热媒耗量计算　蒸汽直接加热时蒸汽耗量。

从能量守恒定律并考虑加热器加热时的热损失，通常还需乘 1.1~1.2 的热损失系数，有

$$q_m = (1.1 \sim 1.2)\frac{\Phi}{h_m - h_r} \tag{5-64}$$

式中　q_m——蒸汽耗量（kg/h）；

$\quad\quad \Phi$——设计小时耗热量（kJ/h）；

$\quad\quad h_m$——蒸汽的比焓（kJ/kg），按表 5-35 选用；

$\quad\quad h_r$——蒸汽与冷水混合后热水的比焓（kJ/kg），$h_r = t_r c$，t_r 为热水温度；

表 5-35　饱和水蒸气的性质

绝对压力	饱和水蒸气温度/℃	比焓/（kJ/kg）		水蒸气的汽化热/（kJ/kg）
		液体	蒸汽	
$1 \times 10^5 Pa(1.033kgf/cm^2)$	100	419	2679	2260
$1.96 \times 10^5 Pa(2kgf/cm^2)$	119.6	502	2707	2205
$2.94 \times 10^5 Pa(3kgf/cm^2)$	132.9	559	2726	2167
$3.92 \times 10^5 Pa(4kgf/cm^2)$	142.9	601	2738	2137
$4.9 \times 10^5 Pa(5kgf/cm^2)$	151.1	637	2749	2112
$5.88 \times 10^5 Pa(6kgf/cm^2)$	158.1	667	2757	2090
$6.86 \times 10^5 Pa(7kgf/cm^2)$	164.2	694	2767	2073
$7.84 \times 10^5 Pa(8kgf/cm^2)$	169.6	718	2773	2055
$8.82 \times 10^5 Pa(9kgf/cm^2)$	174.5	739	2777	2038

蒸汽间接加热时蒸汽耗量

$$q_m = (1.1 \sim 1.2)\frac{\Phi}{r} \tag{5-65}$$

式中　q_m——蒸汽间接加热热水时蒸汽耗量（kg/h）；

$\quad\quad r$——水蒸气的汽化热（kJ/kg）；

其余符号同式（5-64）。

热水热力网间接加热时热网热水耗量

$$q_{\mathrm{m}} = (1.1 \sim 1.2) \frac{\Phi}{c(t_{\mathrm{mc}} - t_{\mathrm{mz}})} \tag{5-66}$$

式中　q_{m}——热力网的热水耗量（kg/h）；

　　　Φ——设计小时耗热量（kJ/h）；

　　　t_{mc}——热力网供水水温（℃）；

　　　t_{mz}——热力网回水水温（℃）；

　　　c——水的比热容 [kJ/(kg·℃)]。

（4）燃料消耗量计算　在热水供应中常用的燃料见表 5-36，燃料消耗量的计算式为

$$q_{\mathrm{mc}} = \frac{\Phi}{HE} \tag{5-67}$$

式中　q_{mc}——燃料消耗量（kg/h）；

　　　Φ——设计小时耗热量（kJ/h）；

　　　H——燃料发热量（kJ/g）；

　　　E——加热器的效率。

表 5-36　各种燃料发热量和加热器效率

各种加热器	燃料消耗量的单位	燃料发热量 H	加热器效率 E
煤燃料	kg/h	16747~25121kJ/kg	35%~65%
重油燃料	kg/h	41868kJ/kg	50%~70%
城市煤气燃料	m³/h	15072~46055kJ/m³	65%~75%
天然煤气燃料	m³/h	33494~46055kJ/m³	65%~75%
电力	kW/h	3559kJ/kW	70%~80%

4. 热水贮水与加热计算

（1）热水贮水器容积计算

1）根据供热曲线和耗热曲线计算。集中热水供应系统中，当小时供热量小于或周期性小于耗热量时，热水贮水器的贮水容积应根据小时供热量曲线以及热水贮水器的工作情况计算决定。

2）集中热水供应系统中，当小时供热量等于设计小时耗热量时，热水贮水器的贮水容积可按经验计算决定。

a. 住宅、旅馆、医院、集体宿舍和公共浴室，热水贮水器的有效贮水容积应不小于 45min 设计小时耗热量。

$$V \geqslant \frac{0.75\Phi}{c(t_{\mathrm{r}} - t_{\mathrm{l}})} \tag{5-68}$$

式中　V——热水贮水器的有效贮水容积（L）。

b. 工业企业淋浴室热水贮水器有效容积应不小于 30min 设计小时耗热量。

$$V \geqslant \frac{0.5\phi}{c(t_{\mathrm{r}} - t_{\mathrm{l}})} \tag{5-69}$$

贮存和加热合一的容积式水加热器和开式加热水箱，冷水从下部进入，热水从上部送出，还需附加箱底加热部分的容积。立式容积式水加热器附加 10%，卧式容积式水加热器和开式加热水箱附加 20%~25%。

3）集中热水供应系统，如采用半即热式加热器，且蒸汽量随时满足要求，并设有自动温控装置，可不设热水贮水器。

191

（2）水加热器计算　常用水加热器分为两类，即容积式水加热器与快速换热器，其中快速换热器又有水-水快速换热器和汽-水快速换热器。

容积式水加热器计算包括容积的计算和加热盘管的计算，前者可按前述的热水贮水器容积计算方法决定，后者可依据传热学中相关知识进行计算。

$$F = \frac{\Phi_z}{\varepsilon K \Delta t_j} \qquad (5\text{-}70)$$

式中　F——盘管的加热面积（m^2）；

Φ_z——制备热水所需的热量（kJ/h），$\Phi_z = (1.1 \sim 1.2)\Phi$；

ε——由于水垢和热媒分布不均匀影响传热效率的系数，一般采用 $0.6 \sim 0.8$，软化水可取 1；

K——盘管传热系数/[$kJ/(m^2 \cdot h \cdot ℃)$]，可按表 5-37 选用；

Δt_j——热媒和被加热水的计算温差（℃），其计算式为

$$\Delta t_j = \frac{t_{mc} + t_{mz}}{2} - \frac{t_c + t_z}{2}$$

式中　t_{mc}、t_{mz}——热媒的初温和终温（℃），热媒为蒸汽时按饱和蒸汽温度计算；热媒为热力网热水时按热力网供、回水的最低温度计算，但热媒之初温与被加热水之终温的温度差不得小于 10℃；

t_c、t_z——被加热水的初水温和终温（℃）。

表 5-37　容积式水加热器中盘管的传热系数 K 值

热媒性质	传热系数 K 值/[$kJ/(m^2 \cdot h \cdot ℃)$]	
	铜盘管	钢盘管
蒸 汽	3140	2721
80～115℃ 的高温水	1465	1256

注：$1kJ/(m^2 \cdot h \cdot ℃) = 0.278W/(m^2 \cdot ℃)$。

根据下式可计算出盘管的长度

$$l = \frac{F}{\pi D} \qquad (5\text{-}71)$$

式中　F——盘管的加热面积（m^2）；

D——盘管外径（m）；

l——盘管长度（m）。

快速换热器有水-水快速换热器和汽-水快速换热器，盘管的加热面积仍可按式（5-71）计算，所不同者为盘管的传热系数 K 值按表 5-38 选用，热媒和被加热水的计算温差按下式计算：

$$\Delta t_j = \frac{\Delta t_{max} - \Delta t_{min}}{\ln \dfrac{\Delta t_{max}}{\Delta t_{min}}} \qquad (5\text{-}72)$$

式中　Δt_j——热媒和被加热水的计算温差（℃）；

Δt_{max}——热媒和被加热水形成的最大温度差（℃）；

Δt_{min}——热媒和被加热水形成的最小温度差（℃）。

表 5-38　快速换热器的传热系数 K 值

被加热水的 流速 /(m/s)	传热系数 K/[kJ/(m²·h·℃)]							
	热媒为热水时,热水流速/(m/s)						热媒为蒸汽时,蒸汽压力/Pa	
	0.5	0.75	1.0	1.5	2.0	2.5	≤0.98×10⁵	>0.98×10⁵
0.5	3799	4605	5024	5443	5862	6071	8728/7746	9211/7327
0.75	4480	5233	5652	6280	6908	7118	12351/9630	11514/9002
1.00	4815	5652	6280	7118	7955	8374	14235/11095	13188/10467
1.50	5443	6489	7372	8374	9211	9839	16328/13398	15072/12560
2.00	5861	7118	7955	9211	10258	10886	—/15700	—/14683
2.50	6280	7536	10483	10258	11514	12560	—	—

注: 1. 在热媒为蒸汽时,表中分子为两回程汽-水快速换热器将被加热水的水温升高 20~30℃ 时的传热系数;分母为四回程汽-水快速换热器将被加热水的水温升高 60~55℃ 时的传热系数。

2. 1kJ/(m²·h·℃) = 0.278W/(m²·℃)。

（3）快速换热器水流阻力计算　容积式水加热器中,被加热水的流速一般小于 0.1m/s,流程也较短,阻力损失可忽略不计。快速换热器中被加热水的流速大、流程长、水流转向多,其水流阻力应按流体力学沿程阻力和局部阻力之和即能量损失叠加来计算。其中局部阻力系数 ζ 值见表 5-39。

表 5-39　快速换热器局部阻力系数 ζ 值

换热器形式	局部阻力形式	ζ 值
水-水快速换热器	由水室到管束或由管束到水室 经水室转 180° 由一管束到另一管束 与管束垂直进入管间 与管束垂直流出管间 在管间绕过支柱承板 在管间由一段到另一段	0.5 2.5 1.5 1.0 2.5
汽-水快速换热器	与管束垂直的水至进口或出口 经水室转 180° 与管束垂直进入管间 与管束垂直流出管间	0.75 1.5 1.5 1.0

（4）锅炉选择计算　锅炉为产热设备,一般由供暖专业人员结合供暖、空调、食堂用蒸汽等综合设计,给水排水专业设计人员只需提出设计小时耗热量即可。对小型建筑物的热水系统,可单独选择热水锅炉,选择计算时只需在设计小时耗热量基础上乘上 1.1~1.2 的热水系统热损失附加系数即可。

5. 热水管网水力计算

前已说明,建筑室内热水管网分为第一循环管网与第二循环管网。对于第一循环管网即热媒循环管网又分为热媒为热水和热媒为蒸汽两种情况。

对于热媒为热水的自然循环,其自然循环压力与本书第 1、3 章所述相同。当自然循环所产生的压力大于 1.1~1.15 倍的热媒热水管路（第一循环管网）总损失时,可不采用机械循环方式。否则,需依靠循环水泵强制循环。

当热媒为蒸汽时,其蒸汽管网与凝结水管网水力计算可参照第 4 章或相关手册,在热水供应系统中一般采用高压蒸汽,其允许流速按照表 5-40 所示计算。

表 5-40　高压蒸汽管道允许流速

管径/mm	15~20	25~32	40	50~80	100~150
流速/(m/s)	10~15	15~20	20~25	25~35	30~40

本节主要介绍第二循环管网。室内热水管道即第二循环管网的计算可以分为两部分，即热水配水管道与热水回水管道的计算。

（1）热水配水管道计算　热水配水管道计算的内容为确定管径和所需总水压，热水管网不论有、无回水管，其配水管道计算的方法与冷水管道的计算方法相同，卫生器具热水水嘴的额定流量、当量值和流出水头与冷水相同。应注意的是设置热水和冷水水嘴的卫生器具，其热水水嘴和冷水水嘴单独的计算流量应是冷、热水混合水嘴或冷、热水单独水嘴同时开放流率的 3/4，而不是 1/2。

在水力计算中，由于热水的温度较高（60~70℃），其密度和运动黏度小于冷水，并且考虑热水管易结垢等因素，针对管道的水头损失和管径计算，以下述水力计算公式为基础，许多手册中有热水管道水力计算表，可从有关手册查取，该表的编制考虑了以下因素：

1）水温以平均 60℃ 计，密度 $\rho = 983.2\ \mathrm{kg/m^3}$，水的运动黏度 $\nu = 0.487 \times 10^{-6}\ \mathrm{m^2/s}$。

2）管道结垢造成管子直径缩小，其缩小数值为：$DN15 \sim DN40\mathrm{mm}$ 时，直径缩小 2.5mm；$DN50 \sim DN100\mathrm{mm}$ 时，直径缩小 3.0mm；$DN125 \sim DN200\mathrm{mm}$ 时，直径缩小 4mm。

3）管道内壁的绝对粗糙度 $\delta = 1\mathrm{mm}$。

热水管道水力计算公式为

$$q_V = \frac{\pi}{4} d_j^2 v \tag{5-73}$$

$$R = \frac{\lambda}{d_j} \cdot \frac{v^2 \rho}{2} \tag{5-74}$$

式中　q_V——流量（$\mathrm{m^3/s}$）；

　　　R——单位长度压力损失（Pa/m）；

　　　v——管内平均水流速度（m/s）；

　　　d_j——管道计算内径（m）；

　　　λ——摩阻系数即沿程阻力系数；

　　　ρ——热水的密度（$\mathrm{kg/m^3}$），水温 60℃。

λ 值确定如下：

当 $\dfrac{v}{\nu} \geqslant 9.2 \times 10^5\ \dfrac{1}{\mathrm{m}}$ 时

$$\lambda = \frac{0.021}{d_j^{0.3}} \tag{5-75}$$

当 $\dfrac{v}{\nu} < 9.2 \times 10^5\ \dfrac{1}{\mathrm{m}}$ 时

$$\lambda = \frac{1}{d_j^{0.3}} \left(1.5 \times 10^{-6} + \frac{\nu}{\gamma} \right)^{0.3} \tag{5-76}$$

当水温为 60℃ 时，$\nu = 0.487 \times 10^{-6}\ \mathrm{m^2/s}$，则

$$\lambda = \frac{0.0179}{d_j^{0.3}} \left(1 + \frac{0.3187}{v} \right)^{0.3} \tag{5-77}$$

将式（5-75）和式（5-77）分别代入式（5-74）得出热水管道阻力计算公式：

当 $v<0.4\text{m/s}$ 时

$$R = 0.000897\frac{v}{d_\text{j}^{1.3}}\left(1+\frac{0.3187}{v}\right)^{0.3} \tag{5-78}$$

当 $v\geqslant 0.4\text{m/s}$ 时

$$R = 0.0010524\frac{v}{d_\text{j}^{1.3}} \tag{5-79}$$

热水管道内的流速根据所能供给的水压力而定，一般采用 $0.8\sim1.5\text{m/s}$，在建筑物对防止噪声有严格要求或管径小于等于 25mm 时宜采用 $0.6\sim0.8\text{m/s}$。

热水管道局部压力损失可按下式计算：

$$\Delta p = \zeta\frac{\rho v^2}{2} \tag{5-80}$$

式中　Δp——局部压力损失（Pa）；

ζ——局部阻力系数（见表 5-41）；

v——流速（m/s）；

ρ——热水的密度（kg/m^3）。

表 5-41　局部阻力系数

局部阻力形式	ζ 值	局部阻力形式	ζ 值					
热水锅炉	2.5	汇流三通	3.0					
突然扩大	1.0	傍流四通	3.0					
突然收缩	0.5	汇流四通	3.0					
逐渐扩大	0.6		d/mm	15	20	25	32	40	50 以上
逐渐收缩	0.3	直杆截止阀	16	10	9	9	8	7
弯管式伸缩器	2.0	斜杆截止阀	3	3	3	2.5	2.5	2
套管伸缩器	0.6	旋塞阀	4	2	2	2	—	—
让弯管	0.5	闸门	1.5	0.5	0.5	0.5	0.5	0.5
直流三通	1.0	90°弯头	2.0	2.0	1.5	1.5	1.0	1.0
傍流三通	1.5	止回阀	7.5					

在不要求精确的情况下，通常对热水配水管道的局部水头损失不做详细计算，而是采用计算管路沿程水头损失的 25%～30% 估算。

（2）热水回水管道计算　水在循环管路中流动，分成自然循环和机械循环，前者是由于管路中水温不同产生水的重度差而引起的循环流动。水在管道中流动就会有阻力，当自然循环作用压力小于所要求的循环流量的循环水头损失时，循环就不充分，需采用水泵强制循环，即机械循环。

热水回水管道计算的目的主要是决定回水管径，在自然循环热水管中，看其能否产生自然循环。在机械循环热水管网中，便于选定循环水泵。

在高层建筑热水供应系统中往往采用机械循环，但机械循环和自然循环的基础理论有着密切的联系，现从自然循环的基础理论着手，再引导出机械循环。

1）自然循环热水管网。

a. 自然循环作用压力：图 5-13 所示的上行下给式热水管网，不论其环路有多少，其自然循环作用压力为选择最不利环路按下式进行计算：

$$p = H(\gamma_1 - \gamma_2) \qquad (5\text{-}81)$$

式中　p——自然循环作用压力（Pa）；

　　　H——水加热器中心与上行横干管中点的标高差（m）；

　　　γ_1——最远配水立管中水的平均重度（kN/m^3）；

　　　γ_2——配水主立管中水的平均重度（kN/m^3）。

对图 5-14 所示的下行上给式热水管网，其自然循环作用压力按下式计算：

$$p = H_1(\gamma_1 - \gamma_2) + H_2(\gamma_3 - \gamma_4) \qquad (5\text{-}82)$$

式中　p——自然循环作用压力（Pa）；

　　　H_1——最远回水立管顶部与底部的标高差（m）；

　　　H_2——最远回水立管顶部与水加热器中心的标高差（m）；

　　　γ_1、γ_2——最远回水和配水立管中水的平均重度（kN/m^3）；

　　　γ_3、γ_4——下行回水和配水横干管中水的平均重度（kN/m^3）。

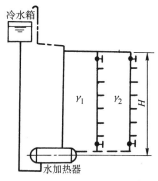

图 5-13　上行下给式热水管网

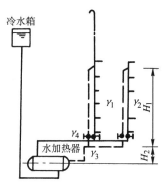

图 5-14　下行上给式热水管网

其他形式的热水管路，其自然循环作用水头与上述思路相同，读者可自行分析。

b. 循环流量：热水在管道环路中循环流动，由于管道的散热使管中水温愈来愈低，循环流量的作用是携带足够的热量去弥补管网的热损失，使管网最不利点水温满足用水要求，管网的循环流量所携带的热量应等于循环配水管道的热损失。

假设一根外径为 D，长度为 L，循环流量 q_x 从一端进入，起点水温为 t_x，另一端流出，终点水温 t_y。由于管中水温高于管道周围空气温度 t_a，通过管壁向外散热，终点水温 t_y 必然低于 t_x。这根管道的热量损失为

$$\Phi = \pi D L K (1 - \eta) \left(\frac{t_x + t_y}{2} - t_a \right) \qquad (5\text{-}83)$$

式中　Φ——管道的热损失（kJ/h）；

　　　D——管道外径（m）；

　　　L——管道长度（m）；

　　　K——无保温时管道的传热系数，约为 41.9$kJ/(m^2 \cdot h \cdot ℃)$；

　　　η——保温系数，无保温时 $\eta = 0$，简单的保温 $\eta = 0.6$，较好的保温 $\eta = 0.7 \sim 0.8$；

　　t_x、t_y——管道起点水温和终水温（℃）；

　　　t_a——管道周围空气温度（℃），无资料时按表 5-42 采用。

表 5-42　管道周围的空气温度

管道敷设情况	t_a/℃
供暖房间内明管敷设	18~20
供暖房间内暗管敷设	30
敷设在不供暖房间的顶棚内	采用一月份室外平均气温
敷设在不供暖的地下室内	5~10
敷设在室内地下管沟内	35

管道中循环流量 q_x 的热量损失为

$$\Phi = q_x(t_x - t_y)c$$

故

$$q_x = \frac{\Phi}{(t_x - t_y)c} \qquad (5\text{-}84)$$

式中　c——水的比热容，取 $c = 4.19\text{kJ/(kg} \cdot \text{℃)}$；

其余符号含义同式（5-83）。

从式（5-83）、式（5-84）可求得某一段管道的循环流量。如果扩大到整个热水管网，其总循环流量为

$$q_{V,x} = \frac{\sum \Phi}{(t_1 - t_2)c} \qquad (5\text{-}85)$$

式中　$q_{V,x}$——总循环流量（L/h）；

$\sum \Phi$——全部循环配水管道的总热损失（kJ/h）；没有循环作用的配水管道和有循环作用的回水管道不能计入；

t_1——加热器出口水温，一般取 75℃ 左右；

t_2——最远循环配水管计算点水温，一般取 60℃ 左右；

c——水的比热容，取 $c = 4.19\text{kJ/(kg} \cdot \text{℃)}$。

式（5-85）中的 $\sum \Phi$ 是热水管网各循环配水管道的热损失之和，在计算各管道的热损失时，必须计算各管段的起点水温和终点水温，计算方法可假设水温降落与计算管路成正比（也可根据热平衡建立相应方法），则配水管每米管长的温度降落为

$$\Delta t = \frac{t_1 - t_2}{L} \qquad (5\text{-}86)$$

式中　Δt——计算管路每米管长的温度降落值（℃/m）；

t_1、t_2——计算管路起点水温和终点水温（℃）；

L——计算管路总长度（m）。

计算管路中任一点水温按下式计算：

$$t = t_1 - \Delta t L \qquad (5\text{-}87)$$

式中　t——计算管路中任一点水温（℃）；

L——计算管路起点至任一点的管路长度（m）；

t_1、Δt——与式（5-86）同。

热水管网有分支环路时需要计算各分支管段的循环流量，以图 5-15、图 5-16 为例。管段 1-2 循环流量为

$$q_{1\text{-}2} = \frac{\Phi_{1\text{-}2} + \Phi_{2\text{-}3} + \Phi_{2\text{-}4} + \Phi_{4\text{-}5} + \Phi_{4\text{-}6}}{(t_1 - t_6)c} \qquad (5\text{-}88)$$

在图中节点 2 处的水温设为 t_2，在节点 2 三通之左的循环流量为

$$q_{1\text{-}2}(t_2 - t_6)c = \Phi_{2\text{-}3} + \Phi_{2\text{-}4} + \Phi_{4\text{-}5} + \Phi_{4\text{-}6} \qquad (5\text{-}89)$$

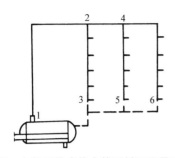

图 5-15 上行下给式热水管网循环流量计算图

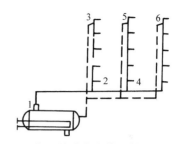

图 5-16 下行上给式热水管网循环流量计算图

在节点 2 三通之右的循环流量为

$$q_{2-4}(t_2 - t_6)c = \Phi_{2-4} + \Phi_{4-5} + \Phi_{4-6} \tag{5-90}$$

消去 $(t_2 - t_6)c$ 得

$$\frac{q_{1-2}}{q_{2-4}} = \frac{\Phi_{2-3} + \Phi_{2-4} + \Phi_{4-5} + \Phi_{4-6}}{\Phi_{2-4} + \Phi_{4-5} + \Phi_{4-6}} \tag{5-91}$$

式（5-91）表示对任一节点，各分支管段的循环流量与其以后全部循环配水管道的热损失之和成正比。管段 2-4 的循环流量为

$$q_{2-4} = q_{1-2} \frac{\Phi_{2-4} + \Phi_{4-5} + \Phi_{4-6}}{\Phi_{2-3} + \Phi_{2-4} + \Phi_{4-5} + \Phi_{4-6}} \tag{5-92}$$

同理在节点 4 可标出管段 4-6 的循环流量为

$$q_{4-6} = q_{2-4} \frac{\Phi_{4-6}}{\Phi_{4-5} + \Phi_{4-6}} \tag{5-93}$$

管段 2-3 的循环流量为 $\qquad q_{2-3} = q_{1-2} - q_{2-4}$

管道 4-5 的循环流量为 $\qquad q_{4-5} = q_{2-4} - q_{4-6}$

上面几个式中 q_{1-2}、q_{2-3}、q_{2-4}、q_{4-5}、q_{4-6}、Φ_{1-2}、Φ_{2-3}、Φ_{2-4}、Φ_{4-5}、Φ_{4-6}、t_1、t_2、t_3、t_4、t_5、t_6 分别为各管段的循环流量、各管段的热损失和各点水温，c 为水的比热容。

c. 自然循环压力损失：在具有循环管路的热水管网中，其配水管道的管径由设计秒流量计算定出，其回水管道的管径选定，可采取比其相对应的配水管段的管径小 1 号或 2 号的办法，但最小管径不得小于 20mm，自然循环管网的回水管径应比机械循环管网的回水管径适当大些。

$$\Delta p_s = \Delta p_p + \Delta p_h + \Delta p_j \tag{5-94}$$

式中　　Δp_p——循环流量通过配水管路的压力损失（kPa）；

Δp_h——循环流量通过回水管路的压力损失（kPa）；

Δp_j——循环流量通过加热器的压力损失（kPa），对快速水加热器可由式（5-95）计算：

$$\Delta p_j = 10 \times \left(\lambda \frac{L}{d_j} + \Sigma \zeta \right) \frac{v^2}{2g} \tag{5-95}$$

式中　　Δp_j——循环流量通过快速水加热器的压力损失（kPa）；

λ——沿程阻力系数；

L——被加热水的流程长度（m）；

d_j——传热管计算管径（m）；

ζ——局部阻力系数（见表 5-39）；

v——被加热水的流速（m/s）；

g——重力加速度，9.8m²/s。

d. 形成自然循环（属第二循环管网）的条件：自然循环的作用压力应有一定的富余安全量，形成自然循环的条件为

$$p \geqslant 1.35 \Delta p_{\mathrm{s}} \tag{5-96}$$

式中　p——自然循环作用压力（kPa）；

　　　Δp_{s}——自然循环压力损失（kPa）。

2）机械循环热水管网。机械循环分全日循环与定时循环，前者是在整个热水供应期间或每天较长时间不间断地进行热水循环，使管网的水温在任何时刻都保持要求的温度。后者是每天在规定供应热水之前，将管网中冷却了的存水抽回加热循环。因此机械循环热水管网有两种计算方法。

a. 全日循环。全日循环与自然循环的计算方法大致相同，也要先求出热水管网各管段的热损失、各管段循环流量和最不利环路的循环压力损失。然后再按下述方法计算循环水泵流量和扬程对应的压力，即

$$q_{V,\,\mathrm{b}} \geqslant q_{V,\,\mathrm{x}} + q_{V,\,\mathrm{f}} \tag{5-97}$$

$$p_{\mathrm{b}} \geqslant \left(\frac{q_{V,\,\mathrm{x}} + q_{V,\,\mathrm{f}}}{q_{V,\,\mathrm{x}}} \right)^2 \Delta p_{\mathrm{p}} + \Delta p_{\mathrm{h}} + \Delta p_{\mathrm{j}} \tag{5-98}$$

式中　$q_{V,\mathrm{b}}$——循环水泵流量（m³/h）；

　　　$q_{V,\mathrm{x}}$——管网总循环流量（m³/h）；

　　　$q_{V,\mathrm{f}}$——循环附加流量（m³/h）；

　　　p_{b}——循环水泵扬程对应的压力（kPa）；

　　　Δp_{p}——循环流量（不包括循环附加流量）通过配水管路的压力损失（kPa）；

　　　Δp_{h}——循环流量（不包括循环附加流量）通过回水管路的压力损失（kPa）；

　　　Δp_{j}——循环流量通过加热器的压力损失（kPa）。

全日循环与自然循环计算不同之处在于配水管路上加一循环附加流量，并假定这一循环附加流量仅通过各环路的配水管道。其原因是：在某些配水点用水时，可能影响整个热水供应系统的正常循环状态，使系统的其他部位水温降低。为防止这种情况，规定这些配水点的位置发生在环路配水管道的末梢，把这些配水点的用水量作为循环附加流量。循环附加流量的大小与建筑物对热水的要求、配水点分布情况等有关，一般取热水设计小时用水量的15%，对水温要求较高，配水点较分散的系统可适当取大些，否则可取小些。

b. 定时循环按下式计算：

$$q_{V,\,\mathrm{b}} \geqslant (2 \sim 4) V \tag{5-99}$$

$$p_{\mathrm{b}} \geqslant \Delta p_{\mathrm{p}} + \Delta p_{\mathrm{h}} + \Delta p_{\mathrm{j}} \tag{5-100}$$

式中　$q_{V,\mathrm{b}}$——水泵循环流量（m³/h）；

　　　V——循环管网的水容积（m³），应包括配水管和回水管的容积，但不包括无回水管道的管段和加热设备、热水箱的容积；2~4指每小时循环次数。

其余符号同式（5-98）。

在定时循环的多环路热水管网中，计算 Δp_{p} 和 Δp_{h} 时，需进行流量分配，确定各管段循环流量。循环流量分配的原则是：从加热器后第一个节点开始，依次进行分配，对任一节点，流向该节点的循环流量应等于流离该节点的循环流量，各分支管的循环流量与其经后全部循环配水管道的热损失之和成正比。

3）压力损失即能量损失平衡。在多环路热水管网计算中，务使各环路的压力损失大致相

等，是热水管网循环管路计算中的重要一环。若管网各环路压力损失不平衡，循环流量就会在压力损失较小的环路发生短路，使其他环路的循环流量实际上很小，水温达不到设计要求。在实际工程中，很难采用改变管径的方法使各环路压力损失达到平衡。为此在各环路的热水配水立管和回水立管上都设置阀门，一方面作为检修关闭水流用，另一方面设在加水立管上的阀门作为调节阀，以调节平衡各环路的压力损失。

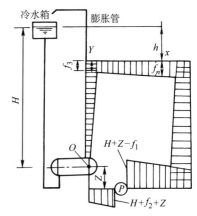

图 5-17　循环水泵设在回水管上的沿程阻力损失

4）循环水泵工作时管网阻力情况。在热水系统中通常把循环水泵设在回水管上，如图 5-17 所示。系统静水头为 H，设配水计算环路 $OYxP$ 间的沿程水头（阻力）损失为 f_1，PO 间的沿程水头（阻力）损失为 f_2，循环水泵和热水器间的垂直距离为 Z，则

循环水泵的扬程为 $\qquad\qquad\qquad f_1+f_2$

循环水泵吸水管处的水头为 $\qquad\quad H+Z-f_1$

循环水泵出水管处的水头为 $\qquad\quad H+f_2+Z$

在配水管路上 x 点，如果 $h<f_n$ 时则为负压，当热水水嘴开放时，水嘴不出水反而吸入空气，因此 x 点的水头必须 $h-f_n>0$，Y 点水头是 $h-f_3$。循环水泵的流量和扬程如果过高，容易引起管内产生负压状态。

思考题与习题

1. 高层建筑给水系统为什么要进行竖向分区？如何分区？应注意哪些问题？
2. 高层建筑给水方式的基本特征是什么？
3. 室内热水系统主要由什么组成的。
4. 热水循环系统的循环水泵一般设在供回水的哪个管路上？应注意哪几点？

二维码形式客观题

微信扫描二维码，可自行做客观题，提交后可查看答案。

第5章
客观题

第 6 章
气体流动及其网络

6.1 通风空调管路

6.1.1 气体输配管网形式与装置

1. 通风空调工程的空气输配管网形式

通风工程的主要任务是控制室内污染物和维持室内温湿度，保证良好的空气品质，并保护大气环境。通风工程通过室内外空气交换，排除室内的污染空气，将清洁的、具有一定温湿度（焓或能量）的空气送入室内，使室内空气污染物含量符合卫生标准，满足生产工艺和卫生要求。室内外空气交换主要由空气输配管网——风管系统承担。

通风工程的风管系统分为两类：排风系统和送风系统。

排风系统的基本功能是排除室内的污染空气。如图 6-1 所示，在风机 4 的动力作用下，排风罩（或排风口）1 将室内污染空气吸入，经风管 2 送入净化设备 3，经净化处理达到规定的排放标准后，通过风帽 5 排到室外大气中。

送风系统的基本功能是将清洁空气送入室内。如图 6-2 所示，在风机 3 的动力作用下，室外空气进入新风口 1，经进气处理设备 2 处理达到卫生或工艺要求后，由风管 4 输送并分配到各送风口 5，由送风口送入室内。

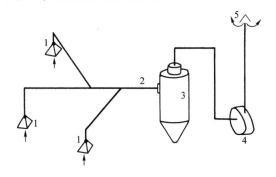

图 6-1 排风系统

1—排风罩 2—风管 3—净化设备

4—风机 5—风帽

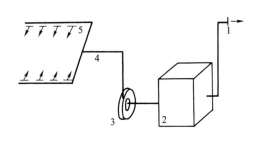

图 6-2 送风系统

1—新风口 2—进气处理设备 3—风机

4—风管 5—送风口

空调工程除了承担通风工程的主要任务外，增加了新的任务，即不论室外气象条件怎样变化，都要维持室内热环境的舒适性，或使室内热环境满足生产工艺的要求。因此，空调系统具有两个基本功能，即控制室内空气污染物含量和热环境质量。在技术上，可由两个系统分别承担，一个是控制室内污染物含量的新风（清洁的室外空气）系统，即通风工程中的新风系统；另一个是控制室内热环境的系统，例如降温或供暖的冷热水系统。

技术上也可由送风系统同时承担控制室内空气污染物含量和热环境质量两个任务。这就需要综合考虑控制室内空气污染物含量和热环境质量的要求，确定送风量。通常控制热环境质量的送风量大大超过控制室内空气污染物含量所要求的通风换气量。而在室内气象条件恶劣时，如冬、夏季，通风换气要消耗大量能源。为了节能，在室内空气可以重复使用时，可将一部分室内空气送回到空气处理设备，与新风混合，并经处理后送入房间，从而在保证送风量的同时，减少新风量，降低能耗。这部分重复使用的室内空气称为回风。这时空调工程的空气输配管网由送风管、回风管、新风管和排风管组成，称为一次回风，如图6-3所示。当室内正压造成的围护结构缝隙渗漏风量达到排风量时，可以省去排风管。

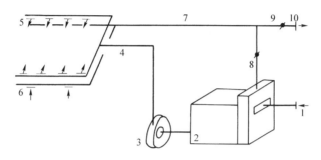

图 6-3　空调送风系统

1—新风口　2—空调机　3—风机　4—送风管　5—送风口
6—回风口　7、8—回风管　9—排风管　10—排风口

其他几种常用的空调风系统有二次回风系统、双风管系统、变风量系统。

二次回风系统中，回风分为两个部分。新风先与一部分回风混合，经热湿处理后，再与另一部分回风混合。回风分两次混合，比一次混合节能。但必须按需要分配好两次回风的风量。

工程实践中，常要求条件不同或不甚相同的房间由同一空调系统服务，以减少投资。这时要求同一空调系统为不同的房间输送和分配不同状态的空气。常用集中式分区系统、双管道系统等满足这个要求。双管道系统采用两根送风管，一根送冷风，一根送热风。各房间设混合箱与冷、热风管相连。按房间设计要求控制进入各混合箱的冷、热风量比例，使混合后送入房间的空气状态满足各房间的不同要求。输配管网不但要保证各房间要求的送风量，还需保证各房间不同的冷、热风比例。

实际使用中，由于室外气象条件变化或室内情况变化，维持室内热环境要求的冷热量随之变化。空调系统有两种适应这一变化的基本方法：一种是定送风量，变送风状态参数；一种是定送风状态参数，变送风量。采用前一种方法的空调系统称为定风量系统，后一种方法称为变风量系统。变风量通过送风系统的变风量末端来实现。变风量末端装置有节流型、旁通型和诱导型。

2. 通风空调工程空气输配管网的装置及管件

通风空调工程中空气输配管网的装置及管件有风口、风阀、三通、弯头、变径（形）管、空气处理设备等。

风机是空气输配管网的动力装置，第2章已详细、系统地讲述了风机的基本理论。

风阀是空气输配管网的控制调节机构，基本功能是截断或开通空气流通的管路，调节或分配管路流量。同时具有控制、调节两种功能的风阀有：①蝶式调节阀；②菱形单叶调节阀；

③插板阀；④平行式多叶调节阀；⑤对开式多叶调节阀；⑥菱形多叶调节阀；⑦复式多叶调节阀；⑧三通调节阀等。①~③种风阀主要用于小断面风管；④~⑥种风阀主要用于大断面风管；⑦、⑧两种风阀用于管网分流或合流或旁通处的各支路风量调节。这类风阀的主要性能有流量特性、全开时的阻力性能（用阻力系数表示）、全关闭时的漏风性能（用漏风系数表示）等。

蝶式、平行、对开式多叶调节阀靠改变叶片角度调节风量，平行式多叶调节阀的叶片转动方向相同；对开式多叶调节阀的相邻两叶片转动方向相反。插板阀靠插板插入管道的深度调节风量。菱形调节阀靠改变叶片张角调节风量。

只具有控制功能的风阀有止回阀、防火阀、排烟阀等。止回阀控制气流的流动方向，只允许气流按规定方向流动，阻止气流逆向流动。它的主要性能有两种：气流正向流动时的阻力性能和逆向流动时的漏风性能。防火阀平常全开，火灾时关闭并切断气流，防止火灾通过风管蔓延；排烟阀平常关闭，排烟时全开，排除室内烟气，主要性能有全开时的阻力性能和关闭时的漏风性能。

风口的基本功能是将气体吸入或排出管网，按具体功能可分为新风口、排风口、送风口、回风口等。

新风口将室外清洁空气吸入管网内；排风口将室内或管网内空气排到室外；回风口将室内空气吸入管网内；送风口将管网内空气送入室内。控制污染气流的局部排风罩，从空气输配管网角度也可视为一类风口，它将污染气流和室内空气吸入排风系统管道，通过排风口排到室外。新风口、回风口比较简单，常用格栅、百叶等形式。排风口为了防止室外风对排风效果的影响，往往要加装避风风帽。送风口形式比较多，工程中根据室内气流组织的要求选用不同的形式。常用的有格栅、百叶、条缝、孔板、散流器、喷口等。从空气输配管网角度，风口的主要特性是风量特性和阻力特性。

为了分配或汇集气流，在管路中设置分流或汇流三通、四通；为了连接管道和设备，或由于空间的限制等，在管路中设置变径、变形管段；为了改变管流方向设置弯头等。这些管件都会在所在位置产生局部阻力。它们的阻力特性在"流体力学"课程中已做了分析研究。

空气处理设备的基本功能是对空气进行净化处理和热湿处理。空气处理设备在处理空气的同时，对空气的流动也造成阻碍，如空气过滤器、表面式换热器、喷水室、净化室、净化塔等。空气处理设备可集中设置，也可分散设置，不管集中还是分散，它都在所在位置处形成管网的局部阻力。

6.1.2　通风管道阻力计算

1. 通风管道的种类及风管材料

通风管道常采用的断面形式有圆形及矩形。民用建筑为了与建筑结构相配合多采用矩形的，工业厂房的送排风系统的管道多采用圆形的。

圆形通风管道的规格见表 6-1，矩形风管也有一定规格，可参看有关手册。

制作通风管道的材料有普通薄钢板、镀锌钢板、硬质聚氯乙烯塑料板、矿渣石膏板、混凝土及砖砌体等。应根据工程要求、材料来源及经济原则来选择。最常采用的是薄钢板、镀锌钢板和塑料板。镀锌钢板、塑料板都具有较好的防腐作用。

2. 一般通风管道内的风速

一般通风管道内的风速可按表 6-2 选用。

203

表 6-1　圆形通风管道规格

外径 D /mm	钢板制风管 壁厚/mm	塑料制风管 壁厚/mm	外径 D /mm	钢板制风管 壁厚/mm	塑料制风管 壁厚/mm
100	0.5	3.0	500	1.0	4.0
120			560		
140			630		
160			700		0.5
180			800		
200			900		
220	0.75		1000		
250			1120		
280			1250	1.2~1.5	0.6
320			1400		
360		4.0	1600		
400			1800		
450			2000		

表 6-2　风管内风速　　　　　　　　　　　　　　　　　　（单位：m/s）

| 风管部位 | 生产厂房机械通风 | | 民用及辅助建筑 | |
	钢板及塑料风管	砖及混凝土风管	自然通风	机械通风
干管	6~14	4~12	0.5~1.0	5~8
支管	2~8	2~6	0.5~0.7	2~5

3. 通风管道阻力计算

通风管道内空气流动阻力由摩擦阻力和局部阻力两部分组成。

（1）摩擦阻力　空气沿着断面不变的直管段中流动所引起的能量损失称为摩擦阻力。单位长度管段所产生的摩擦阻力称为单位长度摩擦阻力，通常也称为比摩阻（Pa/m）。

对于圆形通风管道的单位长度摩擦阻力，可按下式计算：

$$R_m = \frac{\lambda}{D} \frac{v^2 \rho}{2} \tag{6-1}$$

式中　λ——摩擦阻力系数；

$\quad\quad v$——风管内空气的平均流速（m/s）；

$\quad\quad \rho$——空气的密度（kg/m³）；

$\quad\quad D$——圆形风管直径（m）。

长度为 l 的断面不变直管段风管的摩擦阻力 Δp_m 可按下式计算：

$$\Delta p_m = R_m l \tag{6-2}$$

为了计算方便，根据式（6-1）编制成钢板圆形风管比摩阻（单位长度摩擦阻力）计算图（见图 6-4）。

图 6-4 的制图条件是：钢板风管，绝对粗糙度 $K = 0.15$mm，大气压力 $p = 101.3$kPa，温度 $t = 20$℃，密度 $\rho = 1.204$kg/m³，运动黏度 $\nu = 15.06 \times 10^{-6}$m²/s 的标准状态空气。

当管材和输送空气状态与制图条件不同时，应对所查得的 R_m 值按下面公式进行修正。

1）风管材料粗糙度修正：

$$R_m' = \varepsilon R_m \tag{6-3}$$

式中　R_m'——实际使用条件下的单位长度摩擦阻力（Pa/m）；

$\quad\quad R_m$——查表得单位长度摩擦阻力（Pa/m）；

ε——风管材料粗糙度修正系数，可从图6-5查得。

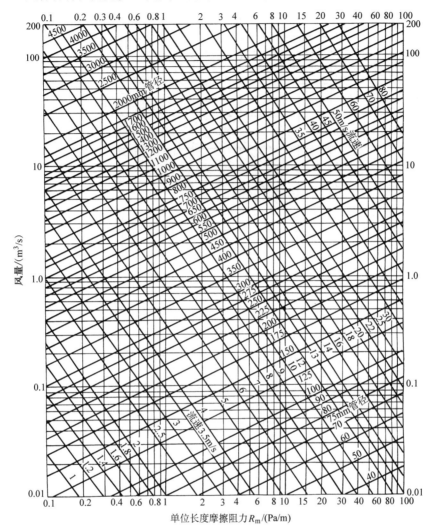

图 6-4 薄钢板风管的比摩阻线解图

表6-3给出了各种材料制作风管内表面的平均绝对粗糙度。

表 6-3 风管内表面的平均绝对粗糙度

风 管 材 料	平均绝对粗糙度/mm	风 管 材 料	平均绝对粗糙度/mm
薄钢板、镀锌钢板	0.15	矿渣混凝土板	1.5
塑料板	0.01~0.03	混凝土板	1.0~3.0
墙内砖砌风管	5.0~10.0	表面光滑的砖风管	3.0~4.0

2) 海拔和温度的修正：

$$R_m' = \varepsilon_t \varepsilon_h R_m \qquad (6-4)$$

式中　ε_t——摩擦阻力温度修正系数；

　　　ε_h——摩擦阻力海拔修正系数。

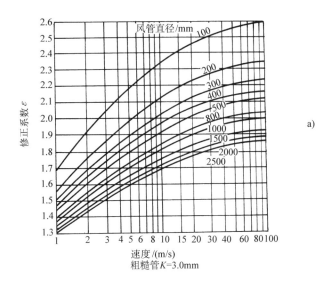

a)

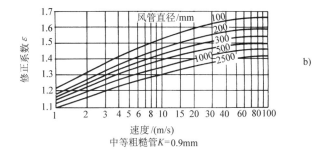

b)

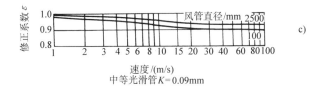

c)

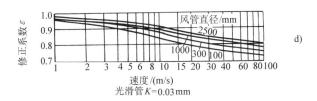

d)

图 6-5　风管粗糙度的修正系数

ε_t、ε_h 可由图 6-6 查得。也可分别按下式计算：

$$\varepsilon_t = \left(\frac{293}{t' + 273}\right)^{0.325} \qquad (6\text{-}5)$$

$$\varepsilon_h = \left(\frac{p'}{101.3}\right)^{0.9} \qquad (6\text{-}6)$$

式中　t'——风管中空气的实际温度（℃）；

　　　p'——实际的大气压（kPa）。

对于钢板矩形风管的单位长度摩擦阻力 R_m 值，可以利用钢板圆形风管比摩阻（单位长度摩擦阻力）计算图确定，但必须使用当量直径查此图表。当量直径有流速和流量当量直径。它们的计算公式分别为：

流速当量直径

$$D_v = \frac{2ab}{a + b} \qquad (6\text{-}7)$$

流量当量直径

$$D_L = 1.3 \sqrt[8]{\frac{(a \times b)^5}{(a + b)^2}} \qquad (6\text{-}8)$$

图 6-6　海拔和温度对摩擦阻力的修正系数

式中　a、b——矩形风管的边长（m）。

利用当量直径即可根据风管内的实际流速和流速当量直径 D_v，或者利用风管内的实际流量和流量当量直径 D_L 从图 6-4 中查出 R_m 值，此值即为矩形风管的单位长度摩擦阻力值。

【例 6-1】　已知圆形风管直径为 500mm，输送风量为 7200m³/h，风管分别用钢板及塑料板制作，求它们的单位长度摩擦阻力 R_m 值。

【解】　1）钢板风管：利用钢板圆形及道摩擦阻力计算图（见图 6-4），根据 $D = 500$mm，$L = 7200$m³/h 直接查得 $R_m = 2.1$Pa/m，风速 $v = 10.3$m/s。

2）塑料风管：查表 6-3 得知塑料板的平均粗糙度为 0.01 ~ 0.03mm，仍利用图 6-4 查得的钢板圆形风管的 $R_m = 2.1$Pa/m，而进行风管材料粗糙度的修正。

根据 $K = 0.03$mm 查图 6-5，当 $D = 500$mm，$v = 10.3$m/s 时，修正系数 $\varepsilon = 0.89$，则

$$R_m' = \varepsilon R_m = 0.89 \times 2.1 \text{Pa/m} = 1.87 \text{Pa/m}$$

【例 6-2】　已知矩形风管 $a \times b = 800$mm×630mm 输送风量为 15000m³/h，试求该风管的单位长度摩擦阻力 R_m 值。

【解】　利用钢板圆形风管摩擦阻力计算图（见图 6-4），按当量直径方法查图。

按流速当量直径

$$D_v = \frac{2ab}{a + b} = \frac{2 \times 0.8 \times 0.63}{0.8 + 0.63} \text{m} = 0.7 \text{m}$$

风管内流速

$$v = \frac{L}{3600a \times b} = \frac{15000}{3600 \times 0.8 \times 0.63} \text{m/s} = 8.3 \text{m/s}$$

按 $v = 8.3 \text{m/s}$ 及 $D_v = 0.7 \text{m}$ 查图 6-4 和图 6-5，得 $R_m = 0.95 \text{Pa/m}$。

按流量当量直径

$$D_L = 1.3 \times \sqrt[8]{\frac{(ab)^5}{(a+b)^2}} = 1.3 \times \sqrt[8]{\frac{(0.8 \times 0.63)^5}{(0.8 + 0.63)^2}} \text{m} = 0.77 \text{m}$$

得 $D_L = 0.77 \text{m}$。以 $L = 15000 \text{m}^3/\text{h}$ 及 $D_L = 0.77 \text{m}$ 查图 6-4 和图 6-5 得 $R_m = 0.95 \text{Pa/m}$。

（2）局部阻力　通风管道是由各种不变断面的直管段和许多局部构件所组成的。局部构件种类较多，如弯头、渐扩管和渐缩管、三通管、调节阀以及各种送回风口等。空气流过这些局部构件所产生的集中能量损失即为局部阻力。局部阻力可按下式计算：

$$\Delta p_z = \zeta \frac{v^2 \rho}{2} \tag{6-9}$$

式中　$v^2\rho/2$——局部阻力系数所属断面上的气流动压（Pa）；

ζ——通风系统管道局部构件及装置的局部阻力系数。

常使用的局部构件的局部阻力系数值，见表 6-4。

表 6-4　局部阻力系数

序号	名称	图　形	局部阻力系数 ζ											
			$\theta/(°)$	a/b									
				0.25	0.5	0.75	1.0	1.5	2.0	3.0	4.0	5.0	6.0	8.0
1	矩形风管斜接弯头		20	0.08	0.08	0.08	0.07	0.07	0.07	0.06	0.06	0.05	0.05	0.05
			30	0.18	0.17	0.17	0.16	0.15	0.15	0.13	0.13	0.12	0.12	0.11
			45	0.38	0.37	0.36	0.34	0.33	0.31	0.28	0.27	0.26	0.25	0.24
			60	0.60	0.59	0.57	0.55	0.52	0.49	0.46	0.43	0.41	0.39	0.38
			75	0.89	0.87	0.84	0.81	0.77	0.73	0.67	0.63	0.61	0.58	0.57
			90	1.3	1.3	1.2	1.2	1.1	1.1	0.98	0.92	0.89	0.85	0.83
2	矩形弯头（$\theta=90°$）		r/b	a/b										
				0.25	0.5	0.75	1.0	1.5	2.0	3.0	4.0	5.0	6.0	8.0
			0.5	1.5	1.4	1.3	1.2	1.1	1.0	1.0	1.1	1.1	1.2	1.2
			0.75	0.57	0.52	0.48	0.44	0.40	0.39	0.39	0.40	0.42	0.43	0.44
			1.0	0.27	0.25	0.23	0.21	0.19	0.18	0.18	0.19	0.20	0.27	0.21
			1.5	0.22	0.20	0.19	0.17	0.15	0.14	0.14	0.15	0.16	0.17	0.17
			2.0	0.20	0.18	0.16	0.15	0.14	0.13	0.14	0.14	0.14	0.15	0.15

（续）

209

序号	名称	图形	局部阻力系数 ζ					
3	带导流片的矩形弯头（小形导流片）		单片式导流片 ζ = 0.35　　流线型导流片 ζ = 0.10					

序号	名称	图形	局部阻力系数 ζ					
			节数	r/D				
				0.5	0.75	1.0	1.5	2.0
4	圆形风管的弯头	4节	5	—	0.46	0.33	0.24	0.19
			4	—	0.50	0.37	0.27	0.24
			3	0.98	0.54	0.42	0.34	0.33

序号	名称	图形	局部阻力系数 ζ					
5	突然扩大		$\frac{A_1}{A_2}$	0.1	0.2	0.4	0.6	0.8
			ζ	0.81	0.64	0.36	0.16	0.04

备注：$\Delta p_d = \zeta \dfrac{v_1^2 \rho}{2}$

序号	名称	图形	局部阻力系数 ζ				
6	突然缩小		$\frac{A_2}{A_1}$	0.1	0.2	0.4	0.6
			ζ	0.34	0.32	0.25	0.16

备注：$\Delta p_d = \zeta \dfrac{v_2^2 \rho}{2}$

序号	名称	图形	局部阻力系数 ζ
7	逐渐缩小		θ = 30°　　45°　　60°　　ζ = 0.02　0.04　0.07

备注：$\Delta p_d = \zeta \dfrac{v_2^2 \rho}{2}$

序号	名称	图形	局部阻力系数 ζ							
			$\frac{A_1}{A_0}$	θ/(°)						
				16	20	30	45	60	90	120	180
8	逐渐扩大	θ = 180°	2	0.18	0.22	0.25	0.29	0.31	0.32	0.33	0.30
			4	0.36	0.43	0.50	0.56	0.61	0.63	0.63	0.63
			6	0.42	0.47	0.58	0.68	0.72	0.76	0.76	0.75
			≥0	0.42	0.49	0.59	0.70	0.80	0.87	0.85	0.86

（续）

序号	名称	图　形	局部阻力系数 ζ							

序号9　矩形风管平面扩散管

$\dfrac{A_1}{A_0}$	$\theta/(°)$						
	14	20	30	45	60	90	180
2	0.09	0.12	0.20	0.34	0.37	0.38	0.35
4	0.16	0.25	0.42	0.60	0.68	0.70	0.66
6	0.19	0.30	0.48	0.65	0.76	0.83	0.80

序号10　矩形变形管

$\theta < 14°$　　$\zeta = 0.15$

序号11　天圆地方（从圆形变至矩形）

（根据 θ 从序号 9 中的表查 ζ 值）

备注：$\tan(\theta/2) = (1.13\sqrt{a_1 b_1} - D_0)/2l$

序号12　天圆地方（矩形变至圆形）

（根据 θ 从序号 9 中的表查 ζ 值）

备注：$\tan(\theta/2) = (D_1 - 1.13\sqrt{a_0 b_0})/2l$

序号13　矩形风管缩小或扩大的弯头

$\dfrac{a_0}{b_0}$	b_1/b_0					
	0.6	0.8	1.2	1.4	1.6	2.0
0.25	1.8	1.4	1.2	1.1	1.1	1.1
1.0	1.7	1.4	1.0	0.95	0.90	0.84
4.0	1.5	1.1	0.81	0.76	0.72	0.66
∞	1.5	1.0	0.69	0.63	0.6	0.55

序号14　矩形风管90°Z形弯头

l/a	0	0.4	0.6	0.8	1.0	1.2	1.4	1.6	1.8	2.0
ζ	0	0.62	0.90	1.6	2.6	3.6	4.0	4.2	4.2	4.2
l/a	2.4	2.3	3.2	4.0	5.0	6.0	7.0	9.0	10.0	∞
ζ	3.7	3.3	3.2	3.1	2.9	2.8	2.7	2.6	2.5	2.3

（续）

序号	名称	图 形	局部阻力系数 ζ
15	矩形风管不在同一平面的2个90°弯头		见下表

l/b	0	0.4	0.6	0.8	1.0	1.2	1.4	1.6	1.8	2.0
ζ	1.2	2.4	2.9	3.3	3.4	3.4	3.4	3.3	3.2	3.1
l/b	2.4	2.8	3.2	4.0	5.0	6.0	7.0	9.0	10.0	∞
ζ	3.2	3.2	3.2	3.0	2.9	2.8	2.7	2.5	2.4	2.3

当 $a \neq b$ 时要乘上下表的修正值 ε

a/b	0.25	0.50	0.75	1.0	1.5	2.0	3.0	4.0	6.0	8.0
ε	1.10	1.07	1.04	1.0	0.95	0.90	0.83	0.78	0.72	0.70

序号 16　名称：风机出口接风管的平面对称扩散管

$\theta/(°)$	A_1/A_0					
	1.5	2.0	2.5	3.0	3.5	4.0
10	0.05	0.07	0.09	0.10	0.11	0.11
15	0.06	0.09	0.11	0.13	0.13	0.14
20	0.07	0.10	0.13	0.15	0.16	0.16
25	0.08	0.13	0.16	0.19	0.21	0.23
30	0.16	0.24	0.29	0.32	0.34	0.35
35	0.21	0.34	0.39	0.44	0.48	0.50

序号 17　名称：矩形风管压低以避开阻挡物

b/a	a'/a			
	0.125	0.15	0.25	0.30
1.0	0.26	0.30	0.33	0.35
4.0	0.10	0.14	0.22	0.30

序号 18　名称：圆形风管分流三通（圆锥接出）

主通道 ζ_{1-2}

v_2/v_1	0.3	0.4	0.5	0.6	0.8	1.0
ζ_{1-2}	0.20	0.15	0.10	0.06	0.02	0

支通道 ζ_{1-3}

v_3/v_1	0.6	0.7	0.8	1.0	1.2
ζ_{1-3}	1.90	1.27	1.39	0.50	0.37

上述是 $A_1/A_3 = 8.2$ 的情况，$A_1/A_3 = 2$ 时比上述增加约30%

备注：$\Delta p_{\mathrm{d}} = \zeta_{12} \dfrac{v_2^2 \rho}{2}$

$\Delta p_{\mathrm{d}} = \zeta_{13} \dfrac{v_3^2 \rho}{2}$

序号 19　名称：圆形风管分流三通（斜接出）

主通道 $\zeta_{1-2} = 0.05 \sim 0.06$

支通道 ζ_{1-3}

v_3/v_1	0.4	0.6	0.8	1.0	1.2
$A_1/A_3 = 1$	3.2	1.02	0.52	0.47	—
3.0	3.7	1.4	0.75	0.51	0.42
8.2	—	—	0.79	0.57	0.47

备注：$\Delta p_{\mathrm{d}} = \zeta_{12} \dfrac{v_2^2 \rho}{2}$

$\Delta p_{\mathrm{d}} = \zeta_{13} \dfrac{v_3^2 \rho}{2}$

（续）

序号	名称	图　形	局部阻力系数 ζ

支通道 ζ_{13}

$\dfrac{A_3}{A_2}$	$\dfrac{A_3}{A_1}$	q_3/q_1								
		1.0	0.2	0.3	0.4	0.5	0.6	0.7	0.8	0.9
0.25	0.25	0.55	0.50	0.60	0.85	1.2	1.8	3.1	4.4	6.0
0.33	0.25	0.35	0.35	0.50	0.80	1.3	2.0	2.8	3.8	5.0
0.5	0.5	0.62	0.48	0.40	0.40	0.48	0.60	0.78	1.1	1.5
0.67	0.5	0.52	0.40	0.32	0.30	0.34	0.44	0.62	0.92	1.4
1.0	0.5	0.44	0.38	0.38	0.41	0.52	0.68	0.92	1.2	1.6
1.0	1.0	0.67	0.55	0.46	0.37	0.32	0.29	0.29	0.30	0.37
1.33	1.0	0.70	0.60	0.51	0.42	0.34	0.28	0.26	0.26	0.29
2.0	1.0	0.60	0.52	0.43	0.33	0.24	0.17	0.15	0.17	0.21

序号 20　矩形风管 Y 形分流三通　$\theta=90°$，$\dfrac{r}{b_1}=0.1$

支通道 ζ_{12}

$\dfrac{A_3}{A_2}$	$\dfrac{A_3}{A_1}$	q_3/q_1								
		1.0	0.2	0.3	0.4	0.5	0.6	0.7	0.8	0.9
0.25	0.25	-0.01	-0.03	-0.01	0.05	0.13	0.21	0.29	0.38	0.46
0.33	0.25	0.08	0	-0.02	-0.01	0.02	0.08	0.16	0.24	0.34
0.5	0.5	-0.03	-0.06	-0.05	0	0.06	0.12	0.19	0.27	0.35
0.67	0.5	0.04	-0.02	-0.04	-0.03	-0.01	0.04	0.12	0.23	0.37
1.0	0.5	0.72	0.48	0.28	0.13	0.05	0.04	0.09	0.18	0.30
1.0	1.0	-0.02	-0.04	-0.04	-0.01	0.06	0.13	0.22	0.30	0.38
1.33	1.0	0.10	0.01	-0.03	-0.03	-0.01	0.03	0.10	0.20	0.30
2.0	1.0	0.62	0.38	0.23	0.13	0.08	0.05	0.06	0.10	0.20

序号 21　矩形风管 Y 形分流三通　$A_1=A_2+A_3$，$\theta=15°\sim90°$

支通道 ζ_{13}

$\theta/(°)$	v_3/v_1												
	0.1	0.2	0.3	0.4	0.5	0.6	0.8	1.0	1.2	1.4	1.6	1.8	2.0
15	0.81	0.65	0.51	0.38	0.28	0.20	0.11	0.06	0.14	0.30	0.51	0.76	1.0
30	0.84	0.69	0.56	0.44	0.34	0.26	0.19	0.15	0.15	0.30	0.51	0.76	1.0
45	0.87	0.74	0.63	0.54	0.45	0.38	0.29	0.24	0.23	0.30	0.51	0.76	1.0
60	0.90	0.82	0.79	0.66	0.59	0.53	0.43	0.36	0.33	0.39	0.51	0.76	1.0
90	1.0	1.0	1.0	1.0	1.0	1.0	1.0	1.0	1.0	1.0	1.0	1.0	1.0

（续）

序号	名称	图　形	局部阻力系数 ζ						

主通道 ζ_{1-2}

$\theta/(°)$		15～60		90		

21　矩形风管 Y 形分流三通

A_1v_1　A_2v_2　θ
$A_1=A_2+A_3$　A_3v_3
$\theta=15°\sim90°$

$\dfrac{v_3}{v_1}$	A_2/A_1					
	0～1.0	0～0.4	0.5	0.6	0.7	≥0.8
0	1.0	1.0	1.0	1.0	1.0	1.0
0.1	0.81	0.81	0.81	0.81	0.81	0.81
0.2	0.64	0.64	0.64	0.64	0.64	0.64
0.3	0.50	0.50	0.52	0.52	0.50	0.50
0.4	0.36	0.36	0.40	0.38	0.37	0.36
0.5	0.25	0.25	0.30	0.28	0.27	0.25
0.6	0.16	0.16	0.23	0.20	0.18	0.16
0.8	0.04	0.04	0.17	0.10	0.07	0.04
1.0	0	0	0.20	0.10	0.05	0
1.2	0.07	0.07	0.36	0.21	0.14	0.07
1.4	0.39	0.39	0.79	0.59	0.39	—
1.6	0.90	0.90	1.4	1.2	—	—
1.8	1.8	1.8	2.5	—	—	—
2.0	3.2	3.2	4.0	—	—	—

22　矩形风管分流三通

v_1　v_2　b　a　v_3

主通道 ζ_{12}

$v_2/v_1<1.0$ 时,大致可以不计

$v_2/v_1≥0.1$ 时,

$\zeta_{12}=0.46-1.24x+0.93x^2$

$x=\left(\dfrac{v_3}{v_1}\right)\times\left(\dfrac{a}{b}\right)^{1/4}$

支通道 ζ_{13}

x	0.25	0.5	0.75	1.0	1.25
ζ_{13}	0.3	0.2	0.3	0.4	0.65

表中　$x=\left(\dfrac{v_3}{v_1}\right)\times\left(\dfrac{a}{b}\right)^{1/4}$

备注: $\Delta p_d=\zeta_{13}\dfrac{v_1^2\rho}{2}$

$\Delta p_d=\zeta_{12}\dfrac{v_1^2\rho}{2}$

序号	名称	图　形	局部阻力系数ζ											

23　T形分流三通道为锥形支通道45°斜口接出

$0.5 \leqslant A_3/A_1 \leqslant 1.0$　$0.5 \leqslant A_2/A_1 \leqslant 1.0$

支通道

q_3/q_1	0	0.1	0.2	0.3	0.4	0.5	0.6	0.7	0.8	0.9	1.0
ζ_{13}	1.4	1.2	0.96	0.82	0.68	0.56	0.49	0.47	0.48	0.50	0.54

主通道

q_2/q_1	0	0.1	0.2	0.3	0.4	0.5	0.6	0.7	0.8	0.9	1.0
ζ_{12}	0.22	0.21	0.20	0.20	0.20	0.20	0.20	0.22	0.25	0.35	0.53

备注：$\Delta p_d = \zeta_{13} \dfrac{v_3^2 \rho}{2}$　　$\Delta p_d = \zeta_{12} \dfrac{v_2^2 \rho}{2}$

24　圆形风管Y形合流（$\theta = 45°$）

分通道ζ_{32}

分通道	v_3/v_2	0.4	0.6	0.8	1.0	1.2
（3→2）	A_1/A_3 = -1.0	0	0.22	0.37	0.37	0.20
	3.0	-0.36	-0.10	0.15	0.40	0.75
	8.2	-0.56	-0.32	-0.05	0.24	0.55

主通道ζ_{12}

	v_2/v_3	0.2	0.4	0.6	1.0	1.2
A_2/A_3 =	-1.0	-0.17	0.06	0.19	0.17	0.04
	3.0	-1.50	-0.70	-0.20	0.10	0
	8.2	-5.70	-2.90	-0.10	-0.10	0

备注：$\Delta p_d = \zeta_{32} \dfrac{v_2^2 \rho}{2}$　　$\Delta p_d = \zeta_{12} \dfrac{v_2^2 \rho}{2}$

25　矩形风管Y形合流

$\dfrac{r}{b_3} = 1.0$

支通道ζ_{13}

$\dfrac{A_1}{A_2}$	$\dfrac{A_3}{A_1}$	q_3/q_1								
		0.1	0.2	0.3	0.4	0.5	0.6	0.7	0.8	0.9
0.25	0.25	-0.50	0	0.50	1.2	2.2	3.7	0.58	8.4	11
0.33	0.25	-1.2	-0.40	0.40	1.6	3.0	4.8	6.8	8.9	11
0.5	0.5	-0.50	-0.20	0	0.25	0.45	0.70	1.0	1.5	2.0
0.67	0.5	-1.0	-0.60	-0.20	0.10	0.30	0.60	1.0	1.5	2.0
1.0	0.5	-2.2	-1.5	-0.95	-0.50	0	0.40	0.80	1.3	1.9
1.0	1.0	-0.60	-0.30	-0.10	-0.04	0.13	0.21	0.29	0.36	0.42
1.33	1.0	-1.2	-0.80	-0.40	-0.20	0	0.16	0.24	0.32	0.38
2.0	1.0	-2.1	-1.4	-0.90	-0.50	-0.20	0	0.20	0.25	0.30

备注：$\Delta p_d = \zeta_{31} \dfrac{v_3^2 \rho}{2}$　　$\Delta p_d = \zeta_{21} \dfrac{v_2^2 \rho}{2}$

局部阻力系数ζ_{12}

主通道ζ_{12}

A_2/A_1	A_3/A_1	q_3/q_1								
		0.1	0.2	0.3	0.4	0.5	0.6	0.7	0.8	0.9
0.75	0.25	0.30	0.30	0.20	-0.1	-0.45	-0.92	-1.5	-2.0	-2.6
1.0	0.5	0.17	0.16	0.10	0	-0.08	-0.18	-0.27	-0.37	-0.46
0.75	0.5	0.27	0.35	0.32	0.25	0.12	-0.03	-0.23	-0.42	-0.58
0.5	0.5	1.2	0.1	0.90	0.65	0.35	0	-0.40	-0.80	-1.3
1.0	1.0	0.18	0.24	0.27	0.26	0.23	0.18	0.10	0	-0.12
0.75	1.0	0.75	0.36	0.38	0.35	0.27	0.18	0.05	-0.08	-0.22
0.5	1.0	0.80	0.87	0.80	0.68	0.55	0.40	0.25	0.08	-0.10

（续）

序号	名称	图　形	局部阻力系数 ζ							

序号 26：矩形风管的合流

主通道 ζ_{13}

v_1/v_3	0.4	0.6	0.8	1.0	1.2	1.5
$\dfrac{A_1}{A_3}$ = -0.75	-1.2	-0.3	0.5	0.8	1.1	—
0.67	-1.7	-0.9	-0.3	0.1	0.45	0.7
0.60	-2.1	-1.3	-0.8	0.4	0.1	0.2

支通道 ζ_{23}

v_2/v_3	0.4	0.6	0.8	1.0	1.2	1.5
ζ_{23}	-1.30	-0.90	-0.5	0.1	0.55	1.4

备注：$\Delta p_d = \zeta_{13}\dfrac{v_3^2\rho}{2}$　　$\Delta p_d = \zeta_{23}\dfrac{v_3^2\rho}{2}$

序号 27：圆形风管内单叶片的风阀

$\theta/(°)$	10	15	20	30	40
ζ	0.52	0.95	1.54	3.80	10.8

$\theta/(°)$	45	50	60	70
ζ	20	35	113	751

序号 28：管内孔板

A_2/A_1	0.2	0.4	0.6	0.8	1.0
ζ	47.8	7.80	1.80	0.29	0

序号 29：矩形风管流线型叶片蝶阀

$\theta/(°)$	10	15	20	30	40	50	60
ζ	0.50	0.65	1.6	4.0	9.4	24	67

序号 30：矩形风管平行式多叶阀

$\dfrac{nb}{2(a+b)}$	9 $\theta/(°)$								
	80	70	60	50	40	30	20	10	0
0.3	116	32	14	9.0	5.0	2.3	1.4	0.79	0.52
0.4	152	38	16	9.0	6.0	2.4	1.5	0.85	0.52
0.5	188	45	18	9.0	6.0	2.4	1.5	0.92	0.52
0.6	245	45	21	9.0	5.4	2.4	1.5	0.92	0.52
0.8	284	55	22	9.0	5.4	2.5	1.5	0.92	0.52
1.0	361	65	24	10	5.4	2.6	1.6	1.0	0.52
1.5	576	102	28	10	5.4	2.7	1.6	1.0	0.52

（续）

| 序号 | 名称 | 图　形 | 局部阻力系数 ζ | | | | | | | | | |

序号 31 矩形风管对开式多叶阀

$\dfrac{nb}{2(a+b)}$	$\theta/(°)$								
	80	70	60	50	40	30	20	10	0
0.3	807	284	73	21	9.0	4.1	2.1	0.85	0.52
0.4	915	332	100	28	11	5.0	2.2	0.92	0.52
0.5	1045	377	122	33	13	5.4	2.3	1.0	0.52
0.6	1121	411	148	38	14	5.9	2.3	1.0	0.52
0.8	1299	495	188	54	18	6.6	2.4	1.1	0.52
1.0	1521	547	245	65	21	7.3	2.7	1.2	0.52
1.5	1654	677	361	107	28	9.0	3.2	1.4	0.52

序号 32 风管中安有网格的矩形和圆形风管

网格

n	0.30	0.40	0.50	0.55	0.60	0.65	0.70	0.75	0.80	0.90	1.0
ζ	6.2	3.0	1.7	1.3	0.97	0.75	0.58	0.44	0.32	0.14	0

n 为网格的过风面积比

序号 33 风管出口（渐扩）

A_1/A_2	$\theta=10°$	20	30	40
0.7	0.64	0.72	0.70	0.86
0.6	0.55	0.64	0.74	0.83
0.5	0.48	0.58	0.70	0.79
0.4	0.40	0.53	0.65	0.76
0.3	0.34	0.48	0.62	0.73

序号 34 穿孔板（钢板）送风口

开孔面积比 = $\dfrac{孔面积}{a\times b}$

v	开孔面积比			
	0.2	0.4	0.6	
0.5	30	6.0	2.3	备注：$\Delta p_d = \zeta\dfrac{v^2\rho}{2}$
1.0	33	6.3	2.7	（v 为面风速）
1.5	36	7.4	3.0	
2.0	39	7.8	3.2	
2.5	40	8.3	3.4	
3.0	41	8.6	3.7	

此外，对穿孔板（钢板 $a\times b$），当其开孔面积与板面积（$a\times b$）之比分别为 0.2、0.4、0.6、0.8 时，局部阻力系数 ζ 可分别取 35、7.6、3.0、1.2，其中 $\Delta p_d = \zeta\dfrac{v^2\rho}{2}$（$v$ 为板之面风速）。对百叶风格（有效面积为 80%）：活动百叶格，出风可取 3.5，吸风取 1.4。固定百叶格，出风可取 2.7，吸风取 0.9；$\Delta p_d = \zeta\dfrac{v^2\rho}{2}$（$v$ 为连接百叶风格管道断面之风速）。

（3）通风管道全部阻力　等于各管段的摩擦阻力和局部阻力之和，即

$$\Delta p = \sum(\Delta p_m + \Delta p_z) \tag{6-10}$$

（4）通风管道的计算　　风管计算的目的主要是根据输送的空气量来确定风管断面尺寸和选择合理的局部构件，计算通风系统的总阻力，然后选择合适的通风机。

通风管道的计算方法很多，这里只介绍假定速度法。

一般通风管道计算可按以下步骤进行：

1）根据风管平剖面布置图绘制出通风管道系统图，标出设备及局部管件的位置。以风管断面和流量不变为原则把通风管道系统分成若干个单独管段，并编号，标出各管段的长度（一般以两管件中心线长度计算）和风量。

2）选择风管内的空气流速（见表 6-2）确定风管断面。

3）根据各管段的风量和所确定的风管断面尺寸计算最不利环路（一般是部件最多、管道最长、风量较大的环路）的摩擦阻力和局部阻力。

4）并联风管阻力计算，要求各并联支管段之间的阻力差值，一般送排风系统不大于 15%。当不可能通过改变分支管道断面尺寸来达到阻力平衡要求时，则可利用风阀进行调节。

5）最后求得所设计的通风系统的总阻力。通风系统的总阻力除通风管道的全部阻力外，还应当包括空气通过设备（如空气处理及净化设备等）的阻力。

以上计算均可列表进行（见表 6-6）。

【例 6-3】　有一排风系统，如图 6-7 所示。全部为钢板制作的圆形风管，各管段的风量和长度均注于图中，矩形、伞形排风罩的扩散角分别为 30°、60°，吸入三通分支管的夹角设计为 30°，系统排出空气的平均温度为 30°，试确定此系统的风管断面及系统的阻力。

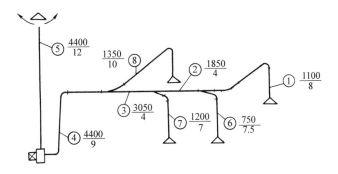

图 6-7　【例 6-3】某排风系统

【解】　1）断面选择和摩擦阻力计算：管段①—②—③—④—⑤为最不利环路。

管段①：初选速度 8m/s，结合定型化风管尺寸要求，根据风量 1100m³/h，由图 6-4 查得 $d = 220mm$，$v = 8.1m/s$，$R_m = 3.9Pa/m$。

由图 6-6 查得摩擦阻力修正系数 $\varepsilon_t = 0.97$，则摩擦阻力为

$$\Delta p_m = \varepsilon_t R_m L = (0.97 \times 3.9 \times 8) \ Pa = 30.3Pa$$

其他管段均用上述方法计算，并把计算结果列入风管计算表 6-6 中。

2）计算各管段的局部阻力：各管段的局部构件的局部阻力系数，按表 6-4 查得，列于表 6-5 中。

根据各管段的局部阻力系数分别乘以对应流速的动压，即得各管段的局部阻力，把计算结果列入表 6-6 内。

表 6-5　各管段的局部阻力系数

管段号	管件种类	计 算 参 数	局部阻力系数
①	矩形伞形排风罩 弯　管 弯　管 吸入三通直通	$\alpha = 30°$ $90°$，$R = 1.5d$ $90°$，$R = 1.5d$ $\alpha = 30°$，$F_1 + F_2 \approx F_3$ $F_2/F_3 = 0.41$，$l_2/l_3 = 0.41$	0.1 0.25 0.25 0.30
②	吸入三通直通	$\alpha = 30°$，$F_1 + F_2 \approx F_3$ $F_2/F_3 = 0.39$，$l_2/l_3 = 0.39$	0.57
③	吸入三通直通	$\alpha = 30°$，$F_1 + F_2 \approx F_3$ $F_2/F_3 = 0.37$，$l_2/l_3 = 0.31$	0.48
④	弯　管 弯　管 风机入口渐扩管	$\alpha = 90°$，$R = 1.5d$ $\alpha = 90°$，$R = 1.5d$ $D = 500$，$d = 360$，$\alpha = 25°$ $F_1/F_2 = 1.92$	0.25 0.25 0.14
⑤	风机出口变径管带扩散 管伞形风帽	$\alpha = 90°$，$F_1/F_2 = 0.98$ $h/D = 0.5$	0 0.5
⑥	矩形伞形排风罩 弯　管 吸入三通分支管	$\alpha = 60°$ $\alpha = 90°$，$R = 1.5d$ $\alpha = 30°$，$F_1 + F_2 = F_3$ $F_2/F_2 = 0.41$，$l_2/l_3 = 0.41$	0.16 0.25 0.22
⑦	矩形伞形排风罩 弯　管 吸入三通分支管	$\alpha = 60°$ $\alpha = 90°$，$R = 1.5d$ $\alpha = 30°$，$F_1 + F_2 = F_3$ $F_2/F_2 = 0.39$，$l_2/l_3 = 0.39$	0.16 0.25 0.15
⑧	矩形伞形排风罩 弯　管 弯　管 吸入三通分支管	$\alpha = 30°$ $\alpha = 90°$，$R = 1.5d$ $\alpha = 90°$，$R = 1.5d$ $\alpha = 30°$，$F_1 + F_2 = F_3$ $F_2/F_2 = 0.37$，$l_2/l_3 = 0.31$	0.1 0.25 0.25 -0.24

表 6-6　通风管道计算表

管段编号	风量 q_V $/(m^3/h)$	管长 l $/m$	初选流速 v $/(m/s)$	矩形风管尺寸 $a \times b$ $/(mm \times mm)$	直径或当量直径 D $/mm$	风管断面面积 F $/m^2$	实际流速 v $/(m/s)$	单位长度摩擦阻力 R_m $/(Pa/m)$	粗糙度修正系数 ε	温度修正系数 ε_t
1	2	3	4	5	6	7	8	9	10	11
①	1100	8	8		220	0.038	8.1	3.9		0.97
②	1850	4	8		280	0.0615	8.4	3.0		0.97
③	3050	4	11		320	0.0804	10.5	4.0		0.97
④	4400	9	12		360	0.102	12.0	4.3		0.97
⑤	4400	12	10		400	0.126	9.7	2.6		0.97

（续）

管段编号	风量 q_V /(m³/h)	管长 l /m	初选流速 v /(m/s)	矩形风管尺寸 $a×b$ /(mm×mm)	直径或当量直径 D /mm	风管断面面积 F /m²	实际流速 v /(m/s)	单位长度摩擦阻力 R_m /(Pa/m)	粗糙度修正系数 ε	温度修正系数 ε_t
1	2	3	4	5	6	7	8	9	10	11
⑥	750	7.5	8		180	0.025	8.3	5.0		0.97
⑦	1200	6	10		200	0.0314	10.6	7.0		0.97
⑧	1350	10	10		220	0.038	9.87	5.7		0.97

管件种类	摩擦阻力 Δp_m /Pa	动压 $\dfrac{v^2\rho}{2}$ /Pa	局部阻力系数 ζ	局部阻力 Δp_z /Pa	管段总阻力 $\Delta p_m+\Delta p_z$ /Pa	管路累计阻力 Δp /Pa	备注
12	13	14	15	16	17	18	19
直风道	30.30						
矩形伞形罩		39.37	0.1	3.94			
弯头		39.37	0.25	9.84			
弯头		39.37	0.25	9.84			
吸入三通直通		39.37	0.3	11.81	65.73	65.73	
直风管	11.64						
吸入三通直通		42.34	0.57	24.13	35.77	101.50	
直风管	15.52						
吸入三通直通		66.15	0.48	31.75	47.27	148.77	
直风管	37.54						
弯管		86.40	0.25	21.60			
弯管		86.40	0.25	21.60			
风机吸入口		86.40	0.14	12.10	92.84	241.61	
直风管	30.26						
风机出口		56.45	0				
扩散管伞形						305.74	
风帽		56.45	0.6	33.87	64.13		
直风管	36.38						
矩形伞形罩		41.33	0.16	6.61			
弯管		41.33	0.25	10.33			
吸入三通分支		41.33	0.22	9.03	62.41		
直风管	47.53						
矩形伞形罩		67.42	0.16	10.79			
弯管		67.42	0.25	16.86			
吸入三通分支		57.42	0.15	10.11	85.29		
直风管	55.29						
矩形伞形罩		58.45	0.1	5.85			
弯管		58.45	0.25	14.61			
弯管		58.45	0.25	14.61			
吸入三通分支		58.45	0.24	-14.03	76.33		

3）并联管路阻力平衡计算：

管段①总阻力为 65.73Pa，管段⑥总阻力总 62.41Pa，其差值为 3.32Pa，不平衡率为 5.1%。

管段①+②总阻力为 101.50Pa，管段⑦总阻力为 85.29Pa，其差值为 16.21Pa，不平衡率为 15.97%。

管段①+②+③总阻力为 148.77Pa，管段⑧总阻力为 76.33Pa，其差值为 72.44Pa，不平衡率为 48.69%。已超过 15%，应考虑采取调整风管尺寸的办法以达到平衡的要求。

为了简化计算，可按下面近似公式来调整管径：

$$d_0 = d\left(\frac{\Delta p}{\Delta p_0}\right)^{0.225} \tag{6-11}$$

式中　d_0——达到平衡时的管径（mm）；

　　　d——初算时的管径（mm）；

　　　Δp_0——作为平衡标准的阻力（Pa）；

　　　Δp——初算时的阻力（Pa）。

按式（6-11）对管段⑧进行调整计算：

$$d_0 = 220\text{mm} \times \left(\frac{76.33}{148.77}\right)^{0.225} = 220\text{mm} \times 0.86 = 189.2\text{mm}$$

取定型化管径 $d_0 = 200\text{mm}$，风管内空气流速为 11.94m/s，符合要求。

4）系统的总阻力：系统的总阻力即为最不利环路上各管段的摩擦阻力和局部阻力之和，即

$$\Delta p = (65.73 + 35.77 + 47.27 + 92.84 + 64.13)\text{Pa} = 305.74\text{Pa}$$

在本例中，如各并联风管在经调节管径大小后，不平衡率仍难以满足要求，此时可采用平衡阀或经精准计算的"阻力平衡器"来完成管网水力平衡的调节。这也表明，管网水力平衡调节可通过 3 种途径来实现，即调节管径大小、安装平衡阀或采用经精准计算的阻力平衡器等。实际上精准的管网水力计算是 BIM（Building Information Modeling）技术的关键环节之一。

6.1.3　均匀送风管道设计计算

根据工业与民用建筑的使用要求，通风和空调系统的风管有时需要把等量的空气，沿风管侧壁的成排孔口或短管均匀送出。均匀送风方式可使送风房间得到均匀的空气分布，而且风管的制作简单且节省材料，因此均匀送风管道在车间、会堂、冷库和气幕装置中广泛应用。

均匀送风管道的计算方法很多，下面介绍一种近似的计算方法。

1. 均匀送风管道的设计原理

空气在风管内流动时，其静压垂直作用于管壁。如果在风管的侧壁开孔，由于孔口内外存在静压差，空气会按垂直于管壁的方向从孔口流出。静压差产生的流速（m/s）为

$$v_\text{j} = \sqrt{\frac{2p_\text{j}}{\rho}}$$

空气在风管内的流速（m/s）为

$$v_\text{d} = \sqrt{\frac{2p_\text{d}}{\rho}}$$

式中　p_j——风管内空气的静压（Pa）；

　　　p_d——风管内空气的动压（Pa）。

因此，空气从孔口流出时，它的实际流速和出流方向不只取决于静压产生的流速和方向，还受管内流速的影响，如图 6-8 所示。在管内流速的影响下，孔口出流方向要发生偏斜，实际流速为合成流速，可用下列各式计算。

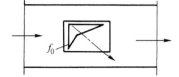

孔口出流方向：

孔口出流与风管轴线间的夹角 α（出流角）为

$$\tan\alpha = \frac{v_j}{v_d} = \sqrt{p_j / p_d} \qquad (6-12)$$

孔口实际流速

$$v = \frac{v_j}{\sin\alpha} \qquad (6-13)$$

孔口流出风量

$$q_{v0} = 3600\mu fv \qquad (6-14)$$

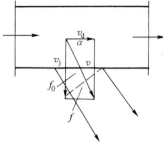

图 6-8 侧孔出流状态图

式中 μ——孔口的流量系数；

f——孔口在气流垂直方向上的投影面积（m^2），由图 6-8 可知：$f = f_0\sin\alpha = f_0 \times \dfrac{v_j}{v}$，$f_0$ 是孔口面积（m^2）。

式（6-14）可改写为

$$
\begin{aligned}
q_{v0} &= 3600\mu f_0 v\sin\alpha \\
&= 3600\mu f_0 v_j = 3600\mu f_0 \sqrt{2p_j / \rho}
\end{aligned}
\qquad (6-15)
$$

空气在孔口面积 f_0 上的均匀流速 v_0，按定义和式（6-15）得

$$v_0 = \frac{q_{v0}}{3600 \times f_0} = \mu v_j \qquad (6-16)$$

对于断面不变的矩形送（排）风管，采用条缝形风口送（排）风时，风口上的流速分布如图 6-9 所示。在送风管上，从始端到末端管内流量不断减小，动压相应下降，静压增大，使条缝出口流速不断增大；在排风管上则相反，因管内静压不断下降，管内外压差增大，条缝口入口不断增大。

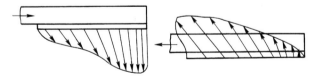

图 6-9 从条缝口吹出和吸入的速度分布

分析式（6-15）可以看出，要实现均匀送风，可采取以下措施：

1）送风管断面面积 F 和孔口面积 f_0 不变时，管内静压会不断增大，可根据静压变化，在孔口设置不同的阻力体，使不同的孔口具有不同的阻力（即改变流量系数），如图 6-10a、b 所示。

2）孔口面积 f_0 和 μ 值不变时，可采用锥形风管改变送风管断面面积，使管内静压基本保持不变（见图 6-10c）。

3）送风管断面面积 F 及孔口 μ 值不变时，可根据管内静压变化，改变孔口面积 f_0（见图 6-10d、e）。

4）增大送风管断面面积 F，减小孔口面积 f_0。如图 6-10f 所示的条缝形风口，试验表明，当

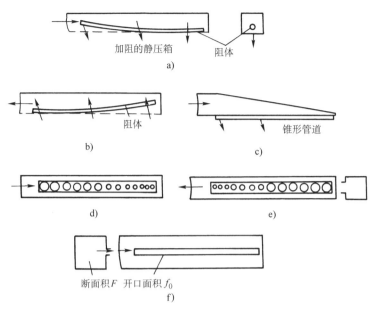

图 6-10　实现均匀送（排）风的方式

$f_0/F<0.4$ 时，始端和末端出口流速的相对误差在 10% 以内，可以近似认为是均匀分布的。

2. 实现均匀送风的基本条件

从式（6-15）可以看出，对侧孔面积 f_0 保持不变的均匀送风管，要使各侧孔的送风量保持相等，必须保证各侧孔的静压 p_j 和流量系数 μ 相等；要使风口气流尽量保持垂直，要求出流角 α 接近 90°。下面分析如何实现上述要求。

1）保持各侧孔静压相等。图 6-11 所示管道上断面 1、2 的能量方程式为

$$p_{j1} + p_{d1} = p_{j2} + p_{d2} + (Rl + \Delta p_z)_{1-2}$$

若

$$p_{d1} - p_{d2} = (Rl + \Delta p_z)_{1-2}$$

则

$$p_{j1} = p_{j2}$$

这表明，两侧孔间静压保持相等的条件是两侧孔间的动压降等于两侧孔间的阻力。

2）保持各侧孔流量系数相等。流量系数 μ 与孔口形状、出流角 α 及孔口流出风量与孔口前流量之比（即 $q_{v0}/q_v = \overline{q_{v0}}$，$\overline{q_{v0}}$ 称为孔口的相对流量）有关。

如图 6-12 所示，在 $\alpha \geqslant 60°$、$\overline{q_{v0}} = 0.1 \sim 0.5$ 范围内，对于锐边的孔口可近似认为 $\mu \approx 0.6 \approx$ 常数。

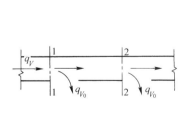

图 6-11　各侧孔静压相等的条件

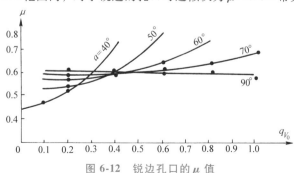

图 6-12　锐边孔口的 μ 值

3）增大出流角 α。风管中的动压与静压之比值越大，气流在孔口的出流角 α 也就越大，出流方向接近垂直；比值越小，气流会向一个方向偏斜，这时即使各侧孔风量相等，也达不到均匀送风的目的。

要保持 $\alpha \geqslant 60°$，必须使 $p_j/p_d \geqslant 3.0$（$v_j/v_d \geqslant 1.73$）。在要求高的工程，为了使空气出流方向垂直管道侧壁，可在孔口处装置垂直于侧壁的挡板，或把孔口改成短管。

3. 侧孔送风时的通路（直通部分）局部阻力系数和侧孔局部阻力系数（或流量系数）

通常把侧孔送风的均匀送风管看作是支管长度为零的三通，当空气从侧孔送出时，产生两部分局部阻力，即直通部分的局部阻力和侧孔流出时的局部阻力。

直通部分的局部阻力系数可由表6-7查出，表中数据由试验求得，表中 ζ 值对应侧孔前的管内动压。

表 6-7　空气流过侧孔直通部分的局部阻力系数

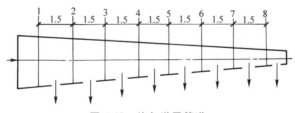	q_{v0}/q_v	0	0.1	0.2	0.3	0.4	0.5	0.6	0.7	0.8	0.9
	ζ	0.15	0.05	0.02	0.01	0.03	0.07	0.12	0.17	0.23	0.29

从侧孔或条缝口出流时，孔口的流量系数可近似取 $\mu = 0.6 \sim 0.65$。

4. 均匀送风管道的计算方法

送风管道的计算要先确定侧孔个数、侧孔间距及每个侧孔的送风量，然后计算出侧孔面积、送风管道直径（或断面尺寸）及管道的阻力。

下面通过例题说明均匀送风管道的计算步骤和方法。

【例 6-4】　如图6-13所示，总风量为 $8000\text{m}^3/\text{h}$ 的圆形均匀送风管道，采用8个等面积的侧孔送风，孔间距为 1.5m。试确定其孔口面积、各断面直径及总阻力。

图 6-13　均匀送风管道

【解】　1）根据室内对送风速度的要求，拟定孔口平均流速 v_0，从而计算出静压速度 v_1 和侧孔面积。

设侧孔的平均流出速度 $v_0 = 4.5\text{m/s}$，则

侧孔面积

$$f_0 = \frac{q_{v0}}{3600 \times v_0} = \frac{8000}{8 \times 3600 \times 4.5}\text{m}^2 = 0.062\text{m}^2$$

侧孔静压流速

$$v_j = \frac{v_0}{\mu} = \frac{4.5}{0.6}\text{m/s} = 7.5\text{m/s}$$

侧孔应有的静压

$$p_j = \frac{v_j^2 \rho}{2} = \frac{7.5^2 \times 1.2}{2}\text{Pa} = 33.8\text{Pa}$$

2）按 $v_j/v_d \geqslant 1.73$ 的原则设定 v_{d1}，求出第一侧孔前管道断面 1 处直径 D_1（或断面尺寸）。

设断面 1 处管内空气流速 $v_{d1}=4\mathrm{m/s}$，则 $\dfrac{v_{j1}}{v_{d1}}=\dfrac{7.5}{4}=1.88>1.73$，出流角 $\alpha=62°$。

断面 1 动压

$$p_{d1}=\frac{4^2\times1.2}{2}\mathrm{Pa}=9.6\mathrm{Pa}$$

断面 1 直径

$$D_1=\sqrt{\frac{8000}{3600\times4\times3.14/4}}\mathrm{m}=0.84\mathrm{m}$$

断面 1 全压

$$p_{q1}=(33.8+9.6)\mathrm{Pa}=43.4\mathrm{Pa}$$

3）计算管段 1-2 的阻力 $(Rl+\Delta p_z)_{1-2}$，再求出断面 2 处的全压。

$$p_{q2}=p_{q1}-(Rl+\Delta p_z)_{1-2}=p_{d1}+p_j-(Rl+\Delta p_z)_{1-2}$$

管段 1-2 的摩擦阻力：

已知风量 $q_v=7000\mathrm{m^3/h}$，管径应取断面 1、2 的平均直径，但 D_2 未知，近似以 $D_1=840\mathrm{mm}$ 作为平均直径。查图 6-4 得 $R_{m1}=0.17\mathrm{Pa/m}$。

摩擦阻力

$$\Delta p_{m1}=R_{m1}l_1=0.17\times1.5\mathrm{Pa}=0.26\mathrm{Pa}$$

管段 1-2 的局部阻力：

空气流过侧孔直通部分的局部阻力系数由表 6-7 查得：

当 $\dfrac{q_{v0}}{q_v}=\dfrac{1000}{8000}=0.125$ 时，用插入法的 $\zeta=0.042$。

局部阻力

$$\Delta p_{z1}=0.042\times9.6\mathrm{Pa}=0.40\mathrm{Pa}$$

管段 1-2 的阻力

$$\Delta p_1=R_{m1}l_1+\Delta p_{z1}=(0.26+0.40)\mathrm{Pa}=0.66\mathrm{Pa}$$

断面 2 全压

$$p_{q2}=p_{q1}-(R_{m1}l_1+\Delta p_{z1})=(43.4-0.66)\mathrm{Pa}=42.74\mathrm{Pa}$$

4）根据 p_{q2} 得到 p_{d2}，从而算出断面 2 处直径。

管道中各断面的静压相等（均为 p_j），故断面 2 的动压为

$$p_{d2}=p_{q2}-p_j=(42.74-33.8)\mathrm{Pa}=8.94\mathrm{Pa}$$

断面 2 流速

$$v_{d2}=\sqrt{\frac{2\times8.94}{1.2}}\mathrm{m/s}=3.86\mathrm{m/s}$$

断面 2 直径

$$D_2=\sqrt{\frac{7000}{3600\times3.86\times3.14/4}}\mathrm{m}=0.80\mathrm{m}$$

5）计算管段 2-3 的阻力 $(Rl+\Delta p_z)_{2-3}$ 后，可求出断面 3 直径 D_3。

管段 2-3 的摩擦阻力：

以风量 $q_v=6000\mathrm{m^3/h}$、$D_2=800\mathrm{mm}$ 查图 6-4 和图 6-5 得 $R_{m2}=0.154\mathrm{Pa/m}$

摩擦阻力

$$\Delta p_2 = R_{m2} l_2 = 0.154 \times 1.5 \text{Pa} = 0.23 \text{Pa}$$

管段 2-3 的局部阻力：

当 $\dfrac{q_{v0}}{q_v} = \dfrac{1000}{7000} = 0.143$，由表 6-7 查得 $\zeta = 0.037$。

局部阻力

$$\Delta p_{z2} = 0.037 \times 8.94 \text{Pa} = 0.33 \text{Pa}$$

管段 2-3 的阻力

$$\Delta p_2 = R_{m2} l_2 + \Delta p_{z2} = (0.23 + 0.33)\text{Pa} = 0.56\text{Pa}$$

断面 3 全压

$$p_{q3} = p_{q2} - (R_{m2} l_2 + \Delta p_{z2}) = (42.74 - 0.56)\text{Pa} = 42.18\text{Pa}$$

断面 3 动压

$$p_{d3} = p_{q3} - p_j = (42.18 - 33.8)\text{Pa} = 8.38\text{Pa}$$

断面 3 流速

$$v_{d3} = \sqrt{\frac{2 \times 8.38}{1.2}} \text{m/s} = 3.74 \text{m/s}$$

断面 3 直径

$$D_3 = \sqrt{\frac{6000}{3600 \times 3.74 \times 3.14/4}} \text{m} = 0.75 \text{m}$$

依次类推，继续计算各管段阻力 $(R_m l + \Delta p_z)_{3-4} \cdots (R_m l + \Delta p_z)_{(n-1)-n}$，可求得其余各断面直径 D_j，$\cdots$，D_{n-1}，D_n。最后把各断面连接起来，成为一条锥形风管。

断面 1 应具有的全压 43.4Pa（4.4mmH$_2$O），即为此均匀送风管道的总阻力。

应当指出的是，在计算均匀送风管道时，为了简化计算，把每一管段起始断面的动压作为该管段的平均动压，并假定侧孔流量系数 μ 和摩擦阻力系数 λ 为常数。

6.2　气力输送系统的设计计算

6.2.1　气固两相流的特征

气力输送是一种利用气流输送物料的输送方式。当管道中的气流遇到物料的阻碍时，其动压将转化成静压，推动物料在管内输送。

气力输送系统设计计算的基本顺序如下：

1）根据工艺要求确定输料量（生产率）。

2）根据物料性质和输送条件，确定气力输送方式和主要部件、设备的形式。

3）布置管路，绘制系统图。

4）根据物料性质、气力输送方式等确定料气比（混合比）、输送风速。

5）计算输送风量，确定管径和主要设备。

6）计算系统的压力损失。

7）选择风机。

本节简要叙述两相流的特征和气力输送系统的主要设计参数，对系统的阻力计算做简要的介绍。

相，可理解为物质系统所具有的某种均匀物理化学性质的状态；不可分的物质系统/单元可称为1。在气力输送系统中，固体物料和气体介质在管道内形成两相流动，通过两相流的研究，可以了解物料和气流在管道内的运动情况和阻力规律，分析影响气力输送技术经济性能的因素。

1. 物料的悬浮速度

在气力输送系统中，物料颗粒在悬浮状态下进行输送，因此悬浮速度作为物料流体力学特性参数，是气力输送系统设计计算时的一个主要原始依据。

球形颗粒的悬浮速度计算公式为

$$v_f = \sqrt{\frac{4d_1(\rho_1 - \rho)g}{3\rho C_R}} \tag{6-17}$$

式中　d_1——物料颗粒的直径（m）；

ρ_1——物料颗粒的密度（kg/m^3）；

ρ——空气的密度（kg/m^3）；

g——重力加速度（m/s^2）；

C_R——阻力系数。

对于物粉状物料，通过 $Re \leqslant 1$，$C_R = 24/Re$，其计算公式为

$$v_f = \sqrt{\frac{4d_1(\rho_1 - \rho)g}{3\rho C_R}} = \sqrt{\frac{4d_1(\rho_1 - \rho)g}{3\rho}\frac{Re}{24}}$$

$$= \sqrt{\frac{4d_1(\rho_1 - \rho)g}{3\rho}\frac{v_1 d_1 \rho}{24\mu}} = \frac{d_1^2(\rho_1 - \rho)g}{18\mu} \tag{6-18}$$

对于粒状物料，通常 $Re = 0.5 \times 10^5 \sim 7 \times 10^5$，$C_R \approx 0.5$，其计算公式为

$$v_f = \sqrt{\frac{4d_1(\rho_1 - \rho)g}{3\rho C_R}} = \sqrt{\frac{4d_1(\rho_1 - \rho)g}{3 \times 0.5\rho}}$$

$$= 5.12\sqrt{\frac{d_1(\rho_1 - \rho)}{\rho}} \tag{6-19}$$

式中　μ——空气的动力黏度（Pa·s）。

实际上影响悬浮速度的因素很复杂，上式只是近似计算公式，要得到精确的结果可以通过实测求得或通过计算机模拟得到。

2. 两相流中物料的运动状态

从理论上说，在垂直输料管内，只要气流速度大于物料颗粒悬浮速度，颗粒就随气流一起向上运动。实际上，由于湍流气流中横向的速度分量，以及颗粒形状不规则等因素的影响，颗粒不是直线上升，而是做不规则的曲线上升运动。由于颗粒之间及物料与管壁之间存在摩擦、碰撞和粘着，以及管道断面上气流速度分布不均匀和存在层流边界层，因此要使物料颗粒悬浮，实际所需的气流速度要比速度计算的悬浮速度大。

在水平管道内，物料颗粒的重力方向与气流方向垂直，空气的推力对颗粒的悬浮不起直接作用。颗粒所以仍能悬浮输送，是因为受到以下几个对抗重力的作用力：

1）湍流气流垂直方向分速度产生的力。

2）因管底颗粒上下的气流速度不同，形成静压而产生的力。

3）颗粒做旋转运动时，其上部周围的环流与管内气流方向相同，叠加后速度增大，其下部周围的环流与管内气流方向相反，叠加后速度减小。由于这个速度差，在颗粒的上下之间引起静压差而产生升力。

4）因颗粒形状不规则所引起的空气作用力的垂直分力。

5）颗粒之间或颗粒与管壁之间发生碰撞时，受到的反作用力的垂直分力。

在上述各种力的作用下，物料在气流中悬浮，同时在气流的推动下向前做不规则运动。粉状物料的悬浮，湍流起了主要作用；粒状物料的悬浮，升力和碰撞反力的垂直分力起了主要作用。总之，只有当气流速度足够大时，才能使颗粒悬浮和运动，在水平管内使物料悬浮输送所需的气流速度要比垂直管大。

输料管内料、气两相流的运动状态，随气流速度和料气比的不同而改变。一般情况下，气流速度越大，物料颗粒在输料管内的分布越均匀。当气流速度逐渐降低、料气比逐渐增大时，水平管内的料气流将呈现以下几种状态：

1）悬浮流：气流速度（输送风速）足够大时，物料在管内基本上均匀分布，呈悬浮状态输送。

2）底密流：物料在管内分布不均匀，管底较密。物料颗粒一边旋转、碰撞，一边随气流前进。

3）疏密流：物料沿轴线方向分布不均匀，疏密相同，部分颗粒在管底滑动。

4）多数颗粒丧失悬浮能力，沉积在管底的颗粒形成局部聚集，时聚时散，呈现不稳定的输送状态。

5）部分流：气流速度过小，物料在管道下部堆积，表层的颗粒做不规划移动，堆积层做沙丘形运动。

6）栓塞流：堆积的物料充塞管道，靠气体静压推动输送。

料气比较低（$\mu < 10$）时，输料管内的两相流（如低压压送和吸送系统）基本上是悬浮流，物料颗粒均匀地与整个管壁接触，它们之间的摩擦类似于流体与管壁的摩擦。因此，这种料气流的摩擦阻力计算与一般流体是类同的。

3. 两相流的阻力特征

在两相流中，既有物料颗粒的运动，又存在颗粒与气流间的速度差，其阻力要比单相气流的阻力大。它们两者的阻力与流速的关系也是不同的。

单相气流的阻力与流速的关系如图 6-14 中曲线 1 所示。根据试验资料，两相流的阻力与流速的基本关系如图 6-14 中曲线 2 所示。

对于两相流，在流速较小的阶段（ab 段）其阻力随流速增大而增大。因为这时的颗粒是在气流拖带下沿管底滑动或流动，随着气流速度增大，颗粒与管壁摩擦以及气流本身引起的能量损失也增大。

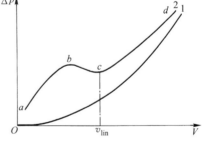

图 6-14　两相流阻力与流速的关系

随着流速逐渐增大（bc 段），颗粒由沿管底运动逐步过渡到悬浮运动。由于颗粒和管壁的摩擦减少，这部分能量损失将减少，而且其减少的程度超过单相气流能量损失增大的程度，所以两相流总阻力在此阶段随流速增大而减小。

流速再增大（cd 段），颗粒完全处于悬浮状态，基本上均匀分布于整个管道，此时两相流的阻力随流速增大而增大，与单相气流的流动相似。

曲线 2 上的 c 点是临界状态点，此时颗粒群刚处于完全悬浮状态，阻力最小。临界状态的速度大，阻力大；颗粒分布不均匀时，颗粒之间速度差异大，互相碰撞机会多，因而阻力也大。

6.2.2　气力输送系统设计的主要参数

1. 输送风速

气力输送系统输料管中的气流速度称为输送风速。输送风速的确定要适当。风速太高，不但能量损失大，管道磨损严重，而且物料易破碎；风速太低，系统工作不稳定，甚至造成堵塞、增加阻力。前面已经分析，从理论上说，只要输送风速大于物料颗粒的悬浮速度，物料即可悬浮输送。实际上，由于物料颗粒群之间以及物料颗粒与管壁输送。一般不在临界风速下输送的原因，是要有比悬浮速度大得多的输送风速，才能使物料颗粒完全悬浮输送。临界风速下输送在理论上是最经济的，可是工作很不稳定。实际生产过程，考虑到料气比和物料性质等各种条件的变化，为了保证正常输送，选用的输送风速必须大于临界风速。

输送风速可按悬浮速度的某一倍数来定，一般取 2.4~4.0 倍，对于密度黏结性物料取5~10 倍。输送风速也可按临界风速来定，例如砂子等粒状物料，其输送风速为临界风速的1.2~2.0倍。输送风速通常根据经验数据确定，表 6-8 中的数据可供参考。当输送的物料粒径、密度、含湿量、黏性较大，或者系统的规模大、管路复杂时，应采用较大的输送风速。

表 6-8　物料的悬浮速度及输送程度

物料名称	平均粒径 /mm	密度 /(kg/m³)	容积密度 /(kg/m³)	悬浮速度 /(m/s)	输送风速 /(m/s)
稻　谷	3.58	1020	550	7.5	16~25
小　麦	4~4.5	1270~1490	650~810	9.8~11.0	18~30
大　麦	3.5~4.2	1230~1300	600~700	9.0~10.5	15~25
大　豆		1180~1220	560~760	10	18~30
花　生	21×12	1020	620~640	12~14	16
茶　叶		800~1200		13~15	
煤　粉		1400~1600		15~22	
煤　屑				20~30	
煤　灰	0.01~0.03	2000~2500		20~25	
砂		2600		6.8	25~35
水　泥		3200	1410	0.223	10~25
潮模旧砂 （含水量 3%~5%）		2500~2800	1100		22~28
干模旧砂、干新					17~25
陶土、黏土		2300~2700			16~23
锯木、刨花		750			12~19
钢丸	1~3	7800			30~40

2. 物料速度和速比

物料速度是指管道中颗粒群的最大速度。管内的颗粒在气流的推动下开始运动，随着时间的增长而速度上升。当颗粒群速度增大到一定程度，作用于颗粒群上的气流推力与各种阻力达到平衡时，颗粒群就以一种最大的速度进行等速运动，这个最大的速度就是物料速度。在两相流中，气流必须用一部分能量使物料颗粒悬浮，然后再推动颗粒运动。因此，物料速度 v_1 小于输送风速 v，物料速度与输送风速之比称为速比，它是两相流阻力计算中的一参数。速比的理论计算比较烦琐，可近似按下列试验公式计算：

$$\frac{v_1}{v} = 0.9 - \frac{7.5}{v} \qquad (6\text{-}20)$$

3. 料气比

料气比 μ_1 也称混合比，是单位时间内通过输料管的物料量与空气量的比值，所以也称料气流浓度，以下式表示：

$$\mu_1 = \frac{q_{m,1}}{q_m} = \frac{q_{m,1}}{q_V \rho} \qquad (6\text{-}21)$$

式中　$q_{m,1}$——输料量（kg/s 或 kg/h）；

　　　q_m——空气质量流量（kg/s 或 kg/h）；

　　　q_V——空气体积流量（m³/s 或 m³/h）；

　　　ρ——空气的密度（kg/m³）。

　　料气比的大小关系到系统工作的经济性、可靠性和输料量的大小。料气比小，所需输送风量小，因而管道、设备小，动力消耗少，在相同的输送风量下输料量大。所以，设计气力输送系统时，在保证正常运行的前提下应力求达到较高的料气比。当然，提高料气比要受到管道堵塞和气源压力等条件的限制。

　　根据经验，一般低压吸送式系统 $\mu_1 = 1 \sim 4$，低压压送式系统 $\mu_1 = 1 \sim 10$，循环式系统 $\mu_1 = 1$ 左右，高真空吸送 $\mu_1 = 20 \sim 70$。物料流动性好，管道平直，喉管阻力小，可以采用较高的料气比。

6.2.3　气力输送系统的阻力计算

　　在计算两相流的阻力时，把两相流与单相流的运动形式看作是相同的，物料被认为是一种特殊的流体，可以作用单相流体的阻力公式进行计算。因此，两相流的阻力可以看作是单相流体的阻力与物料颗粒引起的附加阻力之外。下面介绍根据这个原则确定的计算方法。

　　1. 喉管或吸嘴的阻力

$$\Delta p_1 = (C + \mu_1) \frac{v^2 \rho}{2} \tag{6-22}$$

式中　μ_1——料气比（kg/kg）；

　　　v——输送风速（m/s）；

　　　ρ——空气的密度（kg/m³）；

　　　C——与喉管或吸嘴构造有关的系数，通过试验求得，可采用以下数据：水平型喉管，$C = 1.1 \sim 1.2$；L 型喉管，$C = 1.2 \sim 1.5$；各种吸嘴，$C = 3.0 \sim 5.0$。

　　2. 空气和物料加速阻力

　　空气和物料由喉管或吸管进入输料管后，从初速为零分别加速到最大速度 v 和 v_1。则 $q_{m,1}$（kg/s）的物料和 q_m（kg/s）的空气所获得的动能为

$$\frac{1}{2} q_{m,1} v_1^2 + \frac{1}{2} q_m v^2 = \frac{1}{2} \mu_1 q_m v^2 \left(\frac{v_1}{v} \right)^2 + \frac{1}{2} q_m v^2$$

$$= \left[1 + \mu_1 \left(\frac{v_1}{v} \right)^2 \right] \frac{1}{2} q_m v^2$$

$$= \left[1 + \mu_1 \left(\frac{v_1}{v} \right)^2 \right] \frac{1}{2} q_V \rho v^2$$

　　这些能量是由 q_V（m³/s）的空气供给的，因此加速阻力为

$$\Delta p_2 = \left[1 + \mu_1 \left(\frac{v_1}{v} \right)^2 \right] \frac{v^2 \rho}{2}$$

令 $\left(\dfrac{v_1}{v} \right)^2 = \beta$ 则

$$\Delta p_2 = (1 + \mu_1 \beta) \frac{v^2 \rho}{2} \tag{6-23}$$

式中，β 是系数，$\beta = \left(\dfrac{v_1}{v} \right)^2$。

229

3. 物料的悬浮阻力

为了使输料管内的物料处于悬浮态所消耗的能量称为悬浮阻力。悬浮阻力只在水平管和倾斜管中计算。

如果系统的输料量为 $q_{m,1}$（kg/s），物料的运动速度为 v_1（m/s），在长度为 l（m）的输料管内所有物料的质量为 $\dfrac{q_{m,1}}{v_1}l$。为了克服物料的重力，使其在管内悬浮所消耗的能量为 $\dfrac{q_{m,1}}{v_1}lgv_f$。这些能量是由体积为 q_v（m^3/s）的空气供给的，因此水平管内的悬浮阻力为

$$\Delta p_3{'} = \frac{q_{m,1}glv_f}{v_1q_v} = \frac{q_{m,1}glv_f}{v_1q_m/\rho} = \mu_1\rho gl\frac{v_f}{v_1} \qquad (6\text{-}24)$$

对于与水平面成夹角 α 的倾斜管，悬浮阻力为

$$\Delta p_3{''} = \mu_1\rho gl\frac{v_f}{v_1}\cos\alpha \qquad (6\text{-}25)$$

4. 物料的提升阻力

在垂直管和倾斜管内，把物料提升一定高度所消耗的能量称为提升阻力。如果物料的升高度为 h（m），对物料所做的功 $q_{m,1}gh$，因此提升阻力为

$$\Delta p_4 = \frac{q_{m,1}gh}{q_v} = \frac{q_{m,2}gh}{q_m/\rho} = \mu_1\rho gh \qquad (6\text{-}26)$$

若物料从高处落下，则 Δp_4 为负值。

5. 输料管的摩擦阻力

输料管的摩擦阻力包括气流的阻力和物料颗粒引起的附加阻力两部分。

1）气流的阻力为

$$\Delta p_m = \lambda\frac{l}{d}\cdot\frac{v^2\rho}{2}$$

2）物料颗粒引起的阻力为

$$\Delta p_{m1} = \lambda_1\frac{l}{d}\cdot\frac{v^2\rho_1{'}}{2}$$

式中　λ_1——颗粒群的摩擦阻力系数；

　　　d——输入管直径（m）；

　　　λ——输料管长度（m）；

　　　$\rho_1{'}$——悬浮状颗粒群的容积密度（kg/m^3），可按下式计算：

$$\rho_1{'} = \frac{q_{m,1}}{fv_1}$$

式中　f——输料管道面积（m^2）。

$$\rho_1{'} = \frac{q_{m,1}}{fv_1} = \frac{\mu_1q_v\rho}{fv_1} = \frac{\mu_1vf\rho}{fv_1} = \mu_1\rho\left(\frac{v}{v_1}\right)$$

$$\Delta p_5 = \Delta p_m + \Delta p_{m1} = \lambda\frac{l}{d}\cdot\frac{v^2}{2}\rho + \lambda_1\frac{l}{d}\cdot\frac{v^2}{2}\mu_1\rho\left(\frac{v}{v_1}\right)$$

$$= \left[1 + \frac{\lambda_1}{\lambda}\left(\frac{v_1}{v}\right)\mu_1\right]\lambda\frac{l}{d}\cdot\frac{v^2\rho}{2}$$

令 $\dfrac{\lambda_1}{\lambda}\left(\dfrac{v_1}{v}\right) = K_1$ 则

$$\Delta p_5 = (1 + K_1\mu_1)R_m l \qquad (6-27)$$

式中　K_1——与物料性质有关的系数，可参考表 6-9 所示的经验数据。

表 6-9　摩擦阻力附加系数 K_1 值

物料种类	输送风速/（m/s）	料气比 μ_1	K_1
细粒状物料	$25\sim35$	$3\sim5$	$0.5\sim1.0$
粒状物料			
（低压吸送）	$16\sim25$	$3\sim8$	$0.5\sim0.7$
（高直空吸送）	$20\sim30$	$15\sim25$	$0.3\sim0.5$
粉状物料	$16\sim32$	$1\sim4$	$0.5\sim1.5$
纤维状物料	$15\sim18$	$0.1\sim0.6$	$1.0\sim2.0$

6. 弯管阻力

$$\Delta p_6 = (1 + K_0\mu_1)\zeta\frac{v^2\rho}{2} \qquad (6-28)$$

式中　ζ——弯管的局部阻力系数，可查有关资料；

$\quad\ \ K_0$——与弯管布置形式有关的系数，称为弯管局部阻力附加系数，见表 6-10。

表 6-10　弯管局部阻力附加系数 K_0 值

弯管布置	K_0
垂直向下弯向水平（90°）	$25\sim35$
垂直向上弯向水平（90°）	
水平弯向水平（90°）	$16\sim25$
水平弯向垂直（向上，90°）	$20\sim30$

7. 分离器阻力

$$\Delta p_7 = (1 + K\mu_1)\zeta\frac{v^2\rho}{2} \qquad (6-29)$$

式中　v——分离器入口风速（m/s）；

$\quad\ \ \zeta$——分离器的局部阻力系数，视分离器的形式而异可查阅有关资料；

$\quad\ \ K$——与分离器入口风速有关的系数，称为局部阻力附加系数（见图 6-15）。

8. 其他部件的阻力

其他部件如变径管等的阻力可按式（6-29）计算。式中 ζ 为各部件的局部阻力系数；K 值按阻力计算用风速由图 6-15 查得。

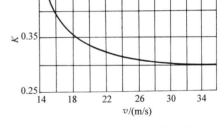

图 6-15　局部阻力附加系数 K 值

【例 6-5】　某厂铸造车间决定采用低压吸送式气力送砂，其系统如图 6-16 所示。要求输料量（新砂）$q_{m,1}=11000$ kg/h（3.05kg/s），已知物料密度 $\rho_1=2650$ kg/m³，输料管倾角 70°，车间内空气温度 22℃。通过计算确定该系统的管径、设备规格和阻力。

【解】　（1）确定料气比和输送风速　根据同类工厂的实践经验，选用料气比 $\mu_1=2$。

对新砂，参考表 6-8，选用输送风速 $v=25$ m/s。

（2）计算输送风量和输料管直径

输送风速

$$q_m = \frac{q_{m,1}}{\mu_1} = \frac{11000}{2}\text{kg/h} = 5500\text{kg/h} = 1.52\text{kg/s}$$

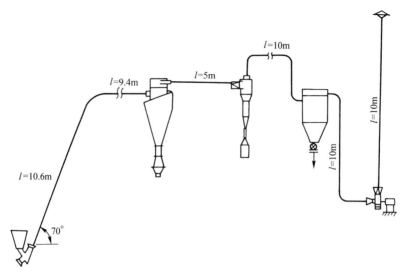

图 6-16 低压吸送式气力送砂系统图

$$q_V = \frac{q_m}{\rho} = \frac{5500}{1.2} \mathrm{m^3/h} = 4580 \mathrm{m^3/h} = 1.27 \mathrm{m^3/s}$$

20℃时空气密度 $\rho = 1.2 \mathrm{kg/m^3}$。

输料管直径

$$d = \sqrt{\frac{4q_V}{\pi v}} = \sqrt{\frac{4 \times 1.27}{3.14 \times 25}} \mathrm{m} = 0.253 \mathrm{m}$$

取输料管直径 $d = 250 \mathrm{mm}$，风速改变很小，仍以 25m/s 计算。

（3）计算系统的各项阻力

1）喉管阻力：采用 L 形喉管，取系数 $C = 1.2$，则

$$\Delta p_1 = (C + \mu_1)\frac{v^2\rho}{2} = \left[(1.2 + 2) \times \frac{25^2 \times 1.2}{2} \right] \mathrm{Pa} = 1200 \mathrm{Pa}$$

2）空气和物料的加速阻力：物料和气流的速度比为

$$\frac{v_1}{v} = 0.9 - \frac{7.5}{v} = 0.9 - \frac{7.5}{25} = 0.6$$

$$\beta = \left(\frac{v_1}{v} \right)^2 = 0.6^2 = 0.36$$

$$\Delta p_2 = (1 + \beta\mu_1)\frac{v^2\rho}{2} = (1 + 0.36 \times 2) \times \frac{25^2 \times 1.2}{2} \mathrm{Pa} = 645 \mathrm{Pa}$$

3）物料的悬浮阻力：已知水平管长度 $l_1 = 9.4 \mathrm{m}$，倾斜管长度 $l_2 = 10.6 \mathrm{m}$，由查表得 $v_\mathrm{f} = 6.8 \mathrm{m/s}$。则悬浮阻力为

$$\Delta p_3 = \mu_1 \rho g \frac{v_\mathrm{f}}{v_1}(l_1 + l_2\cos\alpha)$$

$$= \left[2 \times 1.2 \times 9.81 \times \frac{6.8}{25 \times 0.6} \times (9.4 + 10.6 \times \cos 70°) \right] \mathrm{Pa} = 138 \mathrm{Pa}$$

4）物料的提升阻力

$$\Delta p_4 = \mu_1 \rho g h = (2 \times 1.2 \times 9.81 \times 10.6 \sin 70°) \mathrm{Pa} = 230 \mathrm{Pa}$$

5）输料管的摩擦阻力：已知输送风量 $q_V = 4580 \text{m}^3/\text{h}$（$1.27\text{m}^3/\text{s}$），$d = 250\text{mm}$，由管道水力计算线解图查得 $R_m = 32\text{Pa}$。输料管长度 $l = (10.6+9.4)\ \text{m} = 20\text{m}$。

输料管摩擦阻力附加系数 K_1 参考表 6-9，取 $K_1 = 0.6$

$$\Delta p_5 = (1 + K_1\mu_1) R_m l = (1 + 0.6 \times 2) \times 32 \times 20 \text{Pa} = 1408\text{Pa}$$

6）弯管阻力：取弯管 $r/d = 6$，弯管阻力系数 $\zeta = 0.07$。

当弯管向上弯向水平时，弯管局部阻力附加系数 K_0 参考表 6-10，取 $K_0 = 1.6$，则弯管阻力为

$$\Delta p_6 = (1+K_0\mu_1)\zeta\frac{v^2\rho}{2}$$
$$= (1+1.6\times2)\times0.07\times\frac{25^2\times1.2}{2}\text{Pa}$$
$$= 110\text{Pa}$$

7）分离器阻力：根据处理风量 $4580\text{m}^3/\text{h}$（$1.27\text{m}^3/\text{s}$），选用 $\phi1400\text{mm}$ 旋风分离器。

旋风分离器入口风速根据其入口直径 $d = 300\text{mm}$ 计算。

$$v = \frac{q_V}{\frac{\pi}{4}d^2} = \frac{1.27}{\frac{\pi}{4}\times0.3^2}\text{m/s} = 18\text{m/s}$$

取旋风分离器局部阻力系数 $\zeta = 3.0$，局部阻力附加系数由图 6-15 查得 $K = 0.37$，则分离器阻力为

$$\Delta p_7 = (1 + K\mu_1)\zeta\frac{v^2\rho}{2}$$
$$= (1 + 0.37 \times 2) \times 3 \times \frac{18^2 \times 1.2}{2}\text{Pa}$$
$$= 1015\text{Pa}$$

8）在气力输送系统中，料气流经分离后，其中大部分物料已分离下来，分离器以后的管道和设备其阻力计算方法与通风除尘系统相同。这部分计算过程本例题从略，计算结果为

$$\Delta p_8 = 945\text{Pa}$$

9）旋风分离器后至旋风除尘器的阻力为

$$\Delta p_9 = 1052\text{Pa}$$

10）布袋除尘器后至排风管出口的阻力为

$$\Delta p_{10} = 177\text{Pa}$$

故系统总阻力为

$$\Delta p = \Delta p_1 + \Delta p_2 + \Delta p_3 + \cdots + \Delta p_{10}$$
$$= (1200+645+138+230+1408+110+1015+945+1052+177)\text{Pa}$$
$$= 6920\text{Pa}$$

（4）选择风机　风量、风压附加安全系数分别取 1.15 和 1.2，则：

所需风机风量　$q_V' = 1.15q_V = 1.15\times4580\text{m}^3/\text{h} = 5267\text{m}^3/\text{h} = 1.46\text{m}^3/\text{s}$

所需风机风压　$\Delta p' = 1.2\Delta p = 1.2\times6920\text{Pa} = 8304\text{Pa} = 847\text{mmH}_2\text{O}$

按上述风量、风压查阅有关风机性能即可选择风机型号。

9. 气力输送系统的管道布置

通过上例计算可以看出，气力输送的动力消耗较大。为了降低动力消耗和提高输料能力，减轻磨损，防止阻塞，在管道布置中应注意如下几点：

1）布置生产工艺时，要为气力输送创造条件，尽量缩小输送距离和提升速度。

2）管路尽量简单，避免支路岔道。

3）减少弯管数量，采用较大的曲率半径。

4）避免管道由水平弯向垂直，以降低阻力，减少局部磨损，防止物料沉积。

5）喉管后的直管长度应小于（15~20)d，使物料顺利加速。

气力输送是一门年轻的科学，有关理论和计算方法还处于发展阶段，因此气力输送的管道阻力大多仍采用试验或经验公式计算。气力输送系统的阻力计算、部件性能的改进以及提高运行的可靠性等问题，都需要进一步研究。

6.3 燃气管网水力计算基础

6.3.1 水力计算基本公式

燃气是极其重要的能量物质。在推导燃气管水力计算基本公式时假设以下条件：燃气管道中的气体运动是稳定流，燃气在管道中流动时的状态变化为等温过程，燃气状态参数变化符合理想气体定律。

1. 对于高中压燃气管道

$$\frac{p_1^2 - p_2^2}{L} = 16.94\lambda \frac{q_{v0}^2}{d^5} S K_1 K_2 \tag{6-30}$$

式中　p_1、p_2——管道起点、终点的燃气绝对压力（10^5Pa）；

$\quad\quad L$——管道计算长度（km）；

$\quad\quad q_{v0}$——燃气的计算流量（m^3/h）；

$\quad\quad d$——管道内径（cm）；

$\quad\quad S$——燃气对空气的相对密度；

$\quad\quad \lambda$——摩阻系数；

$\quad\quad K_1$——局部阻力系数，取长度阻力的10%，即 $K_1 = 1.1$；

$\quad\quad K_2$——温度产生的膨胀系数，即 $\dfrac{T}{T_0}$；

$\quad\quad T$——燃气的热力学温度（K）；

$\quad\quad T_0$——标准状态下的温度（273K）。

2. 对于低压管道

对于低压燃气管道，式（6-30）可以简化为

$$p_1^2 - p_2^2 = (p_1 - p_2)(p_1 + p_2) = (p_1 - p_2)2p_m = \Delta p \times 2p_m \tag{6-31}$$

式中，$p_m = \dfrac{p_1 + p_2}{2}$ 为管段始点和终点压力的算术平均值，对低压燃气管道 $p_m \approx p_0$（标准大气压）。

则得到低压燃气管的基本公式为

$$\frac{\Delta p}{l} = 825\lambda \frac{q_{v0}^2}{d^5} S K_1 K_2 \tag{6-32}$$

式中　Δp——压力降（Pa）；

$\quad\quad l$——管道计算长度（m）；

$\quad\quad q_{v0}$——燃气的计算流量（m^3/h）；

d——管道内径（cm）；

S——燃气对空气的相对密度；

K_1——局部阻力系数；

K_2——温度产生的膨胀系数，即（T/T_0）；

λ——摩阻系数。

6.3.2　摩阻系数 λ

摩阻系数 λ 值大小与燃气管道的材料（管壁粗糙度）、管道连接方式和燃气在管道内的流动情况等因素有关。

确定摩阻系数 λ 时，首先需要弄清燃气在管道中的流动情况。燃气在管道中的流动情况，一般用雷诺数 Re 来判定。

对于 λ 值的研究，由于各种试验条件不同，分析和整理的方法不同，以及考虑管道的材料、管内壁粗糙度等对流动情况的影响等尚无统一标准，因此计算 λ 值的公式很多。目前比较普遍采用的是苏联谢维列夫适用于不同管材和湍流（$Re>2050$）情况下不同阻力区的专用公式（也可按相关规范推荐）。

对于新钢管：

水力光滑区
$$\lambda = K_3 K_4 \frac{0.25}{Re^{0.226}} \tag{6-33}$$

第二过渡区 $\left(\dfrac{v}{\nu}<2.4\times10^6\ \dfrac{1}{\mathrm{m}}\right)$ $\lambda = K_3 K_4 \dfrac{0.23}{d^{0.226}}\left(1.9\times10^{-6}+\dfrac{\nu}{v}\right)^{0.226}$ (6-34)

阻力平方区 $\left(\dfrac{v}{\nu}\geq2.4\times10^6\ \dfrac{1}{\mathrm{m}}\right)$ $\lambda = K_3 K_4 \dfrac{0.0121}{d^{0.226}}$ (6-35)

对于新铸铁管：

水力光滑区 $\left(\dfrac{v}{\nu}<0.176\times10^6\ \dfrac{1}{\mathrm{m}}\right)$ $\lambda = K_3 K_4 \dfrac{0.77}{Re^{0.284}}$ (6-36)

第二过渡区 $\left(\dfrac{v}{\nu}<2.7\times10^6\ \dfrac{1}{\mathrm{m}}\right)$ $\lambda = K_3 K_4 \dfrac{0.75}{d^{0.284}}\left(0.55\times10^{-6}+\dfrac{\nu}{v}\right)^{0.284}$ (6-37)

阻力平方区 $\left(\dfrac{v}{\nu}\geq2.7\times10^6\ \dfrac{1}{\mathrm{m}}\right)$ $\lambda = K_3 K_4 \dfrac{0.0143}{d^{0.284}}$ (6-38)

式中　d——管道内径（m）；

v——平均流速（m/s）；

ν——运动黏度（m²/s）；

K_3——考虑实验室和实际安装管道的条件不同的系数，$K_3 = 1.15$；

K_4——考虑由于接头而使阻力增加的系数，$K_4 = 1.18$。

在选用摩阻系数 λ 值时，必须首先确定燃气流态。现以上海市的中压燃气流态为例，90%以上属于第二过渡区。现说明确定燃气流态的步骤：

1）燃气成分的确定。城市燃气具有多气源的特点，其成分各异，需调查气厂平均燃气成分 O_2、N_2、CH_4、CO、C_mH_n、CO_2、H_2 等的体积分数。

2）燃气运动黏度 ν 的确定。根据运动黏度计算公式：

235

$$\frac{1}{\nu} = \frac{V_1}{\nu_1} + \frac{V_2}{\nu_2} + \cdots + \frac{V_n}{\nu_n} \tag{6-39}$$

及温度较正公式（取 $t = 15°C$）

$$\nu_t = \nu_0 \sqrt{\frac{273+t}{273}} \times \frac{1+\dfrac{C}{273}}{1+\dfrac{C}{273+t}} \tag{6-40}$$

式中 C——量纲一的试验系数（见表 6-11）；

ν_0——温度为 0°C 时气体的运动黏度（m^2/s）（见表 6-11）；

ν_t——温度为 t（°C）时气体的运动黏度（m^2/s）；

V——体积分数。

表 6-11   燃气组分在 0°C 时的物理参数

物理参数	O_2	N_2	CH_4	CO	C_mH_n	CO_2	H_2
运动黏度/($10^{-6}m^2/s$)	13.49	13.33	14.24	13.26	3.70	7.10	94.27
量纲一的试验系数 C	151	112	164	104	278	266	81.7
密度/(kg/m^3)	1.429	1.2506	0.7168	1.25	2.02	1.977	0.08987
相对密度 S	1.105	0.9674	0.554	0.967	1.56	1.53	0.0695

根据式（6-39）和式（6-40）可求得各燃气厂燃气的运动黏度。如在 $t = 15°C$ 时，吴淞煤气厂、杨树浦煤气厂、上海焦化厂某年的燃气运动黏度分别为 $14.219 \times 10^{-6}m^2/s$、$18.069 \times 10^{-6}m^2/s$ 及 $20.833 \times 10^{-6}m^2/s$。

3）燃气流速 v 的确定：将运动黏度 ν 代入谢维列夫新铸管三种流态式（6-36）、式（6-37）和式（6-38），求得各产气厂不同流态时燃气流速 v 的范围（见表 6-12）。

表 6-12   各产气厂燃气不同流态时燃气流速的范围

产气厂	运动黏度 $\nu/(m^2/s)$	平均流速 $v/(m/s)$		
		水力光滑区	第二过渡区	阻力平方区
吴淞煤气厂	14.219×10^{-6}	$v < 2.50$	$v < 38.39$	$v \geq 38.39$
杨树浦煤气厂	18.069×10^{-6}	$v < 3.18$	$v < 48.78$	$v \geq 48.78$
上海焦化厂	20.833×10^{-6}	$v < 3.66$	$v < 56.24$	$v \geq 56.24$

确定中压管网高峰和低谷时的平均流速 v。

按照供气量为 340 万 m^3 计算：

$$v = \frac{\sum\limits_{i=1}^{n} v_i L_i}{\sum\limits_{i=1}^{n} L_i} \tag{6-41}$$

式中 v——管道内燃气平均流速（m/s）；

v_i——各管段燃气流速（m/s）；

L_i——各管段管道长度（m）；

$\sum\limits_{i=1}^{n} L_i$——211.08km。

根据日供量为 340 万 m^3 时的中压管网情况，以表 6-12 所示的各产气厂燃气运动黏度为标准，计算所得的气流流态如表 6-13 所示。

高峰
$$\sum_{i=1}^{n} v_i L_i = 2604.32 \text{m}^2/\text{s}$$

低谷
$$\sum_{i=1}^{n} v_i L_i = 2248.74 \text{m}^2/\text{s}$$

代入式（6-41）求得

$$v_{高峰} = \frac{2604.32}{211.08} \text{m/s} = 12.34 \text{m/s}$$

$$v_{低谷} = \frac{2248.74}{211.08} \text{m/s} = 10.65 \text{m/s}$$

从表 6-13 中可以看出，中压燃气管燃气流态 90% 以上集中在第二过渡区，7% 在水力光滑区，1% 在阻力平方区。因此上海市中压管道水力计算中的摩阻系数 λ 选用谢维列夫第二过渡区公式，即式（6-34）和式（6-37）。

表 6-13 日供气量为 340 万 m^3 时中压管网气流流态情况分析

气流流态			各产气厂燃气运动黏度($t=15℃$)/(m^2/s)		
			$14.219×10^{-6}$（吴淞煤气厂）	$18.069×10^{-6}$（杨树浦煤气厂）	$20.833×10^{-6}$（上海焦化厂）
高峰流态	水力光滑区	长度/km	14.68	14.68	14.18
		占百分比(%)	6.96	6.96	6.72
	第二过渡区	长度/km	195.40	196.40	196.90
		占百分比(%)	92.57	93.04	93.28
	阻力平方区	长度/km	1.0		
		占百分比(%)	0.47		
低谷流态	水力光滑区	长度/km	17.0	23.50	32.40
		占百分比(%)	8.05	11.13	15.35
	第二过渡区	长度/km	194.08	187.57	178.68
		占百分比(%)	91.95	88.87	84.65
	阻力平方区	长度/km			
		占百分比(%)			

新铸管
$$\lambda = K_3 K_4 \frac{0.75}{d^{0.284}} \left(0.55×10^{-6} + \frac{\nu}{v} \right)^{0.284}$$

新钢管
$$\lambda = K_3 K_4 \frac{0.23}{d^{0.226}} \left(1.9×10^{-6} + \frac{\nu}{v} \right)^{0.226}$$

将式（6-34）和式（6-37）代入式（6-30）即为上海市所选用的中压管网水力计算公式：

新铸管
$$\frac{p_1^2 - p_2^2}{L} = 16.94 \frac{q_{v0}^2}{d^5} S K_1 K_2 K_3 K_4 \frac{0.75}{d^{0.284}} \left(0.55×10^{-6} + \frac{\nu}{v} \right)^{0.284} \tag{6-42}$$

新钢管
$$\frac{p_1^2 - p_2^2}{L} = 16.94 \frac{q_{v0}^2}{d^5} S K_1 K_2 K_3 K_4 \frac{0.23}{d^{0.226}} \left(1.9×10^{-6} + \frac{\nu}{v} \right)^{0.226} \tag{6-43}$$

6.3.3 实用的水力计算公式

1. 高、中压管道实用计算公式

式（6-42）和式（6-43）比较烦琐，在实际计算时可采用将摩阻系数包括在内的简化计算方法。其公式的简化过程及结果如下：

设

$$A = \left(0.55 \times 10^{-6} + \frac{\nu}{v} \right)^{0.284} \quad （新铸管） \tag{6-44}$$

$$A_1 = \left(1.9 \times 10^{-6} + \frac{\nu}{v} \right)^{0.226} \quad （新钢管） \tag{6-45}$$

将式（6-44）及式（6-45）分别代入式（6-42）及式（6-43）得

$$\frac{p_1^2 - p_2^2}{L} = 16.94 \frac{q_{V0}^2}{d^5} S K_1 K_2 K_3 K_4 \frac{0.75}{d^{0.284}} A$$

$$\frac{p_1^2 - p_2^2}{L} = 16.94 \frac{q_{V0}^2}{d^5} S K_1 K_2 K_3 K_4 \frac{0.23}{d^{0.226}} A_1$$

取 $K_1 = 1.1$，$K_2 = 1.06$，$K_3 = 1.15$，$K_4 = 1.18$，$S = 0.55$，则

$$A = \left(0.55 \times 10^{-6} + \frac{19 \times 10^{-6}}{10} \right)^{0.284} = 0.0255$$

$$A_1 = \left(19 \times 10^{-6} + \frac{19 \times 10^{-6}}{10} \right)^{0.226} = 0.05957$$

式中　ν——运动黏度（取 $19 \times 10^{-6} \mathrm{m^2/s}$）；

v——燃气流速，为计算方便取 $10\mathrm{m/s}$；比平均流速 $v_{高峰} = 12.34 \mathrm{m/s}$，$v_{低谷} = 10.65 \mathrm{m/s}$ 稍小。

则新铸管

$$\frac{p_1^2 - p_2^2}{L} = \frac{16.94 \times 1.1 \times 1.06 \times 1.15 \times 1.18 \times 0.5 \times 0.75 \times 0.0255 \times 100^{0.284} q_V^2}{d^{5.284}}$$

$$= \frac{1.043 \times 10^8}{d^{5.284}} \left(\frac{q_V}{10^4} \right)^2$$

新钢管

$$\frac{p_1^2 - p_2^2}{L} = \frac{16.94 \times 1.1 \times 1.06 \times 1.15 \times 1.18 \times 0.5 \times 0.75 \times 0.0255 \times 100^{0.226} q_V^2}{d^{5.226}}$$

$$= \frac{0.57 \times 10^8}{d^{5.226}} \left(\frac{q_V}{10^4} \right)^2$$

设

$$\alpha_{铸} = \frac{1.043 \times 10^8}{d^{5.284}}$$

$$\alpha_{钢} = \frac{0.57 \times 10^8}{d^{5.226}}$$

则新铸管

$$\frac{p_1^2 - p_2^2}{L} = \alpha_{铸} \left(\frac{q_V}{10^4} \right)^2 \tag{6-46}$$

新钢管

$$\frac{p_1^2 - p_2^2}{L} = \alpha_{钢} \left(\frac{q_V}{10^4} \right)^2 \tag{6-47}$$

式（6-46）及式（6-47）为最简便的实用水力计算公式，根据不同管径的 α 值即可快速进行有关参数的计算。设 $L = 1$，不同管径的 α 值列于表 6-14。

表 6-14　不同管径的 α 值

管径 d/mm	$\alpha_{铸}$	$\alpha_{钢}$	管径 d/mm	$\alpha_{铸}$	$\alpha_{钢}$
100	542.36	338.75	450	0.192	0.131
150	63.65	40.70	500	0.110	0.0753
200	13.92	9.05	600	0.0419	0.0291
225	7.47	4.89	700	0.0186	0.0130
250	4.28	2.82	800	0.00917	0.00646
300	1.63	1.09	900	0.00492	0.00349
350	0.723	0.486	1000	0.00282	0.00201
400	0.357	0.242	1200	0.0001076	0.0007764

2. 低压管道实用计算公式

在实际的管道设计计算中，低压管道的计算较之高、中压管道更为频繁，利用式（6-32）的计算过程相当烦琐。为了简化流量、管道长度、管径等的计算，应尽可能采用将摩阻系数包括在内的简化计算方法，所以一般均采用经验公式。目前广泛采用的是普尔（Pole）公式：

$$q_v = 0.316K\sqrt{\frac{d^5 \Delta p}{SL}} \tag{6-48}$$

式中　q_v——燃气的计算流量（m³/h）；

　　　d——管道内径（cm）；

　　　Δp——压力降（Pa）；

　　　S——燃气的相对密度；

　　　L——管道计算长度（m）；

　　　K——依管径而异，不同管径的值列于表 6-15。

表 6-15　不同管径的 K 值

D/mm	15	19	25	32	38	50	75	100	125	≥150
K	0.46	0.47	0.48	0.49	0.50	0.52	0.57	0.62	0.67	0.707

低压燃气干管的局部阻力一般取沿途阻力的 10%，故式（6-48）可写为

$$q_v = 0.316K\sqrt{\frac{d^5 \Delta p}{SLK_1}} \tag{6-49}$$

式中　K_1——反映管道局部阻力的系数，$K_1 = 1.1$。

6.3.4　燃气管道水力计算图

在实际设计计算中，直接用水力计算公式进行计算是一项极为繁重的工作，因为在计算燃气管道时需要确定很多管段的管径。为简化计算，一般根据这些水力计算公式和标准管径作出计算曲线图。通常计算图是对某种物理参数的燃气作出的，当所使用的物理参数和计算图上所采用的不同时，则对求得的单位压力损失需要进行相应的修正（由图上查得的单位压力损失乘上修正系数）。修正系数的计算详见 6.3.5 小节。

高、中压和低压燃气管道水力计算如图 6-17～图 6-19 所示。这些曲线图是按照下列公式和物理参数制定的。

高、中压管道公式：

$$\frac{p_1^2 - p_2^2}{L} = \alpha\left(\frac{q_v}{10^4}\right)^2$$

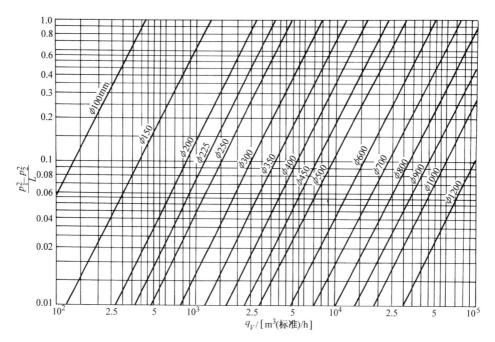

图 6-17 高压燃气管道水力计算图

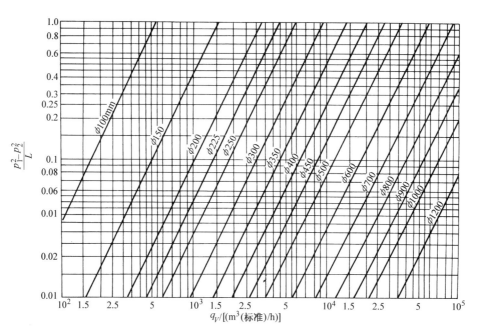

图 6-18 中压燃气管道水力计算图

$S = 0.55$，$\rho = 0.71 kg/m^3$（标准），$L = 1km$。

低压管道（屋内燃气管道除外）公式：

$$q_V = 0.316K \sqrt{\frac{d^5 \Delta p}{SLK_1}}$$

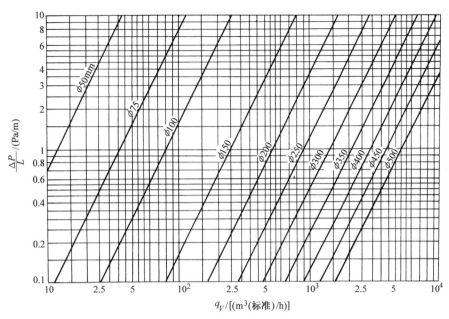

图 6-19　低压燃气管道水力计算图

$K_1 = 1.1$，$S = 0.55$，$\rho = 0.71 \text{kg/m}^3$（标准），$L = 1 \text{km}$。

　　当计算居民屋内燃气管道时，因局部阻力所占比例较大，必须另行计算（详见局部阻力计算），因此在水力计算图上不考虑局部阻力。屋内燃气管道水力计算图如图 6-20 所示。

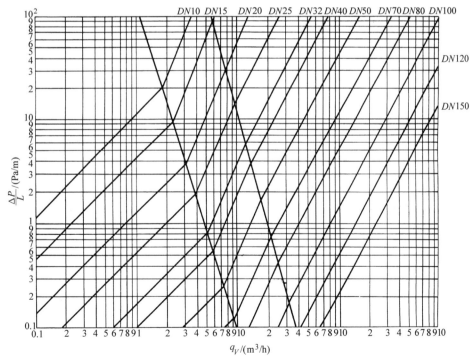

图 6-20　屋内人工燃气管道水力计算图

（$\rho_0 = 1 \text{kg/m}^3$，$\nu_0 = 25 \times 10^{-6} \text{m}^2/\text{s}$）

6.3.5　压力修正系数

上列水力计算公式和计算图表中所采用的燃气对空气相对密度为 0.55。但由于制气工艺的多样化，各产气的燃气密度不同，对采用上述公式所求得的单位压力损失应根据不同的对空气相对密度进行相应的修正。修正系数如下：

层流情况下

$$Z = \frac{S\nu}{S_0\nu_0}$$

湍流情况下

$$Z = \frac{S}{S_0}$$

式中　S_0、ν_0——水力计算公式中采用的燃气对空气相对密度和运动黏度；

　　　　S、ν——实际的燃气对空气相对密度和运动黏度。

【例 6-6】　设某煤气厂的燃气组分 O_2、N_2、CH_4、CO、C_mH_n、CO_2、H_2 等成分的体积分数为 0.78%、28.94%、12.9%、19.57%、6.22%、5.2%、26.39%。试进行管道水力计算。

【解】　1）高、中压管：根据对空气相对密度公式

$$S = \sum_{i=1}^{n} S_i V_i \tag{6-50}$$

式中　S_i——各种燃气组分对空气相对密度；

　　　　V_i——各种燃气组分平均体积分数。

由表 6-11 有关各值代入式（6-50）求出燃气对空气相对密度

$$S = (1.05 \times 0.78 + 0.96764 \times 28.94 + 0.554 \times 12.9 + 0.967 \times 19.57 +$$
$$1.56 \times 6.22 + 1.53 \times 5.2 + 0.0695 \times 26.39) \times 0.01 = 0.744$$

前已假设

$$A = \left(0.55 \times 10^{-6} + \frac{\nu}{v}\right)^{0.284}$$

将表 6-13 中吴淞煤气厂之燃气运动黏度 ν 及选用之燃气流速 v 代入求得

$$A = \left(0.55 \times 10^{-6} + \frac{14.22 \times 10^{-6}}{10}\right)^{0.284} = 0.024$$

设　$Y = AS$，$Y_0 = A_0 S_0$

则　$Y = 0.024 \times 0.744 = 0.017856$

　　　$Y = 0.0255 \times 0.55 = 0.01403$

从水力计算公式知

$$\frac{p_0^2 - p_{低}^2}{L} = 16.94 K_1 K_2 K_3 K_4 \frac{0.75}{d^{5.284}} A_0 S_0 q_v^2 \tag{6-51}$$

式中　p_0——管道始点计算绝对压力（10^5Pa）；

　　　　$p_{低}$——计算环网上最低绝对压力（10^5Pa）。

当燃气对空气相对密度不同时则公式为

$$\frac{p_0^2 - p_{低}^2}{L} = 16.94 K_1 K_2 K_3 K_4 \frac{0.75}{d^{5.284}} A S q_v^2 \tag{6-52}$$

式中　p——修正后的管道始点绝对压力（10^5Pa）。

两式相除

$$\frac{p^2 - p_{低}^2}{p_0^2 - p_{低}^2} = \frac{Y}{Y_0}$$

$$p = \sqrt{(p_0^2 - p_{低}^2)\frac{Y}{Y_0} + p_{低}^2}$$ (6-53)

式中，$\dfrac{Y}{Y_0} = Z$ 为压力修正系数。

由此，高、中压管道水力计算公式可写为

$$\frac{p_0^2 - p_{低}^2}{L} = 16.94K_1K_2K_3K_4\frac{0.75}{d^{5.284}}A_0S_0q_v^2Z$$ (6-54)

2）低压管：根据低压管水力计算公式：

$$q_v = 0.316K\sqrt{\frac{d^5\Delta p}{SL}}$$

与高、中压管道同理，可求得

$$\frac{0.316K\sqrt{\dfrac{d^5\Delta p}{S_0L}}}{0.316K\sqrt{\dfrac{d^5\Delta p}{SL}}} = \frac{q_{v0}}{q_v}$$

相约得出

$$\frac{\Delta p_0}{S_0} = \frac{\Delta p}{S}$$

$$\Delta p = \Delta p_0\frac{S}{S_0} = \Delta p_0Z$$

式中　Δp_0——计算压力降（Pa）；

　　　Δp——校正后压力降（Pa）。

由此，低压管水力计算公式可写成

$$q_v = 0.316KZ\sqrt{\frac{d^5\Delta p_0}{S_0L}}$$ (6-55)

6.3.6　局部阻力

燃气在管道内流动，除了克服长度阻力而消耗能量外，管道中的配件，如弯头、三通、阀门等也需要消耗一部分能量。因为这部分能量消耗于管道部件的局部处，所以称为局部阻力。

消耗在局部阻力的压力损失，可用下式求得

$$\Delta p = \sum\zeta\frac{v^2\rho}{2}$$ (6-56)

式中　Δp——局部阻力压力损失（Pa）；

　　　$\sum\zeta$——计算管段中局部阻力系数的总和；

　　　ρ——燃气密度（kg/m³）；

v——燃气流速（m/s），$v = \dfrac{q_v}{A}$。

对于 ζ 值，目前尚无法用理论方法求得，一般均通过试验求得。

在设计计算中，燃气管道的局部阻力系数一般采用常用配件的 ζ 值以简化计算，常用配件的局部阻力系数 ζ 值列表 6-16。

表 6-16　常用配件局部阻力系数 ζ 值

配件名称	直流三通	分流三通	骤缩管	渐缩管	直角弯管	光滑弯管	旋塞开关	闸阀	凝水器
ζ	0.3	1.5	0.5	0.1	1.1	0.3	2.0	0.5	2.0

在实际计算中，q_v、d、A 常用如下单位：q_v（m³/h），d（cm），A（cm²）。将上述单位代入式（6-56）取 $S = 0.55$ 得

$$v = \frac{\frac{q_v}{3600}}{\frac{\pi}{4}d^2 \cdot 10^{-4}} = 11.1\frac{q_v}{\pi d^2}; \quad v^2 = 11.1^2\frac{q_v^2}{\pi^2 d^4} = 12.5\frac{q_v^2}{d^4}$$

将 v^2 代入式（6-56），取 $S = 0.55$ 得

$$\Delta p = \sum \zeta \frac{12.5\frac{q_v^2}{d^4}\times 0.55 \times 1.293}{2} = \sum \zeta 4.43\frac{q_v^2}{d^4} \tag{6-57}$$

式（6-57）与管径及流量有关，根据不同的管径代入式（6-44）可得出相应流量的局部阻力系数列于表 6-17。

表 6-17　不同管径的局部阻力系数

管径/mm	15	20	25	32	38	50
局部阻力系数	$0.089\,q_v^2$	$0.028\,q_v^2$	$0.0116\,q_v^2$	$0.0043\,q_v^2$	$0.00217\,q_v^2$	$72.3\times10^{-5}\,q_v^2$
管径/mm	75	100	150	200	250	300
局部阻力系数	$14.3\times10^{-5}\,q_v^2$	$45.2\times10^{-6}\,q_v^2$	$8.9\times10^{-6}\,q_v^2$	$2.83\times10^{-6}\,q_v^2$	$11.57\times10^{-7}\,q_v^2$	$5.58\times10^{-7}\,q_v^2$

利用表 6-16 和表 6-17 即可计算出相应流量的局部阻力。

有时可用当量长度的概念，以计算长度阻力的方式来计算局部阻力。当量长度可按下式确定：

$$\Delta p = \sum \zeta \frac{v^2 \rho}{2} = \lambda \frac{L_2}{D} \cdot \frac{v^2 \rho}{2} \tag{6-58}$$

$$L_2 = \sum \zeta \frac{D}{\lambda}$$

式中　L_2——当量长度（m）。

相对于 $\zeta = 1$ 时各种直径管子的当量长度列于表 6-18。

表 6-18　$\zeta = 1$ 时各种直径管子的当量长度

管径/mm	15	20	25	32	38	50	75	100	150	200	250
当量长度 l_2/m	0.4	0.6	0.8	1.0	1.5	2.5	4.0	5.0	8.0	12.0	16.0

利用当量长度的概念来计算管段的局部阻力，局部阻力就等于当量长度的长度阻力。计算

带有管道部件的管道总阻力时，管段的计算长度

$$L = L_1 + L_2 \tag{6-59}$$

式中　L_1——管段的实际长度（m）。

在进行城市燃气管网的水力计算时，因局部阻力占总阻力的比例不大，因此对于干管和配气管网不做详细计算，而按长度阻力的 5%～10% 计算。对于街坊内的引入管和屋内管道因部件比较多，局部阻力占总阻力的比例较大，应逐段进行详细计算。工厂内的燃气管道，在水力计算时也要计算局部阻力。

6.3.7　附加压力

由于燃气和空气的密度不同，燃气轻于空气，因此当管道的高程有变化时就会产生附加压头。附加压力（头）是由于密度差的作用而产生的，有正有负，在计算室内管道时，特别是在高层建筑中，附加压力（头）的作用较大，不可忽视。附加压力（头）可按下式计算：

$$\Delta p_f = H(\rho_g - \rho)g \tag{6-60}$$

式中　Δp_f——附加压力（Pa）；

H——管道末端和始端的高程差（m）；

ρ_g——空气的密度［kg/m³（标准）］；

ρ——燃气的密度［kg/m³（标准）］；

g——重力加速度（m/s²）。

6.3.8　管道的当量管径和当量长度

1. 低压管当量管径的换算

上述低压管计算式（6-32）所指的是单根管道的计算。对于始、末端相同的两根或多根等长的并联管道，为计算方便，往往采用换算成一根管道进行计算。将多根管道的管径换算成一根相当的管径，这一相当的管径就叫当量管径。

图 6-21 所示为两根并联管道，其参数分别为 d_1、q_{v1}、L_1、Δp_1 和 d_2、q_{v2}、L_2、Δp_2。因为两根管道的始、末端相同，所以

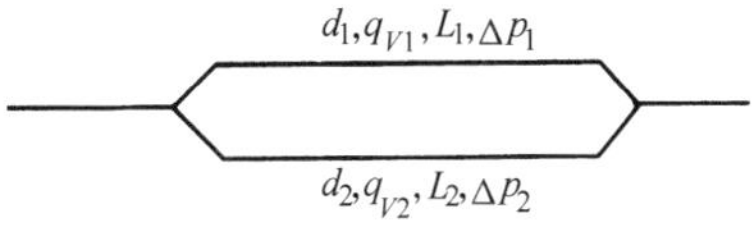

图 6-21　并联管道

$$\Delta p_1 = \Delta p_2 = \Delta p$$

若两根管道的长度相同，即

$$L_1 = L_2 = L$$

则

$$q_{v1} = 0.316K\sqrt{\frac{\Delta p}{SL}}\sqrt{d_1^5}$$

$$q_{v2} = 0.316K\sqrt{\frac{\Delta p}{SL}}\sqrt{d_2^5}$$

假定某一管道，它的通过能力 q_{v0} 等于两根并联管道的通过能力 q_{v1}、q_{v2} 之和，即

$$q_{v0} = q_{v1} + q_{v2}$$

由于两根管道的长度和阻力不变，这一假定管道的直径称为上述两根并联管道的当量管径 d_0。对于这根假定的管道，则

$$q_v = 0.316K\sqrt{\frac{\Delta p}{SL}}\sqrt{d_0^5} \tag{6-61}$$

$$\sqrt{d_0^5} = \sqrt{d_1^5} + \sqrt{d_2^5}$$

式中　d_0——当量管径（cm）。

当为多根管道算成一根管道当量管径时，则

$$\sqrt{d_0^5} = \sqrt{d_1^5} + \sqrt{d_2^5} + \cdots + \sqrt{d_n^5} \qquad (6\text{-}62)$$

根据式（6-61）计算结果，当一根管道代替两根相同管径的管道时，只需增强 32% 的管径即能满足要求。

因为

$$\sqrt{d_0^5} = \sqrt{d^5} + \sqrt{d^5}$$

$$d_0^{2.5} = 2d^{2.5}$$

$$d_0 = 2^{\frac{1}{2.5}}d = 1.32d$$

为了计算简便，按照式（6-61）制成当量管径换算表于表 6-19。由表可知，两根 75mm 管道的当量管径为 99mm。

2. 低压管当量长度的计算

在管道设计中，有时需要将直径为 d_1 的管道换算成直径为 d_2 的管道进行计算，需要流量相同而压力损失的数值不变。计算直径 d_2 为当量直径；而管道长度 L_2 称为当量计算长度。根据式（6-35）可以写为

$$q_{V1} = 0.316K\sqrt{\frac{\Delta p}{SL_1}}\sqrt{d_1^5}$$

$$q_{V2} = 0.316K\sqrt{\frac{\Delta p}{SL_2}}\sqrt{d_2^5}$$

因为流量相同，即

$$q_{V1} = q_{V2}$$

因此，当量长度可由下式确定：

$$\frac{L_1}{L_2} = \left(\frac{d_1}{d_2}\right)^5$$

式中　d_1、d_2——管道内径（cm）；

　　　　L_1、L_2——管道长度（km）。

表 6-19　低压管当量管径换算表　　　　　　　　（单位：mm）

d_2 ＼ d_1	75	100	125	150	175	200	225	250	300	350	400	450	500
75	99	117	138	160	183	207	230	255	304	353	402	452	502
100		132	150	170	190	214	236	260	308	356	405	454	504
125			165	183	202	223	244	267	313	360	409	457	506
150				198	215	234	255	276	320	366	413	461	510
175					231	248	267	287	329	374	420	467	514
200						264	281	300	340	382	427	473	520
225							297	314	352	393	436	480	526
250								330	365	404	445	489	534
300									396	430	469	509	552
350										462	496	534	574
400											528	562	600
450												594	628
500													660

从上式可以看出，大管径换算成小管径，其当量计算长度缩短；小管径换算成大管径，其当量计算长度增长。

为计算简便，已将常用管径的当量长度换算系数 $\alpha = \left(\dfrac{d_1}{d_2}\right)^5$ 制成表，见表 6-20。

表 6-20　低压管常用管径的当量长度换算系数表

换算系数 α	75	100	125	150	175	200	225	250	300	350	400	450	500
75	—	4.21	12.86	32	69.2	135	243	412	1024	2213	4315	7776	13169
100	0.237	—	3.05	7.6	16.4	32	58	98	243	525	1024	1845	3125
125	0.078	0.328	—	2.5	5.4	12.5	19	32	80	172	336	605	1024
150	0.031	0.132	0.402	—	2.2	4.2	7.6	13	32	69	134	242	410
175	0.015	0.061	0.186	0.463	—	1.95	3.5	6.0	14.8	32	62.4	112	190
200	0.007	0.031	0.095	0.285	0.512	—	1.8	3.0	7.6	16.4	32	58	98
225	0.004	0.017	0.053	0.131	0.283	0.555	—	1.7	4.2	9.0	18	32	54
250	0.002	0.010	0.031	0.078	0.168	0.328	0.590	—	2.5	5.4	10.5	19	32
300	0.001	0.004	0.013	0.031	0.068	0.131	0.237	0.402	—	2.2	4.2	7.6	13
350	4.5×10^{-4}	19×10^{-4}	58×10^{-4}	0.015	0.031	0.061	0.110	0.186	0.463	—	2.0	3.5	6
400	2.3×10^{-4}	10×10^{-4}	30×10^{-4}	0.007	0.016	0.031	0.057	0.095	0.237	0.512	—	1.8	3.1
450	1.3×10^{-4}	5.4×10^{-4}	17×10^{-4}	0.004	0.009	0.017	0.031	0.053	0.132	0.285	0.590	—	1.7
500	0.8×10^{-4}	3.2×10^{-4}	98×10^{-4}	0.0024	0.005	0.010	0.019	0.031	0.078	0.168	0.328	0.59	—

注：1. 表中管径单位均为 mm。

2. 表中第 1 列为原有管径，最上第 1 行为欲换算的当量管径。

由表可知，原有管径为 75mm，长度为 1m，换算或当量管径为 100mm，换算系数 4.21，即当量长度为 4.21m。

3. 高、中压管道当量管径和当量长度的计算

与低压管同理，高、中压管道的当量管径和当量长度可得如下关系：

$$\sqrt{d_0^{5.284}} = \sqrt{d_1^{5.284}} + \sqrt{d_2^{5.284}} \tag{6-63}$$

$$\frac{L_1}{L_2} = \left(\frac{D_1}{D_2}\right)^{5.284} \tag{6-64}$$

6.3.9　燃气管道总压力和压力降分配

从燃气管道水力计算公式中可以看出，如果管径相同，压力降越大，则燃气管道的通过能力也越大。因此利用大的压力降输送和分配燃气，可节省燃气管道的投资和金属消耗。但是，对低压燃气管道来说，压力降的增加是有限的。低压燃气管道直接用户燃烧器，其压力的大小，应可保证燃气用具的正常燃烧。因此，低压燃气管道压力降的大小及其分配，应根据各种因素来决定。

1. 低压管网允许压力降的选择

1）燃烧器前最低压力。最低压力根据经验公式求得

$$p_{\min} = \left(0.272\frac{Q_高}{100} + 10\right)g \tag{6-65}$$

式中　p_{min}——最低压力（Pa）；

$\qquad Q_{高}$——燃气高发热量（kJ/m³）；

$\qquad g$——重力加速度（m/s²）。

一般燃烧器均有其标准压力，压力的波动范围有一定限制，其下限不能低于最低压力。例如，上海市的燃气高发热量为15900kJ/m³，则最低压力为

$$p_{min} = [(0.272 \times 15900/100 + 10) \times 9.81]Pa = 523Pa$$

上海市在实际设计时以往取 $p_{min} = 600Pa$。

2）燃气用具对压力的适应性。燃烧器的压力波动既有一定限制，且其下限应大于最低压力，故其标准压力应在上下限之间。

根据普尔公式中 $p = Cq_V^2$，即压力与流量成平方关系。如按流量进行计算，则流量波动范围为上限可高15%～20%，下限可低15%～20%。亦即下限的流量为标准流量的0.80～0.85，上限的流量为标准流量的1.15～1.20。由于压力差和流量的平方有关，将流量平方即为压力波动的上下限。

上限　　$(1.15)^2 \sim (1.20)^2 = 1.32 \sim 1.44$

下限　　$(0.80)^2 \sim (0.85)^2 = 0.64 \sim 0.72$

因此燃烧器适应的压力波动范围为标准燃烧压力的0.64～1.44。为计算方便，一般采用0.6～1.50倍标准的压力。

3）燃气干管的压力降选择：燃气干管允许压力降的确定将判定调压器出口压力及支管的允许压力降值，如图6-22所示。

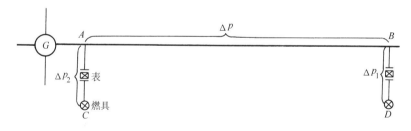

图 6-22　燃气干管的压力降

在图6-22中，AC、BD 为支管，AB 为干管。由于流量的波动，使 A 点到 B 点的压力降 Δp 发生波动，波动的范围为 $0.64 \sim 1.44p_n$（p_n 为燃具标准燃烧压力）。为使 C、D 两处燃具的燃烧压力在规定的范围之内，必须使干管的压力降在 $0.64 \sim 1.44p_n$ 范围之内。当燃具标准燃烧压力 p_n 为1000Pa时，$\Delta p_{AB} = 800Pa$。

4）支管、燃气表、用气管压力降的选择。图6-22中压力 AC 和 BD 为干管至燃具间的管道，其中包括燃气支管、燃气表、用气管。C、D 两处燃具的燃烧压力是否正常，除与干管 A、B 的压力降有关以外，AC 与 BD 的压力降也必须恰当选择。为了计算的方便，在一般情况下，所有支管（包括从干管至燃具），不论长短，其压力降 Δp_1 均取定值。AC 和 BD 的压力降取决于燃具的燃烧压力正常。如上海市低压干管的最低压力规定为1000Pa，燃具的最低燃烧压力为600Pa，因此 AC 与 BD 的压力降为400Pa。

按上所述，当干管压力降为500Pa或800Pa，支管、燃气表、用气管的压力降为400Pa时，都能保持燃具的正常燃烧。即当干管压力降为500Pa时：

距调压器最远处燃具的燃烧压力为（1000-400）Pa = 600Pa；

距调压器最近处燃具的燃烧压力为（1500-400）Pa = 1100Pa。

当干管压力降为 800Pa 时：

距调压器最远处燃具的燃烧压力为（1000-400）Pa = 600Pa；

距调压器最近处燃具的燃烧压力为（1800-400）Pa = 1400Pa。

由此可以看出，管网上任一点的燃具燃烧压力基本上均在 0.64~1.44Pa，属于燃具燃烧压力的适应范围之内（如上海市民用燃具的标准燃烧压力 p_n = 1000Pa）。

5）低压管网的压力降分配。管网上的总允许压力降往往是采取先确定管网中各段压力降的分配原则而确定的。如上海城市燃气管网中的压力降即是根据前述计算进行分配的。其各部分的分配如下：

干管	500Pa
支管	200Pa
燃气管	120Pa
用气管	80Pa
燃具燃烧最低压力	600Pa
合计	1500Pa

因此，上海市的调压器出口额定压力为 1500Pa，冬季高峰负荷时小时高峰时间内调压器出口自动加到 1800Pa。

低压燃气管道的允许压力降可按下列公式计算：

$$\Delta p = 0.75 p_n + 150 \text{Pa} \tag{6-66}$$

式中　Δp——低压燃气管道的总压力降（Pa）；

p_n——低压燃气管道的额定压力（Pa）；对于人工燃气：p_n = 800~1000Pa；天然气：p_n = 2000~2500Pa；液化石油气：p_n = 2800~3000Pa；

150——燃气表的压力损失（Pa）。

几个大城市低压燃气管道计算压力降及其分配见表 6-21。

表 6-21　几个大城市低压燃气管道计算压力降及其分配

项　　目	城市名称			
	北京	上海	沈阳	天津
	压力和压力降分配/Pa			
燃具的额定压力	800	1000	800	2000
调压器出口压力	1100~1200	1500	1800~2000	3200~3300
燃具前最低压力	650	600	600	1600
低压管网总压力降	550	900	1300	1650
其中　　干管	150	500	1000	1100
支管	200	200	100	300
煤气表	100	120	120	150
用气表	100	80	80	100

2. 高、中压管网的压力降选择

高压燃气管网的起点为气源厂或高压燃气储配站，或远距离输气干线门站。其终点是高—低压调压站或高—中压调压站。其允许压力需根据起点站压送设备的压送能力和终点调压站进

249

口气所需的压力来决定。起、终点压力差便是允许压力降。

中压燃气管网的起点是气源厂或燃气储配站和高中压调压站。其终点是中—低压调压站或中压用户的进口。其允许压力降必须根据起点站压送设备的压送压力和终点站进口所需的压力来决定，起、终点压力之差便是允许压力降。其压力降的选择需满足以下要求：

1）高峰供气时必须满足中—低压调压器及中压用户进口压力的需要。

2）低谷时管网中的最低压力应能保证气源厂将燃气送入储气柜。

6.3.10　管道计算

1. 高中压干管计算

（1）单根管道的计算　高压干管与中压干管的设计程序相同。一般设计程序包括下列内容：

1）已知输送的燃气流量，管道长度，始、终点压力，进行管径计算。

2）已知管径，管道长度，始、终点压力，进行通过能力的计算。

3）已知输送的燃气流量、管道长、管径、起点或终点压力，进行终点或始点压力的计算。

【例 6-7】　如图 6-23 所示，A 为燃气厂，B、C、D 为沿途输出，AB 点距离为 3km，BC 点距离为 2km，CD 点距离为 2.2km。B 点输出 $10000\text{m}^3/\text{h}$，C 点输出 $15000\text{m}^3/\text{h}$，D 点输出 $20000\text{m}^3/\text{h}$ 时。自 A 点以 $2\times10^5\text{Pa}$ 绝对压力输出燃气，送到 D 点的压力保持 $1.5\times10^5\text{Pa}$ 绝对压力，当燃气对空气相对密度为 0.55 时，求 A、D 间的铸管管径。

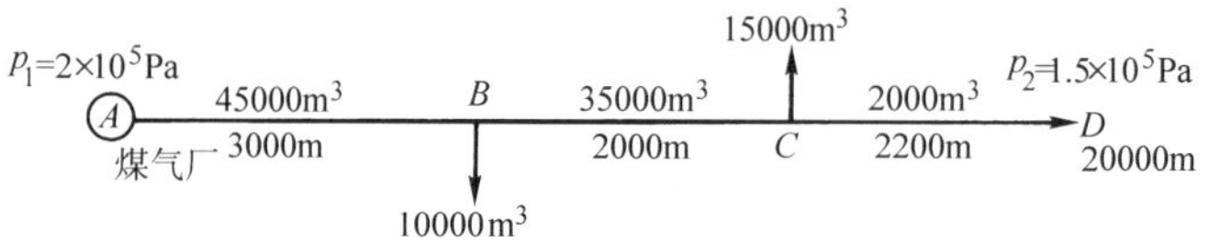

图 6-23　中压干管计算

【解】　根据式（6-46）得

$$\frac{p_1^2 - p_2^2}{L} = \alpha\left(\frac{q_V}{10^4}\right)^2 \; ; \qquad \alpha = \frac{p_1^2 - p_2^2}{\sum\left(\frac{q_V}{10^4}\right)^2 L}$$

整条管道同一管径，则

$$\alpha = \frac{2^2 - 1.5^2}{4.5^2 \times 3 + 3.5^2 \times 2 + 2^2 \times 2.2} = 0.0186$$

对照表 6-14，当 $\alpha_{铸} = 0.0186$ 时，对应的管径为 700mm。

所以 $d = 700\text{mm}$。

【例 6-8】　仍以图 6-23 为例，当管径采用 700mm 时求 B、C 点的压力并验算 D 点的压力。

【解】　根据式（6-46）得

$$p_B = \sqrt{p_A^2 - \alpha\left(\frac{q_V}{10^4}\right)^2 L} = \sqrt{2^2 - 0.0186 \times 4.5^2 \times 3} \times 10^5\text{Pa}$$

$$= 1.69 \times 10^5\text{Pa}（绝对）$$

$$p_C = \sqrt{p_B^2 - \alpha\left(\frac{q_V}{10^4}\right)^2 L} = \sqrt{1.69^2 - 0.0186 \times 3.5^2 \times 2} \times 10^5\text{Pa}$$

$$= 1.55 \times 10^5 \mathrm{Pa}(绝对)$$

$$p_D = \sqrt{p_C^2 - \alpha\left(\frac{q_V}{10^4}\right)^2 L} = \sqrt{1.55^2 - 0.0186 \times 2^2 \times 2.2} \times 10^5 \mathrm{Pa}$$

$$= 1.50 \times 10^5 \mathrm{Pa}(绝对)$$

【例 6-9】　已知铸铁管管径为 500mm，长度为 10km 的干管，其始点压力为 $2.5 \times 10^5 \mathrm{Pa}$（绝对），终点压力为 $1.5 \times 10^5 \mathrm{Pa}$（绝对），燃气对空气相对密度 0.55，求燃气的通过能力。管线如图 6-24 所示。

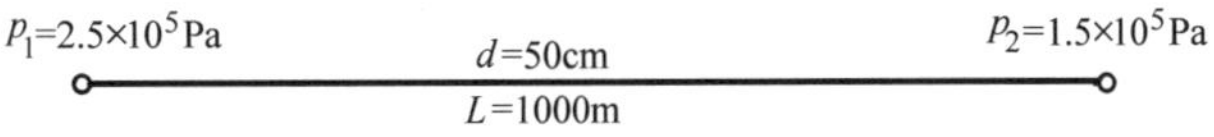

图 6-24　燃气管管线

【解】　1）按公式计算，根据式（6-46）得

$$q_V = \sqrt{\frac{p_1^2 - p_2^2}{\alpha L}} \times 10^4$$

查表 6-14，管径为 500mm 时，$\alpha_{铸} = 0.11$ 代入式中，则

$$q_V = \left(\sqrt{\frac{2.5^2 - 1.5^2}{0.11 \times 10}} \times 10^4\right) \mathrm{m^3/h} = 19000 \mathrm{m^3/h}$$

2）应用水力计算图计算，先求出单位长度压力平方差：

$$\frac{p_1^2 - p_2^2}{L} = \frac{2.5^2 - 1.5^2}{10} = 0.4$$

查图 6-18 水力计算图表，在纵坐标 $\dfrac{p_1^2 - p_2^2}{L}$ 上找到 0.4 一点，在 0.4 的水平线上与直径为 500mm 管径的斜线相交得一点，由此交点垂直向下交与 q_V 线上得 $q_V = 19000 \mathrm{m^3/h}$。

（2）由不同管径连接的管道计算数段不同管径的管段连接成一条管道　在没有分支管的情况下，可将其换算成一条相同直径为 D_0 的管道，可使计算简化。

如图 6-25 所示，设备段管道的直径和长度分别为 D_1、D_2、D_3 和 L_1、L_2、L_3，换算成直径为 D_0 的管道后，其各段管道长度为 L_1'、L_2'、L_3'。

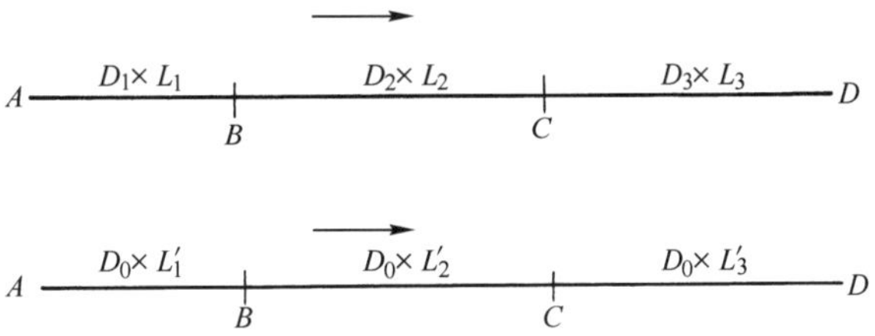

图 6-25　不同管径连接成的直管

图 6-25 中 A、B 间的流量为

$$q_V = K\sqrt{\frac{D_1^{5.284}}{SL_1}}\sqrt{p_A^2 - p_B^2} = K\sqrt{\frac{D_0^{5.284}}{SL_1'}}\sqrt{p_A - p_B}$$

当式中 K、S、$\sqrt{p_A^2 - p_B^2}$ 均为常数时，则

$$L_1' = \frac{D_0^{5.284}}{D_1^{5.284}}L_1$$

$$L_2' = \frac{D_0^{5.284}}{D_1^{5.284}}L_2$$

$$\vdots$$

$$L_n' = \frac{D_0^{5.284}}{D_1^{5.284}}L_n$$

$$\hspace{10cm}(6\text{-}67)$$

因

$$L_0 = L_1' + L_2' + \cdots + L_n'$$

故

$$L_0 = \frac{D_0^{5.284}}{D_1^{5.284}}L_1 + \frac{D_0^{5.284}}{D_2^{5.284}}L_2 + \cdots + \frac{D_0^{5.284}}{D_n^{5.284}}L_n \hspace{2cm}(6\text{-}68)$$

按照式（6-68）即可得出与原来干管系统输送能力相同的直径为 D_0，长度为 $L_1' + L_2' + \cdots + L_n'$ 的管道。

【例 6-10】 如图 6-26 所示，管道的始点压力为 $2.5 \times 10^5 \text{Pa}$（绝对），终点压力为 $1.5 \times 10^5 \text{Pa}$（绝对），燃气的相对密度为 0.55，求直径为 50cm、40cm、30cm，长度为 0.5km、0.8km、0.5km 的燃气通过能力。

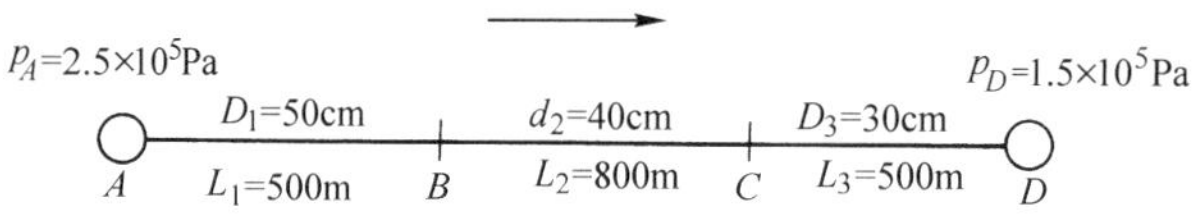

图 6-26　不同管径管道的流量计算

【解】 设以长度为 L_0、管径 D_0 为 50cm 的管道代替上述管道系统。

根据式（6-68）得

$$L_0 = \frac{D_0^{5.284}}{D_1^{5.284}}L_1 + \frac{D_0^{5.284}}{D_2^{5.284}}L_2 + \frac{D_0^{5.284}}{D_3^{5.284}}L_3$$

$$= \left[\left(\frac{50}{50}\right)^{5.284} \times 0.5 + \left(\frac{50}{40}\right)^{5.284} \times 0.8 + \left(\frac{50}{30}\right)^{5.284} \times 0.5\right]\text{km} = 10.53\text{km}$$

根据流量式（6-46）得

$$q_V = \sqrt{\frac{p_A^2 - p_D^2}{\alpha L}} \times 10^4 = \sqrt{\frac{2.5^2 - 1.5^2}{0.11 \times 10.53}}\,\text{m}^3/\text{h} = 18583\text{m}^3/\text{h}$$

从得出的管道燃气通过能力可求出 B、C、D 点的压力：

$$p_B = \sqrt{p_A^2 - \alpha\left(\frac{q_V}{10^4}\right)^2 L_1} = \sqrt{2.5^2 - 0.11 \times 1.8583^2 \times 0.5}\,\text{Pa}$$

$$= 2.46 \times 10^5\text{Pa}(绝对)$$

$$p_C = \sqrt{p_B^2 - \alpha\left(\frac{q_V}{10^4}\right)^2 L_2} = \sqrt{2.46^2 - 0.357 \times 1.8583^2 \times 0.8}\,\text{Pa}$$

$$= 2.25 \times 10^5\text{Pa}(绝对)$$

$$p_D = \sqrt{p_C^2 - \alpha \left(\frac{q_V}{10^4} \right)^2 L_3} = \sqrt{2.25^2 - 1.63 \times 1.8583^2 \times 0.5} \, \text{Pa}$$

$$= 1.50 \times 10^5 \, \text{Pa(绝对)}$$

（3）并联管道的计算　两条或两条以上不同长度的管道连成如图 6-26 所示的并联管道时，可将此并联管道一根与此输送能力相等的管道代替，将使计算简化得

设组成并联管道的各管径及长度分别为 D_1、D_2、$\cdots$、D_n 及 L_1、L_2、$\cdots$、L_n，与并联管道具有同等输送能力的管道直径和长方为 D_0、L_0，根据流量公式得

$$p_1^2 - p_2^2 = \frac{q_V^2 SL}{K^2 d^{5.284}}$$

当压力平方差相同，S、K 为常数时，则

$$\frac{q_{V0}^2 L_0}{D_0^{5.284}} = \frac{q_{V1}^2 L_1}{D_1^{5.284}} + \frac{q_{V2}^2 L_2}{D_2^{5.284}} + \cdots + \frac{q_{Vn}^2 L_n}{D_n^{5.284}}$$

设其他管道流量为零时

$$q_{V1}^2 = \frac{q_{V0}^2 L_0 D_1^{5.284}}{D_0^{5.284} L_1}$$

$$q_{V2}^2 = \frac{q_{V0}^2 L_0 D_2^{5.284}}{D_0^{5.284} L_2}$$

$$\vdots$$

$$q_{Vn}^2 = \frac{q_{V0}^2 L_0 D_n^{5.284}}{D_0^{5.284} L_n}$$

$$q_{V1} = q_{V0} \sqrt{\frac{L_0}{L_1}} \left(\frac{D_1}{D_0} \right)^{2.642}$$

$$q_{V2} = q_{V0} \sqrt{\frac{L_0}{L_2}} \left(\frac{D_2}{D_0} \right)^{2.642}$$

$$\vdots$$

$$q_{Vn} = q_{V0} \sqrt{\frac{L_0}{L_n}} \left(\frac{D_n}{D_0} \right)^{2.642}$$

因

$$q_{V0} = q_{V1} + q_{V2} + \cdots + q_{Vn}$$

两边相加，有

$$D_0^{2.642} = D_1^{2.642} \sqrt{\frac{L_0}{L_1}} + D_2^{2.642} \sqrt{\frac{L_0}{L_2}} + \cdots + D_n^{2.642} \sqrt{\frac{L_0}{L_n}} \tag{6-69}$$

【例 6-11】　如图 6-27 所示，D_1 为 30cm，L_1 为 3000m，D_2 为 20cm，L_2 为 2000m，始点压力为 2.5×10^5 Pa（绝对），终点压力为 1.5×10^5 Pa（绝对），求此并联管道的通过能力。

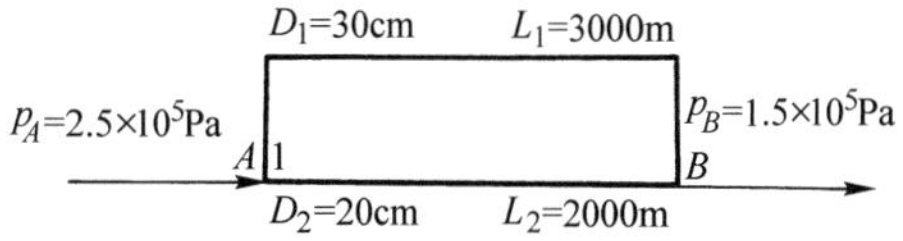

图 6-27　环状管道的计算

【解】　1）先求两根管道合并一根管道的当量管径。

$$D_0^{2.642} = D_1^{2.642} \sqrt{\frac{L_0}{L_1}} + D_2^{2.642} \sqrt{\frac{L_0}{L_2}} = 30^{2.642} \sqrt{\frac{3}{3}} + 20^{2.642} \sqrt{\frac{3}{2}} = 11343$$

$$D_0 = 34.25 \text{cm}$$

2）根据当量管径求 α：

$$\alpha = \frac{1.043 \times 10^8}{D_0^{5.284}} = \frac{1.043 \times 10^8}{34.25^{5.284}} = 0.811$$

3）求通过能力根据式（6-17）得

$$q_v = \left(\sqrt{\frac{2.5^2 - 1.5^2}{0.811 \times 3}} \times 10^4 \right) \text{m}^3/\text{h} = 7800 \text{m}^3/\text{h}$$

2. 低压干管的计算

低压燃气干管一般均连接成网状，网状管的计算较为复杂。有时为了进行局部管段的计算，往往是假定将干管从各处切断，管段上的用户则假定集中在适当的位置，或等距离地分布在管段上进行计算。

计算方法是当管道流量 q_v、长度 L、管径 D，始点压力 p_1，终点压力 p_2，对空气相对密度 S 等六个参数中五个参数为已知，按照流量公式求出另一参数。

（1）单根管道的计算

1）管径的计算。

【例 6-12】　干管的长度为 500m，流量为 450m³/h，始点和终点的压力降为 300Pa，燃气对空气的相对密度为 0.55，求管径。

【解】　1）根据式（6-48）得

$$d^5 = 0.1 \left(\frac{q_v}{K} \right)^2 \frac{SL}{K_1 \Delta p} = 0.1 \times \left(\frac{450}{0.707} \right)^2 \times \frac{0.55 \times 500}{1.1 \times 300} = 3376000$$

可得 $d = 20.2 \text{cm} \approx 20 \text{cm}$

2）应用水力计算图进行计算。先求出单位长度压力降：

$$\frac{\Delta p}{L} = \left(\frac{300}{500} \right) \text{Pa/m} = 0.6 \text{Pa/m}$$

查图 6-19 水力计算图表纵坐标 $\frac{\Delta p}{L}$ 上找到 0.6 一点，引 0.6 的水平线及横坐标 $q_v = 450 \text{m}^3/\text{h}$ 的垂直线相交得一点，该点接近直径 200mm 线，取 $d = 200 \text{mm}$。

2）流量的计算。

【例 6-13】　已知管径为 300mm，长度为 100m，允许压力降为 200Pa，燃气对空气的相对密度为 0.55，求该管道燃气的通过能力。

【解】　1）根据式（6-48）得

$$q_v = 0.316K \sqrt{\frac{d^5 \Delta p}{SLK_1}} = 0.316 \times 0.707 \sqrt{\frac{30^5 \times 200}{0.55 \times 100 \times 1.1}} \text{m}^3/\text{h} = 2004 \text{m}^3/\text{h}$$

2）应用水力计算图表计算。先求出单位长度压力降：

$$\frac{\Delta p}{l} = \frac{200}{100} \text{Pa/m} = 2 \text{Pa/m}$$

查图 6-16 水力计算图表纵坐标 $\frac{\Delta p}{l}$ 上找到 2 一点，引 2 的水平线与直径 300mm 的斜线相交得一交点，则此交点垂直向下与横坐标 q_V 相交得 2004m^3/h。

（2）并联管道的计算

【例 6-14】 如图 6-28 所示，当允许压力降为 400Pa 时，燃气对空气相对密度为 0.55，求管道燃气的通过能力。

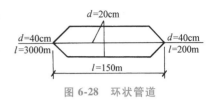

d=20cm
d=40cm
l=3000m
d=40cm
l=200m
l=150m
图 6-28　环状管道

【解】 1）先求三根 20cm 管道合并为一根管道的当量管径，根据式（6-62）得

$$\sqrt{d_0^5}=\sqrt{d_1^5}+\sqrt{d_2^5}+\sqrt{d_3^5}=\sqrt{20^5}\times 3\text{cm}^{\frac{5}{2}}=5367\text{cm}^{\frac{5}{2}}$$

可得 $d_0=31\text{cm}$

2）将当量管径为 31cm 的管道换算成管径为 40cm 的当量长度，根据下述公式：

$$\frac{L_1}{L_2}=\left(\frac{d_2}{d_1}\right)^5 L_1=\left[\left(\frac{40}{31}\right)^5\times 150\right]\text{m}=537\text{m}$$

$$L_0=(300+537+200)\text{m}=1037\text{m}$$

3）根据流量公式求通过量：

$$q_V=0.316\times 0.707\sqrt{\frac{40^5\times 400}{0.55\times 1037\times 1.1}}\text{m}^3/\text{h}=1806\text{m}^3/\text{h}$$

（3）不同管径连成的管道计算

【例 6-15】 如图 6-29 所示，当始点压力为 1500Pa，终点压力为 1000Pa 时，燃气对空气相对密度 0.6，求管道通过能力。

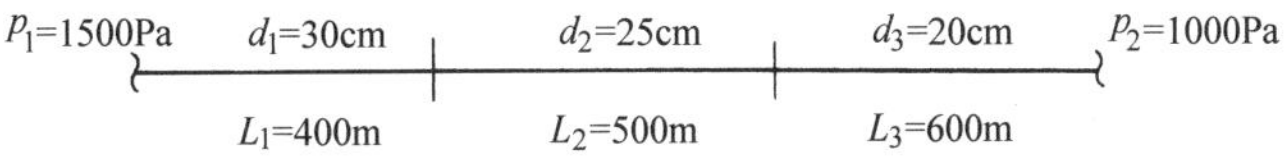

p1=1500Pa
d1=30cm
d2=25cm
d3=20cm
p2=1000Pa
L1=400m
L2=500m
L3=600m
图 6-29　不同管径连成的管道计算

【解】

1）先将上述管道全部换算成 $d_0=30\text{cm}$ 的管道来代替。设长度为 L_0，按照当量长度公式得

$$L_0=\left(\frac{d_0}{d_1}\right)^5 L_1+\left(\frac{d_0}{d_2}\right)^5 L_2+\left(\frac{d_0}{d_3}\right)^5 L_3$$

$$=\left[\left(\frac{30}{30}\right)^5\times 400+\left(\frac{30}{25}\right)^5\times 500+\left(\frac{30}{20}\right)^5\times 6\right]\text{m}=6200\text{m}$$

2）按流量公式求通过能力：

$$q_V=\left(0.316\times 0.707\sqrt{\frac{30^5\times 500}{0.6\times 6200\times 1.1}}\right)\text{m}^3/\text{h}=385\text{m}^3/\text{h}$$

（4）按规格管径确定干管长度　如图 6-30 所示，A、B 间的距离为 L_0，其间的流量为 q_V 时，按计算所得的管径应为 d_0，但此 d_0 往往非规格管径，与 d_0 相近的规格管径为 d_1 和 d_2，其中 $d_1>d_0>d_2$。如在 A、B 全线中均采用 d_1，则投资过大，如均采用 d_2，则不能满足输气要求，因此需采用规格管径 d_1 和 d_2 连接的管道，并求出其适应的长度 L_1、L_2，使其通过能力满足 q_V。

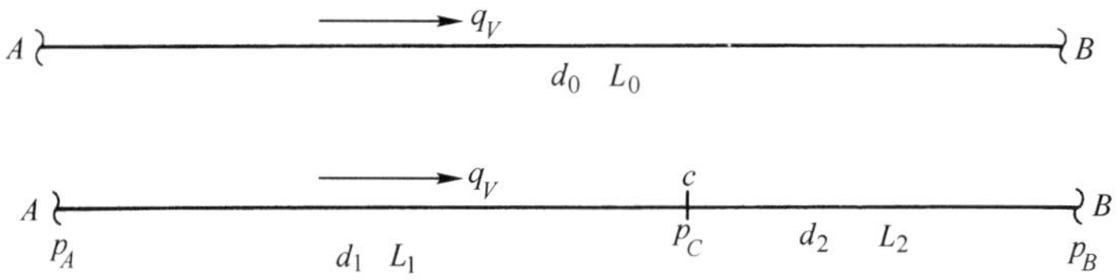

图 6-30　按规格管径确定干管长度

设 d_1 和 d_2 管的分界点为 C，其压力为 p_c，根据流量公式得

$$p_A - p_C = \frac{10q_V^2 SL_1}{K^2 d_1^5}$$

$$p_C - p_B = \frac{10q_V^2 SL_2}{K^2 d_2^5}$$

两边相加

$$p_A - p_B = \frac{10q_V^2 S}{K^2}\left(\frac{L_1}{d_1^5} + \frac{L_2}{d_2^5}\right)$$

且当 A、B 间管径为 d_0 时

$$p_A - p_B = \frac{10q_V^2 SL_0}{K^2 d_0^5}$$

故

$$\frac{L_1}{d_1^5} + \frac{L_2}{d_2^5} = \frac{L_0}{d_0^5}$$

又因

$$L_1 + L_2 = L_0$$

则

$$\left.\begin{array}{l} L_1 = \dfrac{\dfrac{1}{d_2^5} - \dfrac{1}{d_0^5}}{\dfrac{1}{d_2^5} - \dfrac{1}{d_1^5}} \cdot L_0 \\[2em] L_2 = \dfrac{\dfrac{1}{d_0^5} - \dfrac{1}{d_1^5}}{\dfrac{1}{d_2^5} - \dfrac{1}{d_1^5}} \cdot L_0 \end{array}\right\} \qquad (6\text{-}70)$$

【例 6-16】　如图 6-31 所示，AB 间距离为 1500m，始点压力为 1500Pa，终点压力为 1000Pa，流量为 500m^3/h，燃气对空气相对密度为 0.5，求选用的管径及长度。

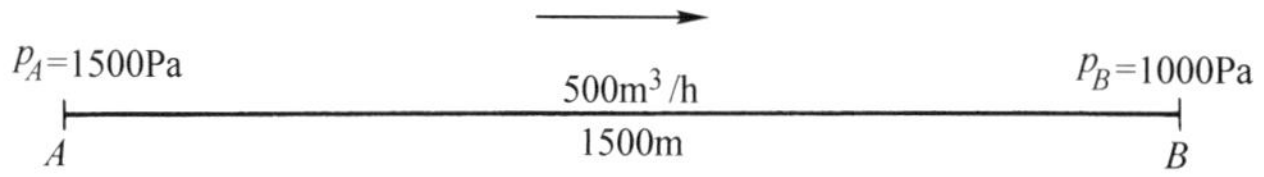

图 6-31　规格管径及长度的计算

【解】　根据流量公式得

$$d_0 = \sqrt[5]{\frac{q_V^2 SLK_1}{0.1 K^2 \Delta p}} = \sqrt[5]{\frac{(500)^2 \times 0.5 \times 1500 \times 1.1}{0.1 \times 0.707^2 \times 500}}\,\text{cm} = 24.17\,\text{cm}$$

采用的规格管径 $d_1 = 30$cm、$d_2 = 20$cm，其长度 L_1、L_2，依式（6-70）计算：

$$L_1 = \frac{\dfrac{1}{d_2^5} - \dfrac{1}{d_0^5}}{\dfrac{1}{d_2^5} - \dfrac{1}{d_1^5}} \cdot L_0 = \left[\frac{\left(\dfrac{1}{20}\right)^5 - \left(\dfrac{1}{24.17}\right)^5}{\left(\dfrac{1}{20}\right)^5 - \left(\dfrac{1}{30}\right)^5} \times 1500\right] \text{m} = 1057\text{m}$$

$$L_2 = \frac{\dfrac{1}{d_0^5} - \dfrac{1}{d_1^5}}{\dfrac{1}{d_2^5} - \dfrac{1}{d_1^5}} \cdot L_0 = \left[\frac{\left(\dfrac{1}{24.7}\right)^5 - \left(\dfrac{1}{30}\right)^5}{\left(\dfrac{1}{20}\right)^5 - \left(\dfrac{1}{30}\right)^5} \times 1500\right] \text{m} = 443\text{m}$$

（5）有支管的干管选择最经济的管径计算　如图 6-32 所示，在干管 A 和 B 之间有许多支管时，各个管段的长度和流量分别为 L_1、L_2、$\cdots$、L_n 和 q_{V_1}、q_{V_2}、$\cdots$、q_{V_n}，求各管段的最经济管径 d_1、d_2、$\cdots$、d_n。

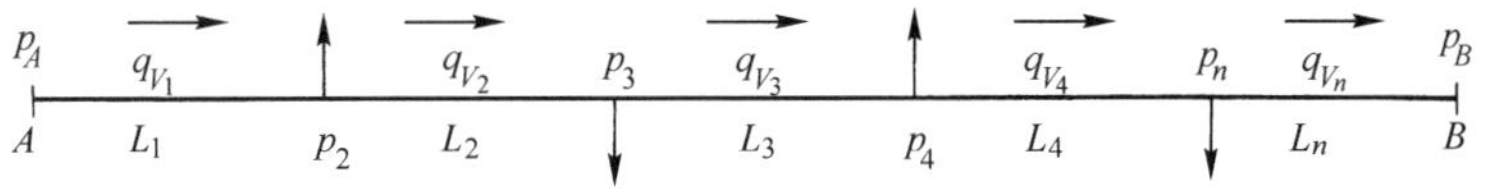

图 6-32　有支管的干管选择最经济管径

设 A 点及各支管接点以及 B 点压力分别为 p_A、p_2、p_3、$\cdots$、p_n、p_B，应用流量公式得

$$q_V = 0.316K\sqrt{\frac{(p_1 - p_2)d^5}{SL}}, \qquad p_A - p_2 = \frac{10q_{V1}^2 SL_1}{K^2 d_1^5}$$

$$p_2 - p_3 = \frac{10q_{V2}^2 SL_2}{K^2 d_2^5}, \qquad p_n - p_B = \frac{10q_{Vn}^2 SL_n}{K^2 d_n^5}$$

上式相加并整理得

$$\frac{10q_{V1}^2 L_1}{d_1^5} + \frac{10q_{V2}^2 L_2}{d_2^5} + \cdots + \frac{10q_{Vn}^2 L_n}{d_n^5} = \frac{K^2(p_A - p_B)}{S} \tag{6-71}$$

假定干管单位长度的投资费用与管径 d 的 r 次方成比例（一般 $r = 1.0 \sim 1.5$），则其总投资 Y 为

$$Y = L_1 d_1^r + L_2 d_2^r + \cdots + L_n d_n^r \tag{6-72}$$

根据式（6-71）得

$$d_1 = \left[\frac{10L_1 q_{V1}^2}{\dfrac{K^2(p_A - p_B)}{S} - \left(\dfrac{10L_2 q_{V2}^2}{d_2^5} + \cdots + \dfrac{10L_n q_{Vn}^2}{d_n^5}\right)}\right]^{\frac{1}{5}} \tag{6-73}$$

代入式（6-72）得

$$Y = L_1 \left[\frac{10l_1 q_{V1}^2}{\dfrac{K^2(p_A - p_B)}{S} - \left(\dfrac{10L_2 q_{V2}^2}{d_2^5} + \cdots + \dfrac{10L_n q_{Vn}^2}{d_n^5}\right)}\right]^{\frac{r}{5}} + L_2 d_2^r + \cdots + L_n d_n^r$$

对上式求偏导并令

$$\frac{\partial Y}{\partial d_2} = 0, \qquad \frac{\partial Y}{\partial d_3} = 0, \cdots, \qquad \frac{\partial Y}{\partial d_n} = 0$$

$$d_2 = \left(\frac{q_{V2}}{q_{V1}}\right)^{\frac{2}{r+5}} d_1, \qquad d_3 = \left(\frac{q_{V3}}{q_{V1}}\right)^{\frac{2}{r+5}} D_1, \cdots, \qquad d_n = \left(\frac{q_{Vn}}{q_{V1}}\right)^{\frac{2}{r+5}} d_1$$

代入式（6-73）可求出 d_1、d_2、$\cdots$、d_n

$$d_1 = q_{V1}^{\frac{2}{r+5}} A, \qquad d_2 = q_{V2}^{\frac{2}{r+5}} A, \qquad \cdots, \qquad d_n = q_{Vn}^{\frac{2}{r+5}} A \qquad (6-74)$$

式中

$$A = \left[\frac{10S}{K^2(p_A - p_B)}\right]^{\frac{1}{5}} \left[L_1 q_{V1}^{\frac{2r}{r+5}} + L_2 q_{V2}^{\frac{2r}{r+5}} + \cdots + L_n q_{Vn}^{\frac{2r}{r+5}}\right]^{\frac{1}{5}}$$

当 $r = 1.0$ 时

$$d_1 = q_{V1}^{\frac{1}{3}} A, \qquad d_2 = q_{V2}^{\frac{1}{3}} A, \qquad d_n = q_{Vn}^{\frac{1}{3}} A \qquad (6-75)$$

式中

$$A = \left[\frac{10S}{K^2(p_A - p_B)}\right]^{\frac{1}{5}} \left[L_1 q_{V1}^{\frac{1}{3}} + L_2 q_{V2}^{\frac{1}{3}} + L_n q_{Vn}^{\frac{1}{3}}\right]^{\frac{1}{5}}$$

从式（6-75）中可以看出，经济管径与流量的立方根成比例。

【例 6-17】 如图 6-33 所示，当燃气对空气相对密度为 0.55 时，求各管段的经济管径。

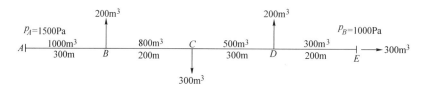

图 6-33 有支管的干管管径计算

【解】 根据式（6-74）得

$$A = \left[\frac{10 \times 0.55}{0.707^2 (1500-1000)}\right]^{\frac{1}{5}} \left[300 \times 1000^{\frac{1}{3}} + 200 \times 800^{\frac{1}{3}} + 300 \times 500^{\frac{1}{3}} + 200 \times 300^{\frac{1}{3}}\right]^{\frac{1}{5}} = 2.85$$

$$d_1 = (1000^{\frac{1}{3}} \times 2.85)\,\mathrm{cm} = 28.5\,\mathrm{cm}, \qquad d_2 = (800^{\frac{1}{3}} \times 2.85)\,\mathrm{cm} = 26.5\,\mathrm{cm}$$

$$d_3 = (500^{\frac{1}{3}} \times 2.85)\,\mathrm{cm} = 22.6\,\mathrm{cm}, \qquad d_4 = (300^{\frac{1}{3}} \times 2.85)\,\mathrm{cm} = 19\,\mathrm{cm}$$

本例计算出的 d_1、d_2、d_3、d_4 均为非规格管径，可再根据【例 6-16】的方法选用规格的管径，并计算出各管径的长度。

将所求得的 d_1、d_2、d_3、d_4 代入流量公式，可得出 B，C，D，E 点之压力：

$$p_B = p_A - \frac{10q_{V1}^2 SL_1}{K^2 d_1^5} = \left[1500 - \frac{10 \times 1000^2 \times 0.55 \times 300}{0.707^2 \times 28.5^2}\right]\mathrm{Pa} = 1320\,\mathrm{Pa}$$

$$p_C = p_B - \frac{10q_{V2}^2 SL_2}{K^2 d_2^5} = \left[1320 - \frac{10 \times 800^2 \times 0.55 \times 200}{0.707^2 \times 28.5^2}\right]\mathrm{Pa} = 1220\,\mathrm{Pa}$$

$$p_D = p_C - \frac{10q_{V3}^2 SL_3}{K^2 d_3^5} = \left[1500 - \frac{10 \times 800^2 \times 0.55 \times 300}{0.707^2 \times 22.6^2}\right]\mathrm{Pa} = 1080\,\mathrm{Pa}$$

$$p_E = p_D - \frac{10q_{V4}^2 SL_4}{K^2 d_4^5} = \left[1080 - \frac{10 \times 300^2 \times 0.55 \times 300}{0.707^2 \times 19^2}\right]\mathrm{Pa} = 1000\,\mathrm{Pa}$$

3. 低压枝状管网和室内管道的计算

低压枝状管网系指自干管指出通向用户的配气管。室（屋）内管道则包括支管、燃气计算表、用气管。枝状管网和屋内管段较多，如按式（6-74）和式（6-75）选择经济管径，计算过程复杂。因此，在计算管径时，常利用单位长度平均压力降，即（$\Delta p / L$）选择管径，用这个方法求得的管径接近于经济管径。枝状管和屋内的水力计算，一般可按下列步骤进行。

根据布置好的管线图和用气情况，确定管道各管段的计算流量应按同时工作系数法进行计算。

根据给定的允许压力降及由于高程及密度差而产生的附加压头确定管道的单位长度允许压力降；根据管段的计算流量及单位长度允许压力降选择标准管径。

根据所选定的标准管径，求出各管段实际单位长度阻力损失和局部阻力损失，然后计算管道的总阻力损失。

检查计算结果，若总阻力损失趋近最大允许值，则认为计算合格。否则，应适当变动管径，使总阻力损失小于并尽量趋近允许值为止。

枝状管的计算可根据流量公式绘制成计算表以使计算简化。

根据流量式（6-48）得

$$\Delta p = \frac{10 q_v^2 S L K_1}{K^2 d^5} = \frac{10 S K_1}{K^2 d^5} q_v^2 L \tag{6-76}$$

按照表 6-15 不同管径的 K 值代入上式，将式中 $\dfrac{S K_1}{K^2 d^5}$ 化为常数，设 $S = 0.55$，$K_1 = 1.1$

则

$$d = 1.5 \text{cm} \left(\frac{1}{2} \text{in} \right), \quad K = 0.46; \quad \Delta p = \frac{10 \times 0.55 \times 1.1}{0.46^2 \times 1.5^2} q_v^2 L = 3.765 q_v^2 L$$

$$d = 2.0 \text{cm} \left(\frac{3}{4} \text{in} \right), \quad K = 0.47; \quad \Delta p = \frac{10 \times 0.55 \times 1.1}{0.47^2 \times 1.5^2} q_v^2 L = 0.856 q_v^2 L$$

$$d = 2.5 \text{cm} (1 \text{in}), \quad K = 0.48; \quad \Delta p = \frac{10 \times 0.55 \times 1.1}{0.48^2 \times 2.5^2} q_v^2 L = 0.269 q_v^2 L$$

$$d = 3.2 \text{cm} \left(1 \frac{1}{4} \text{in} \right), \quad K = 0.49; \quad \Delta p = \frac{10 \times 0.55 \times 1.1}{0.49^2 \times 3.2^2} q_v^2 L = 0.0752 q_v^2 L$$

$$d = 5.0 \text{cm} (2 \text{in}), \quad K = 0.52; \quad \Delta p = \frac{10 \times 0.55 \times 1.1}{0.52^2 \times 5^2} q_v^2 L = 716 \times 10^{-5} q_v^2 L$$

$$d = 7.5 \text{cm} (3 \text{in}), \quad K = 0.57; \quad \Delta p = \frac{10 \times 0.55 \times 1.1}{0.57^2 \times 7.5^2} q_v^2 L = 78.5 \times 10^{-5} q_v^2 L$$

$$d = 10 \text{cm} (4 \text{in}), \quad K = 0.62; \quad \Delta p = \frac{10 \times 0.55 \times 1.1}{0.62^2 \times 10^2} q_v^2 L = 15.7 \times 10^{-5} q_v^2 L$$

$$d = 15 \text{cm} (6 \text{in}), \quad K = 0.707; \quad \Delta p = \frac{10 \times 0.55 \times 1.1}{0.707^2 \times 15^2} q_v^2 L = 1594 \times 10^{-5} q_v^2 L$$

$$d = 20 \text{cm} (8 \text{in}), \quad K = 0.707; \quad \Delta p = \frac{10 \times 0.55 \times 1.1}{0.707^2 \times 20^2} q_v^2 L = 0.378 \times 10^{-5} q_v^2 L$$

$$d = 30 \text{cm} (8 \text{in}), \quad K = 0.707; \quad \Delta p = \frac{10 \times 0.55 \times 1.1}{0.707^2 \times 30^2} q_v^2 L = 0.0498 \times 10^{-5} q_v^2 L$$

按照以上公式计算出的常数乘以不同户数的流量平方（即 q_v^2），得出每米长度的单位压力降 $\dfrac{\Delta p}{L}$，绘制成表以供查用，可从有关手册上找到该表。在使用有关手册上提供的计算表格进行计算时，应注意其使用方法与使用条件。

在对室内燃气管道进行水力计算时，首先应根据燃气用具的数量和布置的位置，画出其管道平面图及系统（或透视）图。居民用户室内管道的计算流量，也应按同时工作系数法进行计算。从室外枝状管网到最远燃具之间的压力降，其最大值应满足允许压力降的要求。

【例6-18】　试做六层住宅楼的室内燃气管道的水力计算和燃气管道的布置。图6-34所示为室内燃气管道平面图，图6-36所示为管道系统图，每家用户装双眼灶一台，额定热负荷 $3.5 \times 2kW$，燃气热值为 $18000kJ/m^3$，燃气密度 $\rho' = 0.45kg/m^3$，运动黏度 $\nu = 25 \times 10^{-6} m^2/s$。

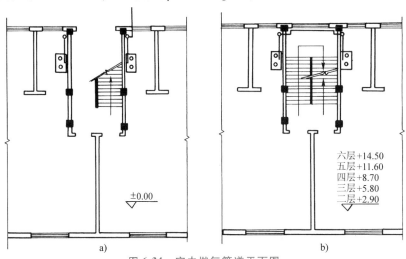

图6-34　室内燃气管道平面图

a）一层平面图　b）二层平面图

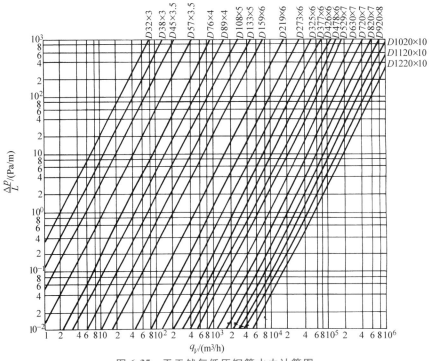

图6-35　干天然气低压钢管水力计算图

$\rho_0 = 1kg/m^3$　　$\nu_0 = 12.5 \times 10^{-6} m^2/s$

【解】　燃具的额定流量为 $q_v = \dfrac{3.5 \times 2 \times 3600}{18000}\,\mathrm{m^3/h} = 1.4\,\mathrm{m^3/h}$。

计算步骤如下：

1）管段按顺序编号，凡管径变化或流量变化处均应编号，并标上各计算管段的实际长度 L_1。

2）求出各管段的额定流量，并按同时工作系数法计算各管段的计算流量。

3）根据计算流量设定各管段的管径（用户支管最小管径为 DN15）。

4）查表 6-16 得各管段局部阻力系数 ζ，查表 6-18 得 $\zeta = 1$ 时的 l_2 值，求出当量长度 $L_2 = \sum \zeta \cdot l_2$，从而可得管道的计算长度 $L = L_1 + L_2$。

5）根据燃气种类、密度和运动黏度选择水力计算，根据图 6-20 和图 6-35 所示确定管段单位长度的压降值 $\left(\dfrac{\Delta p}{L}\right)_{\rho=1}$。由于本题的燃气密度为 $\rho' = 0.45\,\mathrm{kg/m^3}$，需进行密度修正，即 $\dfrac{\Delta p}{L} = \left(\dfrac{\Delta p}{L}\right)_{\rho=1} \rho' = \left(\dfrac{\Delta p}{L}\right)_{\rho=1} \times 0.45$ 得到修正后的管段单位长度的压降值 $\dfrac{\Delta p}{L}$，乘以管段的计算长度 L，即得该管段的阻力损失 Δp。

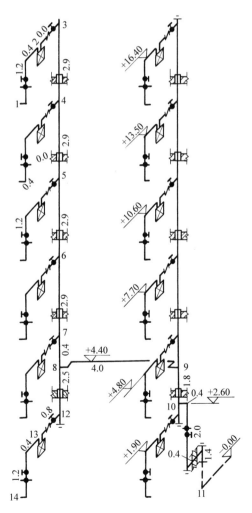

图 6-36　管道系统图

6) 由式 (6-60) 计算各管段的附加压力, 即

$$\Delta p_f = 10 \times (\rho_a - \rho_g) \times h = 10 \times (1.293 - 0.45) \times h$$
$$= 8.43h$$

7) 求各管段的实际压力损失, 即 $\Delta p - \Delta p_f$。

8) 求室内燃气管道的总压力降, 人工燃气计算压力降一般不超过 $80 \sim 100Pa$ (不包括燃气表的压力降)。

9) 将室内燃气管道的总压力降与允许的压力降进行比较, 如不合适, 则可调整个别管段的管径。

以上计算列于表 6-22 中。

表 6-22　室内燃气管道水力计算表

管段号	额定流量 /(m³/h)	同时工作系数 k	计算流量 q_V/ (m³/h)	管段长度 L_1/ m	管径 d/m	局部阻力系数 $\Sigma\zeta$	l_2 /m	当量长度 L_2/ m	计算长度 L/ m	单位长度压力损失 $\dfrac{\Delta p}{L}$/ (Pa/m)	压力损失 Δp /Pa	管段终端始端标高差 h/m	附加压力 (头) Δp_f/Pa	管段实际压力损失 $\Delta p - \Delta p_f$ /Pa	管段局部阻力系数计算及其他说明
1-2	1.4	1	1.4	1.6	15	10.6	0.31	3.3	4.9	2.8	13.7	-1.2	-10.1	23.8	90°直角弯头 $\zeta=3\times2.2$ $=6.6$, 旋塞 $\zeta=4$
															$\dfrac{\Delta p}{L}=6.3\times0.45=2.8$
2-3	1.4	1	1.4	0.8	20	6.2	0.31	1.9	2.7	0.90	2.4			2.4	90°直角弯头 $\zeta=2\times2.1$ $=4.2$, 旋塞 $\zeta=2$
															$\dfrac{\Delta p}{L}=2.0\times0.45=0.90$
															依此类推
3-4	1.4	1	1.4	2.9	25	1.0	0.31	0.31	3.21	0.33	1.1	2.9	24.4	-23.3	三通直流 $\zeta=1.0$
4-5	2.8	1	2.8	2.9	25	1.0	0.62	0.62	3.52	0.68	2.4	2.9	24.4	-22.0	三通直流 $\zeta=1.0$
5-6	4.2	0.85	3.57	2.9	25	1.0	0.79	0.79	3.7	0.82	3.0	2.9	24.4	-21.4	三通直流 $\zeta=1.0$
6-7	5.6	0.75	4.2	2.9	25	1.0	0.80	0.80	3.7	1.1	4.1	2.9	24.4	-20.3	三通直流 $\zeta=1.0$
7-8	7.0	0.68	4.76	0.4	25	1.5	0.76	1.1	1.5	1.5	2.3	0.4	3.4	-1.1	三通分流 $\zeta=1.5$
8-9	8.4	0.64	5.38	4.0	25	9.5	0.74	7.0	11.0	1.9	21.2			21.2	90°直角弯头 $\zeta=4\times2.0$ $=8.0$, 三通分流 $\zeta=1.5$
9-10	15.4	0.53	8.16	1.8	25	1.5	0.68	1.0	2.8	5.2	14.6	1.8	15.2	-0.6	三通合流 $\zeta=0.5$
10-11	16.8	0.52	8.74	4.2	32	7.4	0.96	7.1	11.3	1.4	15.8	3.4	28.7	-12.9	90°直角弯头 $\zeta=3\times1.8$ $=4.8$, 旋塞 $\zeta=2$

管道 1-2-3-4-5-6-7-8-9-10-11 总压力降 $\Delta p = -54.2Pa$

管段号	额定流量	同时工作系数	计算流量	管段长度	管径	局部阻力系数	l_2	当量长度	计算长度	单位长度压力损失	压力损失	管段终端始端标高差	附加压力	管段实际压力损失	说明
14-13	1.4	1	1.4	1.6	15	10.6	0.31	3.3	4.9	2.8	13.7	-1.2	-10.1	23.8	同 1-2 管段
13-12	1.4	1	1.4	0.8	20	6.2	0.31	1.9	2.7	0.90	2.4			2.4	同 2-3 管段
12-8	1.4	1	1.4	2.5	25	1.5	0.31	0.47	3.0	0.33	1.0	-2.5	-21.1	22.1	三通分流 $\zeta=1.5$

管道 14-13-12-8-9-10-11 总压力降 $\Delta p = 56.0Pa$

思考题与习题

1. 实现均匀送风的基本条件是什么？

2. 结合【例 6-3】，掌握一般通风管道水力计算方法。参见该题图 6-7，如果图中第 6 号支路增加一个调节阀，且该阀门阻力损失为该管段原来总阻力损失的 20%，请问增加这个阀门后对整个管路流量分配有何影响？并计算增加阀门后各管段的流量分配和系统总阻力的变化。

3. 解释物料速度、速比和料气比。

4. 以高中压燃气管道水力计算基本公式为基础，推导出低压燃气管道水力计算基本公式。

5. 燃气（混合气体）运动黏度 ν 如何确定？

6. 燃气管网平均流速（高峰和低谷）的计算方法是什么？

7. 什么是燃气（对空气）相对密度？

8. 低压燃气管道当量管径和当量长度的换算方法。

9. 高中压燃气管道当量管径和当量长度的换算方法。

10. 结合【例 1-2】，给出一个完整的低压燃气管网（环状）水力计算步骤。

11. 附加压力（头）的本质是什么？有何特点？

12. 以【例 6-4】为基础，绘出其风管内的压力分布，并说明其意义。

二维码形式客观题

微信扫描二维码，可自行做客观题，提交后可查看答案。

第6章
客观题

第7章

其他管网系统

7.1 压缩空气管网

压缩空气是一种重要的动力源，用于多种风动工具、气动设备，用来控制仪表及自动化装置，也被广泛用于科学实验。

压缩空气管网系统由压缩空气站、室外压缩空气管路、车间入口装置及车间内部压缩空气管路等四部分组成。

7.1.1 压缩空气消耗量

压缩空气消耗量、供气压力和品质的要求是确保压缩空气管网系统的主要依据，一般由用气部门提出。计算方法如下：

1）单台设备平均消耗量与最大消耗量的关系为

$$q_{v0} = q_{Vmax}k_1 \tag{7-1}$$

式中 q_{v0}——每个用气设备平均消耗量（m^3/h）；

q_{Vmax}——每个用气设备最大（连续）消耗量（m^3/h）；

k_1——利用系数，$k_1 = t/T$；

t——设备每班实际用气时间（h）；

T——每班额定时间，一般取8h。

2）最大计算消耗量：若有几台同一类型用气设备，其利用系数均为 k_1，且 r 台以下（包括 r 台）的同时用气概率不小于（$1-\alpha$）（α 为预定供气不足的风险值），则称 r/n 为同期使用系数，记作 k_2。

取预定供气不足风险值 α 为 1%，即需供气时间为 99% 时。在已知 k_1 和 n 值时，可按图 7-1 确定 k_2 值。具体计算为

$$q_{V,j} = nq_{Vmax}k_2 \tag{7-2}$$

式中 $q_{V,j}$——压缩空气最大计算消耗量（m^3/h）；

n——耗气设备台数；

k_2——设备同时使用系数。

【例 7-1】 有 6 台金属切削机床，每台机床的风动工具是每小时操作 65 次，每次动作时间 1.0s，动作一次的耗气量为 $0.033m^3$，求压缩空气最大计算消耗量。

【解】 1）计算每台机床的压缩空气平均耗气量

$$q_{v0} = (65 \times 0.033)m^3/h = 2.14m^3/h$$

2）每台机床的最大消耗量

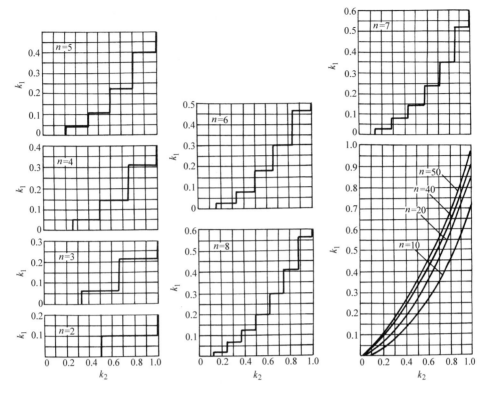

图 7-1　设备同时使用系数

$$q_{V\max} = \frac{q_{V0}}{k_1} = \frac{q_{V0}T}{t} = \frac{2.14 \times 8 \times 3600}{8 \times 65 \times 1} \mathrm{m}^3/\mathrm{h} = 119\mathrm{m}^3/\mathrm{h}$$

3）根据 k_1、k_2 和 n 的关系图（见图 7-1），查得同时使用系数 k_2

$$k_1 = \frac{t}{T} = \frac{8 \times 65 \times 1}{8 \times 3600} = 0.018$$

查得 $k_2 = 0.167$

4）压缩空气最大计算消耗量

$$q_{V,j} = nq_{V\max}k_2 = 6 \times 119 \times 0.167\mathrm{m}^3/\mathrm{h} = 119\mathrm{m}^3/\mathrm{h}$$

在确定压缩空气消耗量时，还应注意：

1）在使用风动工具等场合，压缩空气需要供应的范围很大，供应点又不固定，为了使用方便，车间设置的供气点比实际使用的供气点多。另外，还有一些设备设置备用压缩空气供应点。在这类供气管网的压缩空气消耗量确定时，应以实际使用的点数为计算值 n，而不能以实际总的安装数量作为计算依据。

2）压缩空气的动力等级和要求的压缩空气品质要进行分类统计，以便进行压缩空气供应方案的确定和压缩机选型。

7.1.2　压缩空气管网系统设计容量的确定

对压缩空气管网系统设计容量的确定方法有三种。

1）用平均消耗量总和为依据进行设计见下式：

$$q_{V,\,g} = \sum q_{v0} K (1 + \varphi_1 + \varphi_2 + \varphi_3) \tag{7-3}$$

式中 $q_{V,g}$——压缩空气管网系统设计容量（m^3/h）；

    $\sum q_{v0}$——用气设备或车间平均消耗量总和（m^3/h）；

    K——消耗量不平衡（最大）系数，1.2~1.4；

    φ_1——管道漏损系数。当管道全长小于 1km 时，取 0.1，管道长度为 1~2km 时，取 0.15，管道长度大于 2km 时，取 0.2；

    φ_2——用气设备磨损增耗系数，0.15~0.2；

    φ_3——未预见的消耗量系数，0.1。

2）用最大消耗量为依据进行设计，见下式：

$$q_{V,\,g} = \sum q_{V\max} K_2' (1 + \varphi_1 + \varphi_2 + \varphi_3) \tag{7-4}$$

式中 $\sum q_{V\max}$——用气设备最大消耗量总和（m^3/h）；

    K_2'——同时使用系数。应根据各行业的情况，由经验数据确定，也可参照类似工程的 K_2' 值来选用。

3）以主要用气设备的最大计算消耗量 $q_{V,j}$，加上其余用气设备的平均消耗量 $\sum q_{v0}$ 为依据进行设计，见下式：

$$q_{V,\,g} = (q_{V,\,j} + \sum q_{v0})(1 + \varphi_1 + \varphi_2 + \varphi_3) \tag{7-5}$$

当压缩空气净化系统中有热或无热再生吸附于干燥器时，其设计容量还应根据所在地区的海拔表 7-1 所示的高原修正系数进行修正。

表 7-1   高原修正系数

海拔/m	0	305	610	914	1219	1524	1829	2134	2438	2743	3048	3653	4572
修正系数	1.0	1.03	1.07	1.10	1.14	1.17	1.20	1.23	1.26	1.29	1.32	1.37	1.43

7.1.3   压缩空气管网系统

压缩空气的管网系统是指室外空气管道系统和室内空气管道系统。室外管道系统应与热力管道、煤气管道、给水排水管道、供暖管道和电缆电线等室外管线协调一致。室内管应根据用气点位置、要求及室内其他多种管道的布置情况协调布置。

当需要的压缩空气压力相同时，压缩空气集中为一种压力供应，供应点不需减压就可直接使用，这种压缩空气的管网系统比较简单。当压缩空气的用户要求供不同压力的压缩空气时，压缩空气站就要按要求的最高压力供应压缩空气，在各不同压力要求的压缩空气用户处，按要求的不同压力值进行减压。当各用户要求的压缩空气压力值差异悬殊，且需要供应的压缩空气量又比较大时，可按不同压力值对压缩空气进行分系统输配。

对空气的品质考虑，当所有压缩空气用户对压缩空气的含水、含油、含尘粒等品质要求接近时，可以在压缩空气站内集中设置干燥及净化装置，为整个压缩空气管网供应单一净化指标的压缩空气。当用户对压缩空气的品质有不同要求时，可以采取把整个管网系统或某个区域的管网系统分设成两个管道系统，其中一个输送未经处理的压缩空气，另一个输送根据用户要求进行干燥、净化或无油处理的压缩空气。也可以将整个管网系统提供不经处理的普通压缩空气，对压缩空气管网系统中少数对空气品质有特殊要求的用户，就地安装小型除油、干燥、净化装置。

在压缩空气管网系统中，某些用气设备的瞬时最大用气量和平均用气量相差很大（如以压缩空气为动力的锻锤、铸工间的气力送砂的风泵等），为了不影响其他用气设备，一般应采用专管供气或在这些用气设备附近装设储气罐来缓冲负荷、稳定压力。储气罐的容积可按下式确定：

$$V_c = 1.15 \frac{V_1 - V_2}{10(p_1 - p_2)} \tag{7-6}$$

式中　V_c——储气罐容积（m^3）；

　　　V_1——设备连续使用时间内压缩空气消耗量（m^3）；

　　　V_2——设备连续使用时间内管道供应的压缩空气量（m^3）；

　　　p_1——储气罐空气动力（MPa）；

　　　p_2——用户需要的工作压力（MPa）。

当压缩空气用户的压缩空气需量较大，同时使用几种不同压力的压缩空气时，尽可能根据压缩空气的工作压力等级把压缩空气管网分为几个压力等级不同的管道系统，对这几种压力等级的管道系统采用几种不同压力等级的空气压缩机进行供气，能有效地节约能源。因为对相同排气量的空气压缩机来说，当排气压力为 0.8MPa 时与排气压力为 0.4MPa 时相比，每产生 $1m^3$ 压缩空气要多耗约 1kW 的电能。由此可见，有可能实现分压力等级进行供气，节能效果明显。

压缩空气的管网系统结构形式，最常见的是树枝状管道系统，如图 7-2 所示。图 7-3 所示的辐射状管网系统在压缩空气的管网系统中也有较多应用。辐射状管网结构是以压缩空气站为中心向各用户中间分配站专用管供气的一级辐射管网系统和采用中间分配站向压缩空气供应点再辐射供气的二级辐射状管网系统组成。这种管网

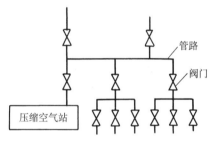

图 7-2　树枝状管道系统

267

系统便于维护和管理，当某一管路有故障需要修理时，只需关闭该管道的供气阀门，而不影响其他用户。同样，当某用户不需要用气时，可关闭该用户的供气阀，避免了不必要的管道漏损，一般工厂的压缩空气管网的漏损约占供气量的 20%，有的甚至更高。有的场合压缩空气要有可靠性保证的，也有图 7-4 所示的双树枝状管网系统和图 7-5 所示的环状管网系统，这两种管网系统既保证可靠供气，又保证供气压力的稳定，只是管网系统所耗管材增多。

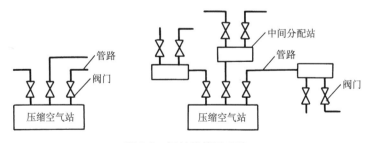

图 7-3　辐射状管网系统

压缩空气站的管道有一些特殊要求。吸气管道是常压有气流脉冲的管道，其与大气相通一端是压缩机噪声向外传播的窗口，为了防止与减少噪声对站内的影响，吸气口宜装在室外，并高出屋檐。为减少因气流脉动引起的振动，吸气管壁厚不宜小于 3mm。为避开共振长度，吸气管长度不宜大于 12m。吸气管内的流速不宜过高，一般为 6m/s 左右。对压缩机排气口至冷却器的

排气管，管段内气温高达140~160°C，应尽量缩短此管段的长度，减少热量在站内散发，但需要考虑补偿要求和拆卸清洗内部的积炭和油垢的可能性。

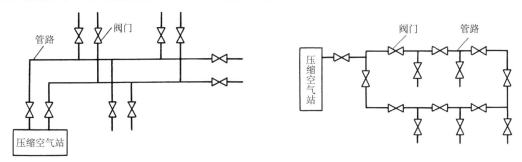

图 7-4　双树枝状管网系统　　　　　　　　　图 7-5　环状管网系统

室外管道应根据具体地形、地质、水文、气象等条件经济合理地确定。管道应力求短直，主干道应通过用户集中、压缩空气负荷大的区域。管道受环境温度和管内压缩气体温度变化的影响会产生热膨胀，产生膨胀量应予补偿，否则管道将承受热应力。通常压缩空气在压缩空气站内经过后冷却，温度已降至40°C左右，与环境温度相差不多，热膨胀量不会太大。在管道系统中许多工艺拐弯的管段，可以作为自然补偿。只有当管道直线长度比较长时，才考虑设置补偿器。常用的温度补偿器有方形补偿器等。

室内管道一般采用单树枝状管网。当有两个管道入口或对用气有可靠性要求，并且用气点多的情况下，也可采用环状管网。当采用环状管网，其干管的计算流量可按全系统负荷的70%计算。输送未经干燥、净化的压缩空气管道，为便于排出积于管内的油水，应设不小于0.002的坡度。

压缩空气管网的入口装置包括切断阀门、压力表、流量仪表。输送未经干燥、净化的压缩空气时，在室内管网入口处还应装油水分离器。需设置储气罐的供气系统，储气罐应尽可能靠近管网的入口和用气设备，并使室内供气系统的压力稳定。

7.1.4　管道的水力计算

根据实际使用情况，一般用户的压缩空气干管的设计消耗量以式（7-3）进行计算，供锻锤、铸工间的风泵和造型机等用气的压缩空气管道的设计消耗量可按式（7-4）或式（7-5）进行计算。对于压缩空气支管一般取其用气点的最大用气量的总和来计算。

管道内径的确定计算

$$d_{\mathrm{n}} = 16.7\sqrt{\frac{q_{V,\,\mathrm{g}}}{v}} \tag{7-7}$$

式中　　d_{n}——压缩空气输送管道内径（mm）；

$\quad q_{V,\mathrm{g}}$——压缩空气在工作状态下的体积流量（m³/h）；

$\quad v$——压缩空气在工作状态下的管内流速（m/s）。

值得注意的是，通常在用气设备铭牌上标定的用气量是指自由状态空气量，即在温度为20°C，压力为98.1kPa时的空气流量，与实际工作的工作状态的压缩空气的体积流量有所区别，两者关系为

$$q_{V,\,\mathrm{g}} = \frac{q_{V,\,\mathrm{z}}(273 + t)}{(273 + 20)p \times 10} \tag{7-8}$$

式中　$q_{V,z}$——自由状态下的空气流量（m³/h）；

$\quad\quad$ t——压缩空气的工作温度（℃）；

$\quad\quad$ p——压缩空气的工作绝对压力（MPa）。

压缩空气在管内的流速选择：

当管径 $DN \leqslant 25\text{mm}$ 时，v 采用 5～10m/s；当管径 $DN > 25\text{mm}$ 时，v 采用 8～12m/s；输气总管，v 采用 5～15m/s。

气体在管内流动时，在直线管段产生摩擦阻力，在阀门、三通、弯头、变径管等处产生局部阻力，这两种阻力导致气体压力损耗。气体压力损耗值按下式计算：

$$\Delta p = \Delta p_f + \Delta p_m = \lambda \frac{l}{d_n} \times \frac{\rho v^2}{2} + \zeta \frac{\rho v^2}{2} = \lambda \frac{l + l_d}{d_n} \times \frac{\rho v^2}{2} \tag{7-9}$$

式中　l_d——管道的当量长度（m），$l_d = n \times A \times d_n$；

$\quad\quad$ n——管件数量；

$\quad\quad$ A——管件局部阻力折算系数，见表 7-2。

表 7-2　管件局部阻力折算系数

管件	A	管件	A	管件	A
45°弯头	15	90°弯头	32	180°弯头	75
球阀全开	300	角阀全开	170	闸门阀全开	8
止回阀全开	80	三通→	20	三通↓	60
扩径 d/D=1/4	30	扩径 d/D=1/2	20	扩径 d/D=3/4	17
缩径 d/D=1/4	15	缩径 d/D=1/2	11	缩径 d/D=3/4	7

摩擦阻力系数 λ 值取决于气体流动时的雷诺数 Re 和管道的绝对粗糙度。压缩空气在管内流动，绝大部分是处于湍流状态，故 λ 值仅与管道内壁粗糙度有关，与雷诺数 Re 无关。λ 值的计算见下式：

$$\lambda = \frac{1}{\left(1.14 + 2\lg \dfrac{d_n}{R_a}\right)^2} \tag{7-10}$$

式中　d_n——管道直径（mm）；

$\quad\quad$ R_a——管道内壁绝对粗糙度（mm）。

各种材质管道的绝对粗糙度见表 7-3。

一般压缩空气管道多用钢制材料，其绝对粗糙度取 $R_a = 2.0\text{mm}$；输送经干燥净化处理后的压缩空气管道宜采用铜管、不锈钢管，其绝对粗糙度取 $R_a = 0.05\text{mm}$。

表 7-3　常用管道的绝对粗糙度

管道材料	绝对粗糙度 R_a/mm
不锈钢管	≈0.05
铜管，黄铜管，铅管，锌管	0.05
新铜管，带法兰的铸铁管	0.1～0.2
略有腐蚀，污垢的钢管及法兰铸铁管	0.2～0.3
旧钢管，旧铸铁管	0.5～2.0

对压缩空气管道允许单位压力损失值可按式（7-11）计算

$$\Delta p = \frac{(p_1 - p_2)}{1.15(L + L_d)} \tag{7-11}$$

式中　Δp——允许单位压力损失值（Pa/m）；

　　p_1、p_2——管内气体起点、终点压力（Pa）；

　　　L——直线管道长度（m）；

　　　L_d——管件局部阻力当量长度（m）。在计算中常采用局部阻力当量长度与直线长度之比值来估算。根据经验推荐值为：压缩空气输气总管，$L_d/L = 0.1 \sim 0.15$，用户室内管线 $L_d/L = 0.3 \sim 0.5$。

工程实际中，通常是先按计算流量及经验流速计算出各区段的管径，再校核各管段的压力降，使最大压力降控制在允许范围之内。若超出允许范围，应重新选择低流速确定管径，直至使压力降在允许范围之内。一般在机械工厂的管网压力降控制在供气压力的 5% ~ 8% 左右，也可以根据具体工程进行技术经济分析得出比较适合该工程项目的总压力降，不受此范围约束。

7.2　其他消防系统管网

在前面已介绍了对火灾进行迅速有效扑灭的消防给水系统。但在电站、计算机中心、贵重文物与档案文件等重要场所，不允许灭火介质导电、污损灭火对象。或灭火对象是易燃、可燃液体，油田、炼油厂及其他油类贮存点，以及灭火对象是易爆炸的汽油蒸气及其他易燃气体，用一般的给水系统进行消防就不太合适，因而有泡沫系统、二氧化碳灭火系统、卤代烷灭火系统等，因其不同于一般的消防给水系统，故单独进行介绍。

7.2.1　泡沫灭火系统

泡沫消防灭火系统是易燃与可燃液体贮罐区的主要灭火设施，主要用于油田、炼油厂、石油化工厂等重点防火单位。泡沫消防灭火系统一般包括泡沫灭火系统和消防冷却给水系统两部分。泡沫消防灭火系统有液上喷射和液下喷射两大类。按形式分有固定式泡沫灭火系统、半固定式灭火系统和移动式泡沫灭火系统。

泡沫灭火系统是一种半自动的泡沫灭火装置，用于扑救大型油罐火灾。主要由消防水泵、泡沫管线和泡沫产生器等组成，如图 7-6 所示。泡沫灭火系统操作简便，能及时地冷却储罐和供给泡沫灭火。当发生火灾时，专职或义务消防人员立即起动水泵，并打开水泵和出口阀，将泡沫比例混合器指针旋转到需要的泡沫液量指数，混合器即将泡沫液自动地按比例与水混合后，经管线输送到泡沫产生器，混合液通过吸入空气形成绝热泡沫喷到油罐内覆盖液面而灭火。

空气泡沫产生器是泡沫灭火系统中产生泡沫的主要设备。安装在易燃液体的储罐上，供液上喷射泡沫灭火之用。空气泡沫产生器需与泡沫比例混合器配套使用。当混合液进入产生器时，压力值应控制在 0.3 ~ 0.5MPa 范围内，当压力值小于 0.2MPa 时，建立不起足够负压，混合液会从空气入口流出，不能形成泡沫或形成倍数很低的泡沫。若压力值高于 0.5MPa，也同样不利于泡沫的形成。

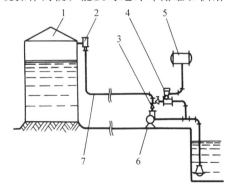

图 7-6　空气泡沫产生器示意图

1—油罐　2—泡沫产生器　3—闸阀
4—比例混合器　5—泡沫液罐
6—泡沫泵　7—混合液管

　　空气泡沫比例混合器的作用是把水和空气泡沫液按一定比例混合，组成混合液供给泡沫产生器。这种空气泡沫比例混合器是利用负压把空气泡沫液吸入，所以水泵的进水管不宜处于正压条件下，否则不能按比例混合。当水源提供有压力的水流时，压力水经过压差孔板，造成孔板前后之间的压力差。孔板前较高的压力水由缓冲管吸入。孔板的喷射作用，使空气泡沫液与压力水按一定比例混合。空气泡沫比例混合器每次使用后，应用清水冲洗，保持清洁完好。对用压力混合器的空气泡沫液储液罐，平时应装满泡沫液并保持密封。泡沫比例混合器分负压环式和正压环式，具体可查相关手册。

　　消防水泵大多采用离心泵，但离心泵没有自吸能力，需要由喷射泵、水环式真空泵补水。如欲自行引水，必须取水平面高于离心泵的安装位置，这样泵的引水问题才可以解决。但环泵式负压空气泡沫比例混合器不能采用。消防水泵为泡沫灭火系统提供灭火用水和冷却用水。灭火用水是指配置泡沫的用水量，我国通常采用 6% 的空气泡沫液，其水液比为 94：6。冷却用水是指冷却燃烧贮藏罐和邻近贮罐的用水量。

　　泡沫灭火系统消防用水的给水计算如下：

　　（1）灭火用水量

　　1）贮罐液面积 F（m^2）。

　　圆柱形贮罐液面积

$$F = \frac{\pi}{4}D^2 \tag{7-12}$$

　　矩形贮罐（或油槽）的液面积

$$F = ab \tag{7-13}$$

式中　D——贮罐直径（m）；

　　　　a——矩形槽罐的长边（m）；

　　　　b——矩形槽罐的短边（m）。

　　2）所需泡沫混合液量 $q_{V混}$（L/s）为

$$q_{V混} = Fq_1 \tag{7-14}$$

式中　q_1——泡沫供给强度 [L/(s·m²)]，泡沫供给强度根据贮罐的结构、贮存油品的特性及泡沫产生的性能有所不同，具体见表 7-4 和表 7-5。

表 7-4　固定顶油罐泡沫供给强度

贮存油品闪点	设置方式				泡沫连续供应时间/min
	供给强度/[L/(s·m²)]				
	泡沫		混合液		
	固定、半固定式	移动式	固定、半固定式	移动式	
<60℃	0.8	1.0	8	10	30
≥60℃	0.6	0.8	6	8	20

表 7-5　浮顶油罐泡沫供给强度

产生器性能		供给强度不小于		保护半径不大于 /m
泡沫/(L/s)	混合液/(L/min)	泡沫/[L/(S·m²)]	混合液/[L/(min·m²)]	
25	250	1.25	12.5	7
50	500	1.25	12.5	14
100	1000	1.5	15.0	24

　　注：1. 泡沫产生器的工作压力为 0.5MPa。
　　　　2. 保护半径为产生器沿罐壁保护周长的一半。

3）泡沫液的常备量 $q_{V液}$（m^3）为

$$q_{V液} = 0.108q_{V混} \qquad (7\text{-}15)$$

式中　0.108——采用6%配比，并以30min用液量计算的系数，并进行单位换算。

4）泡沫灭火用水量 $q_{V天}$（L/s）和泡沫灭火用水常备量 $q_{V常}$（m^3）为

$$q_{V天} = 0.94q_{V混} \qquad (7\text{-}16)$$

$$q_{V常} = 1.8q_{V天} \qquad (7\text{-}17)$$

式中　0.94——混合液内含水的比例；

1.8——按灭火用水量连续用水 30min，并进行单位换算。

（2）冷却用水量

1）燃烧油罐每小时冷却用水量 q_{V1}（m^3/h）为

$$q_{V1} = 3.6q_2\pi D_1 \qquad (7\text{-}18)$$

式中　3.6——单位换算系数；

q_2——燃烧油罐每米周长所需的冷却水量[L/(s·m)]，可按 0.8L/(s·m)取值；

D_1——燃烧油罐的直径（m）。

2）邻近油罐的每小时冷却用水量 q_{V2}（m^3/h）为

$$q_{V2} = \frac{3.6q_3 n\pi D_2}{2} \qquad (7\text{-}19)$$

式中　q_3——邻近油罐冷却水供给强度 [L/(s·m)]，可按 0.6L/(s·m) 取值；

n——邻近贮罐数，当邻近罐超过 3 个时，一般可按照 3 个计算；

D_2——邻近贮罐的直径，按其中较大的计算（m）。

3）其他冷却用水量：根据实际需要确定。

4）冷却用水总量：冷却用水总量 = 燃烧油罐+邻近油罐冷却用水量+其他冷却用水量

（3）泡沫灭火消防用水总量

消防用水总量 = 灭火用水总量+冷却用水总量

7.2.2　二氧化碳灭火系统

二氧化碳是通过减少空气中氧的含量，使其达不到支持燃烧的浓度。二氧化碳在空气中的体积分数为 30%~35% 时，能使一般可燃物质的燃烧逐渐窒息；二氧化碳的体积分数达到 43.6% 时，能抑制汽油蒸气及其他易燃气体的爆炸。这种灭火系统基本特征是，由固定二氧化碳的供应源，通过与之相连的带喷嘴的固定管道，向指定封闭空间释放二氧化碳灭火，具有不污染灭火对象、灭火快、空间淹没效率好的优点。

二氧化碳灭火系统的输配管网由二氧化碳容器、瓶头阀、管道、喷嘴、操纵系统及附属装置等组成，如图 7-7 所示。在应用过程中，一

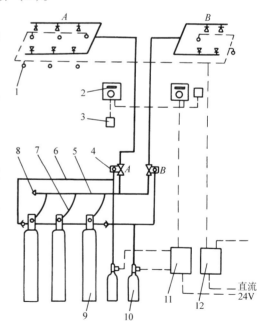

图 7-7　二氧化碳灭火系统示意图

1—探测器　2—手动起动装置　3—报警器　4—选择阀　5—总管　6—操作管　7—连接管　8—安全阀　9—贮存容器　10—起动用气容器　11—控制盘　12—检测盘

组二氧化碳钢瓶可保护两个以上的封闭区域，可在二氧化碳输送管网的总管上相应分出若干路支管，用选择阀进行控制。按照灭火需要，将二氧化碳输送到着火区域。二氧化碳灭火剂是以液态的形式加装在灭火器中，由于二氧化碳的平衡蒸气压很高，瓶阀一打开，液体立即通过虹吸管、输送管路由喷嘴喷出，所以对二氧化碳管路承压要求较高，从二氧化碳钢瓶组到选择控制阀的管道（包括管道附件）要求能承受 18MPa 的试验压力，总管后的顺流部位及选择控制阀的管路系统要能承受 7.5MPa 的试验压力，配管应能在环境温度 20℃ 时，保持喷放压力在 1.5MPa 以上。

二氧化碳完全置换空气需要一定的时间，为了迅速达到和保持必要的灭火浓度，保护区的防火门、窗，以及排风道口上设置的防火阀均应采用气动关闭式或自闭式重力操纵，在释放二氧化碳时自动关闭，保持保护区处于密封状态一小时以上，否则二氧化碳密封时间不够，会引起残火复燃。另外，对二氧化碳灭火系统发出报警后，要延迟 20~30s 才能排放灭火药剂，以便人员撤离，因为当空气中二氧化碳的体积分数达到 15% 以上时能使人窒息死亡。

由于二氧化碳是一种惰性气体，对绝大多数物质没有破坏作用，灭火后能很快散逸，不留痕迹，又没有毒害。所以它最适合扑救各种易燃液体和那些怕受水、泡沫等其他灭火剂沾污损坏的固体物质的火灾。二氧化碳还有一定的渗透、环绕能力，可以到达一般直射不能到达的地方。但仍然难以扑灭一些纤维物质内部的阴燃火，所以在扑救这类火灾时，必须注意防止复燃。

7.2.3　卤代烷灭火系统

卤代烷灭火系统是利用卤代烷灭火剂对燃烧反应的抑制作用中断燃烧，达到灭火的目的。卤代烷是由以卤素原子取代烷烃分子中的部分氢原子或全部氢原子后得到的一类有机化合物的总称。一些低级烷烃的卤代物具有不同程度的灭火作用。通常用作灭火剂的多为甲烷或乙烷的卤代物，目前最常用的卤代烃灭火剂有二氟一氯一溴甲烷、三氟一溴甲烷、二氟二溴甲烷和四氟二溴乙烷。因这些灭火剂的化学名称比较烦琐，国际上用代号来表示这些灭火剂，在代号前还冠以 Halon（含溴卤代物的简称），以区别于其他化合物。四种常用的卤代烷灭火剂，其化学式及代号分别为：

二氟一氯一溴甲烷	CF_2ClBr	Halon 1211
三氟一溴甲烷	CF_3Br	Halon 1301
二氟二溴甲烷	CF_2Br_2	Halon 1202
四氟二溴乙烷	$C_2F_4Br_2$	Halon 2402

目前卤代烷灭火剂在国外使用较多的有 1301 和 1211，在国内生产和使用较多的则是 1211。然而，当前科学界确认了氯氟烃是引起大气臭氧层破坏和温室效应的危害物质，根据 1987 年联合国环境保护计划会议上签署的《关于消耗臭氧层物质的蒙特利尔议定书》，在规定的限制和禁止生产对臭氧层破坏作用大的首批受禁物质中，就包括了 Halon1211 和 Halon1301。这对卤代烷灭火系统的灭火剂的开发提出了新的要求。

卤代烷灭火剂的共同特点是：能力强，对金属腐蚀作用小，不导电，长期贮存不变质，不分解，不污损灭火对象。与二氧化碳灭火系统比较，卤代烷的储存压力较低，温度变化时容器内压力变化较小，系统可靠。卤代烷灭火剂在正常情况下是一种无色气体，密度约为空气的 5 倍。卤代烷的灭火效率高，灭火时间很短，一般都在 10s 以内，因而可使火灾损失减小或减到最小限度。由于卤代烷是一种液化气体，所以在灭火后不留痕迹。因此该灭火系统受到计算机房、图书档案楼等贵重物存储场所的青睐。

卤代烷灭火系统的输配管网包括容器阀、止回阀、集流管、选择阀、管道、喷嘴等。其管网系统的组合配管要求与二氧化碳灭火系统组合配管基本相同，但卤代烷灭火剂的输送压力比二氧化碳低，所以管道的试验压力可取 6.4MPa 左右。配管在环境温度为 20℃ 时，能保持喷放压力在 0.3MPa 以上。

对卤代烷灭火系统一般均采用高压贮液系统，其驱动气体采用氮气。氮气和灭火剂液体贮于同一钢瓶内，灭火剂借助容器内驱动气体进行输送。

7.3 制冷工艺管道

7.3.1 制冷工艺管道的特征

在空调工程中，与室内空调热（冷）负荷平衡的冷（热）量输入主要有两种途径，一是由冷热水机组制取满足空调要求温度的冷媒水，通过冷媒水的输配管网，把冷量送到各个用冷末端；另一种是采取制冷剂在用冷末端直接蒸发，为空调用户提供冷量。当冷媒水用输配管网的形式把冷量送到各用冷末端，各末端的冷量是否和设计要求一致，和冷媒水的输配管网的阻力平衡有关。冷媒水通过管网的输配过程中，只发生温度变化，没有状态变化，所以冷媒水输配管网的特性和前面讨论的液体输配管网的特性是相同的。当采用制冷剂直接在空调系统的用冷末端蒸发产生冷量，制冷剂在管道内的性质就将受到管道特性的影响。分配制冷剂的工艺管道设计要保证每个蒸发器能得到充分的制冷剂供液量；要合理地选择各种管道的管径，避免制冷管道产生过大的沿程阻力损失；要有效防止制冷压缩机液击；要保证蒸发器内的润滑油能及时返回压缩机等。

制冷工艺管道系统和水、空气等输配管道不同，它是一个有一定密封要求的，有一定工作压力值要求的管道系统。为了保证安全生产，所用管道应有一定的壁厚耐压，所用的阀门及配件应是制冷系统的专用产品。

对制冷工艺管道管径、管内流速的合理确定，需通过计算制冷剂引起的阻力损失，以及这些阻力损失对制冷系统的工作参数产生的影响。而制冷系统对制冷剂在管内流动产生的阻力损失引起的压力降有一个限定的范围。一般情况下，其压力降的允许范围为：对 R717 制冷剂，其允许过热度不能太大，低压管道压力降不超出受控蒸发器的蒸发温度变化 1℃；对 R22 等氟利昂制冷剂，低压管道的压力降可以使受控蒸发器的蒸发温度变化达 2℃。对高压管道，单位温度变化值所对应的压力变化值较大，所以其允许的管道沿程阻力引起的压力降定为相当于冷凝饱和温度变化 0.5℃。允许压力变化值大小和工作温度有关，不同的工作蒸发温度和冷凝温度对应不同的工作蒸发压力和冷凝压力，在处于不同工作温度时，相同的 1℃ 或 0.5℃ 的温度允许变化范围，其对应的压力变化范围是不同的。表 7-6 所示为几种常用制冷剂的制冷管道允许压力降。

表 7-6　制冷管道允许压力降　（单位：kPa）

管道类别	制冷剂 / 工作温度/℃	R22	R134a	R717
分液管和回汽管	-15	21.84	12.4	9.91
	-10	24.40	14.8	11.67
	-5	28.60	16.8	13.67
	0	32.04	20.1	15.88
	5	36.56	22.4	18.32
	10	40.56	26.3	21.01
	15	45.30	29.6	28.49

（续）

管道类别	制冷剂 工作温度/℃	R22	R134a	R717
排气管	30	15.6	11.6	17.6
	35	17.1	13.0	19.6
	40	18.8	14.3	21.3

　　对氨制冷系统，为了防止停车时管道中的液体制冷剂返流回制冷压缩机从而造成液击，自蒸发器至制冷压缩机的吸气管道应设有大于或等于 0.003 的坡度，即使其流向蒸发器。为了防止干管中的液体吸入制冷压缩机，应将吸气支管由主管顶部或侧部向上呈 45°接出。润滑油及凝结的制冷剂同理，因此自制冷压缩机至冷凝器的排气管道也应设有大于或等于 0.01 的坡度，且使其流向油分离器或冷凝器。为了防止润滑油进入不工作的制冷压缩机，应将排气支管由主管顶部或侧部向上呈 45°接出。氨制冷系统之冷凝器至贮液器的管道设计采用卧式冷凝器时，当冷凝器与贮液器之间的管道不长，未设均压管时，管道内液体流速应按 0.5m/s 设计。冷凝器出液管道内的氨液流速为 0.5m/s 时，其管道直径与流量之间的关系见表 7-7。由冷凝器出口至贮液器上阀门接管进口这一管段，应有不小于 300mm 的高差。采用立式冷凝器时，冷凝器出液管与贮液器进液阀之间最小高差为 300mm。液体管道应有大于或等于 0.05 的坡度，且须坡向贮液器。管道内的液体流速应不大于 0.8m/s，均压管管径应大于或等于 $DN20mm$。其管道直径与管内液体流量的关系见表 7-8。管道内的液体流速应不大于 0.8m/s，均压管管径应大于或等于 $DN20mm$。其管道直径与管内液体流量的关系见表 7-8。

表 7-7　冷凝器出液管道直径

冷凝器出液管道 直径/mm	9	12	20	25	32	38	50	65	75	100	150
氨液流量 /（kg/h）	95.5	161	300	491	872	1200	2020	3300	5070	8780	19800

表 7-8　冷凝器出液管道直径与管内液体流量的关系

冷凝器出液管道直径 /mm	氨液流量/（kg/h）		
	流速为 0.5m/s	流速为 0.75m/s	流速为 1.0m/s
20	300	435	571
25	690	735	980
32	870	1330	1770
38	1194	1820	2420
50	1710	3460	4620
65	3300	4900	6520
75	5040	7610	10100
100	8760	13050	17400
150	19620	29600	39400

　　在冷凝器或贮液器至洗涤式氨油分离器之间的管道设计中，若采用洗涤式氨油分离器时，其进液管道应从冷凝器出液管（多台时为总管）的底部接出。为了使液体氨能够通畅地进入氨

275

油分离器，保证氨油分离器内有一定高度的液位（按制造厂产品），洗涤式氨油分离器规定的液位高度应比冷凝器的出液口低 200~300mm（蒸发式冷凝器除外）。目前经常生产的有两种不同的结构形式：一是卧式四重管空气分离器；一是立式不凝性气体分离器。对不凝性气体分离器的管道设计，卧式四重管空气分离器的管道设计可以根据产品制造厂提供的管道尺寸进行。而其安装高度，在一般情况下取离地坪 1.2m 左右为宜，还应注意使其进液端略抬高 20mm 左右。进行操作时，必须将放空气管道出口浸入水箱中。立式不凝性气体分离器的管道设计，也应根据产品制造厂提供的管道尺寸进行。而其安装高度，则应考虑人工便于操作为宜。放空气时也按卧式四重管空气分离器的方法同样处理。其他部件管道设计可参考相关手册。

7.3.2　管径的确定方法

制冷系统的供液管是输送液体制冷剂的。由于液体的比体积较小，所以液体管道管内的设计流速也较小，一般在 0.5~1m/s，产生的阻力对制冷系统的性能影响不大。而制冷系统的气体管道，特别是低压气体管道，管内流速相对较高，在 3.5~15m/s，产生的阻力会影响制冷系统的制冷特性。所以，在气体管道的设计计算时必须考虑其阻力产生的影响。

制冷系统的低压回气管道的管径计算如下：

1）根据制冷剂流量计算管道内径：

$$d_n = \sqrt{\frac{4q_m v_0}{\pi v}} = 1.084\sqrt{\frac{q_m v_0}{v}} \qquad (7\text{-}20)$$

式中　d_n——制冷系统低压回气管内径（m）；

　　　q_m——制冷剂流量（kg/s）；

　　　v_0——计算状态下制冷剂气体比体积（m³/kg）；

　　　v——制冷剂流速（m/s）。

2）根据制冷量计算管道内径：

$$q_{V0} = q_m q_0 = q_m q_v v_0 \qquad (7\text{-}21)$$

$$d_n = 1.084\sqrt{\frac{\Phi v_0}{v q_0}} = 1.084\sqrt{\frac{\Phi}{v q_v}} \qquad (7\text{-}22)$$

式中　Φ——制冷系统制冷量（kW）；

　　　q_0——制冷剂单位质量制冷量（kJ/kg）；

　　　q_v——制冷剂单位容积制冷量（kJ/m³）。

根据公式计算结果，不能肯定合用，对计算选定的管径还需进行阻力损失的验算才能确定。选定管道的阻力损失包括管道的沿程阻力损失和管道沿线上的阀门、管件等所引起的局部阻力损失。当验算得到的压力损失值小于表 7-6 中所列的制冷管道允许压力降的值，方能确定管径符合要求。如果计算值大于表中所列的制冷管道允许压力降值时，需对管径重新计算。管道的压力损失值以能量损失计算公式计算。

沿程阻力损失　　　　　　　　　$$\Delta p_f = \lambda\,\frac{l}{d_n}\cdot\frac{\rho v^2}{2} \qquad (7\text{-}23)$$

局部阻力损失　　　　　　　　　$$\Delta p_m = \zeta\,\frac{\rho v^2}{2} \qquad (7\text{-}24)$$

式中　λ——管道的摩擦阻力系数，见表 7-9；

　　　ζ——管道的局部阻力系数；

ρ——制冷剂流体密度（kg/m³）；

l——管道的直线长度（m）。

为了计算的方便，把局部阻力损失折算成当量管道长度的沿程阻力损失进行计算。管道的总阻力损失为

$$\Delta p = \Delta p_{\mathrm{f}} + \Delta p_{\mathrm{m}} = \lambda \frac{l + l_{\mathrm{d}}}{d_{\mathrm{n}}} \cdot \frac{\rho v^2}{2} \tag{7-25}$$

式中　l_{d}——管道的当量长度 $l_{\mathrm{d}} = n \times A \times d_{\mathrm{n}}$（m）；

　　　n——管件数量；

　　　A——管件局部阻力折算系数，见表 7-2。

表 7-9　制冷剂摩擦阻力系数表

序号	制冷剂状态	λ 摩阻值
1	干饱和蒸气、氟过热蒸气	0.025
2	湿蒸气	0.035
3	液氨	0.035

【例 7-2】　有一空调用制冷系统，采用 R22 为制冷剂，其制冷量为 20kW，在冷凝温度为 35℃，蒸发温度为 5℃工况条件下工作（$q_v = 4060$kJ/m³，$\rho = 18.73$kg/m³），吸气管直管线长 15m，且有 90°弯头 3 只，截止球阀 2 只，取回气管道内制冷剂流速为 10m/s，试确定其回气管道的管内直径。

【解】　1）把已知条件代入式（7-22），计算回汽管道的内径。得

$$d_{\mathrm{n}} = 1.084 \sqrt{\frac{\Phi}{v q_v}} = 1.084 \times \sqrt{\frac{20}{10 \times 4060}}\, \mathrm{m} = 0.024\mathrm{m}$$

2）根据铜管规格，取用 30×2.5 铜管，铜管内径为 25mm。

3）对计算管径进行校核。管道阻力损失值用式（7-25）进行计算，得

$$\Delta p = \Delta p_{\mathrm{f}} + \Delta p_{\mathrm{m}} = \lambda \frac{l + l_{\mathrm{d}}}{d_{\mathrm{n}}} \cdot \frac{\rho v^2}{2}$$

$$= \left[0.025 \times \left(\frac{15}{0.025} + 32 \times 3 + 300 \times 2 \right) \times \frac{18.73 \times 10^2}{2} \right] \mathrm{kPa}$$

$$= 30.34\mathrm{kPa}$$

4）计算结果与表 7-6 中给出的对应工况条件的允许压力降相比较，小于制冷管道允许压力降值 36.56kPa，满足设计要求。

对制冷剂液体分配管而言，液管中的流动阻力损失可能不太大。一般在冷凝器底部出来的液体具有 1～3℃的过冷度，可以克服该阻力损失引起的压力降，不至于在液管内产生部分液体的汽化，即不产生闪发气体，而造成热力膨胀阀工作的不稳定。但是，若空调系统安装位置考虑不周，将造成供液管需要较大的垂直输送。当液管升高时所产生的静液柱作用则可能是引发闪发气体的更重要的原因。如冷凝温度在 40℃时，对于 R22 制冷剂，其液管升高 1m，静压降约 11.1kPa，相当于其饱和温度下降约 0.29℃，也就是当液管每增加 1m 的垂直距离，需增加过冷度至少 0.29℃才能防止产生闪发气体。所以静液柱对制冷剂供液管的影响是制冷管道设计时必须考虑的，或是减小静液柱，或是增加液体制冷剂的过冷度。表 7-10 所示为用于空气调节的制冷系统中常用制冷剂每米液柱引起的静压差及相应饱和温降值。

表 7-10　常用制冷剂每米液柱的静压差及相应饱和温降值

制冷剂	R22				R134a			
冷凝温度/℃	45	40	35	30	45	40	35	30
冷凝压力/MPa	1.729	1.534	1.355	1.192	1.160	1.017	0.887	0.771
每米液柱压差/kPa	10.86	11.09	11.30	11.50	11.03	1.24	1.44	11.63
相应饱和温降/℃	0.27	0.29	0.33	0.37	0.38	0.43	0.49	0.55

【例 7-3】　某 R134a 制冷系统，其冷凝温度为 40℃，液管流动阻力 12.5kPa，若液管需升高 6m，求防止产生闪发气体所需最小过冷度。

【解】　由表 7-10 查得，当冷凝温度为 40℃时，R134a 每升高 1m 液柱压差为 11.24kPa。液柱需升高 6m 时：

1）其液柱压差为

$$6×11.24kPa = 67.44kPa$$

2）液管的总压降为

$$(67.44+12.5)kPa = 79.94kPa$$

在冷凝温度为 40℃时，其冷凝压力为 1.017MPa。

3）液体进入热力膨胀阀前入口处的压力下降为

$$(1017-79.94)kPa = 937.06kPa$$

4）膨胀阀前入口处的压力为 937.06kPa 时，相对应的饱和温度为 36.93℃。即要使液体在进入热力膨胀阀前不产生闪发气体，至少必须使液体具有 3.07℃的过冷度。

在一般情况下，该过冷度可以通过系统中的回热式换热器来实现，如果还达不到要求时，则应采取其他措施。如在回热器换热器前可并联一个直接蒸发式换热器，也可以根据实际需要采用串联布置。

空气调节中使用的制冷系统大多采用氟利昂制冷剂。在氟利昂制冷系统中，大多是采用容积式压缩制冷压缩机，为保证密封和润滑，必须使用润滑油。因此，在工作中不可避免地有一小部分油雾将随制冷压缩机的排气一起进入冷凝器中，与氟利昂液体制冷剂混合，并通过供液管进入蒸发盘管。因润滑油是一种高位蒸发液体，所以在蒸发盘管内，就形成液态润滑油和气态制冷剂的分离物，而润滑油沉淀在蒸发盘管下部。如果润滑油不能及时返回到制冷压缩机中，一则会造成制冷压缩机缺油的危险，再者进入蒸发盘管中的液体制冷剂与沉淀的润滑油混合后，会影响其饱和蒸发温度与压力的关系，导致设备能量降低。当蒸发盘管内积油过多，还会影响其传热效能。因此在制冷管道设计时，必须要考虑使蒸发管道内的润滑油能及时返回到制冷压缩机中。

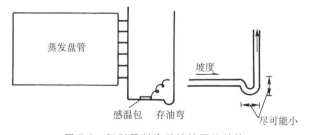

图 7-8　氟利昂制冷系统的回油结构

润滑油的返回在管道设计时，主要是依靠重力和吸气作用，如图 7-8 所示。在水平管和下降主管内，依靠重力作用，使润滑油积存，并形成油封，使管道堵塞。然后，在油封前后的压力差的推动下前进，其推动力的大小和油封的大小有关。为了避免形成油封前后的压力差过大，制冷压缩机的吸气压力过分降低，使产生的油封不易过大，存油弯既要能建立油封，又要使油封最小，特别在多台蒸发盘管并联合用一台制冷压缩机更是如此，否则不利于系统的平衡运行。使存油弯中的润滑油提升的是上升立管，在上升立管中的润滑油通常是在管道的内表面蠕动上升，上升状态与管壁上的气体质量流速有关，管径越大，维持壁面上的给定速度所必需的管中心速度越大。由此可见，带油速度与管径大小有关。根据前面所述，管内气流速度与管段的流动阻力损失有关，速度越大，其流动阻力损失也越大，有可能较大影响制冷系统的制冷效率。因此，带油速度一般取其最低值，称为最小带油速度。最小带油速度在工程上通常常用图表表示，图 7-9 所示为 R22 制冷剂在不同温度条件下，管子内径和最小带油速度之间的关系。

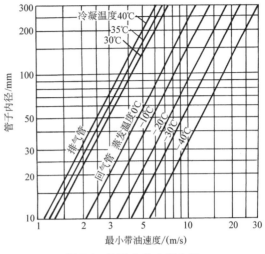

图 7-9　R22 上升立管内径和管内最小带油速度关系

在实际使用中，当管线较长时，既要获得较满意的最小带油速度（满足最小负荷时的回油要求），又不能使整体的吸入管段的流动阻力损失过大，常采用适当放大水平管管径方式，使吸气管段总的流动阻力损失保持不变。当制冷系统的全负荷与最低负荷相差较大，即使恰当地选择上升立管管径和调整水平管段的流动阻力损失，也仍然具有较大的吸气压力降时，可采用"上升双吸气立管"来解决。

图 7-10 所示的上升双吸气立管道组合方式，它能保证运行在任一负荷时都能顺利回油，同时，在系统转入全负荷运行时，其吸气管段的流动阻力损失可调整在允许的范围内。

双立管的管径选择：

1）立管 A 和管径 d_A 按最低负荷下的最小带油速度决定。

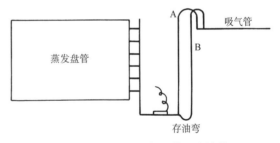

图 7-10　上升双吸气立管回油结构

2）按全负荷运行时的最小带油速度选择某一管径 d，将管径 d 的流动面积减去主管 A 的流通面积，近似求得立管 B 的管径 d_B'，即 $d_B' = \sqrt{d^2 - d_A^2}$，根据求得管径 d_B' 选定立管 B 的实际管径 d_B。

双吸气立管的工作原理为：在上升双吸气立管的下部设有存油弯，在最小负荷起始阶段，存油弯内的油封尚未建立，此时气体制冷剂可同时通过两根立管。这时气体速度较小，还不能充分带油。接着存油弯内逐渐被油充满，直至建立油封。油封的建立使立管 B 的通路被隔断，阻止了气体制冷剂通过立管 B。油面逐渐升高到立管 A 的下部，而润滑油随流经立管 A 中以最小带油速度流动的气体上升到立管顶部，在重力作用下，回到制冷压缩机。当制冷系统转入全负荷运行时，由于立管 A 的流量增加，流动阻力过分增大，会导致双立管上下部的压差显著增大，而产生的压差便可推动积于存油弯内的润滑油进入立管 B。润滑油通过 A、B 两立管上升至立管顶部，又在重力作用下再回到制冷压缩机。

为保证制冷系统的工作安全，蒸发器的上升立管接管，应略高于蒸发盘管顶部，以防止当制冷剂系统停止运行，液态制冷剂和润滑油进入制冷压缩机，引起湿冲程。若上升吸气立管的管线较长，上升吸气立管的连接方法可采用多存油弯上升吸气立管结构，宜每隔 10m 以内设置一个存油弯，以利回油。

思考题与习题

1. 给出压缩空气管网水力计算步骤。
2. 试说明压缩空气管网系统容量的确定方法。
3. 给出制冷工艺管道管径确定方法。
4. 除消防给水系统外，其他常用的消防灭火系统有哪些？

二维码形式客观题

微信扫描二维码，可自行做客观题，提交后可查看答案。

第 8 章

泵、风机与管网系统匹配

8.1　管网系统压力分布及管路性能曲线

前面已经介绍了泵与风机的性能曲线，但在运行工作时，管路系统中的泵和风机实际工作点处于性能曲线上的位置，不仅取决于泵和风机本身的性能曲线，还和整个管路系统的特性有关。为了更好地掌握泵与风机在实际管路系统中的工作特性，正确合理地使用它们，下面对管路系统的特性、泵与风机在管路系统中的运行工况和调节方法、泵与风机的选型等内容进行介绍。

8.1.1　管路特性曲线

所谓管路特性曲线，就是管路中通过的流量与管路系统的压头之间的关系曲线。如图 8-1 所示，以水泵的输水管路系统为例，研究其通过流体的流量与系统压头之间的关系，列出从吸出容器液面 1—1 与输入容器液面 2—2 流动过程的伯努利方程 [见式（8-1）]。

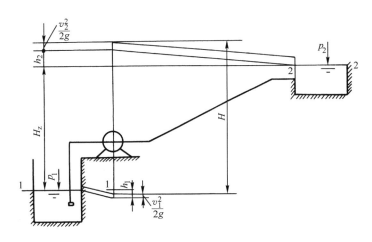

图 8-1　泵的输水管路系统

$$H_1 + \frac{p_1}{\gamma} + \frac{v_1^2}{2g} + H = H_2 + \frac{p_2}{\gamma} + \frac{v_2^2}{2g} + h_{1,1\text{-}2} \tag{8-1}$$

完成输水过程，所需的水泵扬程为

$$H = (H_2 - H_1) + \left(\frac{p_2 - p_1}{\gamma}\right) + \left(\frac{v_2^2 - v_1^2}{2g}\right) + h_{1,\,1\text{-}2} \tag{8-2}$$

式中　H——管路中对应的水泵扬程（m）；

H_1、H_2——1—1、2—2 断面的位置高度（m）；

p_1、p_2——1—1、2—2 断面的压力（Pa）；

　　　γ——水的重度（N/m³）；

v_1、v_2——1—1、2—2 断面的液体流速（m/s）。

　　针对图 8-1 所示的系统，以 $H_z = H_2 - H_1$，在 1—1 断面和 2—2 断面的速度 v_1、v_2 均很小，故 $\dfrac{v_2^2 - v_1^2}{2g} \approx 0$。

令 $H_{st} = H_z + \dfrac{p_2 - p_1}{\gamma}$，称为静扬程，则

$$H = H_{st} + h_{1,1-2} \qquad (8\text{-}3)$$

式（8-3）表明，水泵的扬程 H 是用来克服管路系统的静扬程 H_{st} 和流体在管路系统中的流动阻力 $h_{1,1-2}$。

　　阻力 $h_{1,1-2}$ 取决于管网的阻力特性，阻力损失与流量的函数关系式为

$$h_{1,1-2} = S q_V^2 \qquad (8\text{-}4)$$

式中　S——综合反映管网阻力特性的系数，简称管道阻抗（s²/m⁵）；

　　　q_V——管网的体积流量（m³/s）。

　　式（8-3）也可记为

$$H = H_{st} + S q_V^2 \qquad (8\text{-}5)$$

当静扬程 H_{st} 与管路阻抗 S 确定后，在以流量 q_V 与扬程 H 组成的直角坐标图上，可以得到图 8-2 所示的二次曲线，表示在管路中流量与管路系统压头之间的相互关系，即管路性能曲线。如果管网的两端裸露在大气中，则 $p_1 = p_2 = p_a$，p_a 为绝对大气压，即有 $H_{st} = H_2 - H_1$，即静压头等于管网两端的位置高差。对于闭式管网，$H_{st} = 0$。

　　由式（8-4）可知，管路阻抗 S 不同，则管路性能曲线的形状也不相同，管路阻力越大，S 值也越大，则二次曲线越陡。从图 8-2、图 8-3 所示的曲线可以判断，在管路系统中表示管路特性的管路阻抗关系为 $S_1 > S_2 > S_3$。

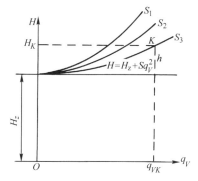

图 8-2　开式输水管路性能曲线

　　工程中通常采用改变压水管路上局部阻力的方法（如开大或关小水管路上的闸门）改变管路阻抗 S 的大小，从而改变了输水管道性能曲线的倾斜程度，以达到调整水泵扬程和流量的目的。

　　对风机而言，因气体重度 γ 很小，气柱质量可以忽略不计，即可认为 H_{stp} 等于零，所以当风机从大气中吸气，并由管路送入房间时，也可认为 $p_1 = p_2 = p_a$。图 8-3 所示的通风机管路性能曲线用风压和流量来表示，其函数关系写为

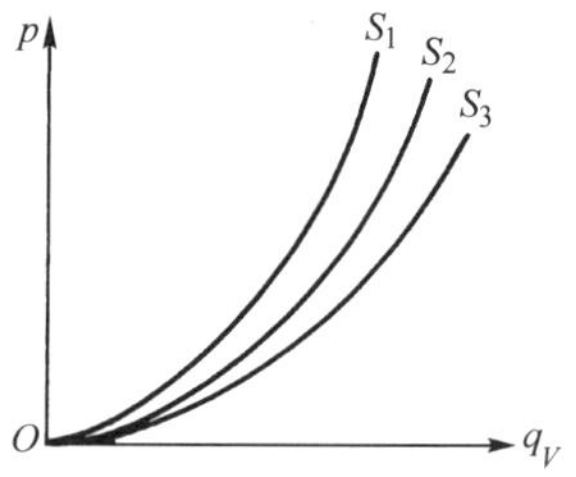

$$p = \gamma S q_V^2 \qquad (8\text{-}6)$$

图 8-3　通风机管路性能曲线

这是一条通过坐标原点的二次曲线，送风管路的管路特性变化如图 8-3 所示，管路阻力增大时，管路阻抗 S 也增大，性能曲线的变化趋势同液体管路。管路阻抗值的计算方法如下：

液体管路阻抗 S_h(s²/m⁵)

$$S_h = \dfrac{8\left(\lambda_i \dfrac{l_i}{d_i} + \sum \zeta\right)}{g \pi^2 d_i^4} \qquad (8\text{-}7)$$

气体管路阻抗 $S_p(\mathrm{kg/m^7})$

$$S_p = \frac{8\rho\left(\lambda_i \dfrac{l_i}{d_i} + \sum\zeta\right)}{\pi^2 d_i^4} \qquad (8\text{-}8)$$

式中 λ_i——管道的摩擦阻力系数；

ζ——管道的局部阻力系数；

l_i——管道长度；

d_i——管道直径。

综上所述，式（8-1）反映了流体管网的压能和阻力特性，被称为管网特性方程。由图 8-2 不难看出，水泵的管路性能曲线是一条抛物线，顶点位于 $H=H_{st}$、$q_V=0$ 的点上；风机的管路性能曲线也是一条抛物线，而抛物线的顶点通过坐标原点，如图 8-3 所示。

8.1.2 泵、风机与管网匹配的工作点

泵、风机的性能曲线反映了泵、风机本身潜在的工作能力。管路性能曲线则反映了包括泵、风机在内的整个管路系统装置在工程具体要求条件下应具有的工作能力，与泵、风机本身的性能无关。由于工程所要求的流量和扬程必须由泵和风机来提供，所以它们之间又存在着不可分割的关系。

泵或风机管路系统中通过的流量，就是泵或风机本身的流量。因此，可将泵或风机的性能曲线与管路性能曲线按同一比例绘制在同一坐标图上，如图 8-4 所示。这两条曲线相交于 D 点，交点 D 就是泵或风机的工作点。D 点表明管路系统中的泵或风机，在流量为 q_{VD} 的条件下，向系统提供的扬程 H_D，正是管路系统所要求的扬程。这时，泵和风机的扬程等于管路系统所需克服的阻力。所以该管路系统在 D 点工作时能量平衡，工作稳定。

【例 8-1】 某水泵输水系统如图 8-1 所示。已知输水量 $q_V=0.04\mathrm{m^3/s}$，吸水池液面到高位水池的几何高度差 $H_z=10\mathrm{m}$，管路总水头损失 $h_{1,1\text{-}2}=28\mathrm{m}$，现欲用转速 $n=950\mathrm{r/min}$ 的水泵输水，已知该水泵的 $q_V\text{-}H$ 性能曲线如图 8-5 所示。试问：①水泵工作点的参数是多少？②该泵能否满足输水要求？

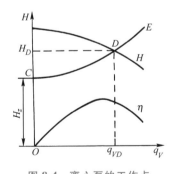

图 8-4 离心泵的工作点

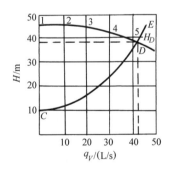

图 8-5 管路性能曲线与工作点

【解】 1）根据输水管路系统装置和工程要求，由式（8-4）可知：

$$h_{1,1\text{-}2} = Sq_V^2$$

所以，$S = \dfrac{h_{1,1\text{-}2}}{q_V^2} = \dfrac{28}{0.04^2}\mathrm{s^2/m^5} = 17500\mathrm{s^2/m^5}$。

据式（8-5）所列输水管路性能曲线方程式如下：

$$H = 10 + 17500q_V^2$$

　　根据管路性能方程，绘出管路性能曲线，如图 8-5 所示的 *C-E* 线。该曲线与水泵 q_V-H 性能曲线相交于水泵的工作点 *D*。查图得工作点 *D* 的参数 $q_{VD} = 42\text{L/s}$，$H_D = 38.2\text{m}$。

　　2）根据输水工程要求，输水量 $q_V = 0.04\text{m}^3/\text{s}$，系统总扬程 $H = H_z + h_{1,1-2} = (10 + 28)\text{m} = 38\text{m}$。

　　根据以上计算，显然，该泵能满足输水管路的输水要求。如果工作点 *D* 所表示的参数既能满足工程提出的要求，又处于泵或风机的高效率区域范围之内，则说明所选择的这台泵或风机是恰当的、经济的。否则，应重新选择合适的泵或风机。

8.1.3　运行工况的稳定性

　　我们知道，泵或风机的 q_V-H 性能曲线大致可分为平坦形、陡降形和驼峰形三种类型。前两种类型的性能曲线与管路性能曲线一般只有一个交点 *D*。*D* 点表示泵或风机输出的流量刚好等于管道系统所需要的流量。而且，泵或风机所提供的扬程或压头，也恰好满足管道在该流量下所需要的扬程或压头，因而泵或风机能够在 *D* 点稳定运转。一旦工作点 *D* 受机械振动或电压波动所引起流速变化的干扰而发生偏离时，当干扰过后，工作点会立即恢复到原工作点 *D* 运行，所以将 *D* 点称为稳定工作点。而有些低比转速泵或风机的性能曲线呈驼峰形，这样的性能曲线与管路性能曲线，有可能出现两个交点 *D* 和 *K*，如图 8-6 所示。这种情况下，只有 *D* 点是稳定工作点，在 *K* 点工作将是不稳定的。

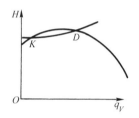

图 8-6　泵性能曲线
驼峰形的运行工况

　　在工作点 *K* 处，如果当泵或风机的工况受机械振动等因素干扰而偏离工作点 *K* 时，且工作点向流量增大的方向偏离，显然，泵或风机所提供的扬程大于管路系统所需要的扬程，从而造成流体能量过盈，以致管路中流体流速加大、流量增加，工作点则沿 q_V-H 性能曲线继续向流量增大的方向移动，直至稳定工作点 *D* 为止。相反，若工作点向流量减小的方向偏离，泵或风机所提供的扬程满足不了管路系统需要，于是流体则因能量不足而减速，使工作点沿 q_V-H 曲线继续向流量减小的方向移动，直至流量为零。此刻，如果吸水管上未装底阀或止回阀时，流体将会发生倒流。由此可见，工作点在 *K* 点处是暂时平衡，一旦离开 *K* 点便难以再返回 *K* 点了，故称 *K* 点为不稳定工作点。

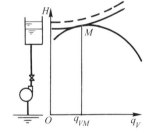

图 8-7　管路性能曲线
与泵性能曲线相切

　　驼峰形 q_V-H 性能曲线与管路性能曲线还有可能出现相切的情况，如图 8-7 所示。此时如果受机械振动等因素干扰使泵或风机的工作点偏离切点 *M* 时，无论工作点向哪个方向偏离，都会出现因为泵或风机提供的扬程满足不了管路系统需要的状况。流体因能量不足而减速，使工作点沿 q_V-H 曲线迅速向流量为零的方向移动，形成水泵不出水现象。可见，切点 *M* 点也是极不稳定的工作点。此外，当水泵向高位水箱送水，或风机向压力容器送风时，由于位能差 H_z 的变化而引起管路性能曲线上移，如图 8-7 中虚线所示，以致管路性能曲线与泵或风机的 q_V-H 曲线脱离，泵的流量将立即自 q_{VM} 突变为零。因此，在使用驼峰形 q_V-H 性能曲线时，切忌将工作点选在切点 *M* 及 *K* 点上。

　　综上所述，对于具有驼峰形性能曲线的泵和风机而言，在其压头峰值点的右侧区间运行时，设备的工作状态能自动地与管网的工作状态保持平衡，稳定工作，把这一稳定的区间称为稳定工作区。显然，稳定工况点位于机器性能曲线的下降段上。而在压头特性曲线峰值的左侧区域运行时，设备的工作状态不能稳定，因而此区域为非稳定工作区。因此在设备选型时，要特别注意。

　　泵或风机的最佳工作区是指其运行在既稳定又经济的工作区域。一般将设备最高效率的 90%~100% 范围内的区域作为最佳工作区。泵、风机性能表给出的工况点，都处于最佳工作区，按其性能表给出的性能选用设备都是合理的。

8.1.4　泵与风机的喘振及其预防

　　当泵或风机在非稳定工作区运行时，可能出现一会儿由泵或风机输出流体，一会儿流体由管网中向泵或风机内部倒流的现象。由于这种现象出现时叶片受到突变负荷而产生强烈的振动和噪声，专业中称之为"喘振"现象。然而，并非在非稳定区工作时必然发生喘振。例如，当风机特性曲线峰值左侧的曲线较平坦，运行工况点离峰值点较近，管网特性曲线的斜率较小，且管网中干扰能量较小、压力波动不大时，风机适当减小输气量后能使压力得到恢复，风机会自动回到原工况点工作。虽不稳定，但不至于喘振。只有当风机特性曲线峰值左侧较陡，运行工况点离峰值较远时，才会发生喘振。喘振现象发生后，设备运行的声音发生突变，流量、压头急剧波动，如果这种现象反复循环，其频率与系统的振荡频率合拍，就要引起共振，如果不及时停机或采取措施消除，将会造成机器的严重破坏。

　　从理论上讲，喘振的发生应具备三个条件：

　　1）泵与风机具有驼峰形性能曲线，并在不稳定工况区运行。

　　2）管路中具有足够的容积和输水管中存有空气。

　　3）整个系统的喘振频率与机组的转动频率重叠，发生共振。

　　喘振的防治方法：

　　1）尽量避免设备在非稳定区工作，即工作区选择在 $q_V\text{-}H$ 曲线的下降段。

　　2）采用旁通或放空法。当用户需要小流量，而使设备工况点进入非稳定区时，可通过在设备出口设置旁通管（风系统可设放空阀门），让设备仍然在较大流量下的稳定工作区内运行，仅将需要的流量送出，使泵或风机的流量在任何条件下都不小于 q_{Vk}。此法虽简单，但不经济。

　　3）增速节流法。通过提高风机的转速并配合进口节流调节来改变风机的性能曲线，使之工作状态点进入稳定工况。如图 8-8 所示，风机 L_{n1}、L_{n2} 分别为不同转速的特性曲线；R_1、R_2 分别为设备所处管网的节流前、后的阻力特性曲线；L_{n2}' 为设备在增速节流后的运行曲线。A 点为其调节后的运行工况点。

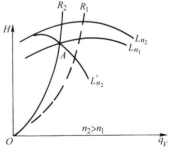

图 8-8　增速节流法控制喘振

　　4）在管路布置方面，应尽量避免压出管路内积存空气。例如，不让管路有起伏，但要有一定的向上倾斜度。

　　5）在运行中，当多台泵或风机并联时，如果负荷减小，则应尽量提前减少投运的设备台数，以保证运行设备容量与负荷在较接近的情况下工作。

　　关于离心泵与风机，由于起动方式与轴流式不同，一般是在阀门全关时起动的，然后逐渐开启阀门增加流量，所以当采用具有驼峰形性能曲线的泵或风机时，必然要通过不稳定工况区，在此区内有可能发生喘振，但时间很短，很少有叶片断裂等事故发生。分析原因，主要是离心泵与风机的叶片大多有前后盘在两端固定，叶片流道窄，刚性比轴流式的悬臂梁形且流道宽的叶片强得多，因而在转动失速的激振作用下发生共振的可能性也要小得多。

8.1.5　系统效应的影响

　　所谓系统效应，是指泵、风机进出口与管网系统连接方式，对泵、风机的性能特性产生的影响。通常，接入管网系统风机的风压及流量都不同程度地低于风机的理论计算值和生产厂给出的风机特性曲线值，这种现象称为系统效应。在 1973 年，首次将系统效应因素的概念引入暖通空调领域。

系统效应降低风机的性能，是由风机与管道的连接方式不同产生的。这种影响是由于生产厂在风机性能测定时的风机进出口接管方式（包括其入口不接管路）形成的气流能量损失与实际进出口不同接管方式形成气流能量损失的差别产生的。关于风机的性能测定，可参看有关标准。

1. 入口的系统效应

风机入口通常采用圆形弯管、矩形弯管和加接静压箱等不同类型的接管方式，所产生的系统效应也有所不同（见图 8-9）。如果弯管长度选用得当，可消除入口的系统效应，有利于入口气流均匀，达到风机本身出厂测试时的最佳状态。

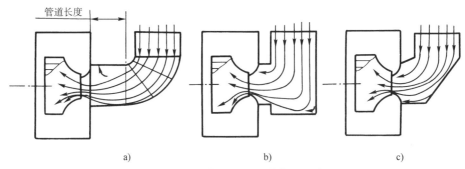

图 8-9　不同连接风机入口的气流示意图

a）圆形弯管　b）矩形弯管　c）进口风箱

而工程上通常的做法是将入口管道直接与风机入口相连接，如图 8-9b 所示，这样产生的压力损失和能量损失是不可低估的。而且，管道长宽比的不同也会影响风机系统的性能。有关资料指出，设计不合理的入口会导致能量损失 45%。而经过专门制作的入口箱（见图 8-9c），可以大大减小或消除这种系统效应的产生。另外，轴流式风机的入口弯管在风机运行期间有可能使气流不稳定。这种系统效应会损伤风机，建议入口弯管安装在离风机入口 3 倍管径以外的位置。

造成系统效应影响的原因是：当风机与管网不恰当的连接时，造成叶轮进口流场不均匀，叶轮内部流动紊乱，由此产生的阻力损失增加，造成性能下降。

如图 8-10 所示，在不考虑系统效应的条件下，根据设计流量和对应的管网计算阻力所选风机的运行曲线 I，与管网阻力特性曲线 A 的交点 1；而实际运行中，由于系统效应的影响，相当于管网阻力特性曲线改变为曲线 B，而仍然选用曲线 I 性能的风机，其实际工作状态点为 4，则实际风量小于设计风量。为保证达到设计风量，在选择风机

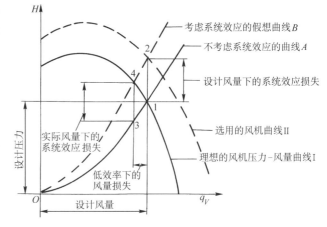

图 8-10　系统效应影响风机性能示意图

所参考的管网阻力即风机压头时，应计入设计风量下的系统效应损失。则按此选用的风机性能曲线 II 与曲线 B 的交点 2，才是达到设计风量要求的实际工作状态点。因此，在进行管网阻力计

算和风机选择时，应计入这一系统效应造成泵或风机性能的损失值。目前，对于这一影响值的大小需由试验确定。

2. 出口系统效应的影响

图 8-11 展示了风机出口管道截面速度的变化。从风机出口截面不规则的速度分布到管道内气流速度规则分布的截面之间的管段长度，称之为效应管道长度。为避免能量损失，不应在此长度内安装形状突变的管件或设备。在效应管道长度范围内，断面的任何改变均导致风机性能的降低。图 8-12 给出了效应管道长度值的确定方法。风机出口流速在 4.5 ~ 14m/s 之间，其对应风机系统效应曲线如图 8-11 所示。

选择风机时，一般取气流速度 10m/s，鼓风断面与出口断面之比为 0.7 ~ 0.8。当风机出口有弯头时，一般靠近柔性接头处连接。当其长度小于效应管道长度时，必须考虑由此产生的系统效应，其损失值取决于弯头的安装位置、方向。这种影响将导致风机出流速度产生较大的变化，从而增加损失，还可能产生不稳定气流和湍流。

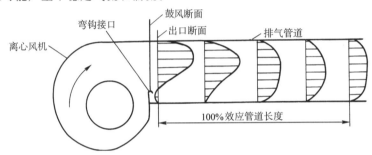

计算 100% 的效应管道长度：如果风速是 12.5m/s 以下，取 2.5 倍管径为长度，那么风速每增加 5m/s，长度增加 1 倍管径。

例：风速为 25m/s，取 5 倍管径为 100% 效应管道长度。若管道为矩形，边长分别为 a、b。当量直径可按 $d = (4ab/(a + b))^{0.5}$ 计算。

	无管道	12%效应管长	25%效应管长	50%效应管长	100%效应管长
压力恢复	0%	50%	80%	90%	100%
鼓风断面面积	系统效应曲线				
出口断面面积					
0.4	P	$R—S$	U	W	—
0.5	P	$R—S$	U	W	—
0.6	$R—S$	$S—T$	$U—V$	$W—X$	—
0.7	S	U	$W—X$	—	—
0.8	$T—U$	$U—W$	X	—	—
0.9	$V—W$	$W—X$	—	—	—
1.0	—	—	—	—	—

注：表中字母含义参见图 8-12。

图 8-11　接不同长度出口管道的系统效应

8.1.6　泵或风机联合运行及工况分析

1. 泵与风机联合运行

实际工程中，有时需将多台泵或风机组织在管路系统中同时工作，这种同时工作称为联合运行。联合运行有并联和串联两种情况。多台水泵从吸水池吸水，向同一压力管路供水，称为泵的并联，如图 8-13 所示的两台泵和两台风机的并联情况。

并联常用于以下情况：

1）当用户需要大流量，而大流量的泵或风机制造困难或造价较高时。

2）由于外界需要大幅度的流量变化，为发挥泵与风机的经济效益，使其在高效率范围内工作，并可用增减运行台数调节时。

3）保证不间断供水（气）的要求，作为检修及事故备用时。

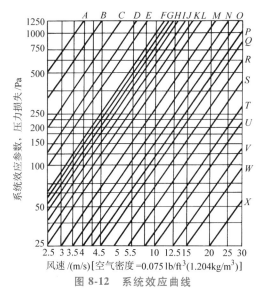

图 8-12　系统效应曲线

4）单机运行虽能满足流量要求，但多台并联运行时的效率比单台运行时的效率高时。

串联运行是将多台泵或风机的进口和出口管路依次连接。图 8-14 所示分别是两台泵和两台风机的串联。

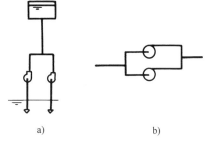

a)　　　　　　　　　b)

图 8-13　两台泵和两台风机的并联

a）两台泵的并联　b）两台风机的并联

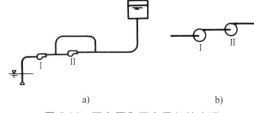

a)　　　　　　　　b)

图 8-14　两台泵和两台风机的串联

a）两台泵的串联　b）两台风机的串联

串联运行常用于以下情况：

1）当单台泵或风机不能提供所需的较高扬程或风压时。

2）在改建或扩建的管路系统中，由于阻力增加较大，需要提供较大的扬程或风压时。

2. 并联运行工况分析

并联运行的工况可以用数学和作图两种方法进行分析。这里仅以两台泵或两台风机并联运行为例进行分析讨论。

（1）作图法（图解法）　泵或风机并联运行的特性曲线由各单机的特性曲线在等扬程（风压）下，流量叠加得到；管路特性曲线由静扬程（或风机出口与进口的静压差）和一条支管与干管的管路损失之和得到。

1）两台相同泵或风机并联。已知单泵或风机的性能曲线 I，在等扬程（风压）下，使流量加倍，便得到并联运行的性能曲线 II。作管路特性曲线 III 与 II 交于 M 点。M 点即为

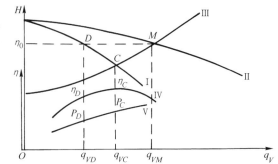

图 8-15　两台同性能单机并联运行工况分析

288

并联运行工况点。q_{VM} 为并联工况流量，H_M 为并联工况扬程（见图 8-15）。曲线Ⅳ、Ⅴ是泵或风机的效率和功率性能曲线。过 M 点作水平线与曲线Ⅰ交于 D 点，D 点即为单机的工况点。扬程 $H_D = H_M$，流量 $q_{VD} = 1/2 q_{VM}$。D 点对应效率曲线上的 η_D，就是并联运行时单机的效率。对应功率曲线上的 N_D，就是并联运行时单机的功率。

　　曲线Ⅲ与Ⅰ的交点 C，是仅单台机器运行时的工况点，q_{VC} 为对应的流量。可见，$q_{VC} > q_{VD}$，表明仅单机运行时提供的流量大于其并联运行时所提供的流量。这是由于并联后，管路总流量增大，水头损失增加，所需扬程加大，而泵与风机的性能是扬程增大则流量减小，所以并联运行时单机的流量减小。由此得出，并联运行时的流量增加量 Δq_V（$\Delta q_V = q_{VM} - q_{VC} < q_{VC}$），即并联运行流量并非比仅单机运行的流量增加一倍，也就是 $q_{VM} < 2q_{VC}$。

　　流量增加量 Δq_V 的大小与管路性能曲线和泵或风机的性能曲线的变化趋势有关。管路性能曲线越平坦（阻抗 S 越小），Δq_V 越大；泵或风机的性能曲线越陡（比转速 n_s 越大），Δq_V 越大。因此，并联方式不宜用于管路性能曲线很陡，或泵与风机性能曲线很平坦的管路系统中。

　　2）不同性能的泵或风机并联。图 8-16 所示为两台不同性能泵或风机并联运行时的工况分析。图中曲线Ⅰ、Ⅱ分别是两台单机的性能曲线。Ⅰ+Ⅱ是并联运行的性能曲线，它是利

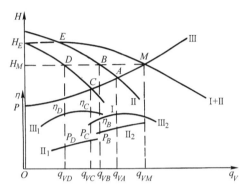

图 8-16　两台不同性能单机
并联运行时的工况分析

用在等扬程下对应单机流量 $q_{VⅠ}$ 与 $q_{VⅡ}$ 叠加得到的。曲线Ⅲ是管路特性曲线，与并联性能曲线交于 M 点，M 点为并联运行工况点，对应工况流量和扬程为 q_{VM} 和 H_M，曲线Ⅲ$_1$、Ⅲ$_2$、Ⅱ$_1$、Ⅱ$_2$ 为单机的效率和功率性能曲线。

　　由 M 点作水平线与Ⅰ和Ⅱ交于 D 和 B 点，D、B 就是并联运行时两台单机各自的工况点。扬程 $H_D = H_A = H_M$；流量为 q_{VD}、q_{VB}，$q_{VM} = q_{VD} + q_{VB}$，效率为 η_D、η_B，功率为 P_D、P_B。

　　曲线Ⅲ与Ⅰ和Ⅱ分别交于 C 与 A 点，即为并联前各单机单独运行时的工况点。由图 8-16 可见：$q_{VM} < q_{VA} + q_{VC}$，$H_M > H_A$，$H_M > H_C$。这表明，两台不同性能的单机并联运行时的总流量小于并联前各单机独立运行时的流量之和。并联运行流量的增加量 $\Delta q_V = q_{VM} - q_{VA}$（$q_{VC}$），与管路性能曲线形状有关，曲线越陡（$S$ 越大），Δq_V 越小。

　　当并联工况点 M 落在 E 点时，单机Ⅰ已不能提供大于 H_E 的扬程，因而没有流量输出，此时机Ⅰ应停止运行。

　　并联运行时，应使各单机工况点处在高效区范围内；同时也应尽量保证在单机运行时的工况点也落在高效区内。

　　并联运行的总效率为

$$\eta = \frac{\sum\limits_{i=1}^{n} H_i q_{Vi} \gamma}{\sum\limits_{i=1}^{n} P_i} = \frac{\sum\limits_{i=1}^{n} p_i q_{Vi}}{\sum\limits_{i=1}^{n} P_i} \qquad (8-9)$$

式中　i——1，2，…，n，为并联单机的台数。

　　从泵或风机并联运行性能曲线绘制过程，可得出：并联单机的台数越多，曲线则越平坦，因而，流量的增加量 Δq_V 的值就越小。一般来说，联合运行要比单机运行的效果差，调节也较复杂。所以，联合运行的台数不宜过多，对于水泵一般不超过 6 台。

（2）数学法（数解法）　用数学法进行分析，需要掌握泵或风机的性能函数关系。这里，认为泵或风机的扬程（风压）与流量间的变化关系满足抛物线变化规律，即

对水泵为

$$H = H_x - S_x q_V^2 \qquad (8\text{-}10)$$

对风机为

$$p = p_x - S_{px} q_V^2 \qquad (8\text{-}11)$$

式中　H_x、p_x——泵和风机的虚总静扬程、虚总压；

　　　S_x、S_{px}——泵和风机的虚内阻抗。

由试验数据可得到

$$\left.\begin{array}{l} S_x = \dfrac{H_1 - H_2}{q_{V2}^2 - q_{V1}^2}; \quad S_{px} = \dfrac{p_1 - p_2}{q_{V2}^2 - q_{V1}^2} \qquad (\text{a}) \\[3mm] H_x = H_1 + S_x q_{V1}^2; \quad p_x = p_1 + S_{px} q_{V1}^2 \qquad (\text{b}) \end{array}\right\} \qquad (8\text{-}12)$$

式中　H_1、H_2——泵和风机实测的一组性能数据中所选定的扬程值（m）；

　　　p_1、p_2——泵和风机实测的一组性能数据中所选定的风压值（Pa）；

　　　q_{V1}、q_{V2}——与 H_1、p_1 和 H_2、p_2 对应的流量值；这些扬程、风压和流量值应在性能曲线的高效范围内选取。

对图 8-13a 两台水泵并联运行系统，可写出下列数学模型（在各处的流速相同的条件下）：

$$\left.\begin{array}{l} H_1(q_{V1}) = H_{x_1} - S_{x_1} q_{V1}^2 \qquad (\text{a}) \\[2mm] H_2(q_{V2}) = H_{x_2} - S_{x_2} q_{V2}^2 \qquad (\text{b}) \\[2mm] H_1(q_{V1}) = H_{st} + S_{AO} q_{V1}^2 + S_{OC} q_V^2 \qquad (\text{c}) \\[2mm] H_2(q_{V2}) = H_{st} + S_{BO} q_{V2}^2 + S_{OC}' q_V^2 \qquad (\text{d}) \\[2mm] q_V = q_{V1} + q_{V2} \qquad (\text{e}) \end{array}\right\} \qquad (8\text{-}13)$$

求解式（8-13），可求出 q_{V1}、q_{V2} 和 H_1、H_2 等工况参数。对于相同两台泵及支路阻抗相等 $S_{AO} = S_{BO}$ 的情况，方程组的解为

$$\left.\begin{array}{l} q_{V1} = q_{V2} \qquad (\text{a}) \\[3mm] q_{V2} = \sqrt{\dfrac{H_{si} - H_{x_2}}{S_{x_2} + S_{BO} + 4 S_{OC}}} \qquad (\text{b}) \end{array}\right\} \qquad (8\text{-}14)$$

将式（8-14）代入式（8-13）的式（a）或式（b）中，求得泵工作扬程 H_1 或 H_2。并联工况流量 $q_V = 2 q_{V1}$，扬程 $H = H_1 = H_2$。

两台风机并联系统，式（8-13）同样适用，只需将式中参数换成风机系统中对应的参数就可以求得。

3. 串联运行工况分析

串联运行的特点是在等流量下，扬程叠加。图 8-17 所示为两台泵或风机串联运行工况图解分析。图中曲线Ⅰ、Ⅱ为单机性能曲线。在等流量下，使曲线Ⅰ、Ⅱ对应扬程相加，得到串联运行泵或风机的性能曲线Ⅰ+Ⅱ。作管路性能曲线Ⅲ与曲线Ⅰ+Ⅱ交于 M 点，M 点就是串联运行工况点，流量为 q_{VM}，扬程为 H_M。

由 M 点作垂直线与单机性能曲线Ⅰ、Ⅱ交于 D 和 C 点，即为单机的工况点，对应流量和扬程分别为 $q_{VD} = q_{VC} = q_{VM}$、H_D、H_C、$H_D + H_C = H_M$。曲线Ⅰ+Ⅱ与曲线Ⅰ、Ⅱ的交点 A、B 分别为单机独立运行时的工况点，对应流量和扬程分别为 q_{VA}、H_A，q_{VB}、H_B。从图 8-17 中得到，$H_A > H_D$，$H_B > H_C$；则 $H_M < H_A + H_B$。表明，串联运行的扬程总是小于各单机独立运行时扬程之和。串联扬程增加的效果与泵或风机性能曲线形状有关，曲线越平坦（比转速 n_s 越小），串联所得到的效果越大。因此，串联运行适用于单机性能曲线平坦的串联管路。

串联运行时，应保证各单机都在高效区内运行。在串联管路后面的单机，由于承受较高的扬程（风压）作用，因此选机时应考虑其构造强度。风机串联，因操作上可靠性较差，一般不推荐使用。

串联运行的数学模型有

$$\left.\begin{array}{l} H = \sum_{i=1}^{2} H_{x_i} - \sum_{i=1}^{2} S_{x_i} q_V^2 \quad (a) \\ H = H_{st} + S q_V^2 \quad\quad\quad (b) \end{array}\right\} \quad (8\text{-}15)$$

解得工况流量为

$$q_{VM} = \sqrt{\frac{\sum H_{x_i} - H_{st}}{\sum S_{x_i} + S}} \quad (8\text{-}16)$$

式中　S——串联管路总阻抗（s^2/m^5）。

若用于风机系统时，将式（8-16）中参数换成风机系统对应的参数。

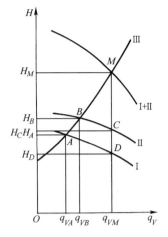

图 8-17　两台单机
串联运行工况分析

一般来说，联合运行要比单机运行的效果差，调节也较复杂。故联合运行的台数不宜过多，联合运行以单机性能相同为宜。

8.2　管网系统的压力分布

8.2.1　管网压力分布图的作用及绘制方法

经过管网系统的水力计算和分析，可以确定管网中各管段的流量、流速、压力损失，以及管网的管路特性。在实际管网设计中，管网系统的压力分布情况对各用户流量值的分析和确定，循环水泵和风机等流体机械的选择，系统内各装置的耐压要求等，即泵与风机等流体机械和管网系统的匹配有着很大的影响。从管网系统的压力分布状况也可以判断整个实际管网是否安全可靠，运行合理。

式（8-1）恒定总流能量方程表示图 8-1 所示系统的 1—1、2—2 过流断面间的能量关系。在此能量方程中，有 H_i、$\frac{p_i}{\gamma}$、$\frac{v_i^2}{2g}$ 三项，各项都具有长度的量纲，即可用一定的几何高度把它们表示出来，工程上习惯称之为"压力水头"，简称"水头"。其中，H_i 是对基准面的位置高度，称为位置水头；$\frac{p_i}{\gamma}$ 表示测压管高度，称之为压强水头；$H_i + \frac{p_i}{\gamma}$ 称为测压管水头；$\frac{v_i^2}{2g}$ 称为流速水头，它也能用高度来表示。当用动压测压管（一根有 90°弯头，两端开口水管），将弯头开口端放入流场中，正对着流体来流方向，所测管内流体质点进入测压管，使该测压管内的液面高度超出同位置上静压测压管的压力水头，这高出的值 H_{vi} 是由 $\frac{v_i^2}{2g}$ 转换而来的，且 $H_{vi} = \frac{v^2}{2g}$，所以称为流速水头；$H_i + \frac{p_i}{\gamma} + \frac{v_i^2}{2g}$ 是各种水头之和，称为总水头。h_1 是断面 1—1、2—2 之间的总水头之差，即为流体在该两点之间的流动阻力损失，习惯上把它称之为"水头损失"。

既然能量方程中各项都是长度量纲，为使流体管网内的能量转换情况形象地表示出来，把管内总流的能量分布用几何图形绘制出来，具体的方法是用测压水头线高度连线构成管网压力分布图，这种压力分布的几何图形便于对流体管网系统的压力分布情况直观地进行分析处理。

对管网压力分布图的绘制简单介绍如下：

1）将总流能量方程式转换成压力水头高度的表示形式。

$$H_{1\text{-}1} = H_{2\text{-}2} + h_{1,\ 1\text{-}2} \tag{8-17}$$

式中，$H_{i\text{-}i} = H_i + \dfrac{p_i}{\gamma} + \dfrac{v_i^2}{2g}$，表示断面的总水头。该式表示总水流上下流断面（断面 1—1、2—2）的总水头和两断面水头损失之间的关系，其中 H 的下标表示水流断面的位置。断面上测压管水头由以上介绍方法求得，由总水头减去流速水头得到。

2）具体绘制的步骤：

a. 沿流体总流方向画一条水平基准线 0—0，作为相对零水头线。

b. 绘出总流的中心线，各断面的中心到基准线的高度就是该断面的位置水头，所以总流中心线即为总流的位置水头线。

c. 计算出断面 1—1 上的总水头 $H_{1\text{-}1}$ 和从断面 1—1 到断面 2—2 间的水头损失 $h_{1,1\text{-}2}$，由式（8-17）确定断面 2—2 上的总水头 $H_{2\text{-}2}$。

d. 以此方法沿流体总流方向向下游推进，可确定所有流体断面的总水头。

各流体断面总水头值，以选定 0—0 基准线为准，用确定比例的线段长度对应垂直向上表示在各断面上，连接这些线段的端点，构成总水头线。若理想流动，水头损失为零，总水头线则是一条以 H_1 为高的水平线；总水头线在对应断面垂直向下减去流速水头对应的线段长，得到各断面上的测压管水头线。"流体力学"课程提供了水头线的确定方法。水头线直观地表达了管内流体的各种能量变化，如总水头线与测压管水头线间的垂直距离变化，反映平均流速沿流程的变化。测压管水头线在位置水头线以下线段，表明该管道中的相对压力为负值，即出现真空。在工程实际中，常利用绘制系统的压力水头线来定性分析流动情况，从而解决有关问题。在某些场合，如热水供暖，人们往往忽略速度水头，此时压力水头线即总水头线。

8.2.2　液体管网系统的压力分布

在液体管网系统中，由于管网本身的特性和所连接的用户位置高度对流体的流量、压力、温度等要求各有不同，在管网设计时，必须对整个管网系统的压力状况进行综合评价。压力水头线图可直观地反映管网和各用户的压力状况，通过管网的实际水头线图分析，可提出保证系统安全可靠的技术措施；可得出系统在运行调节或发生故障时的压力状况，有利于系统的安全运行。因此，画压力水头线图是液体流体管网，特别是热水管网的设计和运行管理的重要依据。所以掌握各种管网系统的压力水头线图的绘制，掌握工况特征分析方法很有必要。

下面以热水管网的压力分布为例，对液体管网系统的压力分布进行分析。

1. 热水管网系统的压力状况要求

对热水管网的压力状况，无论热水管网是在循环水泵运行时，或是循环水泵停止工作时，管网系统内任何一点需保持的静态压力应满足以下基本要求。

1）热水管网内任何一点的热水不能产生汽化。除此以外，根据相关规范规定，管网内任何一点还应有 30~50kPa 的富余压力。即水温超过 100℃时，其压力不应低于该水温条件下的汽化压力和富余压力之和。水温在 100~150℃时的汽化压力见表 8-1。

表 8-1　水温在 100~150℃时对应的汽化压力（表压力）

水温/℃	100	110	120	130	140	150
汽化压力/kPa	≈0	45.08	100.94	172.48	263.62	378.28

2）热水管网内任何一点的压力均不应超过系统中所有设备、管件的允许压力。如散热器，在该点的压力应在其允许承压值以下。一般情况下，铸铁散热器可选定的承压值为 0.4MPa。所以，在热水管网系统最底层的用户，即承压值最大处，无论管网是否处于运行状态，该处的压力值均不应超过 0.4MPa。若管网系统工作的楼宇较高，无法兼顾既满足管网顶部又满足管网底部的压力条件，就需更换管网底部的用户换热设备（如采用排管散热器，可承压 1.0MPa），来满足系统对设备的承压要求。另外，其他的热水管网设备，如换热器、除污器、集水器、阀门等附件，也均应按压力水头线图中可能出现的最大压力值选用其参数，确定其公称压力。

3）热水管网任何一点的压力，无论管网是否处于运行状态，不得小于 5kPa 的表压力值，以免空气进入系统。

4）热水管网提供的供回水压差，应满足用户所需的作用压力水头值。热水管网当采用间接连接系统时，一级管网的供回水压差，应满足换热站内系统和设备的总压力损失，二级管网的供回水压差应满足用户系统与散热器等总压力损失。

2. 热水管网系统的压力水头线图绘制

根据热力管网对管内压力的基本要求，现举一热水管网的实例来进行水头线图的绘制和管路分析。在压力水头线图的绘制时，通常把图分为两部分，下面是热力管网的平面布置示意图，上面是其对应的压力水头线图。压力水头线图绘制的具体步骤如下。

1）建立坐标系。绘出 OX 轴和 OY 轴，以横坐标表示距离，纵坐标表示管网的高程和压头。在 OX 轴上，由热源为始点，X 值表示至各用户标出主干线和各分支干线的节点位置和距离。在 OY 轴上，以循环水泵中心线高度为基准面，绘制出各用户（包括热力站）所处位置的地面高程及各自建筑物的高度，各地面高度的连线即为管线地形的纵剖面。

2）静压水头线，是指当循环水泵停止运行时，热水管网中各点压头的连接线，静压水头线是一条水平线，高度如前所述，不应超过底层散热器的承压能力，并应满足热水管网直接连接的各用户系统内不产生汽化、不倒空。

3）回水管的动压水头线，是循环水泵运行中回水管上各点的压力连线。用户处的回水干管因为是回水干管的始端，压力最高；沿程克服阻力产生压降，到热源循环水泵入口，压力最低。最高点和最低点的连线，即为其动压水头线。回水管道动压水头线最高点不应超过系统内的设备和散热器的承压能力，其最低点应高出直接连接用户的最高点 5kPa。最佳的回水管动压水头线位置应处在最高点和最低点的范围内。回水管内压力应控制恒定，或在一定的范围内波动，保证动压水头线的位置，即确定其定压点。

4）供水管动压水头线是循环水泵运行中供水管上各点的压力水头连线。热源处是供水干管的始端，水头最高；至最远用户处，是供水干管的末端，压头最低。最高点和最低点的连线即为供水管动压水头线。供回水干管在最远用户处的压力差，应能满足用户系统所需足够的循环压头。供回水干管之间的压力差，包括用户系统内所需的循环压头和压力安全裕度。

【例 8-2】　有一供暖系统，管网平面布置图如图 8-18 所示，其供水温度 120℃，回水温度 80℃，用户 E、F、D 的热负荷分别为 3.35GJ/h、4.19GJ/h、2.51GJ/h，建筑物地面标高分别为 -1m、1m、2.5m，建筑物标高分别为 19m、20m、22.5m，热用户内部阻力均为 $\Delta p = 50$kPa，水力计算结果见表 8-2。试画出压力水头线图，并判断外设热水管网系统的设计是否合理。

【解】　1）首先画出 OX、OY 坐标轴，OX 横坐标表示距离（m），OY 纵坐标表示标高（10^4Pa）、O 点为循环水泵入口标高，然后将建筑物距热源直线段、分支段的距离、地面标高和房屋高度画在图上（见图 8-19）。

293

图中 E（-1），F（+2），D（+2.5）代表该建筑物地面标高。E'（+19）、F'（+20）、D'（+22.5）代表该建筑物顶端标高。$E'E''$、$F'F''$、$D'D''$ 的高度代表汽化压力。120℃热水汽化压力为100.94kPa，取101kPa。E''、F''、D'' 高度分别为 29.1×10^4Pa、30.1×10^4Pa、32.6×10^4Pa。

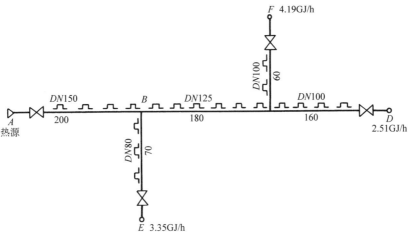

图 8-18　热水管网平面布置图

表 8-2　水力计算结果汇总

管段	热负荷 $\Phi/(GJ/h)$	流量 $q_m/(t/h)$	长度/m		管径 DN/mm	流速 $v/(m/s)$	比压降 $R/(Pa/m)$	管段压降 $\Delta p/kPa$
			管段长度	局部阻力当量长度和	计算长度			
主干线								
AB	10.05	63	200	44.7	244.7	150	0.95	59.6	14.584
BC	6.7	42	180	43.1	223.1	125	0.9	66.34	14.8
CD	2.51	15.73	160	34.2	194.2	100	0.515	28.96	5.624
分支线								
BE	3.35	21	70	24.47	94.47	80	1.19	213.95	20.212
CF	4.19	26.25	60	18.3	78.3	100	0.86	79.06	6.19

考虑到用户系统内不产生汽化、保证不倒空，静压水头线 j-j 的压力为 35×10^4Pa，即定压点为 35×10^4Pa（35m）。

2）根据表 8-2 的计算结果，由 j 点往前推算。

回水管 B 点：$(35+1.4584)\times10^4Pa=36.4584\times10^4Pa$；$C$ 点：$(36.4584+1.48)\times10^4Pa=37.9384\times10^4Pa$；$D$ 点：$(37.9384+0.5624)\times10^4Pa=38.5008\times10^4Pa$。$D$ 点用户供水压力：$(38.5008+5)\times10^4Pa$（用户内部阻力）$=43.5008\times10^4Pa$；供水管 C 点：$(43.5008+0.5624)\times10^4Pa=44.0632\times10^4Pa$。

供水管 B 点：$(44.0632+1.48)\times10^4Pa=45.5432\times10^4Pa$；$A'$ 点：$(45.5432+1.4584)\times10^4Pa=47.0016\times10^4Pa$；$A$ 点：$(47.0016+13)\times10^4Pa$（换热器阻力）$=60.0016\times10^4Pa$。

用户系统，E 供：$(45.5432-2.0212)\times10^4Pa=43.522\times10^4Pa$。$E$ 回：$(36.4584+2.0212)\times$

$10^4 \mathrm{Pa} = 38.4796 \times 10^4 \mathrm{Pa}$。$F$ 供：$(44.0632 - 0.619) \times 10^4 \mathrm{Pa} = 43.4442 \times 10^4 \mathrm{Pa}$。$F$ 回：$(37.9384 + 0.619) \times 10^4 \mathrm{Pa} = 38.5574 \times 10^4 \mathrm{Pa}$。$E$、$F$ 用户系统的压力降基本一致，且为 $5 \times 10^4 \mathrm{Pa}$，故设计合理。

3）根据热水管网压力水头线图的绘制，可确定系统的设备选定参数：

循环水泵的扬程对应的压力为 $(60.0016 - 35) \times 10^4 \mathrm{Pa} = 25.0016 \times 10^4 \mathrm{Pa}$（扬程为 25.0016m）。

补给水泵的扬程对应的压力 $\geqslant 43.5008 \times 10^4 \mathrm{Pa}$（扬程为 43.5008m）。

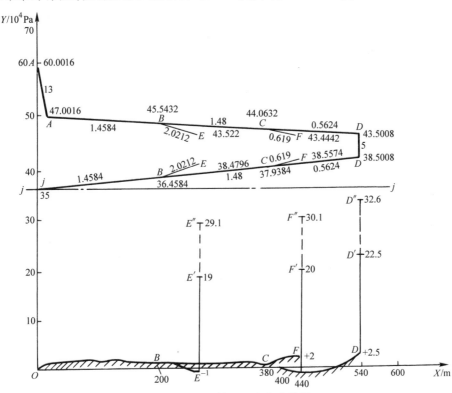

图 8-19 热水管网压力水头线图

3. 热水管网系统的定压

对热水管网系统，为了保证系统的安全可靠性，如前所述，在制定系统水压图时，无论系统是否运行必须满足下列条件：

1）与热水管网直接连接的用户，在系统内最底层的散热器等设备所承受的静水压力，应不超过这些设备的承压能力。

2）在供水管网及与它连接的用户系统内任何一点的压力，应不低于该水温下的汽化压力。

3）系统的静压要大于或等于系统最高点与热力站（或热源）的标高差加上高温水的汽化压力，为安全起见，一般加上 30~50kPa 的富余值。

4）回水管的压力水头都必须高于用户系统的充水高度，以防系统倒空而吸入空气，破坏正常运行和腐蚀管道。

因此，供水管网系统在设计时就应设定系统的静压，保持定压点压力恒定。保持定压点压力恒定的定压方式有高位膨胀水箱、补给水泵、气体加压罐等方法，其控制压力的特点和适合的应用场合如下。

1）用开式高位膨胀水箱以保持系统的静压（见图8-20）。这种方式一般用于低温水系统（送水温度小于100℃）。其优点是装置简单，压力稳定，省电，并能同时满足系统溢水及补水的要求。但开式膨胀水箱的最低水位，应高于热水系统最高点1m以上，并需保证在循环水泵停止运行时系统不汽化。故必须高位布置，要安装在系统最高建筑的屋顶上。为保证系统能正常工作，还需对开式膨胀箱的液位进行监控。

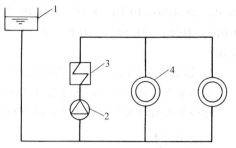

图8-20　高位膨胀水箱定压示意图
1—高位膨胀水箱　2—循环水泵
3—换热器　4—热用户

2）补给水泵补水定压。这种方式利用补给水泵提供动力源维持系统内压力，而系统内压力的定值控制有诸多方式。

a. 利用压力调节阀维持定压（见图8-21）。当系统正常运行时，通过阀后压力调节阀的作用，使补给水泵连续补给的水量与系统的泄漏水量相一致，从而维持系统动压水头线的位置。当系统泄漏水量较大时，定压点的压力下降，调节阀开大，让补给水泵向系统送入较多的水量，维持压力不变；反之，则调节阀关小，补给水泵送入系统的水量减小。如果系统的压力过高，则通过安全阀泄水降压。系统循环水泵停运时，同样维持系统必需的静压。这种方案的补水箱不必高架，供回水管道的压力水头线的位置可以不受静压线高度的约束。但是该系统需长期通电，一旦补水泵失电，就不能保持静压线的高度，因而会产生用户系统顶部的汽化和倒空的问题。

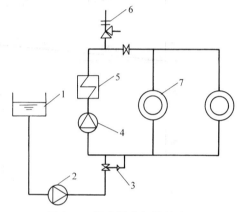

图8-21　压力调节阀维持定压
补水泵连续补水定压示意图
1—补给水箱　2—补给水泵　3—泵后压力
调节阀　4—循环水泵　5—换热器
6—安全阀　7—热用户

b. 利用水泵变频调速定压（见图8-22）。通过压力变送器将循环水泵的压力信号（供暖系统定压点的压力信号）反馈给调速器，与给定压力比较后，其差值经调速器运算送出结果，改变补给水泵电动机输入电路的频率，调整电动机的转速，从而改变补水泵的流量。当循环水泵入口压力低于给定压力较大时，供电频率增加，补给水泵流量增大，因而循环水泵入口压力升高。循环水泵的入口压力和给定压力的差值减小，供电频率回落，补给水泵流量也随之下降，从而使补给水泵的流量和给定压力之间处于很好的协调关系，确保系统静压的稳定。这种方法通过变频调速，改变水泵的流量，保证了定压点的压力不变，实现了自动定压补水，其自动化程度高，运行可靠，无须专人管理，但费用相对较高。

c. 补给水泵间歇补水定压（见图8-23）。补给水泵的起动和停止运行，是由电接点式压力表实行双位控制的。当达到设定压力的上限时，补给水泵停止工作；当循环水泵入口压力下降到设定压力的下限时，补给水泵就重新起动补水。这种定压方法的压力水头线是在上限和下限之间变化的，补给水泵则随压力值的变化实现间歇起停。为避免电接点压力表触点开关动作过于频繁，通常取定压压力的上、下限波动范围为50kPa。间歇补水定压方式虽比连续补水定压方式设备简单，耗能小，但其动压水头线上、下波动欠稳定，所以间歇补水定压方式一般用在系统规模不大、供水温度不高、系统漏水量较小的系统。对于系统规模较大、供水温度较高的供暖系统，还应采用连续补水定压方式。

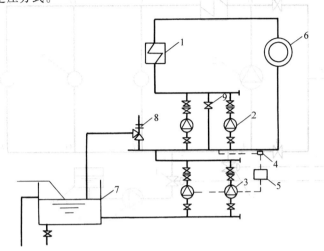

图 8-22　水泵变频调速定压示意图

1—换热器　2—循环水泵　3—补给水泵　4—压力变送器　5—变频调速器
6—用户　7—补给水箱　8—安全阀　9—逆止阀

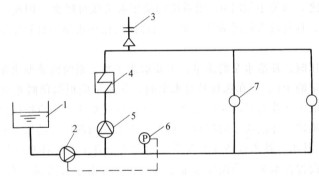

图 8-23　补给水泵间歇补水定压示意图

1—补给水箱　2—补给水泵　3—安全阀　4—换热器
5—循环水泵　6—电接点压力表　7—用户

d. 定压点设在旁通管处的补给水泵定压（见图 8-24）。上述三种补水方式的定压点均设在循环水管的入口端，在系统运行时，动压水头线均比静压水头线高。为适当降低系统的运行压力和便于调节系统的压力工况，还可采用定压点设在旁通管的连续补水定压方式。如图 8-24 所示，在系统的供、回水干管之间连接一根旁通管，利用补给水泵使旁通管上 J 点保持符合静压水头线要求的压力。在循环水泵运行时，当定压点 J 点的压力低于控制值时，压力调节阀打开，补水量增大，J 点压力升高；当 J 点压力高于控制值时，压力调节阀关小，补水量减少，J 点压力下降。当压力偏高时，泄水压力调节阀打开，泄放系统中部分水。当循环水泵停运时，整个系统压力先达到运行时的平均压力然后下降，通过补给水泵补水，使整个系统压力维持在定压点 J 的静压力。此时适当地降低了运行时的动压水头线，循环水泵吸入端的压力低于定压点 J 的静压力。同时通过调节旁通管上的两个阀门 m 和 n 的开度，可控制系统的动压水头线升高或降低。如关小 m，旁通管段 BJ 的压降增大，J 点压力降低，压力调节阀打开，作用在 A 点的压力升高，整个系

297

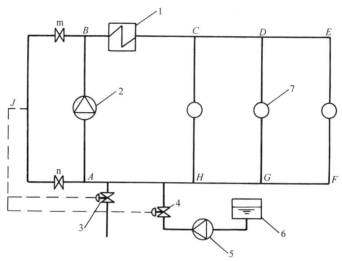

图 8-24　定压点设在旁通管处的补给水泵定压示意图

1—加热装置（锅炉或换热器）　2—管网循环水泵　3—泄水调节阀
4—压力调节阀　5—补给水泵　6—补给水箱　7—用户

统的动压水头线升高。如阀门 m 全关，则 J 点压力和 A 点压力相等，系统的整个动压水头线都高于静压水头线。反之，如关小阀门 n，则系统的动压水头线可降低。因此，这种定压方式，对调节系统的运行压力，具有较大的灵活性。但旁通管使得循环水泵的计算流量增加，要多消耗些电能。

采用补给水泵定压时，补给水泵的流量，主要取决于整个系统的泄漏水量。闭式管网的补水率不宜大于总循环水量的 1%，但在选择补给水泵时，其流量应根据供暖系统的正常补水量和事故补水量确定，一般取正常补水量的 4 倍计算。对开式管网系统，则应根据供水最大设计流量和系统正常补水量之和确定。补给水泵的扬程应根据压力水头图静压线的压力要求确定。

3）利用自动稳压补水。补水设备安装在系统的回水干管上，其补水管与软化水箱相接。采用这种设备定压不需设置补水泵。当循环水泵运行时，系统由于有渗漏失水，则回水压力降低，此时压力信号经压力传感器，通过自动控制箱，将该设备的补水控制阀关小，此设备与循环水泵之间的回水管段的压力下降，低于软化水箱水面压力 20~30kPa，在此压差的作用下，软化水箱里的水通过止回阀被送入回水管中，随补水量的增加，系统压力上升，当达到设定值后，补水控制阀开启，停止补水。当系统因水温升高而压力增加时，压力信号又促使排泄控制阀开启，膨胀的水量返回软水箱，压力随之下降，降到设定值后，排泄阀关闭，使系统工作压力稳定维持在设定的范围内。当系统停止运行时，则依靠循环水泵来维持静压水头线。系统压力过高、过低时，该设备可发出声、光报警。此种定压方式节省补水泵，结构简单、紧凑。但这种方法的循环水泵的扬程必须高于系统的静水压，并且要求该设备的补水控制阀和排泄控制阀灵活耐用。

4）利用气体加压罐定压。根据所用气体的不同，有氮气定压和空气定压。为避免空气溶于水增加水中的溶氧量，空气定压是通过弹性密封的橡胶隔膜加以定压的，橡胶隔膜目前均采用囊式，氮气定压可用于高温水供暖系统。从运行角度看，由于气体加压罐的压力随系统水温的升高而增加，罐内气体又起着缓冲压力传播的作用，故气体定压方式比补给水泵定压方式安全可靠，它能有效地防止因突然停电、停泵所引起的汽化和水击事故。

气体加压罐一般设置在循环水泵的入口，这样加压罐的压力较低，因而所需的补给水泵扬程及功率均较小,当突然停电、停泵时,气体加压罐可以有效吸收回水压力的突然升高。图 8-25 所示为气体定压方式的系统图,图中表示氮气加压罐的氮气是从氮气瓶经减压后进入并充满气体加压罐最低水位 Ⅰ—Ⅰ 以上的空间,保持 Ⅰ—Ⅰ 水位时的压力 p_1 一定。若是空气加压罐则是由空气压缩机送入空气,当系统内水受热膨胀时,气体加压罐内水位升高,气体空间减小,压力增高,当水位升高到正常高水位 Ⅱ—Ⅱ 时,罐内压力达到 p_2。p_1 和 p_2 由系统水压图分析确定,同时,也用来确定气体加压罐的容积。为防止 p_2 超过规定值,在氮气加压罐顶设置安全阀,当出现超压时向外排气,空气加压罐则在出水管路上设安全阀,超压时通过安全阀泄水降压。在气体加压罐上装有水位控制器以控制补给水泵的启闭。在系统升温膨胀阶段,水位上升到 Ⅱ—Ⅱ 水位时,通过电磁阀自动排水保持水位,当系统漏水或冷却时,气体加压罐水位下降到 Ⅰ—Ⅰ,补给水泵起动补水,罐内水位升高,当达到 Ⅱ—Ⅱ 水位时,补给水泵停止工作。当系统因突然停电或停泵时,系统体积开始收缩,此时气体加压罐向系统补水,罐内水位下降,直至 Ⅰ—Ⅰ 水位。一般可维持约 30min。

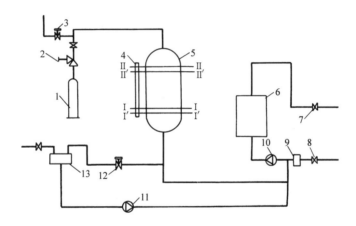

图 8-25 利用气体加压罐定压示意图

1—氮气瓶 2—减压阀 3—排气阀 4—水位控制器 5—氮气罐
6—热水锅炉 7、8—供、回水管总阀 9—除污器 10—管网循环
水泵 11—补给水泵 12—排水电磁阀 13—补给水箱

合理地设计气体加压罐的容积是保证系统安全可靠运行的重要环节。气体罐的总容积是由系统水的净膨胀量 V_1、罐内最小气体空间 V_2 及低水位所需要的最小水容积 V_3 组成的(见图 8-26)。罐中水位的变化,罐内压力相应地发生变化。根据热力学原理,气体的容积与其相应压力的关系符合下式:

$$pV = C \qquad (8\text{-}18)$$

式中 V——气体罐内气体空间的容积(m^3);

p——相应该容积下的绝对压力(Pa);

C——常数。

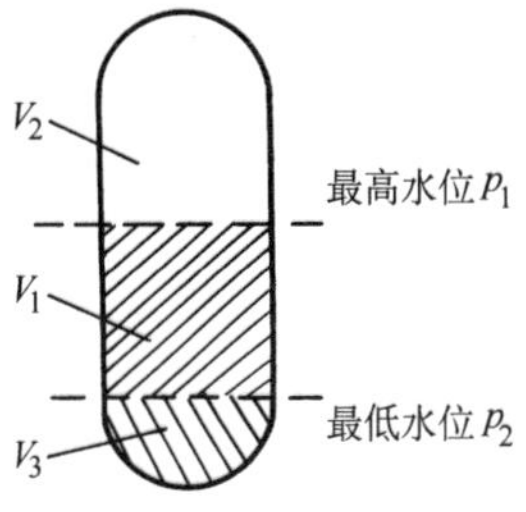

图 8-26 变压式氮气
罐总容积示意图

在最低水位 Ⅰ—Ⅰ 时罐内的气体压力为 p_1,相应的气体容积为 $(V_1 + V_2)$,而在高水位 Ⅱ—Ⅱ 时,罐内的气体压力为 p_2,气体容积则为 V_2,根据式(8-18),可得

$$p_1(V_1 + V_2) = p_2 V_2$$

则
$$V_2 = \frac{p_1 V_1}{p_2 - p_1} = \frac{1}{\left(\dfrac{p_2}{p_1}\right) - 1} V_1 \qquad (8\text{-}19)$$

气体罐内的最低压力 p_1 和最高压力 p_2 之差（p_2-p_1）值，可根据供暖系统水压图的要求和所容许的上、下波动范围来确定。由式（8-19）可见，p_2/p_1 值越大，则所需的容积越小。系统内水的净膨胀容积 V_1 与运行工况密切相关，它与供暖运行方式（间歇或连续供暖）、热水的设计温差、热水的温升速度和系统的漏水率有关。由于系统不可避免地会不断漏水，因而实际的净增水量大为减少。一般认为 V_1 采用 2%~3% 的系统总水容量就足够了。当系统漏水率较高时（大于系统总水容量的 2%）时，净增水量微不足道，甚至成为负值，此时气体罐不再起着容纳膨胀水量的功能，而起着一个突然停电事故补给水箱的作用，或起着补充系统漏水和系统水冷缩量的作用。

最低水位时水容积 V_3 主要是为沉积泥渣、连接管道及防止气体进入管道系统而设置的，一般 V_3 可按式（8-20）求得
$$V_3 = (0.1 \sim 0.3)(V_1 + V_2) \qquad (8\text{-}20)$$

最后，根据 $V = V_1 + V_2 + V_3$，就可确定气体加压罐的总容积。

8.2.3　气体管网系统的压力分布

气体的压力分布，特别是空气在风管中流动时，由于风管阻力和流速变化，风管内空气的压力值是不断变化的。研究气体管网内气体压力的分布规律，有助于更好地解决通风、空调及燃气管网系统的设计和运行管理问题。

讨论气体管网系统内的压力分布，与讨论液体管网系统的压力分布的方法相类似，先算出各点（断面）的全压值 p_q、静压值 p_j 和动压值 p_d，把它们按静压水头、动压水头标出，再逐点连接，就绘得气体管网内压力水头分布图。根据压力水头线图的状态，就可以分析气体管网的特性。

下面列举一个通风系统的实例。该通风系统如图 8-27 所示，包括送风机、送风管道和空气进出口等。以此通风系统来讨论气体管网系统的压力分布如何受管道的沿程阻力、局部阻力和管道内动力机械的影响。

1）讨论气体吸入管段的压力分布。下面确定各点的压力。

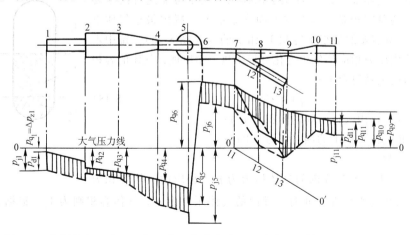

图 8-27　包括沿程阻力、局部阻力和管道内动力机械的通风管网系统的压力分布

点 1：

空气入口外和入口（点 1）断面的能量方程式为

$$p_{q0} = p_{q1} + \Delta p_{z1} \tag{8-21}$$

因 p_{q0} = 大气压力 = 0，故

$$p_{q1} = -\Delta p_{z1} \tag{8-22}$$

$$p_{d,\,1\text{-}2} = \frac{v_{1\text{-}2}^2 \times \rho}{2} \tag{8-23}$$

$$p_{j1} = p_{q1} - p_{d,\,1\text{-}2} = -\left(\frac{v_{1\text{-}2}^2 \times \rho}{2} + h_{z1} \right) \tag{8-24}$$

式中　Δp_{z1}——空气入口处的局部阻力（Pa）；

$\quad\quad p_{d,1\text{-}2}$——管段 1-2 的动压（Pa）；

$\quad\quad p_{q0}$——管段入口处的全压（Pa）；

$\quad\quad p_{q1}$——管段 1 处的全压（Pa）；

$\quad\quad p_{j1}$——管段入口处的静压（Pa）；

$\quad\quad v_{1\text{-}2}$——定管段的流速（m/s）；

$\quad\quad \rho$——管段内空气的密度（kg/m³）。

上式表明，点 1 处的全压和静压均比大气压低。静压降 p_{j1} 的一部分转化为动压 p_{d1}，另一部分消耗在克服入口的局部阻力 Δp_{z1}。

点 2：

$$p_{q2} = p_{q1} - (\Delta p_{1,\,1\text{-}2} + \Delta p_{z2}) = p_{q1} - (R_{m,\,1\text{-}2} \times l_{1\text{-}2} + \Delta p_{z2}) \tag{8-25}$$

$$p_{j2} = p_{q2} - p_{d,\,2\text{-}3} = p_{j1} + p_{d,\,1\text{-}2} - (R_{m,\,1\text{-}2} \times l_{1\text{-}2} + \Delta p_{z2}) - p_{d,\,1\text{-}2} \tag{8-26}$$

则

$$p_{j1} - p_{j2} = R_{m,\,1\text{-}2} \times l_{1\text{-}2} + \Delta p_{z2} \tag{8-27}$$

式中　$R_{m,1\text{-}2}$——管段 1-2 的比摩阻（Pa/m）；

$\quad\quad \Delta p_{z2}$——管段 1、2 间管径突变的局部阻力（Pa）。

由式（8-27）可以看出，当直管段内空气流速不变时，克服风管的沿程阻力是通过降低空气的静压来实现的。从图 8-27 还可以看出，由于管段 2-3 内的流速小于管段 1-2 内的流速，空气流过点 2 后发生静压复得现象。

点 3、点 4、点 5（风机进口），按上述的方法求得各自的全压、静压和动压值。

以上是通风管网的吸入管道，是从吸入口开始计算，逐步计算到送风机的进口；通风管网的排出管道是从风管出口开始计算，逐步算到风机的出口。

2）讨论气体排出管段的压力分布。下面从通风管道的排出口开始，逐点确定各点的压力。

点 11（风管出口）：

$$p_{q11} = \frac{v_{11}^2 \times \rho}{2} + \Delta p_{z11}' = \frac{v_{11}^2 \times \rho}{2} + \zeta_{11}' \frac{v_{11}^2 \times \rho}{2} = \zeta_{11} \frac{v_{11}^2 \times \rho}{2} = \Delta p_{z11} \tag{8-28}$$

式中　v_{11}——风管出口处空气流速（m/s）；

$\quad\quad \Delta p_{z11}$——风管出口处局部阻力（Pa）；

$\quad\quad \zeta_{11}'$——风管出口处局部阻力系数；

$\quad\quad \zeta_{11}$——包括动压损失在内的出口局部阻力系数，$\zeta_{11} = 1 + \zeta_{11}'$。在实际工作中，为便于计算，设计手册中一般直接给出 ζ 值而不是 ζ' 值。

点 6（风机出口）、点 7、点 8、点 9、点 10，按以上计算方法求得全压、静压和动压。另外，自点 7 开始，有 7-8 及 7-12 两支管。为了表示支管 7-12 的压力分布。过 0′引平行于支管 7-12 轴线的 0′-0′线作为基准线，用上述同样方法求出此支管的全压值。因为点 7 是两支管的共同点，

301

它们的压力线必定要在此汇合，即两支管汇合点的压力值大小相等。

把以上各点的全压标在图上，并根据摩擦阻力与风管长度成直线关系，连接各个全压点可得到全压分布曲线。以各点的全压减去该点的动压，即为各点的静压，可绘出静压分布曲线；从图8-27可看出空气在管内的流动规律为：

a. 风机的风压 p_f 等于风机进、出口的全压差，或者说等于风管的阻力及出口动压损失之和，即等于风管总阻力。可用下式表示：

$$p_f = p_{q6} - p_{q5} = \sum_1^{11} (R_{mi} \times l_i + \Delta p_{zi}) \tag{8-29}$$

式中　p_f——风机进、出口全压差（Pa）。

b. 风机吸入段的全压和静压均为负值，在风机入口处负压最大；风机压出段的全压和静压一般情况下均为正值，在风机出口正压最大。因此，风管连接处不严密，会有空气漏入或逸出，以致影响风量分配或造成粉尘和有害气体向外泄漏。

c. 各并联支管的阻力总是相等。如果设计时各支管阻力不相等，在实际运行时，各支管会按其阻力特性自动平衡，同时改变预定的风量分配。

d. 压出段上点9的静压出现负值是由于断面9收缩得很小，使流速大大增加，当动压大于全压时，该处的静压出现负值。若在断面9开孔，将会吸入空气而不是压出空气。有些压送式气力输送系统的受料器进料和诱导式通风就是这一原理的运用。

8.3　管网系统的工况调节

管网系统内的压力分布和泵或风机的工作状况，经过设计计算，都能选择合适的理论工作点，但在实际工程中，往往由于各种各样的原因，使管网系统内的实际工作点和理论计算的工作点之间产生偏差，致使管网系统内某些管段压力分布和流量分配不符合设计值，影响整个管网系统的正常工作。为满足用户的使用与经济运行要求，通过对管网系统进行水力工况分析，可以有针对性地从改变泵或风机的性能曲线和改变管路的性能曲线两个途径入手，改变管网系统的运行工况，即改变工作点。

8.3.1　管网系统的水力工况分析

在实际的管网系统安装过程中，由于措施不当，管网系统的阻力特性发生变化，致使管网系统内各点的压力值在运行时偏离了理论设计值。引起这些运行工况偏离的原因很多，大致可归纳为以下几种：

1）选用的泵或风机等动力源设备和设计值不同，在选型时，所选的泵或风机的型号、规格、配用的电动机和带轮等发生变化，动力源的性能参数也将跟着发生变化。

2）选用的管材和制作风管板材的实际表面粗糙度和设计不符，改变了管网系统的沿程阻力值。

3）管网系统在安装实施中，受到建筑物的结构、室内装潢要求等条件限制，管道的走向要求改变；为避免管道间的相互碰撞，管道需增加弯道等，使管网系统的管道长度、流通面积发生变化。弯头、三通等管配件增减，造成管网系统的实际沿程阻力和局部阻力均偏离了设计值，管网内各并联支路的阻抗发生了变化。

4）施工质量和系统调试质量也影响着管网系统的运行工况。如管道的焊接缝、咬接缝不够平整光滑；法兰垫片通孔比连接管径小，堵住了一部分流通面积；管网系统中设置的工艺阀门开度的变化等，都将改变管网系统的阻力特性。

管网系统大多是由若干个管段串、并联而成，当运行过程中系统内压力分布和原设计不一致，各管段内的流量必将受到各点压力值的影响，导致各管段内的流量进行重新分配，结果造成有些管道系统流量过大，有些管道系统流量不足，整个管网水力失调。值得注意的是：当管网系统内压力分布的改变，引起局部管道或设备内的压力值超出其耐压值时，将可能发生事故。

为避免或减小管网系统因水力失调产生的不利影响，需对管网系统进行水力分析，寻找解决水力失调的方法。

管网的水力工况就是管网在运行时管路系统内压差和管路的阻力特性、管道内流量之间的三者关系。关系的数学表达式见式（8-4），即 $h_l = Sq_v^2$。

由若干个管段串、并联而成的管网系统，根据流体力学的计算方法，整个管网系统的压力分布和流量的分布与管网系统各组成管路的阻抗大小有关，所以管网系统的水力工况是否正常，从系统的阻抗分析可以得出。

由流体力学可知，在串联管路中，串联管路的总阻抗是各串联管段的阻抗之和：

$$S_c = \sum_{i=1}^{n} S_i \tag{8-30}$$

式中　S_c——串联管路的总阻抗（s^2/m^5）；

　　　S_i——各串联管段的阻抗（s^2/m^5）；

　　　n——串联管段数。

在并联管路中，并联管路的总阻抗和各并联分支管路的阻抗以如下关系成立：

$$\frac{1}{\sqrt{S_b}} = \sum_{i=1}^{n} \frac{1}{\sqrt{S_i}} \tag{8-31}$$

式中　S_b——并联管路的总阻抗（s^2/m^5）；

　　　S_i——各并联分支管路的阻抗（s^2/m^5）；

　　　n——并联分支管路数。

串联管路和各串联管段间的流量是相同的，其关系为

$$q_v = q_{v1} = q_{v2} = q_{v3} \tag{8-32}$$

式中　q_v——串联管路流量（m^3/s）；

　　　q_{vi}——各串联管段的流量（m^3/s）。

并联管路和各并联分支管路间的流量关系为

$$q_v = q_{v1} + q_{v2} + q_{v3} \tag{8-33}$$

$$q_v : q_{v1} : q_{v2} : q_{v3} = \frac{1}{\sqrt{S_b}} : \frac{1}{\sqrt{S_1}} : \frac{1}{\sqrt{S_2}} : \frac{1}{\sqrt{S_3}} \tag{8-34}$$

式中　q_v——并联管路的总流量（m^3/s）；

　　　q_{vi}——各并联分支管路的流量（m^3/s）。

根据上述计算公式，可以算出管网系统压力分布、各管段的阻抗和流量值，以及整个管网系统的流量和总阻抗。

验证管网系统的工作点是否合理的分析方法可以有计算法和图解法两种。

1）计算法：根据泵与风机特性曲线的数据拟合的函数式 $\Delta p = f(q_v)$ 和已知管网系统管路特性关系式 $\Delta p = Sq_v^2$ 联合求解，得出泵或风机工作点的 Δp 和 q_v 值。

2）图解法：以 Δp 和 q_v 为纵、横坐标，根据泵或风机的样本提供的特性曲线和根据式（8-4）表示的管网系统的流量 q_v 和压降 Δp 之间的相互关系，在 $\Delta p\text{-}q_v$ 图上分别画出泵或风机的特性曲线和管网系统的管路特性曲线，得到这两条曲线的交点，即为该管网系统中泵或风机的工作点，因此也就确定了该管网系统的 Δp 和 q_v 值。

如面所述，在实际运行工作中，由于泵或风机的选型出现一些偏差，或管路特性曲线和理论计算的不一致等原因，使得管网系统中泵与风机的工作点发生了变化，管路的水力工况也随之改变，改变了整个管网系统的总流量、总压力降，也会改变管网系统的压力分布状况，引起管网内各分支管路的流量重新分配。由此，管网系统的水力工况出现了两种失调现象：一是由于泵与风机等动力源选型欠妥等原因，引起的整个管网系统产生趋势一致的失调现象；二是由于管网系统内分支管路的阻抗发生了变化，使原来平衡的管网系统的压力分布和流量分配重新组合，造成一部分管路的压力和流量值增加，另一部分管路的压力和流量值减少的系统内各部分的不均匀失调。

为保证管网系统在运行期间，满足各用户对流量和压力分布的使用要求，需对管网系统进行调整。

8.3.2　泵与风机的工况调节

泵与风机的工况调节即机器工作点的调节主要有两种方法：一种是改变泵与风机本身性能曲线即改变机器性能曲线；另一种是进行管路的阻抗调整即改变管路性能曲线。

1. 改变泵与风机本身性能曲线

这一类方法是对泵或风机进行变速调节、可动叶片调节或入口导流器调节，改变泵或风机总静扬程 H_{St}、风机管路系统的进、出口的压差 Δp 等。将有效调节管路特性曲线趋势一致性的失调现象。

（1）入口导流器调节　离心风机通常采用入口导流器调节，常用的导流器有轴向导流器、径向导流器和简易导流器。轴向导流器是在风机前装置带有可转动导叶的固定轮栅，其叶片形状如螺旋桨，径向导流器的导流叶片成流线形，并装成径向，如图 8-28 所示。径向导流器尺寸较大，流动损失也较大，但操作机构较轴向导流器简单。

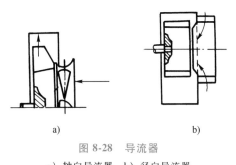

a)　　　　　　b)

图 8-28　导流器

a）轴向导流器　b）径向导流器

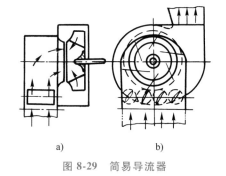

a)　　　　　　b)

图 8-29　简易导流器

简易导流器经常用于装有进气箱的风机，如图 8-29 所示，它由若干叶片组成，叶片轴心平行于叶轮轴心。这种导流器制造简单，使用方便，但效率较低。

上述这些导流器的作用，都是使进入风机前的气流产生预旋。由理论能量方程式

$$p = \rho(u_2 v_{u2} - u_1 v_{u1})$$

$$(8\text{-}35)$$

可知：当导流器全开时，气体无旋绕地进入流道，此时 $v_{u1}=0$，若向旋转方向转动导流器叶片，便产生预旋，即圆周分速 v_{u1} 加大，压头 p 降低。导流器叶片转动角度越大，产生的预旋越强烈，则压头 p 越低，性能曲线越陡直，造成的节流损失越小。

采用导流器使进口产生预旋，可减小节流损失，但进口气流角与叶片进口安装角的不一致，也会产生冲击损失。由于节流损失的减小较冲击损失的增加为大，结果还是较经济的。

（2）改变转速的调节　根据相似律可知，改变泵或风机的转速可以进行工况调节。转速调节，必须在相似工况条件下进行。同一台泵或风机，具有相似工况条件所有点的轨迹可由相似律公式推出。

当 $\lambda_1=1$，其关系式为

$$H = \frac{H_m}{q_{Vm}^2}q_V^2 = Kq_V^2 \tag{8-36}$$

式中　K——相似抛物线斜率，$K = \dfrac{H_m}{q_{Vm}^2}$。

将（q_{Vm}，H_m）点视为同一台泵或风机的某一工况点时，则由式（8-36）所表示的函数，即为与该点具有相似工况条件的所有点的轨迹。称式（8-36）为相似工况轨迹曲线，或称等效率曲线，即在该曲线上工况点效率相同。只有在该曲线上任意两点的工况才能应用相似定律进行参数换算。

如图 8-30 所示，曲线 1 为泵或风机在 n_1 下的曲线，与管路性能曲线 3 交于 M_1，为 n_1 下的工况，对应流量为 q_{V1}。现需改变工况流量到 q_{V2}，则需降低转速至 n_2。由于管路性能不变，对应 q_{V2} 下的管路阻力，为曲线 3 上 M_2 点所对应扬程 H_2，M_2 点也就是所需调得的工况点。由前面讨论，与 M_2 点相似的工况点轨迹可写出与式（8-36）相似的关系式为

$$H = \frac{H_2}{q_{V2}^2}q_V^2 = Kq_V^2$$

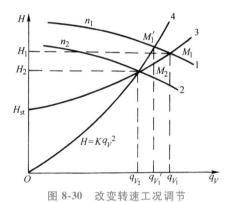

图 8-30　改变转速工况调节

如图 8-30 所示，在图中作出上式所表示的曲线 4，与曲线 1 交于 M_1' 点，则 M_1' 点既是与 M_2 具有相似工况条件，又具有 n_1 转速的工况点，M_1' 与 M_2 之间才能应用相似定律进行参数换算。M_1' 所对应的工况流量为 q_{V1}'，于是得到所需调到的转速 n_2 为

$$n_2 = \frac{q_{V2}}{q_{V1}'}n_1 \tag{8-37}$$

再利用相似定律，由 n_1 下的曲线得到 n_2 转速下的性能曲线，如图 8-30 所示的曲线 2。

利用数学方法，也可推得 n_2 的计算公式。已知 n_1 转速下泵的性能曲线函数式、管路性能曲线和相似工况抛物线函数

$$\left.\begin{aligned} H &= H_x - S_x q_V^2 &\text{（a）}\\ h_d &= H_{st} + S q_V^2 &\text{（b）}\\ H_1 &= K q_V^2 &\text{（c）} \end{aligned}\right\} \tag{8-38}$$

式中　K——对应所需调到的流量 q_{V2} 下的抛物线斜率，$K = \dfrac{h_{d_2}}{q_{V2}^2}$；

h_{d_2}——对应 q_{V2} 下的管路阻力水头（m）。

305

把 M_1' 点和 M_2 点参数代入计算，解得

$$q_{V1}' = \sqrt{\frac{H_x}{H_{st} + (S + S_x)q_{V2}^2}}\, q_{V2} \tag{8-39}$$

将式（8-39）计算结果代入式（8-37），得

$$n_2 = \sqrt{\frac{H_{st} + (S + S_x)q_{V2}^2}{H_x}}\, n_1 \tag{8-40}$$

$$n_2 = \sqrt{\frac{(p_3 - p_o) + (S_p + S_{px})q_{V2}^2}{p_x}}\, n_1 \tag{8-41}$$

改变转速通常有两个途径：一是借助耦合器实现转速变化；二是改变原动机（常为电动机）转速来实现。

耦合器是设置在泵或风机与原动机之间传递转速的装置，原动机转速通过耦合器后得到相应的变化，再传递给泵或风机轴上。常用的耦合器有以下几类：①液力耦合器，通过液力耦合器后，水泵的转速与电动机转速就不相同，它们之间的比值为转速比用 i 表示，一般液力耦合器的 i 可在 $0.4 \sim 0.97$ 任意调节，因此液力耦合器可实现无级调速的要求；②变速齿轮、钢珠节电耦合器、磁粉耦合器及带轮等；③电磁耦合器或者滑差电动机。

改变电动机自身转速实现调速主要有以下几种方法：①定子绕组变极对数变速；②转子绕组串电阻有级变速；③转子绕组串电阻、并联斩波器的无级调速；④转子串级调速；⑤变频变压调速；⑥无换向器电动机；⑦变压变速。

以上调速分有级或无级两种。有级变速一般投资较低，实现方便，但调级数只有 $2 \sim 3$ 级。

变频调速是较为理想的无级变速方法。由于晶闸管技术的发展，使变频调速方法得到重视和应用，很有发展前途。

理论上可以用增大转速的办法来增加流量。但当转速增大，使叶轮的振动和噪声增大，且可能发生机械强度和电动机超载等问题，所以一般都是采用减速的方法来调节工况。用于减小流量的调节。

（3）其他调节方法　除了在风机的进风口处设置可调节的导流叶片，变化导流叶片的转角，改变风机性能；改变泵与风机的转速外，还有其他一些调节方法，如切削水泵叶轮调节等。

对于泵还可以用切削叶轮外径来改变其性能。切削后的泵性能按经验的切削定律改变，切削定律为

$$\frac{q_V'}{q_V} = \frac{D_2'}{D_2} \tag{8-42}$$

$$\frac{H'}{H} = \left(\frac{D_2'}{D_2}\right)^2 \tag{8-43}$$

式中　q_V、q_V'——叶轮切削前后的流量（m^3/s）；

　　　D、D'——叶轮切削前后的直径（m）；

　　　H、H'——叶轮切削前后的扬程（m）。

依博山水泵厂经验，切削量不大时，流量效率修正可不考虑流通面积及出口安装角的影响，而仅取直径比进行换算。

试验证明，切削量不大时，泵的效率可认为不变，具有相似工况条件。所允许的切削量与比转速 n_s 有关。用 $(D_2 - D_2')/D_2$ 表示切削率，其允许量与 n_s 的关系列在表 8-3 中。

表 8-3　叶轮允许切削量与比转速的关系

n_s	60	120	200	300	350	350 以上
$\dfrac{D_2-D_2'}{D_2}$	0.2	0.15	0.11	0.09	0.07	0
效率下降值	每切削 0.1，下降 1%			每切削 0.04，下降 1%		

2. 进行管路的阻抗调整

对管网系统的管路的阻抗调整，是通过调节管路系统的阀件的流通面积，改变不同分支管路的阻抗值，使各分支管路的流量和压力分布调整到要求的运行参数范围内。

管路的阻抗调整和改变泵与风机的性能曲线不同，调整某一管段的阻抗，各相关的分支管路之间必然相互影响。如果某一管路的调节阀开大或关小，该管路的流量发生变化，必然导致管网系统内其他管路内流量的重新分配，调整的方法就要比管网系统水力工况趋势一致性失调要复杂。

下面介绍水力工况一致性失调的管网系统的管路阻抗调整方法，有泵与风机出口端节流调节、入口端节流调节等；还有水力工况不一致性失调的管路调节。

（1）节流调节　为了使管网系统的管路特性符合用户要求，改变管路系统的总阻抗 S 或 S_P，通过管路中装设节流部件（各种阀门、挡板等）来实现，这种方法称为节流法或称阀门调节法。这是使用最普遍的一种调节方式。节流调节又可分为出口端节流调节和吸入端节流调节两种。由于阀门调节简单易行，因而是一种常用的方法。

1）出口端节流调节。如果水泵以图 8-31 所示曲线 $(q_V-h_d)_1$ 工作时，对应管网系统的静压水头 H_{st} 改变，管网系统的管路特性也将改变。当 H_{st1} 变为 H_{st2}，曲线 $(q_V-h_d)_1$ 则平移为曲线 $(q_V-h_d)_2$，该管网系统的水泵工况点由 M_1 改变到 M_2，对应的流量由 q_{V1} 改变到 q_{V2}。

另外，如图 8-31 所示，曲线 $(q_V-h_d)_2$ 为某管路阀门全开启、阻抗为 S' 的性能曲线，当出口端阀门关闭到某一开度后，阻抗由 S' 增大到 S''，曲线由 $(q_V-h_d)_2$ 改变到 $(q_V-h_d)_3$，工况点位置由原 M_2 点移至 M_3 位置，流量由 q_{V2} 减小到 q_{V3}，扬程则由 H_2 增加到 H_3。

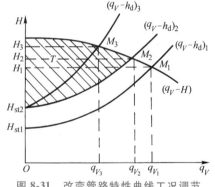

图 8-31　改变管路特性曲线工况调节

阀门调节增大了能量损失，由图 8-31 中可以看到，在对应同一 q_{V3} 流量下，对于 S' 和 S'' 阻抗，管路水力损失增大了 $(S''-S')q_{V3}^2$，即为图中阴影区 T 所示部分。用效率表示，M_3 工况点的效率为

$$\eta_3 = \eta_3' + \Delta\eta_3 \tag{8-44}$$

式中　η_3'——在流量 q_{V3} 下克服 S' 阻抗的效率，为有用效率，$\eta_3' = \dfrac{\gamma S' q_{V3}^3}{P_3}$。

由图 8-31 看出，减小流量后附加的节流损失为 $\Delta h_j = H_3 - H_2$，相应多消耗的功率为 P，很明显，这种调节方式不经济，而且这种调节方法只能在小于设计流量一方调节。但这种调节方法可靠、简单易行，故仍被广泛地应用于中小功率的水泵。

2）风机入口端节流调节。用改变安装在进口管路上的阀门的开度来改变所输送的流量，称为入口端节流调节。它不仅改变管路的特性曲线，同时也改变了风机本身的性能曲线。因流体进入入口之前，流体压力已下降，密度发生改变，使性能曲线相应发生变化。

如图 8-32 所示，原有工作点为 M，流量为 q_{VM}。当关小进口阀门时，风机的性能曲线由 Ⅰ 移

到 Ⅱ，管路特性曲线由 1 移到 2。这时的工作点即是风机性能曲线与管路特性曲线 2 的交点 B，此时流量为 q_{VB}，附加阻力损失为 Δh_1。在满足同一流量 q_{VB} 的情况下，将入口调节改为出口调节。管路特性曲线由 1 移到 3，工作点变为 C，流量仍为 q_{VB}，附加阻力损失为 Δh_2。由图看出，入口端节流损失小于出口端节流损失，即 Δh_1 小于 Δh_2，相应入口调节的损失功率较小，说明入口调节比出口调节经济。但由于入口节流将使进口压力降低，对于泵来说有引起汽蚀的危险，还会使进入叶轮的液体流速分布不均匀，因而入口端调节仅在风机上使用，水泵一般不采用。

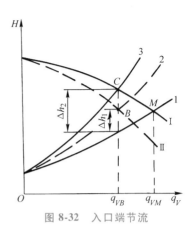

图 8-32　入口端节流

（2）管路调整　为了满足管网系统的使用要求，需对管路系统进行调整，提供需要的流量和压力分布。

对已投入使用的管网系统，由于设备选型不当或管道安装偏差等原因，造成管网系统管路特性的变化而引起管网系统的水力失调，为了让管路系统能提供合适的流量和压力值，通过调节系统中预先布置的调节装置的开度，对管网系统的各分支管路进行流量和阻力特性的全面调整。进行管路系统调整的调节装置有截止阀、平衡阀、闸阀、蝶阀等。

但是，根据前面管网系统的水力工况分析，在管网系统中，当改变其中的某一管段或某一分支管路的阻抗时，就会引起管网系统的总阻抗发生变化，也就会影响到其他管段及分支管路的阻力特性，管网系统的工作点及系统内的流量和压力分布都将变化。所以对管路进行调整，不能盲目地进行，要以理论分析为先导，有目的、有步骤地进行。通常可采取以下步骤：

1）根据正常工况下的流量和压降，求出管网的干管和各分支管路及用户系统的阻抗。

2）先根据对管网系统的水力工况要求，确定某管段或某分支管路的调剂量。再根据管网系统中各管段和分支管路的连接方式，利用串、并联管路的阻抗计算公式，逐步求出水力工况改变后整个管网系统的阻抗值。

3）根据算得的管网系统总阻抗值，利用前面介绍过的计算法或图解法求出管网系统水力工况改变后的系统总流量。当水泵的特性曲线较平坦时，可近似地认为 p 值不变，系统总流量的计算方法就可以简化为

$$q_V = \sqrt{\frac{p}{S}} \qquad (8\text{-}45)$$

式中　q_V——管网系统水力工况改变后的总流量（m^3/s）；

　　　p——管网系统水泵的扬程对应的压力（Pa）；

　　　S——管网系统水力工况改变后的总阻抗（$N \cdot s^2/m^6$）。

4）根据串、并联管路流量分配计算公式，分步求出管网系统水力工况变化后各分支管路的流量。

5）确定管网系统水力工况变化后系统内新的压力分布状况。

【例 8-3】　有一管网系统其构成如图 8-33 所示，已知正常工作时的压降和流量，管网系统所选水泵的性能曲线较平坦。试分析该管网系统当某分支管路的阻抗调整时，管网系统的水力工况变化状况。

【解】　（1）根据已知条件，各干管的压降分别为 Δp_1、Δp_2、Δp_3、Δp_4 和各分支管路的压降

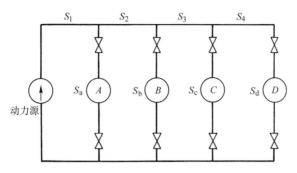

图 8-33　管网系统构成示意图

分别为 Δp_a、Δp_b、Δp_c、Δp_d，总的压力降为 Δp。各干管的流量为 q_{V1}、q_{V2}、q_{V3}、q_{V4} 和各分支管路的流量为 q_{Va}、q_{Vb}、q_{Vc}、q_{Vd}，管网系统的总流量为 q_V。

（2）根据已知条件，由式（8-46）求出各干管的阻抗 S_1、S_2、S_3、S_4 和各分支管路的阻抗 S_a、S_b、S_c、S_d，管网系统的总阻抗 S 的值

$$S_i = \frac{\Delta p_i}{q_{Vi}^2} \tag{8-46}$$

（3）当某一分支管路的阻抗调整后，整个管路的水力工况参数发生了改变。先求水力工况改变后的管网系统的阻抗变化，以调节 b 分支管路的阻抗值来考虑各点的阻抗变化。

由于 c、d 分支管路的阻抗没有变化，所以在 b 分支管路以后的管路阻抗没有变化。根据串、并联管路求阻抗值的方法，b 分支管路之后的总阻抗 $S_{3\text{-}d}$，以及在 b 分支管路之前的管网系统总阻抗的计算分别如下：

1）b 分支管路之后的总阻抗 $S_{3\text{-}d}$ 为

$$S_{3\text{-}d} = S_3 + \cfrac{1}{\cfrac{1}{\sqrt{S_c}} + \cfrac{1}{\sqrt{S_4 + S_d}}} \tag{8-47}$$

2）a 分支管路之后的总阻抗 $S_{2\text{-}d}$ 为

$$S_{2\text{-}d} = S_2 + \cfrac{1}{\cfrac{1}{\sqrt{S_b}} + \cfrac{1}{\sqrt{S_{3\text{-}d}}}} \tag{8-48}$$

3）a 分支管路的阻抗 $S_{a\text{-}d}$ 为

$$\frac{1}{\sqrt{S_{a\text{-}d}}} = \frac{1}{\sqrt{S_a}} + \frac{1}{\sqrt{S_{2\text{-}d}}} \tag{8-49}$$

4）管网系统的总阻抗 S 为

$$S = S_1 + S_{a\text{-}d} \tag{8-50}$$

（4）根据计算得到的总阻抗值 S，计算管网系统在水力工况调整后的总流量 q_V。由已知条件得知，管网系统所选水泵的性能曲线较平坦，可认为在水力工况调整后，管网系统循环水泵的扬程近似不变。

$$q_V = \sqrt{\frac{p}{S}} \tag{8-51}$$

（5）对各并联管路进行流量重新分配计算。利用相互并联管路有相同的压力降的概念进行

计算。

1）在 a 分支管路处，有

$$\Delta p_a = S_a q_{Va}^2 = S_{a-d} q_{Va-d}^2 = S_{a-d}(q_V - q_{Va})^2 \tag{8-52}$$

整理得到 a 分支管路内的流量 q_{Va} 与管网系统总流量 q_V 之间的关系为

$$\frac{q_{Va}}{q_V} = \frac{\sqrt{S_{a-d}}}{\sqrt{S_a} + \sqrt{S_{a-d}}} \tag{8-53}$$

2）在 b 分支管路处，有

$$\Delta p_b = S_b q_{Vb}^2 = S_{b-d} q_{Vb-d}^2 = S_{b-d}(q_{Va-d} - q_{Vb})^2 \tag{8-54}$$

$$q_{Va-d} = q_V - q_{Va} \tag{8-55}$$

整理得到 b 分支管路内的流量 q_{Vb} 与管网系统总流量 q_V 之间的关系为

$$\frac{q_{Vb}}{q_V} = \frac{\sqrt{S_{b-d}}}{\sqrt{S_b} + \sqrt{S_{b-d}}} \tag{8-56}$$

再与式（8-53）和式（8-55）联立求解，有

$$\frac{q_{Vb}}{q_V - q_{Va}} = \frac{\sqrt{S_{b-d}}}{\sqrt{S_b} + \sqrt{S_{b-d}}}$$

则

$$\frac{q_V - q_{Va}}{q_{Vb}} = \frac{\sqrt{S_b} + \sqrt{S_{a-b}}}{\sqrt{S_{a-b}}}$$

$$\frac{q_V}{q_{Vb}} = \frac{q_{Va}}{q_{Vb}} + \frac{\sqrt{S_b} + \sqrt{S_{b-d}}}{\sqrt{S_{b-d}}} = \frac{q_V}{q_{Vb}} \frac{\sqrt{S_{a-d}}}{\sqrt{S_a} + \sqrt{S_{a-d}}} + \frac{\sqrt{S_b} + \sqrt{S_{b-d}}}{\sqrt{S_{b-d}}}$$

移项后得到

$$\frac{q_{Vb}}{q_V} \frac{\sqrt{S_a} + \sqrt{S_{a-d}}}{\sqrt{S_a}} = \frac{\sqrt{S_{b-d}}}{\sqrt{S_b} + \sqrt{S_{b-d}}}$$

$$\frac{q_{Vb}}{q_V} = \frac{\sqrt{S_a} \sqrt{S_{b-d}}}{(\sqrt{S_a} + \sqrt{S_{a-d}})(\sqrt{S_b} + \sqrt{S_{b-d}})} \tag{8-57}$$

3）根据上述计算，可以推断出 c 分支管路的流量 q_{Vc} 和管网系统总流量 q_V 的关系为

$$\frac{q_{Vc}}{q_V} = \frac{\sqrt{S_a} \sqrt{S_b} \sqrt{S_{c-d}}}{(\sqrt{S_a} + \sqrt{S_{a-d}})(\sqrt{S_b} + \sqrt{S_{b-d}})(\sqrt{S_c} + \sqrt{S_{c-d}})} \tag{8-58}$$

4）由此可以推广到有 n 个分支管路的管网系统，第 i 个分支管路的流量 q_{Vi} 和管网系统总流量 q_V 之间的关系为

$$\frac{q_{Vi}}{q_V} = \frac{\sqrt{S_a} \sqrt{S_b} \cdots \sqrt{S_{i-1}} \sqrt{S_{i-n}}}{(\sqrt{S_a} + \sqrt{S_{a-n}})(\sqrt{S_b} + \sqrt{S_{b-n}}) \cdots (\sqrt{S_i} + \sqrt{S_{i-n}})} \tag{8-59}$$

由以上计算可以得到如下结论：①各分支管路的流量和管网系统的总流量之间的关系，取决于管网系统各分支管路的阻抗值；②从式（8-56）所示的关系可以看出，在第 i 个分支管路之后并联管路之间的流量关系仅取决于第 i 个分支管路之后的各管路的阻抗，与第 i 个分支管路之前的管路阻抗值无关。

（6）根据各分支管路的阻抗和计算得到的各分支管路的流量值，按式（8-60）计算各分支管路的作用压差。在式中分支管路的作用压差为前一个分支管路作用压差（动力源是出口的作用压差）减去两分支管路之间干管的压力损失

$$\Delta p_i = \Delta p_{i-1} - S_{(i-1)-i} q^2_{V(i-1)-i} \tag{8-60}$$

从以上举例可以看出，通过计算的方法能获得当某分支管路的阻抗调整时，管网系统的水力工况变化状况及各分支管路的水力参数。从例题的计算过程可知，整个管网进行阻抗调整的计算过程虽然很繁杂，但是网络计算理论的不断完善和计算机技术的高速发展使得这类计算问题能较容易地得到解决。

（3）管网的水力稳定性 管网系统的水力稳定可有效地避免或减少管网系统受水力失调的作用而产生的不利影响。所以在管网系统的设计中，应考虑采取措施降低可能发生的水力失调度。特别是在管网系统的运行中，对那些需经常调整的分支管路进行流量调整时，其余分支管路的流量不发生较大的变化，仍保持在原来水平，管网系统保持本身流量稳定的能力称为管网的水力稳定性。通常管网的水力稳定性用分支管路规定流量 q_{Vig} 和管网系统水力工况变动后可能达到的最大流量 q_{Vimax} 的比值 y_i 来衡量。

$$y_i = \frac{q_{Vig}}{q_{Vimax}} = \frac{1}{x_{imax}} \tag{8-61}$$

式中　y_i——管网系统水力工况改变后，某分支管路的水力稳定系数；

　q_{Vig}——某分支管路的规定流量（m^3/s）；

　q_{Vimax}——某分支管路的最大流量（m^3/s）；

　x_{imax}——管网系统水力工况改变后，某分支管路的最大水力失调度。

在管网系统中，某分支管路的规定流量可按下式得出：

$$q_{Vig} = \sqrt{\frac{\Delta p_{ig}}{S_i}} \tag{8-62}$$

式中　Δp_{ig}——某分支管路在规定工况下的作用压差（Pa）；

　S_i——某分支管路的总阻抗（$N \cdot s^2/m^6$）。

在管网系统中，某分支管路的最大流量出现在其他分支管路全部关闭的情况下，这时管网系统的干管中的流量很小，阻力损失接近于零，管网系统的作用压差几乎全部作用在该分支管路上，此时的流量可按下式得出：

$$q_{Vimax} = \sqrt{\frac{\Delta p}{S_i}} \tag{8-63}$$

式中　Δp——管网系统的总作用压差（Pa）。

管网系统的作用压差 Δp 可以近似地认为是某分支管路在规定工况下的作用压差 Δp_{ig} 和管网系统干管的压力损失 Δp_w 之和。由此某分支管路最大流量计算式和水力稳定行计算式可改写为

$$q_{Vimax} = \sqrt{\frac{\Delta p_{ig} + \Delta p_w}{S_i}} \tag{8-64}$$

$$y_i = \frac{q_{Vig}}{q_{Vimax}} = \sqrt{\frac{\Delta p_{ig}}{\Delta p_{ig} + \Delta p_w}} = \sqrt{\frac{1}{1 + \frac{\Delta p_w}{\Delta p_{ig}}}} \tag{8-65}$$

由式（8-65）分析可得，提高管网系统水力稳定性的主要方法是相对地减少管网系统干管的压降，或相对地增加各分支管路的压降。减少管网系统干管的压降，可以适当地增大管网干管的

管径，特别是靠近动力源的干管管径；增大分支管路的压降，可以在分支管路中加设高阻力小管径阀门、自动流量调节器等措施。为使管网系统有较高的运行质量，应尽可能将管网系统干管上的所有阀门开大，把剩余的作用压差消耗在分支管路，尽可能地保证在管网系统局部管路阻抗变化的情况下，管网系统的水力工况的稳定。

   3. 改变并联泵或风机台数的调节方法

   在大型排灌站、给水系统或通风系统中，常需进行大流量的工况调节，可采用人工、半自动或自动控制方式增减并联运行泵或风机台数得到。但是单泵独立工作与并联工作时的流量变化较大，如图 8-16 所示，水泵的流量将由 q_{vD} 增大到 q_{vC}，这就需要考虑在 q_{vC} 流量下，防止泵发生汽蚀。有时水泵并联转为单泵运行，为了避免流量由 q_{vD} 到 q_{vC}（或由 q_{vB} 到 q_{vA}）较大的流量增加，在管路中应配置调节用的阀门。

8.4 泵与风机的选用和安装

   由于泵与风机的用途和使用条件千变万化，泵与风机的种类又十分繁多，不同的用途和使用条件会对泵与风机提出不同的要求，故合理地选择其类型、型号和台数，以满足实际工程的需要是很重要的。

8.4.1 常用泵的性能及选用原则

   工程中常用的泵有单级单吸离心泵、单级双吸离心泵、多级离心泵、管道泵等。这些都属于离心泵。由于电动机与泵的连接方式不同，又有直接耦合式、带传动式、直连式等。

   离心泵的性能，根据其性能曲线特点的不同，分为三种类型（见图 8-34）：一类为平坦形，其流量变化较大时能保持基本恒定的压头；二类为驼峰形，当流量自零逐渐增加时，相应的压头最初上升，达到最高值后开始下降，此种类型的泵在某些运行条件下可能出现不稳定工作，应注意使其工作区处于峰值的右侧——稳定工作区；三类为陡降形，当泵流量变化时，压头的变化相对较大，可用于多台并联运行系统中。

   将同一型号、不同规格泵的性能曲线，在高效区（$\eta \geq 0.9\eta_{max}$）的部分，绘在一张图上，形成一种类型泵的综合性能图（见图 8-35），图中的每一条曲线是一种规格泵的高效工作区。其上边是标准叶轮高效区的 q_v-H 曲线，中边及下边是切削两次的高效区 q_v-H 曲线（或只有切削一次的下边）两侧边是等效率线。因此方框内的工况点都是高效工况（见图 8-38）。设计手册中给出的就是各种泵的综合性能图。

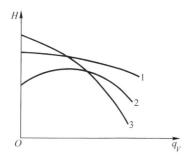

图 8-34 三种类型泵的性能特点示意

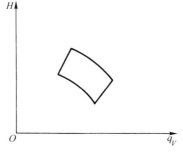

图 8-35 泵的综合性能示意图

   部分常用泵的性能及适用范围见表 8-4。

表 8-4　常用泵的性能及适用范围

名称	型号	流量范围 /(m³/h)	扬程范围 /m	电动机功率 /kW	泵效率 (%)	介质最高温度/℃	适用范围
单级单吸离心泵	IS BL	6.3~400 4.5~120	5~125 8.8~62	0.75~110 1.1~18.5	40~81 35~80		输送不含固体颗粒的带温清水及物理、化学性质类似水的液体
单级双吸离心泵	S Sh	16~9400 126~12500	8.6~140 8.6~140	10~2000 22~1150	45~9167 ~91	80	
多级分段离心泵	D DA₁	2.5~485 12.6~198	22~685 13~273	2.2~1050 2.2~150	35~80 50~76.8		
锅炉给水泵	DG 2DG	6~500 200~300	50~2800 1128~1688	5.5~3500 1250~2000	34.5~79 70.5~75	105~165 165	供高、中压锅炉给水用作高压清水泵
冷凝水泵	N NL	8~120 80~900	37.7~143 85~199	5.5~75 100~550	37.5~71 60~86.5	120 80	供火力发电厂输送冷凝水
热水循环泵	R	6.55~450	20~80	2.2~100	43~78	250	炼钢厂、热电厂输送高压热水
耐腐蚀泵	F Fs	2~400 3.6~105	15~105 11.5~62	0.75~132 1.5~30	13~67 41~78	-20~105	输送不含固体颗粒的腐蚀性液体
氨水泵	4PA-6	30	86~301	22~75			输送质量分数为 20% 的氨液
疏水泵	NW	28~161	13.4~190	30~125	49~68.8	130	供火力发电厂输送低压加热器疏水用
管道泵	G	24~79	8~29	0.75~7.5	48~78	80	输送常温清洁水
高层建筑自动给水泵	LG	6~24	30~135	1.5~13	54~71	80	输送常温清洁水

8.4.2　常用风机的性能及适用范围

一般建筑工程中，常用的通风机按其工作原理，主要可分为离心式和轴流式两大类。相比之下，离心式风机的压头较高，可用于阻力较大的送排风系统，如洁净空调系统和除尘风管系统；轴流式风机则风量大而压头较低，常用于系统阻力小甚至无管路的送排风系统，如普通空调系统和一般通风系统。

混流式风机又称为斜流式风机，其结构与原理介于离心式和轴流式风机之间，是应用较多的一种风机。其压头比轴流式风机高，而流量又比同机号的离心式风机大，输送的空气介质沿机壳轴向流动，具有结构紧凑、安装方便等特点。多用于锅炉引风机、建筑通风和防排烟系统。

随着小型空调器的发展，要求小风量、低噪声、压头适当，并便于与建筑相配合的小型风机。贯流式（又称横流式）风机就是适用于这种要求的风机。其动压高，可以获得无湍流的扁平而高速的气流，因而多用于大门空气幕、家用空调、风机盘管，并可作为汽车通风空调、除湿机中的通风装置。

常用风机的性能及适用范围见表 8-5。

表 8-5　常用风机的性能及适用范围（示例）

名称	型号	全压范围 /mmH₂O	风量范围 /(m³/h)	功率范围 /kW	介质最高温度 /℃	适用范围
一般离心式通风机	4-72 4-79 4-68	20～324 18～340 17～351	991～227500 990～226500 565～239654	1.1～210 0.75～130 0.55～245	80	一般厂房通风换气含尘量不大于 150mg/m³
高压离心风机	9-19 9-26	311～1569 300～1625	824～63307 2198～123097	2.2～410 5.5～850	80	用于锻冶炉及高压强制通风,含尘量不大于 150mg/m³
排尘离心通风机	C4-73 C6-48	30～400 36～213	1725～19350 696～53203	0.8～22 0.75～22		输送含尘量较大的空气
锅炉引风机	Y4-73 Y4-68	154～630 43～482	121000～721300 14978～155627	170～1250 5.5～250	250	用作锅炉引风,输送烟气含尘量不得大于 7～10g/m³
锅炉通风机	G4-73 G4-68	218～689 60～681	121000～878200 16011～161499	160～1250 7.5～315	80	用作锅炉引风,输送介质含尘量不得大于 150g/m³
新型快装锅炉引风机	KZG2-13 KZG2-8	90～140 90～140	9000～12000 9000～12000	4～15 4～15	250	用作锅炉引风,输送烟气含尘量不得大于 7～10g/m³
防腐、耐高温离心式风机	FW4-68-21 FW9-2×35	120～196 654.5～709.7	70000～132000 151550～340988	155 1250	80	适用于各种防腐的高温场所通风换气用
矿井轴流式通风机	2K60 系列	50～545	72000～1382400	20～900		主要用于矿井通风换气
纺织轴流式通风机	FZ40-11 系列	6.73～81.5	7500～500000	1.1～7.5		主要用于纺织厂空调
变转速、低噪声双吸离心通风机	11-62	8～65	1310～8600	0.25～2.2		用于低噪声空调系统

8.4.3　泵与风机的选用原则

1. 确定设备类型

首先明确工程对泵或风机的要求,取得对设备的用途和使用条件等方面的资料,作为依据选定设备类型。例如,输送有爆炸危险气体时,应选用防爆型风机;空气中含有木屑、纤维或尘土时,采用排尘风机;输送清水用清水泵;输送酸碱溶液用耐腐蚀泵;锅炉给水用专用多级离心清水泵等(见表 8-4 和表 8-5)。

2. 确定选用依据

首先根据工程实际最不利工况的要求,通过水力计算,确定工况最大流量 $q_{V\max}$ 和最高扬程 $H_{\max}$。然后考虑计算中的误差及管路泄漏等未预见因素,分别加上 10%～15% 的安全系数,即

$$q_V = (1.1 ～ 1.15)q_{V\max} \qquad (8-66)$$

$$H = (1.1 ～ 1.15)H_{\max} \qquad (8-67)$$

作为选用泵或风机的依据。

水泵在管网系统中工作时,所需流量 $q_{V\max}$ 是根据实际使用的用户要求确定;所需扬程 $H_{\max}$ 的确定,和管网系统的结构形式等因素有关。

(1) 对开式管网系统水泵的扬程选择　泵的扬程与泵和管路系统装置之间的关系如图 8-1 所

示。用式（8-1）来表示图中断面 1—1 和断面 2—2 间的能量关系为

$$H_{max} = H_z + \frac{p_a}{\gamma} + \frac{v_2^2}{2g} + h_1 + h_2 - \left(\frac{p_a}{\gamma} + \frac{v_0^2}{2g} \right) = \frac{v_2^2 - v_0^2}{2g} + H_z + h_l$$

式中　H_z——断面 1—1 和断面 2—2 液面之间的高差，也称为几何扬水高度（m）；

　　　h_l——整个泵装置管路系统的阻力水头损失（m），$h_l = h_1 + h_2$；

　　　h_1——吸入管段的阻力水头损失（m）；

　　　h_2——压出管段的阻力水头损失（m）。

式中的其余符号含义同前。如两断面的液面足够大，则可以认为上、下液面的流速 $v_0 = v_2 = 0$，上式就可以简化为

$$H_{max} = H_z + h_l$$

此式说明水泵的扬程为几何扬水高度和管路系统流动阻力之和。然而，当前高层建筑物空调系统中，常将冷却水系统的冷水塔布置在楼顶，此时计算冷凝水泵所需扬程 H_{max} 时，H_z 应等于冷却塔本身喷水管至水池的高差，千万不可误认为冷却塔喷水管和冷却水系统管路最低处之间的高差。

（2）向压力容器供水时水泵的扬程选择　当供水断面 2—2 不在敞开的上部水池，而是要将液体压入压力容器，例如锅炉的补给水泵需将水由开式的补水池（液面的压力为大气压力 p_a）压入压力为 p 的锅炉内，则在计算水泵的扬程时，应考虑 $\frac{p - p_a}{\gamma}$ 的附加扬程。如是从低压容器（压力为 p_0）向高压容器（压力为 p）供水时，则所需扬程应附加 $\frac{p - p_0}{\gamma}$。此处的附加扬程应计入静扬程中。

（3）对闭合环路管网系统水泵的扬程选择　闭合环路管网系统没有上、下液面高差，所以在这种管网系统中，水泵所需的扬程只要能克服该管网系统的流动阻力就可以。

泵的扬程是指单位质量流体从泵入口到出口的能量增量除以重力加速度，它与泵的出口水头是两个不同的概念，不能片面地理解为泵能将水提升的高度，还包括克服系统的压差、流动阻力等。

3. 确定设备的型号、大小及台数

泵或风机的类型确定后，根据已知的流量、扬程（或压头）及管道水力计算，在泵或风机的 $q_V\text{-}H$ 性能曲线综合图（见图 8-38）上绘出管路性能曲线。先根据管路性能曲线与 $q_V\text{-}H$ 性能曲线的相交情况，确定所需泵或风机的型号和台数。再查单台设备的性能曲线图或表，确定该选定设备的转速、功率、效率以及配套电动机的功率和型号。

表 8-6 和表 8-7 分别为 4-68 型离心式通风机和 IS 型单级单吸离心泵的性能示例（摘录）。对于流量比较小而均匀，用一台泵或风机可以满足需要的情况，不必作出管路性能曲线，可根据已知的流量和扬程（或压头），查阅有关产品样本或手册中的性能曲线图或表，直接选择大小、型号合适的泵或风机。性能表中所提供的数据范围及性能曲线图上用竖线划分的区域均属流体机械的高效区范围，可以直接选用。

选用泵时还需注意以下几点：

1）根据输送液体的物理化学（温度、腐蚀性等）性质和使用情况选取适用的种类泵。

2）当系统的流量较大，并对应多台设备时（如对应多台空调主机的情况），宜考虑对应选用多台泵并联运行，但并联台数不宜过多，尽可能采用同型号泵并联。

3）选泵时必须考虑系统静压对泵体的作用，注意工作压力应在泵壳体和填料的承压能力范围之内。

表 8-6　4-68 型离心式通风机性能表（摘录）

机号 NO	传动方式	转速 /(r/min)	序号	全压/Pa	流量 /(m³/h)	内效率 (%)	电动机功率 /kW	电动机型号
2.8	A	2900	1	990	1131	78.5	1.1	Y802-2
			2	990	1319	83.2		
			3	980	1508	86.5		
			4	940	1696	87.9		
			5	870	1885	86.1		
			6	780	2073	80.1		
			7	670	2262	73.5		
4	A	2900	1	2110	3984	82.3	4	Y112M-2
			2	2100	4534	86.2		
			3	2050	5083	88.9		
			4	1970	5633	90.0		
			5	1880	6182	88.6		
			6	1660	6732	83.6		
			7	1460	7281	78.2		
4.5	A	2900	1	2710	5790	83.3	7.5	Y132S2-2
			2	2680	6573	87.0		
			3	2620	7355	89.5		
			4	2510	8137	90.5		
			5	2340	8920	89.2		
			6	2110	9702	84.5		
			7	1870	10485	79.4		

表 8-7　IS 型单级单吸离心泵性能表

型号	流量 q_V /(m³/h)	扬程 H /m	电动机功率 /kW	转速 n /(r/min)	效率 η (%)	吸程 H_s /m	叶轮直径 /mm
IS50-32-160	8-12.5-16	35-32-28	3	2900	55	7.2	160
IS50-32-250	8-12.5-16	86-80-72	11	2900	35	7.2	250
IS65-50-125	17-25-32	22-20-18	3	2900	69	7	125
IS65-50-160	17-25-32	35-32-28	4	2900	66	7	160
IS65-40-250	17-25-32	86-80-72	15	2900	48	7	250
IS65-40-315	17-25-32	140-125-115	30	2900	39	7	315
IS80-50-200	31-50-64	55-50-45	15	2900	69	6.6	200
IS80-65-160	31-50-64	35-32-28	7.5	2900	73	6	160
IS80-65-125	31-50-64	22-20-18	5.5	2900	76	6	125
IS100-65-200	65-100-125	55-50-45	22	2900	76	5.8	200
IS100-65-250	65-100-125	86-80-72	37	2900	72	5.8	250
IS100-65-315	65-100-125	140-125-115	75	2900	65	5.8	315
IS100-80-125	65-100-125	22-20-18	11	2900	81	5.8	125
IS100-80-160	65-100-125	35-32-28	15	2900	79	5.8	160
IS150-100-250	130-200-250	86-80-72	75	2900	78	4.5	250
IS150-100-315	130-200-250	140-125-115	110	2900	74	4.5	315
IS200-150-250	230-315-380	22-20-18	30	1460	85	4.5	250
IS200-150-400	230-315-380	55-50-45	75	1460	80	4.5	400

选用风机时还需注意以下几点：

1）根据风机输送气体的物理、化学性质的不同，如有清洁气体、易燃、易爆、粉尘、腐蚀性等气体之分，选用不同用途的风机。

2）应使风机的工作状态点经常处于高效率区，并在流量-压头曲线最高点的右侧下降段上，以保证工作的稳定性和经济性。

3）对有消声要求的通风系统，应首先选择效率高、转速低的风机，并应采取相应的消声、减振措施。

4）尽可能避免采用多台并联或串联的方式。当不可避免时，应选择同型号的风机并联，采用串联时，第一级风机到第二级风机之间应有一定的管长或有一些其他部件。

目前，生产厂家在使用说明书中用表格给出该机在高效率和稳定区的一系列数据点，选机时，应使所需的 q_v 和 H 与样本给出值分别相等，不得已时，允许样本值稍大于需要值（多指扬程值）。

4. 选配电动机及传动部件或风机转向及出口位置

采用泵与风机的性能表选机时，在性能表上附有电动机功率及型号和传动部件型号时，可一并选用。采用性能曲线图选机时，因图上只有轴功率 P，故电动机及传动件需计算后另选。

配套电动机的功率 P_m 可按下式计算：

$$P_m = K \frac{P}{\eta_i} = K \frac{\gamma q_v H}{\eta_i \eta} = K \frac{q_v p}{1000 \eta_i \eta} \tag{8-68}$$

式中　P_m——配套电动机功率（kW）；

q_v——流量（m^3/s）；

H——扬程（m）；

p——风机全压（Pa）；

K——电动机安全系数见表 8-8；

η——风机轴功率对应的效率；

η_i——传动效率。电动机直联 $\eta_i = 1.0$，联轴器直联传动机 $\eta_i = 0.85 \sim 0.98$，V 带传动 $\eta_i = 0.9 \sim 0.95$；

γ——重度（kN/m^3）。

表 8-8　电动机安全系数 K

电动机功率/kW	>0.5	0.5~1.0	1.0~2.0	2.0~5.0	>5.0
安全系数 K	1.5	1.4	1.3	1.2	1.15

另外，泵或风机转向及进、出口位置应与管路系统相配合，选用时风机叶轮转向及出口位置按图 8-36、图 8-37 上的代号表达。

5. 其他注意事项

1）当选水泵时，应注意防止汽蚀现象发生。从样本上查出标准状态下的允许吸入口真空度 $[H_s]$ 或临界汽蚀余量 Δh_{min}，在已知泵的允许吸入真空度 $[H_s]$ 的情况下，可按下式验算确定水泵的几何安装高度为

$$H_g < [H_g] \leqslant [H_s] - \left(\frac{v_s^2}{2g} + \sum h_{1s} \right) \tag{8-69}$$

式中　H_g——水泵实际安装高度（m）；

$\dfrac{v_s^2}{2g}$——管路实际动压水头（m）；

317

$\sum h_{1s}$——管路实际水头损失（m）。

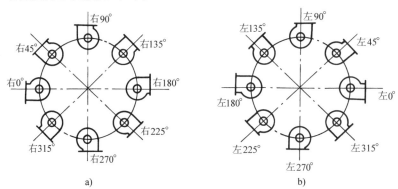

图 8-36　离心式通风机出风口位置

a）右转风机　b）左转风机

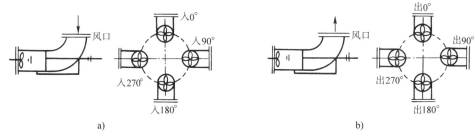

图 8-37　轴流式通风机出风口位置

如输送液体温度及当地大气压强与标准状态不同时，还须对 [H_s] 按式（8-70）进行修正。

$$[H'_s] = [H_s] - (10.33 - h_a) + (0.24 - h_v) \tag{8-70}$$

式中　　[H'_s]——修正后的水泵允许吸入口真空度（m）；

10.33 - h_a——因大气压力不同的修正值，其中 h_a 为当地的大气压力水头（m）；

0.24 - h_v——因水温不同的修正值，其中 h_v 为与水温相对应的汽化压力水头，可从表 8-9 中查得，0.24 是 20℃ 水的汽化压力水头（m）。

表 8-9　不同水温下的汽化压力

水温/℃	5	10	20	30	40	50	60	70	80	90	100
汽化压力/kPa	0.87	1.2	2.4	4.3	7.5	12.5	20.2	31.7	48.2	71.4	103.3

2）对非样本规定条件下的流体参数的换算。泵或风机样本所提供的数据（q_v、H）是在标准状态下得出的，当所输送的流体温度或密度以及当地大气压力与规定条件不同时，应按相似率公式进行参数换算。先将使用工况状态下的流量、扬程（或压头）换算为标准状态下的流量、扬程（或压头），再根据换算后的参数查设备样本或手册进行设备选用。计算公式见第 2 章第 7 节之第 1 部分内容。

一般水泵的标准状态：水温为 20℃，清水，环境大气压力为 101.325kPa。

一般风机的标准状态：大气压力为 101.325kPa，空气温度为 20℃，相对湿度为 50%。

锅炉引风机的标准状态：大气压力为 101.325kPa，气体温度为 200℃，相应的重度 $\gamma = 0.745$kN/m³。

3）尽量选用容量较大的水泵，一般容量较大的水泵效率较高；当系统损失 h_l 变化较大时，泵的选择要考虑大小兼顾，以便灵活调配。

4) 在选用设备时，应使其工作点处于其 $q_V\text{-}H$ 性能曲线下降段的高效区域（即最高效率的 90% 区间内），以保证工作点的稳定和高效运行。

5) 选择风机时，应根据管路布置及连接要求确定风机叶轮的旋转方向及出风口位置。有噪声要求的通风机系统，应尽量选用效率高、叶轮圆周速度低的风机，并根据通风机产生的噪声和振动的传播方式，采取相应的消声和减振措施。

【例 8-4】 某空气调节系统需要自冷水箱向空气处理室供水，最低水温为 10℃，要求供水量为 $24\text{m}^3/\text{h}$（日用水量变化不大），几何扬水高度为 6.2m，空气处理室喷嘴前应保证 16.5m 的压头。经计算得知供水管路损失为 5.8m。为了便于系统随时启动，故将水泵装设在冷水箱之下。试选择水泵。

【解】 1) 确定水泵类型。根据已知条件，要求输送的液体是温度不高的清水，且泵的位置较低，故而不必考虑汽蚀问题，可以选用输送清水的 IS 型离心泵。

2) 确定选泵依据。根据工程实际要求，计算依据参数为

$$q_V = (1.1 \sim 1.15)q_{V\max} = 1.1 \times 24\text{m}^3/\text{h} = 26.4\text{m}^3/\text{h}$$

$$H = (1.1 - 1.15)H_{\max} = 1.1 \times (6.2 + 16.5 + 5.8)\text{m} = 31.35\text{m}$$

3) 确定泵的型号、大小、台数及有关参数。考虑该输水系统用水量较小且比较均匀，选择单台水泵可满足工程需要，因而可以直接查阅有关产品样本或手册，选择一台合适的水泵。

查表 8-7 的 IS 型单级单吸离心泵性能表，选用一台 IS65-50-160 型水泵。该泵转速 $n = 2900\text{r/min}$ 时，配套电动机功率为 4kW，泵的效率为 66%。

【例 8-5】 某供水管网系统，已知泵站吸水井最低水位到管网中最不利点地形高差为 2m，管网要求的服务水头为 16m。最高时用水量 $q_{V\max} = 836\text{L/s}$，假设用水量最大时泵站内水头损失为 2m，输水管水头损失为 1.5m，配水管网水头损失为 10.3m，且已知该供水系统平均日平均时用水量为 416L/s。试进行水泵站选泵设计。

【解】 (1) 确定水泵类型 根据工程实际情况可知，这是一个用水量较大的清水泵站，故考虑选用水量较大的 sh 型双吸式离心泵。

(2) 确定选泵依据

$$q_V = (1.1 - 1.15)q_{V\max} = (1.1 \times 836)\text{L/s} = 920\text{L/s}$$

$$H = (1.1 - 1.15)H_{\max} = 1.1 \times (2 + 16 + 2 + 1.5 + 10.3)\text{m} = 35\text{m}$$

(3) 确定水泵型号、台数 从供水工程的实际情况来看，供水量比较大且不均匀；从节约能量的观点出发，应选多台同型号水泵并联运行，以满足最大用水量要求，在用水量和所需水压比较小的情况下，可减少开泵台数，以减少能量的浪费。

1) 在 sh 型水泵的 $q_V\text{-}H$ 性能综合曲线图上绘制管路性能曲线。根据管路性能曲线方程式：

$$H = H_{st} + Sq_V^2$$

其中

$$H_{st} = (2 + 16)\text{m} = 18\text{m}$$

$$S = \frac{H - H_{st}}{q_V^2} = \frac{35 - 18}{0.92^2}\text{s}^2/\text{m}^5 = 20.09\text{s}^2/\text{m}^5$$

则该系统管路性能曲线方程式为

$$H = 18 + 20.09q_V^2$$

根据该系统管路性能曲线方程，计算出相应下列各流量点的扬程值，见下表。

$q_V/(L/s)$	30	100	200	300	500	920	1100	1500
H/m	18.02	18.2	18.8	19.8	23.02	35	42.3	63.19

根据表中的数据，在 sh 型水泵的 q_V-H 性能综合曲线图上点绘出该管路系统的性能曲线 C-F，如图 8-38 所示。

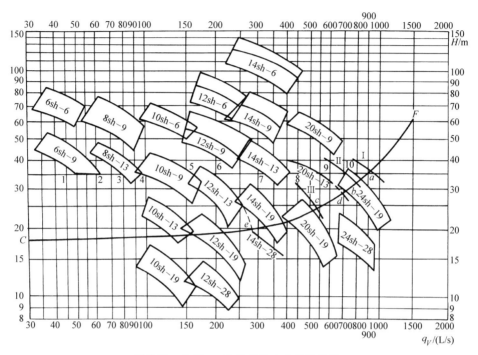

图 8-38　应用 q_V-H 性能综合曲线图选泵

2）在管路性能曲线 C-F 上，找到 $q_V = 920L/s$、$H = 35m$ 的点 a，过 a 点作平行于 q_V 轴的水平线，与各水泵的 q_V-H 曲线交有一组交点（1，2，3，…，10），交点表明这些水泵均能满足扬程的要求，并都在高效区内，可作为选泵的对象。

3）组合并分析这些待选水泵，使其能满足 $q_V = 920L/s$ 流量要求的并联方案。分析图 8-38 可知，有两种并联方案可满足 $H = 35m$、$q_V = 920L/s$ 的要求。

方案一：两个点 6 加一个点 9，即两台 12sh-13 型泵与一台 20sh-13 型泵并联运行，总流量 $q_V = (200×2 + 520×1)L/s = 920L/s$，能满足流量要求。

方案二：一个点 6 加一个点 7 和一个点 8，即一台 12sh-13 型泵、一台 12sh-13A 型泵与一台 14sh-13 型泵并联运行，总流量 $q_V = (200 × 1 + 310 × 1 + 410 × 1)L/s = 920L/s$，也能满足流量要求。

4）小流量时所选方案的分析比较。从图 8-38 可以看出，当平均日平均时用水量 $q_V = 416L/s$ 时，在 C-F 线上所需的扬程仅为 21m 左右，显然，在用水较少的季节，所需扬程将沿 C-F 线下降，此时可以少开泵或只开一台泵，便可满足用水量和水压的要求。

单台泵运行时的情况分析比较：方案一中的 12sh-13 型和 20sh-13 型水泵单台泵运行时，高效率段虽不能与 C-F 曲线相交，但相差不远；方案二中的 14sh-13 型和 14sh-13A 型水泵单台泵运行时，高效率段与 C-F 曲线相差甚远，导致能量浪费过多。由此可见，一般情况下应首选采用第一方案，尽量避免采用第二方案。

联合运行曲线及工作点位置均表示在图 8-38 上。

（4）分级供水水泵运行情况分析　采用以上分析的方案一供水，根据不同季节用水量不同的实际情况，可以采用不同组合形式，或并联运行，或单台运行，以节约能量。方案一分级供水水泵运行情况分析见表 8-10。

表 8-10　分级供水水泵运行情况分析

用水量变化范围 /（L/s）	运行水泵型号 及台数	联合运行曲线	工作点 位置	水泵扬程 /m	所需扬程 /m	扬程利用率 （%）
750～920	一台 20sh-13 两台 12sh-13	曲线 Ⅰ	a	40～35	34～35	85～100
660～850	一台 20sh-13 一台 12sh-13	曲线 Ⅱ	b	37～30	27～30	73～100
410～650	一台 20sh-13		d	40～30	21～27	53～90
440～550	两台 12sh-13	曲线 Ⅲ	c	31～24	22～24	71～100
175～250	一台 12sh-13		e	37～25	18.5～19	50～76

【例 8-6】　某地大气压为 98.07kPa，输送温度为 70℃的空气，风量为 6650m³/h，管道阻力为 195mmH₂O，试选用合适的风机及其配用电动机。

【解】　1）确定风机类型。因为用途和使用条件无特殊要求，因而可以选用新型节能型的 4-68型离心式通风机。

2）确定选用依据。根据工况要求的风量和风压，考虑增加 10%的附加预见量作为选用时的依据

$$q_V = 1.1 \times 6650 \text{m}^3/\text{h} = 7315 \text{m}^3/\text{h}$$

$$p = 1.1 \times 195 \text{mmH}_2\text{O} = 214.5 \text{mmH}_2\text{O}$$

由于使用地点大气压及输送气体温度与样本数据采用的标准不同，应予以换算。根据公式

$$p_o = p \frac{101.325}{B} \cdot \frac{273 + t}{273 + t_o} = \left(214.5 \times \frac{101.325}{98.07} \times \frac{273 + 70}{273 + 20} \right) \text{mmH}_2\text{O}$$

$$= 259.4 \text{mmH}_2\text{O}$$

$$= 2544 \text{Pa}$$

$$q_{v0} = q_v = 7315 \text{m}^3/\text{h}$$

根据 p_o 和 q_{v0} 值，查 4-68 型离心式通风机的性能表（见表 8-6），选用一台 4-68No4.5 型离心式通风机，该机转速 $n = 2900 \text{r/min}$，工况点参数 $p_o = 2620 \text{Pa}$，$q_{v0} = 7355 \text{m}^3/\text{h}$，内效率为 89.5%，配用电动机功率为 6.74kW，型号为 Y132S₂-2。

有些类型的风机在样本或设计手册中给出了 q_v-p 性能综合曲线图，如图 8-38 所示。选择时，根据所需工作参数 q_v 和 p 在图上定出位置，工作点落在哪条曲线上就可以选择哪一台风机，由图中直接查出机号、功率及转速等参数，十分方便。

8.5　泵与风机的安装与运行

8.5.1　泵的汽蚀与吸上真空度

泵的汽蚀是一种十分有害的现象，因而引起人们极大的重视。近 10 多年来，国内外对汽蚀

的机理及防止汽蚀破坏的方法等方面都进行了大量的研究，但至今对这一问题的认识还有待进一步深化。对水泵而言，汽蚀是影响其向高速化发展的一个重大障碍，因而，仍是当前重点研究的一个问题。

1. 汽蚀现象及其对水泵工作的影响

（1）汽蚀现象　水和汽可以互相转化，这是流体所固有的物理特性，而温度与压力则是造成它们转化的条件。我们知道，一个大气压力下的水，当温度上升到100℃时，就开始汽化。而在高山上，由于气压较低，水在不到100℃时就开始汽化。不同海拔的大气压力见表8-11。如果使水在某一温度保持不变，逐渐降低液面上的绝对压力，当该压力降低到某一数值时，水同样也会发生汽化，把这个压力称为水在该温度下的汽化压力，用符号 p_v 表示。不同水温时的饱和蒸汽压力见表8-9。例如，当水温为20℃时，其相应的汽化压力为2.4kPa。如果在流动过程中，某一局部地区的压力等于或低于与水温相应的汽化压力时，水就在该处发生汽化。

表 8-11　不同海拔的大气压力

海拔/m	-600	0	100	200	300	400	500	600	700
大气压力 $H_A(p_a/\gamma)$/mH₂O	11.3	10.3	10.2	10.1	10.0	9.8	9.7	9.6	9.5

海拔/m	800	900	1000	1500	2000	3000	4000	5000
大气压力 $H_A(p_a/\gamma)$/mH₂O	9.4	9.3	9.2	8.6	8.1	7.2	6.3	5.5

汽化发生后，蒸汽及溶解在水中的气体逸出，形成许多蒸汽与气体混合的小气泡。当气泡随同水流从低压区流向高压区时，气泡在高压的作用下，迅速凝结而破裂，在破裂的瞬间，产生局部空穴，高压水以极高的速度流向这些原气泡占有的空间，形成一个冲击力。由于气泡中的气体和蒸汽来不及在瞬间全部溶解和凝结，因此，在冲击力的作用下又分成小气泡，再被高压水压缩、凝结，如此形成多次反复，在流道表面极微小的面积上，冲击力形成的压力可高达几百兆帕甚至上千兆帕，冲击频率可达每秒几万次。如图8-39、图8-40所示，叶轮材料表面在水击压力作用下，形成疲劳而遭到严重破坏，从开始的点蚀到严重的蜂窝状空洞，最后甚至把材料壁面蚀穿。另外，由液体中逸出的氧气等活性气体，借助气泡凝结时放出的热量，也会对金属起化学腐蚀作用。

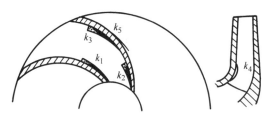

图 8-39　叶轮内汽蚀发生的部位

气泡的形成、发展到破裂以致材料受到破坏的全部过程，称为汽蚀现象。汽蚀现象不仅发生在水泵、水轮机等水力机械中，在测流孔板、管路阀门等水力系统及水工建筑等方面都会发生，而且在输送水以外的其他液体时也同样会发生。因此，可以说凡是有液体流动的系统中，都有可能发生汽蚀。

（2）汽蚀对泵工作的影响　由以上分析可知，在流动过程中，如果出现了局部的压力降，且该处压力降低到等于或低于水温所对应的汽化压力时，则水将发生汽化。从对离心泵汽蚀的观察中发现，压力最低点（汽化点）发生在图 8-39 所示的 k_1、k_2、k_3、k_4、k_5 等几个部位。随着工况的变化，汽化先后发生的部位也不相同。一般在气压小于设计工况下运行时，压力最低点发生在靠近前盖板叶片进口处的叶片背面上。

图 8-40　受汽蚀破坏的叶轮

开始发生汽化时，因为只有少量气泡，对叶轮流道堵塞不严重，对泵的正常工作没有明显的影响，泵的外部性能也没有明显变化。把这种尚未影响到泵外部性能时的汽蚀称为潜伏汽蚀。泵长期在潜伏汽蚀工况下工作，泵的材料仍会受到破坏，影响泵的使用寿命。

汽蚀造成的结果：

1）材料破坏。汽蚀发生时，由于机械剥蚀与化学腐蚀的共同作用，使材料受到破坏，图 8-40 所示是一个受汽蚀破坏的离心泵叶轮的示例。

试验证明，不论是金属材料还是非金属材料都会受到汽蚀的破坏。只是相对破坏的程度不同而已。如果选用较好的抗汽蚀材料，如不锈钢（高镍铬合金）、铝青铜、铝铁青铜及聚丙烯等，则可以延长水泵部件的使用寿命。

2）噪声和振动。汽蚀发生时，不仅可以使材料受到破坏，而且还会出现噪声和振动。气泡破裂和高速冲击会引起严重的噪声。

汽蚀过程本身是一种反复冲击、凝结的过程，伴随着很大的脉动力。如果这些脉动力的某一频率与设备的自然频率相等，就会引起强烈的振动甚至是共振。

3）性能下降。汽蚀发展严重时，气泡的存在会堵塞流道，减少流体从叶片获得的能量，导致扬程下降，效率也相应降低。这时，泵的外部性能有了明显的变化。这种影响的变化，对于比转速不同的泵，情况不同。图 8-41 所示为 $n_s = 70$ 的单级离心泵，在不同的几何安装高度下发生汽蚀后的性能曲线。图中表示了 3 种不同转速时的 q_V-H 性能曲线。现以 $n = 3000\text{r/min}$ 的曲线为例来说明。由图可知，当几何安装高度为 6m 时，出水管阀门的开度只能开到曲线上黑点所对应的流量。如果继续开大阀门，使流量有所增加时，扬程曲线马上就急剧下降，这表明汽蚀已达到使水泵不能工作的严重程度，这一情况称为泵的"断裂工况"。由图还可以知道，当把几何安装高度从 6m

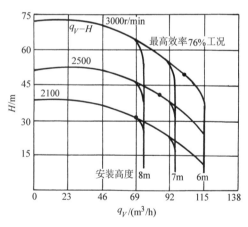

图 8-41　$n_s = 70$ 的单级离心泵发生汽蚀的性能曲线

增加到 7m 时，断裂工况就向流量小的方向偏移，q_V-H 曲线上可以使用的运行范围就变窄；当几何安装高度提高到 8m 时，断裂工况偏向更小的流量，泵的使用范围就更窄了。

由试验可知，当 $n_s < 105$ 时，因汽蚀所引起的扬程曲线的断裂工况，具有急剧陡降的形式；当 $n_s = 150 \sim 350$ 时，断裂工况比较缓和；当 $n_s > 425$ 时，性能曲线上没有明显的汽蚀断裂点。其原因是：在低比转速的离心泵中，由于叶片数较多，叶片宽度较小，流道窄且长，在发生汽蚀后，大量气泡很快就布满流道，影响流体的正常流动，造成断流，使扬程、效率急剧下降。在比转速大的离心泵中，叶片宽度较大，流道宽且短，因此，气泡发生后，并不立即布满流道，因而对性能曲线上的断裂工况点的影响就比较缓和。在高比转速的轴流泵中，由于叶片数少，具有相当宽的流道，气泡发生后，气泡不可能布满流道，从而不会造成断流，所以在性能曲线上，当流量增加时，就不会出现断裂工况点。尽管如此，但仍有潜伏汽蚀的存在，仍需防止。

由此可知，离心式泵比轴流式泵更容易产生汽蚀，而且汽蚀造成的危害更大。

2. 汽蚀余量和安装高度

（1）几何安装（吸水）高度 H_g　离心泵不能自吸，即无干吸能力，所以在起动时必须先将泵壳内部和吸入管中充满液体，运转后才能在一定的高度吸入液体，这个高度称为泵的几何安装高度。

当增加泵的几何安装高度时，会在更小的流量下发生汽蚀，对某一台水泵来说，尽管其全性能可以满足使用要求，但是，如果几何安装高度不合适，由于汽蚀的原因，会限制流量的增加，从而使性能达不到设计要求。因此，正确地确定泵的几何安装高度是保证泵在设计工况下不发生汽蚀的重要条件。

中小型卧式离心泵的几何安装高度如图 8-42 所示。立式离心泵的几何安装高度是第一级工作轮进口边的中心线至吸水池液面的垂直距离。

（2）吸上真空高度（吸入口压力水头）H_s　在泵的样本或说明书中，有一项性能指标，叫作"允许吸上真空高度"，用符号 $[H_s]$ 表示，这项性能指标和泵的几何安装高度有关。几何安装高度就是根据这一数值计算确定的。

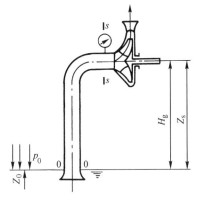

图 8-42　中小型卧式离心泵的
几何安装高度

水泵吸上真空高度即吸入口真空度是用来提升液体位置水头、提供水泵吸水口水流动能及克服水泵吸水管段阻力损失的。据此，依伯努利方程，可直接写出 $H_s = H_g + v_s^2/2g + h_1$。

允许吸上真空高度 $[H_s]$ 和几何安装高度之间的关系可用图 8-42 进行讨论。流体在一旋转叶轮中受离心力的作用被甩出叶轮，这时在叶轮入口处就形成了真空，于是水池中的液体就在液面压力的作用下经吸入管路进入泵内。

以水池水面为基准面，列出水面 0—0 和泵入口 s—s 断面的伯努利方程：

$$\frac{p_0}{\gamma} + \frac{v_0^2}{2g} + Z_0 = \frac{p_s}{\gamma} + \frac{v_s^2}{2g} + Z_s + h_1$$

因为水池较大，可以认为 $v_0 \approx 0$，于是上式移项后得

$$H_g = Z_s - Z_0 = \frac{p_0 - p_s}{\gamma} - \frac{v_s^2}{2g} - h_1 \qquad (8\text{-}71)$$

式中　H_g——几何安装高度（m）；

$\quad\quad\ p_0$——吸水池液面压力（Pa）；

$\quad\quad\ p_s$——泵吸入口压力（Pa）；

$\quad\quad\ v_s$——泵吸入口平均速度（m/s）；

$\quad\quad\ h_1$——吸入管路中的流动损失（m）；

$\quad\quad\ \gamma$——流体重度（N/m³）。

如果液面压力就是大气压力，即 $p_0 = p_a$，则式（8-71）可写为

$$H_g = \frac{p_a}{\gamma} - \frac{p_s}{\gamma} - \frac{v_s^2}{2g} - h_1 = [H_s] - \frac{v_s^2}{2g} - h_1 \tag{8-72}$$

从式（8-72）可知，泵的几何安装高度 H_g 与液面压力 p_a、入口压力 p_s、入口平均速度 v_s 及吸入管路中的流动损失 h_1 有关，因为 $1at = 10mH_2O$，所以几何安装高度 H_g 总是小于 10m 的。$\frac{p_a}{\gamma} - \frac{p_s}{\gamma}$ 称为允许吸上真空高度，用符号 $[H_s]$ 表示。发生在断裂工况时的 H_s，称为最大吸上真空高度，用符号 $H_{s,max}$ 表示。

最大吸上真空高度 $H_{s,max}$ 是通过试验确定的。为了保证水泵不发生汽蚀，按相关标准的规定留有 0.3m 的安全量。把试验所得的 $H_{s,max}$ 减去 0.3m 作为允许的吸上真空高度 $[H_s]$，即

$$H_s \leqslant [H_s] = H_{s,max} - 0.3$$

将上式代入式（8-72）得

$$H_g \leqslant [H_g] \leqslant [H_s] - \left(\frac{v_s^2}{2g} + h_1 \right) \tag{8-73}$$

（3）允许几何安装高度 $[H_g]$ 与允许吸上真空高度 $[H_s]$ 之间的关系　式（8-73）就是允许几何安装高度 $[H_g]$ 与允许吸上真空高度 $[H_s]$ 之间的关系式。它反映以下关系：

1）泵的允许几何安装高度 $[H_g]$，应以水泵样本中给出的允许吸上真空高度 $[H_s]$ 减去泵吸入口的速度头 $\frac{v_s^2}{2g}$ 和吸入管路的流动损失 h_1。一般情况下，$[H_s]$ 是随流量的增加而减少的。所以应按样本中的最大流量所对应的 $[H_s]$ 来计算。

2）为了提高水泵允许的几何安装高度，应尽量减小 $\frac{v_s^2}{2g}$ 和 h_1。即在同一流量下，选用直径稍大的吸入管路；水泵的吸入管应尽可能的短；在水泵的吸入管道上，尽量减少阀门、弯头之类增加局部损失的管路附件。

通常，在水泵的样本或说明书中，所给出的 $[H_s]$ 值是已换算成大气压为 0.1MPa（760mmHg）、水温为 20℃ 的标准状况下的数值。如果泵的使用条件与标准状况不同时，则应把样本上所给出的 $[H_s]$ 值，换算成为使用条件下的 $[H_s']$ 值，其换算公式为

$$[H_s'] = [H_s] - (10.33 - h_a) + (0.24 - h_v)$$

水泵制造厂一般只给出 $[H_s]$ 值，而不能直接给出 $[H_g]$ 值。应由不同的使用 $\frac{v_s^2}{2g}$ 和 h_1 值进行计算来确定 $[H_g]$。

（4）汽蚀余量 Δh_r　汽蚀余量是用来表示泵汽蚀性能的参数，有资料也称其为净正吸入压头（NPSH），汽蚀余量又分为有效的汽蚀余量 Δh_e 和必需的汽蚀余量 Δh_r。汽蚀余量可定义为水泵吸入口流体机械能（压强势能与动能之和，可用以水头表示）与该流体汽化压强（同温度条件下）水头（压强势能）的差值。也可以理解为一种相对于其汽化压强的特殊的"资用压头"，即水泵吸入口流体机械能相对于汽化压强的"作用压头"计算值。

对同一台水泵来说，在某种吸入装置条件下运行时会发生汽蚀，当改变吸入装置条件后，就可能不发生汽蚀，这说明泵在运行中是否发生汽蚀和泵的吸入装置情况也有关。按照水泵的吸入装置情况所确定的汽蚀余量，称为有效的汽蚀余量或装置汽蚀余量 Δh_e。

在实际工作中，会遇到这种情况，即如果某台水泵在运行中发生了汽蚀，但是，在完全相同

的使用条件下，换了另一种型号的水泵，就可能不发生汽蚀，这说明水泵在运行中是否发生汽蚀和泵本身的汽蚀性能有关。水泵本身的汽蚀性能通常用必需的汽蚀余量 Δh_r 表示。

由此可知，水泵在运行中是否发生汽蚀，是由有效的汽蚀余量 Δh_e 和必需的汽蚀余量 Δh_r 两者之差 Δh 决定的。

下面对有效汽蚀余量 Δh_e 和必需汽蚀余量 Δh_r，分别进行讨论。

有效汽蚀余量是指在水泵吸入口处，单位质量液体所具有的超过汽化压力的富余能量对应的水头。也就是说，液体所具有的、在水泵吸入口处避免发生汽化的能量。只要确定了吸入系统的装置，也就确定了有效的汽蚀余量。因此，有效汽蚀余量的大小仅与吸入系统的装置情况有关，而与水泵本身的性能无关。

有效汽蚀余量可用下式表示：

$$\Delta h_e = \frac{p_s}{\gamma} + \frac{v_s^2}{2g} - \frac{p_v}{\gamma} \tag{8-74}$$

由式（8-72）得

$$\frac{p_s}{\gamma} + \frac{v_s^2}{2g} = \frac{p_a}{\gamma} - H_g - h_1$$

将上式代入式（8-74）得

$$\Delta h_e = \frac{p_a}{\gamma} - \frac{p_v}{\gamma} - H_g - h_1 \tag{8-75}$$

由式（8-75）可知，有效汽蚀余量 Δh_e 就是吸入容器中液面上的压头 $\frac{p_a}{\gamma}$ 在克服吸水管路装置中的流动损失 h_1 并把水提高到 H_g 的高度后，所剩余的超过汽化压力的能量对应的水头。

在吸入容器液面高出水泵轴线时，把 H_g 称为倒灌高度或灌注头（$-H_g$），这时式（8-75）就变为

$$\Delta h_e = \frac{p_a}{\gamma} - \frac{p_v}{\gamma} + H_g - h_1 \tag{8-76}$$

当吸入容器中的压力为汽化压力时（在电厂中凝结水泵和给水泵都属于这一情况），$p_a = p_v$，则由式（8-75）和式（8-76）可知：

1）在 $\frac{p_a}{\gamma}$ 和 H_g 保持不变的情况下，当流量增加时，由于吸入管路中的损失 h_1 增大，所以使 Δh_e 减小，因而使发生汽蚀的可能性增大。

2）在非饱和容器中，水泵所输送的液体温度越高，对应的汽化压力越大，Δh_e 也就越小，发生汽蚀的可能性就越大。

上面已经讲过，必需汽蚀余量 Δh_r 是表示水泵本身汽蚀性能的一个参数，与吸入装置的条件无关。

图 8-43 所示为液流从泵吸入口到叶轮出口沿流程的压力变化。液体压力从吸入口随着向叶轮的流动而下降，到叶轮流道内紧靠叶片进口边缘偏向前盖板的 k 处压力变为最低，此后，由于叶片对流体做功，压力就很快上升。

压力下降是以下原因造成的：

1）一般从水泵吸入管至叶轮进口断面稍有收缩，因之液流有加速损失。另外液流从吸入口 s—s 断面流向包括 k 点在内的 k—k 断面时，有流动损失。

2）从 s—s 断面流向 k—k 断面时，由于液流的速度方向和大小都发生变化，引起绝对速度分布的不均匀，速度高处压力下降。

3）由于流体进入水泵叶轮流道时，要绕流叶片的进口边，从而造成相对速度的增大和分布的不均匀，引起压力下降。

在造成压力下降的上述三种因素中，第一种流动损失难以准确计算，同时和后两种相比其值甚小，可以忽略不计。所以，从 s—s 断面至 k—k 断面所引起的压力下降，就只需考虑后两种因素。下面分析这一压力降的数值。

以水泵吸水池液面为基准面，写出水泵叶轮叶片进口前 O—O 断面和进口后压力最低点 k—k 断面相对运动的伯努利方程式（见图 8-43）：

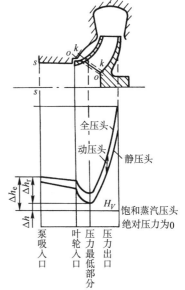

图 8-43　离心泵内的压力变化

$$H_o + \frac{p_o}{\gamma} + \frac{w_o^2 - u_o^2}{2g} = H_k + \frac{p_k}{\gamma} + \frac{w_k^2 - u_k^2}{2g} + h_{1(o-k)} \quad (8-77)$$

式中，$h_{1(o-k)}$ 是 O—O 至 k—k 断面的流动损失。因为 O—O 和 k—k 断面距离很近，可以近似认为 $H_o = H_k$，$u_o = u_k$，$h_{1(o-k)} = 0$。于是式（8-77）简化为

$$\frac{p_o}{\gamma} + \frac{w_o^2}{2g} = \frac{p_k}{\gamma} + \frac{w_k^2}{2g}$$

由上式得

$$\frac{p_o}{\gamma} = \frac{p_k}{\gamma} + \left[\left(\frac{w_k}{w_o} \right)^2 - 1 \right] \frac{w_o^2}{2g}$$

令 $\left(\dfrac{w_k}{w_o} \right)^2 - 1 = \lambda_2$（这里，可看出 $\lambda_2 < 1$）

则

$$\frac{p_o}{\gamma} = \frac{p_k}{\gamma} + \lambda_2 \frac{w_o^2}{2g} \quad (8-78)$$

再写出 s—s 和 O—O 断面至基准面的伯努利方程式（见图 8-43）：

$$\frac{p_s}{\gamma} + \frac{v_s^2}{2g} = \frac{p_o}{\gamma} + \frac{v_o^2}{2g} + h_{1(s-o)}$$

因断面距离很近，可近似认为 $h_{1(s-o)} = 0$，并移项得

$$\frac{p_o}{\gamma} = \frac{p_s}{\gamma} + \frac{v_s^2 - v_o^2}{2g}$$

上式代入式（8-78），并移项得

$$\frac{p_s}{\gamma} + \frac{v_s^2}{2g} - \frac{v_o^2}{2g} = \frac{p_k}{\gamma} + \lambda_2 \frac{w_o^2}{2g}$$

$$\frac{p_s}{\gamma} + \frac{v_s^2}{2g} - \frac{p_k}{\gamma} = \frac{v_o^2}{2g} + \lambda_2 \frac{w_o^2}{2g} \quad (8-79)$$

由前面的分析已知，要使水泵内不发生汽蚀，必须使 k—k 断面处的最低压力 p_k 大于汽化压

力 p_v，当 p_k 等于或小于 p_v 时，则会发生汽蚀。如果叶轮内最小的压力 p_k 降低到等于 p_v 时，则式（8-79）改写成下式：

$$\frac{p_s}{\gamma} + \frac{v_s^2}{2g} - \frac{p_v}{\gamma} = \frac{v_o^2}{2g} + \lambda_2 \frac{w_o^2}{2g} = \Delta h_r \qquad (8\text{-}80)$$

等号的左边就是在前面所讲过的有效汽蚀余量式（8-74），等号右边则是必需汽蚀余量 Δh_r。考虑到绝对速度分布的不均匀，在式（8-80）中第一项乘以系数 λ_1，于是

$$\Delta h_r = \lambda_1 \frac{v_o^2}{2g} + \lambda_2 \frac{w_o^2}{2g} \qquad (8\text{-}81)$$

式（8-81）又称汽蚀基本方程式。由式（8-79）可知，当有效汽蚀余量 Δh_e 等于或小于必需汽蚀余量 Δh_r 时，就会发生汽蚀。由于 λ_1 和 λ_2 还不能用计算的方法得到准确的数据，因而必需汽蚀余量 Δh_r 也就不能用计算方法来确定，而只能通过泵的汽蚀试验来确定。通过试验，并利用上式所得到的 λ_1 和 λ_2 的统计数据为：

$\lambda_1 = 1.2 \sim 1.4$，低比转速的水泵取大值；

$\lambda_2 = 0.15 \sim 0.4$，低比转速的水泵取小值。

据资料介绍，对于 $n_s < 120$ 的泵，λ_2 还可采用以下经验公式计算：

$$\lambda_2 = 1.2 \frac{v_o}{u_o} + \left(0.07 + 0.42 \frac{v_o}{u_o} \right) \left(\frac{s_o}{s_{max}} - 0.615 \right) \qquad (8\text{-}82)$$

式中　v_o——前盖板处紧靠叶片进口前液流的绝对速度（m/s）；

　　　u_o——前盖板处紧靠叶片进口前的圆周速度（m/s）；

　　　s_o——前盖板处的叶片进口厚度（m）；

　s_{max}——前盖板处的叶片最大厚度（m）。

（5）有效汽蚀余量 Δh_e 和必需汽蚀余量 Δh_r 的关系　由以上分析可知，必需汽蚀余量是标志泵本身汽蚀性能的基本参数，与吸入管路装置条件无关，Δh_r 越小，说明泵本身的抗汽蚀性能越好。因此，要提高泵的抗汽蚀性能，就要使 Δh_r 减小。有效汽蚀余量标志泵在使用时的装置汽蚀性能，为了避免发生汽蚀，就必须提高 Δh_e。

只要吸入装置确定以后，有效汽蚀余量就可以很容易计算出来。因为必需汽蚀余量只与叶轮进口部分吸入室的几何形状有关，是由设计决定的。因此，对某一台水泵来说，在某种吸入管路装置条件下，运行时会产生汽蚀，当改变吸入装置条件后，可能不发生汽蚀。调整泵吸入口的管路特性，使泵的吸入口处保证有足够的汽蚀余量，使工作液体在泵的吸入口具有避免发生汽化的能量，就能使泵正常工作。

前面讲过，有效汽蚀余量是随流量的增加而下降的，从式（8-81）可知，必需汽蚀余量是随着流量的增加而增加的。当 $\Delta h_e = \Delta h_r$ 时，就是前面讲过的临界点。这点所对应的流量 $q_{V,d}$ 称为临界流量。在一定的吸入装置情况下，要保证泵在运行时不发生汽蚀，则必须使流量 $q_V < q_{V,d}$。此外，水泵在小流量运行时，会使泵内水温升高，使 p_v 增加，相应 Δh_e 降低，所以还必须使 $q_V > q_{Vmin}$，只有水泵的流量处于 $q_{V,d} > q_V > q_{Vmin}$ 才安全。要使泵不发生汽蚀，必须使有效汽蚀余量大于必需汽蚀余量，即必须满足 $\Delta h_e > \Delta h_r$ 的条件。只有这样，叶轮内的最低压力 $p_k > p_v$，不会发生汽蚀。

（6）汽蚀余量 Δh 和允许吸上真空高度 $[H_s]$ 的关系　这两个表示水泵汽蚀性能的参数之间的关系，可见式（8-74），即

$$\Delta h_e = \frac{p_s}{\gamma} + \frac{v_s^2}{2g} - \frac{p_v}{\gamma}$$

此外，又已知吸上真空高度为

$$H_s = \frac{p_a}{\gamma} - \frac{p_s}{\gamma}$$

$$\frac{p_s}{\gamma} = \frac{p_a}{\gamma} - H_s$$

代入式（8-74）得

$$H_s = \frac{p_a}{\gamma} - \frac{p_v}{\gamma} + \frac{v_s^2}{2g} - \Delta h_e$$

由上节的分析已知，当 $\Delta h_e = \Delta h_r$ 时，就发生汽蚀临界状态，通过汽蚀试验所需要确定的数据，就是这个汽蚀余量的临界值，用 Δh_{min} 表示。处于汽蚀临界状态所对应的吸上真空高度为 $H_{s,max}$，因此，此式可改写为

$$H_{s,\ max} = \frac{p_a}{\gamma} - \frac{p_v}{\gamma} + \frac{v_s^2}{2g} - \Delta h_{min} \tag{8-83}$$

根据相关标准规定，Δh_{min} 加上 $0.3m$ 作为允许的汽蚀余量 $[\Delta h]$，即

$$[\Delta h] = \Delta h_{min} + 0.3$$

则式（8-83）改写为

$$[H_s] = \frac{p_a}{\gamma} - \frac{p_v}{\gamma} + \frac{v_s^2}{2g} - [\Delta h] \tag{8-84}$$

而由式（8-75）可得

$$[H_g] = \frac{p_e}{\gamma} - \frac{p_v}{\gamma} - [\Delta h] - h_v \tag{8-85}$$

必须指出，在水泵样本中，有的给出泵的允许吸上真空高度 $[H_s]$，有的却给出允许汽蚀余量 $[\Delta h]$。此外，对用户来说，使用 $[\Delta h]$ 来计算几何安装高度比使用 $[H_s]$ 方便。因为在式（8-85）中，没有 $\frac{v_s^2}{2g}$ 这一项，可以减少计算。同时，样本中给出的 $[H_s]$ 值是标准状态下的数值，在使用时还需按使用地点的状况进行换算。当使用 $[\Delta h]$ 时，则不需要换算，只要将使用地点状况下的参数直接代入就可以。特别要指出的是，发电厂中的水泵，除循环水泵吸取大气压下的江河水外，其他泵几乎都不直接吸取大气压下的水，因此，使用 $[\Delta h]$ 更为方便。

【例 8-7】 如某台离心泵安装在海拔 $500m$ 的地方，当地夏天的水温为 $40℃$。泵样本上给出的 $[\Delta h]$ 为 $3.29m$，h_1 为 $1m$。试计算泵的几何安装高度 $[H_g]$ 等于多少？

【解】 从表 8-11 查得海拔 $500m$ 时的大气压力水头 H_a（即 p_a/γ）为 $9.7m$，由表 8-9 查得水温为 $40℃$ 时的饱和蒸汽压力水头 H_v（即 p_v/γ）为 $0.758m$。

$$[H_g] = \frac{p_a}{\gamma} - \frac{p_v}{\gamma} - [\Delta h] - h_1$$
$$= (9.7 - 0.758 - 3.29 - 1)m = 4.65m$$

8.5.2 泵与风机的安装

1. 泵的安装

根据以上对水泵的汽蚀分析，对于吸入式管网系统，当正确地计算泵的允许几何安装高度 $[H_g]$ 后，安装时要确认实际安装时，泵吸入口轴线与吸水池最低液面的高差（若大型水泵，应

以吸水池液面至叶轮入口边最高点的距离为准）是否小于所选泵的允许几何安装高度。

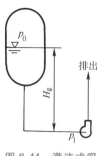

图 8-44　灌注式吸入管路示意图

在泵的安装中，最常见的安装形式是吸入式的，即通过吸入管段来吸升液体。但也有可能吸液面的压强不是大气压力，而是某种工质的汽化压力，如制冷剂等，往往这时的吸入管段应采用灌注式。灌注式的吸入管路形式如图 8-44 所示。灌注式的吸入管高度要大于泵的允许几何安装高度 $[H_g]$。只有这样，才能保证液泵在工作时，灌注式吸入管路内的工作介质不发生汽化，泵内不产生汽蚀。

2. 泵与管路系统的连接

1）对吸入管段即使工作介质不污染、不汽化，也必须保证不漏气。如以吸入式安装形式的水泵，水的提升是借助吸入管内的真空和吸入水面的大气压力形成的压力差，把水压入吸入管段内。若吸入管段漏气，推动水进入吸入管段的压力差就无法建立，使水泵无法正常工作。

2）当吸入管段的有效汽蚀余量 Δh_a 较小时，液体内溶解的气体，就会因吸入管段内压力的减小而不断逸出。若在吸入管段内形成气囊，将在液管内引起气阻，大大增加流动阻力，影响泵的正常工作，所以吸气管段内不能积气。为了使吸入管段内能及时地排走产生的气体，在吸入管路的水平管段应有大于 0.005 的反向找坡。

3）在灌注式吸入管段，若液体吸入管进口的淹没深度不够，流体在吸入管进口处会产生漩涡，在吸入流体的同时带入大量的气体，从而影响泵的正常工作，所以在吸入管段上方应保证足够的液柱高度。在开式的水系统，若吸水口的淹没深度不够，在吸水时也会产生漩涡带入空气，严重时将破坏水泵的正常吸水。为保证水泵的正常工作，吸水口应在最低水位时的淹没深度不小于 0.5~1.0m。多台水泵在相近的取水口取水时，吸水口之间的距离不得小于吸水管管径的 1.5~2.0 倍。

4）吸入式管段当水泵从压水管引水起动时，吸水管应装底阀，底阀采用水下式，装于吸水管的末端。

5）泵的压出管路不允许液体倒流，应在泵的压出管上设置止回阀，止回阀置于泵与管路截止阀之间，便于维修。

6）对水泵的压出管路除了要求牢固和不漏水外，在适当的位置应设法兰接口，便于拆装和检修。

3. 风机的安装与风管连接

1）由于风机的使用目的、要求和位置不同，风机的形式、风口位置也各不相同，在安装前应检查核对风机的机件是否完整，各机件连接是否紧密，转动部分是否灵活，叶轮与机壳的旋转方向是否一致，风机的外壳、叶轮、吸气短管是否有损伤等。如果发现有问题或损伤的风机，要修复或更换。

2）风机的进口应尽量让气流均匀进入叶轮，均匀地充满叶轮的进口截面。对需变径的风机进、出口，避免采用突扩管和突缩管，尽可能采用角度较小的变径管。

3）风机出口需设置调节风阀，位置应在风机出口管路一个叶轮直径以外，这样可以减小压头损失。

4）当风机输送会产生凝结水的潮湿空气或风机在室外使用时，在风机的底部应装一个放水阀或存水弯管，以排除积水。

5）风机与风管的连接，不要让空气在方向和速度上产生突然变化，不允许将管道质量加在风机壳体上。

6）对用带轮传动的风机，在安装时要注意两带轮外侧面必须成一直线。否则应调整电动机的安装位置。对联轴器直接传动的风机，安装时应特别注意主轴与电动机轴的同心度，同心度允差为 0.05mm，联轴器两端面的不平行度允差为 0.02mm。

8.5.3　泵与风机的运行

1. 泵与风机的运行

泵和风机安装好以后，应经过试运行，确认安装质量符合要求时才能正式投入使用。不同的泵和风机由于其应用场合不同，在运行操作及事故处理上也稍有差别。但是，总的运行原则是基本一致的。

中、小型泵和风机装置机组的起动，一般属于轻载荷起动，对电网的电流冲击影响不大。但对大型机组的起动，则因机组惯性大，阻力矩大，会引起较大的冲击电流，影响电网的正常运行，必须对泵和风机的起动予以足够的重视。

离心式的泵和风机，在零流量下所需轴功率最小，因而应该在零流量下起动，所以起动时关闭压出阀门；轴流式的泵和风机，零流量时所需轴功率最大，所以应在压出阀门全开下起动。关闭阀门起动时，所需轴功率与额定功率之比见表 8-12。

表 8-12　关闭阀门起动所需轴功率与额定功率之比

泵或风机类型	离心式	轴流式	混流式
零流量轴功率／额定轴功率	0.3~0.9	1.4~2.0	1.0~1.3

（1）起动前的准备　以电动机驱动的水泵起动为例，起动前应做好以下检查及准备工作：

1）泵起动前应首先检查电源，并请电气人员首先检查有关配电设备，对电动机的绝缘电阻进行测定，检查无误后进行配电柜送电。

2）检查水泵与电动机座螺钉是否拧紧，用手转动联轴器，注意水泵内部是否有摩擦和撞击声，若发现摩擦和撞击应查明原因，必要时应打开水泵进行检查。

3）检查各轴承润滑是否充分。如用油环带入锭子油或汽轮机油润滑轴承时，应检查轴承的油位计油面是否在 1/2 或 1/3 以上，不足时应加新油。根据油位计内油的颜色和透明度，判别油质是否变质、不清洁或含有水分，有水时应把油放出并加入新油。变质和不清洁时，应放出污油，用汽油冲洗后，加入新油。油环的位置应正确，能灵活转动。

4）检查填料箱的填料压紧情况，其压盖不能太紧或太松，四周间隙应相等，压盖不能与泵轴摩擦。打开密封用水门，使转向外稍微滴水，以防止水泵起动时空气漏入。

5）检查水泵吸水池（或水箱）中水位是否在规定水位上，滤网上有无杂物。

6）检查水泵出口压力表、入口真空表和连接表的小阀门是否打开，指针是否指在零位，电动机的电流表是否指在零位。

7）关闭压水管路上的阀门（若是对轴流式水泵，则要开阀起动）。因为离心式泵或风机，在零流量下所需轴功率最小，因而应该在零流量下起动。

8）打开放气阀向水泵灌水（或用真空泵抽出空气），待水泵放气阀冒水，确知泵室及吸水管中的空气被排尽后，关闭放气阀。

9）对新安装的水泵和刚检修好重新安装的水泵，必须检查电动机转动的方向是否正确、接线是否无误。

上述准备工作完成后，可以合上电动机开关，这时应注意电流表指示的起动电流是否符合允许范围，若起动电流过大，则必须停止起动，查明原因。不能在未经处理的情况下再次起动，以免造成电动机电流过大而烧毁。

起动后待水泵转速达到正常数值，转入正常运转时，应注意水泵进、出口压力表指示是否正常。如果指示正常即可慢慢打开出水阀门，并注意其出水压力、电流表指示数据，当各工作参数都正常时，水泵投入正常运行。如果该水泵是向有压力水的并联管路中送水，并在水泵的出口管路上装逆止阀时，其出水阀门可以在打开的情况下起动。

离心泵的空转时间不允许太长，通常以 2~4min 为限，因为时间过长会造成泵内水的温度升高太多，甚至汽化，致使泵的机件受到汽蚀或受高温而变形损坏。

离心式风机在安装完毕后，要拨动叶轮，检查是否有过紧或碰撞现象等。要待总检合格后，才能进行试运转。风机的试运转必须在无负载的情况下进行。待风机达到额定转速后逐渐上载，直至达到额定工况。在此期间，应严格控制电流不能超过额定值。

（2）运行中应注意的事项

1）不论泵还是风机，只有在设备完好、正常的情况下方可起动运行。

2）要随时注意检查各个仪表工作是否正常、稳定。电流表上的读数应不超过电动机的额定电流，否则应及时停车检查；定期记录泵的流量、扬程、电流、电压、功率等有关技术参数。

3）对水泵要检查轴封填料盒是否处于正常发热温度，滴水是否正常。

4）检查水泵及电动机的轴承和机壳温度，轴承温度一般不得高于周围环境温度 35℃，最高不超过 75℃，否则应立即停车检查。风机的轴承温度也应经常检查，轴承温升不得大于 40℃，表温不大于 80℃。在运行中，风机不得出现剧烈振动、撞击、摩擦声和轴温迅速上升等反常现象。

5）对水泵停机时应注意，停机前先关闭出水闸阀，实行闭闸停机。停机后关闭真空表及压力表上的阀门，并把泵和电动机表面的水擦干净。冬季停机后还应考虑放净剩水，防止水泵不致冻裂。

2. 常见故障的分析与排除

如果泵和风机安装、运行、维护不当，会引起机器及电动机等各方面故障及事故发生，从而降低设备效能，缩减设备的使用寿命，造成不必要的浪费。现对常用的离心式水泵和风机的原因及其排除方法做一些介绍。

1）离心式水泵的常见故障、产生原因和排除方法见表 8-13。

表 8-13　离心式水泵的常见故障、产生原因和排除故障的方法

常见故障	产生原因	排除方法
起动后水泵不出水或出水量不足	1. 泵壳内有空气,灌泵工作没做好 2. 吸水管路及填料有漏气 3. 水泵转向不对 4. 水泵转速太低 5. 叶轮进水口或流道堵塞 6. 底阀堵塞或漏水 7. 吸水进水位下降,水泵安装高度太大 8. 减漏环及叶轮磨损 9. 水面产生漩涡,空气带入泵内 10. 水封管堵塞 11. 吸水管抬头安装	1. 继续灌水或抽气 2. 堵塞漏气,适当压紧填料 3. 对换电线接头,改变转向 4. 检查电路,是否电压过低 5. 揭开泵盖,清除杂物 6. 清除杂物或修理 7. 核算吸水高度,必要时降低安装高度 8. 更换磨损零件 9. 加大吸水口淹没深度或采取防止措施 10. 拆下清通 11. 吸水管应该为低头安装

（续）

常见故障	产生原因	排除方法
水泵开起不动或起动后轴功率过大	1. 填料压得太死,泵轴弯曲,轴承磨损 2. 多级泵中平衡孔堵塞或回水管堵塞 3. 靠背轮间隙太小,运动中两轴相顶 4. 电压太低 5. 输送液体密度过大 6. 流量超过使用范围太多	1. 松一点压盖,矫直泵轴,更换轴承 2. 清除杂物,疏通回水管 3. 调整靠背轮间隙 4. 检查电路,向电力部门反映情况 5. 更换电动机,提高功率 6. 关小出水闸阀
电动机电流过大或温升过高	1. 开车时未严进口管道闸阀 2. 流量超过额定值或风管漏气 3. 输送气体密度大于额定值,使压力过大 4. 风机剧烈振动 5. 电动机输入电压过低或电源单项断电 6. 联轴器连接不正,橡胶密封圈过紧或间隙不匀 7. 带轴安装不当,消耗无用功过多 8. 通风机联合工作恶化或管网故障	1. 开车时要关严闸阀 2. 关小节流阀,检查是否漏气 3. 查明原因,如气体温度过低,应予以提高或减小风量 4. 查明振动原因,并予以消除 5. 检查电压、电源是否正常 6. 重新调整找正 7. 重新调整找正 8. 调整风机联合工作的工作点,检修管网系统
传动带滑下或跳动	1. 带轮位置彼此不在一中心线上,传动带易从带轮上滑下来 2. 两带轮距离较近或传动带过长	1. 调整电动机带轮位置 2. 调整电动机位置

2）离心式风机的常见故障、产生原因和排除方法见表 8-14。

表 8-14 离心式风机的常见故障、产生原因和排除方法

常见故障	产生原因	排除方法
风机剧烈振动	1. 风机主轴与电动机轴不同心或联轴器两半安装错位 2. 机壳或进风口与叶轮摩擦 3. 基础的刚度不够或不牢固 4. 叶轮铆钉松动或叶轮变形 5. 叶轮轴盘孔与轴配合松动 6. 机壳、轴承座与支架、轴承座与轴承盖等连接螺栓松动 7. 风机进、出口管道安装不当,产生共振 8. 叶片有积灰、污垢、叶片磨损、叶轮上平衡配重脱落,叶轮变形及轴弯曲,破坏转子平衡	1. 重新调整找正 2. 重新调整,修理磨损部分 3. 进行基础加固 4. 更换铆钉或叶轮 5. 更新配件 6. 拧紧连接螺母 7. 调整安装,或修理不良管路 8. 清除叶片积灰、污垢,整修叶片,重新校正平衡
轴承温升过高	1. 通风机剧烈振动 2. 润滑脂变质或含有灰尘、污垢等杂质 3. 润滑脂过多,超过轴承座空间的 $1/3 \sim 1/2$ 4. 轴承箱盖座连接螺栓预紧力过大或过小 5. 轴与滚动轴承安装歪斜,前后两轴承不同心 6. 滚动轴承损坏或轴弯曲 7. 轴承外圈与轴承座内孔间隙过大超过 0.1mm	1. 找出振动原因,并予以消除 2. 更换润滑脂(油) 3. 减小润滑脂量 4. 重新加螺栓预紧力 5. 重新找正 6. 修理或更换轴承 7. 修配轴承座半结合面,并修理内孔或更换轴承座

（续）

常见故障	产生原因	排除方法
电动机电流过大或温升过高	1. 开车时未关严进口管道闸阀 2. 流量超过额定值或风管漏气 3. 输送气体密度大于额定值,使压力过大 4. 风机剧烈振动 5. 电动机输入电压过低或电源单相断电 6. 联轴器连接不正,皮圈过紧或间隙不匀 7. 带轴安装不当,消耗无用功过多 8. 通风机联合工作恶化或管网故障	1. 开车时要关严闸阀 2. 关小节流阀,检查是否漏气 3. 查明原因,如气体温度过低,应予以提高或减小风量 4. 查明振动原因,并予以消除 5. 检查电压,电源是否正常 6. 重新调整找正 7. 重新调整找正 8. 调整风机联合工作的工作点,检修管网系统
传动带滑下或跳动	1. 带轮位置彼此不在一中心线上,传动带易从带轮上滑下来 2. 两带轮距离较近或传动带过长	1. 调整电动机带轮位置 2. 调整电动机位置

3）泵与风机、离心式压缩机的"喘振"特性比较见表 8-15,图 8-45 定性地给出了离心式压缩机的"喘振"特性。

表 8-15　泵与风机、离心式压缩机"喘振"特性比较

工作状况	泵与风机	离心式压缩机
实际性能曲线(流量-压头)	泵与风机的性能曲线一般可分为"驼峰""平缓""陡降"三种情况。运行过程中流体密度的变化会导致机器性能曲线或参数发生变化。例如,在风机的吸入管段由于阀门调节,流体密度会产生一定变化,从而导致风机的机器性能曲线发生一定变化	某些离心式压缩机的机器性能曲线也具有"驼峰"特性。离心式压缩机的机器性能曲线会由于外界蒸发压力、冷凝压力变化导致流体密度发生相应变化,从而离心式压缩机的机器性能曲线也会发生一定变化
管网压力曲线($H = H_0 + SQ^2$)	水泵运行过程中一般认为其密度不变,管路阻抗 S 的改变认为是由阀门开度造成。但是风机吸入管段中阀门开度变化对流体密度和管路阻抗都产生影响 H_0 为泵与风机的静扬程	因为蒸发压力、冷凝压力变化管网中制冷剂密度会随时发生变化,导致管网压力曲线发生变化 H_0 则可理解为压缩机吸排气压力差
工况点	实际机器性能曲线与管网曲线的交点	实际机器性能曲线与管网曲线的交点
喘振现象	某些离心式泵与风机的性能曲线是驼峰形的,这样它的性能曲线与管网曲线就可能存在两个交点。如果工况点位于性能曲线的下降段,则是稳定工况点。而位于左侧的工况点则是不稳定工况点。在不稳定工作点运行时,可能会出现泵或风机一会儿输出流体,一会儿流体由管网向风机内部倒流的现象,专业中称之为"喘振" 另外,某些机器性能曲线局部具有"驼峰"段特性的轴流式风机或具有"驼峰"机器性能曲线的贯流式风机,在与实际管路匹配运行时也有可能会发生"喘振"现象	喘振是离心式压缩机的一种特有的、不稳定的状态。所谓的喘振现象就是当压缩机流量减小到一定程度时,会在整个扩压器流道中产生严重的旋转失速,压缩机的出口压力突降,此时管网压力高于压缩机的出口压力,气流倒流到压缩机,直到管网的压力比压缩机的出口压力低时,压缩机重新给管网供气,压缩机恢复正常的工作状态。这样离心式压缩机中也会出现压缩机一会儿输出制冷剂,一会儿制冷剂向压缩机倒流的现象,专业中称之为"喘振"。这也是压缩机在不稳定工作区运行时可能出现的现象。并且由于外界工况变化导致压缩机的吸排气压力变化,导致压缩机的性能曲线和管网曲线都有多条,所以在它们各个工况运行时的性能曲线的峰值点连线可视为压缩机的喘振临界线,而喘振临界线左边的工作区为不稳定工作区也就是可能的"喘振区",如图 8-45 所示

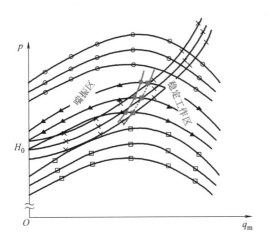

图 8-45　离心式压缩机"喘振"现象示意图

因为实际压缩机运行时，外界工况发生变化导致压缩机的吸排气压力发生变化，同样也会导致实际制冷剂密度发生变化，最后使得管网曲线发生变化，所以图 8-45 表示了三种可能出现的不同工况。首先定性给出了吸排气压力-流量曲线，然后二者可经某种运算（可视为一种特殊"相减"）得出压缩机吸排气压力差-流量曲线。

思考题与习题

1. 图 8-46 所示是一个用户的热水网路的支线示意图，该图上表示闸门 A 完全开启时的运行工况下的支线压力图。这时，用户系统的压力损失为 20m，水流量为 $100\text{m}^3/\text{h}$（第一工况），该工况下，支线的供水管和回水管的压头损失各为 10m。如果用稍微关闭闸门 A 的方法将用户系统的压头损失降低至 10m（第二工况），试求支线各部件（供水管、回水管和闸门）的水流量和压头损失。

在两种工况下，支线与主要干线连接处的压头差固定为 40m。

2. 图 8-47 所示是两个用户的热网示意图，在同一图上方表示了每个用户的水流量 $q'_{v1}=q'_{v2}=100\text{m}^3/\text{h}$ 下的水压图。如关闭用户 2，试求供给用户 1 的水量，并绘制新工况下的水压图。在两种工况下，热电厂出口处（加热器以后）的压头差用调节闸门 A 的方法维持为定值，即 $\Delta H=40\text{m}$，用户入口没有自动调节器。

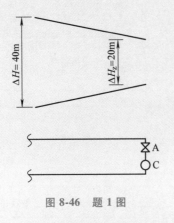

图 8-46　题 1 图

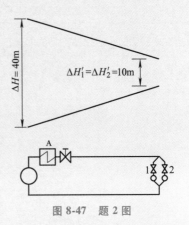

图 8-47　题 2 图

335

3. 图 8-48 所示是两个用户的双管式热网正常运行工况下的水压图。在正常工况下，各用户的供暖水流量 $q_{v01} = q_{v02} = 75\text{m}^3/\text{h}$，热水供应水流量 $q_{v11} = q_{v12} = 25\text{m}^3/\text{h}$。试求当热水供应加热器停用时，上述供暖系统内的水流量如何分配？热电厂进出口的压头差在两种工况中均为定值，即 $\Delta H = 60\text{m}$。

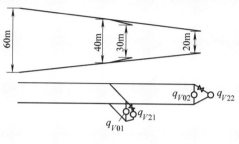

图 8-48　题 3 图

4. 有两根直径为 $d_1 = 309\text{mm}$ 与 $d_2 = 404\text{mm}$ 同样长的并联连接供水管，试问其水流量如何分配？两根管道的局部阻力损失系数 a 彼此相等。

5. 图 8-49 所示的热网系统由两根并联接入的主要干线各包括供水和回水组成，一根主要干线的管道内直径 $d_1 = 404\text{mm}$，长度 $L_1 = 1000\text{m}$；另一根主要干线的管道内径 $d_2 = 309\text{mm}$，长度 $L_2 = 800\text{m}$。如果总水流量 $q_v = 1000\text{m}^3/\text{h}$，在两根管道中局部压头损失系数 a 相同。试求此两主要干线间的水流量分配。

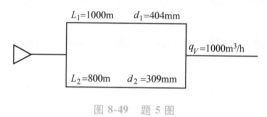

图 8-49　题 5 图

6. 风机向洁净室送风时，管网（路）特性曲线有何特点？

二维码形式客观题

微信扫描二维码，可自行做客观题，提交后可查看答案。

第8章
客观题

第9章
管网水力计算的计算机方法

9.1 图论基础

图论是建立和研究离散数学模型的一个重要数学工具。本节主要为建立流体输配管网数学模型的需要，介绍图论的一些基本概念及有关的运算。

9.1.1 图的概念

在图 9-1 中，给出了一些图解，它们表示各种图，这些图都是由点（以 v_1，v_2，…，v_m 标记）的集合及点的偶对间的连线（e_1，e_2，…，e_n）的集合组成，图解中一些点的偶对间有线连接时，连线的几何形状、长度、点的位置等都没有具体的要求，只要每一连线起始于一个点，终止于一个点。

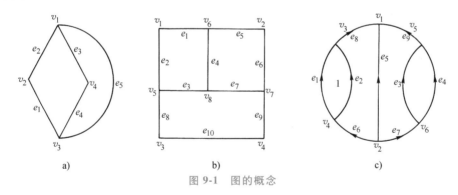

图 9-1 图的概念

若集合 $G = (V, E, \Phi)$，其中：

a）$V = \{v_1, v_2, \cdots, v_m\}$ 是点的有穷非空集合，称为图 G 的节点集合。

b）$E = \{e_1, e_2, \cdots, e_n\}$ 是图 G 的连线的集合。

c）Φ 是从 E 到 V 中的有序或无序偶对所组成的集合映射。

则称其为一个图。

【例 9-1】　$G = (V, E, \Phi)$，其中

$$V = \{v_1, v_2, v_3, v_4\}$$

$$E = \{e_1, e_2, e_3, e_4, e_5, e_6\}$$

Φ：$\Phi(e_1) = <v_2, v_3>$　$\Phi(e_2) = <v_3, v_1>$

$\quad\ \Phi(e_3) = <v_1, v_2>$　$\Phi(e_4) = <v_1, v_4>$

$$\Phi(e_5) = <v_2, v_4> \quad \Phi(e_6) = <v_3, v_4>$$

就是一个图。其图解表示如图 9-2 所示。

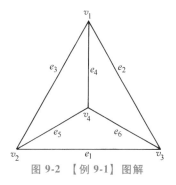

图 9-2 【例 9-1】图解

【解】 在图 $G = (V, E, \Phi)$ 中，与节点 v_i，v_j 的有序偶对相联系的线 e_k，称为 G 的有向边（简称弧），即 $\Phi(e_k) = (v_i, v_j)$ 记作 $e_k = (v_i, v_j)$，v_i 称为弧的始点，v_j 称为弧的终点，而与节点 v_i，v_j 的无序偶对相联系的线 e_k 称为图 G 的无向边（简称为边）。

在图解中，用带箭头的线表示有向边，且指出了由始点指向终点的方向。称每条线都是有向边的图为有向图，如图 9-1c 所示。称每一条边都是无向边的图为无向图，如图 9-1a、b 所示。

在图中，连接某两节点之间方向相反的两条弧应视为不同的弧，而方向相同的弧则称为平行弧。连接两节点之间的两条或更多的边称为平行边。含有平行边（或弧）的图称为多重图，否则称为简单图。

设图 $G_1 = (V_1, E_1)$ 是图 $G = (V, E)$ 的子图。若图 $G_2 = (V_2, E_2)$ 满足：$E_2 = E - E_1$，且 V_2 中包含 E_2 中线所关联的各节点，则对于图 G，称 G_2 是图 G_1 的补图。

具有 m 个节点，n 条线的图通常也称为 (m, n) 图。若该图不包含任何回路，则称为树。若连通图 G 的生成子图 T 是树，则称 T 是 G 的生成树，而称 T 关于 G 的补图 $\overline{T}$ 为余树。树的边称为枝，余树的边（或弧）称为弦（或余枝）。树在流体输配管网中，无论是流量分配计算，还是调节阀的合理配置，都与流体输配管网中的最小树或最大树有关。其他诸如城市通信网的铺设、运输管网的优化等，也要涉及最小树或最大树。

最长树和最短树问题是一个和网络布局优化有关的问题。设 $N = (G, f)$ 是一个网络，$G = (V, E)$ 是一个连通图，f 是定义在 $E(G)$ 上的一个非负的权函数。若 $T_i = (V, E_i)$ 是 G 的一棵生成树，则称 $\omega(T_i) = \sum_{e_j \in E_i(T)} f(e_j)$ 为树 T_i 的权。若 T_p 是所有生成树中权最大者，即 $\omega(T_p) = \max\{\omega(T_i)\}$ 则称树 T_p 为最长树或最大树，记做 T_{max}。类似，若 $\omega(T_q) = \min\{\omega(T_i)\}$，则称树 T_q 为最短树或最小树，记做 T_{min}。

现介绍一种求最小生成树的算法。设网络 $N = (G, f)$，G 是一个有向连通的 (m, n) 图。

1) 置初态，j 置 0，E_T 置空，$E(G)$ 送 E_y。

2) 若 $j = m - 1$，则转（7）。

3) 选弧 e，满足 $f(e) = \min \{f(e_k)\}$。

4) $E_y - \{e\}$ 送 E_y。判断，若 $E_T \cup \{e\}$ 中含有回路，则转 3）。

5) $E_T \cup \{e\}$ 送 E_T。

6) $j = j + 1$ 转 2）。

7) $T = (V, E_T)$ 为所求之最小生成树。算法结束。

类似，可以建立最长树的算法。

另外，还有破圈法。

首先全赋权图 $N = N_0$，在中取一回路，去掉回路中权最大的一边得一子图 N_1 按上法得 $N_2 \cdots$ 直到不再有回路为止，即得一最小树。

9.1.2 图的矩阵表示

借助图的图解表示，使图的概念的描述具有一定的直观性。然而，这种表示法有其局限性。

随着节点和线的数目的增加，要用图解来表示一个图的结构就变得困难，而且图解表示不便于图的运算。因此，有必要应用代数的方法表示一个图，这就是图的矩阵表示。这对于图的运算是非常有效的，使我们能用矩阵代数中的方法来研究、分析图的结构和性质，并且可以实现图在计算机里的存储和计算。

设图 $G=(V, E)$ 是一个 (m, n) 图，图 G 的矩阵表示，总是与 m 个结点，n 条线的某种排列次序有关，因此，在论及图的矩阵表示时，必须预先给出某节点和线的排列次序。

在一个有向图 $G=(V, E)$ 中，若 v_i、$v_j \in V$，当弧 $e_k=(v_i, v_j) \in E$ 时，称 v_j 是和 v_i 邻接的，记作 $v_i \, adj \, v_j$，称弧 e_k 和节点 v_i，v_j 相关联，否则记作 $v_i \, nadj \, v_j$。

1. 图的邻接矩阵

一个图 G 的结构，可以完全由结点之间的邻接关系来描述，这种关系可以通过一个矩阵来给出。

设 $G=(V, E)$ 是一个简单的图，$|V|=m$，$|E|=n$，称 m 阶方阵 $A(G)=(a_{ij})$ 为图 G 的邻接矩阵。

其中
$$a_{ij}=\begin{cases} 1 & v_i \quad adj \quad v_j \quad 时 \\ 0 & v_i \quad nadj \quad v_j \quad 或 i=j 时 \end{cases}$$

【例 9-2】 图 9-3 所示为简单无向图，图中对于结点的排列次序 v_1、v_2、v_3、v_4、v_5 有邻接矩阵为

$$A(G)=\begin{pmatrix} 0 & 1 & 0 & 1 & 1 \\ 1 & 0 & 1 & 0 & 1 \\ 0 & 1 & 0 & 1 & 0 \\ 1 & 0 & 1 & 0 & 1 \\ 1 & 1 & 0 & 1 & 0 \end{pmatrix} \begin{matrix} v_1 \\ v_2 \\ v_3 \\ v_4 \\ v_5 \end{matrix}$$

【解】 如果改变结点的排列次序，则邻接矩阵将做相应的行列交换。仍以图 9-3 为例，若结点排列次序为 v_2、v_5、v_3、v_4、v_1 则相应的连接矩阵为

$$A(G)=\begin{pmatrix} 0 & 1 & 1 & 0 & 1 \\ 1 & 0 & 0 & 1 & 1 \\ 1 & 0 & 0 & 1 & 0 \\ 0 & 1 & 1 & 0 & 1 \\ 1 & 1 & 0 & 1 & 0 \end{pmatrix} \begin{matrix} v_2 \\ v_5 \\ v_3 \\ v_4 \\ v_1 \end{matrix}$$

根据结点间的邻接概念，一个简单无向图的邻接矩阵是对角线元素为 0 的对称方阵，其元素仅由 0，1 组成。而对于有向图，其邻接矩阵一般就不再有对称性。如图 9-4 所示的有向图，邻接矩阵为

$$B(G)=\begin{pmatrix} 0 & 1 & 0 & 0 & 0 \\ 0 & 0 & 0 & 0 & 1 \\ 1 & 1 & 0 & 1 & 0 \\ 0 & 0 & 0 & 0 & 1 \\ 1 & 0 & 0 & 0 & 0 \end{pmatrix} \begin{matrix} v_1 \\ v_2 \\ v_3 \\ v_4 \\ v_5 \end{matrix}$$

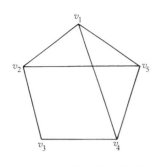

图 9-3 【例 9-2】无向图

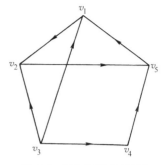

图 9-4 【例 9-2】有向图

若把邻接矩阵的概念推广到多重图和有权图，只需将方阵 $A(G) = (a_{ij})$ 的元素 a_{ij} 记入相应的值：

1）对于多重图，a_{ij} 应是结点 v_i 到 v_j 间平行边（或弧）的数目。

2）对于有权图，a_{ij} 应是结点 v_i 到 v_j 间的边（或弧）上的权。

【例 9-3】 图 9-5a 是有权图，图 b 是多重图，相应的邻接矩阵为

$$A(G_1) = \begin{matrix} & v_1 & v_2 & v_3 \\ \begin{pmatrix} 0 & 3.5 & 0.6 \\ 2 & 0 & 0 \\ 1.8 & 2.7 & 0 \end{pmatrix} & \begin{matrix} v_1 \\ v_2 \\ v_3 \end{matrix} \end{matrix}$$

$$A(G_2) = \begin{matrix} & v_1 & v_2 & v_3 \\ \begin{pmatrix} 0 & 1 & 2 \\ 0 & 0 & 1 \\ 1 & 3 & 0 \end{pmatrix} & \begin{matrix} v_1 \\ v_2 \\ v_3 \end{matrix} \end{matrix}$$

【解】 邻接矩阵 $A(G)$ 给出了图 G 的有关信息。例如，对无向图，以 v_i 为端点的所有边的条数为 $d(v_1) = \sum\limits_{j=1}^{m} b_{ij}$。对有向图，以 v_i 为始点的所有边数为 $\sum\limits_{j=1}^{m} b_{ij}$，而以 v_i 为终点的所有边数为 $\sum\limits_{j=1}^{m} b_{ji}$。一个全不连通图，当而且仅当其邻接矩阵是一个零矩阵等。

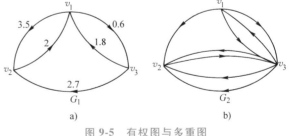

图 9-5 有权图与多重图

上面介绍的邻接矩阵，是由结点间的连接关系建立起来的，所以又称为点邻接矩阵。如果按图的边（或弧）的邻接关系，类似可以建立边（或弧）的邻接矩阵。

2. 图的关联矩阵

一个图 $G = (V, E)$ 的邻接矩阵 $A(G)$，通过给出结点间邻接关系的信息，描述了图 G 的结构。如果给出了有向图 G 的结点与弧间的关联关系，图 G 也完全被确定。

设 $G=(V,\ E)$ 是一个（$m,\ n$）的有向图，称 $m\times n$ 阶矩阵 $B(G)=(b_{ij})_{m\times n}$ 为图 G 的关联矩阵。

其中　$b_{ij}=\begin{cases}1 & 当\ e_j=(v_i,\ v_k)\in E\\-1 & 当\ e_j=(v_k,\ v_i)\in E\\0 & 其他\end{cases}$

【例 9-4】　图 9-6 所示为有向图 $G=(V,\ E)$，对结点和弧的一定排列次序，有关联矩阵 $B=(b_{ij})_{4\times 6}$

$$B(G)=\begin{pmatrix}1 & 1 & 1 & 0 & 0 & 0\\-1 & 0 & 0 & 1 & 1 & 0\\0 & -1 & 0 & -1 & 0 & 1\\0 & 0 & -1 & 0 & -1 & -1\end{pmatrix}\begin{matrix}v_1\\v_2\\v_3\\v_4\end{matrix}$$
（列标 $e_1\ e_2\ e_3\ e_4\ e_5\ e_6$）

【解】　改变结点（或弧）的排列次序，关联矩阵则作相应的行（列）交换。如

$$B(G)=\begin{pmatrix}1 & 0 & 0 & 1 & 1 & 0\\0 & 1 & 0 & -1 & 0 & 1\\0 & 0 & -1 & 0 & -1 & -1\\-1 & -1 & 1 & 0 & 0 & 0\end{pmatrix}\begin{matrix}v_1\\v_2\\v_4\\v_3\end{matrix}$$
（列标 $e_2\ e_4\ e_6\ e_1\ e_3\ e_5$）

若 $G=(V,\ E)$ 是一个有向连通的（$m,\ n$）图，从关联矩阵 B 中除去结点 v_k 所对应的一行，得到的（$m-1$）$\times n$ 阶矩阵 B_k，称为图 G 对于参考结点 v_k 的基本关联矩阵。通常不必强调参考结点时，就简称为基本关联矩阵。

由于有向连通的（$m,\ n$）图的关联矩阵中任意 $m-1$ 行都线性无关，因此，B_k 矩阵中的 $m-1$ 个向量是线性无关的。

在关联矩阵 $B(G)$ 中，每一行代表一个节点，行号是节点号；每一列代表一个分支，列号是分支号。矩阵 $B(G)$ 的特点是每一列中总有一个数是 1，一个数是 -1，其他皆为零。这是因为每列代表一个分支，而每一个分支必定有两个节点。

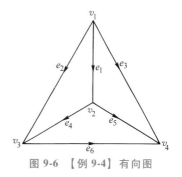
图 9-6　【例 9-4】有向图

3. 图的基本回路矩阵及独立回路矩阵

有向图 $G=(V,\ E)$，对于它的每一条基本回路 C_i，标定一个方向，若弧位于该回路上，且与标定方向一致，则称其在该回路上是顺向的，否则称为逆向的。因而，各弧与基本回路间的关系可以构成回路矩阵 $C_{ij}=(C_{ij})_{p\times n}$。$p$ 是回路数。
其中

$$C_{ij}=\begin{cases}1 & 若\ e_j\in C_i，且顺向\\-1 & 若\ e_j\in C_i，且逆向\\0 & 若\ e_j\notin C_i\end{cases}$$

【例 9-5】　如图 9-6 所示有向图 $G=(V,\ E)$，在图 9-7 标定的回路方向下，有基本回路矩阵：

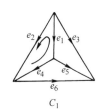 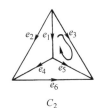 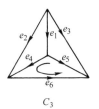

C_1　　　　　　　C_2　　　　　　　C_3

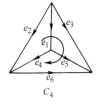 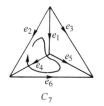 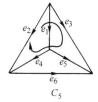

C_4　　　　　C_7　　　　　C_5　　　　　C_6

图 9-7 【例 9-5】图

$$C = \begin{array}{c} \\ \\ \\ \\ \\ \\ \\ \\ \end{array} \begin{array}{cccccc} e_1 & e_2 & e_3 & e_4 & e_5 & e_6 \end{array}$$

$$C = \begin{pmatrix} -1 & 1 & 0 & -1 & 0 & 0 \\ -1 & 0 & 1 & 0 & -1 & 0 \\ 0 & 0 & 0 & 1 & -1 & 1 \\ 0 & -1 & 1 & 0 & 0 & -1 \\ 0 & -1 & 1 & 1 & -1 & 0 \\ -1 & 0 & 1 & -1 & 0 & -1 \\ 1 & -1 & 0 & 0 & 1 & -1 \end{pmatrix} \begin{array}{c} C_1 \\ C_2 \\ C_3 \\ C_4 \\ C_5 \\ C_6 \\ C_7 \end{array}$$

【解】　基本回路矩阵 C 的第 i 行，对应于图 G 的一个回路 C_i，它是 n 维行向量，它的第 j 个分量表示了弧 e_j 与回路 C_i 之间的关系。

直接验算，可以看出【例 9-5】的基本回路之间有关系：

$$C_4 = C_2 - C_3 - C_1$$
$$C_5 = C_2 - C_1$$
$$C_6 = C_2 - C_3$$
$$C_7 = -C_3 - C_1$$

说明 C 矩阵的各行向量是线性相关的。由图论可知：若图 $G = (V, E)$ 是有向连通的 (m, n) 图，则基本回路矩阵的秩为 $n-m+1$，亦即独立回路的个数为 $n-m+1$。$n-m+1$ 行独立的基本回路组成的子矩阵 C_f，称为图 G 的独立回路矩阵。可以证明任取图 G 的一棵生成树，所对应的余树的弧所对应的列就是该图的独立回路矩阵。因而可以通过对回路矩阵进行列变换，将回路矩阵写成下式：

$$C_f = (I \quad C_{12})$$

其中：I 指 $n-m+1$ 阶单位矩阵；C_{12} 指 $(n-m+1) \times (m-1)$ 阶矩阵。

在基本回路矩阵 $C(G)$ 中，每一行代表一个基本回路。基本回路矩阵中任一不为零的元素表示该行对应的分支在该列对应的基本回路上。

4. 关联矩阵与回路矩阵的关系

基本关联 $B_K(G)$ 矩阵与独立回路矩阵 $C_f(G)$ 均具有重要作用。基本关联矩阵 $B_K(G)$ 反映了节点与分支的关联关系，可以通过基本关联 $B_K(G)$ 得出与节点相关联的各分支的流量和节点流量之间的关系；而矩阵 $C_f(G)$ 既反映了分支与独立回路的关系，又能将分支上的管段压力损失转化为独立回路上的压力损失闭合差。因此，$C_f(G)$ 矩阵与 $B_K(G)$ 矩阵是同等重要的二个基本矩阵。

从图论可知，关联矩阵与基本回路矩阵之间存在着一个十分重要的关系，就是 B 矩阵的行向量和 C 矩阵的行向量内积总是等于零。这在数学上称为 $B(G)$ 矩阵与 $C(G)$ 矩阵之间的正交性。用矩阵代数式来表示，则为

$$BC^T = 0 \tag{9-1}$$

同理，对于基本关联 $B_K(G)$ 矩阵与独立回路矩阵 $C_f(G)$，有

$$B_K C_f^T = 0 \tag{9-2}$$

如果管网图 G 含有 m 个节点，n 条分支，T 是 G 的一棵生成树，对于图 G 的基本关联 B_K 矩阵和独立回路矩阵 C_f 中的各列作余枝在前，树枝在后的安排，并用余枝的方向作为独立回路 C_f 的方向，则

$$C_f = (I \quad C_{12}) \tag{9-3}$$

$$B_K = (B_{K11} \quad B_{K12}) \tag{9-4}$$

式中　B_{K11}——$(n-m+1) \times (m-1)$ 阶矩阵；

　　　B_{K12}——$m-1$ 阶矩阵。

由于 $B_K C_f^T = 0$，那么

$$(B_{K11} \quad B_{K12}) \begin{pmatrix} I \\ C_{f12}^T \end{pmatrix} = B_{K11} + B_{K12} C_{f12}^T = 0 \tag{9-5}$$

由于 B_{12} 是图 G 的基本关联矩阵 $B_K(G)$，由树枝所对应的列组成的 $(m-1)$ 阶子方阵，根据图论的原理，由于基本关联矩阵 $B_K(G)$ 的秩为 $(m-1)$，$B_K(G)$ 的子方阵非奇异的充要条件是 $m-1$ 列对应的分支是图 G 的一棵树，则 B_{12}^{-1} 存在，得到基本关联 $B_K(G)$ 矩阵与独立回路矩阵 $C_f(G)$ 的关系

$$C_{f12}^T = -B_{f12}^{-1} B_{f11} \tag{9-6}$$

$$C_{f12} = -B_{K11}^T (B_{K12}^{-1})^T \tag{9-7}$$

343

9.2　管网水力计算及水力工况的计算机分析

9.2.1　流体输配管网的基础参数

在进行管网分析之前，首先介绍一些流体输配管网的基础参数，如沿线（途泄）流量、转输流量、比流量、节点流量、初摊管段计算流量和管径的确定，为流体输配管网分析打下基础。

1. 沿线（途泄）流量

在城市管网中，任一管段的流量由两部分组成：一部分是该管段配给的沿线流量，在工程中也称为途泄流量；另一部分是通过该管段输送到以后管段的转输流量。转输流量沿整个管段不变，沿线流量则因沿线配给，流量逐渐减小，到管段末端等于零，最后只剩下转输流量。

在城市供水和供燃气管网的干管或分配管段上，承接许多用户并沿线配给流量。假定除集中用户外这些用量均匀分布在全部干管上，据此计算出来每米管线长度的流量，故称为比流量：

$$q_s = \frac{q_v - \sum q}{\sum L} \tag{9-8}$$

式中　q_s——比流量〔$(m^3/h) \cdot m$〕；

　　　q_v——管网总流量（m^3/h）；

　　　$\sum q$——集中用户（如公建用户）流量总和；

　　　$\sum L$——干管总长度（m）。

根据比流量可求出各管段的沿线比流量

$$q_1 = q_s L \tag{9-9}$$

式中　q_1——沿线比流量〔$(m^3/h) \cdot m$〕；

　　　L——该管段的长度（m）。

2. 节点流量

按照用户流量在全部干管上均匀分配的假定，求出的沿线流量是一种简化方法。经过简化后，管段流量还是沿线变化，不便于在计算机上进行管网计算，必须将沿线流量转化成节点流出的流量。得出节点流量后，管段中的流量不再沿线变化。将沿线流量化成节点流量的方法是通过一个折算系数 α，把沿线流量分成两部分，这两部分被人为地转移到管段两端的节点上。这样每个节点上的节点流量就是与节点相连的各管段沿线流量总和乘以折算系数 α 得到的结果。节点流量为

$$q_j = \alpha \sum q_1 \tag{9-10}$$

式中　q_j——节点流量；

　　　α——折算系数，一般 $\alpha = 0.5$ 左右。

在计算机管网计算时，通常要先计算出各节点流量值。

【例 9-6】　图 9-8 所示的某城市小区的低压燃气输送管网，由调压站供气，燃气对空气相对密度为 0.55。小区内居民用户的日用气量为 $4m^3$／户，高峰途泄流量为 $0.4m^3/(h \cdot$ 户）。公建用气量如图 9-8 所示。计算各节点流量。

【解】　首先按管网顺序确定各节点编号，假定各管段的燃气流向，并按管段始点 $0.45q_v$，终点 $0.55q_v$ 的比例将沿途泄流量分摊至各节点。公建用气量按用气点至节点距离的反比例分摊到节点上。

例如节点 1 为管段 1-2、1-5 和 1-7 的始点，该节点流量部分由三个管段途泄流量按照居民用户数 600、600 和 800、日用气量为 $4m^3$／户以及折算系数 $\alpha = 0.45$ 分摊得到：

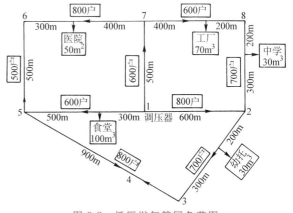

图 9-8　低压燃气管网负荷图

$$q_{V11} = [(600+600+800) \times 0.45 \times 0.4] m^3/h = 360 m^3/h$$

而与节点 1 相连的管段中只有管段 1-5 有一个用气量为 $100m^3/h$ 的食堂的公建用气点，该食堂到节点 1 和节点 5 的距离分别为 300m 和 500m，则按照用气点至节点距离的反比例分摊到节点 1 上的公建节点流量部分为

$$q_{V12} = (100 \times 5/8) m^3/h = 63 m^3/h$$

节点 1 的节点流量的最后结果为

$$q_{V1} = q_{V11} + q_{V12} = \left[(600+600+800) \times 0.45 \times 0.4 + 100 \times 5/8 \right] \mathrm{m^3/h}$$
$$= 423 \mathrm{m^3/h}$$

各节点流量的计算结果见表 9-1 和图 9-10。

表 9-1　节点流量计算

序号	居民生活节点流量/(m³/h)	共建节点流量/(m³/h)	节点流量合计/(m³/h)
1	$q_{V11} = (600+600+800) \times 0.45 \times 0.4 = 360$	$q_{V12} = 100 \times 5/8 = 63$	$q_{V1} = 423$
2	$q_{V21} = \left[(700+700) \times 0.45 + 800 \times 0.55 \right] \times 0.4 = 428$	$q_{V22} = 30 \times 2/5 + 30 \times 3/5 = 30$	$q_{V2} = 458$
3	$q_{V31} = (400 \times 0.45 + 700 \times 0.55) \times 0.4 = 226$	$q_{V32} = 30 \times 2/5 = 12$	$q_{V3} = 238$
4	$q_{V41} = (400+400) \times 0.55 \times 0.4 = 286$		$q_{V4} = 176$
5	$q_{V51} = \left[(500+400) \times 0.45 + 600 \times 0.55 \right] \times 0.4 = 294$	$q_{V52} = 100 \times 3/8 = 38$	$q_{V5} = 332$
6	$q_{V61} = (800+500) \times 0.55 \times 0.4 = 286$	$q_{V62} = 50 \times 4/7 = 28$	$q_{V6} = 314$
7	$q_{V71} = \left[(800+600) \times 0.45 + 600 \times 0.55 \right] \times 0.4 = 384$	$q_{V72} = 50 \times 3/7 + 70 \times 2/6 = 45$	$q_{V7} = 429$
8	$q_{V81} = (700+600) \times 0.55 \times 0.4 = 286$	$q_{V82} = 70 \times 4/6 + 30 \times 3/5 = 65$	$q_{V8} = 350$

3. 初摊管段计算流量

在确定了节点流量后，根据节点流量和零速点，可按照初步拟定的燃气流向确定各管段的初摊管段计算流量。

在【例 9-6】的条件下，如图 9-9 所示，节点 4、6、8 为零速点，各管段的计算流量可从零速点相邻的管段开始，按照管段计算流量等于节点流量加传输流量的方法依次求出。初学者对初摊管段计算流量，特别是零速点相邻两根管段的计算流量往往不易掌握，可采取将零速点的节点流量按相邻管段的长度比例分摊。

在图 9-9 中，零速点 4、6、8 相邻的管段分别为 3-4、5-4、5-6、7-6、7-8、2-8。这些管段的计算流量以零速点的节点流量为基础，按照相邻管段长度的比例进行分配和计算。例如，零速点 4 的节点流量为 176m³/h，相邻管段为 3-4 和5-4，管段 3-4 的长度为 350m，管段 5-4 的长度为 550m，按照长度比例，可以求出管段 3-4 和 5-4 的计算流量分别为

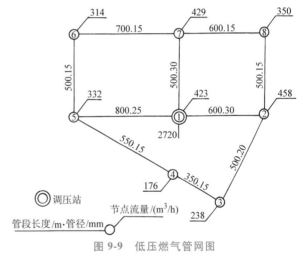

图 9-9　低压燃气管网图

$$q_{V3-4} = (176 \times 3.5/9) \mathrm{m^3/h} = 68 \mathrm{m^3/h}$$
$$q_{V5-4} = (176 \times 5.5/9) \mathrm{m^3/h} = 108 \mathrm{m^3/h}$$

上述各零速点相邻管段的计算流量分别加上节点 2、3、5、7 的节点流量得出管段 2-3、1-2、1-5、1-7 各管段的计算流量，例如，管段 1-5 的初摊管段计算流量等于节点 5 的节点流量加上管段 5-4 与管段 5-6 的计算流量之和：$\left[332 + (108+131) \right] \mathrm{m^3/h} = (332+239) \mathrm{m^3/h} = 571 \mathrm{m^3/h}$。各管段计算流量的结果见表 9-2。

4. 管径

根据气源点至各零速点的管道长度和管网的允许压力降值，求出单位长度的平均压力降，考虑到管道系统中局部阻力占沿程阻力的 10%，结合管段计算流量，按式（9-11）可求出各管段

表 9-2 初摊管段计算流量

管段序号	节点流量/(m³/h) (节点号-节点流量)	转输流量/(m³/h)	管段计算流量/ (m³/h)
3-4	4-176	0	176×3.5/9=68
5-4	4-176	0	176×5.5/9=108
5-6	6-314	0	314×5/12=131
7-6	6-314	0	314×7/12=183
7-8	8-350	0	350×6/11=191
2-8	8-350	0	350×5/11=159
2-3	3-238	68	238+68=306
1-5	5-332	108+131=239	332+239=571
1-2	3-458	160+306=466	458+466=924
1-7	7-429	183+190=373	429+373=802

的管径，然后将计算出的管径 d 化成标准管径：

$$d = \sqrt[5]{\frac{11Sq_V^2}{K^2\left(\dfrac{\Delta p}{l}\right)}} \tag{9-11}$$

式中　d——管径（m）；

　　　q_V——管段计算流量；

　　　S——燃气对空气的相对密度；

　　　K——与管径有关的系数，一般环状管网取 $K=0.707$；

　　　$\dfrac{\Delta p}{l}$——气源点至零速点的平均单位长度允许压力降（Pa/m）。

例如，在图 9-9 所示低压燃气管网中，燃气点 1 至各零速点的允许压力降值为 $\Delta p=500\mathrm{Pa}$，取燃气对空气的相对密度 $S=0.6$，气源点 1 沿管段 1-5 和 5-6 至零速点 6 的管道长度为 1300m，由管段 1-5 的计算流量 $q_V=571\mathrm{m^3/h}$，按照式（9-11）计算出管段 1-5 的管径为 25.69cm，化成标准管径为 25cm。

图 9-9 所示管网中各管段的初始管径计算结果见表 9-3。

表 9-3 初摊管段计算流量

管段序号	$\Delta p/l$	管段计算流量/(m³/h)	计算管径/cm	转化成标准管径/cm
3-4	0.3448	68	11.20	15
5-4	0.3704	108	13.29	15
5-6	0.3846	131	14.25	15
7-6	0.4167	183	16.04	15
7-8	0.4545	191	16.03	15
2-8	0.4545	159	14.94	15
2-3	0.3448	306	20.46	20
1-5	0.3846	571	25.69	25
1-2	0.3448	924	31.83	30
1-7	0.360	802	29.82	30

9.2.2 节点流量平衡方程

管网实际流动情况应服从克契霍夫（Kirch hoff law）第一定律，就是通常所说的节点方程或

连续方程，即与任何节点关联的所有分支流量，其代数和等于该节点的流量。节点流量平衡方程可写为

$$\sum_{j=1}^{n} b_{ij} q_j = q_i \tag{9-12a}$$

式中　b_{ij}——流动方向的符号函数（$b_{ij}=1$ 表示 i 节点为 j 分支的端点且流出该节点；$b_{ij}=-1$ 表示 i 节点为 j 分支的端点且流向该节点；$b_{ij}=0$ 表示 i 节点不是 j 分支的端点）；

q_j——j 分支的流量；

q_i——i 节点的分支流量，q_i 的符号按照流入节点为正号，流出为负号。$i=1$，2，3，$\cdots$，n。

用矩阵形式表示可写为

$$B_k Q = q \tag{9-12b}$$

式中　B_k——$(m-1) \times n$ 阶矩阵，即流体输配网络图对应的基本关联矩阵；

Q——n 阶流量列阵（由多个流量所组成的矩阵、向量或分块矩阵用大写字母 Q 表示），$Q^T = (q_1, q_2, \cdots, q_n)$；

q——$(m-1)$ 阶节点流量列阵，$q^T = (q_1, q_2, \cdots, q_{m-1})$。

当满足节点流量平衡方程时，管网各分支流量中只有 $p = n-m+1$ 个流量是独立的。

【例 9-7】　如图 9-10 所示的管网，各分支编号，并取分支 1、2、7 为余枝，分支 3、4、5、6、8、9、10 为树枝，余枝的流量为 $q_1 = 927\text{m}^3/\text{h}$，$q_2 = 581\text{m}^3/\text{h}$，$q_7 = 110\text{m}^3/\text{h}$，各节点流量在图 9-10 上标出，按照节点流量平衡方程（9-12），取节点 9 为参考节点，得到：

$$
\begin{pmatrix}
1 & 1 & 0 & 1 & 0 & 0 & 0 & 0 & 0 & 0 & -1 \\
-1 & 0 & 1 & 0 & 1 & 0 & 0 & 0 & 0 & 0 & 0 \\
0 & 0 & -1 & 0 & 0 & 1 & 0 & 0 & 0 & 0 & 0 \\
0 & 0 & 0 & 0 & 0 & -1 & -1 & 0 & 0 & 0 & 0 \\
0 & -1 & 0 & 0 & 0 & 0 & 1 & 1 & 0 & 0 & 0 \\
0 & 0 & 0 & 0 & 0 & 0 & 0 & -1 & -1 & 0 & 0 \\
0 & 0 & 0 & -1 & 0 & 0 & 0 & 0 & 1 & 1 & 0 \\
0 & 0 & 0 & 0 & -1 & 0 & 0 & 0 & 0 & -1 & 0
\end{pmatrix}
\begin{pmatrix}
q_1 \\ q_2 \\ q_3 \\ q_4 \\ q_5 \\ q_6 \\ q_7 \\ q_8 \\ q_9 \\ q_{10} \\ q_{11}
\end{pmatrix}
=
\begin{pmatrix}
-423 \\ -458 \\ -238 \\ -176 \\ -332 \\ -314 \\ -429 \\ -350
\end{pmatrix}
$$

即

$$q_1 + q_2 + q_4 - q_{11} = -423\text{m}^3/\text{h}$$
$$-q_1 + q_3 + q_5 = -458\text{m}^3/\text{h}$$
$$-q_3 + q_6 = -238\text{m}^3/\text{h}$$
$$-q_6 - q_7 = -176\text{m}^3/\text{h}$$
$$-q_2 + q_7 + q_8 = -332\text{m}^3/\text{h}$$
$$-q_8 - q_9 = -314\text{m}^3/\text{h}$$
$$-q_4 + q_9 + q_{10} = -429\text{m}^3/\text{h}$$

$$-q_5 - q_{11} = -350 \text{m}^3/\text{h}$$

【解】 以上 8 个方程，可求出 8 个树枝的流量，结果如图 9-10 所示。

在这些流体管网中，各节点流量 q_i 均为零，节点流量平衡方程式（9-12）变为 $B_k Q = 0$。利用矩阵分块 $B_k = [\begin{array}{cc} B_{k11} & B_{k12} \end{array}]$，节点流量平衡方程可以有另一种形式。将流量列阵分块，有

$$Q = \begin{pmatrix} Q_1 \\ Q_2 \end{pmatrix} \quad (9\text{-}13)$$

式中 Q_1——与余枝对应的流量列阵；

Q_2——与树枝对应的流量列阵。

那么

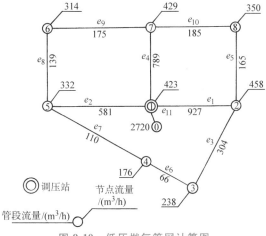

图 9-10 低压燃气管网计算图

$$B_k Q = (\begin{array}{cc} B_{k11} & B_{k12} \end{array}) \begin{pmatrix} Q_1 \\ Q_2 \end{pmatrix} = B_{k11} Q_1 + B_{k12} Q_2 = 0$$

由给定流量 Q_1 得出所有分支流量 Q：

$$Q = \begin{pmatrix} Q_1 \\ Q_2 \end{pmatrix} = \begin{pmatrix} Q_1 \\ -B_{k12}^{-1} B_{k11} Q_1 \end{pmatrix} = \begin{pmatrix} I \\ -B_{k12}^{-1} B_{k11} \end{pmatrix} Q_1 = \begin{pmatrix} I \\ C_{f12}^T \end{pmatrix} Q_1 = C_f^T Q_1$$

那么

$$Q_2 = B_{k12}^{-1} B_{k11} Q_1$$

或

$$Q_2 = C_{f12}^T Q_1$$

于是有

$$B_k C_f^T Q_1 = 0$$

如图 9-11 所示的管网，余枝 1、2、3，树枝为 4、5、6、7、8、9、10。分支流量为 $q_1 = 60 \text{m}^3/\text{h}$，$q_2 = 30 \text{m}^3/\text{h}$，$q_3 = 20 \text{m}^3/\text{h}$。

按余枝在前，树枝在后写出独立回路矩阵 C_f

$$C_f(G) = \begin{pmatrix} e_1 & e_2 & e_3 & e_4 & e_5 & e_6 & e_7 & e_8 & e_9 & e_{10} \\ 1 & 0 & 0 & -1 & 1 & 0 & 0 & -1 & 0 & 0 \\ 0 & 1 & 0 & 0 & -1 & 1 & 0 & 0 & -1 & 0 \\ 0 & 0 & 1 & 0 & 0 & -1 & 1 & 0 & 0 & -1 \end{pmatrix} \begin{array}{l} C_{\mathrm{I}} \\ C_{\mathrm{II}} \\ C_{\mathrm{III}} \end{array}$$

则

$$\begin{pmatrix} q_4 \\ q_5 \\ q_6 \\ q_7 \\ q_8 \\ q_9 \\ q_{10} \end{pmatrix} = \begin{pmatrix} 0 & 0 & -1 \\ 0 & -1 & 1 \\ -1 & 1 & 0 \\ 1 & 0 & 0 \\ 0 & 0 & -1 \\ 0 & -1 & 0 \\ -1 & 0 & 0 \end{pmatrix} \begin{pmatrix} q_1 \\ q_2 \\ q_3 \end{pmatrix} = \begin{pmatrix} -q_3 \\ -q_2 + q_3 \\ -q_1 + q_2 \\ q_1 \\ -q_3 \\ -q_2 \\ -q_1 \end{pmatrix} = \begin{pmatrix} -20 \\ -10 \\ -30 \\ 60 \\ -20 \\ -30 \\ -60 \end{pmatrix}$$

即

$$q_4 = -q_3 = -20\text{m}^3/\text{h}$$

$$q_5 = -q_2 = q_3 = -10\text{m}^3/\text{h}$$

$$q_6 = -q_1 + q_2 = -30\text{m}^3/\text{h}$$

$$q_7 = q_1 = 60\text{m}^3/\text{h}$$

$$q_8 = -q_3 = -20\text{m}^3/\text{h}$$

$$q_9 = -q_2 = -30\text{m}^3/\text{h}$$

$$q_{10} = -q_1 = -60\text{m}^3/\text{h}$$

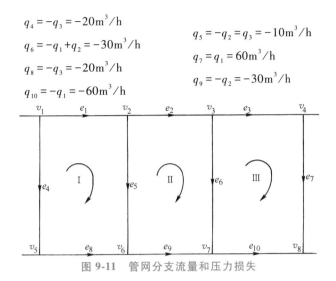

图 9-11　管网分支流量和压力损失

9.2.3　回路压力平衡方程

管网实际流动按照克契霍夫（Kirch hoff law）第二定律，即回路压力平衡方程。沿任一独立回路各管段压力降的代数和为零。回路压力平衡方程可写为

$$\sum_{j=1}^{N} c_{ij} h_j = 0 \tag{9-14}$$

式中　c_{ij}——分支流动方向的符号函数（$c_{ij}=1$ 表示 j 分支包括在 i 回路中并与回路同向；$c_{ij}=-1$ 表示 j 分支包括在 i 回路中并与回路反向；$c_{ij}=0$ 表示 j 分支不包括在 i 回路中）；

　　　　h_j——j 分支的压力损失；其中 $j=1,\ 2,\ \cdots,\ n$。

由于一个流网中有 $n-m+1$ 个独立回路，故可建立 $n-m+1$ 个回路方程，与节点方程一起共有 $(n-m+1)+(m-1)=n$ 个独立方程，可以解出个分支的流量。式（9-14）用矩阵表示可写为

$$C_f H = 0$$

式中　C_f——$(n-m+1)\times n$ 阶矩阵，即流体输配网络图的独立回路矩阵；

　　　　H——n 阶矩阵，$H^{\text{T}} = (h_1 \quad h_2 \quad \cdots \quad h_n)$。

将 H 分块

$$H = \begin{pmatrix} H_1 \\ H_2 \end{pmatrix} \tag{9-15}$$

式中　H_1——对应余枝的压力损失列阵（包括泵与风机所在的分支）；

　　　　H_2——对应树枝的压力损失列阵。

则有

$$C_f H = (I, \ C_{f12}) \begin{pmatrix} H_1 \\ H_2 \end{pmatrix} = H_1 + C_{f12} H_2 = 0 \tag{9-16}$$

于是，由树枝的压力损失列阵可以求出所有分支的压力损失，满足回路压力平衡方程

$$H = \begin{pmatrix} H_1 \\ H_2 \end{pmatrix} = \begin{pmatrix} -C_{f12} H_2 \\ H_2 \end{pmatrix} = \begin{pmatrix} -C_{f12} \\ I \end{pmatrix} H_2 \tag{9-17}$$

例如，在图 9-11 中，已知各树枝压力损失为 $h_4 = 60\text{Pa}$，$h_5 = 90\text{Pa}$，$h_6 = 120\text{Pa}$，$h_7 = 110\text{Pa}$，$h_8 = 80\text{Pa}$，$h_9 = 60\text{Pa}$，$h_{10} = 40\text{Pa}$，可求出余枝阻为

$$H_1 = \begin{pmatrix} h_1 \\ h_2 \\ h_3 \end{pmatrix} = -C_{f12} H_2 = -\begin{pmatrix} -1 & 1 & 0 & 0 & -1 & 0 & 0 \\ 0 & -1 & 1 & 0 & 0 & -1 & 0 \\ 0 & 0 & -1 & 1 & 0 & 0 & -1 \end{pmatrix} \begin{pmatrix} h_4 \\ h_5 \\ h_6 \\ h_7 \\ h_8 \\ h_9 \\ h_{10} \end{pmatrix}$$

$$= -\begin{pmatrix} -h_4 + h_5 + h_8 \\ -h_5 + h_6 - h_9 \\ -h_6 + h_7 - h_{10} \end{pmatrix} = \begin{pmatrix} 50 \\ 30 \\ 50 \end{pmatrix}$$

即 $h_1 = -h_4 + h_5 - h_8 = 50$　　$h_2 = -h_5 + h_6 - h_9 = 30$　　$h_3 = -h_6 + h_7 - h_{10} = 50$

压力平衡方程涉及阻力即流动损失计算，常用的流动损失计算公式有很多种，可以用通用公式的方式来表示

$$h = sq^J \tag{9-18}$$

式中　h——分支的压力损失；

　　　s——分支的阻抗；

　　　q——分支的流量；

　　　J——指数，通常 $J = 1 \sim 3$。

9.2.4　泵与风机性能曲线的代数方程

为了应用计算机处理泵与风机性能参数，绘制性能曲线，需要确定泵与风机性能参数的代数方程，以便将代数方程引入管网方程中进行管网计算。性能曲线方程主要包括泵与风机的流量与扬程（风压）特性曲线、效率特性曲线、转速变换曲线等。

下面以泵与风机的流量与扬程（风压）特性曲线为例进行说明。

建立泵与风机的性能曲线的代数方程，可以从已有的特性曲线，取若干点流量与扬程（风压）、流量与功率、流量与效率，或从泵与风机性能表上取得若干组数据。

流量数据为

$$\{q_{V1},\ q_{V2},\ \cdots,\ q_{Vm}\}$$

对应各个流量的数据的扬程（风压）和功率数据为

$$\{H_1,\ H_2,\ \cdots,\ H_m\}$$

$$\{P_1,\ P_2,\ \cdots,\ P_m\}$$

通常采用多项式（一般取二次多项式）对上述流量与扬程（风压）、功率等变量进行拟合，即

$$H = C_1 + C_2 q_V + C_3 q_V^2$$

$$P = D_1 + D_2 q_V + D_3 q_V^2$$

式中　q_V——泵与风机的流量；

　　　H——泵的扬程或风机的全压；

　　　P——泵与风机的功率；

C_1、C_2、C_3——扬程（风压）性能参数；

D_1、D_2、D_3——功率特性参数。

将上述方程写成矩阵形式

$$\begin{pmatrix} 1 & q_{V1} & q_{V1}^2 \\ 1 & q_{V2} & q_{V2}^2 \\ \vdots & \vdots & \vdots \\ 1 & q_{Vm} & q_{Vm}^2 \end{pmatrix} \begin{pmatrix} C_1 \\ C_2 \\ C_3 \end{pmatrix} = \begin{pmatrix} H_1 \\ H_2 \\ \vdots \\ H_m \end{pmatrix}$$

$$\begin{pmatrix} 1 & q_{V1} & q_{V1}^2 \\ 1 & q_{V2} & q_{V2}^2 \\ \vdots & \vdots & \vdots \\ 1 & q_{Vm} & q_{Vm}^2 \end{pmatrix} \begin{pmatrix} D_1 \\ D_2 \\ D_3 \end{pmatrix} = \begin{pmatrix} P_1 \\ P_2 \\ \vdots \\ P_m \end{pmatrix}$$

记

$$A = \begin{pmatrix} 1 & q_{V1} & q_{V1}^2 \\ 1 & q_{V2} & q_{V2}^2 \\ \vdots & \vdots & \vdots \\ 1 & q_{Vm} & q_{Vm}^2 \end{pmatrix} \quad H = \begin{pmatrix} H_1 \\ H_2 \\ \vdots \\ H_m \end{pmatrix} \quad P = \begin{pmatrix} P_1 \\ P_2 \\ \vdots \\ P_m \end{pmatrix}$$

则上述方程可写为

$$A \cdot \begin{pmatrix} C_1 \\ C_2 \\ C_3 \end{pmatrix} = H \qquad A \cdot \begin{pmatrix} D_1 \\ D_2 \\ D_3 \end{pmatrix} = P$$

应用最小二乘原理，应使 $f=(H-AC)^T(H-AC)$ 和 $f=(P-AD)^T(P-AD)$ 为最小。根据矩阵求导法则，对 C 或 D 求导，并令其等于零，得

$$\partial f/\partial C = -2A^T H + 2A^T AC = 0 \quad 或 \quad \partial f/\partial D = -2A^T P + 2A^T AD = 0$$

所以

$$C = (A^T A)^{-1} A^T H \quad 和 \quad D = (A^T A)^{-1} A^T P$$

所求的 C 和 D 即为扬程（风压）性能参数和功率特性参数。

在管网中包含泵或风机等设备后，并将阻力定律代入回路压力平衡方程式（9-12），则可得到用于管网结算的基本方程组：

$$f_i(q_j) = \sum_{j=1}^{n} c_{ij} s_j \left| q_j \right|^{J-1} q_j - P_{hi} - H_i(q_j) = 0, \qquad i = 1, 2, \cdots, n-m+1 \qquad (9-19)$$

式中　f_i——沿第 i 回路的压力损失的代数和；

q_j——第 j 分支的流量；

s_j——第 j 分支的阻抗；

$H_i(q_j)$——第 i 回路上泵或风机的扬程（或全压）函数；

c_{ij}——分支风流方向的符号函数（$c_{ij}=1$ 表示第 j 分支包含在 i 回路中并与回路同向；$c_{ij}=-1$ 表示第 j 分支包含在 i 回路中并与回路反向；$c_{ij}=0$ 表示第 j 分支不包含在 i 回路中）；

P_{hi}——开式管网系统中第 i 个回路的位压差。

式（9-19）中将 $s_j q_j^J$ 写成 $s_j \left| q_j^{J-1} \right| q_j$，主要是考虑流动的方向。

由于一个管网中有 $p = n - m + 1$ 个独立回路，可建立 p 个回路方程，与节点方程一起共有 $(n-m+1)+(m-1)=n$ 个独立方程，在已知的各分支阻抗、节点流量和泵或风机的性能特性参数的前提下，可以解出 n 个分支的流量。

9.2.5　流体输配管网中的流量分配规律

1. 复杂管网分支流量分配特征

由基本方程组可以看出，在 n 条分支，m 个节点的管网中，在 n 个阻抗已知条件下，由节点流量平衡方程和回路压力平衡方程共建立 n 个方程，求出 n 个待求分支流量。方程组有定解。

从本质上讲，当管网结构（各分支的阻抗和连接关系）和外部动力源，外部流量及节点流量确定后，管网内的各单位分支的流量分配就已完全确定，即各分支的流量大小和方向完全取决于管网结构和外部条件。

从管网消耗能量的角度，在一定的管网结构和外界条件下，决定管网流体流动规律的节点流量平衡定律和回路压力平衡定律，是使管网所消耗的能量为最少。为简便计，以图 9-12 双回路管网为例进行分析。图中管网包含 7 个分支，6 个节点，共有 $M = N - J + 1 = 7 - 6 + 1 = 2$ 个独立回路及独立流量。管网所消耗的总能量为

$$
\begin{aligned}
E &= h_1 q_1 + h_2 q_2 + h_3 q_3 + h_4 q_4 + h_5 q_5 + h_6 q_6 + h_7 q_7 \\
&= s_1 q_1^{J+1} + s_2 q_2^{J+1} + s_3 q_3^{J+1} + s_4 q_4^{J+1} + s_5 q_5^{J+1} + s_6 q_6^{J+1} + s_7 q_7^{J+1}
\end{aligned}
\tag{9-20}
$$

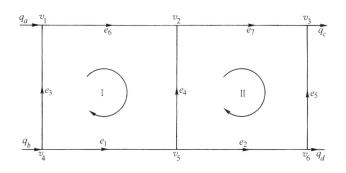

图 9-12　双回路流体管网

如果以节点 1、2、3、4、5 为树枝，分支 6、7 为余枝，由节点流量平衡方程，分支 1、2、3、4、5 的流量 q_1、q_2、q_3、q_4、q_5 由节分支 6、7 的流量 q_6、q_7 来确定：

$$
\begin{aligned}
q_1 &= q_a + q_b - q_6 \\
q_2 &= q_c + q_d - q_7 \\
q_3 &= q_6 - q_a \\
q_4 &= q_7 - q_6 \\
q_5 &= q_c - q_7
\end{aligned}
$$

代入总能量方程，得

$$
\begin{aligned}
E = \; & s_1 (q_a + q_b - q_6)^{J+1} + s_2 (q_c + q_d - q_7)^{J+1} + \\
& s_3 (q_6 - q_a)^{J+1} + s_4 (q_7 - q_6)^{J+1} + \\
& s_5 (q_c - q_7)^{J+1} + s_6 q_6^{J+1} + s_7 q_7^{J+1}
\end{aligned}
\tag{9-21}
$$

要使管网消耗的总能量为最小，按微积分原理求 E 的最小值的条件为

$$\frac{\partial E}{\partial q_6} = (J+1)\left[-s_1(q_a+q_b-q_6)^J + s_3(q_6-q_a)^J - s_4(q_7-q_6)^J + s_6 q_6^J\right] = 0$$

$$\frac{\partial E}{\partial q_7} = (J+1)\left[-s_2(q_c+q_d-q_7)^J + s_4(q_7-q_6)^J - s_5(q_c-q_7)^J + s_7 q_7^J\right] = 0$$

于是得到

$$\begin{cases} -s_1 q_1^J + s_3 q_3^J - s_4 q_4^J + s_6 q_6^J = 0 \\ -s_2 q_2^J + s_4 q_4^J - s_5 q_5^J + s_7 q_7^J = 0 \end{cases} \tag{9-22}$$

式（9-22）即为回路Ⅰ和回路Ⅱ的压力平衡方程。

以上的分析证明了管网流动满足节点流量平衡定律时，管网的流量分配是使管网所消耗的能量为最少。当管网的结构和各分支的阻抗发生变化时，管网的流量分配和能量消耗也将相应改变。

2. 单回路管网及流量的解析解

对于单回路管网，由于独立回路数（独立流量数）等于1，只需运用节点流量平衡方程和回路压力平衡方程，建立一个代数方程就可以得到解析解，可不用数值方法求近似解。

以图 9-13 所示的单回路管网为例，管网包含 4 条分支，4 个节点，独立回路数 $M = N-J+1$，已知流量 q_a、q_b、q_c 和 q_d 和各分支阻抗 s_1、s_2、s_3 和 s_4，建立方程求分支流量 q_1、q_2、q_3 和 q_4。

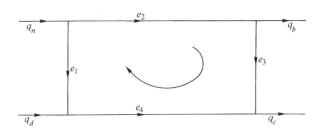

图 9-13　单回路管网

由节点流量平衡方程

$$q_a = q_1 + q_2 \tag{9-23a}$$
$$q_b = q_2 - q_3 \tag{9-23b}$$
$$q_c = q_3 + q_4 \tag{9-23c}$$

以分支 1、2、4 为树枝，分支 3 为余枝，则 q_1，q_2 和 q_4 可以用 q_3 来表达。

$$q_2 = q_b + q_3 \tag{9-24a}$$
$$q_4 = q_c - q_3 \tag{9-24b}$$
$$q_1 = q_a - q_b - q_3 \tag{9-24c}$$

由回路压力平衡方程

$$h_2 + h_3 - h_1 - h_4 = 0 \tag{9-25}$$

即

$$s_2 q_2^n + s_3 q_3^n - s_4 q_4^n - s_1 q_1^n = 0 \tag{9-26}$$

将式（9-24a~c）代入式（9-26）中，得到

$$s_2(q_b + q_3)^n + s_3 q_3^n - s_4(q_c - q_3)^n - s_1(q_a - q_b - q_3)^n = 0$$

解上式求出 q_3，q_1，q_2 和 q_4。特殊地，当 $J=2$ 时，直接解一元二次方程

$$A q_3^2 + B q_3 + C = 0 \tag{9-27}$$

其中

$$A = s_2 + s_3 - s_4 - s_1$$
$$B = 2[s_2 q_b + s_4 q_c + s_1(q_a - q_b)]$$
$$C = [s_2 q_b^2 - s_4 q_c^2 - s_1(q_a - q_b)^2]$$

此方程的解可以用于检验数值计算的准确性。

9.2.6　流体管网水力计算的计算机分析步骤和实例

1. 计算方程组的建立

在描述流体输配管网的数学方程后，为了得出具体的计算结果，必须选择管网计算方法，以便进行计算机分析。计算机是强有力的工具，通过较好的算法，以便减少计算量和储存量，提高计算速度和计算机结果的可靠性。目前，管网解算的方法主要有回路方程法和节点方程法等。回路方程法中普遍采用的是 Cross 迭代法，该方法是由美国人 H·Cross 于 1936 年提出并用于解算水道管网的逐次计算方法，后来也经改进用于风管等其他管网的计算。Cross 迭代法是以回路校正流量为未知变量，该方法比较简单、容易理解，以流体流动基本规律为依据，利用高斯-赛德尔迭代法逐次求解回路校正流量，直至得到其值满足精度为止，以获得接近方程组真实解的渐进流量。节点方程法以根据节点流量平衡定律和阻力定律按节点列出节点压力方程，并在节点压力值附近将非线性方程组用泰勒公式展开为具有优势对称系数矩阵的线性方程组，然后用牛顿法迭代求解，直至满足精度为止。下面介绍回路方程法。

对于复杂管网，管网解算的基本方程组是由式（9-19）表达的 $p=n-m+1$ 个 J 阶方程组成的大型非线性方程组。在各分支阻抗 s_j 和泵（风机）等已知的情况下，可以求出各分支的流量和节点压力。对于式（9-19），用线性化的方法将每个方程 $f_i(q_j)$ 按泰勒公式逐个展开并略去二阶以上高阶项，则其第 K 次线性近似计算式为

$$f_i^{K+1} = f_i^{(K)} + \frac{\partial f_i}{\partial q_1}\Delta q_1^{(K)} + \frac{\partial f_i}{\partial q_2}\Delta q_2^{(K)} + \frac{\partial f_i}{\partial q_3}\Delta q_3^{(K)} - \frac{dH_i(q_i)}{dq_i}\Delta q_i^{(K)}$$

$$= 0, i = 1, 2, \cdots, n-m+1 \tag{9-28}$$

式（9-28）因开式管网系统中的位压差为常数，其求导为 0，对泵与风机的扬程（全压）用而次多项式表示，求导后

$$H_i'(q_i) = C_2 + 2C_3 q_i \tag{9-29}$$

将式（9-28）写成一般式

$$\left.\begin{array}{l} f_i^{K+1} = f_i^{(K)} + \dfrac{\partial f_i}{\partial q_1}\Delta q_1^{(K)} + \dfrac{\partial f_i}{\partial q_2}\Delta q_2^{(K)} + \cdots + \\[2mm] \dfrac{\partial f_i}{\partial q_p}\Delta q_p^{(K)} - H_i'(q_i)\Delta q_i^{(K)} = 0 \\[2mm] i = 1, 2, 3, \cdots, p \end{array}\right\} \tag{9-30}$$

式（9-30）如写成矩阵形式，则

$$\begin{pmatrix} \dfrac{\partial f_1}{\partial q_1} & \dfrac{\partial f_1}{\partial q_2} & \cdots & \dfrac{\partial f_1}{\partial q_p} \\[2mm] \dfrac{\partial f_2}{\partial q_1} & \dfrac{\partial f_2}{\partial q_2} & \cdots & \dfrac{\partial f_2}{\partial q_p} \\[2mm] \vdots & \vdots & & \vdots \\[2mm] \dfrac{\partial f_p}{\partial q_1} & \dfrac{\partial f_p}{\partial q_2} & \cdots & \dfrac{\partial f_p}{\partial q_p} \end{pmatrix}_{q=q^{(K)}} \begin{pmatrix} \Delta q_1^{(K)} \\[2mm] \Delta q_2^{(K)} \\[2mm] \vdots \\[2mm] \Delta q_p^{(K)} \end{pmatrix} = \begin{pmatrix} f_1 \\[2mm] f_2 \\[2mm] \vdots \\[2mm] f_p \end{pmatrix} \tag{9-31}$$

如果直接求解上述矩阵，其算法称为牛顿法。其中的系数矩阵即为雅可比矩阵，该矩阵元素均在 $q=q^{(K)}$ 处取值。

对式（9-31）给定以下限制条件：

$$\frac{\partial f_i}{\partial q_i}\Delta q_i^{(k)} \gg \sum_{\substack{j=1 \\ j\neq i}}^{n}\frac{\partial f_i}{\partial q_j}\Delta q_j^{(k)} \qquad i=1,\ 2,\ \cdots,\ n-m+1$$

则式（9-31）简化为

$$\frac{\partial f_i}{\partial q_i}\Delta q_i = f_i$$

故 $\Delta q_i = \dfrac{f_i}{\dfrac{\partial f_i}{\partial q_i}}$，即通常所讲的 Cross 方法（参见第 1 章）。

2. 网路求解计算步骤

本节主要介绍目前常用的回路流量法，其他方法可参考其他书籍。回路流量法的计算步骤如下：

1）选择独立回路。首先要得到流体输配管网图（m 个节点，n 个分支）的树图和其对应的余树图。然后，把余树图的分支逐条加进相应的树图中，分别与树图中部分分支构成一个闭合回路。这样就可以得到 $n-m+1$ 个独立回路。

把余树图中的分支称为基本分支，网路图中除包含固定流量的分支和带风机或泵的分支作为基本分支外，还要从一般分支中选择阻力较大的分支，以这些分支作为矩阵的主对角线上的元素，即构成网孔或回路的非公共分支为高阻分支。因此为了选择合理的独立回路，首先应对分支进行合理排序，以确保固定流量的分支、含风机或泵分支及高阻分支被选入余树集。运算过程中首先把固定分支及含风机或泵分支排在前面，其他分支按阻力降序排列。然后，可根据本章第1节所列树的生成算法，求出其生成树及其余树。按余枝在前，树枝在后的规律则列出网路图的基本关联矩阵。这些操作都可以通过对流体输配管网网路图的关联矩阵的行列变换实现，而后，通过式（9-6）和式（9-7）求出输配网路的基本回路矩阵。

2）计算网孔或回路的位压。

3）风机或泵特性曲线的拟合，具体算法见9.2.4小节。

4）赋流量的初值。对于固定流量的分支所在的回路，可直接把流量值赋给回路的其余分支，作为迭代的初始值；对于风机或泵，可把风机或泵曲线高效点的流量赋给该网孔或回路各分支。其余分支可适当赋值。

5）迭代计算。迭代计算是指在已知网络各分支的阻力系数、位压和风机或泵的特性曲线的情况下，求解各分支的流量。为保证固定流量的回路流量不变，该回路可不参与迭代。迭代是以回路为单位，直至全部回路达到预定精度。具体求解算法见前节。

6）计算固定流量分支的阻力。

【例9-8】　某通风网络如图9-14所示，管段的风阻为 $R_{6\text{-}1}=0.229\text{N}\cdot\text{s}^2/\text{m}^8$，$R_{1\text{-}4}=0.15\text{N}\cdot\text{s}^2/\text{m}^8$，$R_{1\text{-}2}=0.14\text{N}\cdot\text{s}^2/\text{m}^8$，$R_{2\text{-}5}=0.42\text{N}\cdot\text{s}^2/\text{m}^8$，$R_{2\text{-}3}=0.12\text{N}\cdot\text{s}^2/\text{m}^8$，$R_{3\text{-}5}=0.08\text{N}\cdot\text{s}^2/\text{m}^8$，$R_{3\text{-}4}=0.1\text{N}\cdot\text{s}^2/\text{m}^8$，$R_{4\text{-}6}=0.9\text{N}\cdot\text{s}^2/\text{m}^8$，$R_{5\text{-}6}=0.06\text{N}\cdot\text{s}^2/\text{m}^8$。安装的风机为 70B₂-21-NO12，转速 $n=1000\text{r/min}$，求各管段的风量，系统总阻力及风机风量。

【解】　对节点和分支进行编号，输入：

分支数	节点数	独立回路数	风机数	固定风量分支数	自然风压
9	6	4	1	0	0

迭代次数	迭代精度
100	0.10E-04

分支始节点	分支终节点	分支风阻
6	1	0.229
1	4	0.150
1	2	0.140
2	5	0.420
2	3	0.120
3	5	0.080
3	4	0.100
4	6	0.900
5	6	0.060

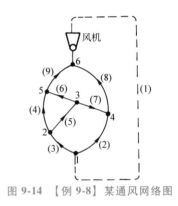

图 9-14　【例9-8】某通风网络图

建立该通风网络图的邻接矩阵，生成相关的基本关联矩阵和基本回路矩阵（具体由邻接矩阵生成关联矩阵和回路矩阵的算法可参见图论的有关书籍）。现只给出其邻接矩阵和关联矩阵（其基本关联矩阵可由任意去掉 B 矩阵中的一行得到）如下：

$$A=\begin{pmatrix}& v_1 & v_2 & v_3 & v_4 & v_5 & v_6 & \\ & 0 & 1 & 0 & 1 & 0 & 0 & v_1 \\ & 0 & 0 & 1 & 0 & 1 & 0 & v_2 \\ & 0 & 0 & 0 & 1 & 1 & 0 & v_3 \\ & 0 & 0 & 0 & 0 & 0 & 1 & v_4 \\ & 0 & 0 & 0 & 0 & 0 & 1 & v_5 \\ & 1 & 0 & 0 & 0 & 0 & 0 & v_6 \end{pmatrix}$$

$$B=\begin{pmatrix}& e_1 & e_2 & e_3 & e_4 & e_5 & e_6 & e_7 & e_8 & e_9 & \\ & -1 & 1 & 1 & 0 & 0 & 0 & 0 & 0 & 0 & v_1 \\ & 0 & 0 & -1 & 1 & 1 & 0 & 0 & 0 & 0 & v_2 \\ & 0 & 0 & 0 & 0 & -1 & 1 & 1 & 0 & 0 & v_3 \\ & 0 & -1 & 0 & 0 & 0 & 0 & -1 & 1 & 0 & v_4 \\ & 0 & 0 & 0 & -1 & 0 & -1 & 0 & 0 & 1 & v_5 \\ & 1 & 0 & 0 & 0 & 0 & 0 & 0 & -1 & -1 & v_6 \end{pmatrix}$$

356

按上述算法，编制计算机程序，其运行后的结果如下：

独立回路编号　回路分支数　各组成分支编号

1	5	1	3	5	6	9
2	4	8	-9	-6	7	
3	3	4	-6	-5		
4	4	2	-7	-5	-3	

风机特性系数

风机编号	二次项系数	一次项系数	常数
1	-2.2112	60.1663	-164.9117

分支编号	起始接点-终止节点	风阻/(N·s²/m⁸)	流量/(m³/s)	阻力/mmH₂O (10Pa)
1	6-1	0.229	20.5643	96.8421
2	1-4	0.150	10.2214	15.6715
3	1-2	0.140	10.3429	14.9767
4	2-5	0.420	5.2015	11.3632
5	2-3	0.120	5.1415	3.1722
6	3-5	0.080	10.1187	8.1911
7	3-4	0.100	-4.9773	-2.4773
8	4-6	0.900	5.2441	24.7509
9	5-6	0.060	15.3202	14.0825

风机编号	所在分支始节点	所在分支终节点	工况点风量 /(m³/s)	工况点风压 /mmH₂O(10Pa)
1	6	1	20.5643	137.2645

节点风量最大闭合误差=0.0。回路阻力最大闭合误差=5.0×10⁻⁶。分支 7 流量为负表明其实际流向与假定流向相反。

3. 水力计算的计算机分析

前节的计算是建立在已知管道尺寸的基础上，解决流量分配问题。本节的主要目的是解决管道尺寸问题。解决这一问题的基本思路是通过预先按一定的方法如经济流速法初步确定各管段的尺寸，然后通过上节所述方法求出各管段的流量、阻力，然后通过阻力平衡定律和节点流量守恒定律去逐步修正管段的尺寸。

尺寸确定的过程中，必须解决以下几个问题：

1）局部阻力系数的确定。通常可以采用理论公式或拟合公式，或通过查表的方式求得。

2）泵或风机的性能曲线。

3）管径修正的策略。

不同的系统其管道尺寸调节策略有所不同。如热水供暖系统可根据立管的温降去调节管段的尺寸；而通风系统则常常根据并联管段的阻力一定相同这一特征去调节管段的尺寸，其具体的调节公式见前面的章节。

具体的程序可以根据上述原理自行编制。下面以两个例子分别介绍其计算原理与计算过程。

【例 9-9】 图 9-15 所示为两个分支异程机械循环单管顺流热水供暖系统。已知系统供水温度为 95℃，回水温度为 70℃，所有供暖房间的室内供暖温度为 18℃，散热器全部采用 TZ2—5—5X 型铸铁散热器。试确定系统各管段的管径、散热器的片数及系统总阻力损失。

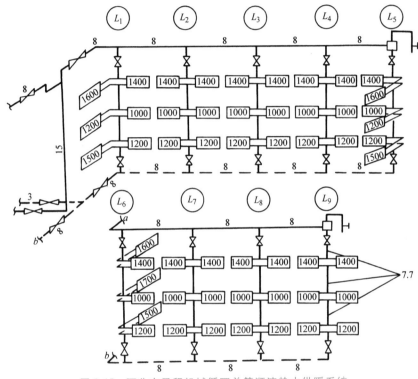

图 9-15 两分支异程机械循环单管顺流热水供暖系统

【解】 按第 3 章所讲的计算方法和原理可以编制程序。其框图如图 9-16 所示。输入各层的热负荷及各管段的长度，供回水温度，房间温度等已知信息，可计算出各管段的尺寸，见表 9-4 和表 9-5。

表 9-4 热水供暖系统干管水力计算结果

系统总热负荷：66900W		
系统总阻力损失：4314.5Pa		
管段号	供水干管管径/mm	回水干管管径/mm
0	DN50	DN50
1	DN32	DN32
2	DN32	DN32
3	DN32	DN32
4	DN25	DN25
5	DN20	DN20
6	DN32	DN32
7	DN32	DN32
8	DN25	DN25
9	DN20	DN20

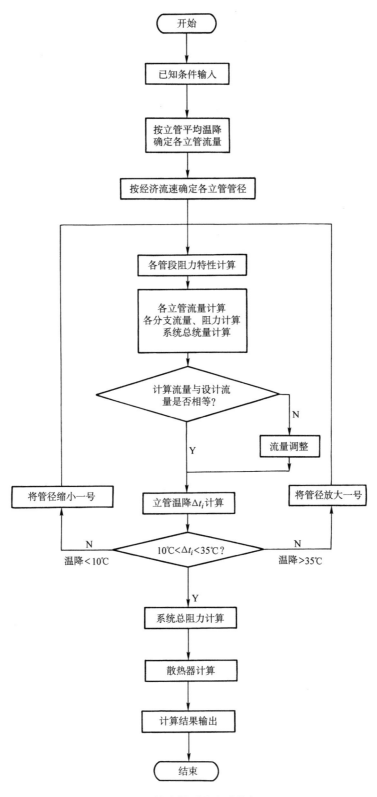

图 9-16 热水供暖水力计算框图

表 9-5 热水供暖系统立支管水力计算结果

立管号	立管管径/mm	支管管径/mm	立管温降/℃
1	DN15	DN15	25.88
2	DN15	DN15	26.60
3	DN15	DN15	28.89
4	DN20	DN15	22.46
5	DN20	DN15	32.29
6	DN15	DN15	24.56
7	DN15	DN15	24.38
8	DN20	DN15	18.95
9	DN20	DN15	24.95

【例 9-10】 某车间除尘系统的风管材料为薄钢板，各管段的风量、长度如图 9-17 所示，除尘器阻力为 1000Pa，风机进出口变径管局部阻力为 160Pa。系统中空气平均温度为 40℃，矩形伞形排风罩的扩张角为 30°。试确定该系统的风管各段尺寸和总阻力。

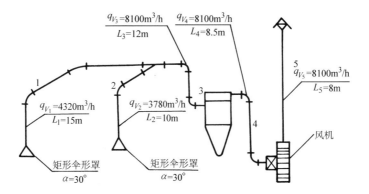

图 9-17 除尘系统水力计算图

【解】 根据上述思想可画出其求解的程序框图如图 9-18 所示。输入已知参数可求得各管段的尺寸见表 9-6。

表 9-6 除尘系统水力计算

管段	管径/m	流速/(m/s)	阻力/Pa
1	0.28	19.5	397.10
2	0.25	21.4	394.13
3	0.40	17.9	176.58
4	0.40	17.9	149.33
5	0.40	17.9	297.31
系统总阻力/Pa			2180.32

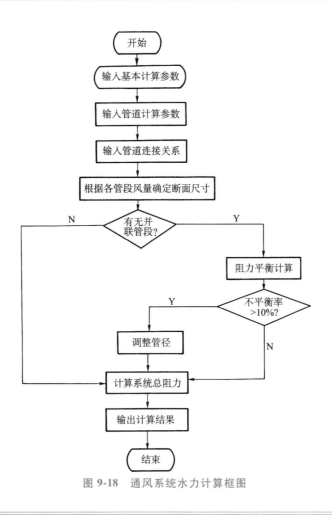

图 9-18　通风系统水力计算框图

9.3　输配管网调节的计算机分析

9.3.1　管网的调节方法

流体管网流量分配，遵循阻力定律、节点流量平衡定律和回路压力平衡定律。因此，在管网中各分支的阻抗、泵与风机的性能、开式系统的压差及节点流量确定的条件下，各分支的流量和方向就被完全确定，某些分支流量必须满足需要，因此，必须设置一定量的调节器（如调节阀）进行调节。在实际工作中，流体管网的控制是指使流体管网中各分支的流量均能满足需要的综合调节措施。根据流体管网的基本原理，对于分支数为 n，节点数为 m 的流体管网，必须包括 $p = n - m + 1$ 个独立回路。当流体在管网中流动时，任一回路的阻力及动力必须满足压力平衡定律：

$$\sum_{j=1}^{n} (s_{ij} q_j^j - c_{ij} H_j) = 0 \tag{9-32}$$

式中　$i = 1, 2, \cdots, p$；$j = 1, 2, \cdots, n$。

s_{ij}——当 j 分支属于 i 回路且流动方向与 i 回路假定方向一致时，$s_{ij} = s_j$（s_j 为 j 分支的阻力系数），当 j 分支属于 i 回路且流动方向与 i 回路假定方向相反时，$s_{ij} = -s_j$，其他情况为 0；

c_{ij}——分支流动方向的符号函数〔（当 j 分支属于 i 回路且泵（风机）的流动方向与 i 回路假定方向一致时为 1，与 i 回路假定方向相反时等于-1，否则为 0）〕；

J——指数，$J=1\sim3$，同式（9-18）；

q_j——j 分支的流量；

H_j——第 j 分支上泵或风机的扬程（或全压），开式管网时还应该包括位压差。

在回路中有若干个分支的需流量 q_x，如果当这些分支的流量按需流量给定时，回路的压力损失不满足平衡定律。则选取树 T，使管网中任一回路只包含一个余枝，设置回路压力阻力调节量 Δh_i，使

$$\Delta h_i = \sum_{j=1}^{n}(s_{ij}q_j^J - c_{ij}H_j) \tag{9-33}$$

式中　Δh_i——第 i 个回路所需调节的阻力值。

在一个有 n 条分支，m 个节点的流体管网中，需流量分支数为 K，即管网中有 K 个分支的流量为预先确定，在一般情况下（$K>m$），由于管网中只有 m 个独立流量，其中 $K-m$ 个需流量应由其他 m 个需流量表述，这样，在管网中每个独立回路都存在一个阻力调节量，为使调节器尽可能少，并且各调节器之间相互独立，应把各调节器的位置设在各回路余枝上，当 M 个独立回路在满足阻力增量 Δh_i（$i=1,2,\cdots,m$）后，各需流量均能得到满足。

因此，对管网流量分配的有数控制的调节器个数为 $n-m+1$ 个，并且应布置在余枝上，由于泵与风机的工况是可以调节的，如果进行管网调节的过程中需要对泵与风机进行调节时，应设泵与风机视为调节设施的一部分，并且将泵与风机所在分枝选为余枝，从而减少管网所需调节器的个数。

9.3.2　管网流体的稳定性及其判别

由于生产环节的需要，复杂管网往往难以避免，有些管路中流动方向和流量时而出现不稳定的现象，这是造成事故的原因之一，必须注意预防。

如图 9-19 所示，为一单角联风网。对角风路 5 的风流方向，随着其他四条风路的风阻值的变化而变化。

当风量 q_{v5} 向上流时，风压 $h_1>h_2$，$h_3<h_4$；风量 $q_{v1}<q_{v3}$，$q_{v2}>q_{v4}$，则

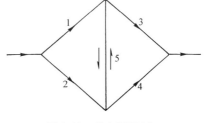

图 9-19　单角联风网

$$s_1q_{v1}^2 > s_2q_{v2}^2,\quad s_1q_{v1}^2 > s_2q_{v4}^2$$
$$s_3q_{v3}^2 < s_4q_{v4}^2,\quad s_3q_{v1}^2 < s_4q_{v4}^2$$

以上式相比，得 $\dfrac{s_1}{s_3}>\dfrac{s_2}{s_4}$ 或 $\dfrac{s_1s_4}{s_2s_3}>1$

同理可推出 q_{v5} 向下流的判别式为 $\dfrac{s_1s_4}{s_2s_3}<1$

当 $q_{v5}=0$ 时，则 $\dfrac{s_1s_4}{s_2s_3}=1$

综上可知，因对角风路中风流的方向，取决于该风路起末节点风流的能量差，故对角风路风流的方向，仅取决于其他风路的风阻关系，而与其本分支风阻无关。

图 9-20 所示的双角联管网中，根据单角联管网中不稳定流向的判别式推理，可得双角联管

网中的两个不稳定分支流向的判别式，见表 9-7。

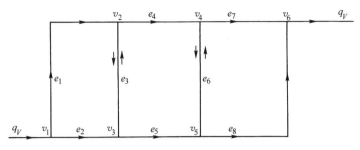

图 9-20　双角联管网

表 9-7　双角联管网不稳定分支流向判别式

不稳定的流动	条件式	流动方向稳定性系数计算式	流动方向的判别式	流动方向
q_3	$s_1 s_5 \leqslant s_2 s_4$	$K_1 = \dfrac{s_3\left(\sqrt{s_1 s_6} - \sqrt{s_2 s_4 - s_1 s_5}\right)^2 + s_1 s_5 s_6}{s_7\left(\sqrt{s_2 s_6} - \sqrt{s_2 s_4 - s_1 s_5}\right)^2 + s_2 s_5 s_6}$	$K_1 > 1$	q_3 向上
			$K_1 < 1$	q_3 向下
			$K_1 = 1$	$q_3 = 0$
	$s_1 s_5 \geqslant s_2 s_4$	$K_2 = \dfrac{s_8\left(\sqrt{s_1 s_6} - \sqrt{s_1 s_5 - s_2 s_4}\right)^2 + s_1 s_5 s_6}{s_7\left(\sqrt{s_2 s_6} - \sqrt{s_1 s_5 - s_2 s_4}\right)^2 + s_2 s_4 s_6}$	$K_2 > 1$	q_3 向上
			$K_2 < 1$	q_3 向下
			$K_2 = 1$	$q_3 = 0$
q_6	$s_4 s_8 \leqslant s_5 s_7$	$K_3 = \dfrac{s_1\left(\sqrt{s_3 s_8} - \sqrt{s_5 s_7 - s_4 s_8}\right)^2 + s_3 s_4 s_8}{s_2\left(\sqrt{s_3 s_7} - \sqrt{s_7 s_5 - s_8 s_4}\right)^2 + s_3 s_5 s_7}$	$K_3 > 1$	q_6 向上
			$K_3 < 1$	q_6 向下
			$K_3 = 1$	$q_6 = 0$
	$s_4 s_8 \geqslant s_5 s_7$	$K_4 = \dfrac{s_1\left(\sqrt{s_3 s_8} - \sqrt{s_5 s_4 - s_5 s_7}\right)^2 + s_3 s_6 s_8}{s_2\left(\sqrt{s_3 s_7} - \sqrt{s_4 s_8 - s_5 s_7}\right)^2 + s_3 s_5 s_7}$	$K_4 > 1$	q_6 向上
			$K_4 < 1$	q_6 向下
			$K_4 = 1$	$q_6 = 0$

思考题与习题

1. 用 Excel 求解图 9-21 所示的水力管网。
2. 应用 MATLAB 软件求解题 1。
3. 应用 EPANET 2 软件求解上题。
4. 编写本章【例 9-8】解算源程序。

$el_A=50m$　　　　　　　　　　　　　　　　　　$el_B=30m$

A　　　　　　　　　　　　　　　　　　　　　　　　B

[1]　C　　　　[2]　　　　D　　　　　[3]　　　　　　　[4]

$R_1=100$　　　　$R_2=500$　　　　　　$R_3=200$　　　E　$R_4=100$

[6]　　　　　　　　　[8]　$R_8=300$

$R_6=300$　　　　[5]

F　　　　[7]　　　　G　　　$R_5=400$

$R_7=400$

150L/s　　　　150L/s

a)

A　　　　　　　　　　　　　　　　　　　　　　　　B

q_{V1}　　　Ⅰ

q_{V2}　　　　　　q_{V3}

q_{V4}

q_{V6}　　Ⅱ　　q_{V8}　　Ⅲ

q_{V5}

q_{V7}

b)

A　　　　　　　　　　　　　　　　　　　　　　　　B

$q_{V1}=319$

$q_{V2}=134$　　　　$q_{V3}=62$

$q_{V4}=19$

$q_{V6}=185$　　$q_{V8}=72$

$q_{V5}=43$

150　　$q_{V7}=35$　　150

c)

图 9-21　题 1 图

二维码形式客观题

微信扫描二维码，可自行做客观题，提交后可查看答案。

第9章
客观题

第 10 章
隧道与地下空间及超高层竖井通风设计理论与方法

10.1 隧道及地下管廊通风计算方法

10.1.1 概述

现代建设涉及隧道及地下管廊，地下管廊作为新兴的地下工程技术在世界各国的建设中发挥了重要作用，本小节对此给予初步介绍。

隧道是埋置于地层内的工程建筑物，是人类利用地下空间的一种形式。隧道可分为交通隧道、水工隧道、市政隧道、矿山隧道、军事隧道等。1970 年经济合作与发展组织（OECD）召开的隧道会议综合了各种因素，对隧道所下的定义为："以某种用途、在地面下用任何方法按规定形状和尺寸修筑的断面面积大于 $2m^2$ 的洞室"。隧道的结构包括主体建筑物和附属设备两部分。主体建筑物由洞身和洞门组成，附属设备包括避车洞、消防设施、应急通信和防排水设施，长大隧道还有专门的通风和照明设备。

目前世界上著名的隧道包括：秦岭终南山公路隧道、港珠澳大桥海底隧道、挪威洛达尔隧道、瑞士圣哥达隧道等。国内外尚在规划中的大型隧道包括：台湾海峡隧道、琼州海峡跨海通道、渤海隧道、直布罗陀海峡跨海通道等。

另外，还有一类隧道，称其为半地下空间通风隧道。例如，广州某镇地处广园快速路和广深铁路以南，接广深大道（国道 G107），是广深高速公路与广深大道连接的交通枢纽，该项目涵盖高速公路改扩建、站场及匝道改造、下沉隧道、上盖空中公园等工程。在隧道通风设计时采用了CFD 数值模拟方法，探究了该立交工程相关区域空气流动属性，分析了不同工况下空气流动情况，为相关方案设计提供参考。图 10-1 所示为该工程平面示意图，图 10-2 所示为其匝道断面示意图。

通过数值模拟分析，在隧道内部，汽车尾气是主要污染源，室外风可以较好地对隧道内部的前半段污染物进行稀释。同时该污染物在排出隧道后，由于整体流场风向不变，依旧会较为径直地流出，因此污染物并不会对周围建筑群产生影响。建筑群的遮挡效果可能会影响部分街角的风速及污染物扩散。因此在对街道进行布局时，应充分考虑该地区的主要来流风向，合理优化建筑群内部流场，宜适当在建筑群间增加通道或活动空地、绿植等，使得空气流动阻碍变小，从而营造更加良好的室外风环境且避免污染物的堆积。

对于典型灾害工况下，从火灾逃生安全的角度，若将隧道空间划分为一个整体，则存在匝道火灾严重危害主桥行车安全的问题。若将隧道空间划分为四个独立空间，由于空间过小，污染物容易充满人员逃生通道，且过多的隔墙会增加建设成本。通过对主桥是否设置隔墙进行专题研

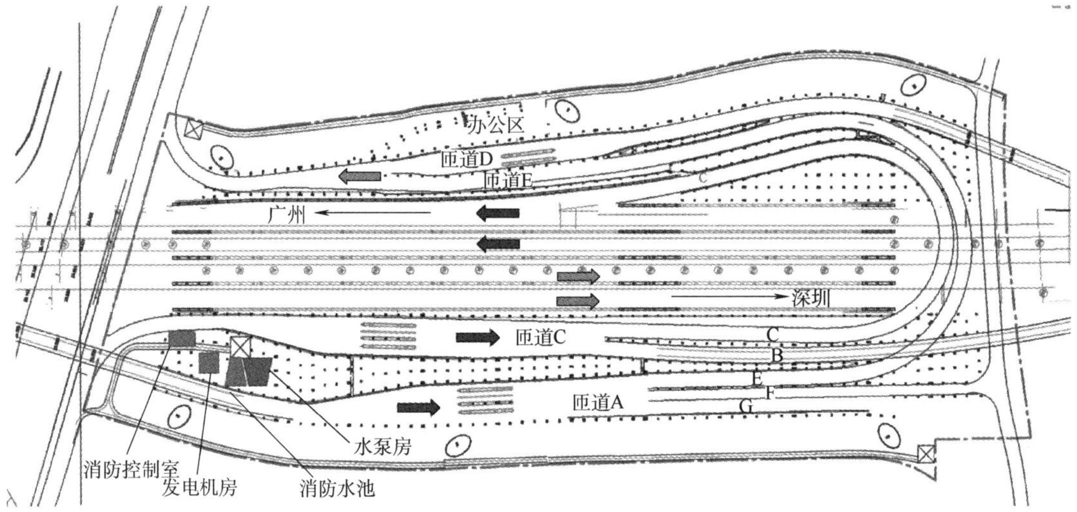

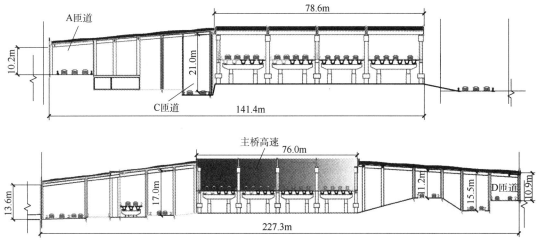

图 10-1　平面示意图

图 10-2　匝道断面示意图

究，结果发现：在火灾工况下，设置隔墙有利于为人员逃生争取更多的时间，同时设置隔墙有利于营造集中的排烟通道，便于排烟风机对火灾烟气的集中排出。匝道内火灾烟气主要聚集在顶部夹角处，故建议在匝道顶部夹角安装排烟风机。因此，最终建议以主桥边界为界将整个空间划分为三个相对独立的大空间，同时建议将主桥分成两个空间，共计四个空间。

对于一般运行工况下，隧道为一个连通的空间时，主桥隧道与两侧匝道隧道空间内 CO 浓度均处于较低水平，隧道空间内大部分区域 CO 浓度均低于标准限值 150ppm。隧道分为四个或者三个相对独立的空间时，由于污染物扩散空间减小，导致主桥隧道及两侧匝道空间内 CO 浓度明显高于一个连通大空间时的浓度，但是由于隧道较为规则，几乎没有回流区，隧道内大部分区域 CO 浓度仍低于标准限值 150ppm。因此，对于正常行驶工况而言，倾向于将整个隧道空间设计为连通的大空间。同时，主桥隔墙的设置需要综合考虑污染物、隧道内车辆行驶情况、外部风场等因素。通过对主桥是否设置隔墙进行专题研究，结果发现：不设置隔墙有利于主桥内污染物的横向稀释和扩散，从而降低主桥内的污染物浓度。因此，对于正常行驶工况，可将隧道空间分成一个独立的空间，但是设置为多个空间也是可以满足规范要求的。综合分析典型灾害工况和一般运行工况下的仿真结果，最终建议以主桥边界为界将整个空间划分为三个相对独立的空间，同时将主桥分成两个空间，共计四个空间。

各类隧道的通风设计均需参照相关规范、标准，疑难工程则应结合 CFD 数值模拟、风洞实验结果进行隧道或地下空间的通风与优化设计。

地下管廊也是高度综合性的地下空间，管廊内包含了电力、照明、通信、给水、排水、污水、燃气等诸多专业领域的管路或管线，同时管廊本身还需要合理的通风系统以确保人员的生命安全、设施安全等，是极其复杂的综合性通道。图 10-3 和图 10-4 给出了典型地下管廊示例。图 10-3 所示是污水入廊的 4 舱管廊，图 10-4 所示则是污水不入廊的 3 舱管廊。从两图中还可发现：不论 4 舱或 3 舱管廊，燃气管道均设置单独舱室，这显然是确保安全的需要。实际上，传统的地下管道中，燃气管道与给水排水等管道必须保持足够的距离，否则会增加安全风险。因为有机质磷在常温下（40℃左右）可自燃（污水管道及其附近较易出现）。地下管廊除设置必需的通风系统外，还需要分舱室设置带有一定坡度的排水沟（见图 10-3 和图 10-4）。每个舱室均便于施

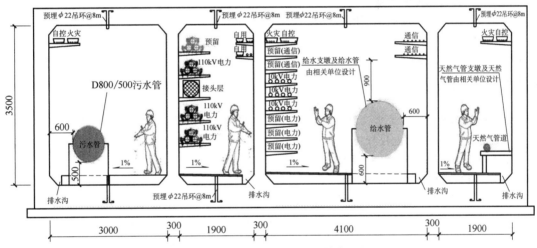

图 10-3　污水入廊段（4 舱）管廊示例

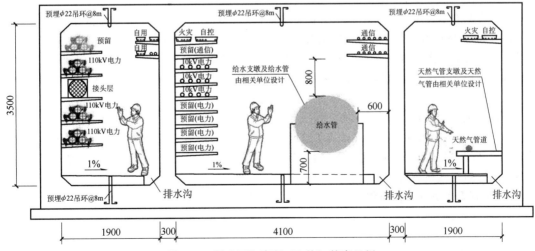

图 10-4　污水不入廊段（3 舱）管廊示例

工维护人员直立行走、工作；每个分舱室均需设火灾及自控系统。

地下管廊施工涉及支架安装工程、防水套管制作安装施工方案、电气工程、智能化工程、暖通工程、消防系统、排水系统等，本书主要介绍暖通工程中的通风。

地下管廊中与管路系统相关的主要是暖通工程、消防系统和排水系统等，为了更好地理解地下管廊的系统特性及综合性，作为知识拓展本节也予以简介。

10.1.2　地下管廊系统通风设计及基本要求

地下管廊暖通工程涉及系统设计，如通风方式、设备选型及通风控制措施等，施工过程应遵守相关规定。

1. 通风方式

一般来说，系统设计时其通风方式为：

1）综合舱，采用自然进风、机械排风的通风方式，按不超过 200m 划分为各个通风区间即各个防火分区，每个防火分区设置机械排风、自然进风系统，中部自然进风，两端机械排风。排风风机设置于各防火分区两端，并兼作火灾后排烟。进风口和排风口处的通风竖井上均设置防雨雪百叶窗，布置在地面绿化带内。

2）变压器管理用房，如分变电所采用自然通风方式，通风井布置在地面绿化带内，侧面设置防雨雪百叶窗（夏热冬冷地区、寒冷或严寒等地区应当结合气候特点处理）。变压器室内预留分体空调电源插座。

2. 设备选型

系统设备选型主要涉及排风设备及相应排烟防火阀等，排风机采用高温排烟离心式屋顶型通风机，满足在 280℃ 时能连续工作 0.5h，排风机入口处设 280℃ 电动排烟防火阀，典型的如离心式屋顶排风机等，属消防型风机；自然进风口处设 70℃ 电动防火阀，如电动排烟防火阀（MEEH），典型规格有 800mm×800mm，平时常开，发生火灾时电信号关闭。火灾气体灭火后，电信号开启。带风量调节，可手动开启、关闭，280℃ 熔断关闭并输出反馈信号，关闭相应排烟风机。电动防烟防火阀（MEE），典型规格有 1600mm×1600mm、500mm×1000mm 等，平时常开，发生火灾时电信号关闭。火灾气体灭火后，电信号开启。带风量调节，可手动开启、关闭，70℃ 熔断关闭并输出反馈信号。

3. 通风控制措施

在正常状态下，按管廊操作管理要求编制通风系统运行时间表，保证 2 次/h 通风换气要求。管廊温度超过 38℃ 和工作人员进行线路检修时必须开启通风机。火灾情况下，接到火灾报警信号后，关闭对应着火分区以及相邻分区送、排风机，并联锁关闭对应区段的防火门和阀门，在着火分区内进行气体灭火。气体灭火结束后启动事故排烟设施，电信号开启排风机，联动开启阀门，进行事故后排烟。

暖通系统施工说明：

1）所有设备必须在到货后核对其基础尺寸，经确认无误后方可安装，否则须请土建工种依设备修改基础并在达到设计强度后再进行安装，基础表面必须按设计标高找平抹光。风机安装可参照国标图集《通风机安装》（K101-1~4）等。

2）风管采用镀锌钢板制作，厚度及加工办法按《通风与空调工程施工质量验收规范》（GB 50243）的规定确定。直通大气的风管开口处均按安装不锈钢防虫丝网，网孔尺寸一般宜为 10mm×10mm。

3）所有风管必须设置必要的支吊架或托架，其结构形式要保证牢固可靠，可参见国标图集

《金属、非金属风管支吊架（含抗震支吊架）》（19K112）。防火阀必须单独设支吊架。防火阀、排烟防火阀及排烟风管法兰之间的垫圈采用防火膨胀圈。

4）通风系统的风阀类部件均采用生产厂家的定型产品，其产品需满足设计及规范的性能要求；防火阀、电动防火阀、电动排烟阀应符合国标《建筑通风和排烟系统用防火阀门》（GB 15930）中的有关规定，满足 3C 认证的相关要求。

5）风管上的防火阀、排烟防火阀安装前必须检验其灵活性和可靠性，达到关闭严密，动作可靠。安装时应注意阀柄要操作方便，切忌影响阀杆和阀柄的运动。所有防火阀、排烟防火阀与防火墙、机房墙、楼板距离不应大于 200mm，风管穿过处的缝隙用防火材料封堵。

6）风管及风管法兰间的垫片不应含有石棉及其他有害成分，且应耐油、耐潮、耐酸碱腐蚀，普通风管法兰垫片的工作温度不应小于 70℃。

7）风管安装时应注意风管和配件的可拆卸接口不得装在墙和楼板内，风管的纵向闭合缝必须交错布置，且不得在风管底部，风管安装的水平度允许偏差每米不应大于 3mm，总偏差不应大于 20mm。

图 10-5 所示为某管廊典型排风系统安装示例。

地下管廊消防系统设计包括防火分区、灭火器选择、自动灭火系统、自动灭火装置、防护要求、施工要求等诸多环节。典型地下管廊防火分区为管廊舱室每隔 200m 左右采用耐火极限不低于 3.0h 的不燃性墙体进行防火分隔。防火分隔处的门采用甲级防火门，管线穿越防火隔断部位应采用阻火包等防火封堵措施进行严密封堵。防火门尺寸应满足藏室内最大尺寸管道或阀件搬运

图 10-5　某管廊典型排风系统安装示例

的要求。对于灭火器，管廊所有舱室沿线，人员出入口、防火门处、投料口、通风口、逃生口、设备布置间、分变电所设置手提式磷酸铵盐干粉灭火器，灭火器的配置和数量按《建筑灭火器配置设计规范》（GB 50140）要求计算确定。火灾危险性分类为丙类，舱室按中危险等级，为 E 类火灾计算确定灭火器数量，最大保护距离为 20m。设置间距不大于 40m，每处设置 2 具，型号为 MF/ABC4，充装 4kg 灭火剂。自动灭火系统根据《城市综合管廊工程技术规范》（GB 50838），在管廊内水电信息舱设置火灾自动灭火系统，悬挂式超细干粉自动灭火装置，全淹没布置，在电缆接头处应设置自动灭火装置。管廊内水电信息舱电缆采用阻燃或不燃电缆，监控与报警系统中的非消防设备的仪表控制电缆，通信电缆采用阻燃电缆，消防设备的联动控制电缆采用耐火线缆。除此之外，还需使用自动灭火装置如超级干粉自动灭火装置。

地下管廊防护要求一般如下：

1）各防护区必须为独立的区域。

2）防护区的围护结构及门窗的耐火极限不应低于 0.5h；吊顶的耐火极限不应低于 0.25h；围护结构及门窗的允许压强不宜小于 1200Pa。

3）防护区的通风系统在喷放药剂前应关闭，并设置防火阀。

4）防护区在无法自然通风的情况下，应设有排风设备，释放灭火药剂后，应将废气排净后人员方可入内进行检修，如需提前进入须带氧气呼吸器。

5）为保证灭火的可靠性，在灭火系统释放灭火药剂前或同时，应保证必要的联动操作，即灭火系统在发出灭火指令时，由控制系统发出联动指令切断电源，关闭或停止一切影响灭火效果的设备。

6）防护区内应配置专用的防毒面具，设置于防火门两侧。

对施工也有相关要求，一般结合实际工程考虑。

地下管廊为综合管廊，其主要排水为管廊内排水系统，主要排出管廊有以下几种工况排水：①供水管道接口的渗漏水；②综合管廊开口处进水；③综合管廊内冲洗排水；④综合管廊结构缝处渗漏水；⑤供水管道事故漏水和检修放空水。

综合管廊原则上每个防火分区不少于一处，在每个防火分区最低点处设集水坑。例如，某单舱断面管廊主要有电力、给水、通信管线，在综合管廊投料口、通风口、端部井、引出口及局部低洼点（倒虹、管道交叉）等适当部位设集水坑，每个集水坑内安装 2 台排水泵，一用一备。单泵排水量为 25m³/h，扬程 12.5m，功率 1.5kW。排水泵采用移动式安装，阀门采用法兰安装，安装位置可根据实际情况做适当调整。集水坑内设液位浮球开关，高水位自动启泵，低水位自动停泵。潜水排污泵具体安装可参照国标图集《小型潜水排污泵选用及安装》（08S305）。

综合管廊内设置排水沟，横断面地坪以 1% 的坡度坡向排水沟，排水沟纵向坡度与综合管廊纵向坡度一致，但不小于 3‰。为防止管廊内相邻防火分区串烟，排水沟在防火墙处断开。

管廊内积水通过排水沟汇集到集水坑后，通过排水泵就近排至管廊外雨水检查井，排水管道管顶覆土不得小于 0.7m（可参考相关规范）。为防止雨水倒灌，排水管上还需设置止回阀。

排水压力管道出管廊后应位于道路路基处理范围内。所有管长均以施工实量为准，管件数量和安装位置可根据实际情况调整。

管廊外的雨水管道及检查井仅为示意，施工图也应与现场一致。

排水泵压力管道全部采用钢塑复合管时，与设备连接处的法兰盘应按各自连接设备的法兰盘规格加工，法兰盘工作压力为 1.0MPa，其余采用螺纹连接。

管道的支座、吊架的设置和固定，应参照国标图集《室内管道支架和吊架》（03S402）；采用热镀锌防腐处理，厚度不得小于 55μm。

管道施工完毕后，系统应进行水压试验，试验压力为 0.9MPa。

管廊排水施工工艺流程一般为：施工准备→材料选型及采购→材料验收→水泵安装→管道及阀门配件安装→试压→单机调试→系统联调→验收。

这里所介绍的通风系统、相关施工及防护有助于初步理解隧道及管廊等地下空间及其系统的基本特征。

10.1.3　隧道及管廊通风计算方法

前面介绍了某些隧道及综合管廊的基本特点，关于隧道通风计算，可以查阅相关领域规范及其计算方法，若难以找到适宜方法或者是复杂隧道计算问题，可借助于 CFD 计算方法，如前述广州某上盖式隧道，这里给出采用 CFD 方法得到的典型截面风速及污染物分布图（见图 10-6、图 10-7）。设计人员可通过这些结果结合相应规范采取合适的设计方案。

对于通风管廊，这里仅给出通风量的常用计算方法。

综合管廊通风量的确定，可大致分为传统热平衡与考虑土壤"热库"作用两类。

1. 传统热平衡方程计算公式

$$q_V = \frac{Lq}{c\rho(T_p - T_j)} \tag{10-1}$$

式中　q_V——该段通风分区的通风量（m³/s）；

　　　L——该段通风量分区的长度（m）；

　　　q——单位时间内每米管廊内的电缆发热量（W/m）；

T_j——进风温度（℃）；

　T_p——排风温度（℃）；

　　c——空气比热容 [kJ/(kg·K)]；

　　ρ——空气密度（kg/m^3）。

2. 土壤热阻公式

$$R_e = \frac{g}{2\pi} \ln \frac{2l}{D} + \sqrt{\left(\frac{2l}{D}\right)^2 - 1} \tag{10-2}$$

式中　R_e——土壤的热阻（℃·cm/W）；

　　　g——土壤的固有热阻（℃·cm/W）；

　　　l——综合管廊深度（m）；

　　　D——综合管廊的水力直径（m）。

3. 共同沟内的风速公式

$$v = \frac{L}{c_a A R_e \cdot \ln\left(\dfrac{1}{1 - \dfrac{\Delta T}{W R_e + T_0 + T_f}}\right)} \tag{10-3}$$

式中　v——管廊内的断面风速（m/s）；

　　　c_a——空气的比定压热容 [J/(cm^3·℃)]；

　　　A——管廊的有效断面积（cm^2）；

　　　R_e——土壤的热阻（℃·cm/W）；

　　ΔT——出入口空气温度差（℃）；

　　　W——线缆发热量（W/cm）；

　　　L——管廊长度（m）；

　　　T_0——土壤的基底温度（℃）；

　　　T_f——吸入侧空气入口的温度（℃）。

4. 共同沟的通风量公式

$$q_V = vA \tag{10-4}$$

式中　q_V——综合管廊通风量（m^3/s）；

　　　A——管廊有效断面面积（m^2）；

　　　v——管廊内的断面风速（m/s）。

图 10-6　双隔墙隧道内主桥桥面上 1.5m 处污染物浓度分布（微信扫描二维码可看彩图）

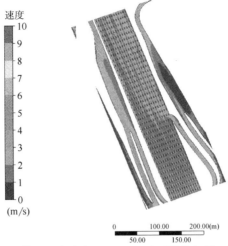

速度
10
9
8
7
6
5
4
3
2
1
0
(m/s)

0　　100.00　　200.00(m)
50.00　　150.00

图 10-7　隧道不同截面速度分布（$z=10.5$m）（微信扫描二维码可看彩图）

【例 10-1】　在我国华南地区地下铺设一条综合管廊，采用三舱结构（电力舱、水信舱和燃气舱），该地气候潮湿，土壤固有热阻为120℃·cm/W；管廊覆土深10m，该深度下土壤温度5℃。电力舱设计结构内尺寸为3.0m×4.0m，线缆总发热量为150W/m，线缆总长200m，出入口空气温差5℃，吸入侧入口温度27℃。试分别用传统热平衡方程和考虑土壤"热库"效应的方法计算管廊通风量，并对比计算结果［空气的比热容取 $c=1.003$kJ/（kg·K），密度取 1.2kg/m³］。

【解】　（1）传统热平衡方程

$$q_{V1} = \frac{Lq}{c\rho(T_p - T_j)} = \frac{200 \times 0.15}{1.003 \times 1.2 \times 5} \text{m}^3/\text{s} = 4.99 \text{m}^3/\text{s}$$

（2）考虑土壤"热库"效应

水力直径：$D = 4 \times \dfrac{\text{面积}}{\text{周长}} = 4 \times \dfrac{12}{14} \text{m} = 3.43 \text{m}$

土壤热阻：$R_e = \dfrac{g}{2\pi} \ln \dfrac{2l}{D} + \sqrt{\left(\dfrac{2l}{D}\right)^2 - 1} = \left(\dfrac{120}{2\pi} \ln \dfrac{2 \times 10}{3.43} + \sqrt{\left(\dfrac{2 \times 10}{3.43}\right)^2 - 1}\right) ℃ \cdot \text{cm/W} = 39.42 ℃ \cdot \text{cm/W}$

风速：

$$v = \frac{L}{c_a A R_e \cdot \ln\left(\dfrac{1}{1 - \dfrac{\Delta T}{WR_e + T_0 + T_f}}\right)} = \left[\frac{200}{1.204 \times 10^{-3} \times 12 \times 10^4 \times 39.42 \times \ln\left(\dfrac{1}{1 - \dfrac{5}{1.5 \times 39.42 + 5 + 27}}\right)}\right] \text{m/s} = 0.622 \text{m/s}$$

注意：此处需要对空气的比定压热容在27℃条件下进行单位换算：

$$c_a = 1.003 \times 10^{-3} \times \rho = 1.204 \times 10^{-3} \text{J}/(\text{cm}^3 \cdot ℃)$$

综合管廊通风量：$q_{V2} = vA = 0.622 \text{m/s} \times 12 \text{m}^2 = 7.47 \text{m}^3/\text{s}$

两种计算方法误差为：

$$\frac{q_{V1} - q_{V2}}{q_{V1}} = \frac{7.47 - 4.99}{7.47} \times 100\% = 33\%$$

对比两种计算方法可以发现，前者是根据热平衡方程进行计算，即考虑电缆及热力管道产生的热量等于进排风的焓差。而后者则主要根据考虑管廊的发热量会被土壤吸收，通风系统带走剩余的由设备产生的热量。在实际工程中，两者的计算结果相差较小。

【例 10-2】　某城市建设地下管廊工程，管廊净宽 5m，净高 4m，长 100m。管廊中包含长 100m 的 10kV 铜芯电缆（电阻为 $0.02\times10^{-6}\Omega\cdot m$，电流为 600A，电缆的截面面积为 $300mm^2$）20 根，100m 的 110kV 铜芯电缆（电阻为 $0.02\times10^{-6}\Omega\cdot m$，电流为 800A，截面面积为 $500mm^2$）10 根，两类电缆的热损失系数 C 均为 0.9。当地夏季室外通风温度 31℃，排除热量后出风口温度为 40℃，（空气的比热容取 $c=1.003kJ/(kg\cdot K)$，密度取 $1.2kg/m^3$），求管廊中需要排除电缆发热所需的通风量。

【解】　（1）单孔电缆每米发热量

10kV 的铜芯电缆：

$$q_1=\frac{I_1^2\sigma_1}{A_1}=\frac{600^2\times0.02\times10^{-6}}{300\times10^{-6}}W/(m\cdot 根)=24W/(m\cdot 根)$$

110kV 的铜芯电缆：

$$q_2=\frac{I_2^2\sigma_2}{A_2}=\frac{800^2\times0.02\times10^{-6}}{500\times10^{-6}}W/(m\cdot 根)=25.6W/(m\cdot 根)$$

（2）总散热量计算

10kV 的铜芯电缆：$P_1=q_1L_1C_1n_1=(24\times100\times0.9\times20)W=43200W=43.2kW$

110kV 的铜芯电缆：$P_2=q_2L_2C_2n_2=(25.6\times100\times0.9\times10)W=23040W=23.04kW$

总散热量：$P=P_1+P_2=(43.2+23.04)kW=66.24kW$

（3）综合管廊系统通风量计算

$$q_V=\frac{P}{c\rho(T_p-T_j)}=\frac{66.24}{1.003\times1.2\times(40-31)}m^3/s=6.115m^3/s$$

综上所述，管廊中为排除电缆发热的热量，需要 $6.115m^3/s$ 的通风量。

在实际工程中，发热量除这里的电缆发热量外，还有其他热源废热需要排除，需逐一计算；另外，各类气体污染物的排除也需按卫生标准计算。

10.2　超深地下空间及超高层竖井通风空气流动理论与设计计算方法

超深地下空间计算问题极其复杂，本节通过两个计算案例初步说明超深地下空间及超高层竖井通风理论与设计计算方法。其中，第一个案例的研究目的是探索城市环境热力学参数对超深地下空间通风特性及多平台风机系统优化的影响。第二个案例基于超深地下空间的通风共性理论，提供了一种自然通风与热泵协同治理超高层电梯竖井热害噪声的新方法。

10.2.1　概述

土地资源的短缺制约着许多国家城市的发展。交通拥堵、城市建设用地不足和绿地有限是现代城市中最常见的三个问题。解决这些问题不仅要增加城市用地面积，而且要实现城市空间的一体化。开发地下空间，特别是地下深层空间，可以很好地整合城市空间，给人们带来更高效的生活方式。除了城市土地资源短缺之外，浅层矿产资源的消耗和科研实验的需求也迫切需要开发深层地下空间。

一般超深地下空间主要包括深层矿井、深层地下发电厂和地下武器库等。通风系统是超深地下空间的重要组成部分，它保证了超深地下空间生物环境安全。超深地下空间常年需要通风，并且一些特殊的超深地下空间需要具有隐蔽功能，故无法使用露天大型风机。在竖井内串联安装多个小型风机，形成多平台风机系统，可以具有更高的灵活性。然而，这种多平台风机的方案对通风系统提出了新的要求。目前，对地下空间通风系统的研究主要包括：基于 CFD 技术的矿山井下污染物扩散特性及控制技术；井下岩石温度、机械设备负荷、通风温度等参数影响下的深部矿山热管理；基于示踪气体的深部地下空间安全监测等。超深地下空间通风系统涉及地下隧道的热压通风、地热能回收、地下空间的通风阻力、地下建筑的浮力通风等问题。超深地下空间通风系统研究方法主要包括：CFD 计算方法、示踪气体实验、多区域网络模型和理论分析等。其中，CFD 技术是研究地下空间通风最常用的方法之一。常见的通风分析工具，如 VentSIM 和 VUMA-3D，也是基于 CFD 方法开发的。然而，由于计算成本较高，目前对地下深层空间（深度约 2000m）通风系统的全尺寸的三维模拟较少。目前，一般是基于不可压缩或弱可压缩 CFD 模型来研究超深地下空间的通风特性。早期的结论建议在深度超过 500m 时采用可压缩流模型，但该结论没有考虑城市环境热力学参数的影响。

以上研究工作极大地促进了深部地下空间的开发。然而，城市环境热力学参数对深层地下空间通风特性的影响却很少被关注，这限制了多平台风机系统在超深地下空间领域的开发应用。事实上，城市环境热力学参数和地温梯度会影响地下深部的通风特性，对超深地下空间工程的开发利用具有重要意义。为了研究城市环境热力学参数对我国深层地下空间（深度 2000m 左右）年通风特性的影响，为多平台风机的年运行设计提供参考。本章介绍一种利用可压缩流体 CFD 模型，研究了我国 11 个不同城市深层地下空间的通风特性。建立了一种将直接搜索优化算法与 CFD 方法相结合的多平台风机系统优化配置算法，并在此基础上分析了满足年度通风要求的多平台风机系统的设计参数。这一方法可为地下空间通风设计提供一种参考。

10.2.2 超深地下空间空气流动分析的 CFD 方法

本小节对深层地下空间物理模型进行简化，如图 10-8 所示，总通风管道长 4050m，底部水平段长 50m，流入管段和流出管段长度均为 2000m，管道的横截面为 1m×1m。虽然该模型几何结构简单，但是利用三维 CFD 方法直接研究通风特性的成本很高，在实际工程中应用的可能性很小。在大多数情况下，不需要关注地下深层空间通风过程流场的所有细节。因此，不需要使用三维方法计算通风阻力，可以采用一维 CFD 方法进行研究。

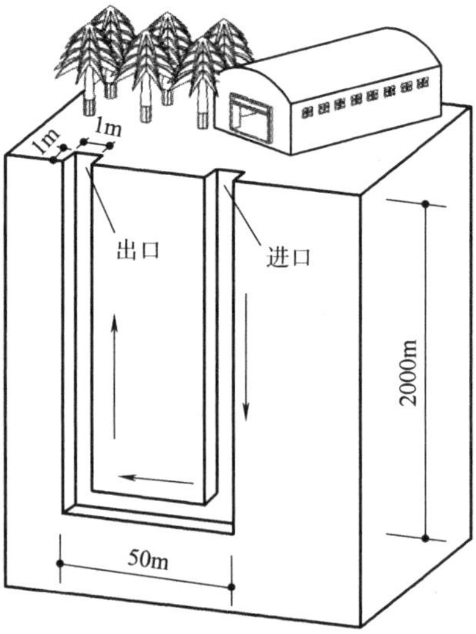

图 10-8 地下空间通风物理模型

以我国 11 个城市的环境参数为基础，研究了温度、压力等城市环境热力学参数对超深地下空间通风特性的影响。这 11 个城市北至哈尔滨，南达广州，西到乌鲁木齐，分属于五种不同的建筑气候分区，具有典型的代表性，其环境热力学数据来自参考文献[61]。这些城市的地温参数见表 10-1。

已有大量文献证明了三维 CFD 方法对地下深部空间通风的可靠性。为了验证一维半经验模型 CFD 方法的正确性，建立了一维半经验 CFD 模型和三维 CFD 模型。这两个平台基于完全不同

表 10-1　研究城市气候分区及地温参数

项目	北京	成都	格尔木	哈尔滨	昆明	广州	乌鲁木齐	酒泉	银川	武汉	郑州
建筑气候分区	寒冷	夏热冬冷	严寒	严寒	温和	夏热冬暖	严寒	严寒	寒冷	夏热冬冷	寒冷
地温梯度/(K/100m)	3.4	2.44	2.73	3.375	2.25	3.39	2.016	2.84	2.88	2.84	2.41
T_0/K	283.37	290.82	287.37	285.08	290.98	298.54	287.84	280.72	283.10	298.21	295.72

注：表中数据来自参考文献 [62]。

的控制方程。图 10-9 为通风管道的示意图。从三维模型和一维模型中选取进风管段进行验证计算。在图 10-9 中存在包含进口 1 和出口 1 的一维模型和三维模型。进口 1 与出口 1 之间的管段为送风管段，长度为 2000m。另外，排气管段长度与送气管段长度相等，都为 2000m。

超深地下空间空气流动分析方法涉及气象资料处理、可压缩流体流动的 CFD 分析基本方程、流体物理性质及边界条件等环节因素，下面分别予以简介。

1. 气象资料处理方法

将所研究城市的典型气象年参数取平均值，得到每个月的平均温度和平均压力。将平均结果作为 CFD 计算的边界条件和操作条件，可计算城市月平均温度和月平均压力的标准差，并分析环境热力参数的特征。标准差由下式计算：

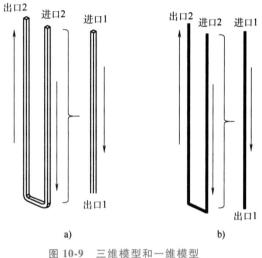

图 10-9　三维模型和一维模型
a) 三维　b) 一维

$$\sigma = \sqrt{\frac{1}{N}\sum_{j=1}^{N}(x_j - \bar{x})^2} \tag{10-5}$$

2. 可压缩流体流动的 CFD 分析基本方程

（1）三维模型方程　这里给出基本的三维模型方程，通风过程的控制方程包括质量、动量和能量输运方程。三维 FVM CFD 模型的质量、动量和能量输运方程为式（10-6）~ 式（10-12）。采用标准 k-ε 模型得到湍流动能 k 和湍流耗散率 ε。该求解器为基于密度的隐式求解器，对可压缩流体具有更好的性能。通过网格数量敏感性分析，本小节示例中确定三维 FVM CFD 模型的网格数量为 900 万。

质量输运方程：

$$\frac{\partial \rho}{\partial t} + \boldsymbol{\nabla} \cdot (\rho \boldsymbol{v}) = 0 \tag{10-6}$$

动量输运方程：

$$\rho\frac{\partial \boldsymbol{v}}{\partial t} + \rho \boldsymbol{v} \cdot \boldsymbol{\nabla} \boldsymbol{v} = -\boldsymbol{\nabla} p + \boldsymbol{\nabla} \cdot (\boldsymbol{\tau}) + \rho \boldsymbol{g} \tag{10-7}$$

$$\boldsymbol{\tau} = (\mu + \mu_{\rm t}) \left[(\boldsymbol{\nabla} v + \boldsymbol{\nabla} v^{T}) - \frac{2}{3} \boldsymbol{\nabla} \cdot \boldsymbol{v} \right] \qquad (10\text{-}8)$$

能量输运方程：

$$\rho c_{p} \left(\frac{\partial T}{\partial t} + v \cdot \boldsymbol{\nabla} T \right) = \boldsymbol{\nabla} \cdot (\lambda \boldsymbol{\nabla} T) + Q_{\rm p} + Q_{\rm vd} + Q \qquad (10\text{-}9)$$

$$Q_{\rm p} = \alpha_{\rm p} T \left(\frac{\partial p}{\partial t} + v \cdot \boldsymbol{\nabla} p \right) \qquad (10\text{-}10)$$

$$\alpha_{\rm p} = -\frac{1}{\rho} \frac{\partial \rho}{\partial T} \qquad (10\text{-}11)$$

$$Q_{\rm vd} = \boldsymbol{\tau} : \boldsymbol{\nabla} v \qquad (10\text{-}12)$$

式中 ρ——密度（kg/m³）；

v——速度（m/s）；

p——压力（Pa）；

$\boldsymbol{\tau}$——黏性应力张量（Pa）；

S——剪切变形速率（1/s）；

$Q_{\rm vd}$——黏性耗散热（W）；

$Q_{\rm p}$——压缩做功产生的热量（W）；

Q——其他热源产生的热量（W）；

g——重力加速度（m/s²）；

c_{p}——流体的比热容 [kJ/(kg·K)]；

λ——导热系数；

T——温度（K）；

μ——层流动力黏度（Pa·s）；

$\mu_{\rm t}$——湍流动力黏度（Pa·s）；

$\alpha_{\rm p}$——热胀系数（1/K）。

黏性剪切造成的热效应常常被忽略，但是当布林克曼数（Brinkman Number）接近或者大于 1时，黏滞热将无法忽略。布林克曼数是黏滞扩散产生的热和分子传导传热之间的比例，也就是黏滞热和外部加热之间的比例，其比例越高，表示外部加热相对于黏滞热的比例越低。

由式（10-6）~式（10-12）建立三维 FVM 模型的基本数学物理方程。

（2）一维半经验模型 一维半经验模型的质量和动量输运方程见式（10-13）和式（10-14）。输运方程中的一些物理量由式（10-15）~式（10-19）计算得到。

质量输运方程：

$$\frac{\partial A\rho}{\partial t} + \boldsymbol{\nabla} \cdot (A\rho \boldsymbol{u}) = 0 \qquad (10\text{-}13)$$

动量输运方程：

$$\rho \frac{\partial \boldsymbol{u}}{\partial t} + \rho \boldsymbol{u} \boldsymbol{\nabla} \cdot \boldsymbol{u} = -\boldsymbol{\nabla} p - \frac{1}{2} f_{\rm D} \frac{\rho}{d_{\rm h}} |\boldsymbol{u}| \boldsymbol{u} + \rho \boldsymbol{g} \qquad (10\text{-}14)$$

其中 $d_{\rm h}$ 表示水力直径，可以通过式（10-15）计算：

$$d_{\rm h} = \frac{4A}{Z} \qquad (10\text{-}15)$$

式中 ρ——密度；

$\boldsymbol{u}$——流体速度矢量；

    p——压力；

    g——重力加速度；

    d_h——水力直径；

    A——管道的横截面面积；

    Z——湿周周长。

根据阻力模型的不同，阻力系数的计算方式有所不同，下面列出 7 种常用主要的阻力系数计算模型。

1）Churchill 模型：

$$f_D = 8\left[\left(\frac{8}{Re}\right)^{12} + (c_A + c_B)^{-1.5}\right]^{\frac{1}{12}} \tag{10-16}$$

$$Re = \frac{\rho u d_h}{\mu} \tag{10-17}$$

$$c_A = \left\{-2.457\ln\left[\left(\frac{7}{Re}\right)^{0.9} + 0.27\left(\frac{e}{d_h}\right)\right]\right\}^{16} \tag{10-18}$$

$$c_B = \left(\frac{37530}{Re}\right)^{16} \tag{10-19}$$

式中　f_D——阻力系数；

    d_h——水力直径；

    Re——雷诺数；

    c_A——中间修正系数；

    c_B——中间修正系数；

    μ——动力黏度；

    e——粗糙度，可通过查阅相关文献获取，具体数据见表 10-2。

表 10-2　各管道粗糙度

管道类型	光滑管	拉制管	玻璃管	热塑性塑料管	型钢管	熟铁管	钢制无缝焊接管
粗糙度/mm	0	0.0015	0.0015	0.0015	0.046	0.046	0.061

管道类型	沥青铸铁管	马口铁管	铸铁管	木制排气管	红铜和黄铜管	混凝土管	铆接管
粗糙度/mm	0.12	0.15	0.26	0.5	0.61	1.5	4.5

空气与壁面间换热的计算方法见式（10-20）~式（10-44）。通过网格数量敏感性分析，确定一维有限元 CFD 模型的网格数量为 40.5 万个，远远小于三维模型。

2）Stokes 摩擦模型：

$$Re = \frac{\rho u d_h}{\mu} \tag{10-20}$$

$$f_D = \frac{64}{Re} \tag{10-21}$$

3）Wood 摩擦模型：

$$f_{turb} = 0.094\left(\frac{e}{d_h}\right)^{0.225} + 0.53\left(\frac{e}{d_h}\right) + 88\left(\frac{e}{d_h}\right)^{0.44} Re^{\left(-1.62\left(\frac{e}{d_h}\right)^{0.134}\right)} \tag{10-22}$$

$$f_D = \frac{64}{Re} \quad (Re < 1000) \tag{10-23}$$

$$f_{\mathrm{D}} = \max\left(f_{\mathrm{turb}}, \frac{64}{Re}\right) \quad (Re \geqslant 1000) \tag{10-24}$$

4）Haaland 摩擦模型：

$$\sqrt{\frac{1}{f_{\mathrm{turb}}}} = -1.8\lg\left[\left(\frac{e}{3.7d_{\mathrm{h}}}\right)^{1.11} + \frac{6.9}{Re}\right] \tag{10-25}$$

$$f_{\mathrm{D}} = \frac{64}{Re} \quad (Re < 1000) \tag{10-26}$$

$$f_{\mathrm{D}} = \max\left(f_{\mathrm{turb}}, \frac{64}{Re}\right) \quad (Re \geqslant 1000) \tag{10-27}$$

5）Colebrook-White 摩擦模型：

$$\sqrt{\frac{1}{f_{\mathrm{turb}}}} = -1.8\lg\left(\frac{6.9}{Re}\right) \tag{10-28}$$

$$f_{\mathrm{D}} = \frac{64}{Re} \quad (Re < 1000) \tag{10-29}$$

$$f_{\mathrm{D}} = \max\left(f_{\mathrm{turb}}, \frac{64}{Re}\right) \quad (Re \geqslant 1000) \tag{10-30}$$

6）Von Karman 摩擦模型：

$$\sqrt{\frac{1}{f_{\mathrm{turb}}}} = -2\lg\left(\frac{e}{3.7d_{\mathrm{h}}}\right) \tag{10-31}$$

$$f_{\mathrm{D}} = \frac{64}{Re} \quad (Re < 1000) \tag{10-32}$$

$$f_{\mathrm{D}} = \max\left(f_{\mathrm{turb}}, \frac{64}{Re}\right) \quad (Re \geqslant 1000) \tag{10-33}$$

7）Swamee-Jain 摩擦模型：

$$f_{\mathrm{turb}} = \frac{1}{4\left[\lg\left(\frac{e}{3.7d_{\mathrm{h}}} + \frac{5.74}{Re^{0.9}}\right)\right]^2} \tag{10-34}$$

$$f_{\mathrm{D}} = \frac{64}{Re} \quad (Re < 1000) \tag{10-35}$$

$$f_{\mathrm{D}} = \max\left(f_{\mathrm{turb}}, \frac{64}{Re}\right) \quad (Re \geqslant 1000) \tag{10-36}$$

如果管道中存在弯头、三通等局部损失，可通过下面的方程计算局部阻力损失，局部阻力系数可以查阅表格获取。

$$\Delta p = \frac{1}{2}K_{\mathrm{f}}\rho u^2 \tag{10-37}$$

式中　f_{turb}——湍流阻力系数；

K_{f}——局部阻力系数。

其余符号含义同前。

能量输运方程：

$$\rho A c_p \frac{\partial T}{\partial t} + \rho A c_p \boldsymbol{u} \cdot \boldsymbol{\nabla}(T) = \boldsymbol{\nabla} \cdot (A\lambda \boldsymbol{\nabla} T) + \frac{1}{2}f_{\mathrm{D}}\frac{\rho A}{d_{\mathrm{h}}}|\boldsymbol{u}|\boldsymbol{u}^2 + Q_{\mathrm{wall}} + Q_{\mathrm{p}} + Q \tag{10-38}$$

$$Q_{\mathrm{wall}} = hA(T_{\mathrm{wall}} - T) \tag{10-39}$$

$$h = Nu \frac{\lambda}{d_{\mathrm{h}}} \tag{10-40}$$

其中，层流换热努塞尔数 Nu_{lam} 和湍流换热努塞尔数 Nu_{turb} 可分别参考下面两式进行计算。

$$Nu_{\mathrm{lam}} = \begin{cases} 3.66（圆管） \\ 2.98（矩形管，宽高比 = 1） \\ 3.08（矩形管，宽高比 = 1.43） \\ 3.39（矩形管，宽高比 = 2） \\ 4.44（矩形管，宽高比 = 4） \\ 5.60（矩形管，宽高比 = 8） \\ 7.54（矩形管，宽高比 = \infty） \end{cases} \tag{10-41}$$

$$Nu_{\mathrm{turb}} = \frac{\left(\dfrac{f_{\mathrm{D}}}{8}\right)(Re - 1000) Pr}{1 + 12.7 \sqrt{\dfrac{f_{\mathrm{D}}}{8}} \left(Pr^{\frac{2}{3}} - 1\right)} \tag{10-42}$$

$$Nu = \max(Nu_{\mathrm{lam}}, Nu_{\mathrm{turb}}) \tag{10-43}$$

$$Pr = \frac{c_p \mu}{\lambda} \tag{10-44}$$

式中　　A——管道横截面面积；

$\boldsymbol{u}$——流体速度矢量；

f_{D}——阻力系数；

d_{h}——水力直径；

Pr——普朗特数；

Q_{wall}——壁面与流体之间的热交换；

Q_{p}——压缩做功产生的热量；

Q——其他热源产生的热量；

T_{wall}——墙体的温度；

Re——雷诺数；

μ——动力黏度；

h——传热系数；

c_p——空气比热容；

Nu——努塞尔数；

Nu_{lam}——层流的努塞尔数；

Nu_{turb}——湍流的努塞尔数。

从上述方程建立热流体一维有限元模型的基本数学物理方程，利用商用软件 COMSOL 实现详细的有限元离散过程。

上述三维模型、一维半经验模型即给出了超深地下空间空气流动 CFD 分析时的基本方程组。

3. 流体物理性质

三维模型和一维半经验模型的物理性质可以表示为与温度或压力有关的一些方程。特别是研究的流体是理想气体。虽然这种方法不能研究空气的组成对通风特性的影响，但它对本小节感兴趣的对象足够准确。具体如下：

动态黏度：

$$\mu = -8.38 \times 10^{-7} + 8.36 \times 10^{-8} T - 7.69 \times 10^{-11} T^2 + 4.64 \times 10^{-14} T^3 - 1.07 \times 10^{-17} T^4 \quad (10\text{-}45)$$

比热容：

$$c_p = 1047.64 - 0.37T + 9.45 \times 10^{-4} T^2 - 6.02 \times 10^{-7} T^3 + 1.29 \times 10^{-10} T^4 \quad (10\text{-}46)$$

密度（ρ）：

$$\frac{p + p_{\text{ref}}}{RT} = \rho \quad (10\text{-}47)$$

式中　p_{ref}——参考压力；

　　　R——气体常数。

4. 边界条件

三维模型和一维半经验模型的边界条件相同。详情如下：

（a）三维模型和一维半经验模型的验证计算：

（a.1）在进口1，压力 $p=0$，$p_{\text{ref}}=101325\text{Pa}$，$T=288.85\text{K}$。

（a.2）在出口1，空气质量流量 $m=6.67\text{kg/s}$。

（a.3）壁面为粗糙度为0.15mm的防滑壁面。

（a.4）壁温满足分段函数：

$$T_{\text{wall}} = \left(288.85 + \frac{2.75Y}{100}\right) K \quad (10\text{-}48)$$

（b）实际计算中一维有限元 CFD 模型：

（b.1）在进口2，压力 $p=0$，$p_{\text{ref}}=p_e$，$T=T_e$。

（b.2）在出口2，空气质量流量 $m=6.67\text{kg/s}$。

（b.3）壁面为粗糙度为0.15mm的防滑壁面。

（b.4）壁温满足分段函数：

$$T_{\text{wall}} = \left(T_0 + \frac{iY}{100}\right) K \quad (10\text{-}49)$$

式中　i——地温梯度，不同地区地温梯度值不同。

10.2.3 一种多平台风机配置优化方法

一些特殊的深层地下空间通风可以通过多平台风机系统实现隐蔽功能，如图10-10所示。其中关键问题之一是确定风机的机头和安装位置。采用直接搜索优化算法与 CFD 方法协同求解风机安装位置和扬程的优化问题。Direct-search 方法是一种成熟的优化算法，一些文献如参考文献［69，70］对 Direct-search 方法进行了详细描述。将直接搜索优化算法与 CFD 算法相结合，提出了一种新的优化方法。新的优化方法原理如图10-11所示。利用新的优化方法得到了我国11个城市每月的最优多平台参数。对于城市隧道通风，可以利用城市在每个月的通风阻力的变化规律表达该城市的隧道通风特性。因此，采用式（10-50）计算各城市通风阻力的偏差，采用式（10-51）计算各城市通风阻力的相对偏差。在这里，$p_{\max}$ 是某城市的最大阻力，$p_{\min}$ 是某城市的最小阻力。

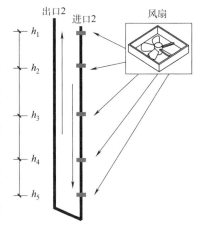

图 10-10　风扇安装位置示意图

h_1，h_2，…，h_5—风机1，风机2，…，风机5的安装深度

$$\Delta p = p_{\max} - p_{\min} \quad (10\text{-}50)$$

$$RD = \frac{p_{max} - p_{min}}{p_{max}} \tag{10-51}$$

如图 10-12 所示，为了找到能够保证全年通风的风机配置，将计算出的月度最佳风机配置参数依次带入其他月份进行校核。通过该方法可以筛选出满足正常通风条件的风机参数。换句话说，如果满足其他月份出口压力均大于或等于零，则风机配置可满足全年通风要求。

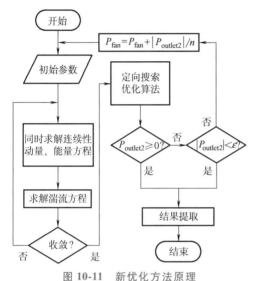

图 10-11　新优化方法原理

n—风扇的数量　P_{fan}—风机压头　$P_{outlet2}$—出口的压力

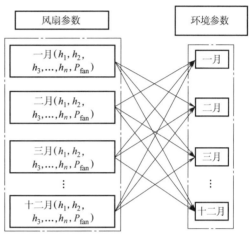

图 10-12　寻找满足年度通风要求的
多平台风机配置方法

10.2.4　风机配置方法与主要建议

1. 一维有限元 CFD 模型的验证

深部地下空间（2000m）的试验数据难以获取，难以为本小节计算结果的正确性提供参考。为了验证一维 CFD 模型计算结果的可靠性和正确性，利用三维 CFD 模型进行校核。在这里，$T_0 = 288.85\text{K}$，$i = 2.75\text{K}/100\text{m}$。

计算结果如图 10-13 所示。三维模型计算结果为沿通风路径各截面的平均值。通风路径长度为 2000m。虽然图 10-13b 和图 10-13c 中两种模型计算的密度和速度略有不同，但进一步分析发现，二者之间的误差在 1% 以内。

从以上结果可以清楚地发现，三维 CFD 模型的结果与一维 CFD 模型的结果非常接近。验证结果表明，地下深部空间通风一维模型是可靠的。值得一提的是，一维 CFD 模型的计算成本远远小于三维 CFD 模型。下面，本小节将基于一维 CFD 模型分析对通风过程进行全尺寸模拟，如图 10-13b 所示。进口为 inlet2，出口为 outlet2。

2. 我国部分城市环境热力学参数分析

部分城市月平均城市环境热力学参数如图 10-14 所示。从图 10-14a 可以看出，被研究城市 6 月和 8 月温度较高，12 月和 1 月温度较低。从图 10-14b 可以看出，被研究城市 6 月和 8 月压力较低，12 月和 1 月压力较高。结果表明：被研究城市夏季气温高，冬季气温低，冬季气压高，夏季气压低。这一现象可以用空气的密度随温度的升高而减小的规律来解释，大气压力是由地表空气重力引起的。

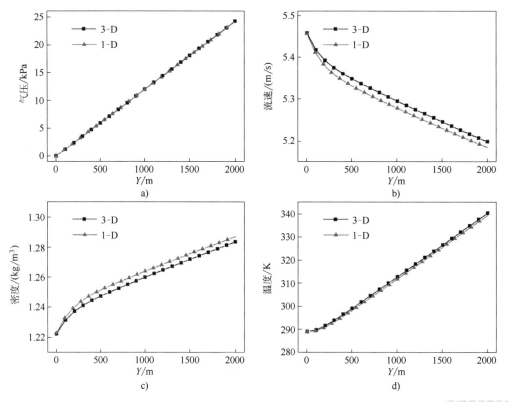

图 10-13　通过三维模型和一维模型计算气压、流速、密度、
温度与通风路径的关系（微信扫描二维码可看彩图）

a）气压与通风路径的关系　b）流速与通风路径的关系
c）密度与通风路径的关系　d）温度与通风路径的关系

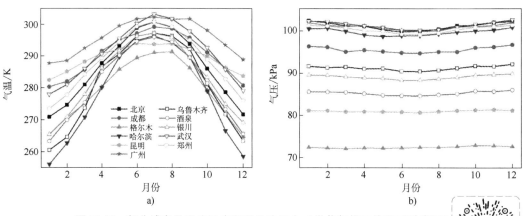

图 10-14　部分城市月平均温度和月平均压力（微信扫描二维码可看彩图）

a）月平均温度　b）月平均压力

　　为了进一步分析这些城市的温度和压力，计算了这些城市的城市环境热力学参
数的标准差，计算结果如图 10-15 所示。说明昆明和广州全年气温相对稳定，而哈尔滨和乌鲁木齐年
气温变化较大。同样，在图 10-15b 中，昆明和格尔木的压力标准差较小，而北京和武汉的压力标准差
较大。结果表明：北京和武汉地区全年压力变化较大，昆明和格尔木地区全年压力变化较小。

城市的压力和温度变化特征很可能对地下深层空间的通风特性产生较大的影响。因此，下一小节将详细分析和讨论这种影响。

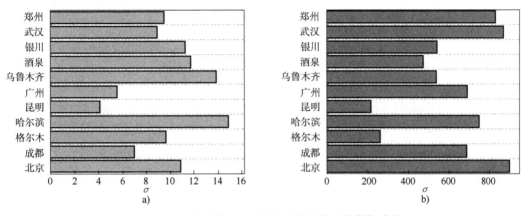

图 10-15　部分城市月平均温度和月平均压力的标准差

a）月平均温度标准差　b）月平均压力标准差

3. 不同城市热流体年通风特征

通过设置不同城市的城市环境热力学参数作为边界条件和运行条件，计算深层地下空间的通风特性。图 10-16 和图 10-17 显示了一些计算结果。

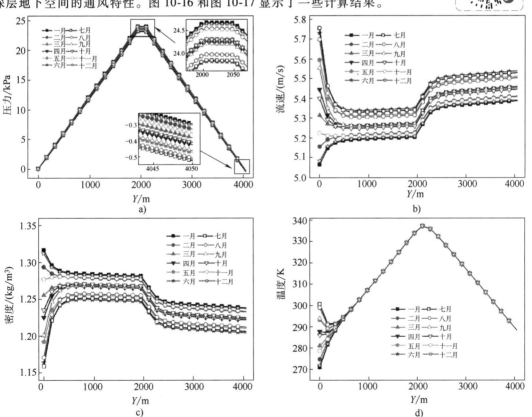

图 10-16　北京深层地下空间 1 年不同月份通风过程流体的压力、流速、密度和温度（微信扫描二维码可看彩图）

a）压力　b）流速　c）密度　d）温度

图 10-16 所示为北京深层地下空间 1 年不同月份通风过程流体的压力、流速、密度和温度。从图 10-16a 可以看出，0~2000m 段压力逐渐增大，2000~2050m 段压力变化不大。最后，压力在 2050~4000m 段下降，出口压力达到负值。仔细观察发现，通风管道底部（2000~2050m）冬季（1月）压力高于夏季（7月）压力。夏季出口负压比冬季高。

0~2000m 段压力的增加可以用重力作用解释。在这一节中，重力势能转化为流体压力。相反，在 2050~4000m 段，流体再次获得重力势能，通风摩擦阻力损失导致出口负压。

从图 10-16b 可以看出，在 0~500m 段，不同月份的速度差异较大。显然，这种现象是由于不同月份大气环境参数的差异造成的。在 2000~2500m 段，可以发现沿通风路径每月的流速略有增加。每月速度在 2500~4000m 区段保持水平走向。

对比图 10-16c 和图 10-16b，密度和速度的规律是相反的，实际上是质量守恒的结果。0~500m 段温度受月份影响较大。但在 500~4000m 段，这种影响将消失。这种现象表明，不同月份的温度在剖面上非常接近。由气体状态方程可知，可压缩流体的密度可由温度和压力确定。但由于不同月份间的温度差异不大，因此，仅 500~4000m 段的空气密度受不同月份间压力的影响。

在一定的时间内，密度受压力和温度的影响。例如，在 500~2000m 的剖面中，岩石温度的升高导致了密度的降低。而重力势能的转换导致截面内压力增大。压力的增加意味着可压缩流体密度的增加。因此，图 10-16c 所示的密度受温度和压力的协同影响。

图 10-17 所示为成都深层地下空间 1 年不同月份通风过程流体的压力、流速、密度和温度。同样，在图 10-17a 中，通风管道底部（2000~2050m），冬季压力高于夏季压力。此外，还发现夏季的负压比冬季强。图 10-17d 所示温度在 500~4000m 段受月份影响较小。这些规律与北京地区的通风规律非常相似。然而，从图 10-17b 中，速度的变化比图 10-16b 中北京的速度变化更明显。图 10-17c 所示的密度变化也比图 10-17b 所示的速度变化更明显。从表 10-1 可以看出，北京和成都具有不同的地热特征，北京的地温梯度 $i = 3.4K/100m$，成都只有 $2.44K/100m$。地温梯度可能是影响速度和密度变化的关键因素。从北京的计算结果来看，城市沿通风路径的密度和速度变化平缓，这表明流体接近不可压缩。早期结论认为，不可压缩流体只在深度小于 500m 时出现。然而，本小节的结果表明，在地下 2000m 深的空间中也可能存在不可压缩流。通过成都（$i = 2.44K/100m$）的地下空间通风计算结果可知，沿通风路径的密度和流速变化明显，表明此时地下深层空间流体是可压缩的。基于上述方法，还计算了哈尔滨、广州、格尔木、昆明、乌鲁木齐、酒泉、银川、武汉、郑州等城市的通风特性。结果发现，北京、哈尔滨和广州三个城市的

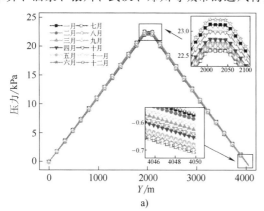
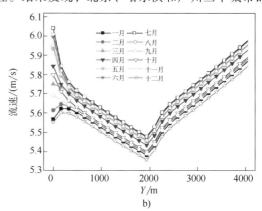

图 10-17　成都深层地下空间 1 年不同月份通风过程流体的压力、
流速、密度和温度（微信扫描二维码可看彩图）
a）压力　b）流速

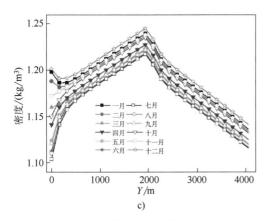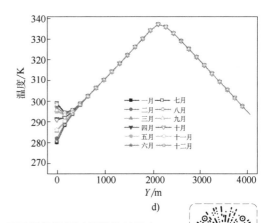

图 10-17　成都深层地下空间 1 年不同月份通风过程流体的压力、
流速、密度和温度（微信扫描二维码可看彩图）（续）
c）密度　d）温度

通风特性较为接近，通风路径上的速度和密度变化不大。然而，成都、格尔木、昆明、乌鲁木齐、酒泉、银川、武汉、郑州等地由于地温梯度不同，其风速和密度沿通风路径变化明显。以上结果说明，地温梯度是影响隧道通风特性的关键因素。

4. 全年多平台风机配置优化方法

由前面的分析可知，我国许多城市深层地下空间的通风流体密度沿路径变化，风机的运行状态受流体密度的影响。首先，提取不同城市、不同月份的通风阻力，结果如图 10-18a 所示。结果表明，所研究的城市夏季抗性较高，冬季抗性较低。从图 10-18a 进一步观察，每个月格尔木的通风阻力最高，哈尔滨的通风阻力最低。其次，计算年通风阻力偏差和相对偏差，计算结果如图 10-19 所示。在城市环境热力学参数影响下，阻力偏差最大的城市为哈尔滨。哈尔滨地区的夏季抗性高于 280Pa 的冬季抗性，抗性相对偏差为 54%。通风阻力偏差最小的城市为昆明，夏季通风阻力高于冬季通风阻力 60Pa，通风阻力的相对偏差为 6.4%。结果表明，城市环境热力学参数对通风阻力有较大影响。

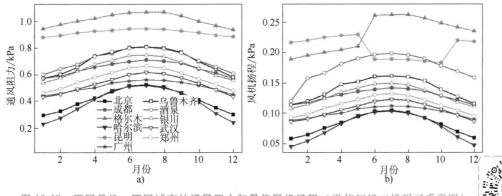

图 10-18　不同月份、不同城市的通风阻力和最佳风机扬程（微信扫描二维码可看彩图）
a）不同月份、不同城市的通风阻力　b）不同月份、不同城市的最佳风机扬程

根据通风阻力，采用图 10-12 所示的新优化方法，得到包括风机安装位置和风机扬程在内的风机优化配置。不同月份、不同城市风机扬程的优化结果如图 10-18b 所示。风机安装的优化结果如图 10-20 所示。图 10-18b 所示的结果和图 10-20 所示的结果是匹配的。换句话说，图 10-18b

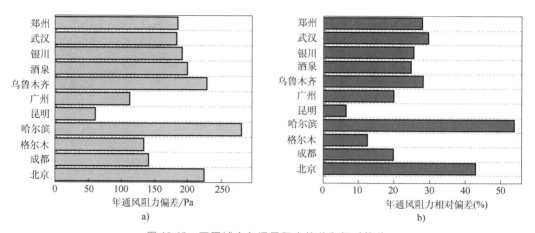

图 10-19　不同城市年通风阻力偏差和相对偏差

a）不同城市年通风阻力偏差　b）不同城市年通风阻力相对偏差

所示的风机头部应根据图 10-20 所示的风机安装位置数据进行安装。在图 10-18b 中，除昆明夏季最佳风机扬程小，其他城市都是夏季最佳风机扬程高、冬季最佳风机扬程低。在图 10-20 中，北京、成都、哈尔滨、广州、乌鲁木齐、银川、武汉和郑州等城市具有相同的最佳安装位置，然而，格尔木、昆明和酒泉在不同的月份有不同的安装地点。

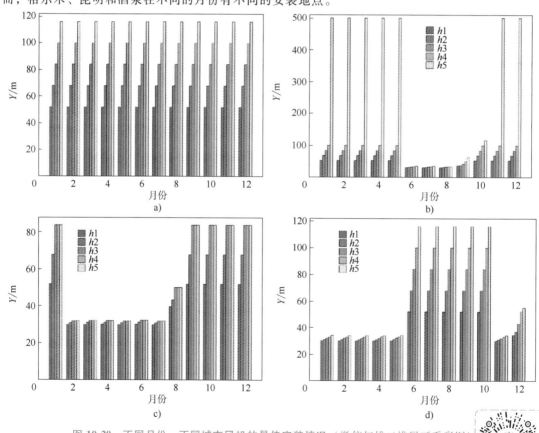

图 10-20　不同月份、不同城市风机的最佳安装情况（微信扫描二维码可看彩图）

a）北京、成都、哈尔滨、广州、乌鲁木齐、银川、武汉和郑州的结果

b）格尔木的结果　c）昆明的结果　d）酒泉的结果

大多数城市在不同月份风机的最佳安装位置是相同的。从而得到符合典型气象年要求的解。详细结果如图 10-20a 所示。但由于格尔木、昆明和酒泉等城市在不同月份有不同的最佳安装位置，故采用图 10-12 所示的方法，检验是否有满足典型气象年通风要求的方案，计算结果见表 10-3。如上所述，如果出口压力大于或等于零，则解决方案可以满足典型气象的通风要求。表 10-3 中 8 月风机参数可满足格尔木全年的通风要求。同样，7 月的风机参数可以满足酒泉全年的通风要求。昆明没有合适的风机参数可以满足全年的通风要求。因此，建议采用 5 月风机参数，并增加风机扬程，以满足通风要求。推荐的原因是格尔木 5 月风机参数可以满足多个月的通风要求，最强负压仅为 -12Pa。因此，为了满足全年通风的要求，6 月、7 月、8 月只需稍微增加风机的扬程即可消除负压。

表 10-3　不同风机参数和环境参数下的出口压力　（单位：kPa）

							风机参数						
		月份	1	2	3	4	5	6	7	8	9	10	11	12
环境参数	格尔木	1		36	62	82	110	388	393	394	363	314	269	238
		2	-26		31	51	79	357	362	363	332	283	238	207
		3	-52	-21		26	53	331	336	337	306	257	213	182
		4	-73	-41	-16		32	310	315	316	285	236	192	161
		5	-100	-69	-44	-23		282	287	288	257	208	164	133
		6	-308	-283	-263	-246	-225		4	5	-20	-60	-98	-122
		7	-312	-287	-267	-250	-228	-4		1	-24	-64	-101	-126
		8	-313	-288	-268	-251	-229	-5	-1		-25	-65	-102	-127
		9	-285	-260	-240	-223	-201	23	27	28		-37	-74	-99
		10	-243	-218	-197	-181	-159	66	70	71	46		-32	-57
		11	-210	-185	-164	-148	-126	99	103	104	79	39		-23
		12	-178	-154	-133	-117	-95	131	135	135	110	70	32	
	昆明	1		14	35	48	54	-118	-117	-120	-131	-141	14	5
		2	-14		21	34	40	-132	-131	-134	-145	-155	0	-9
		3	-35	-21		13	19	-153	-152	-155	-166	-176	-21	-30
		4	-48	-34	-13		6	-165	-164	-168	-178	-189	-33	-42
		5	-54	-40	-19	-6		-171	-171	-174	-184	-195	-40	-49
		6	-65	-51	-30	-17	-11		-182	-185	-196	-206	-51	-60
		7	-66	-52	-31	-18	-12	-183		-186	-196	-207	-52	-61
		8	-62	-48	-27	-15	-8	-180	-179		-193	-203	-48	-57
		9	-49	-35	-14	-2	5	-167	-166	-169		-190	-35	-44
		10	-36	-22	-1	11	18	-154	-153	-156	-167		-22	-31
		11	-14	0	21	33	40	-132	-131	-134	-145	-155		-9
		12	-5	9	30	43	49	-123	-122	-125	-136	-146	9	
	酒泉	1		40	75	136	172	198	206	193	165	109	58	18
		2	-156		35	96	132	158	166	153	125	69	18	-22
		3	-191	-35		62	97	124	131	119	90	34	-17	-57
		4	-252	-96	-62		36	62	70	57	29	-27	-78	-118
		5	-288	-132	-97	-36		26	34	21	-7	-63	-113	-154
		6	-314	-158	-123	-62	-26		8	-5	-33	-89	-140	-180
		7	-322	-166	-131	-70	-34	-8		-13	-41	-97	-147	-188
		8	-309	-153	-118	-57	-21	5	13		-28	-84	-135	-175
		9	-278	-122	-88	-26	9	36	44	31		-53	-104	-144
		10	-219	-63	-28	33	69	95	103	90	62		-45	-85
		11	-174	-18	17	79	114	141	148	136	107	51		-40
		12	-122	34	69	131	166	193	200	188	159	103	52	

本小节通过三维与一维半经验模型比较，选用了一个可靠的一维半经验模型 CFD 热流体模型，研究了我国 11 个城市的城市环境热力学参数对地下空间通风过程的影响，研究了我国 11 个城市的压力，温度和地热参数对热流体特征的影响。基于优化算法和 CFD 方法，建立了确定多平台风机系统最优安装位置和扬程的新算法，并对风机年度通风配置的确定方法进行了应用和探讨，可以得出以下结论：

1）城市环境热力学参数对深层地下空间通风影响较大。研究城市夏季通风阻力较大，冬季通风阻力较小。11 个城市的通风阻力年相对偏差为 6.4% ~ 54%。昆明是年通风阻力变化最小的城市，哈尔滨是年通风阻力变化最大的城市。

2）地温梯度是影响深层地下空间通风速度和密度变化的关键因素。一些城市的地温梯度导致通风路径上的速度和密度变化不大，这意味着流体可以视为不可压缩流体。这些城市包括北京、哈尔滨和广州。成都、格尔木、昆明、乌鲁木齐、酒泉、银川、武汉、郑州等地由于地温梯度不同，其风速和密度沿通风路径变化明显。

3）大多数城市在典型气象年具有相同的最佳安装位置，根据典型气象年风机最大扬程选择风机即可满足全年通风要求。但不同城市在典型气象年风机安装情况不同。对于格尔木来说，8 月风机的安装位置和扬程可以满足全年通风的要求。同样，7 月风机参数可以满足酒泉市全年通风要求。而昆明地区目前还没有满足全年通风要求的风机参数。因此，应根据昆明 5 月的最佳效果安装风机，风机总数应增加。

本小节方法可为城市深层地下空间工程选址提供参考，促进城市深层地下空间技术的发展。必须注意，本小节所介绍的方法具有一定通用性，但因为物理场景的变化与不同，以及超深地下空间流动本身的复杂性，本小节的具体结论只能作为参考，需要具体对象具体分析。

特别地，这类温度、密度发生变化的竖井、隧道，采用一元总流伯努利方程选择风机时，合适分段密度计算是很重要的。

10.2.5　超高层建筑竖井通风降温设计方法

从管网角度，超高层建筑与具备壁面加热或保温的地下空间有相似性，密度改变，与大气环境存在热压差，从而产生噪声。要抑制这种主要因热压而产生的噪声，本质上是调节竖井或塔楼内空气温度和密度。

随着城市建设的发展，我国超高层建筑逐渐增多，电梯作为超高层建筑的垂直生命通道，其运行的安全性与稳定性至关重要。在北方地区，冬季烟囱效应产生的电梯运行故障问题比南方地区更为普遍，逐渐受到了诸多相关技术人员的关注。超高层建筑电梯（竖）井内的烟囱效应明显，这将会在电梯门两侧产生较高的压差，造成电梯门关闭困难。同时，这种烟囱效应会造成外部气流通过电梯门或其他缝隙侵入电梯井内部，产生明显的气动噪声。这些问题可能会影响电梯的使用寿命和使用体验。

实际工程中电梯门会因电梯井道"烟囱效应"而难以关闭，通过可控力门机系统增加电梯关门力矩，同时在电梯门前设置棉布帘减小冷空气入侵的方式维持电梯门的正常开闭。目前，国内外采取缓解超高层建筑电梯井烟囱效应的主要措施包括被动式和主动式两类。这里被动式是指通过增强建筑围护结构的气密性来实现的，该方法在超高层玻璃幕墙建筑中实现难度较大。主动式方法是通过减小电梯井和室外环境温差来实现的，目前主要通过机械通风的方式向电梯井送入室外冷风，降低电梯井内的温度。本小节提出一种结合自然通风和热泵技术的主动式超高层电梯竖井热害噪声治理新方法，通过在电梯井内安装多联机冷却系统，同时利用自然通风引入室外冷风，改善冬季超高层建筑电梯井的热压分布，同时实现对气动噪声的治理。但在实际工程场合，还应当结合围护结构的适当处置如围堵、封闭或隔断等措施与状况来进行。

本小节以北京某大厦为例，该大厦位于北京市商务中心核心区，建筑总面积为 43.7 万 m^2，建筑高度为 528m。该建筑在冬季运行过程中，建筑内筒存在明显的气动噪声，严重影响大楼的正常运行，同时强烈的烟囱效应也造成电梯门常常无法正常开启和关闭。本小节以电梯 TA-01 和 TX-01 所在电梯井为例研究调控电梯热压的具体方案，电梯井高度为 514m，具体截面尺寸如图 10-21 所示。

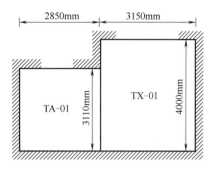

图 10-21　电梯竖井截面示意图

1. 超高层竖井空气流动分析的 CFD 方法

与前一部分超深地下空间相似，本小节采用 CFD 方法分析超高层电梯井内的最大热压情况，但湍流模型选取有所不同。所采用的计算流体模型的控制方程包括连续性方程、动量方程、能量方程、理想气体状态方程。湍流模型为 k-SST 模型。

连续性方程：

$$\nabla(\rho v) = 0 \tag{10-52}$$

动量方程：

$$\nabla(\rho vv) = -\nabla p + \nabla(\tau) + \rho g \tag{10-53}$$

$$\tau = \mu_{\text{eff}}\left[\nabla v + (\nabla v)^T - \frac{2}{3}(\nabla v)I\right] \tag{10-54}$$

$$\mu_{\text{eff}} = \mu + \mu_t \tag{10-55}$$

能量方程：

$$\nabla[v(\rho c_p T)] = \nabla[(\lambda\nabla T) + (\tau : \nabla v)] \tag{10-56}$$

理想气体状态方程：

$$\frac{p + p_{\text{ref}}}{\rho} = \frac{RT}{M} \tag{10-57}$$

式中　v——速度矢量（m/s）；

　　　ρ——空气密度（kg/m^3）；

　　　p——压力（Pa）；

　　　τ——切应力二阶张量（Pa）；

　　　g——重力加速度（m/s^2）；

　　　I——单位矢量；

　　μ_{eff}——有效动力黏度（Pa·s）；

　　　μ——层流动力黏度（Pa·s）；

　　　μ_t——湍流动力黏度（Pa·s）；

　　　c_p——比定压热容 [kJ/(kg·K)]；

　　　T——温度（K）；

　　　λ——导热系数 [W/(m·K)]；

　　　R——空气的理想气体常数 [kJ/(kmol·K)]；

　　　M——空气的摩尔质量（kg/kmol）。

2. 电梯门两侧压差、电梯噪声与热压之间的映射关系

就工程设计与系统运行而言，电梯竖井内的复杂流动回归到通常之伯努利方程是有意义的。对某个超高竖井某个给定时刻（一般可指某个电梯井内与室外大气密度差条件或空气通路上某种密度沿程分布),虽然密度是沿流程变化的,考虑到流速较小,故仍可近似为伯努利方程,可能的最不利管路为:门厅围护结构通路+底层电梯门+顶层电梯门+其余部分空气通道,具体见式(10-58),该方程为热压分配的伯努利方程:

$$\Delta p_{total} = \Delta p_1 + \Delta p_2 + \Delta p_3 + \Delta p_4 + \Delta p_5 \tag{10-58}$$

式(10-58)可视为一个特殊的矢量方程。

式中 Δp_1——门厅围护结构压差,可以现场实测;

       Δp_2——底部某最不利楼层(一般可为首层大堂)电梯门两侧压差;

       Δp_3——顶部某最不利楼层(一般为最高层)电梯门两侧压差;

       Δp_4——剩余部分通路上空气流动阻力损失(主要与围护结构形式及其封闭、隔断、围堵等方式有关,现场测试时 Δp_1 与 Δp_4 可合并测试或计算);

       Δp_5——环境风压作用。

Δp_{total}、Δp_1、Δp_2、Δp_3、Δp_4、Δp_5 均受密度、气温及围护结构流体通路的变化而变化,单位均为 Pa。一般认为风压对烟囱效应影响较小,但在冬季环境风速较大的地区,风压可能也有不可忽略的影响,值得进一步讨论。这一部分分析方法读者可结合本书第 1 章相关内容。式(10-58)可综合考虑热压、风压及围护结构特征与封闭、隔断等处置情况。

实际上,由于电梯井与外界大气被周围房间所隔开,故电梯门两侧压差并非电梯井相对外界环境的压差。可以由电梯井相对于电梯前室的压差沿电梯高程分布构造出一个相对中和面,但显然这种中和面位置不一定会发生在电梯井的中部,而会随密度条件变化而变化。现场实测时,很可能会出现 $\Delta p_2 \approx \Delta p_3$;$\Delta p_1 \sim \Delta p_4$ 均会受密度、温度变化的影响且相互之间也存在影响。相对而言,Δp_5 应该是最不敏感的。

Δp_1、Δp_2、Δp_3 相对敏感,故 Δp_1 增大时,很容易使 Δp_2、Δp_3 变小,这就有助于控制噪声,但 Δp_2、Δp_3 二者数值大小可能近似相等,此时分析变得较为方便。随着电梯井温度的降低,空气密度增加,可有效地降低 Δp_2、Δp_3 值。

通过建立电梯门两侧的压差与计算热压之间的映射关系,可以很方便地通过调控计算热压实现对电梯门两侧压差的调控。图 10-22 所示为室外温度和计算热压及电梯门两侧压差之间的关系,可以看出计算热压明显高于电梯门两侧的压差。图 10-23 所示为计算热压与电梯门两侧压差之间的关系,可以看出电梯门两侧的压差和计算热压之间满足二次函数的关系,通过函数拟合可以得到电梯门两侧的压差与计算热压之间的关系。其中,电梯门两侧压差通过实验测量,计算热压通过式(10-59)计算。通过测量发现电梯噪声和电梯门两侧的压差呈线性关系,如图 10-24 所示,通过拟合可以得到电梯噪声和电梯门两侧压差之间的关系。通过这些映射关系,可以定量分析不同措施对电梯井热压和噪声的改善效果。在未采取措施前,电梯井内温度为 24℃,室外温度为 -10℃,计算热压为 773Pa,电梯门两侧压差为 153.96Pa,电梯井内噪声为 73.74dB。

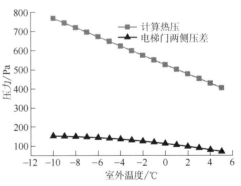

图 10-22 电梯门两侧压差、计算热压与室外温度的关系

$$\Delta p = (\rho_1 - \rho_2)gh \tag{10-59}$$

式中 Δp——计算热压(Pa);

       ρ_1——室外冷空气的密度(kg/m³);

ρ_2——电梯井内热空气的密度（kg/m^3）；

h——热压通风口之间的距离（m）。

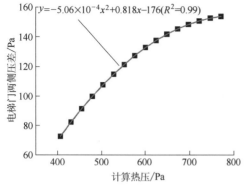

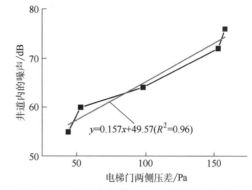

图 10-23　电梯门两侧压差与计算热压的映射关系　　　图 10-24　噪声与电梯门两侧压差的映射关系

3. 主要规律与控制方法

电梯啸叫等噪声形成应是以热压作用为主，故应寻求合理的热压解决方案。分析可知电梯门两侧热压差主要是由电梯井内温度过高造成的，因此需要采取合理的措施来降低电梯井内空气温度。根据实际工程经验及实际可操作性，初步考虑可以采用如下 4 个方案来降低电梯井内空气温度。

（1）通过自然通风降低电梯井内热压　若将电梯井内上下位置均开孔，使其形成一个自然通风闭环，可以考虑充分利用室外自然通风对电梯井内的空气进行降温。为了研究电梯井不同开孔位置对电梯井内压力的影响，模拟了开孔距离为 10m、100m、200m，开孔面积为 $1m^2$ 条件下的热压变化情况。由于对电梯井开孔条件下井内温度及压力进行模拟时，需要设置电梯井不同开孔位置，不同开孔孔径大小下流速入口边界条件。因此，首先需要计算不同开孔位置条件下的流速。

自然通风是利用自然风动力和温差的空气循环动力进行通风，由自然通风形成过程可知，若建筑物外墙上的窗孔两侧存在压力差，就会有空气流过该窗孔形成自然通风，空气流过窗孔时的阻力为

$$\Delta p_c = \zeta \frac{v^2}{2} \rho \tag{10-60}$$

式中　v——空气流过窗孔时的流速（m/s）；

Δp_c——窗孔两侧压差（Pa）；

ρ——空气密度（kg/m^3）；

ζ——窗孔的局部阻力系数。

将式（10-60）进行变形，可以得到自然通风下的空气流速为

$$v = \sqrt{\frac{2\Delta p_c}{\zeta \rho}} = \mu \sqrt{\frac{2\Delta p_c}{\rho}} \tag{10-61}$$

式中　μ——窗孔的流量系数，其值的大小与窗孔构造有关，通常取 0.65。

由此，进一步可以计算得到通过窗孔的自然通风量为

$$q_V = vF = \mu F \sqrt{\frac{2\Delta p_c}{\rho}} \tag{10-62}$$

式中　F——窗孔面积（m^2）。

可以将计算得到的风速设置为后续 CFD 模拟的边界条件。

图 10-25 所示为开孔距离为 10m、开孔面积为 1m^2、风量为 2.12m^3/s 时电梯井的温度场分布。由图 10-25 可知，在开孔位置附近区域的空气温度有一定程度降低，但电梯井内温度基本维持在 24℃ 不变。可计算出热压为 752Pa，根据所建立的映射关系，可以得到电梯门两侧的压差为 152.99Pa，噪声为 73.59dB。模拟结果表明，此处开孔对电梯井内空气的冷却能力有限，该开孔方案理论上不具备降低热压的潜力，需要进一步探寻可行的开孔方案。

图 10-25　侧壁开孔时电梯井内温度分布
（开孔距离：10m）
（微信扫描二维码可看彩图）

图 10-26 所示为开孔距离为 100m、开孔面积为 1m^2 时电梯井内温度分布结果。由图 10-26 可知，在开孔位置附近区域的空气温度明显降低。可计算出热压为 678Pa，结合建立的映射关系，电梯门两侧的实际压差为 146Pa，噪声为 72.49dB。此时电梯门两侧压差有明显下降，说明这种自然通风方案能有效降低热压。

（2）利用冷板降低电梯井内热压　图 10-27 所示为中部安装冷板时（冷板长为 10m，温度为 10℃）电梯井内温度分布。由图 10-27 可知，在冷板附近区域的空气温度有一定程度降低。此时，可计算热压为 768.25Pa，结合建立的映射关系，电梯门（厅门）两侧的压差为 153.78Pa，噪声为 73.71dB。同时，可计算出此时冷板制冷量为 14.9kW。说明安装冷板的方式冷却效果较为有限，且制冷量较低，无法有效降低热压。此外，安装冷板需要通入冷冻水，若冷板发生泄漏，可能对电梯造成严重损害。

图 10-26　侧壁开孔时电梯井内温度分布
（开孔距离：100m）（微信扫描二维码可看彩图）

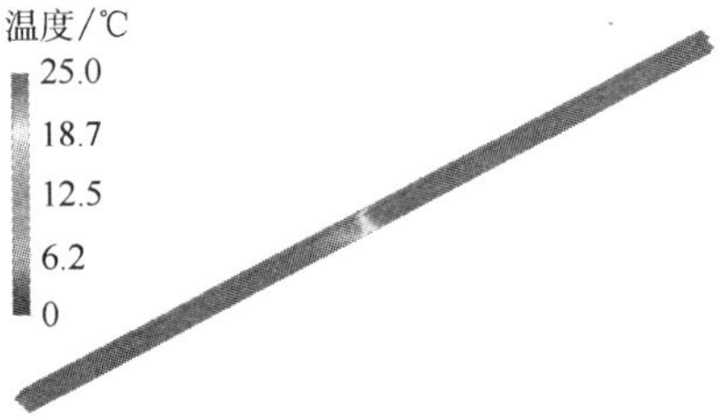

图 10-27　中部安装冷板时电梯井内温度分布
（冷板长：10m）（微信扫描二维码可看彩图）

（3）利用多联机冷却降低电梯井内热压　多联机安装简单，易于调节，可以很好地满足各种不同情况电梯井冷却降温的需求。拟采用多联机来冷却电梯井内空气，从而减小电梯门两侧压差。图 10-28 所示为多联机冷却方案示意图，其中电梯井内有 3 块混凝土横梁，横梁上可以安置多联机室内机用于制冷，该方案相对于安装冷板，施工更加简单方便，且不会产生潜在的电梯运行安全隐患。此外，利用多联机冷却的同时，可以利用多联机冷凝热为室内供暖，承担一部分冬季室内热负荷。

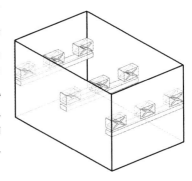

图 10-28　多联机冷却方案示意图

图 10-29 所示为中部安装制冷量为 20kW 多联机时，电梯井内

温度分布。由图可知，在多联机安装位置附近区域的空气温度有一定程度降低。此时，可计算出热压为766Pa，结合建立的映射关系，电梯门（厅门）两侧的压差为153.70Pa，噪声为73.7dB。

图 10-30 所示为中部安装制冷量为 50kW 多联机时，电梯井内温度分布。由图可知，在多联机安装位置附近区域的空气温度有一定程度降低。此时，可计算出热压为755Pa，结合建立的映射关系，电梯门（厅门）两侧的压差为153.17Pa，噪声为73.61dB。

图 10-31 所示为中部安装制冷量为 100kW 多联机时，电梯井内温度分布。由图可知，在多联机安装位置附近区域的空气温度有一定程度降低。此时，可计算出热压为742Pa，结合建立的映射关系，电梯门（厅门）两侧的压差为152.39Pa，噪声为73.49dB。

图 10-29　多联机制冷量为 20kW
时电梯井温度分布
（微信扫描二维码可看彩图）

上述关于多联机冷却降低电梯热压的计算结果表明，安装多联机后电梯井热压并未明显降低，主要是因为多联机无法使电梯井内的气流产生明显的对流作用，被冷却的空气主要集中在安装多联机附近的范围。

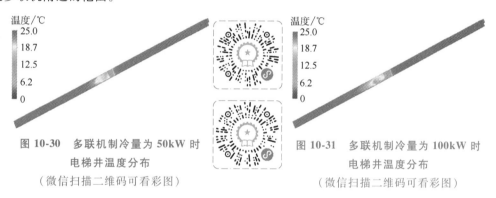

图 10-30　多联机制冷量为 50kW 时
电梯井温度分布
（微信扫描二维码可看彩图）

图 10-31　多联机制冷量为 100kW 时
电梯井温度分布
（微信扫描二维码可看彩图）

（4）多联机和自然通风协同作用降低热压　图 10-32 所示为中部安装制冷量为 20kW 多联机且自然通风开孔间距为 100m、自然通风量为 6.69m³/s 时，电梯井内温度分布。由图 10-32 可知，电梯井内的空气温度有一定程度降低。此时，可计算热压为641Pa，结合建立的映射关系，电梯门（厅门）两侧的压差为140.43Pa，噪声为71.62dB。

图 10-33 所示为中部安装制冷量为 50kW 的多联机且自然通风开孔间距为 100m、自然通风量

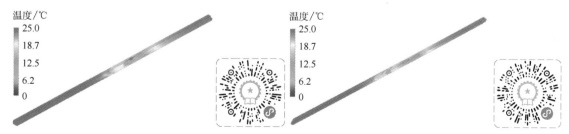

图 10-32　20kW 多联机和自然通风协同
运行时电梯井温度分布
（微信扫描二维码可看彩图）

图 10-33　50kW 多联机和自然通风协同
运行时电梯井温度分布
（微信扫描二维码可看彩图）

为 $6.69m^3/s$ 时，电梯井内温度分布。由图 10-33 可知，电梯井内的空气温度有一定程度降低。此时，可计算热压为 620Pa，结合建立的映射关系，电梯门（厅门）两侧的压差为 136.65Pa，噪声为 71.02dB。

图 10-34 所示为中部安装制冷量为 100kW 的多联机且自然通风开孔间距为 100m、自然通风量为 $6.69m^3/s$ 时，电梯井内温度分布。由图 10-34 可知，电梯井内的空气温度有一定程度降低。此时，可计算热压为 598Pa，结合建立的映射关系，电梯门（厅门）两侧的压差为 132.22Pa，噪声为 70.32dB。

图 10-34　100kW 多联机和自然通风
协同运行时电梯井温度分布
（微信扫描二维码可看彩图）

上述将多联机和自然通风协同运行降低热压的方案明显优于单独采用多联机及单独采用自然通风的方案，表 10-4 所示为不同冷却方案降低电梯热压的效果对比。观察表 10-4 可知，多联机和自然通风协同运行降低热压的效果要明显优于它们单独运行时降低热压的效果，主要是因为自然通风和多联机协同运行可以更好地促进电梯井内空气的冷却与掺混，冷却效率较高。

表 10-4　不同冷却方案降低电梯热压的效果对比

	未采取措施	自然通风		冷板	多联机			多联机与自然通风协同		
详细条件	—	N1	N2	N3	N4	N5	N6	N7	N8	N9
计算热压/Pa	773	757	678	768.25	766	755	742	641	620	598
电梯门两侧压差/Pa	153.96	152.99	146.00	153.78	153.70	153.17	152.39	140.43	136.65	132.22
噪声/dB	73.74	73.59	72.49	73.71	73.70	73.61	73.49	71.62	71.02	70.32

注：N1 自然通风开孔间距10m，开孔面积 $1m^2$；N2 自然通风开孔间距100m，开孔面积 $1m^2$；N3 冷板高度10m，总面积 $200m^2$；N4 多联机制冷量20kW；N5 多联机制冷量50kW；N6 多联机制冷量100kW；N7 自然通风开孔间距100m，多联机制冷量20kW；N8 自然通风开孔间距100m，多联机制冷量50kW；N9 自然通风开孔间距100m，多联机制冷量100kW。

4. 实际应用情况测试

根据前文分析可知，利用自然通风送入冷风并配合多联机冷却可以有效降低热压。在实际工程应用中，送冷风和安装多联机的方式简单可行，便于调控，且不会对电梯运行造成不利的影响。单纯利用多联机无法使冷却的气流和电梯井内的其他气流发生掺混，造成冷却效率较低；单纯利用自然通风冷却，大量的冷风流动可能会造成电梯井噪声增大。因此，在考虑工程实际情况的前提下，采取了送冷风和安装多联机两者协同运行的方式来缓解烟囱效应，同时控制电梯井内的噪声。

在实际工程中，一层大厅冬季供热及电梯井内设备散热均会对烟囱效应产生促进的作用；此外，理论分析仅考虑室外温度为 -10℃ 时的情况，为了保证改造后的系统具有较高的适应性，多联机机组选型需要在计算结果的基础上考虑一定的富余容量。结合前文的计算分析，对中信大厦电梯井安装多联机冷却系统，其中 VS 电梯总装机容量为 100.5kW，SH 电梯总装机容量为 134kW，运行过程中保持制冷系统半负荷运行，对应 VS 电梯和 SH 电梯的制冷量分别为 50.3kW 和 67kW。此外，受工程条件限制，结合实际情况，首先在 30m 高的位置和 272m 高的位置分别开 0.36m² 的孔。然后利用自然通风的作用向电梯井内送入冷风，促进电梯井内气流掺混，提高冷却效率。最后通过实验测试评估该方案的实际效果。

图 10-35 所示为安装多联机冷却装置前后 SH-01~SH-06 电梯井在第 1 层和第 91 层位置处的噪声变化，此时室外温度为 14℃，噪声测试过程中电梯门保持关闭，测点距离楼地面 1.5m，距离电梯门 1m。由图 10-35 可知，安装多联机冷却方案后，电梯井的噪声明显降低。

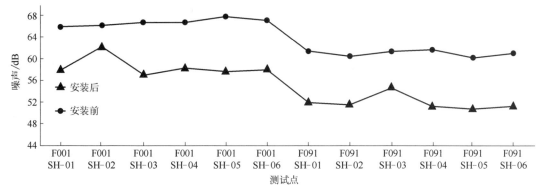

图 10-35　安装多联机冷却装置前后电梯噪声的变化

图 10-36 所示为采取不同的冷却方案后 SH 电梯井电梯门两侧压差及噪声的变化。测试过程中室外温度为-2.7℃，且电梯位于电梯井底部。由图 10-36 可知，未采取措施时首层电梯门两侧压差为 219.6Pa；当仅送入室外冷风时，压差降低至 186.4Pa，约降低 33.2Pa；当仅打开多联机制冷时，压差降低至 166Pa，约降低 53.6Pa。同时打开多联机并送入室外冷风，压差降低至 137.4Pa，约降低 82.2 Pa。说明当采用自然通风协同多联机的冷却方案时，电梯门两侧的压差比单独采用自然通风冷却方案时的压差低 49Pa，比单独采用多联机冷却方案时的压差低 20.4Pa。上述结果也说明实际过程中多联机单独运行也能取得较好的降低热压的效果，主要是因为工程中电梯井不可能完全密封，部分室外冷空气会侵入电梯井，促进电梯井内气流混合，而且电梯轿厢运动也会促进电梯井内气流混合，均会对采用多联机冷却降低电梯热压产生促进作用。

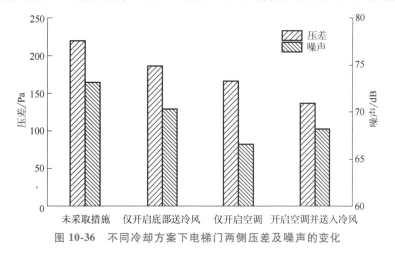

图 10-36　不同冷却方案下电梯门两侧压差及噪声的变化

未采取措施时 SH 电梯首层处的噪声为 73.1dB；当仅利用自然通风引入室外冷风时，噪声为 70.3dB，比未采取任何措施时约降低 2.8dB；当仅打开多联机制冷时，噪声为 66.6dB，比未采取任何措施时约降低 6.5dB。同时打开多联机并利用自然通风引入室外冷风，噪声为 68.2dB，仅比不采取任何措施时降低 4.9dB。说明采用自然通风协同多联机冷却方案时的噪声比单独采用自然通风冷却方案时的噪声低 2.1dB，比单独采用多联机冷却方案时的噪声高 1.6dB。上述试验测试结果证明了采用多联机冷却及送入室外冷风的方式都可以缓解烟囱效应，但送入室外冷风会增加电梯井内的噪声。这是因为送入冷风会造成电梯井内截面气流流量增加，造成缝隙处产生更加明显的噪声。因此，冷风风量不宜过大，宜将送冷风的方式与多联机冷却的方式进行整合优化，实现协同运行。

通过 CFD 方法建立了某电梯门两侧压差与计算热压、噪声与电梯门两侧压差之间的映射关系，该映射关系便于定量计算分析各种不同措施对于改善烟囱效应的效果。分析了风量为 $2.12 \sim 6.68 \mathrm{m}^3/\mathrm{s}$ 的自然通风冷却，冷板高度为 10m、温度为 $10\,^{\circ}\mathrm{C}$ 的辐射冷板冷却，制冷量为 $20 \sim 100 \mathrm{kW}$ 的多联机冷却等不同的冷却方案对电梯井烟囱效应的改善效果，提出了结合自然通风和热泵技术的超高层电梯井热害噪声治理新方法，并结合试验测试结果验证了该方法的可行性。得到如下结论：

1）采用自然通风与热泵技术结合的方式，可以有效控制超高层建筑电梯井内的热压，缓解烟囱效应，该方式可以在控制烟囱效应的同时不会产生强烈的气动噪声。采用多联机冷却电梯井的同时，可以利用多联机冷凝热为室内供暖，承担一部分建筑冬季热负荷。这在工程上有利于提高用户在使用电梯时的体验，同时减少建筑能耗。

2）在实际工程中，当采用自然通风协同多联机的冷却方案时，电梯门两侧的压差比单独采用自然通风方案低 49Pa，比单独采用多联机冷却方案低 20.4Pa。同时，采用自然通风协同多联机冷却方案时，噪声比单独采用自然通风方案的噪声低 2.1dB，比单独采用多联机冷却方案时的噪声高 1.6dB。采用多联机制冷及自然通风的方式都可以缓解烟囱效应，但自然通风引入室外冷风会增加电梯井内的噪声。因此，自然通风的冷风风量不宜过大，宜将自然通风的方式与多联机冷却的方式进行整合优化，实现协同运行。

3）利用 CFD 方法结合映射关系建立的模型有助于计算出电梯井需要的制冷量，帮助多联机制冷系统设计选型。实际工程中可以缓解烟囱效应，降低噪声。此外，基于 CFD 方法及映射关系建立的自然通风模型有助于计算电梯井需要的冷风量，可指导设计自然通风方案。不同建筑的映射关系不同，本小节提供的方法可以为建立这种映射关系提供参考。

本小节通过实例介绍了超高层建筑竖井通风空气流动的分析方法，实际上这种竖井与超深地下空间内空气流动具有某种相似性，主要是竖井内空气加热的过程都是来自壁表面所提供的能量。但具体构造特性会存在巨大差异，其加热强度、方式有很大不同，导致通风措施会有很大不同。此外，通过回收电梯井的余热也可减少冬季供暖的能耗。

本章通过实例介绍了隧道及地下管廊的具体特点，结合特例介绍了超深地下空间与超高层建筑竖井通风设计与计算相关方法。正如前面所提到的，这类复杂的通风空气流动，往往需要从具体问题出发，借助 CFD 等先进工具分析具体对象的特性与规律，并在此基础上建立相应的通风设计方法。

思考题与习题

1. 列出你所了解的隧道形式与分类，并简述其主要通风方式。
2. 指出地下管廊通风设计要注意的主要问题有哪些。
3. 超深地下空间空气流动的主要特点是什么？与超高层建筑竖井内的空气流动有何差异？
4. 超高层建筑竖井如何利用恒定总流伯努利方程分析其空气流动特性？超深地下空间呢？

5. 如何分析或计算寒冷地区超高层建筑竖井空气流动的总压头。

6. 某地地下管廊的通风量设计值为 $10m^3/s$，进排风温差为 10K。该管廊中的发热电缆参数为：长 200m，电阻率 $0.02×10^{-6}\Omega \cdot m$，电流 500A，电缆面积 $300mm^2$，热损失系数 0.9。求以该管廊的通风量，可承担至少多少根上述发热电缆的散热任务。

二维码形式客观题

微信扫描二维码，可自行做客观题，提交后可查看答案。

附录

某师范学院供暖系统水力计算

——以 Excel 作为水力计算工具示例

1. 概述

本设计为北方地区某师范学院的室外热水供暖管网设计，附图 1 为总平面示意图，附表 1 为用户热负荷初始资料。

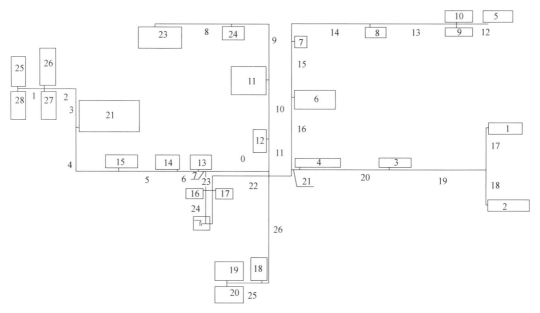

附图 1　总平面示意图（包含用户、管段编号）

1）热媒参数：管网供水温度 95℃，回水 70℃。

2）采用 Excel 表格计算，在表格中编辑各管路关系，并依据水力计算公式将各参数关联，并实现实时修改，选择适当的管径参数等。从该计算表中可直观读取设计数据，如管段管径、管径流量、沿程阻力、局部阻力、总压降等。此计算表最突出的特点是能在实时修改参数后得到系统的不平衡率，这极大地缩短了在设计阶段的调试时间（例如修改管径，供回水温度）。此计算表提供了一种新的水力计算工具使用思路，Excel 计算表可依据设计人员自身的喜好自行编辑设计，积少成多可演变成属于自己的暖通设计软件。

2. 计算说明

1）流量 $q_m = \dfrac{0.86\varphi}{25}\,\text{kg/h}$

2）比摩阻 $R = 6.88 \times 10^{-3} \times k^{0.25} \dfrac{q_m}{\rho d^{5.25}}$

d：管径（m）

k：当量高度 $k = 0.5 \times 10^{-3} \text{m}$

输入管径观察计算的比摩阻与推荐值，对比，调整输入选择适当管径。

3）室外管网选择局部当量长度法转换计算，如附表4，各局部参数自动查找，将其数据管理连到附表2，可随时修改数值，使系统达到设计要求。此表采用简单if嵌套函数，后期可制作"lookup函数"，其更直观且易修改（附表3为不平衡率计算显示）。

4）表格公式需要保护，避免误触使公式出错，导致结果出错。

附表1　用户热负荷初始资料

用　户	热负荷/kW	用　户	热负荷/kW
1	780	14	154
2	1251	15	154
3	573	16	67
4	573	17	228
5	57	18	303
6	199	19	303
7	80	20	228
8	720	21	281
9	43	23	41
10	57	24	85
11	154	25	332
12	154	26	332
13	154	27	332

附表2　水力计算表

管段编号	热负荷 φ /kW	流量 q_m/(t/h)	管段长度 l/m	管径 d/mm	比摩阻 R/(Pa/m)	局部阻力当量长度 l_d/m	折算长度 l_{zh}/m	压力损失 /Pa	压降/Pa	
1	2	3	4	5	9	10	11	12		
1	664	22.84	31	125	30.85	10.45	41.45	1278.79	管段 1~7 压降	20091.47
2	1328	45.68	38	150	47.38	14.76	52.76	2499.99		
3	1328	45.68	45.5	150	47.38	15.4	60.9	2885.70		
4	1609	55.35	104	150	69.56	38.08	142.08	9882.86		
5	1763	60.65	69.8	200	18.44	31.8	101.6	1873.73		
6	1917	65.94	25	200	21.80	8.4	33.4	728.28		
7	2071	71.24	8.46	200	25.45	28.56	37.02	942.12		
8	41	1.41	91	40	46.61	8.54	99.54	4639.46	管段 8~0 压降	18306.59
9	126	4.33	110.1	70	23.32	9.6	119.7	2791.18		
10	280	9.63	69.8	80	57.12	10.71	80.51	4598.96		
11	434	14.93	38.4	100	42.53	5.28	43.68	1857.71		
0	1268	43.62	75.14	150	43.20	27.16	102.3	4419.28		
12	57	1.96	38.58	50	27.92	2.03	40.61	1133.72	管段 12~16 压降	20615.71
13	157	5.40	102	80	17.96	10.58	112.58	2021.88		
14	877	30.17	113.3	125	53.82	30.72	144.02	7751.06		
15	957	32.92	65.61	125	64.09	16.9	82.51	5287.73		
16	1156	39.77	84.5	150	35.90	38.64	123.14	4421.32		

（续）

管段编号	热负荷 φ/kW	流量 q_m/(t/h)	管段长度 l/m	管径 d/mm	比摩阻 R/(Pa/m)	局部阻力当量长度 l_d/m	折算长度 l_{zh}/m	压力损失/Pa	压降/Pa	
17	780	26.83	49.38	100	137.37	12.1	61.48	8445.78	管段17(18)、19、20、21压降	
18	1251	43.03	40.62	125	109.51	14.38	55	6023.05		20446.55
19	2031	69.87	115.49	200	24.48	55.2	170.69	4177.70		
20	2604	89.58	105.6	200	40.23	55.2	160.8	6469.60		
21	3177	109.29	10	200	59.89	12.6	22.6	1353.48		
22	4333	149.06	189.14	250	34.52	42.83	231.97	8008.31	23	
23	3339	114.86	45	200	66.15	78.03	123.03	8138.66	24	
24	3634	125.01	39	200	78.36	42.72	81.72	6403.35	25	
25	531	18.27	42	100	63.67	12.85	54.85	3492.06	26	
26	834	28.69	138.6	125	48.67	34.83	173.43	8441.03	27	11933.09
								生活区8—0+23、24	32848.60	
								教学区12~16+22	28624.02	

附表3　不平衡率计算显示

不平衡率校验			
编号	并联关系	不平衡率	<15%?
1	1~7 / 8~0	8.88%	√
2	12~16 / 17-19-20-21	0.82%	√
3	25、26 / 8~11	14.07%	√
4	17 / 18	11.85%	√
5	两区	12.86%	√

附表4　局部阻力当量长度

管段编号	变径管/m		三通/m		弯头/煨弯		夹阀		补偿器		总和/m
1	0.33	1	4.4	2	1.32	1					10.45
2			5.6	2	1.32	1	2.24	1			14.76
3									15.4	1	15.4

（续）

管段编号	变径管/m		三通/m		弯头/煨弯		夹阀		补偿器		总和/m
4			5.6	1	1.68	1		15.4	2		38.08
5			8.4	1				23.4		1	31.8
6			8.4	1							8.4
7			8.4	3			3.36	1			28.56
8	0.14	1			0.4	1			4	2	8.54
9	0.2	1	2	1	0.6	1		6.8		1	9.6
10	0.26	1	2.55	1				7.9		1	10.71
11	0.33	1	3.3	1			1.65	1			5.28
0	0.56	1	5.6	2				15.4		1	27.16
12	0.13	1	1.3	1	0.6	1					2.03
13	0.13	1	2.55	1			7.9	1			10.58
14			4.4	1	1.32	1		12.5		2	30.72
15			4.4	1				12.5		1	16.9
16			5.6	1			2.24	1	15.4	2	38.64
17	1.32	1			0.98	1		9.8		1	12.1
18	0.56	1			1.32	1		12.5		1	14.38
19			8.4	1				23.4		2	55.2
20			8.4	1				23.4		2	55.2
21	0.84	1	8.4	1			3.36	1			12.6
22			11.1	1			3.73	1	28		1	42.83
23			8.4	1	3.3	3	3.73	1	28		2	78.03
24			8.4	2	2.52	1		23.4		1	42.72
25			6.6	1	2.52	1	3.73	1			12.85
26	0.33	1	8.8	1	0.98	1	3.73	4	9.8		1	34.83

401

　　示例：现已知调节到 0 号管径，初始输入为 200，结果显示不平衡率不满足要求，如附图 2。现将管径修改为 150，比摩阻在合理范围内，且不平衡率满足要求。

　　值得注意的是，水力平衡的调校是一项多关联的任务，在使用 Excel 计算时，也需要通过对整个数据表的宏观观察，做出合适的判断，并做出修改。综上所述，运用 Excel 表格进行水力计算，不仅能直观地查找到所有重要参数，且可以实时修改及调试。Excel 表可根据设计需求进行功能的修改，增加所需要的计算显示。此计算为水力计算提供了一个新的方向和思路（可以快速实现信息输出，具备某种 "BIM" 功能特征。但 BIM 有其专业软件，如 Revit 2017）。

附图 2　0 号管修改前

管段编号	热负荷φ/kW	流量q_m/(t/h)	管段长度l/m	管径d/mm	比摩阻R/(Pa/m)	局部阻力当量长度l_d/m	折算长度l_zh/m	压力损失/Pa	压降/Pa
1	2	3	4	5	9	10	11	12	
1	664	22.84	31	125	30.85	10.45	41.45	1278.79	
2	1328	45.68	38	150	47.38	14.76	52.76	2499.99	
3	1328	45.68	45.5	150	47.38	15.4	60.9	2885.70	管段1~7压降 20091.47
4	1609	55.35	104	150	69.56	38.08	142.08	9882.86	
5	1763	60.65	69.8	200	18.44	31.8	101.6	1873.73	
6	1917	65.94	25	200	21.80	8.4	33.4	728.28	
7	2071	71.24	8.46	200	25.45	28.56	37.02	942.12	
8	41	1.41	91	40	46.61	8.54	99.54	4639.46	
9	126	4.33	110.1	70	23.32	9.6	119.7	2791.18	
10	280	9.63	69.8	80	57.12	10.71	80.51	4598.96	管段8-0压降 14992.99
11	434	14.93	38.4	100	42.53	5.28	43.68	1857.71	
0	1268	43.62	75.14	200	9.54	40.76	115.9	1105.68	
12	57	1.96	38.58	50	27.92	2.03	40.61	1133.72	

不平衡率校验

编号	并联关系	不平衡率	<15%?
1	1~7 / 8-0	25.38%	✗ 0
2	12-16 / 17-19-20-21	0.82%	✓ 1
3	25、26 / 8~11	14.57%	✓ 1
4	17	11.85%	✓ 1
5	18 / 两区	3.08%	✓ 1

附图 3　0 号管修改后

管段编号	热负荷φ/kW	流量q_m/(t/h)	管段长度l/m	管径d/mm	比摩阻R/(Pa/m)	局部阻力当量长度l_d/m	折算长度l_zh/m	压力损失/Pa	压降/Pa
1	2	3	4	5	9	10	11	12	
1	664	22.84	31	125	30.85	10.45	41.45	1278.79	
2	1328	45.68	38	150	47.38	14.76	52.76	2499.99	
3	1328	45.68	45.5	150	47.38	15.4	60.9	2885.70	管段1~7压降 20091.47
4	1609	55.35	104	150	69.56	38.08	142.08	9882.86	
5	1763	60.65	69.8	200	18.44	31.8	101.6	1873.73	
6	1917	65.94	25	200	21.80	8.4	33.4	728.28	
7	2071	71.24	8.46	200	25.45	28.56	37.02	942.12	
8	41	1.41	91	40	46.61	8.54	99.54	4639.46	
9	126	4.33	110.1	70	23.32	9.6	119.7	2791.18	
10	280	9.63	69.8	80	57.12	10.71	80.51	4598.96	管段8-0压降 18306.59
11	434	14.93	38.4	100	42.53	5.28	43.68	1857.71	
0	1268	43.62	75.14	150	43.20	27.16	102.3	4419.28	
12	57	1.96	38.58	50	27.92	2.03	40.61	1133.72	

不平衡率校验

编号	并联关系	不平衡率	<15%?
1	1~7 / 8-0	8.88%	✓ 1
2	12-16 / 17-19-20-21	0.82%	✓ 1
3	25、26 / 8~11	14.57%	✓ 1
4	17	11.85%	✓ 1
5	18 / 两区	12.86%	✓ 1

参 考 文 献

[1] 付祥钊，王岳人，王元，等. 流体输配管网 [M]. 北京：中国建筑工业出版社，2001.

[2] 刘雪峰，等. 矿井通风安全管理计算方法与程序设计 [M]. 徐州：中国矿业大学出版社，1991.

[3] 李恕和，王义章. 矿井通风网络图论 [M]. 北京：煤炭工业出版社，1984.

[4] 周谟仁. 流体力学泵与风机 [M]. 3版. 北京：中国建筑工业出版社，1996.

[5] 王新泉，田长青，蒋玉娥. 暖通计算机应用程序设计 [M]. 成都：西南交通大学出版社，1996.

[6] 赵以蕙. 矿井通风与空气调节 [M]. 徐州：中国矿业大学出版社，1990.

[7] 孙一坚. 工业通风 [M]. 3版. 北京：中国建筑工业出版社，1994.

[8] 贺平. 供热工程 [M]. 3版. 北京：中国建筑工业出版社，1993.

[9] 哈尔滨建筑工程学院，等. 供热工程 [M]. 2版. 北京：中国建筑工业出版社，1985.

[10] 刘锦梁. 简明建筑设备设计手册 [M]. 北京：中国建筑工业出版社，1991.

[11] 建设部工程质量安全监督与行业发展司，等. 全国民用建筑工程设计技术措施：暖通空调 [M]. 北京：中国计划出版社，2003.

[12] 张国强. 高层建筑设备设计 [M]. 长沙：湖南科学技术出版社，2000.

[13] 金建华，王烽. 水力学 [M]. 长沙：湖南大学出版社，2004.

[14] 郑安涛. 燃气调压工艺学 [M]. 2版. 上海：上海科学技术出版社，1994.

[15] 蔡增基，龙天渝. 流体力学泵与风机 [M]. 4版. 北京：中国建筑工业出版社，1999.

[16] 哈尔滨建筑工程学院，等. 燃气输配 [M]. 2版. 北京：中国建筑工业出版社，1988.

[17] 段常贵. 燃气输配 [M]. 3版. 北京：中国建筑工业出版社，2001.

[18] 王增长. 建筑给水排水工程 [M]. 4版. 北京：中国建筑工业出版社，1998.

[19] 席德粹，刘松林，王可仁. 城市燃气管网设计与施工 [M]. 上海：上海科学技术出版社，1999.

[20] 仵彦卿. 多孔介质污染物迁移动力学 [M]. 上海：上海交通大学出版社，2007.

[21] BEAR J. Dynamics of Fluids in Porous Media [M]. 李竞生，陈崇希，译. 北京：中国建筑工业出版社，1983.

[22] CHAI Z H, SHI B C, LU J H, et al. Non-Darcy flow in disordered porous media：A lattice boltzmann study [J]. Computers and Fluids, 2010, 39 (10)：2069-2077.

[23] JEONG N, CHOI D H, LIN C L. Prediction of darcy-forchheimer drag for microporous structures of complex geometry using the lattice Boltzmann method [J]. Micromech Microeng, 2006 (16)：2240-2250.

[24] 蔡昊. 城市综合管廊通风系统设计刍议 [J]. 山西建筑，2016, 42 (15)：116-117.

[25] WANG H, QIU Z Y, YAN L P, et al. An urban traffic simulation model for traffic congestion predicting and avoiding [J]. Neural Computing and Applications, 2018, 30：1769-1781.

[26] BOBYLEV N, STERLING R. Urban underground space：A growing imperative. Perspectives and current research in planning and design for underground space use [J]. Tunnelling and Underground Space Technology, 2016, 55：1-4.

[27] ZHOU Y X, ZHAO J. Assessment and planning of underground space use in Singapore [J]. Tunnelling and Underground Space Technology, 2016, 55：249-256.

[28] ADMIRAAL H, CORNARO A. Why underground space should be included in urban planning policy-And how this will enhance an urban underground future [J]. Tunnelling and Underground Space Technology, 2016, 55：214-220.

[29] BOBYLEV N. Mainstreaming sustainable development into a city's Master plan：A case of Urban Under-

ground Space use ［J］. Land Use Policy, 2009, 26 (4): 1128-1137.

［30］ BROERE W. Urban underground space: Solving the problems of today's cities ［J］. Tunnelling and Underground Space Technology, 2016, 55: 245-248.

［31］ CANTO-PERELLO J, CURIEL-ESPARZA J, CALVO V. Criticality and threat analysis on utility tunnels for planning security policies of utilities in urban underground space ［J］. Expert Systems with Applications, 2013, 40 (11): 4707-4714.

［32］ HUNT D V L, JEFFERSON I, ROGERS C D F. Assessing the sustainability of underground space usage: A toolkit for testing possible urban futures ［J］. Journal of Mountain Science, 2011, 8: 211-222.

［33］ WANG X, ZHEN F, HUANG X J, et al. Factors influencing the development potential of urban underground space: Structural equation model approach ［J］. Tunnelling and Underground Space Technology, 2013, 38: 235-243.

［34］ HUNT D V L, MAKANA L O, JEFFERSON I, et al. Liveable cities and urban underground space ［J］. Tunnelling and Underground Space Technology, 2016, 55: 8-20.

［35］ BOBYLEV N. Underground space in the Alexanderplatz area, Berlin: Research into the quantification of urban underground space use ［J］. Tunnelling and Underground Space Technology, 2010, 25 (5): 495-507.

［36］ BOBYLEV N. Underground space as an urban indicator: Measuring use of subsurface ［J］. Tunnelling and Underground Space Technology, 2016, 55: 40-51.

［37］ CHEN Z L, CHEN J Y, LIU H, et al. Present status and development trends of underground space in Chinese cities: Evaluation and analysis ［J］. Tunnelling and Underground Space Technology, 2018, 71: 253-270.

［38］ HE L, SONG Y, DAI S, et al. Quantitative research on the capacity of urban underground space: The case of Shanghai, China ［J］. Tunnelling and Underground Space Technology, 2012, 32: 168-179.

［39］ LIU J F, MA T F, LIU Y L, et al. History, advancements, and perspective of biological research in deep-underground laboratories: A brief review ［J］. Environment International, 2018, 120: 207-214.

［40］ VERTESI J. Mind the gap: The London underground map and users' representations of urban space ［J］. Social Studies of Science, 2008, 38 (1): 7-33.

［41］ ZHAO J W, PENG F L, WANG T Q, et al. Advances in master planning of urban underground space (UUS) in China ［J］. Tunnelling and Underground Space Technology, 2016, 55: 290-307.

［42］ KURNIA J C, SASMITO A P, MUJUMDAR A S. Simulation of a novel intermittent ventilation system for underground mines ［J］. Tunnelling and Underground Space Technology, 2014, 42: 206-215.

［43］ KURNIA J C, SASMITO A P, MUJUMDAR A S. CFD simulation of methane dispersion and innovative methane management in underground mining faces ［J］. Applied Mathematical Modelling, 2014, 38 (14): 3467-3484.

［44］ KURNIA J C, XU P, SASMITO A P. A novel concept of enhanced gas recovery strategy from ventilation air methane in underground coal mines: A computational investigation ［J］. Journal of Natural Gas Science and Engineering, 2016, 35: 661-672.

［45］ SASMITO A P, BIRGERSSON E, LY H C, et al. Some approaches to improve ventilation system in underground coal mines environment: A computational fluid dynamic study ［J］. Tunnelling and Underground Space Technology, 2013, 34: 82-95.

［46］ TORAñO J, TORNO S, MENENDEZ M, et al. Models of methane behaviour in auxiliary ventilation of underground coal mining ［J］. International Journal of Coal Geology, 2009, 80 (1): 35-43.

［47］ HABIBI A, KRAMER R B, GILLIES A D S. Investigating the effects of heat changes in an underground mine ［J］. Applied Thermal Engineering, 2015, 90: 1164-1171.

[48] SASMITO A P, KURNIA J C, BIRGERSSON E, et al. Computational evaluation of thermal management strategies in an underground mine [J]. Applied Thermal Engineering, 2015, 90: 1144-1150.

[49] XU G, JONG E C, LUXBACHER K D, et al. Effective utilization of tracer gas in characterization of underground mine ventilation networks [J]. Process Safety and Environmental Protection, 2016, 99: 1-10.

[50] XU G, JONG E C, LUXBACHER K D, et al. Remote characterization of ventilation systems using tracer gas and CFD in an underground mine [J]. Safety Science, 2015, 74: 140-149.

[51] XU G, LUXBACHER K D, RAGAB S, et al. Development of a remote analysis method for underground ventilation systems using tracer gas and CFD in a simplified laboratory apparatus [J]. Tunnelling and Underground Space Technology, 2013, 33: 1-11.

[52] LI A G, GAO X P, REN T. Study on thermal pressure in a sloping underground tunnel under natural ventilation [J]. Energy and Buildings, 2017, 147: 200-209.

[53] BAO T, MELDRUM J, GREEN C, et al. Geothermal energy recovery from deep flooded copper mines for heating [J]. Energy Conversion and Management, 2019, 183: 604-616.

[54] CHEN Y, MA G W, WANG H D, et al. Application of carbon dioxide as working fluid in geothermal development considering a complex fractured system [J]. Energy Conversion and Management, 2019, 180: 1055-1067.

[55] YANG D, WEI H B, SHI R, et al. A demand-oriented approach for integrating earth-to-air heat exchangers into buildings for achieving year-round indoor thermal comfort [J]. Energy Conversion and Management, 2019, 182: 95-107.

[56] DIEGO I, TORNO S, TORAñO J, et al. A practical use of CFD for ventilation of underground works [J]. Tunnelling and Underground Space Technology, 2011, 26 (1): 189-200.

[57] AXLEY J. Multizone airflow modeling in buildings: History and theory [J]. HVAC&R Research, 2007, 13 (6): 907-928.

[58] BEIZA M, RAMOS J C, RIVAS A, et al. Zonal thermal model of the ventilation of underground transformer substations: Development and parametric study [J]. Applied Thermal Engineering, 2014, 62 (1): 215-228.

[59] MUKHTAR A, NG K C, YUSOFF M Z. Passive thermal performance prediction and multi-objective optimization of naturally-ventilated underground shelter in Malaysia [J]. Renewable Energy, 2018, 123: 342-352.

[60] MCPHERSON M J. Subsurface ventilation and environmental engineering [M]. London: Chapman and Hall, 1993.

[61] 张晴原, 等. 中国建筑用标准气象数据库 [M]. 北京: 机械工业出版社, 2004.

[62] WANG J, HUANG S Y, HUANG G S. Basic characteristics of the earth's temperature distribution in China [M]. Beijing: Geological Publishing House, 1990.

[63] KURNIA J C, XU P, SASMITO A P. A novel concept of enhanced gas recovery strategy from ventilation air methane in underground coal mines: A computational investigation [J]. Journal of Natural Gas Science and Engineering, 2016, 35: 661-672.

[64] TORAñO J, TORNO S, MENENDEZ M, et al. Models of methane behaviour in auxiliary ventilation of underground coal mining [J]. International Journal of Coal Geology, 2009, 80 (1): 35-43.

[65] KURNIA J C, SASMITO A P, MUJUMDAR A S. Simulation of a novel intermittent ventilation system for underground mines [J]. Tunnelling and Underground Space Technology, 2014, 42: 206-215.

[66] SASMITO A P, BIRGERSSON E, LY H C, et al. Some approaches to improve ventilation system in underground coal mines environment: A computational fluid dynamic study [J]. Tunnelling and Underground Space Technology, 2013, 34: 82-95.

[67] LAUNDER B E, SPALDING D B. The numerical computation of turbulent flows [J]. Computer Methods in Applied Mechanics and Engineering, 1990 (9): 269-289.

[68] SASMITO, A P, KURNIA J C, BIRGERSSON E, et al. Computational evaluation of thermal management strategies in an underground mine [J]. Applied Thermal Engineering, 2015, 90: 1144-1150.

[69] ECKERT E R G, DRAKE R M. Analysis of Heat and Mass Transfer [M]. Washington: Hemisphere Pub. Corp, 1987.

[70] STOECKER W F. Design of thermal systems [M]. New York: McGraw-Hill, 1989.

[71] SHA H H, QI D H. A Review of High-Rise Ventilation for Energy Efficiency and Safety [J]. Sustainable Cities and Society, 2020, 54 (4).

[72] LEE J, GO B, HWANG T. Characteristics of revolving door use as a countermeasure to the stack effect in buildings [J]. Journal of Asian Architecture and Building Engineering, 2017, 16 (2): 417-424.

[73] LEE J, HWANG T, SONG D, et al. Quantitative Reduction Method of Draft in High-Rise Buildings, Using Revolving Doors [J]. Indoor and Built Environment, 2012, 21 (1): 79-91.

[74] LEE J, SONG D, PARK D. A study on the development and application of the E/V shaft cooling system to reduce stack effect in high-rise buildings [J]. Building and Environment, 2010, 45 (2): 311-319.

[75] XIE M X, WANG J, ZHANG J, et al. Field measurement and coupled simulation for the shuttle elevator shaft cooling system in super high-rise buildings [J]. Building and Environment, 2021, 187 (1).

[76] SONG D, LIM H, LEE J, et al. Application of the mechanical ventilation in elevator shaft space to mitigate stack effect under operation stage in high-rise buildings [J]. Indoor and Built Environment, 2014, 23 (1): 81-91.

[77] LIM H, SEO J, SONG D, et al. Interaction analysis of countermeasures for the stack effect in a high-rise office building [J]. Building and Environment, 2020, 168 (15).